Karl Eduard Zetzsche

Handbuch der elektrischen Telegraphie

Karl Eduard Zetzsche

Handbuch der elektrischen Telegraphie

ISBN/EAN: 9783741167720

Hergestellt in Europa, USA, Kanada, Australien, Japan

Cover: Foto ©Andreas Hilbeck / pixelio.de

Manufactured and distributed by brebook publishing software (www.brebook.com)

Karl Eduard Zetzsche

Handbuch der elektrischen Telegraphie

HANDBUCH
DER
ELEKTRISCHEN TELEGRAPHIE.

UNTER MITWIRKUNG VON MEHREREN FACHMÄNNERN

HERAUSGEGEBEN VON

Dr. KARL EDUARD ZETZSCHE,
PROFESSOR DER TELEGRAPHIE AM POLYTECHNIKUM ZU DRESDEN

ZWEITER BAND:
DIE LEHRE VON DER ELEKTRICITÄT UND DEM MAGNETISMUS
MIT BESONDERER BERÜCKSICHTIGUNG IHRER BEZIEHUNGEN ZUR TELEGRAPHIE
BEARBEITET VON Dr. O. FRÖLICH.

MIT 267 IN DEN TEXT GEDRUCKTEN HOLZSCHNITTEN
UND EINER TAFEL IN LICHTDRUCK

BERLIN 1879.
VERLAG VON JULIUS SPRINGER.
MONBIJOUPLATZ 3.

DIE LEHRE

VON DER

ELEKTRICITÄT UND DEM MAGNETISMUS

MIT BESONDERER BERÜCKSICHTIGUNG

IHRER BEZIEHUNGEN ZUR TELEGRAPHIE.

BEARBEITET

VON

Dr. O. FRÖLICH.

MIT 267 IN DEN TEXT GEDRUCKTEN HOLZSCHNITTEN
UND EINER TAFEL IN LICHTDRUCK.

BERLIN 1878.
VERLAG VON JULIUS SPRINGER.
MONBIJOU PLATZ 3.

VORWORT.

Eine populär gehaltene Lehre von der Elektricität und dem Magnetismus für Techniker zu schreiben, ist heutzutage keine ganz leichte Aufgabe. Es ist hierbei weniger die Form, welche ins Gewicht fällt; denn obschon eine ansprechende Form gerade in diesem Fall ein sehr wesentliches Hülfsmittel zur Verbreitung des Buches bildet, wird der Techniker gerne auch nach einer Schrift von weniger ansprechender Form greifen, wenn er nur den von ihm gesuchten Inhalt findet. Der Inhalt ist es vielmehr, welcher Schwierigkeiten bereitet, die Auswahl des Stoffes, die Anordnung desselben, namentlich aber der Gesichtspunkt der Behandlung.

Es versteht sich von selbst, dass in einer Schrift, wie der nachstehenden, die Beziehungen zu der Technik in den Vordergrund treten müssen, dass diejenigen Theile, welche dem Techniker ferne liegen, cursorisch, diejenigen, in welchen er meistentheils arbeitet, eingehender behandelt werden müssen. Dies ist aber nicht Alles, dessen der Techniker bedarf; was der Techniker häufig in Schriften dieser Art sucht und nicht immer findet, ist eine einfache, bündige, wo möglich von einem Punkte ausgehende Zusammenfassung des ganzen Gebietes, welche seinen Bedürfnissen entspricht.

Ueber die Art, wie eine solche Zusammenfassung auszuführen ist, kann man verschiedener Meinung sein. Die Theorie ist bekanntlich so weit vorgeschritten, dass die Aufgabe der Zusammenfassung des ganzen Gebietes im Allgemeinen als gelöst zu betrachten ist; der Begriff, durch dessen Einführung dies gelang, ist das Potential. Von einer, wenn auch noch so einfachen Wiedergabe der Potentialtheorie in einer Schrift, wie der nachfolgenden, kann nicht die Rede sein, und es kann sich in einer solchen Schrift nur um die Art und Weise handeln, wie sich trotz des Verzichtes auf die Wiedergabe dessen, was die Theorie besitzt, doch einige Grundzüge derselben in die populäre Darstellung verflechten lassen.

In dieser Beziehung war mir sehr lehrreich die Schrift von Fl. Jenkin: *Electricity and Magnetism*, welche denselben Zweck verfolgt, wie die nachstehende. H. Jenkin, selbst einer der hervorragendsten Kenner und Begründer der elektrischen wissenschaftlichen Technik, macht in diesem Buche den Versuch einer populären Darstellung der Potentialtheorie, ohne jeden Aufwand von Rechnung, bloss von der Definition des Potentials als Arbeitsgrösse ausgehend.

Dieser Versuch entspringt ebenfalls aus dem Bedürfniss nach einer einheitlichen Darstellung und ist in so origineller und fesselnder Weise durchgeführt, dass ich Anfangs nichts Besseres thun zu können glaubte, als diesen Versuch nachzubilden. Ich gelangte jedoch bald zu der Ueberzeugung, dass das Jenkin'sche Buch, so weit es die Durchführung des Potentialbegriffes betrifft, von den englischen Technikern nicht verstanden wird, und zwar drängte sich mir diese Ueberzeugung um so mehr auf, je mehr ich in englischen technischen Abhandlungen, Broschüren, ja sogar Patenten das Wort „potential" fand.

Aus diesen Gründen entschloss ich mich, in der nachfolgenden Darstellung zwar den erwähnten Zweck möglichst im Auge zu behalten, aber doch, wenn ich so sagen darf, einen etwas tieferen Ton anzustimmen, als H. Jenkin es that, und glaube dadurch dem augenblicklichen Stande der Dinge entsprochen zu haben.

Bei der Beschreibung des experimentellen Details war es mein Bestreben, das Principielle hervorzuheben und das Unwesentliche möglichst kurz zu fassen oder dessen Ausführung ganz dem Leser zu überlassen; ich zählte in dieser Beziehung auf die Fähigkeit der Construction, welche dem Techniker mehr eigen ist und welche er auch mehr übt, als der Mann der Wissenschaft.

Aehnlich wurde es auch mit der Rechnung gehalten, indem jede längere Rechnung vermieden und nur die Kenntniss des gewöhnlichen algebraischen Rechnens vorausgesetzt wurde.

Was Literatur betrifft, habe ich von dem sämmtlichen mir zu Gebote stehenden Material ausgedehnten Gebrauch gemacht.

Berlin, Ende Juli 1878.

O. F.

Inhaltsverzeichniss des II. Bandes.

§ 1. **Der elektrische Zustand** .... 1—27
  I. Entstehung des elektrischen Zustandes; Anziehung und Abstossung .. 1
  II. Fortpflanzung des elektrischen Zustandes; Leiter und Nichtleiter 2
  III. Die elektrischen Fluida .. 6
  IV. Elektroskop 9
  V. Dichte und Schlagweite .. 9
  VI. Sitz des elektrischen Zustandes 10
  VII. Elektrisirung durch Mittheilung 11
  VIII. Elektrisirung durch Vertheilung 12
  IX. Beispiele; Anziehung durch Induction 13
  X. Ableitung zur Erde; gebundene Elektricität .. 15
  XI. Probescheibchen; Wirkung der Krümmung und der Spitzen; Zerstreuung durch die Luft 17
  XII. Der elektrische Ansammlungsapparat 18
  XIII. Die Condensatoren 20
  XIV. Wirkung des Isolators in Condensatoren; Faraday's Theorie 24
  XV. Capacität 26

§ 2. **Die Elektricitätsquellen** .... 27—54
  A. Erzeugung von Elektricität durch Reibung .. 27—40
    I. Reibungs-Elektrisirmaschine 27
    II. Der Elektrophor 30
    III. Die Influenzelektrisirmaschine 31
    IV. Vorsichtsmassregeln; Versuche mit der Elektrisirmaschine 34
    V. Elektroskope 38
  B. Erzeugung von Elektricität durch Berührung heterogener Körper (Galvanismus) ...... 41—51
    VI. Grundthatsachen; Spannungsreihe 42
    VII. Gesetz der Spannungsreihe; elektromotorische Kraft 43
    VIII. Elektromotorische Kräfte zwischen Flüssigkeiten 44
    IX. Contacttheorie; Volta's Fundamentalversuch .. 45
    X. Galvanische Elemente und Batterien; Volta'sche Säule 48
  C. Erzeugung von Elektricität durch Erwärmung der Berührungsstellen heterogener Körper (Thermoelektricität) .. 51—54

§ 3. **Der stationäre elektrische Strom** .... 54—59
  I. Allgemeines 54
  II. Magnetische Wirkung; Strommessung 55

III. Stationärer und variabler Strom 56
IV. Uebereinstimmung zwischen Wärmestrom und elektrischem Strom 58
V. Ohm'sches Gesetz; elektromotorische Kraft des galvanischen Elements . 61
VI. Widerstand; gewöhnliche Form und Darstellung des Ohm'schen Gesetzes 63
VII. Stromverzweigung; Kirchhoff'sche Sätze 67
VIII. Beispiel (Wheatstone'sche Brücke) 69
IX. Beispiel mit zwei Batterien 71
X. Verzweigung von Widerständen 72
XI. Schaltung einer Batterie . 73

§ 4. Das Verhalten der Körper in Bezug auf den elektrischen Strom . . . 80—104
A. Elektromotorische Kraft . . . . . . 81—95
I. Constante Elemente . . . 81
II. Polarisation; Nutzeffect 82
III. Daniell'sches Element . 83
IV. Das Poppelement; das Sandelement 87
V. Das Meidinger'sche Element; das Krüger'sche Element 88
VI. Das Grove'sche und das Bunsen'sche Element . . 90
VII. Das Marie Davy'sche, das Chromsäure- und das Leclanché'sche Element 92
VIII. Die Thermoketten . . . 95
B. Widerstand . . . . . 95—104
IX. Widerstandseinheiten . . 95
X. Widerstandsscalen . . . 98
XI. Eintheilung der Leiter in Bezug auf Widerstand; Definitionen . . 99

XII. Leitungsfähigkeit der Leiter erster Classe . . 100
XIII. Leitungsfähigkeit der Leiter zweiter Classe . 102

§ 5. Die Wirkungen des elektrischen Stromes 104—139
I. Uebersicht 104
A. Wärmewirkungen . 105—123
II. Erwärmung des Leiters 105
III. Joule'sches Gesetz . . . 106
IV. Anwendung des Joule'schen Gesetzes 107
V. Das galvanische Glühen von Drähten 109
VI. Grenzen der Wärmeentwicklung 112
VII. Der elektrische Funke 115
VIII. Das elektrische Licht 118
IX. Elektrische Lampe . . 123
X. Elektrisches Ei und Geissler'sche Röhren . . 127
XI. Die Peltier'sche Erscheinung 128
B. Mechanische Wirkungen auf den vom Strom durchflossenen Leiter 129—132
XII. Mechanische Wirkungen galvanischer Ströme 129
XIII. Mechanische Wirkungen von Strömen der Reibungselektricität . . . 131
C. Physiologische Wirkungen .... 132—133
D. Chemische Wirkungen 133—139
XV. Zersetzung durch den Strom 134
XVI. Elektrochemische Reihe; Metallfällungen . . . 134
XVII. Vorgänge im Elektrolyt 136
XVIII. Secundäre Erscheinungen; Leitung der Salzlösungen 138
XIX. Faraday'sches Gesetz; Voltameter 139
XX. Galvanoplastik 142

XXI. Elektrische Endosmose; Wanderung der Jonen 143
XXII. Uebergangswiderstand; Polarisation 145
XXIII. Zersetzungsvorgänge in den Elementen . . . 148
E. Mechanische Fernwirkungen . . . . 149—167
XXIV. Allgemeines 149
XXV. Bedeutung des Grundgesetzes 151
XXVI. Ampère's Grundgesetz . 152
XXVII. Element und unendliche Gerade 155
XXVIII. Ampère'scher Satz, Unendlich kleiner Stromkreis 159
XXIX. Die galvanische Schraube 164
F. Elektrische Fernwirkungen . . . . . . 167—185
XXX. Allgemeines 167
XXXI. Flüssigkeit 168
XXXII. Erfahrungsgesetze . . 170
XXXIII. Grundgesetz 175
XXXIV. Induction in geraden Leitern 177
XXXV. Induction von unendlich kleinen Stromkreisen und galvanische Schrauben 179
XXXVI. Induction durch Entstehen und Verschwinden von Strömen . . . 182
XXXVII. Inductionsströme durch Stromveränderung; Inductionsströme höherer Ordnung 183
G. Die Erhaltung der Kraft im Stromkreise . 185—194
XXXVIII. Einleitung 185
XXXIX. Ableitung des Joule'schen Gesetzes . . . 186
XL. Elektromotorische Kraft und chemische Arbeit 187
XLI. Einfluss der Polarisationen 190

§ 6. Magnetismus und Elektromagnetismus. 194—301
H. Magnetismus . . . 194—214
I. Grundgesetze der Magnete 194
II. Stahl und Eisen; magnetische Induction . . 196
III. Innere Vorgänge bei der Magnetisirung . . . 197
IV. Freier und gebundener Magnetismus 199
V. Der Erdmagnetismus . 201
VI. Gleichgewicht und Bewegung einer Galvanometernadel 202
VII. Form und Stärke der Magnete 206
VIII. Die Magnetisirung . . 209
IX. Einfluss der Cohäsion und der Wärme . . 211
B. Ströme und Magnete 214—247
X. Ersetzung eines Magnets durch Kreisströme 214
XI. Magnetpol und Stromelement 218
XII. Rotationsapparate . . 223
XIII. Magnetpol und Kreisstrom 226
XIV. Der Elektromagnet . . 228
XV. Einfluss der Stromstärke 230
XVI. Einfluss der Windungen 232
XVII. Die zweckmässigste Wickelung 236
XVIII. Geschlossene und nicht geschlossene Elektromagnete 241
XIX. Einfluss der Dimensionen 243
XX. Zusammenstellung der Ergebnisse 246
C. Diamagnetismus . 247—252
XXI. Thatsachen 247
XXII. Erklärung 250
D. Elektromagnetische Apparate und Maschinen . . . . 252—301

	Seite		Seite
XXIII. Uebersicht	252	IV. Ladung	310
XXIV. Der Inductionsapparat; Princip	253	B. Die Stromerscheinungen im Kabel	325—351
XXV. Der Inductionsapparat; Beschreibung	256	V. Die Verzögerung und die Schwächung	325
XXVI. Der selbstthätige Unterbrecher; der Condensator	259	VI. Dichte und Strom beim Anlegen von Batterie	329
XXVII. Gebrauch des Inductionsapparates	263	VII. Die Curve des ansteigenden Stromes	335
XXVIII. Inductionsrollen als Telegraphenapparate	265	VIII. Das Product Widerstand × Capacität	337
XXIX. Magnetelektrische Inductionsmaschinen; Uebersicht	267	IX. Numerische Werthe und experimentelle Bestimmungen der Curve des ansteigenden Stromes	341
XXX. Magnetelektrische Maschinen mit Strömen von wechselnder Stärke	269	X. Auslehnung auf beliebigen Batteriewechsel am Kabelanfang	343
XXXI. Magnetelektrische Maschinen mit constantem Strom	280	XI. Elektrische Wellen im Kabel	345
§ 7. Die elektrischen Erscheinungen in Kabeln	301—357	XII. Induction in Kabeln und oberirdischen Leitungen	348
I. Uebersicht	301	C. Die Fortpflanzungsgeschwindigkeit der Elektricität	351—357
A. Die elektrischen Constanten des Kabels	301—325	XIII. Uebersicht	351
II. Kupferwiderstand	304	XIV. Messungen	353
III. Isolationswiderstand	306		

Anhang.
Die elektrischen Messungen.

A. Die Messinstrumente	361—412	VII. Galvanometer mit Theilkreis	376
I. Uebersicht der Messinstrumente	361	VIII. Spiegelgalvanometer	384
a) Die Strommessinstrumente	361—405	IX. Der Bussolschreiber	395
II. Uebersicht der Strommessinstrumente	361—405	X. Die Dynamometer	399
III. Die Galvanometer	363	b) Die Elektrometer	405—410
IV. Die Arten der Messung	364	XI. Uebersicht; Quadrantelektrometer	405
V. Messungsarten bei den empfindlicheren Magnetsystemen	367	c) Die Widerstandsscalen	410—412
VI. Bewegung der Galvanometernadeln	373	d) Die Ladungsscalen	412
		B. Die Messmethoden	413—441
		I. Uebersicht	413
		a) Der Strom	413—434
		II. Directe Strommessung	413

III. Methode des gleichen
   Ausschlags 413
IV. Strommessung durch Messung der Dichten-Differenz . . . .
b) Die Dichte . . . 414—418
   V. Directe Dichtenmessung mittelst Elektrometer . 415
   VI. Dichtenmessung durch Gegenschaltung . . . 415
   VII. Dichtenmessung mittelst Condensatoren . . . 417
   VIII. Dichtenmessung mittelst Strommessung . . . 418
c) Die elektromotorische Kraft . . . . . . 418—423
   IX. Methode mit einfachem Strom 418
   X. Wheatstone'sche Methode 419
   XI. Methode der Gegenschaltung 420
d) Der Widerstand . 423—435
   1) Drahtwiderstände . . 423—429
   XII. Widerstandsmessung in einfachem Stromkreis . 423
   XIII. Widerstandsmessung mit Differentialgalvanometer 424
   XIV. Wheatstone'sche Brücke 425
   XV. Universalgalvanometer 427
   2) Hohe Widerstände . 429—432
   XVI. Isolationsmessung durch Strommessung . . . 429
XVII. Isolationsmessung aus dem Sinken der Dichte 430

XVIII. Lochstellenprüfung . 431
   3) Flüssigkeitswiderstände 432—435
   XIX. Widerstand einer Zersetzungszelle 432
   XX. Widerstand von Batterieströmen; Halbirungsmethode 433
   XXI. Widerstand von Batterien; Brückenmethode . 434
e) Die Ladung . . . 435—437
   XXII. Ladungsmessung durch einfachen Ausschlag . 435
   XXIII. Compensationsmethode . 436
f) Die Fehlerbestimmungen . . . . 437—441
   1) Fehler auf oberirdischen Linien 437
   XXIV. Schleifenprobe . . . 437
   XXV. Widerstand der fehlerhaften Linie 438
   XXVI. Contact zwischen zwei Linien 439
   2) Fehler in Kabeln . . 440
   XXVII. Schleifenprobe . . . 440
   XXVIII. Fehlersuchen bei der Fabrikation . . . 440
   XXIX. Bestimmung bei gerissenem Kupferdraht . 440
   XXX. Widerstand des fehlerhaften Kabels . . . 441
   XXXI. Dichtenprobe . . . 441
C. Das absolute Maasssystem 442—446
D. Zahlen und Tabellen 447—454

Zweiter Theil.

Die Lehre
von der Elektricität und dem Magnetismus.

§. 1.
Der elektrische Zustand.

I. Entstehung des elektrischen Zustandes; Anziehung und Abstossung. Wenn man ein Stück Harz mit Wolle oder Seide reibt, so erhält es die Eigenschaft, kleine, leichte Körperchen, wie Papierschnitzel, Stücke von Vogelfedern, Haare u. s. w. anzuziehen. Dieselbe Eigenschaft erhält Glas, wenn es mit Wolle oder Seide gerieben wird; der Zustand, in welchen das so geriebene Harz oder Glas geräth, heisst der elektrische Zustand.

Dieser sogenannte elektrische Zustand entsteht nicht nur durch Reibung von Glas und Harz, sondern beinahe allgemein durch Reibung heterogener Körper; ferner nicht nur durch Reibung von gewissen Körpern, sondern auch durch blosse Berührung einer gewissen andern Klasse von Körpern; endlich durch noch andere, völlig von den genannten verschiedene Ursachen. Ohne uns jetzt auf die Natur dieser Ursachen einzulassen, beschäftigen wir uns im Folgenden nur mit den Eigenschaften des elektrischen Zustandes, gleichviel durch welche Ursache derselbe entstanden sei.

Die Anziehung kleiner Körper ist zwar charakteristisch für den elektrischen Zustand, reicht aber bei Weitem nicht aus, um denselben vollständig zu charakterisiren. Es giebt noch viele andere Anziehungserscheinungen in der Natur: Jedermann weiss, dass die Erde von der Sonne angezogen wird; zwei Blumenblätter, die in einem ruhigen Teich nicht allzuweit von einander liegen, nähern sich einander allmählig und bleiben, vereinigt, an einander kleben; der Magnet zieht Eisenfeile, eiserne Nägel u. s. w. an; eben diese Anziehungen, sowie alle übrigen, die man an Körpern beobachtet, die nicht im elektrischen Zustand sich befinden, sind wesentlich verschieden von der Anziehung von Körpern im elektrischen Zustand.

Die Anziehung im elektrischen Zustand kann in eine Abstossung übergehen. Schon die Papierschnitzelchen, die vom Harzstab angezogen werden und an demselben kleben, werden nach einiger Zeit wie durch einen Stoss weggeschleudert. Deutlicher noch zeigen sich die elektrische Abstossung und Anziehung in folgenden Versuchen: man elektrisire zwei Harzstücke und zwei Glasstücke und hänge sie sämmtlich an Seidenfäden auf; nähert man dann die beiden Harzstücke einander, so stossen sie sich ab, nähert man die beiden Glasstücke einander, so stossen sie sich ebenfalls ab; nähert man aber ein Harzstück und ein Glasstück, so ziehen sie sich an.

Ganz ähnliche Erscheinungen zeigen jedoch bekanntlich auch die Magnete. Jeder Magnet besitzt einen Südpol und einen Nordpol; setzt man nun zwei Magnetstäbe in der Mitte auf Spitzen, so dass sie sich frei drehen können, und nähert die beiden Südpole einander, so erfolgt Abstossung; nähert man die beiden Nordpole einander, so erfolgt ebenfalls Abstossung; nähert man dagegen einen Südpol einem Nordpol, so erfolgt Anziehung. Hiernach wäre also durchaus in Bezug auf Anziehung und Abstossung z. B. ein magnetischer Südpol einem elektrisirten Harzstab, ein magnetischer Nordpol einem elektrisirten Glasstab zu vergleichen, und dennoch sind der magnetische und der elektrische Zustand völlig verschiedene Dinge. Eine Vergleichung der beiden Zustände lässt sich nicht durchführen, ohne die vollständige Kenntniss aller hieher gehörigen Thatsachen vorauszusetzen; an dieser Stelle können wir nur hervorheben, dass zwar das Grundgesetz der Wirkungsweise für beide Zustände dasselbe ist, dass dieselben aber in ganz verschiedener Weise erzeugt werden und an ganz verschiedenen Körpern auftreten.

Die Wirkungsweise des elektrischen Zustandes lässt sich folgendermassen aussprechen: es gibt zwei verschiedene Arten des elektrischen Zustandes, diejenige, welche das Harz annimmt und diejenige, welche das Glas annimmt; zwei Körper in ungleichnamigen elektrischen Zuständen ziehen sich an, zwei Körper in gleichnamigen elektrischen Zuständen stossen sich ab.

In der Wissenschaft hat sich eine Bezeichnung der beiden Arten des elektrischen Zustandes eingebürgert, welcher wir uns, ihres allgemeinen Gebrauches wegen, ebenfalls anschliessen müssen, deren Bedeutung wir aber völlig unerörtert lassen, weil sie zur Erkenntniss des elektrischen Zustandes nichts beiträgt. Man nennt nämlich den elektrischen Zustand des Glases den positiv (+) elektrischen, denjenigen des Harzes den negativ (—) elektrischen.

II. **Fortpflanzung des elektrischen Zustandes; Leiter und Nichtleiter.** Ein zweiter, für den elektrischen Zustand charakteristischer Punkt ist die Art, wie die einzelnen Körper den elektrischen Zustand, sowohl den positiven als den negativen, fortpflanzen.

Ein Stab von Harz oder Glas, welcher gerieben wird, zeigt den elektrischen Zustand nur an den Stellen, an welchen er gerieben wurde; alle anderen Theile desselben sind nicht elektrisirt, mögen sie auch noch so nahe den elektrisirten Stellen liegen. Ein Metallstück verhält sich ganz anders. Wenn es auf irgend eine Art an einer Stelle elektrisirt wird, so verbreitet sich der elektrische Zustand beinahe in demselben Augenblick, in welchem jene Stelle denselben annimmt, über die ganze Oberfläche des Metalles. Die Form des Metallstückes ist hierbei ganz gleichgültig; die Stärke und die Art des elektrischen Zustandes, den die einzelnen Stellen annehmen, ist allerdings je nach der Form des Körpers verschieden, aber elektrisch werden alle Theile des Körpers in einer äusserst kurzen Zeit nach der Elektrisirung eines Theiles desselben. Man unterscheidet daher für den elektrischen Zustand Leiter und Nichtleiter (Conductoren und Isolatoren); in die erstere Klasse gehören sämmtliche Metalle, die Kohle, eine grosse Anzahl von Flüssigkeiten und Alles, was mit denselben getränkt ist, in die zweite gehören z. B. die Harze, Gummi und Guttapercha, Glas und die atmosphärische Luft.

Wie bei den meisten physikalischen Eintheilungen, so ist auch hier die Unterscheidung der beiden Klassen von Körpern nicht streng durchführbar. Die besten sogenannten Nichtleiter, welche beim Experimentiren Verwendung finden, fangen unter gewissen Umständen an zu leiten. Gut isolirendes Glas, das bei gewöhnlicher Temperatur keine bemerkbare Spur von Elektricität durchlässt, leitet bei stärkerer Erwärmung; andere sogenannte Nichtleiter, wie z. B. die Harze, scheinen bei schwacher Elektrisirung nicht zu leiten, werden aber leitend bei stärkerer Elektrisirung; und ähnliche Erscheinungen treten bei beinahe sämmtlichen Isolatoren auf. Der Begriff der Leitung ist daher meistens nur ein relativer, er gilt nur für gewisse Umstände und innerhalb gewisser Grenzen, und wir dürften eigentlich nur von guten und schlechten Leitern reden. Wie wir später sehen werden, setzen auch die besten Leiter, wie Silber, Kupfer u. s. w. der Elektricität einen gewissen Widerstand entgegen, und es gibt keinen absolut guten Leiter, welcher der Elektricität gar kein Hinderniss darböte; und ebenso ist noch von keinem Körper bewiesen, dass er die Elektricität unter allen Umständen gar nicht leite; man kann also sagen, dass alle Körper im Allgemeinen die Elektricität leiten, aber allerdings in sehr verschiedenem Masse. Die Leitung der Elektricität verhält sich in jeder Beziehung ähnlich wie die Leitung der Wärme, auch für Wärme gibt es weder absolut gute, noch absolut schlechte Leiter; ja es ist wahrscheinlich, dass jeder Körper in demselben Masse die Wärme, wie die Elektricität leitet.

Wir geben im Folgenden eine Tabelle der Leiter, Nichtleiter und der sogenannten Halbleiter, d. h. mittelmässig leitenden Körper.

Leiter.

Die Metalle	Seewasser	Lebende animalische
Holzkohle	Quellwasser	Theile
Graphit	Regenwasser	Lösliche Salze
Säuren	Schnee	Leinen
Salzlösungen	Lebende Vegetabilien	Baumwolle.

Halbleiter.

Alcohol	Schwefelblumen	Papier
Aether	Trockenes Holz	Stroh
Glaspulver	Marmor	Eis bei 0°.

Nichtleiter.

Trockene Metalloxyde	Aetherische Oele	Seide
Fette Oele	Porzellan	Edelsteine
Asche	Getrocknete Vegetabilien	Glimmer
Eis bei — 25° C.	Leder	Glas
Phosphor	Pergament	Gagat
Kalk	Trockenes Papier	Wachs
Kreide	Federn	Schwefel
Semen Lycopodii	Haare	Harze
Kautschuk	Wolle	Bernstein
Kampher	Gefärbte Seide	Schellack.

III. Die elektrischen Fluida. Wenn irgend ein Körper z. B. positiv elektrisirt wird, so kann dies nicht geschehen, ohne dass ein anderer Körper in demselben Masse negativ elektrisirt wird. Wenn der Horngummistab mit Wolle gerieben wird, so wird das Horngummi negativ elektrisch, die Wolle jedoch positiv; wird der Glasstab mit derselben Wolle gerieben, so wird das Glas positiv, die Wolle aber negativ elektrisch. Ebenso, wenn man ein Stück Kupfer und ein Stück Zink in verdünnte Säure steckt, wird das Kupfer positiv, das Zink negativ elektrisch. Wenn man mit später zu beschreibenden Instrumenten die elektrischen Zustände auf den beiden elektrisirten Körpern vergleicht, so ergibt sich, dass beide dasselbe Mass haben. Wenn man nun auf irgend einen dritten Körper den elektrischen Zustand des einen jener beiden elektrisirten Körper überträgt, und dann auch denjenigen des andern, so wird der dritte Körper bei der ersten Operation elektrisirt, bei der zweiten jedoch wieder vollkommen unelektrisch; zwei elektrische Zustände von gleicher Kraft, aber entgegengesetzter Natur, neutralisiren sich also gegenseitig.

Aus dieser Thatsache, sowie aus den übrigen Merkmalen und Gesetzen des elektrischen Zustandes hat sich die Vorstellung der sogenannten elektrischen Fluida herausgebildet; diese hat sich, nachdem sie sich seit langer Zeit in der Wissenschaft eingebürgert, bis auf die Neuzeit erhalten, und wenn auch in unseren Tagen die Wissenschaft auf dem Punkte zu stehen scheint, diese Vorstellung durch eine andere, natürlichere, zu ersetzen, so wird dieselbe doch stets bedeutenden Werth behalten, weil sämmtliche elektrischen Erscheinungen von dieser Vorstellung aus erklärt werden können. Da an der Hand dieser Vorstellung die elektrischen Erscheinungen sich viel leichter und bequemer besprechen lassen, so führen wir dieselbe in dem Folgenden kurz vor.

Wenn beide elektrischen Zustände, von gleicher Kraft, sich gegenseitig neutralisiren, so muss auch ein jeder unelektrischer Körper diese Zustände in sich enthalten, ohne dass einer derselben nach Aussen wirksam werden kann. Wir denken uns desshalb in jedem Theilchen eines Körpers positive und negative Elektricität angehäuft, aber in gleichem Masse. Wird der Körper elektrisirt, z. B. gerieben mit einem Reibzeuge, so entsteht nicht etwa Elektricität, sondern man hat sich nur vorzustellen, dass sich die beiden im natürlichen Zustande verbundenen Elektricitäten von einander trennen und die eine sich auf dem einen, die andere sich auf dem andern Körper sammelt. Wird Harz mit Wolle gerieben, so trennen sich im Harz und in der Wolle die Elektricitäten; die negative des Harzes bleibt auf dem Harze, die positive des Harzes geht auf die Wolle über, die negative der Wolle geht auf das Harz über, die positive der Wolle bleibt auf der Wolle; auf diese Weise wird das Harz negativ, die Wolle positiv elektrisch. Die Erzeugung von Elektricität, oder vielmehr die Trennung der beiden Elektricitäten im natürlichen Zustand, kann in's Unendliche fortgetrieben werden; wenn man dem Glas und der Wolle immer die Elektricität wegnimmt, welche eben erzeugt wurde, so wird durch fortgesetztes

Reiben der elektrische Zustand beider Körper stets wieder in gleichem Maasse erneuert; ein Körper im natürlichen Zustand muss daher nach dieser Vorstellung unendliche Quantitäten von Elektricität enthalten.

Unter den beiden Elektricitäten stellt man sich nach dieser Theorie feine, unendlich leicht bewegliche Flüssigkeiten vor, welche mit einer ungeheuren Geschwindigkeit sich bewegen können; in den leitenden Körpern verbreitet sich eine ihnen irgendwie mitgetheilte Ladung von Elektricität beinahe momentan über den ganzen Körper, in den Isolatoren ist die Elektricität an die Stelle gebunden, an welche sie bei der Mittheilung gebracht wurde. Wie wir oben sahen, ziehen ungleichnamige Elektricitäten sich an, gleichnamige stossen sich ab.

Von der Kraft der Anziehung oder Abstossung, welche zwei elektrische Theilchen auf einander ausüben, gilt folgendes Gesetz: dieselbe ist

proportional den in den Theilchen enthaltenen elektrischen Massen;

umgekehrt proportional dem Quadrat der Entfernung.

Freie Elektricität nennt man die Menge von nicht neutralisirter Elektricität, welche der Körper enthält; das an der Wolle geriebene Harz z. B. enthält, ausser dem unendlichen Vorrath von neutralisirter Elektricität beiderlei Art, freie negative Elektricität, die Wolle, ausser der neutralisirten, freie positive Elektricität. Es können sich aber auch die Elektricitäten in einem Körper durch Einwirkung äusserer Körper trennen, ohne dass, wie bei Harz und Wolle, die eine in einen andern Körper übergeht, es kann sich dann an einer Stelle des Körpers ausser der neutralisirten positive, an einer andern Stelle negative Elektricität aufhäufen; auch diese Elektricitätsmassen nennen wir frei, weil sie von einander getrennt sind.

Wenn ein Körper den elektrischen Zustand angenommen hat, so ist dieser Zustand durch zweierlei charakterisirt: erstens durch die Menge der freien Elektricität, dann durch die Dichte derselben. Wie Menge und Dichte gemessen werden, wird sich später ergeben; im Allgemeinen haben diese Begriffe ganz ähnlichen Sinn wie die Menge und die Fallhöhe von in einem Bassin enthaltenem Wasser. Der Werth einer solchen Wassermasse als Arbeitskraft richtet sich theils nach der Menge des Wassers, theils nach der Fallhöhe, vom Punkt des Ausflusses an herab bis zum Abflussbett; ebenso sind die Wirkungen einer elektrischen Ladung proportional der Menge und der Dichte der freien Elektricität.

§. 1, IV., V.   Der elektrische Zustand.   9

Die Theorie der elektrischen Fluida ist zwar bei jeder Darstellung der Elektricitätslehre heutzutage nicht zu umgehen; jedoch enthält dieselbe theils Ungereimtes, theils Vorstellungen, für welche kein Seitenstück in der Natur existirt. So ist die Annahme von unendlichen, im natürlichen Zustand enthaltenen Quantitäten etwas natürlich Unmögliches, und diejenige von positiven und negativen Massen mit Anziehung und Abstossung ohne Seitenstück in der Natur. Diese ganze Theorie ist daher mehr dahin zu verstehen, dass die Erklärung der Erscheinungen von der Grundvorstellung aus auch bei Aufstellung von neuen Theorien im Allgemeinen dieselbe bleiben wird, dass aber voraussichtlich an die Stelle der Grundvorstellung eine andere natürlichere treten wird, welche dasselbe leistet.

IV. **Elektroskop.** Bereits an dieser Stelle ist das einfachste Instrument zu erwähnen, welches dazu dient, einen elektrischen Zustand anzuzeigen, das **Elektroskop**.

Fig. 1.

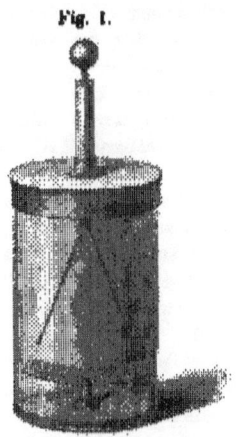

Die gewöhnlichste Form desselben ist die nebenstehende. Eine Flasche von gut isolirendem Glas ist durch einen Pfropfen von Metall oder auch von isolirendem Material verschlossen. Durch diesen Pfropfen hindurch ist ein Messingdraht gesteckt, dessen oberes Ende in eine Messingkugel endigt, und an dessen unterem Ende zwei senkrecht herunterhängende Blättchen von Goldschaum befestigt sind. Berührt man den Knopf mittelst irgend eines elektrisirten Körpers, so werden Kugel, Draht und Blättchen durch Mittheilung elektrisirt, und es müssen die Blättchen divergiren, weil sie gleichnamig geladen sind und sich daher abstossen.

V. **Dichte und Schlagweite.** Ehe wir in der Betrachtung des elektrischen Zustandes weiter gehen, muss nun Das, was man Dichte der Elektricität nennt, näher erläutert werden.

Bei den Erscheinungen der Reibungselektricität, wie sie also z. B. durch Reibung von Glas und Harz mit Stoffen hervorgebracht werden, entspricht die **Dichte der Schlagweite des Funkens**. Ein elektrischer Funken entsteht nämlich hier immer, wenn positive und negative Elektricität sich vereinigen; wenn man nun z. B. durch Reibung eines Harzstabes mit Wolle beide Körper elektrisirt hat, und auf irgend eine Weise die Elektricität des Stabes einer Messingkugel, diejenige der Wolle einer andern gleichen Kugel mitgetheilt hat, und die beiden Kugeln einander allmählig nähert, so springt bei einer ganz bestimmten Entfernung der Kugeln ein Funken über; ladt man die Kugeln stärker, aber stets die eine mit ebenso viel positiver, wie die andere mit negativer Elektricität, so ist jene Entfernung eine grössere; die Entfernung, bei welcher der Funke überspringt, ist die Schlagweite der Elektricität der Kugeln, und die Schlagweite entspricht der Dichte.

Bei den Erscheinungen des sogenannten Galvanismus, deren Quelle stets verschiedene Metalle sind, die in leitende Flüssigkeiten getaucht worden, hat man meistens nur geringe Dichten, und nur unter besonderen Umständen elektrische Funken; in diesem Falle wird denn auch die Dichte anders als durch die Schlagweite gemessen; für das Verständniss der allgemeinen Erscheinungen des elektrischen Zustandes jedoch genügt obige Erklärung.

VI. **Sitz des elektrischen Zustandes.** Der elektrische Zustand hat seinen Sitz nur in der Oberfläche des Körpers; die inneren Theile enthalten keine freie Elektricität; dieser Satz wurde bereits frühe entdeckt und in neuerer Zeit auf verschiedene Weise schlagend illustrirt. Die ersten Beobachter dieser Eigenschaft der Elektricität hatten nachgewiesen, dass ein hohler Metallkörper, Cylinder oder Kugel, gleichviel Elektricität aufnimmt, ob man ihn mit Metall ausfüllt oder nicht. Franklin versenkte in eine silberne Theekanne eine Metallkette von 9 Fuss Länge; er elektrisirte die Kanne, nachdem die Kette in dieselbe versenkt war, und zog dann mittelst eines nichtleitenden Fadens die Kette allmählig heraus — die Dichte an der Kanne verminderte sich, aber erreichte wieder dieselbe Stärke, wie vorher, wenn die Kette wieder in derselben lag. Die Kette nahm also bloss Elektricität an, wenn sie in und über die Oberfläche des Gefässes gelangte.

Magnus hängt einen Metallcylinder an Seidenschnüren auf und bewickelt denselben mit einem dünnen Metallblatt, an dessen Ende ein kleines Elektroskop und eine Handhabe mit Seidenschnüren befestigt sind. Ist der Cylinder elektrisirt bei aufgerolltem Metallblatt, so vermindert sich die Dichte, wenn man das Blatt abrollt und vermehrt sich wieder beim Aufrollen. (Fig. 2.)

Faraday baute aus Latten eine Kammer von 12 Fuss Seite, deren Wände aus Drahtgeflecht und Papier bestanden, hing dieselbe an isolirenden Schnüren in einem grossen Saale auf und begab sich mit feinen Elektroskopen selbst hinein; die Kammer wurde kräftig elektri-

sirt, im Innern war jedoch
keine Spur von Elektricität zu
entdecken.

VII. **Elektrisirung durch
Mittheilung.** Will man mit
Elektricität experimentiren, so
braucht man natürlich erstens
eine passende Elektricitätsquelle, gewöhnlich eine Elektrisirmaschine oder ein galvanisches Element — diese werden wir später betrachten; in
zweiter Linie bedarf man eines
oder mehrerer Körper, welche
durch jene Quelle elektrisirt
werden, und in oder an welchen die Elektricität eine Wirkung ausübt. Diese Elektrisirung geschieht entweder durch
Mittheilung oder durch Vertheilung; im ersteren Falle
wird der zu elektrisirende Körper mit dem bereits elektrisir-
ten Theil der Quelle in Berührung gebracht, im zweiten Fall wird derselbe der Quelle nur genähert.

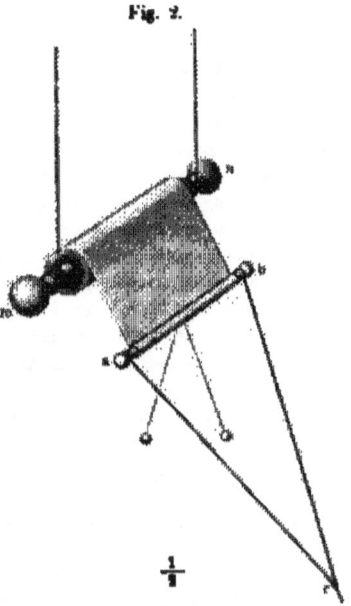

Fig. 2.

Denken wir uns einen Leiter von irgend welcher Form, z. B. eine
Messingkugel, elektrisirt und isolirt aufgestellt, z. B. auf einem Glasfuss, und berühren denselben mit einem zweiten Leiter, z. B. einer
gleich grossen Messingkugel, so verbreitet sich die Elektricität der ersten
Kugel auch auf die zweite Kugel, so dass nun jede Kugel die Hälfte
jener Elektricität hat, welche ursprünglich die erste Kugel besass. Im
Allgemeinen, wenn man den ersten Leiter mit irgend einem andern Leiter
berührt, so verbreitet sich die Elektricität des ersteren auf beide Leiter,
und zwar, abgesehen von besonderen Verhältnissen, so, dass jeder der
beiden Leiter ungefähr im Verhältniss zu seiner Grösse Elektricität erhält; ist also der erste Leiter recht klein, der zweite recht gross, so
kann man dem ersteren durch den letzteren beinahe sämmtliche Elektricität entziehen. Die Verbreitung derselben Elektricitätsmenge über
grössere Leiter geschieht aber stets auf Kosten der Dichte; bei Gleichheit der beiden Kugeln ist die Dichte nach der Berührung derselben

nur noch ungefähr die Hälfte von derjenigen, welche vorher die Elektricität der ersten Kugel besass; und allgemein, auf je grössere Fläche ein Elektricitätsquantum vertheilt wird, um so mehr sinkt die Dichte. Man kann also durch Mittheilung von einem ganz kleinen Körper aus beliebig grosse Körper elektrisiren; aber je grösser diese Körper sind, desto geringer ist die Schlagweite ihrer Elektricität.

Diese Elektrisirung durch Mittheilung ist daher zu vergleichen mit der Ausdehnung von Gasen in verschieden grossen Räumen. Hat man Luft in einem Raume abgeschlossen, z. B. in einer Röhre mittelst eines Kolbens, und verschiebt nun den Kolben, so dass der Raum z. B. der doppelte wird, so hat man dasselbe Quantum Luft auf den doppelten Raum ausgedehnt, aber der Druck der Luft ist auf die Hälfte herabgesunken. Mit derselben Luft kann man auf diese Weise beliebig grosse Räume anfüllen, aber in demselben Verhältniss, wie der Raum wächst, sinkt der Druck.

Bei der Elektrisirung durch Mittheilung ist es gleichgültig, aus welchem Stoff der Körper besteht. Man habe z. B. eine elektrisirte Messingkugel; berührt man dieselbe mit gleich grossen Kugeln von Messing, Eisen, Hollundermark, Papier, so üben alle denselben Effekt aus: die Elektricität der Messingkugel vertheilt sich stets zu gleichen Theilen auf dieselbe und die jeweilen berührende Kugel, vorausgesetzt natürlich, dass die letztere aus leitendem Material bestehe.

VIII. **Elektrisirung durch Vertheilung.** Wenn ein Körper mit freier Elektricität geladen ist, so ruft diese Ladung auf allen umgebenden Körpern eine Trennung der Elektricitäten und in Folge dessen elektrische Zustände hervor. Sei der Körper z. B. positiv geladen, so wird die positive freie Elektricität auf seiner Oberfläche auf allen umgebenden Körpern die negative Elektricität anziehen, die positive abstossen; sind diese Körper leitend, so sammelt die negative Elektricität sich an den jenem positiv geladenen Körper zunächst liegenden Stellen, die positive dagegen an den von jenem Körper am weitesten entfernten Stellen. Diese Erscheinung nennt man Elektrisirung durch Vertheilung oder statische Induction, statisch, weil hier nur die Elektricität im Gleichgewicht betrachtet wird. Derjenige Körper, welcher mit freier Elektricität geladen ist und auf den andern Körpern Trennung der Elektricitäten hervorruft, heisst der inducirende, die übrigen die inducirten.

Die statische Induction ist um so stärker, je näher die inducirten Körper dem inducirenden liegen, weil mit der Annäherung auch die anziehenden und abstossenden Kräfte wachsen; aber sie hört auch in

§. 1, IX. Der elektrische Zustand. 13

der grössten Entfernung nicht ganz auf. Daraus geht sofort hervor, dass kein Körper in der Natur elektrisirt werden kann, ohne dass seine ganze Umgebung in gewissem Grade mit elektrisirt wird; dass also z. B. auch, wenn irgend ein Himmelskörper elektrisch ist, alle andern durch Induction elektrisirt sein müssen, weil ein jeder alle andern zu seiner Umgebung hat.

Bei allen elektrischen Experimenten im Zimmer, bei dem Elektrisiren von Telegraphendrähten und Kabeln, bei den elektrischen Vorgängen in der Natur selbst, hat man stets ein System von Leitern und Halbleitern, umgeben von einer isolirenden Substanz und weiterhin wieder von Leitern und Halbleitern. Ist z. B. im Zimmer eine Messingkugel elektrisirt, so ist deren nächste Umgebung die isolirende Luft und der isolirende Fuss, auf welchem dieselbe befestigt ist, und die weitere Umgebung die leitenden Gegenstände im Zimmer, oder, wenn sonst gar keine Gegenstände vorhanden wären, die Zimmerwände, also halbleitende Flächen; wären z. B. auch Fenster vorhanden, so wäre jenseits der Fenster Luft, dann Bäume, Häuser, Erdboden etc.; stets steht die Messingkugel in einem Isolator, jenseits des Isolators befindet sich eine geschlossene Hülle von Leitern. Ist die Kugel also z. B. positiv elektrisch, so erfolgt in der Hülle, d. h. den Zimmerwänden etc. eine Vertheilung von Elektricität, die der Kugel zugekehrte Oberfläche wird negativ elektrisch. Ein im Meere liegendes Kabel besteht aus einer leitenden Seele, den Kupferdrähten, einer umgebenden isolirenden Schicht, Guttapercha oder Gummi, und einer leitenden Umgebung, dem Wasser; ist der Kupferdraht positiv elektrisch, so wird das am Kabel anliegende Wasser negativ elektrisch. Nur ein in's Freie gestellter Gegenstand mag vielleicht jenseits der isolirenden Luft nicht ganz von Leitern umgeben sein; ein oberirdischer Telegraphendraht z. B. inducirt zwar auf der Erde und, streng genommen, auch auf den Himmelskörpern etwas Elektricität, aber wenn diese letzteren keine geschlossene Hülle bilden, so gibt es also hier Stellen, wo der Leiter jenseits des Isolators nicht von leitendem Material umgeben ist.

Hieraus geht hervor, welche wichtige Rolle die statische Induction bei elektrischen Erscheinungen spielt; wir wollen nun einige Beispiele betrachten.

IX. **Beispiele; Anziehung durch Induction.** Einer negativ elektrischen Messingkugel sei eine andere gleich grosse gegenüber gestellt; auf der letzteren wird in der Richtung nach der ersteren hin positive, auf der entgegengesetzten negative Elektricität auftreten; von beiden Elektricitäten gleichviel. Ferner muss umgekehrt die positive Elektricität der inducirten Kugel wieder anziehend wirken auf die negative der inducirenden, und im Gleichgewicht muss sich auch auf der letzteren Kugel nach der Inducirten hin die negative Elektricität aufhäufen. Rückt man die inducirte Kugel der Inducirenden näher, so wächst die inducirte Elektricität, die positive sowohl als die negative, denn die Anziehung und Abstossung der Elektricitäten ist um so grösser, je kleiner die Entfernung, also ist auch die Vertheilung, welche die Elektricität der inducirenden Kugel auf diejenige der inducirten ausübt, grösser bei kleiner Entfernung. Aus demselben Grunde ist die Menge der inducirten positiven Elektricität an dem der inducirenden Kugel nächsten Punkt am grössten; die negative, abgestossene, flüchtet sich in die entlegeneren Theile der inducirten Kugel; in dem entlegensten Punkte derselben befindet sich am meisten negative Elektricität. (Die elektrischen Ladungen sind in den beifolgenden Figuren durch punktirte Linien angegeben, positive ausserhalb des Körperumrisses, negative innerhalb.)

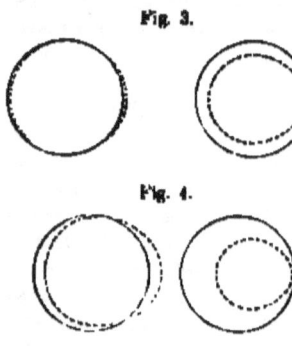

Fig. 3.

Fig. 4.

Als erstes Beispiel der Elektrisirung führten wir die Papierschnitzel oder anderen kleinen Leiter an, die von der geriebenen Harzstange angezogen werden; diese Erscheinung ist eine Folge der Induction. Auf jedem Papierschnitzelchen ordnet sich die Elektricität in ähnlicher Weise an, wie oben auf der inducirten Kugel; da nun hierbei stets nach der Harzstange hin die der Harzelektricität entgegengesetzte Elektricität sich sammelt, auf der andern Seite die gleichnamige, so wird das näher liegende Ende des Papierschnitzelchens angezogen, das entferntere abgestossen; die Anziehung ist aber stärker als die Abstossung, weil das angezogene Ende näher liegt, also wird das Papierschnitzelchen von der Harzstange angezogen.

Fig. 5.

Da die Vertheilung der Elektricitäten auf allen Leitern in ähnlichem Sinne erfolgt, wie hier bei den Papierschnitzeln, so bewirkt die

Induction auch stets eine Anziehung des inducirten Körpers, die natürlich mit wachsender Entfernung stark abnimmt.

Eine interessante Anwendung dieser Eigenschaft ist das elektrische Pendel. Vor einer geriebenen Harzstange ist ein Hollundermarkkügelchen an einem Faden aufgehängt; auf demselben wird Elektricität inducirt und das Kügelchen in Folge dessen angezogen. Sobald es die Stange berührt, lädt es sich durch Mittheilung mit negativer Elektricität, die positive wird neutralisirt; nun sind die Elektricitäten der Stange und des Kügelchens gleichnamig, es erfolgt daher Abstossung; nach und nach gibt das Kügelchen seine Ladung in die Luft, an die Aufhängung u. s. w. ab, es erfolgt wieder Anziehung durch Induction u. s. f. Bringt man gegenüber der Harzstange eine geriebene Glasstange an, so schwingt das Kügelchen unaufhörlich zwischen beiden Stangen hin und her.

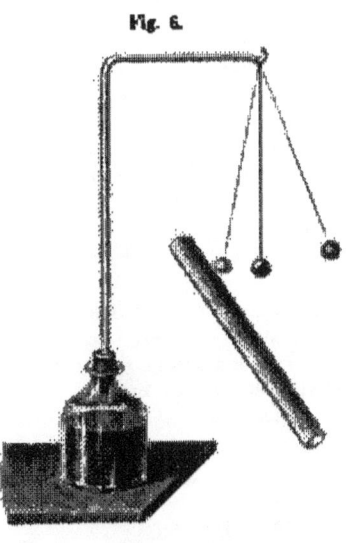

Fig. 6.

X. Ableitung zur Erde; gebundene Elektricität. Ein wichtiges Hülfsmittel, um Inductionserscheinungen zu verstärken, ist die sogenannte Ableitung zur Erde. Die Erde betrachten wir hier als einen sehr grossen Körper, der wenig oder gar nicht elektrisch ist. Die Häuser und die Zimmerwände bestehen aus Leitern und Halbleitern, ebenso der menschliche Körper, so dass der Experimentator einen elektrisirten Körper nur mit der Hand zu berühren braucht, um denselben mit der Erde in Verbindung zu bringen, oder, wie man sich ausdrückt, dessen Elektricität zur Erde abzuleiten. Streng genommen, elektrisirt sich hierbei die ganze Erde durch Mittheilung, und auch der berührte Körper bleibt etwas elektrisch, aber die Erde ist so gross im Verhältniss zu dem Körper, dass sich die Elektricität auf derselben gleichsam verläuft, d. h. dass der Körper beinahe keine Spur von Ladung behält und auch die Erde nicht merkbar elektrisirt wird. Die Ableitung zur

Erde ist also ein bequemes Mittel, um diejenige Elektricität, welche den Körper verlassen kann, zu entfernen.

Wird nun irgend ein Leiter durch Induction elektrisirt, so hat stets eine Elektricität das Bestreben, den Körper zu verlassen. Wird z. B. auf einer Messingkugel Elektricität inducirt durch eine andere, negativ geladene, so wird die negative Elektricität in derselben abgestossen; berührt man daher die Kugel mit dem Finger, so geht die negative Elektricität in die Erde, und die Kugel hat nun eine Ladung freier positiver Elektricität. Diejenige Elektricität, welche auf dem Inducirten Körper zunächst dem inducirenden sich befindet und von dessen Elektricität angezogen wird, heisst gebundene Elektricität. Dieselbe verlässt den Körper nicht, wenn derselbe zur Erde abgeleitet wird; dies ist nur möglich, wenn der inducirende Leiter entfernt oder entladen wird. Alle Elektricität, welche einen Körper trotz Berührung mit der Hand nicht verlässt, ist irgendwie durch Induction benachbarter Körper gebunden. Wir sehen hieraus, dass die Induction eines elektrisirten Körpers in einem andern nicht nur Trennung der beiden Elektricitäten bewirken, sondern auch, in Verbindung mit der Ableitung zur Erde, dem andern Körper eine Ladung von einer einzigen Art von Elektricität ertheilen kann.

Betrachten wir noch ein complicirteres Beispiel der Induction.

Fig. 7.

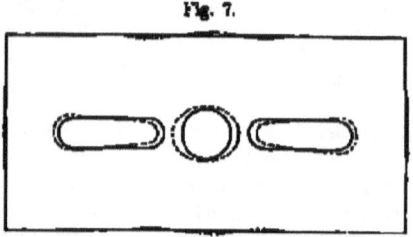

In einem Zimmer stehe eine positiv geladene Metallkugel, zu ihren beiden Seiten zwei Metallcylinder; diese letzteren erhalten Ladungen durch Induction — die Stärke der Ladungen ist in der Figur durch punktirte Linien angedeutet, positive Elektricität ist ausserhalb des Körperumrisses gezeichnet, negative innerhalb —; die Zimmerwände werden schwach negativ geladen, oben und unten kaum merklich, weil dort die positive Ladung der Kugel und die negativen der Cylinder einander entgegen wirken, die positive Elektricität der Wände ist zur Erde abgeleitet. Berührt man die Cylinder mit der Hand, so verschwindet ihre positive Ladung und in Folge dessen auch, bis auf Spuren, die negative der Zimmerwände.

Fig. 8.

XI. Probescheibchen; Wirkung der Krümmung und der Spitzen; Zerstreuung durch die Luft. Wenn man einem Leiter von beliebiger Form eine elektrische Ladung mittheilt und denselben z. B. frei in's Zimmer stellt, so dass also nur Bindung seiner Elektricität mit derjenigen der Wände eintritt, so kann man die Stärke der Ladung an den einzelnen Punkten desselben mittelst des sogenannten Probescheibchens ermitteln. An einem isolirenden Stiel befestige man ein Scheibchen von Papier, Stanniol oder Blech, und berühre damit die zu untersuchende Stelle des Körpers; hierdurch wird das Scheibchen dem Körper gleichsam elektrisch einverleibt, es nimmt durch Mittheilung aus dem Körper und durch Vertheilung nach Aussen die dieser Stelle zukommende Ladung an. Nimmt man dann dasselbe weg und theilt seine Ladung dem Elektroskop mit, so ist der Ausschlag desselben ein Mass für die Ladung der Elektricität an jener Stelle des Körpers.

Fig. 9.

Untersucht man nun mittelst des Probescheibchens die Stärke der Ladung an einem Leiter von beliebiger Form, dessen Elektricität nur in geringem Grade — mit den Zimmerwänden — gebunden ist, so findet man sehr bald, dass die Ladung am stärksten ist an den am stärksten gekrümmten Stellen, am schwächsten an ebenen Stellen.

Fig. 10.

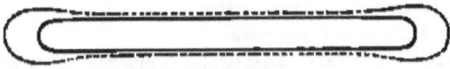

Wäre der Körper ein lang gestreckter Cylinder, so würde die Elektricität sich etwa in der aus Fig. 10 ersichtlichen Weise vertheilen; gibt man den Enden des Cylinders immer stärkere Krümmung, so bänft sich die Elektricität immer mehr an denselben an; lässt man dieselben endlich in Spitzen auslaufen, so tritt ein Umstand ein, der bei allen Experimenten mit Reibungselektricität sehr störend wirkt — die Elektricität verliert sich in die Luft, und es ist gar nicht möglich, auf dem Cylinder eine elektrische Ladung zu erhalten.

Diese Zerstreuung in die Luft rührt namentlich von dem Wassergehalt derselben her, der dieselbe schwach leitend macht; je höher der Feuchtigkeitsgrad der Luft, desto stärker ist ihre zerstreuende Kraft. Aber auch in vollkommen trockener Luft findet Zerstreuung statt; diese rührt namentlich von den Luftströmungen her — die Lufttheilchen, welche an dem geladenen Körper vorbeistreichen, nehmen immer etwas Elektricität mit sich fort.

Solche Zerstreuung findet aber auch bei festen Isolatoren statt, bei Glasstangen, Harzsäulen etc. Auch hier ist die an der Oberfläche des Isolators sich verbreitende Feuchtigkeit die Hauptursache, aber es bleibt auch eine zerstreuende Wirkung übrig, wenn man die Feuchtigkeit durch Erwärmen völlig vertrieben hat; hierauf werden wir noch später zurückkommen.

Aehnlich wie Spitzen wirken auch Flammen. Dringt man einen geladenen Leiter in leitende Verbindung mit einer Flamme, so verschwindet seine Ladung; das beste Mittel, um einen Leiter oder Isolator seiner Elektricität zu berauben, ist das Durchziehen desselben durch eine Flamme.

Gerade desshalb aber, weil Flammen und Spitzen die Elektricität eines Leiters so gut in die Umgebung abführen, sind sie auch die besten Mittel, um Elektricität aus der Umgebung aufzusaugen. Will man z. B. bei den unten zu beschreibenden Elektrisirmaschinen die Elektricität aus einer rotirenden Scheibe überführen in einen feststehenden Conductor, so wendet man nicht etwa Schleiffedern an, sondern setzt, gegenüber der Scheibe, Spitzen auf den Conductor; so lange Elektricität auf der Scheibe ist, wird dieselbe durch die Spitzen auf den Conductor übertragen. Eine fernere wichtige Anwendung finden die Spitzen und Flammen in den Messinstrumenten für atmosphärische Elektricität; die Luft ist stets etwas elektrisch, und um ihre Ladung einem zum Messinstrument führenden Conductor mitzutheilen, setzt man am besten eine Spitze oder Flamme auf denselben.

XII. **Der elektrische Ansammlungsapparat.** Eine runde Metallscheibe auf isolirendem Fuss, auf der einen Seite mit einem Ansatz für Zuleitungen versehen, werde elektrisch geladen; die Elektricität wird

§. 1, XII.   Der elektrische Zustand.   19

sich über die ganze Scheibe verbreiten, aber die grösste Dichte am
Rande besitzen. Nun werde derselben in einiger Entfernung eine ähnliche Scheibe gegenüber gestellt und dieselbe ableitend mit dem Finger
berührt; dann wird auf dieser letzteren Scheibe eine Ladung von entgegengesetztem Zeichen inducirt, die gleichnamige fliesst in die Erde
ab. Hierdurch wird aber auch die Vertheilung der Elektricität auf der

Fig. 11.

ersten Scheibe wieder geändert, indem diejenige der zweiten Scheibe
anziehend auf diejenige der ersten wirkt; in beiden Scheiben wird sich
die Elektricität mehr nach den inneren, einander zugekehrten Flächen
ziehen; die äussere Fläche der ersten und der Ansatz werden jetzt
geringere Dichte zeigen. Da ein grosser Theil der Elektricität der ersten
Scheibe gebunden ist, so ist es klar, dass dieselbe nun bei fortgesetzter
Ladung mehr Elektricität aufnehmen kann, als bei der ersten Ladung.

Eine Elektrisirmaschine, wie sie in §. 2 beschrieben werden wird,
giebt unaufhörlich Elektricität von bestimmter Dichte; wenn die erste
Scheibe frei stehend durch Drehung der Maschine geladen wird, so erreicht bald jede Stelle derselben ein gewisses Maximum von Dichte,
das in einem bestimmten Verhältniss steht zu der Dichte in der
Maschine; nehmen wir an, dass, wenn die Dichte in der Maschine
= 1 gesetzt wird, der Ansatz an der Scheibe im Maximum auch die
Dichte 1 annehme. Wenn nun die zweite Scheibe der ersten gegen-

aber gestellt wird, so vermindert sich die Dichte an jenem Ansatz, weil ein Theil seiner Ladung nach der Scheibenfläche abfliesst; sie sinke z. B. auf ¼. Der Ansatz kann aber, bei Verbindung mit jener Elektrisirmaschine, Elektricität bis zur Dichte 1 aufnehmen, also wird nun, wenn die Scheibe wieder mit der Maschine verbunden wird, dieselbe Elektricitätsmenge, wie bei der ersten Ladung, noch einmal in den Ansatz übergehen. Dasselbe gilt für jeden andern Punkt der Scheibe; die Ladung der ganzen Scheibe wird daher durch das Gegenüberstellen der zweiten Scheibe auf das Doppelte gesteigert. Dieser Eigenschaft wegen heisst der Apparat Ansammlungsapparat und das Mass der Steigerung der Ladung durch das Gegenüberstellen der zweiten Scheibe, oder genauer, das Verhältniss der Ladung mit zweiter Scheibe zu der Ladung ohne zweite Scheibe, die Verstärkungszahl desselben.

Die Verstärkungszahl hängt hauptsächlich von der Entfernung der Scheiben von einander ab und ist ungefähr umgekehrt proportional derselben — je näher die zweite Scheibe, desto grösser die Ladung der ersten; sie hängt aber noch, nicht unwesentlich, von verschiedenen anderen Umständen ab. Je grösser die Scheiben sind, desto mehr Ladung können sie auf der Flächeneinheit aufnehmen; eine Scheibe von 2 Quadratmeter Fläche nimmt, bei sonst gleichen Verhältnissen, mehr Ladung an, als zwei Scheiben von je 1 Quadratmeter Fläche. Ferner ist die Ladung um so stärker, je kürzer der Zuleitungsdraht von der Maschine zur Scheibe; und endlich ist es vortheilhafter, den Draht, mit welchem man die zweite Scheibe zur Erde ableitet, parallel an die Scheibe anzulegen, statt senkrecht zu derselben.

Der Ansammlungsapparat, namentlich in Form der sogleich zu besprechenden Condensatoren, ist von grosser Wichtigkeit für das elektrische Experimentiren. Ueberall, wo man mit schwacher Elektricitätsentwickelung zu thun hat, wird ein solcher Apparat damit geladen; die Wirkungen desselben sind dann viel kräftiger, als diejenige der Quelle selbst. Er ist einem Behälter zu vergleichen, in welchem man Elektricität aufspeichern kann.

XIII. Die Condensatoren. Die oben beschriebene Form des Ansammlungsapparates war nicht die ursprüngliche; die erste Form desselben heisst, nach ihrem Erfinder, die Franklin'sche Tafel (Fig. 12). Dieselbe besteht einfach aus einer Glastafel, welche zu beiden Seiten bis auf einen gewissen Abstand vom Rand mit Stanniol beklebt ist und auf einem isolirenden Fusse steht. Um dieselbe zu laden, wird eine Stanniolfläche zur Erde abgeleitet, die andere mit der Elektrisirmaschine verbunden. Eine spätere, noch heutzutage in allgemeinem Gebrauch stehende Form ist die Leydner Flasche (Fig. 13): ein hohes, cylindrisches Glas oder eine Flasche mit weiter Oeffnung erhält auswendig

Fig. 12.

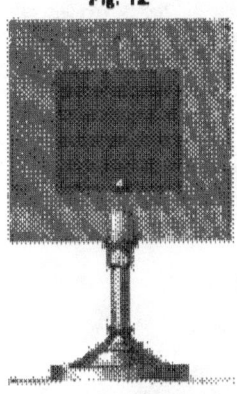

Fig. 13.

und inwendig je eine Belegung von Stanniol, bis auf einen Abstand von 2 bis mehreren Centimetern vom Rande, der Hals der Flasche ist meist durch einen Holzdeckel verschlossen und in diesen ein bis auf den Boden reichender Messingdraht gesteckt, welcher oben in eine Messingkugel endigt; die Verbindung des Drahtes mit der inneren Belegung wird durch metallene Ketten oder Federn bewerkstelligt. Heutzutage endlich, namentlich seitdem der Ansammlungsapparat in der Telegraphie praktisch verwerthet wird, baut man solche Apparate im Grossen wieder in der einfachen Tafelform, aber als isolirende Schicht wird nicht Glas verwendet, sondern verschiedene andere Materialien, hauptsächlich Glimmer, Schellack, Guttapercha, Gummi, Paraffin, Wachs, Asphalt, Colophonium u. s. w.; in dieser Form heisst der Apparat gewöhnlich Condensator.

Der Condensator unterscheidet sich hauptsächlich dadurch vom Ansammlungsapparat, dass die beiden leitenden Flächen einander bleibend gegenüber gestellt sind, und dass die trennende Schicht nicht durch Luft, sondern durch andere Stoffe gebildet ist. Seine Hauptverwendung besteht darin, dass Elektricität, die sich stetig aus einer Elektrisirmaschine oder aus galvanischen Elementen entwickelt, in demselben gesammelt und condensirt, und dann mit einem Schlage entladen wird. Jede Elektricitätsquelle braucht eine gewisse Zeit, um Elektricität zu entwickeln — dies zeigen am deutlichsten die in §. 2 zu beschreibenden Elektrisirmaschinen, die, um ein gewisses Quantum von Elektricität zu liefern, stets einer gewissen Anzahl von Umdrehungen bedürfen —; es erhellt hieraus, dass Experimente, die in einer gegebenen Zeit mehr Elektricität bedürfen, als die Maschine zu liefern vermag, mit derselben gar nicht ausgeführt werden können; durch Anwendung von Condensatoren lässt sich diese Schwierigkeit stets überwinden.

Um grosse Wirkungen zu erzielen, wird eine Anzahl von Condensatoren irgend welcher Art so unter sich verbunden, dass sie einen einzigen, grossen Condensator repräsentiren; Fig. 14 zeigt eine elektrische Batterie, d. h. eine Anzahl von Leydner Flaschen, bei denen

Fig. 14.

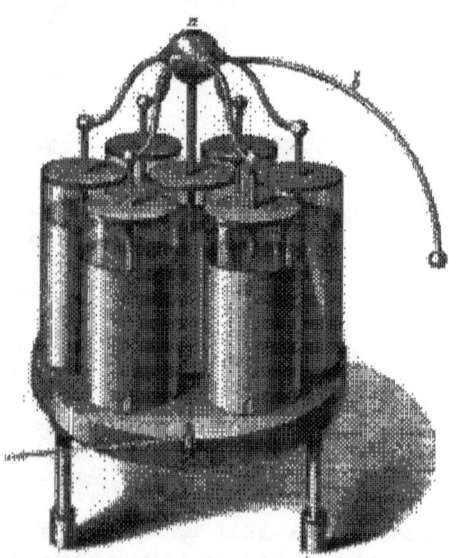

alle inneren Belegungen unter sich, und alle äusseren unter sich verbunden sind, so dass man eigentlich nur zwei Belegungen hat. Will man eine Anzahl von Condensatoren in Tafelform in einen einzigen vereinigen, so bedient man sich folgender Anordnung: Stanniolblätter und isolirende Schichten folgen stetig aufeinander, die ersteren stehen abwechselnd an den beiden Seiten vor, und werden so verbunden, dass die rechts vorstehenden die eine, und die links vorstehenden die andere Belegung bilden.

Nicht zu verwechseln mit den eben beschriebenen Condensatoren ist der Condensator der Experimentirtechnik; derselbe ist ein Ansammlungsapparat, d. h. mit entfernbarer zweiter Scheibe, und steht in Verbindung mit einem Elektroskop; derselbe hat namentlich den Zweck, ganz geringe Dichten noch am Elektroskop sichtbar zu machen. Die eine Platte ist auf das Elektroskop aufgeschraubt und steht in leitender Verbindung mit den Goldblättchen, die andere besitzt einen isolirenden Stiel, eine von beiden Platten ist mit einer isolirenden Firnissschicht überzogen. Beim Gebrauche wird die obere, bewegliche Platte aufgesetzt und ableitend mit dem Finger berührt; die Elektricitätsquelle wird an die untere, feste Platte angelegt und diese geladen. So lange die obere Platte die Elektricität der unteren hauptsächlich in der oberen Fläche der letzteren festhält, divergiren die Goldblättchen nicht; sie divergiren aber, sowie die obere Platte abgehoben wird, während kein Divergiren erfolgt, wenn die schwache Elektricitätsquelle allein angelegt wird, ohne Aufsetzen der oberen Platte.

Ein einfaches und bequemes Mittel, um Elektricitätsmengen zu messen, bietet die Lane'sche Massflasche (Fig. 15) dar. Dieselbe besteht aus einer Leydner Flasche, deren innere Belegung, wie sonst, in einen Knopf endigt, und deren äussere Belegung mit einem isolirt aufgestellten, zweiten Knopf verbunden ist; dieser letztere steht dem Knopf der inneren Belegung gegenüber, die Entfernung beider Knöpfe lässt sich durch Verschiebung verändern. Um nun die Elektricitätsmenge zu messen, welche man einer Batterie mittheilt, verbindet man diejenige Belegung derselben, welche man sonst zur Erde ableitet, mit der inneren Belegung der Massflasche; die äussere Belegung dieser letzteren ist mit der Erde verbunden. Beim Laden der Batterie fliesst dann die durch Influenz abgestossene Elektricität der Batterie in die innere Belegung der Massflasche, statt in die Erde; in der äusseren Belegung und dem mit derselben verbundenen Knopf wird die entgegengesetzte Elektricität angehäuft, bis sie eine gewisse Dichte erreicht hat; dann springt ein

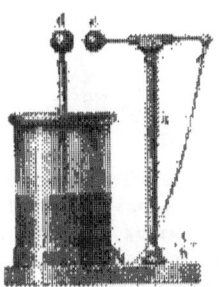

Fig. 15.

Funke zwischen den beiden Knöpfen über, und damit ist eine gewisse Menge von abgestossener Influenzelektricität der Batterie zur Erde entladen. Die Menge der der Batterie mitgetheilten Elektricität wird auf diese Weise durch die Anzahl von Entladungen gemessen, welche an der Massflasche stattfinden; natürlich muss hiefür im Allgemeinen die Massflasche kleiner gewählt werden, als die zu messende Batterie.

XIV. **Wirkung des Isolators in Condensatoren; Faraday's Theorie.** Faraday wies zuerst nach, dass die Verstärkungszahl eines Condensators wesentlich auch von der Natur des Isolators abhänge.

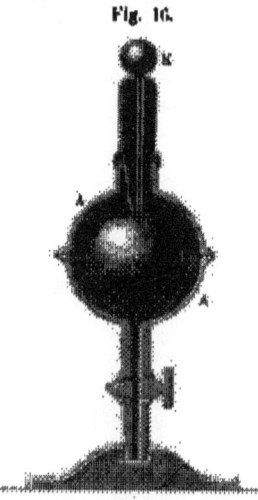

Fig. 16.

Seine Condensatoren (Fig. 16) waren kugelförmig: eine messingene, in eine obere und eine untere Hälfte zerlegbare Hohlkugel war auf isolirendem Fuss aufgestellt, in dieselbe und concentrisch mit derselben liess sich eine zweite, kleinere Hohlkugel isolirt einsetzen, der Zwischenraum zwischen den beiden Kugeln liess sich mit verschiedenen Stoffen anfüllen. Es wurden zwei solche Apparate angewandt, der eine blieb stets mit Luft gefüllt, der andere wurde nach einander mit den verschiedensten Gasen und in der unteren Hälfte des Zwischenraums mit mehreren festen Isolatoren, wie Glas, Schwefel, Schellack, angefüllt. Es wurden nun stets beide Apparate zugleich mit derselben Quelle geladen und ihre Ladungen untersucht. Faraday fand, dass die Verstärkungszahl dieses Condensators dieselbe war für alle Gase, dass aber bei Ausfüllung des Zwischenraums mit festen Isolatoren die Verstärkungszahl bedeutend stieg, und zwar für verschiedene Isolatoren verschieden. Er schloss daraus, dass im Allgemeinen jeder Isolator bei seiner Verwendung zu Condensatoren ein spezifisches Vermögen habe, die Elektricität in den ihn bedeckenden, beiden Belegungen anzuhäufen, und nennt dasselbe das spezifische Inductionsvermögen; wenn, wie in den obigen Versuchen, ein und derselbe Condensator einmal aus Luft, dann aus einem andern Isolator gefertigt und beide Male mit derselben Elektricitätsquelle geladen wird, so ist

§. 1, XIV.   Der elektrische Zustand.   25

das spezifische Inductionsvermögen dieses Isolators das Verhältniss der
Ladung des aus dem Isolator gebildeten Condensators zu der Ladung
des aus Luft gebildeten; das spezifische Inductionsvermögen der Luft
ist also hierbei $= 1$ gesetzt. Die ungefähren Werthe dieser Grösse
für die wichtigsten, hier in Betracht kommenden Körper sind folgende:

Isolator.	Specif. Inductionsvermögen.	Isolator.	Specif. Inductionsvermögen.
Luft	1.00	Schelllack	1.95
Harz	1.77	Gummi	2.6
Wachs	1.86	Hooper's Masse	3.1
Glas	1.90	Guttapercha	4.2
Schwefel	1.93	Glimmer	4.0

Faraday gründete auf die Erscheinung der spezifischen Induction
eine neue Anschauung in Bezug auf die elektrischen Vorgänge in Isolatoren, welche in neuerer Zeit immer allgemeinere Annahme findet.
Er stellt sich den Isolator, der sich beim Condensator zwischen zwei
leitenden, elektrisch entgegengesetzt geladenen Flächen befindet, nicht
als elektrisch unthätig, sondern als völlig elektrisirt vor, nur mit dem
Unterschied, dass die Elektricität an die Theilchen desselben gebunden
ist und dieselben nicht verlassen kann, während bei einem leitenden
Körper die Elektricität in jeder Richtung sich frei bewegen kann. Jedes
Theilchen, z. B. des Glases der Leydner Flasche, denkt sich Faraday
an einer Stelle negativ, an der gegenüberliegenden Stelle positiv elektrisch, die Verbindungslinie beider Stellen, welche wir elektrische Axe
nennen wollen, hat im natürlichen Zustande des Isolators in jedem
Theilchen eine andere Richtung. Werden nun die Endflächen des Isolators elektrisirt, z. B. durch Elektrisiren der Stanniolbelegungen der
Leydner Flasche, so drehen sich die elektrischen Axen der Theilchen
so, dass der negative Pol nach der positiven Belegung hin steht und
die Axen stellen sich mehr und mehr in eine und dieselbe Richtung,
je stärker die Elektrisirung ist; werden die Belegungen entladen, so
schnellen die Axen wieder in die ursprüngliche Lage zurück.

Dies ist die sogenannte Vertheilungstheorie, die Isolatoren
heissen in derselben dielektrische Körper; nach derselben ist überall
stets Elektricität vorhanden, auch im Innern der Isolatoren; Leiter und
Isolatoren unterscheiden sich nur dadurch von einander, dass sie der
Elektricität einen mehr oder minder leichten Uebergang von einem Theilchen auf das andere gestatten, und das spezifische Inductionsvermögen
der Isolatoren ist nichts als die Beweglichkeit der Drehung der mole-

kularen elektrischen Axen, welche in den verschiedenen Isolatoren verschieden ist.

XV. Capacität. Die Messung der Ladungsfähigkeit von Condensatoren ist heutzutage in Wissenschaft und Technik eine der wichtigsten Operationen geworden; man hat aber hierbei einen neuen Begriff eingeführt, die sogenannte Capacität. Capacität eines Condensators nennt man diejenige Elektricitätsmenge, welche der Condensator aufnimmt, wenn derselbe mittelst einer Quelle von der Dichte 1 geladen wird; die Einheiten der Dichte und der Elektricitätsmenge werden wir später kennen lernen.

Wenn die Condensatoren nur mit Elektricität von geringerer Dichte geladen werden, so gilt folgender Satz:

Die Ladung eines Condensators ist

proportional der Dichte e der Elektricitätsquelle,

proportional der Fläche f der Belegungen,

proportional dem spezifischen Inductionsvermögen i des Isolators,

ausserdem umgekehrt proportional einer von der Form des Condensators abhängigen Function φ der Dicke d der isolirenden Schicht;

man hat daher für die vom Condensator aufgenommene Elektricitätsmenge Q den Ausdruck:

$$Q = \frac{i\,e\,f}{\varphi(d)};$$

die Capacität ist

$$C = \frac{Q}{e} = \frac{i f}{\varphi(d)}.$$

Es ist also stets $Q = C.e$, d. h. Elektricitätsmenge = Capacität mal Dichte der Elektricitätsquelle.

Bei einem plattenförmigen Condensator ist einfach $\varphi(d) = d$, also

$$C = \frac{i f}{d}.$$

Bei einem cylindrischen Condensator, d. h. bei einem Condensator, dessen beide Belegungen concentrische Cylindermäntel sind, hat $\varphi(d)$ eine andere Form; wenn r der Radius der inneren, R derjenige der äusseren Belegung, also $d = R - r$, und l die Länge des Cylinders, so ist für einen solchen Condensator

$$C = i \frac{2\pi l}{\log \frac{R}{r}}.$$

Die plattenförmige und die cylindrische sind die beiden Hauptformen; die erstere ist diejenige der neueren Experimentircondensatoren, die letztere diejenige der Leydner Flasche und des Kabels.

Diese, sowie andere Anwendungen der vorstehenden, allgemeinen Betrachtungen werden wir später genauer verfolgen.

§. 2.
Die Elektricitätsquellen.

Wir haben bisher die Erscheinungen des elektrischen Zustandes betrachtet, dabei aber abgesehen von der Art, auf welche derselbe hervorgerufen wurde; wir beschäftigen uns nun mit den Mitteln, welche man besitzt, um einen Körper zu elektrisiren, oder mit den Elektricitätsquellen.

Von diesen Elektricitätsquellen betrachten wir hier nur diejenigen, welche sich praktisch zur Erzeugung von Elektricität eignen, d. h. zu der Construction von Maschinen oder Apparaten, welche in continuirlichem Fortgang und in ausreichender Menge Elektricität liefern; die übrigen Arten von Elektricitätserregung bieten beinahe nur theoretisches Interesse dar, d. h. ihre Kenntniss ist nur wichtig, um den Zusammenhang der elektrischen Erscheinungen mit den übrigen Naturkräften kennen zu lernen.

Die, namentlich praktisch, wichtigsten Arten der Elektricitätserregung sind:

1) durch Reibung von Isolatoren,
2) durch Berührung heterogener Leiter,
3) durch Erwärmung der Berührungsstellen heterogener Leiter,
4) durch Induction von Magneten und elektrischen Strömen.

Von diesen verschiedenen Quellen können wir jedoch hier nur die drei ersten behandeln; die vierte setzt die Kenntniss der elektrischen Ströme und Magnete und der Gesetze ihrer Wirkung voraus; wir werden dieselbe daher erst später in dem Abschnitt über Induction behandeln.

A. Erzeugung von Elektricität durch Reibung.
(Reibungselektricität.)

I. **Reibungselektrisirmaschine.** Wenn man zwei beliebige Isolatoren an einander reibt, so wird stets der eine positiv, der andere negativ elektrisch; aber auch Metalle und überhaupt Leiter werden elektrisch durch Reibung. Ueber die Art von Elektricität, welche die geriebenen Körper annehmen, ist es bis jetzt nicht möglich, eine sichere allgemeine Regel aufzustellen. Derselbe Körper kann verschieden elektrisch werden, je nach dem Stoff, mit dem er gerieben wird — so wird Siegellack mit Wolle, Seide, Katzenfell u. s. w. gerieben negativ, jedoch mit Zunder oder Korkholz gerieben positiv elektrisch; ferner hat die Natur der Oberfläche, ihre Rauhheit, ihre Farbe, ihre Temperatur Einfluss auf die Elektrisirung. Viel Elektricität liefern und zum Elektrisiren eignen sich:

Harz, Schelllack, Siegellack, Kammmasse, Kautschuck werden — elektrisch durch Reibung mit Wolle, Seide, Katzenfell, Fuchsschwanz;

Glas wird $+$ elektrisch durch Reibung mit Kienmayer'schem Amalgam, Wolle und Seide.

Elektrisirmaschinen, welche unmittelbar durch Reibung Elektricität erzeugen, bestehen aus drehbaren Scheiben oder Cylindern aus Glas oder Kammmasse, an welche an mehreren Stellen Reibzeuge durch Federn angedrückt werden, so dass bei der Rotation die Scheibe oder der Cylinder sowohl, als die Reibzeuge elektrisch werden. Um die erzeugten Elektricitätsmengen weiter zu verwenden, werden dieselben in sogenannte Conductoren übergeführt, d. h. in metallene Kugeln oder Cylinder, welche auf isolirenden Füssen befestigt sind, und von welchen aus dann die Apparate geladen werden. Der Conductor des Reibzeuges steht durch Bleche in leitender Verbindung mit der geriebenen Fläche desselben; der Conductor dagegen, welcher die Elektricität der Scheibe aufzunehmen hat, erhält dieselbe durch Saugspitzen, d. h. metallene Spitzen, welche gegen die rotirende Fläche, möglichst nahe, gestellt sind. Ist z. B. der rotirende Körper Glas, also $+$ elektrisch, so wird derselbe in dem Conductor durch Vertheilung die positive Elektricität abstossen, die negative, angezogene, strömt durch die Saugspitzen aus auf das Glas, und neutralisirt die positive Ladung desselben. Will man mit der Elektricität des geriebenen Körpers experimentiren, so leitet man das Reibzeug zur Erde ab, dann ladt sich der Conductor mit den Saugspitzen; will man die Elektricität des Reibzeuges benutzen, so wird der Conductor mit den Saugspitzen zur Erde abgeleitet, es lädt sich dann der Conductor des Reibzeuges.

Eine der bekanntesten Formen der Reibungselektrisirmaschine ist die Winter'sche, deren mechanische Einrichtung Fig. 17 veranschaulicht. Der gedrehte Körper ist eine Glasscheibe, das Reibzeug besteht aus Lederkissen, auf welchen sogenanntes Kienmayer'sches Amalgam aufgetragen ist; die Axe der Glasscheibe ist ebenfalls von Glas. a ist der Conductor der Scheibe, seine Saugspitzen sind in dem Ringe d in einer Höhlung verborgen, o ist der Conductor des Reibzeuges.

Zwischen dem Reibzeug und dem Conductor der Scheibe ist die Scheibe zu beiden Seiten eingehüllt von Lappen aus Wachstaffet; durch dieselben wird die bei der Reibung auf der Scheibe erzeugte Ladung von

Fig. 17.

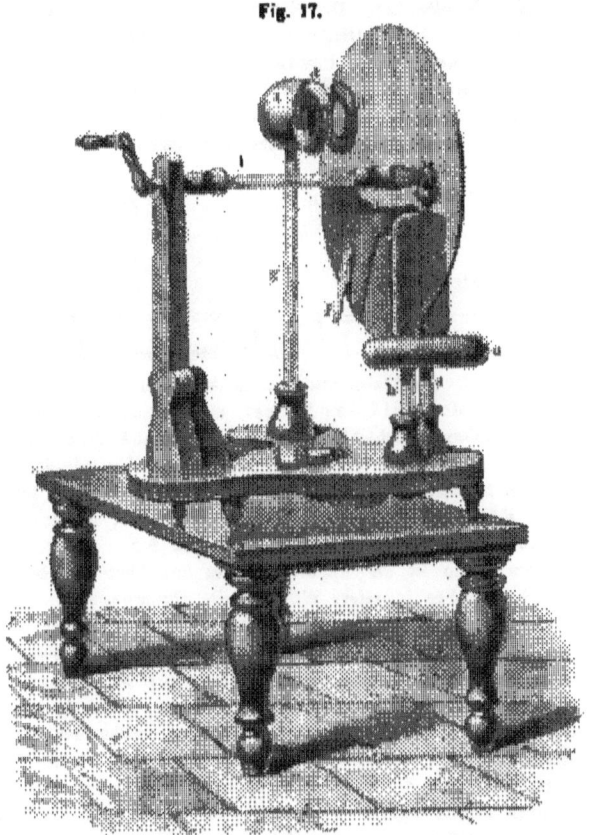

der Zerstreuung in die Luft abgehalten. Auf den Conductor der Scheibe kann ein Holzring, dessen Kern ein Eisendraht bildet, aufgesteckt werden, welcher die Funkenlänge wesentlich vermehrt; in die seitlichen Durchbohrungen desselben passen verschiedene Röhren und Blechhülsen, um Drähte und Ketten anzuhängen u. s. w. Die beiden Saugringe sind von Holz; in die Theile derselben, an denen die Scheibe vorbeistreicht, sind Rinnen eingegraben, in welchen viele Nadelspitzen stecken; die Spitzen sind unter sich und mit dem Conductor durch Stanniolstreifen verbunden.

II. **Der Elektrophor.** Der Elektrophor ist eine einfache Vorrichtung, durch welche Elektricität erregt werden kann, welche sich aber dadurch auszeichnet, dass sie ihre Ladung Monate lang bewahren kann.

Derselbe besteht aus einem Harzkuchen von ziemlicher Dicke, welcher in eine metallene Form oder Schüssel, mit seitlich aufgebogenen Rändern, gegossen ist; auf diesen Kuchen kann eine ebene Metallscheibe,

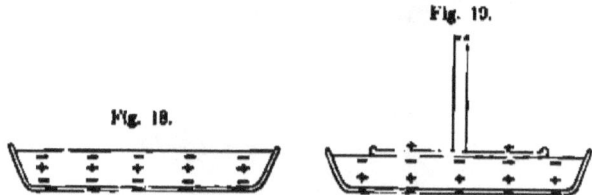

Fig. 18. Fig. 19.

welche mit isolirter Handhabe, seidenen Schnüren oder Glasfuss, versehen ist, der sogenannte Schild oder Deckel, aufgelegt und abgehoben werden. Dieses Auflegen geschieht stets so, dass Form und Schild sich nicht berühren; die obere Fläche des Kuchens, sowie die aufliegende des Schildes, müssen möglichst eben sein. Man nimmt den Schild ab, peitscht die obere Fläche des Kuchens mit einem Fuchsschwanz, legt den Schild wieder auf und berührt die Form, dann den Schild ableitend mit dem Finger; dann ist der Apparat geladen und bleibt es sehr lange Zeit hindurch, ohne in seiner Wirkung viel abzunehmen. Hebt man zu irgend einer Zeit den Schild ab, so erhält man bei Annäherung mit der Hand Funken; er ist + elektrisch; ist derselbe entladen, so erhält er wieder neue Ladung, wenn man ihn wieder auflegt, und Form und Schild ableitet; das Elektrophor bietet also einen stets bereitstehenden Vorrath von elektrischer Ladung dar, welcher für alle Experimente mit geringer elektrischer Dichte ausreicht.

Der Vorgang in diesem Apparat ist nicht ganz einfach. Auf den ersten Blick möchte man den Elektrophor für eine gewöhnliche Franklin'sche Tafel halten, deren eine Belegung abgenommen werden kann; dies ist richtig, es besteht aber der Unterschied, dass hier der Isolator in dicker Schicht angewendet ist, statt in möglichst dünner, wie in jener Tafel. Ist der Schild abgenommen und wird der Kuchen gepeitscht, so entsteht eine Ladung des Apparates wie in Fig. 18: die obere Fläche des Kuchens ist — elektrisch durch Reibung; diese — elek-

§. 2, III.   Elektricitätsquellen; A. Reibungselektricität.   31

trische Schicht erzeugt durch Influenz in der Mitte des Kuchens eine +, und an der Hinterfläche eine — elektrische Schicht, diese letztere theilt sich dann auch der Form mit, dieselbe ist also — elektrisch, wie die obere Kuchenfläche. Wird nun der Schild aufgesetzt, so vertheilt sich die Elektricität wie in Fig. 19. Die obere — elektrische Schicht des Kuchens wirkt vertheilend auf den Schild: die positive Elektricität wird gebunden, die negative zur Erde abgeleitet. Die + elektrische des Schildes wirkt nun entgegengesetzt vertheilend auf die unteren Theile des Kuchens, wie die — elektrische Oberfläche des Kuchens, daher wird die vertheilende Wirkung der letzteren bedeutend abgeschwächt; die + elektrische Schicht zieht sich an die Hinterfläche, die + Elektricität der Form wird durch die Vertheilung dieser letzteren Schicht festgehalten, die — Elektricität fliesst bei der Berührung mit der Hand ab. Wird der Schild wieder abgehoben, so stellt sich wieder eine Vertheilung der Elektricität wie in Fig. 18 her.

III. **Die Influenzelektrisirmaschine.** Diese schöne Erfindung von Holtz und Töpler scheint in neuerer Zeit die Reibungselektrisirmaschine allmählig zu verdrängen; dieselbe zeichnet sich vor der letzteren durch viel kräftigere Elektricitätsentwickelung bei weit geringerer Drehungsarbeit aus, besitzt jedoch auch Nachtheile, welche der anderen Maschine nicht zukommen.

Die leitende Idee dieser Erfindung bestand darin, den Vorgang bei dem Elektrophor, wo durch das Aufsetzen, Berühren und Abheben des Schildes dieser stets wieder frisch mit Elektricität geladen wird, in einen continuirlichen zu verwandeln, d. h. alle diese Operationen durch eine einzige, die Drehung einer Scheibe, zu ersetzen.

Die Holtz'sche Maschine (Fig. 20 und 21) in der Gestalt, wie sie jetzt meistens ausgeführt wird, besteht aus einer festen Glasscheibe A und einer drehbaren B; das Glas beider Scheiben muss gut isolirend sein, es ist gewöhnlich mit einer dünnen Firnissschicht überzogen, die richtige Glassorte jedoch bedarf keines Firnisses. Gegenüber dem horizontalen Durchmesser der beweglichen Scheibe, etwas entfernt von derselben, stehen zwei horizontale messingene Kämme gg, ii mit Saugspitzen; die Halter derselben sind nach vorn verlängert und endigen in zwei Messingknöpfen e, f, in welchen zwei mit Kugeln endigende und mit Horngummihaltern versehene Messingarme verschiebbar sind. In der festen Scheibe, oberhalb bez. unterhalb der Saugspitzen, sind zwei ovale Ausschnitte a, b, angebracht; direkt gegenüber den Saugspitzen sind an der von der beweglichen Scheibe abgewendeten Fläche der festen Scheibe zwei ovale Papierstücke c, d, aufgeklebt, welche an den Rand der Ausschnitte

32 Elektricitätsquellen; A. Reibungselektricität. §. 2, III.

Fig. 20.

Fig. 21.

§. 2, III.   Elektricitätsquellen; A. Reibungselektricität.   33

reichen; mit diesen verbunden sind zwei in die Ausschnitte hereinragende zugespitzte Papierstreifen. In der neueren Form der Maschine sind diese Papierbelegungen, im Sinne der Rotation, weiter geführt und endigen in zwei ähnliche, in schiefer Richtung stehende Papierbelegungen; diesen letzteren gegenüber stehen, auf der vorderen Seite der beweglichen Scheibe, wieder zwei Kämme mit Saugspitzen, in radialer Stellung, welche an demselben, in der Mitte auf das Axenlager aufgesteckten Messingarm sitzen; dieser Arm steht mit keinem andern Maschinentheil in leitender Verbindung. Bei der älteren Form der Maschine (Fig. 20 und 21) stecken zwei Kämme mit Saugspitzen, *rtt* und *uvv*, in einem vertikalen Horngummistabe; der Kamm *tt* wird mit dem Kamm *gg*, *vv* mit *ii* metallisch verbunden.

Soll die Maschine in Gang gesetzt werden, so wird die bewegliche Scheibe in Drehung versetzt und während derselben ein mit Wolle oder Katzenfell geriebener Horngummistab an die eine Papierbelegung gehalten; die beiden Messingkugeln *p*, *n* müssen sich hierbei berühren; es ist ferner nützlich, wenn man die andere Papierbelegung mit der Hand ableitend berührt. Man wird nun ein eigenthümlich sausendes Geräusch hören, und zieht man die Messingkugeln auseinander, so geht ein continuirlicher Funkenstrom von mehreren Zollen Länge zwischen denselben über.

Was die Erklärung der Vorgänge bei dieser Maschine betrifft, so beschränken wir uns hier auf diejenige des Hauptvorganges.

Wenn die eine Papierbelegung, z. B. *c*, negativ geladen wird, so wirkt sie inducirend auf den Spitzenkamm *gg*; die beiden Glasscheiben, welche dazwischen liegen, hindern diese Induction nicht wesentlich. Es strömt nun die angezogene positive Elektricität aus den Spitzen auf die äussere (den Spitzen zugekehrte) Fläche der beweglichen Scheibe und ladet dieselbe positiv; die negative wird in den Messingbalken des Kammes hinein abgestossen. Es ist ferner nachweisbar, dass die innere (der festen Scheibe zugekehrte) Fläche der beweglichen Scheibe ebenfalls positiv elektrisch wird; wahrscheinlich stellt sich in derselben eine ähnliche Vertheilung der Elektricität her, wie im Elektrophor, wenn der Schild abgenommen ist; die beiden Endflächen werden gleichnamig (+), die innere Schicht des Glases wird ungleichnamig (—) elektrisch. Diese Ladung der beweglichen Scheibe wird während der Drehung derselben bis zum zweiten Spitzenkamm *ii* theilweise durch die Gegenwart der festen Scheibe festgehalten, indem auf der Oberfläche derselben durch die Ladung der beweglichen Scheibe eine entgegengesetzte Ladung inducirt wird, welche die erstere anzieht.

Zetzsche, Telegraphie II.   8

Wenn nun die eben $+$ geladene Stelle der Scheibe in die Nähe des zweiten Kammes ii und der zweiten Papierspitze gelangt, so wirkt sie wieder inducirend auf beide, und es strömt negative Elektricität aus den Messingspitzen auf die äussere Fläche, aus der Papierspitze auf die innere; die positive Ladung der Scheibe wird vermindert. Wenn nun während der Drehung die vorbeistreichenden, $+$ geladenen Stellen der beweglichen Scheibe stets fortinducirend auf die Papierbelegung wirken, so wird diese immer stärker $+$ geladen, indem sie ihre negative Elektricität an die Scheibe abgibt; schliesslich ist ihre Ladung und ihre Induction auf den Kamm so stark, dass die Spitzen nicht nur die Ladung der Scheibe vernichten, sondern dieselbe — laden, und zwar auf beiden Seiten. Die positive Elektricität des Kammes wird in den Messinghalter hinein abgestossen.

Kommt nun wieder die jetzt — geladene Scheibe zwischen die erste Papierspitze und den ersten Messingkamm gg, so wirkt sie durch Induction auf die bereits — geladene Papierbelegung und den Kamm; von der Papierspitze und den Kammspitzen strömt positive Elektricität auf dieselbe und vernichtet ihre negative Ladung. Die hierdurch noch stärker geladene Papierbelegung wirkt ausserdem wieder inducirend auf den Kamm, so dass die Spitzen desselben durch Ausströmen positiver Elektricität die Scheibe wieder positiv laden.

Man sieht, dass nun der ganze Prozess continuirlich bleiben und sich allmälig zu einer Intensität steigern muss, deren Grenzen nur von den Isolationsverhältnissen, der Zerstreuung in die Luft u. s. w. abhängen; entfernt man die beiden Messingkugeln p, n von einander, so geht (Fig. 20) von rechts nach links ein Strom negativer, von links nach rechts ein Strom positiver Elektricität, in Form von Funken, über. Während der Drehung bietet der Apparat folgende elektrische Vertheilung dar: die Belegung rechts ist — geladen, ihre Spitze strömt positive Elektricität aus, diejenige links ist $+$ geladen, ihre Spitze strömt negative Elektricität aus; die bewegliche Scheibe ist in der unteren Hälfte der Rotation $+$, in der oberen Hälfte — geladen; der Kamm rechts strömt positive, der Kamm links negative Elektricität auf die Scheibe aus. Im dunkeln Zimmer lassen sich die beiden Elektricitäten leicht von einander unterscheiden: alle negative Elektricität ausströmenden Stellen zeigen leuchtende Punkte, alle positive Elektricität ausströmenden Stellen leuchtende Büschel oder Garben.

IV. **Vorsichtsmassregeln; Versuche mit der Elektrisirmaschine.** Obgleich die Influenzelektrisirmaschine grosse Vortheile und Annehmlichkeiten vor der Reibungselektrisirmaschine voraus hat, so besitzt sie doch eine nachtheilige Eigenschaft, welche für gewisse Zwecke das Arbeiten mit

§. 2, IV.   Elektricitätsquellen; A. Reibungselektricität.   35

derselben beinahe zur Unmöglichkeit macht; dies ist ihre Empfindlichkeit gegen die Feuchtigkeit der Luft. Die Reibungselektrisirmaschine wird auch bei feuchter Atmosphäre nie ganz versagen, sie braucht nicht erst in Gang gesetzt zu werden. Jeder Ruck an der Scheibe erzeugt Elektricität; die Influenzelektrisirmaschine dagegen muss immer erst „angesteckt" werden, bei feuchter Atmosphäre kommt sie oft nur dadurch in Gang, dass man sie auseinander nimmt und die Scheiben sorgfältig erwärmt; um ihrer Wirkung sicher zu sein, ist es daher zweckmässig, in dem hölzernen Fussbrett unter den Scheiben einen Ausschnitt und darunter ein Kohlenbecken anzubringen. Alle Glasfüsse sollten vor dem Versuch mit warmen Tüchern abgerieben werden, um die Feuchtigkeit auf der Oberfläche zu entfernen. Alle Horngummistücke müssen Politurglanz besitzen, wenn sie gut isoliren sollen; sowie ihre Oberfläche matt und rauh wird, fängt sie an leitend zu werden.

In allen Isolatoren ist im Allgemeinen, auch im Ruhezustande, etwas elektrische Ladung vorhanden; bei feineren Versuchen müssen daher die dieselben berührenden Metallconductoren stets vorher mehrmals zur Erde abgeleitet werden.

Als Ableitung zur Erde genügt meist eine Berührung mit der Hand oder das Anlegen einer Kette, welche auf den Zimmerboden herabhängt; die beste „Erde" ist Verbindung mit Wasser- oder Gasleitung.

Die gewöhnlichsten Versuche mit der Elektrisirmaschine sind folgende:

Fig. 22.

Der Hollundermarkkugeltanz (Fig. 22) beruht auf der Anziehung leichter Körperchen, hier von Stücken von Hollundermark: ein Glas ist oben und unten mit leitenden Deckeln versehen, der eine wird mit dem Boden, der andere mit dem Conductor der Maschine in Verbindung gebracht; die Kügelchen fahren alsdann hin und her.

Fig. 23.

Aehnlich sind das elektrische Pendel, das elektrische Glockenspiel u. s. w.

Der Isolirschemel (Fig. 23) ist ein Brett mit isolirenden Füssen; an der Person, welche sich darauf stellt und die Hand an den Conductor der Elektrisirmaschine legt, sträuben sich die Haare; die Umstehenden können aus derselben Funken ziehen,

3*

aber auch umgekehrt kann die elektrisirte Person aus den Umstehenden Funken ziehen. Gummiüberschuhe isoliren ebenso gut, wie der Schemel.

Der Papierbüschel (Fig. 24) besteht aus einer Anzahl an einem Messingdraht befestigter, leichter Papierstreifen; setzt man den Draht auf den Conductor, so fahren die Streifen auseinander.

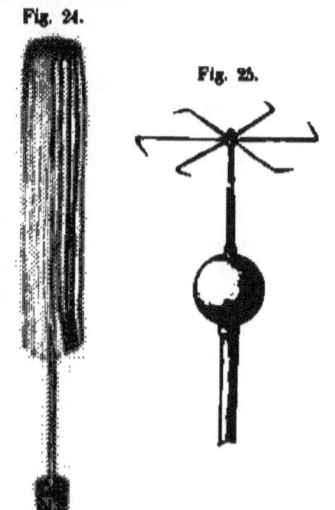

Fig. 24.

Fig. 25.

Das elektrische Reactionsrad (Fig. 25) wirkt in Folge der Ausströmung aus Spitzen. Leichte Drähte, die in rechtwinklig umgebogene Spitzen endigen, sind kreuzförmig verbunden und spielen auf einer Metallspitze, die mit dem Conductor verbunden ist. Das Ausströmen der Elektricität übt eine Reaction aus, ähnlich derjenigen des Wassers im Segner'schen Wasserrad; das Rädchen dreht sich, als wenn die Spitzen zurückgestossen würden.

Versuche mit der Leydner Flasche.

Bei Versuchen, welche kräftiger Wirkungen bedürfen, muss die Leydner Flasche angewendet werden. Um eine Leydner Flasche zu laden, mit der Reibungs- oder Influenzelektrisirmaschine wird der eine Conductor zur Erde abgeleitet (bei der ersteren Maschine derjenige des Reibzeuges, bei der letzteren einer der beiden verschiebbaren Messingarme, ebenso die äussere Belegung der Flasche, der Knopf der Flasche wird nahe an den andern Conductor gehalten, so dass Funken überspringen. Die bekanntesten Versuche mit der Leydner Flasche sind folgende:

Entzündung von Aether, Schiessbaumwolle u. s. w.; die brennbaren Körper werden irgendwie zwischen die beiden Punkte gelegt, zwischen welchen die Entladung stattfindet.

Explosion von Knallgas — elektrische Pistole. Ein mit einem Korke verschlossenes Messingrohr wird mit Knallgas gefüllt; in das Rohr ist ein in zwei Messingkugeln endigender Messingdraht isolirt eingesetzt, die innere Kugel wird nahe dem Boden des Gefässes gestellt;

lässt man hier einen Funken überspringen, so explodirt das Gas und
der Kork fliegt ab.

Auf ähnliche Weise sind die verschiedenen Patronen für Funken-
zündung (Fig. 26) gebaut, welche in
neuerer Zeit zu Zündungen und Spren-

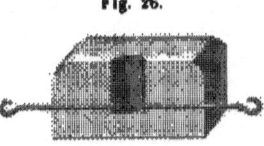

Fig. 26.

gungen jeder Art, bei Torpedos, Steinsprengungen, beim elektrischen Ab-
feuern der Geschütze u. s. w. zur Verwendung kommen; der Raum zwischen
den beiden mit den Flaschenbelegungen verbundenen Leitern ist mit dem
nicht oder schlecht leitenden Zündmaterial angefüllt, so dass der Funke
dasselbe durchbrechen muss. Zur Erzeugung des Funkens jedoch dienen
meist andere Apparate, als die Leydner Flasche.

Wenn man zwei Spitzen mit den Belegungen der Flasche verbindet
und zwischen die Spitzen ein Kartenblatt legt, so wird dasselbe durch
die Entladung der Flasche stets an der negativen Spitze durchbohrt.
(Lullin'scher Versuch.)

Um Glasplatten zu durchbohren, dient am besten der Apparat
Fig. 27. *gg* ist ein massiver Glascylinder mit enger Höhlung, in welche

Fig. 27.

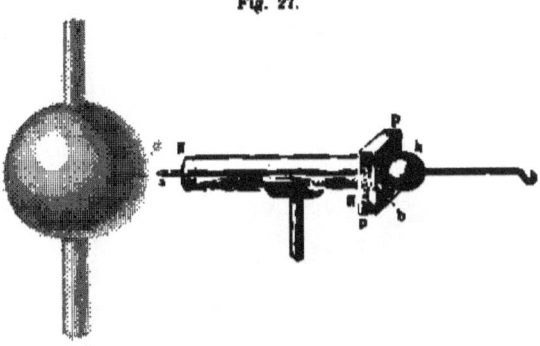

der Stahldraht *a* eingesetzt wird; dieser Stahldraht ist vorne zugespitzt
und gehärtet; das Ende *a* wird in die Oeffnung *o* einer Messingkugel
geschoben, bis das Glas an dem Messing anliegt. Die zu durchboh-
rende Glasplatte *pp* ist vorne auf den oben abgeschliffenen Cylinder *gg*
aufgekittet; die mit der anderen Belegung verbundene Kugel *k* wird
gegen die Platte angedrückt. Die Dicke des Glascylinders muss jedenfalls grösser sein, als diejenige der Glasplatte.

38 Elektricitätsquellen; A. Reibungselektricität §. 2, V.

Eine **Blitztafel** (Fig. 28) ist eine Franklin'sche Tafel, deren eine Belegung durch Schnitte in lauter kleine Felder zerlegt ist; wird die hintere Fläche zur Erde abgeleitet und die Mitte der vorderen Fläche mit der Elektrisirmaschine verbunden, so sieht man, namentlich im Dunkeln, zwischen den Feldern Funken überspringen. Aehnlich wirkt eine **Blitzröhre** (Fig. 29); zwischen den Endbelegungen der Röhren befindet sich eine Reihe von getrennten kleinen Feldern von Stanniol (Fig. 30); die Röhre wird an dem einen Ende angefasst und mit dem andern an den Conductor der Elektrisirmaschine gehalten.

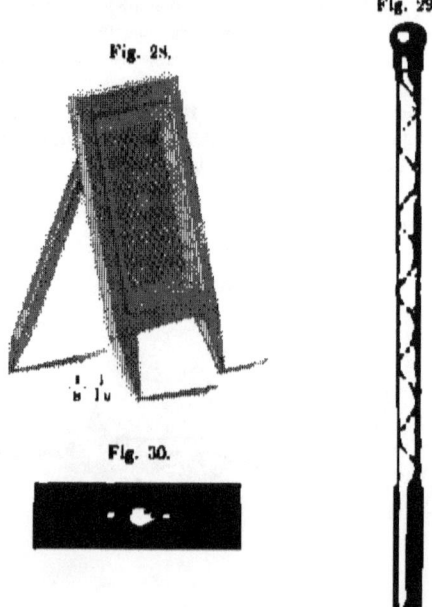

Fig. 28.

Fig. 29.

Fig. 30.

V. Elektroskope. Wir fügen an dieser Stelle die Beschreibung der wichtigsten Elektroskope ein, d. h. der Instrumente, welche bei den Experimenten mit Reibungselektricität dazu dienen, den elektrischen Zustand eines Körpers zu prüfen.

Das einfachste und gewöhnlichste, welches auf der Abstossung zweier Goldblättchen beruht, haben wir bereits in Fig. 1, Seite 9, kennen gelernt.

§. 2, V. Elektricitätsquellen; A. Reibungselektricität. 39

Ein wesentlich verbessertes Goldblattelektroskop ist das Fechner'sche (Fig. 31). Ein einziges Goldblatt ist zwischen zwei Messingscheiben a und g aufgehängt; diese beiden Scheiben sind permanent geladen, die eine positiv, die andere negativ; wenn daher dem Goldblatt von Aussen durch den vorstehenden Messingknopf irgend welche Ladung mitgetheilt wird, so wird es von der ungleichnamig geladenen Scheibe angezogen. Die Scheiben können beliebig nah oder weit gestellt, und dem Instrument so verschiedene Grade von Empfindlichkeit gegeben werden: die Messingarme e und f, an denen sie befestigt sind, sind in Gelenken an den Kappen des im unteren Kasten horizontal liegenden Glascylinders drehbar. Dieser Cylinder enthält eine sogenannte Zamboni'sche oder trockene Säule, welche wir weiter unten besprechen werden; dieselbe ist eine Art Elektrisirmaschine, welche die Kappen des Cylinders und daher die Scheiben a und g stets mit Elektricität versorgt. Dieses Elektroskop ist bedeutend empfindlicher, als das erstgenannte, und besitzt ausserdem den Vorzug, nicht nur eine elektrische Ladung überhaupt, sondern auch deren Qualität, ob positiv oder negativ, anzugeben.

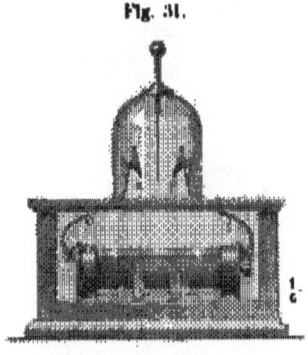

Fig. 31.

Ein zu eigentlichen Messungen verwendbares Instrument ist das Dellmann'sche Elektromoter (Fig. 32). Dasselbe ist eine Abänderung der sogenannten Coulomb'schen Drehwage; da es aber zugleich die jetzt verbreitetste Form des letzteren Instrumentes ist, unterlassen wir die Beschreibung des letzteren. Ein Metallstreifen $a\,a$ ist fest aufgestellt; er besitzt in der Mitte eine kleine Höhlung und seine beiden Hälften sind in der in Fig. 33 angedeuteten Weise geformt, so dass eine bewegliche Nadel $n\,n$ sich vollständig an denselben anlegen kann. Die Nadel $n\,n$ besteht ebenfalls aus Metall, ist jedoch durch Schellack isolirt, an einem Cocon- oder Glasfaden aufgehängt. Unter den beiden Nadeln befindet sich ein getheilter Kreis, ein zweiter getheilter Kreis k ist oben am Kopfe des Glasrohres angebracht, in welchem der Faden hängt. Der Faden ist an einem Messingstück befestigt, an welchem der Griff g und der Zeiger z sitzt; durch Drehung an dem Griff g kann also der Faden tordirt werden, und an dem Zeiger s und dem Kreis k lässt sich der Torsionswinkel ablesen. Um

Fig. 32.

Fig. 33.

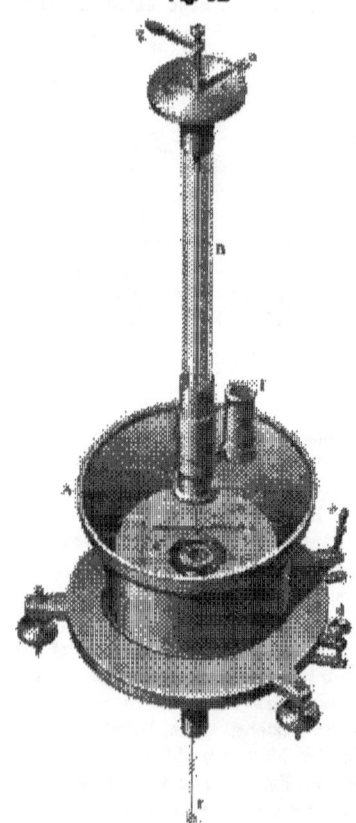
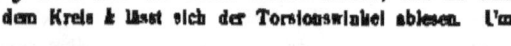

eine Messung auszuführen, wird zuerst die bewegliche Nadel mit ganz schwachem Druck an die feste a a angelegt; dann werden beide mit der zu messenden Elektricität geladen, die bewegliche Nadel wird abgestossen; nun wird die letztere vermittelst Torsion des Fadens oben am Griff g zurückgedreht, bis die Ablenkung einen bestimmten Werth, z. B. 10°, erreicht hat. Die Messung einer zweiten elektrischen Ladung geschieht ebenfalls, indem man die Nadel wieder auf 10° zurückbringt; die abgelesenen Torsionswinkel verhalten sich alsdann wie die Quadrate der Ladungen.

Das feinste Elektrometer, dasjenige von Sir William Thomson, welches namentlich auch zur Messung von geringeren Spannungen, als den von der Reibungselektricität veranlassten, dient, werden wir im Anhang unter den Messinstrumenten beschreiben.

B. Erzeugung von Elektricität durch Berührung heterogener Körper.

(Galvanismus.)

Wir haben bereits bei der allgemeinen Betrachtung des elektrischen Zustandes bemerkt, dass bei der Berührung chemisch verschiedener Körper stets elektrische Zustände entstehen, ebenso wie bei der Reibung. Die auf beide Arten hervorgebrachten elektrischen Zustände sind qualitativ durchaus dieselben, der elektrische Zustand eines Körpers besitzt dieselben Eigenschaften und unterliegt denselben Gesetzen, mag derselbe durch Reibung oder durch Berührung entstanden sein.

Dennoch sind die beiden Arten von Elektricitätserzeugung faktisch, d. h. in der Experimentirtechnik, völlig getrennt; ein Instrument, das für galvanische Elektricität gebaut wurde, ist meist unbrauchbar für Reibungselektricität und umgekehrt, eine Messmethode, die für die eine Klasse von elektrischen Zuständen gilt, gilt meist nicht für die andere. Die Ursache zu dieser Trennung beider Klassen von Erscheinungen, trotz ihrer nahen inneren Verwandtschaft, liegt darin, dass die durch Berührung und die durch Reibung hervorgebrachten elektrischen Zustände sich quantitativ bedeutend unterscheiden, und zwar gibt im Allgemeinen die Berührungselektricität grosse Menge von Elektricität, aber geringe Dichte, die Reibungselektricität geringe Menge, aber grosse Dichte.

Dass durch diesen Unterschied die beiden Klassen von Erscheinungen in experimenteller Beziehung getrennt werden, leuchtet ein, wenn wir bedenken, dass namentlich der Begriff der Isolation experimentell immer relativ ist. Wenn wir von einem Körper sagen, dass er isolirt, so ist damit nur gemeint, dass unter den gegebenen Verhältnissen, bei der betreffenden Dichte der Elektricität, mit dem betreffenden Instrument, keine Leitung durch den Körper hindurch zu bemerken ist. Viele Körper aber, die für Berührungselektricität Isolatoren sind, werden Leiter, wenn auch schlechte, bei Anwendung von Reibungselektricität. Schon aus diesem Grunde also müssen Experimente mit Reibungselektricität ganz andere Einrichtungen erhalten, als diejenigen mit galvanischer Elektricität. Die im vorigen Kapitel angeführten Versuche werden zwar stets mit Reibungselektricität ausgeführt; dieselben gelten jedoch für Elektricität von jeder Erzeugungsart, nur verlangen dieselben bei Anwendung anderer Elektricitätsquellen andere Instrumente statt des Elektroskopes.

VI. Grundthatsachen; Spannungsreihe. Die Grundthatsachen der sogenannten Berührungselektricität oder des Galvanismus, wie dieselbe nach ihrem Entdecker Galvani genannt wird, sind folgende:

Wenn ein Metall in einer leitenden Flüssigkeit steht, so werden Flüssigkeit und Metall verschieden elektrisch.

Verschiedene Metalle in derselben Flüssigkeit werden verschieden elektrisch.

Stehen zwei verschiedene Metalle in derselben Flüssigkeit, so befolgt die Differenz der Dichten der Elektricität auf den beiden Metallen das Gesetz der sogenannten Spannungsreihe.

Es sei z. B. die Flüssigkeit verdünnte Schwefelsäure; wenn in dieselbe ein Metall gesteckt wird, so wird es meist negativ, die Flüssigkeit meist positiv elektrisch; Zink sowohl als Kupfer werden negativ elektrisch, ebenso alle andern unedlen Metalle, die Flüssigkeit positiv, nur bei den edlen Metallen, Gold, Platin u. s. w., wird das Metall positiv, die Säure negativ elektrisch. Aehnlich verhält es sich mit andern Flüssigkeiten; aber die Art der elektrischen Ladung, ob + oder —, lässt sich keine allgemeine Regel aufstellen; aber stets entsteht ein elektrischer Zustand, und die verschiedenen Metalle werden verschieden elektrisch.

Denkt man sich nun z. B. für verdünnte Schwefelsäure die Elektrisirung der einzelnen Metalle genau gemessen und die Metalle so in eine Reihe geordnet, dass das am stärksten — geladene voransteht, dann dasjenige folgt, welches die zweitstärkste negative Ladung hat u. s. w.; hinter dem am schwächsten — geladenen Metall folgt das am schwächsten + geladene, dann das nächst stärkere positive u. s. f. Stellt man für eine zweite, eine dritte u. s. w. Flüssigkeit ähnliche Reihen zusammen, so findet man, dass alle diese Reihen im Wesentlichen übereinstimmen; dass also die Metalle stets dieselbe Reihenfolge in der Stärke der Elektrisirung beibehalten, wenn auch die Elektrisirung selbst in verschiedenen Flüssigkeiten verschieden ist. Die Reihe, welche man auf diese Weise für die Metalle erhält, ist die in der folgenden Tabelle enthaltene sogenannte Spannungsreihe.

+ Zink	Antimon
Cadmium	Wismuth
Eisen	Kupfer
Zinn	Silber
Blei	Platin
Aluminium	Kohle.
Nickel	—

VII. Gesetz der Spannungsreihe; elektromotorische Kraft.

Nehmen wir nun drei Metalle, z. B. Zink, Zinn und Kupfer, und irgend eine Flüssigkeit, z. B. verdünnte Schwefelsäure, so wird, wenn wir zu gleicher Zeit zwei Metalle in die Flüssigkeit stecken, eine elektrische Differenz zwischen denselben bestehen, weil das eine stärkere Ladung annimmt, als das andere; im vorliegenden Falle wird die Flüssigkeit stets positiv, und alle drei Metalle negativ elektrisch, das Zink am stärksten, das Kupfer am schwächsten. Verbindet man die beiden Metalle durch einen Draht aus irgend welchem Metall, so müssen die Elektricitäten sich ausgleichen, wie bei der Entladung einer Leydner Flasche; von dem stärker negativ geladenen Metall, z. B. dem Zink, geht die negative Elektricität durch den Draht zu dem schwächer negativ geladenen, z. B. dem Kupfer, und weil hier jeder Austausch von negativer Elektricität von einem gleich starken von positiver in entgegengesetzter Richtung begleitet sein muss, muss positive Elektricität vom Kupfer durch den Draht zum Zink gehen. Dieser sogenannte elektrische Strom, der im nächsten Kapitel eingehender behandelt werden wird, kann leicht und genau gemessen werden; derselbe bietet uns also, wenn immer derselbe Verbindungsdraht benutzt wird und die Metallplatten in der Flüssigkeit immer gleich weit von einander abstehen, ein Maß für die Spannungsdifferenz auf den beiden Metallplatten.

Nimmt man nun z. B. erst Zink und Zinn, dann Zinn und Kupfer, und endlich Zink und Kupfer, immer in derselben Flüssigkeit, und misst jedesmal die Spannungsdifferenz, so findet man, dass die Differenz Zink/Kupfer gleich ist der Summe der Differenzen Zink/Zinn und Zinn/Kupfer. Nehmen wir Zink, Eisen, Blei, Kupfer, Platin, so ist die Differenz Zink/Platin gleich der Summe der Differenzen Zink/Eisen, Eisen/Blei, Blei/Kupfer, Kupfer/Platin. Es ist allgemein für beliebig viele Metalle, wenn wir dieselben nach ihrer Stellung in der Spannungsreihe numeriren, die Spannungsdifferenz zwischen dem ersten und dem letzten gleich der Summe der Spannungsdifferenzen zwischen dem ersten und dem zweiten, dem zweiten und dem dritten u. s. f. Dies ist das Gesetz der Spannungsreihe.

Dieses Gesetz ist die Basis des ganzen Galvanismus; dasselbe zeigt ein eigenthümliches Verhalten der Metalle unter einander in elektrischer Beziehung, welches im Allgemeinen den andern Leitern der Elektricität nicht zukommt. Unter den übrigen Leitern sind namentlich die leitenden Flüssigkeiten zu verstehen, Wasser, verdünnte Säuren und Alkalien,

Salzlösungen, auch geschmolzene Salze. Leiter, welche ausser den Metallen dem Gesetz der Spannungsreihe folgen, sind einige Superoxyde von Metallen, wie Mangansuperoxyd, Bleisuperoxyd, und einige Schwefelverbindungen, wie Bleiglanz, Schwefelkies, und hauptsächlich die Kohle; diese kommen jedoch für praktische Zwecke, zur Construction von Batterien, kaum in Betracht. Man bezeichnet auch die Körper, welche dem Gesetz der Spannungsreihe gehorchen, als Leiter erster Klasse, und diejenigen, welche dies nicht thun, als Leiter zweiter Klasse; die letzteren sind, wie wir später sehen werden, zugleich diejenigen, welche durch den elektrischen Strom in ihre Bestandtheile zerlegt werden.

Wenn zwei heterogene Körper durch blosse Berührung elektrisch werden, so muss eine Kraft in ihrem Innern thätig sein, welche die im natürlichen Zustand sich neutralisirenden Elektricitäten von einander scheidet und die eine Elektricität auf den einen, die andere auf den andern Körper hinübertreibt. Diese Kraft heisst die elektromotorische Kraft; dieselbe hat ihren Sitz an den Berührungsstellen der beiden Körper. Wenn man die Vertheilung der Elektricität auf einer Metallplatte untersucht, welche mit der einen Fläche eine Flüssigkeit berührt, so findet man an den von der Flüssigkeit mehr entfernten Theilen nur wenig Elektricität; hebt man die Metallplatte von der Flüssigkeit ab, so erscheint sie durchweg ziemlich gleichförmig elektrisirt, und an jenen Stellen, die vorher von der Flüssigkeit am meisten entfernt waren, tritt jetzt viel mehr Elektricität auf, als vorher. Dies ist ein Beweis, dass durch die an der Berührungsfläche thätige elektromotorische Kraft die beiden geschiedenen Elektricitätsmengen auch nach der Scheidung an der Berührungsfläche festgehalten werden, und nur ein geringer Theil sich über die übrige Oberfläche des Körpers verbreitet; hört die Berührung mit der Flüssigkeit auf, so verbreitet sich die vorher an der Berührungsfläche festgehaltene Elektricität über den ganzen Körper.

Nach der von uns im Obigen verfolgten Ansicht über Berührungselektricität entsteht also Elektricität bei Berührung von Leitern erster Klasse mit Leitern zweiter Klasse; es entsteht jedoch keine Elektricität bei Berührung von Leitern erster Klasse unter sich; hiernach ist also bei Berührung von Zink und Kupfer z. B. keine elektromotorische Kraft wirksam.

VIII. **Elektromotorische Kräfte zwischen Flüssigkeiten.** Es entstehen nun aber auch elektromotorische Kräfte bei Berührung von Leitern zweiter Klasse unter sich. Wenn man eine Reihe von verschiedenen Flüssigkeiten so über einander schichtet, dass sie sich unter einander nicht vermischen, wobei man als unterste und als oberste Flüssigkeit dieselbe verwendet, und in diese Endglieder der Reihe Platten von demselben Metall steckt, so heben sich in diesem Kreis die elektromotorischen Kräfte zwischen Metallen und Flüssigkeiten auf, und es bleiben diejenigen zwischen den Flüssigkeiten unter sich. In diesem Fall erhält man auch im Allgemeinen Ströme, es treten also elektromotorische Kräfte zwischen Flüssigkeiten auf.

Würden die Flüssigkeiten unter sich eine Spannungsreihe bilden, so könnte kein Strom entstehen, die elektromotorischen Kräfte müssten sich gegenseitig aufheben. Besteht z. B. die Reihe aus Kupfer, Kupfervitriol, Kochsalzlösung, Zinkvitriol, Kupfervitriol, Kupfer, so heben sich die elektromotorischen Kräfte Kupfer/Kupfervitriol und Kupfervitriol/Kupfer auf, als gleich und entgegengesetzt, es bleiben die Kräfte zwischen den drei Flüssigkeiten übrig; würden die Flüssigkeiten unter sich eine Spannungsreihe bilden, so wären keine elektromotorischen Kräfte zwischen denselben thätig, ebensowenig wie bei den Metallen; es könnte also in der vorliegenden Combination kein elektrischer Strom entstehen. Da aber bei dem Versuch ein Strom entsteht, wenn man die beiden Kupferplatten verbindet, so können jene Flüssigkeiten nicht unter dem Gesetz einer Spannungsreihe stehen. Einzelne Gruppen von Flüssigkeiten, wie die Lösungen schwefelsaurer, salpetersaurer Salze, der Chlormetalle u. s. w. bilden unter sich Spannungsreihen, aber nicht die Glieder einer Gruppe mit denjenigen einer anderen. Die elektromotorischen Kräfte zwischen Flüssigkeiten sind im Allgemeinen klein gegenüber denjenigen zwischen Metallen und Flüssigkeiten.

IX. **Contacttheorie; Volta's Fundamentalversuch.** Wir haben nun derjenigen Ansicht über das Wesen der Berührungselektricität zu gedenken, welche Volta zuerst aufstellte, und welche durch seine Autorität und das scheinbar Schlagende der von ihm angestellten Versuche lange Zeit die herrschende war. Nach Volta entstehen zwar auch elektromotorische Kräfte zwischen Flüssigkeiten; er behauptet aber ferner die Existenz solcher Kräfte zwischen Metallen, welche die im Obigen dargestellte Ansicht läugnet. Volta gründet seine Ansicht auf seinen sogenannten Fundamentalversuch, den wir in seiner einfachsten Form, nach Fig. 34, S. 46, beschreiben wollen.

Auf ein gewöhnliches Goldblattelektroskop ist statt des Knopfes eine oben lackirte Kupferscheibe aufgeschraubt; auf diese lässt sich eine unten lackirte Zinkscheibe, die mit einem Glasstiel versehen ist, aufsetzen; mit einem gebogenen Zink- oder Kupferdraht lassen sich die unlackirten, äusseren Flächen der beiden Scheiben mit einander in Verbindung bringen. Man leitet zuerst etwa vorhandene Elektricität aus dem Elektroskop ab durch Berührung mit der Hand, so dass die Goldblättchen zusammenfallen, wenn sie vorher etwas divergiren; man setzt dann die Kupferscheibe auf, berührt beide Scheiben mit dem Draht, entfernt den Draht und nimmt dann die Kupferscheibe ab; nun werden die Goldblättchen divergiren.

Fig. 31.

Diesen und andere Versuche deutet Volta dahin, dass bei der Berührung der beiden Metalle durch den Draht an der Berührungsstelle Elektricität entwickelt werde, positive auf dem Zink, negative auf dem Kupfer, dass nach der Entfernung des Drahtes die Elektricitäten sich auf den beiden lackirten Flächen condensiren, und endlich nach dem Abheben der Kupferscheibe die Elektricität der Zinkscheibe frei werde, sich auch über die Goldblättchen verbreite und diese zum Divergiren bringe; kurz, Volta schliesst aus seinen Fundamentalversuchen auf die Existenz einer elektromotorischen Kraft zwischen Metallen.

Die Art, wie die Gegner von Volta's Theorie diesen Versuch erklären, ist nicht so einfach. Da nach ihrer Ansicht zwischen Metallen keine Spannungsdifferenz bestehen kann, so suchen sie die Elektricitätserregung nicht in der Berührung von Zink und Kupfer, sondern in der Berührung beider mit der an ihrer Oberfläche condensirten, feinen Schicht von atmosphärischer Feuchtigkeit, deren Existenz anderweitig, z. B. durch die sogenannten Hauchbilder, nachgewiesen ist. Diese dünne, feuchte Schicht umhüllt die Metalle unter gewöhnlichen Umständen immer; ja, wenn dieselben in eine Atmosphäre von Wasserstoff gebracht werden und diese durch eine Luftpumpe möglichst verdünnt wird, so ist damit diese Schicht noch nicht entfernt; allerdings gibt es Methoden, dieselben sicher zu entfernen. Nun werden sowohl Zink, als Kupfer in Berührung mit Wasser negativ elektrisch, im Volta'schen Fundamentalversuch erweist sich das Zink als positiv, das Kupfer als negativ elektrisch; auch dies erklärt sich nach der Ansicht der Gegner Volta's. Man denke sich das Zink umgeben von seiner Feuchtigkeitsschicht, und das Kupfer von der seinigen, beide Feuchtigkeitsschichten werden positiv, beide Metalle negativ elektrisch, das Zink mit seiner Schicht aber stärker als das Kupfer mit seiner Schicht. Nun werden Zink und Kupfer in Berührung gebracht, ohne dass die beiden Flüssigkeitsschichten sich berühren; das stärker negative Zink gibt dann negative Elektricität an das Kupfer ab. Hebt man die Kupferplatte ab, so hat das Zink weniger negative Elektricität als vorher, sein Wasser dagegen noch ebensoviel positive Elektricität; es muss also von der letzteren ein Theil frei werden und die Goldblättchen divergiren mit positiver Elektricität.

Welche Anschauung die richtige, ob die Volta'sche oder diejenigen seiner Gegner, kann bei dem gegenwärtigen Stand der Frage nicht entschieden werden. Wir adoptiren hier diejenigen der Gegner Volta's aus dem einfachen Grund, weil sie eine einfachere und natürlichere Erklärung der Vorgänge in den galvanischen Elementen darbietet.

In neuerer Zeit hat sich der Contacttheorie ein grosses Hinderniss entgegengestellt, welches wir hier nur vorübergehend erwähnen wollen, der Einwurf nämlich, dass dieselbe dem Prinzipe der Erhaltung der Kraft widerspreche. Dieser Einwurf bezieht sich nicht auf die oben besprochenen Versuche, welche nur die Vertheilung von ruhender Berührungselektricität zeigen, sondern auf den Fall von Strömen der Berührungselektricität. Werden z. B. eine Zink- und eine Kupferplatte in verdünnte Schwefelsäure gesteckt und unter sich durch einen Metalldraht verbunden, so entsteht ein elektrischer Strom, der, wie wir später sehen werden, mannigfache Wirkungen ausüben kann, z. B. einen Mechanismus in Bewegung setzen und durch dieselbe irgend eine mechanische Arbeit verrichten; der Strom vertritt also hier die Stelle eines Wasserrades, oder einer Dampfmaschine oder irgend eines andern Motors. Nun wird aber in einer Dampfmaschine Brennmaterial verbraucht, im Wasserrad die Arbeitskraft des treibenden Wassers u. s. w., also muss in dem Stromkreis auch irgend etwas verbraucht werden, was einer Arbeitskraft entspricht, denn sonst könnte der Strom nicht eine Arbeit verrichten. Wäre nun die reine Contacttheorie richtig, so müsste die zwischen Zink und Kupfer thätige elektromotorische Kraft für beliebige Zeit einen elektrischen Strom liefern, ohne etwas dafür zu verbrauchen; es würde also nach derselben Arbeitskraft aus Nichts entstehen. In Wirklichkeit wird nun ebensoviel Arbeitskraft, als der Strom leistet, verbraucht durch die in dem Element entstehenden chemischen Verbindungen; und die Gegner der Contacttheorie, welche die elektromotorische Kraft nicht als zwischen den Metallen, sondern zwischen Metall und Flüssigkeit thätig annehmen, können die Thatsache

48 Elektricitätsquellen; B. Galvanismus. §. 2, X.

des Arbeitsverbrauchs einfach erklären, indem derselbe an denselben Stellen stattfindet, wo nach ihnen der Sitz der elektromotorischen Kraft ist.

X. **Galvanische Elemente und Batterien; Volta'sche Säule.** Ein galvanisches Element besteht aus zwei Metallen, welche in dieselbe oder verschiedene Flüssigkeiten tauchen, während die Flüssigkeiten sich unter einander berühren; das galvanische Element ist praktisch das wichtigste Hülfsmittel zur Erzeugung eines elektrischen Stromes.

Schon aus dieser allgemeinen Definition geht hervor, welch' grosses Feld sich darbietet für die Construction von galvanischen Elementen; es sind auch deren eine grosse Anzahl zusammengestellt worden. Unter denselben werden wir nur auf diejenigen eingehen, welche für praktische Zwecke die wichtigsten sind, nämlich hauptsächlich die sogenannten constanten Elemente, d. h. solche, welche während der Schliessung keine Veränderung erleiden; diese werden im nächsten Paragraph beschrieben werden, weil für eine Beurtheilung der Elemente eine nähere Kenntniss des elektrischen Stromes erforderlich ist. An dieser Stelle wollen wir nur im Allgemeinen die Zusammensetzung der Elemente zu Batterien besprechen.

Die erste Batterie, welche zusammengesetzt wurde, war die berühmte Volta'sche Säule. Dieselbe bestand aus Kupfer- und Zinkplatten und mit verdünnter Schwefelsäure getränkten Filzscheiben. Zu unterst wird z. B. eine Kupferplatte gelegt, dann folgt eine getränkte Filzscheibe, dann eine Zinkplatte, hierauf wieder Kupferplatte, Filzscheibe, Zinkplatte u. s. w. Hat man auf diese Weise eine grössere Anzahl von Platten und Scheiben zusammengebaut, so erhält man bei der Verbindung der beiden Endglieder einen kräftigen elektrischen Strom. Gewöhnlich wendet man, wie in Fig. 35 angedeutet, zusammengelöthete Paare von Kupfer- und Zinkplatten an.

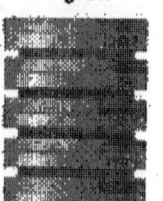
Fig. 35.

Der Filz dient hier offenbar nur dazu, die beiden Metalle von einander zu trennen und eine Flüssigkeit mit Beiden in Berührung zu bringen. Man erhält also dieselbe Wirkung, wenn man eine Anzahl von Gläsern mit verdünnter Schwefelsäure füllt und in jedes eine Kupfer- und eine Zinkplatte stellt; man hat dann nur die Zinkplatte jedes Elementes mit der Kupferplatte des folgenden zu verbinden.

Die Elektricitäten vertheilen sich hierbei folgendermassen. Die unterste Kupferplatte wird negativ elektrisch durch Berührung mit der

Schwefelsäure, diese letztere positiv, die nächste Zinkplatte wieder negativ, aber stärker als die Kupferplatte. Nach der von uns adoptirten Ansicht nimmt die zweite Kupferplatte einfach durch Leitung die Ladung der ersten Zinkplatte an.

Die zweite Schicht Schwefelsäure kann nun nicht mehr positiv elektrisch werden in Berührung mit dem Kupfer, sondern sie wird negativ, aber schwächer. Die Wirkung der elektromotorischen Kraft zwischen einem Metall und einer Flüssigkeit geht nämlich nicht dahin, eine bestimmte positive Dichte in der Flüssigkeit und die entsprechende negative im Metall zu erzeugen, sondern sie erzeugt nur eine gewisse Differenz in den Dichten der beiden Körper; die absoluten Werthe der Dichten können beliebig verändert werden. Wenn man z. B. ein Stück Kupfer auf eine isolirende Unterlage legt und hierauf ein mit Schwefelsäure getränktes Stück Filz, so erhält das Kupfer die Dichte $-E$, die Säure $+E$, die Differenz beider Dichten, diejenige der Säure weniger diejenige des Kupfers ist $+2E$. Nun kann man vermittelst einer Elektrisirmaschine die Dichte beliebig erhöhen; stets wird aber die Differenz der Dichten $+2E$ sein; hat das Kupfer z. B. die Dichte $+12E$, so hat die Säure $+14E$, hat das Kupfer $-30E$, so hat die Säure $-28E$ u. s. w.

Legen wir nun Kupfer, getränkten Filz, Zink aufeinander, und geben dadurch dem Kupfer die Dichte $-E$, dem Zink $-E'$, während die Flüssigkeit positiv elektrisch ist, so ist die Differenz der Dichten von Zink und Kupfer $-E' + E = -e$ und in jedem aus den drei Körpern gebildeten Element muss die Differenz der Dichten von Zink und Kupfer $-e$ sein.

Beim zweiten Element erhält die Kupferplatte die Dichte der Zinkplatte des ersten Elementes durch Leitung; es wird also, da die Differenz zwischen dem zweiten Zink und dem zweiten Kupfer wieder $-e$ ist, diejenige zwischen dem zweiten Zink und ersten Kupfer $-2e$ sein. Baut man nun die Säule noch weiter auf, so ist die Differenz zwischen dem dritten Zink und dem ersten Kupfer $-3e$ und diejenige zwischen dem obersten, n^{ten} Zink und dem untersten Kupfer $-ne$ und diese Differenz muss sich erhalten, wie viel Elektricität auch der Säule gegeben oder genommen wird. Leitet man die unterste Kupferplatte zur Erde ab, so nimmt sie die Dichte Null an, und die oberste Zinkplatte hat die Dichte $-ne$.

Dieselbe Betrachtung gilt für jede aus galvanischen Elementen zusammengesetzte Säule oder Batterie; die Differenz der elektrischen Dichten der ersten und der letzten Metallplatten von n

Elementen ist stets n mal so gross, als diejenige der Metalle in einem einzelnen Element.

Der Gebrauch der Bezeichnung: positiv und negativ kann leicht zu Irrthümern Anlass geben.

Im Volta'schen Fundamentalversuch wird Zink +, Kupfer — elektrisch. Werden aber Zink und Kupfer in eine Flüssigkeit getaucht, so geht der Strom positiver Elektricität ausserhalb des Elements vom Kupfer zum Zink, man bezeichnet desshalb in diesen Fällen Kupfer als den positiven, Zink als den negativen Pol der Batterie.

Dieser Widerspruch in der Bezeichnung ist nur scheinbar. Die Bezeichnung in der Spannungsreihe gilt eigentlich nur für den Volta'schen Fundamentalversuch; hiernach wird also z. B. Zink positiv, Kupfer negativ elektrisch; sobald aber die Metalle in Berührung mit Flüssigkeiten sind, wie in allen galvanischen Elementen und Batterien, so hat man, um das Zeichen der Pole des Elementes oder der Batterie zu finden, die Bezeichnung in der Spannungsreihe direkt umzukehren; hiernach ist also in einem Zinkkupferelement stets Zink der negative, Kupfer der positive Pol.

Als positiven Pol des Elementes oder der Batterie bezeichnet man dasjenige Metall, von welchem der positive Strom, nach Aussen hin, ausgeht, als negativen Pol dasjenige Metall, zu welchem der positive Strom, von Aussen her, hingeht; innerhalb des Elementes oder der Batterie geht der positive Strom vom negativen zum positiven Pol, ausserhalb desselben vom positiven zum negativen.

Wir haben noch eine Art von Säulen zu erwähnen, welche der Volta'schen nachgebildet ist, ohne scheinbar eine Flüssigkeit zu enthalten, und welche namentlich bei Elektroskopen vielfache Anwendung findet, die trockenen oder Zamboni'schen Säulen.

Die gewöhnliche Construction derselben ist folgende: man schneidet eine grosse Anzahl von kleinen Scheiben aus unächtem Silber- und Goldpapier, klebt je eine Scheibe Silberpapier und eine Scheibe Goldpapier mit dem Rücken an einander und schichtet nun diese Doppelschichten so aufeinander, dass stets eine Silber- und eine Goldbelegung sich berühren. Man erhält so eine Säule mit einer Silber- und einer Goldbelegung als Enden; dieselbe wird in eine lufttrockene Glasröhre gebracht und diese mit Messingkapseln verschlossen, welche mit den Enden in leitender Verbindung stehen.

Die unächte Silberbelegung besteht aus Zinn, die unächte Goldbelegung aus Kupfer, ferner enthält das Papier stets etwas Feuchtigkeit, die Zamboni'sche Säule ist also eine Volta'sche, allerdings mit einem sehr geringen Mass von Feuchtigkeit. Dass aber die Anwesenheit der Feuchtigkeit wesentlich für die Wirkung der Säule ist, dass also diese Säule als eine Volta'sche anzusehen ist, dafür liegt der Beweis darin, dass alle Zamboni'schen Säulen nach und nach ihre Wirkung verlieren, wenn man Chlorcalcium in die Glasröhre bringt und dieselbe auf diese Weise allmählig austrocknet. Da nur so wenig Flüssigkeit in der Zamboni'schen Säule vorhanden ist, so repräsentirt dieselbe einen bedeutenden Widerstand; daher bedarf eine solche Säule, wenn sie Elektricität abgegeben hat, stets einiger Zeit, um sich zu erholen.

C. Erzeugung von Elektricität durch Erwärmung der Berührungsstellen heterogener Körper.

(Thermoelektricität.)

XI. Wenn man verschiedene Metalle mit einander verbindet, so dass sie einen in sich geschlossenen Bogen oder Stromkreis bilden, so erhält man keine elektromotorische Kraft und in Folge dessen keinen Strom. Dies erklärt sich nach beiden Theorien, nach der Volta's und auch nach derjenigen seiner Gegner: nach der letzteren gibt es überhaupt keine elektromotorische Kraft zwischen Metallen, nach der ersteren gibt es zwar solche Kräfte für Metalle unter sich, aber sie müssen sich stets aufheben. Denn, hätte man z. B. einen Kreis von Zink, Zinn, Kupfer, d. h. wäre das Zink an das Zinn, das Zinn an das Kupfer, das Kupfer wieder an das Zink gelöthet, so entstände nach Volta zwischen je zwei Metallen stets eine elektromotorische Kraft; aber da alle Metalle in die Spannungsreihe gehören, so wären die elektromotorischen Kräfte Zink/Zinn und Zinn/Kupfer zusammen gleich derjenigen von Zink/Kupfer, als gleich und entgegengesetzt der Kraft Kupfer/Zink; die Summe der elektromotorischen Kräfte ist also Null.

Es entsteht jedoch eine elektromotorische Kraft und ein Strom, sobald eine der verschiedenen Löthstellen erwärmt wird. Um dies zu zeigen, löthet man gewöhnlich einen gebogenen Streifen *mn*, Fig. 36, von Kupfer oder anderem Metall an einen Stab *op* von Wismuth oder Antimon; zwischen den beiden Metallen schwingt eine Magnetnadel *a* auf einer Spitze. Der Apparat wird so gestellt, dass die Magnetnadel in die Ebene der beiden Metallstreifen fällt; erwärmt man nun eine der beiden Löthstellen, so erfolgt eine Ablenkung der Nadel. Wie wir später sehen werden, zeigt eine solche Ablenkung an, dass in den Metallen ein elektrischer Strom circulirt; wenn aber ein Strom in dem Bogen entstanden ist, so muss durch das Erwärmen eine elektromotorische Kraft geweckt worden sein; diese Kraft heisst thermo-elektromotorische Kraft, der durch sie hervorgerufene Strom Thermostrom.

Fig. 36.

XII. Thermostrom. Diese Art von Elektricitätserregung ist, wie diejenige durch Berührung, eine allgemeine; man hat anzunehmen, dass, wenn irgend zwei leitende Körper, fest oder flüssig, mit einander verbunden werden, wie oben die beiden Metalle, durch Erwärmung ein Thermostrom entsteht. Wir werden im Folgenden nur die Metalle in dieser Beziehung besprechen.

Es existirt nun bei Metallen auch für diese Art von Elektricitätserregung eine Spannungsreihe, ähnlich wie für die Berührungselektricität, verknüpft mit demselben Gesetz; wir lassen die von dem Entdecker der Thermoströme, Seebeck, aufgestellte Reihe folgen:

—	Mangan	Gold	Eisen
Wismuth	Kupfer (käuflich)	Silber	Antimon
Nickel	Quecksilber	Zink	Tellur.
Kobalt	Blei	Cadmium	+
Platin	Zinn	Stahl	

Dass die Metalle sich in diese Spannungsreihe ordnen lassen, hat, analog der Bedeutung der galvanischen Spannungsreihe, einen doppelten Sinn. Erstens ist hiermit die Ordnung der Metalle in thermoelektrischer Beziehung angegeben; wenn man irgend zwei Metalle aus derselben zusammenlöthet und die eine Löthstelle erwärmt, so geht ein positiver Strom durch die warme Löthstelle von dem vorhergehenden Metall zu dem nachfolgenden, oder von dem negativen zu dem positiven Metall. Zweitens ist durch diese Reihe eine Beziehung zwischen den Werthen der elektromotorischen Kräfte gegeben: die thermoelektromotorische Kraft zwischen zwei Metallen ist stets gleich der Summe der thermoelektromotorischen Kräfte zwischen

§. 2, XII.   Elektricitätsquellen; C. Thermoelektricität.   53

den in der Reihe zwischenliegenden Metallen, vorausgesetzt, dass die Erwärmung stets dieselbe ist.

Werden z. B. ein Wismuth- und ein Zinkstab an den Enden aneinander gelöthet und eine Löthstelle z. B. auf 100° erwärmt, die andere auf 0° erhalten, so geht ein positiver Strom durch die warme Löthstelle vom Wismuth zum Zink. Wird nun zwischen Wismuth und Zink ein Kupferdraht eingesetzt, dann die Löthstelle Wismuth/Kupfer, sowie diejenige Kupfer/Zink auf 100° erwärmt und diejenige Kupfer/Zink auf 0° erhalten, so entsteht wieder ein positiver Strom durch die warmen Löthstellen in der Richtung Wismuth-Kupfer-Zink, und zwar ist die thermoelektromotorische Kraft dieselbe wie vorher. Würde man statt des Kupfers noch andere in der Spannungsreihe zwischen Wismuth und Zink liegende Metalle einschalten und die Löthstelle zwischen Zink und Wismuth auf 0° erhalten, alle übrigen Löthstellen auf 100° erwärmen, so müsste man immer dieselbe elektromotorische Kraft erhalten. In einem aus lauter Metallen bestehenden Schliessungskreis wirken alle Metalle, welche an beiden Enden dieselbe Temperatur besitzen, nicht thermoelektromotorisch; für die Betrachtung der elektromotorischen Kräfte können dieselben als nicht vorhanden angesehen werden. Aus demselben Grunde ist eine Schicht von Metalloth, die sich zwischen zwei aneinander gelötheten Metallen befindet, thermoelektrisch unwirksam, wenn sie überall dieselbe Temperatur besitzt.

Praktisch wichtig für die Construction von kräftigen Thermosäulen sind die Legirungen, welche ein beinahe aller Regel spottendes Verhalten zeigen; wir geben die von Seebeck für einige derselben aufgestellte Spannungsreihe.

—
Wismuth
Blei
Zinn
1 Wismuth 3 Zink
1 Wismuth 3 Blei
Platin
1 Wismuth 3 Zinn
Kupfer
1 Wismuth 1 Blei
Gold
Silber
1 Wismuth 1 Zinn

Zink
3 Wismuth 1 Blei
1 Antimon 1 Kupfer
1 Antimon 3 Kupfer
1 Antimon 3 Blei; 3 Antimon 1 Blei
1 Antimon 3 Zinn; 3 Antimon 1 Zinn
Stahl
Stabeisen
3 Wismuth 1 Zinn
1 Wismuth 3 Antimon
Antimon
1 Antimon 1 Zinn
3 Antimon 1 Zink.
—|—

Die thermoelektromotorische Kraft zweier Metalle nimmt mit der Temperaturdifferenz der Löthstellen zu; bei geringeren Differenzen ist sie derselben proportional, je grösser dagegen die Temperaturdifferenz, desto schwächer das Wachsthum der elektromotorischen Kraft. Wenn man z. B. eine Löthstelle von 40° auf 50° erwärmt, so wächst diese Kraft mehr, als wenn man von 240° auf 250° erwärmt. Ferner ist ausser der Temperaturdifferenz die absolute Höhe der Temperatur von Einfluss; man erhält eine andere elektromotorische Kraft, wenn eine Löthstelle die Temperatur von 0°, die andere von 20° hat, als wenn die eine 300°, die andere 320° warm ist. Diese Verhältnisse zu besprechen, würde uns zu weit führen; einige Angaben über die Werthe der elektromotorischen Kräfte finden sich später bei Gelegenheit der konstanten Ketten.

Nicht nur die chemische Verschiedenheit, auch physikalische Unterschiede an demselben Metall sind die Ursachen von Thermoströmen bei Erwärmung. Namentlich sind es Unterschiede der Härte, welche stets Thermoströme hervorbringen; d. h. wird eine Stelle, wo ein hartes und ein weiches Stück im Drahte aneinander grenzen, erwärmt, so entsteht ein solcher Thermostrom. Ja sogar wenn man einen homogenen Draht in zwei Stücke bricht, das eine Stück erwärmt und es dann mit dem kalten berührt, so entsteht ein Thermostrom solange, bis die Temperaturen sich ausgeglichen haben.

§. 3.
Der stationäre elektrische Strom.

I. Allgemeines. Wir haben bisher theils die Eigenschaften, theils die Erzeugungsarten der ruhenden Elektricität betrachtet, wir gehen nun zu der Betrachtung der bewegten Elektricität über. Der elektrische Strom (S. 43) ist gleichbedeutend mit Elektricität in Bewegung.

Das Hauptinstrument zur Beobachtung und Messung ruhender Elektricität ist, wie wir gesehen haben, das Elektroskop in seinen verschiedenen Formen; trotz aller Verbesserungen an demselben bleibt dasselbe ein verhältnissmässig unempfindliches Instrument, und lässt sich nur mit Mühe für genaue Messungen einrichten. Die Elektricität in Bewegung lässt sich mit Leichtigkeit auf verschiedene Art beobachten und messen; die Erscheinungen derselben sind daher auch viel genauer bekannt, als diejenigen der ruhenden Elektricität, und auch wir werden hier genauer auf die Experimente eingehen können.

§. 3, II.   Der stationäre elektrische Strom.   55

Wenn durch Elektricität eine Wirkung irgend welcher Art ausgeübt werden soll, so muss die Elektricität in Bewegung versetzt werden; alle Anwendungen der Elektricität, vorab die Telegraphie, beruhen daher auf der Benutzung von elektrischen Strömen, nicht von ruhender Elektricität.

Im vorigen Kapitel haben wir die wichtigsten Arten der Elektricitätserregung kennen gelernt; diese Prozesse laufen stets darauf hinaus, dass zwei leitende Körper mit Elektricität von verschiedener Dichte geladen werden; bei den Elektrisirmaschinen sind es die beiden Conductoren, bei dem galvanischen Element die beiden Metalle, die in die Flüssigkeit tauchen, bei den Thermoelementen endlich besitzen die Enden der verschieden erwärmten Reihe von Metallen verschiedene elektrische Dichte. Nennen wir diese Stellen in dem elektricitätserregenden Apparat kurz Pole der Elektricitätsquelle. Verbindet man die Pole einer Elektricitätsquelle durch einen leitenden Körper, so erhält man stets einen elektrischen Strom; es ist dabei gleichgültig, ob in dieser Quelle durch Reibung, oder durch Berührung, oder durch Erwärmung die Elektricität erregt worden ist. Der Funkenstrom, der zwischen den Polen der Elektrisirmaschine übergeht, so gut als der Strom, der im galvanischen Element vom Kupfer zum Zink fliesst, und endlich derjenige, der im Thermoelement von der einen Löthstelle zur andern geht, sind qualitativ dieselbe Erscheinung, obschon quantitativ sehr verschieden; d. h. es sind sämmtlich elektrische Ströme, obschon sehr verschieden unter einander in Bezug auf die strömenden Elektricitätsmengen und die Dichten an den Polen.

II. **Magnetische Wirkung; Strommessung.** Der elektrische Strom ist nicht nur daran erkennbar, dass der Leiter, den er durchfliesst, die Pole einer Elektricitätsquelle verbindet, sondern viel leichter noch an seinen Wirkungen.

Von diesen Wirkungen, welche in einem späteren Kapitel behandelt werden, wollen wir hier nur eine nennen, deren wir zur Erläuterung der Gesetze des elektrischen Stromes bedürfen, die Wirkung auf Magnete.

Wenn man einen Draht in eine Schlinge biegt (Fig. 37), so dass die Enden dicht an einander liegen, und die ganze Schlinge in einer Ebene liegt, so nennen wir dies eine Windung. Jede von einem Strom durchflossene Windung sucht einen in der Windungsebene schwebenden Magneten senkrecht zu dieser Ebene zu

Fig. 37.

stellen. Ist also die Windungsebene vertical und schwebt die Magnetnadel auf einer Spitze (Fig. 38), so würde die Nadel um 90° abgelenkt, wenn keine andere Kräfte auf dieselbe wirkten. Nun wird aber jede einfache Magnetnadel vom Magnetismus der Erde gerichtet und sucht sich in den magnetischen Meridian zu stellen; man muss also, um die Nadel in die Windungsebene zu bringen, diese letztere ebenfalls in die Ebene des magnetischen Meridians fallen lassen. Schickt man einen Strom durch die Windung, so sucht derselbe die Nadel senkrecht zum Meridian zu stellen, der Erdmagnetismus dagegen in den Meridian zurückzuführen; die Nadel muss daher in einer zwischen dem Meridian und seiner Senkrechten liegenden Richtung stehen bleiben, wo sich die beiden Kräfte, der elektrische Strom und der Erdmagnetismus, Gleichgewicht halten. Ablenkung nennt man den Winkel zwischen der Gleichgewichtslage der Nadel unter Wirkung des Stromes und derjenigen ohne diese Wirkung; es ist klar, dass, je stärker der Strom, um so grösser die Ablenkung ist, und dass diese Ablenkung eines Magneten durch den Strom ein vortreffliches Mittel darbietet zu der Strommessung.

Fig. 38.

Die Instrumente, die nach diesem Princip gebaut sind, heissen Galvanometer; es ist dasselbe heutzutage eines der wichtigsten Instrumente in der Physik. Es gibt deren viele Constructionen, je nach dem speziellen Zweck, zu welchem sie bestimmt sind; eine der einfachsten zeigt nebenstehende Figur. In der Mitte eines kupfernen Ringes schwebt eine Magnetnadel auf einer Spitze; die Ablenkungen der Nadel werden auf einem Theilkreise abgelesen; die beiden Enden des Kupferringes sind, von einander isolirt, durch die Axe des Instrumentes geführt, ihre Verlängerung bilden zwei horizontal weiter geführte Kupferdrähte, welche mit den Polen der Batterie verbunden werden. Vor der Messung wird das Instrument so gestellt, dass die Magnetnadel in der Ebene des Ringes zu liegen kommt; lässt man einen Strom durch den Ring gehen, so wird die Nadel abgelenkt, und die Ablenkung derselben bildet ein Mass für den Strom.

Später wird die Construction und die Behandlung von Galvanometern eingehender besprochen werden; wir beschreiben dies Instrument hier nur, um einen allgemeinen Begriff von der Strommessung zu geben.

III. **Stationärer und variabler Strom.** Unter den mannigfach verschiedenen elektrischen Strömen müssen zwei grosse Classen unterschieden werden, die stationären oder constanten und die va-

§ 3, III.   Der stationäre elektrische Strom.   57

riablen Ströme. Wird ein galvanisches Element, das immer dieselbe Elektricitätsmenge liefert, durch eine metallische Leitung geschlossen, so

Fig. 39.

stellt sich nach kurzer Zeit ein constanter Zustand her in der elektrischen Strömung; jede Stelle des Schliessungskreises erreicht einen gewissen Grad von Dichte, der sich nicht ändert, und durch jeden Querschnitt des Drahtes geht in derselben Zeit immer dieselbe Elektricitätsmenge. Anders verhält es sich z. B. mit dem Entladungsstrom einer Leydner Flasche; diese letztere besitzt nur eine bestimmte Menge von Elektricität und hat nicht die Fähigkeit, die von den Belegungen abströmende Elektricität durch frische zu ersetzen; wenn dieselbe daher durch einen Draht entladen wird, so entsteht zuerst ein starker elektrischer Strom, derselbe nimmt aber rasch ab und hört bald ganz auf. Dieser letztere Strom ist ein variabler, der Strom der constanten galvanischen Elemente ein constanter oder stationärer.

Die Kenntniss des Gesetzes der stationären Ströme oder des Ohm'schen Gesetzes, wie es nach seinem Entdecker genannt wird, bildet die Grundlage der Lehre von den elektrischen Strömen; wir werden diese daher im Folgenden zwar in einfacher, aber doch eingehender Weise darstellen.

IV. Uebereinstimmung zwischen Wärmestrom und elektrischem Strom. Für die Darstellung des Ohm'schen Gesetzes wollen wir uns einer Analogie bedienen, welche auch bei der Entdeckung desselben eine Rolle gespielt hat, nämlich derjenigen zwischen dem **elektrischen Strom** und dem **Wärmestrom**; diese Analogie ist streng richtig nicht nur für stationäre Ströme, sondern auch für viele Fälle von variabeln Strömen, d. h. auch in diesen Fällen darf man den elektrischen Strom in Beziehung auf seine Berechnung ebenso behandeln, wie den Wärmestrom.

Ein stationärer Wärmestrom entsteht z. B., wenn ein Metalldraht an dem einen Ende durch kochendes Wasser auf 100°, an dem andern Ende durch schmelzenden Schnee auf 0° erhalten wird; es geht in diesem Falle Wärme über vom heissen Ende zum kalten, es entsteht ein **Wärmestrom**. Zuerst wird die Temperatur jeder Stelle des Drahtes sich ändern, Anfangs rasch, dann langsamer, nach einiger Zeit jedoch wird zwar jede Stelle des Drahtes eine andere Temperatur haben, wie die benachbarten Stellen, aber die nun von derselben angenommene Temperatur wird sich nicht mehr verändern. Der Wärmezustand des Drahtes ist nun, der Zeit nach, ein constanter geworden, also ist auch der Wärmestrom nun ein constanter oder stationärer.

Wenn man die Temperaturen an den einzelnen Stellen des Drahtes misst, und die Entfernungen dieser Stellen von dem einen Ende als Abscissen, die zugehörigen Temperaturen als Ordinaten aufträgt, so findet man als Curve der Temperatur eine gerade Linie (wir setzen hier voraus, dass keine Ausstrahlung nach Aussen stattfände); in der Mitte des Drahtes wird also die Temperatur 50°, in ¼ desselben (vom warmen Ende an gerechnet) die Temperatur 75° u. s. w. herrschen. Kurz, wenn x die Entfernung

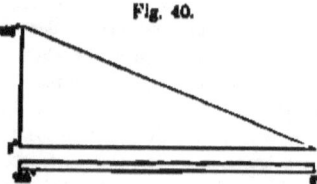

Fig. 40.

einer Stelle des Drahtes von seinem warmen Ende, l seine Länge, v die Temperatur an jener Stelle, so ist

$$v = 100° \cdot \frac{l-x}{l};$$

oder allgemein, wenn B die Temperatur des warmen Endes, A diejenige des kalten, so ist

1) . . . . $v = A + (B - A)\frac{l-x}{l}$.

Die geradlinige Vertheilung der Temperatur auf dem Drahte bleibt dieselbe, ob der Draht dick oder dünn, und ob er aus gut oder aus schlecht leitendem Material besteht. Nimmt man einen Draht von anderer Länge, so haben die Endpunkte der geraden Linie dieselben Ordinaten, aber die Schiefe der Linie, oder der Winkel, den sie mit der Abscissenaxe bildet, ändert sich; der Winkel wächst, wenn der Draht kürzer, und nimmt ab, wenn der Draht länger genommen wird.

Der Draht stellt zwischen dem kochenden Wasser und dem schmelzenden Schnee eine Verbindung her, es strömt fortwährend durch denselben Wärme von dem heissen Behälter in den kalten und dieser Wärmestrom sucht fortwährend die Temperatur des heissen Behälters zu erniedrigen und diejenige des kalten zu erhöhen — wir nehmen jedoch an, dass die Erniedrigungen stets durch die Wärme der Flamme unter dem heissen Behälter und die Erhöhungen im kalten Behälter durch das Schmelzen von Schnee wieder ausgeglichen werden.

Die Intensität dieses Wärmestromes hängt nun wesentlich von der Dicke, der Länge und dem Material des Drahtes oder Stabes ab. Es ist von vornherein klar, dass der Draht mehr Wärme entziehen wird, wenn er dicker ist: genau wie wenn man in den heissen Behälter anstatt eines Stabes eine grosse Anzahl Stäbe steckt, die sämmtlich mit den andern Enden in den kalten Behälter tauchen. Ferner wird der Wärmestrom grösser sein, wenn der Stab oder die Stäbe aus die Wärme gut leitendem Material bestehen, z. B. aus Kupfer, als wenn das Material, wie z. B. Glas, die Wärme schlecht leitet. Ferner wird der Wärmestrom kleiner sein, wenn man den Stab länger macht: denn wenn man den Stab sehr lang nimmt, so wird die Wärme, welche er dem heissen Behälter entzieht, kaum mehr merklich sein, jedenfalls viel geringer, als bei einem kurzen Stab. Endlich muss der Wärmestrom grösser sein, wenn die Differenz der Temperaturen an den beiden Enden des Stabes grösser ist; wenn der heisse Behälter die Temperatur 200° hat, so muss mehr Wärme durch den Stab gehen, als wenn diese Temperatur bloss 100° beträgt.

In der Wärmelehre wird nun gezeigt, dass der Wärmestrom
proportional dem Querschnitt des Stabes,
umgekehrt proportional der Länge desselben,
proportional der Wärmeleitungsfähigkeit des Materials, und
proportional der Differenz der Temperaturen an den beiden Enden ist.

Wenn also J der Wärmestrom, q der Querschnitt, l die Länge des Stabes, λ die Leitungsfähigkeit des Materials für Wärme, B die Temperatur des heissen Behälters, A die des kalten, so ist

2) . . . . $J = \lambda \cdot \frac{q}{l} (B - A)$.

Die Gesetze, welche für den stationären Wärmestrom gelten, lassen sich nun unmittelbar auf den elektrischen Strom übertragen; man hat bloss elektrische Dichte statt Temperatur und Leitungsfähigkeit für Elektricität statt Leitungsfähigkeit für Wärme zu setzen. Bei der Aufstellung der obigen Formeln 1) und 2) für den Wärmeübergang ist es durchaus nicht nöthig, sich eine bestimmte Vorstellung über das Wesen der Wärme zu machen; dieselben beruhen auf Annahmen, auf welche man durch die Betrachtung des vorliegenden und anderer Fälle des Wärmeüberganges gerieth, welche aber nachher durch Versuche ihre völlige Bestätigung erhielten. Es ist nun ebenso durch viele Versuche bewiesen, dass die Gleichungen 1) und 2) auch für den elektrischen Strom gelten, wenn man darin die obengenannten Aenderungen anbringt; es folgt daraus, dass die Elektricität sich in diesem Fall ähnlich verhält, wie die Wärme, und dass die Dichte für die Elektricität dasselbe ist, was die Temperatur für die Wärme.

Denken wir uns also eine Kupferplatte und eine Zinkplatte in eine leitende Flüssigkeit gesteckt und ausserhalb der Flüssigkeit durch einen Metalldraht mit einander verbunden, so geht, wie wir wissen, ein Strom positiver Elektricität vom Kupfer zum Zink durch den Draht.

Wir bemerken bei dieser Gelegenheit, dass man unter der Richtung des elektrischen Stromes stets die Richtung versteht, in welcher sich die positive Elektricität bewegt.

Wenn e die Dichte der Elektricität auf dem Zink, e' diejenige auf dem Kupfer, ferner k die Leitungsfähigkeit des Metalles, aus welchem der Draht besteht, für Elektricität, l die Länge, q der Querschnitt des Drahtes, J der elektrische Strom, x die Entfernung einer Stelle des Drahtes von der Zinkplatte, ε die Dichte der Elektricität an dieser

§. 3, V.   Der stationäre elektrische Strom.   61

Stelle, so hat man analog den Gleichungen 1 und 2 für die Elektricität in dem Metalldraht:

3) . . . . $\varepsilon = e' + (e - e')\frac{l-x}{l}$,

4) . . . . $J = k\frac{q}{l}\cdot(e - e')$.

V. Ohm'sches Gesetz; elektromotorische Kraft des galvanischen Elements. Die beiden Formeln 3) und 4) enthalten das sogenannte Ohm'sche Gesetz; wir müssen jedoch bemerken, dass man gewöhnlich unter diesem Gesetz (Gleichung 4) versteht, und zwar in einer anderen Form, welche wir nun einführen wollen.

Die Gleichungen 3) und 4) gelten für jedes Stück eines Leiters, welches von einem stationären Strom durchflossen wird; hierbei ist jedoch vorausgesetzt, dass dieses Stück überall denselben Querschnitt hat, wie z. B. ein Draht. Kennt man die Dichte e und e' an den beiden Enden des Stückes, ferner Leitungsfähigkeit, Länge und Querschnitt desselben, so gibt Gleichung 3) die Dichte jeder beliebigen Stelle des Leiterstückes, Gleichung 4) den Strom.

Betrachten wir nun den Vorgang in einem durch einen Kupferdraht geschlossenen Element aus Zink, verdünnter Schwefelsäure und Kupfer näher. Wir nehmen an, dass das Zink zur Erde abgeleitet sei, dann muss die elektrische Dichte auf demselben Null sein. Nun haben wir früher gesehen, dass die elektromotorische Kraft Zink/verdünnte Schwefelsäure stets die Dichte in der Flüssigkeit um einen gewissen Betrag, den wir e_i nennen wollen, höher macht; wenn also das Zink die Dichte Null hat, so hat die Flüssigkeit die Dichte $+ e_i$.

Die elektromotorische Kraft verdünnte Schwefelsäure/Kupfer erhält stets das Kupfer auf einer Dichte, die um einen gewissen Betrag, den wir e_i nennen wollen, geringer ist; welche Dichte auch die Säure an der Kupferplatte hat, diejenige des Kupfers muss um e_i niedriger sein, und zwar ist dieses e_i, wie wir früher sahen, kleiner als e_i. Es ist also die Dichte auf dem Zink Null, in der Flüssigkeit am höchsten positiv, auf dem Kupfer schwächer positiv, und sinkt endlich längs des Kupferdrahtes wieder auf Null herunter.

Dass ein elektrischer Strom den ganzen Stromkreis durchfliesst, ist nothwendig, weil zwei elektromotorische Kräfte, Zink/Schwefelsäure und Schwefelsäure/Kupfer in demselben wirken, ohne sich aufzuheben. Dieser Strom muss aber sowohl den Kupferdraht, als die Flüssigkeit durchfliessen; es muss stets in derselben Zeit eine gewisse Menge von positiver Elektricität durch den ganzen Stromkreis strömen, in jedem Stückchen des Drahtes oder der Säure tritt in der Secunde ebensoviel positive Elektricität auf der einen Seite ein, als auf der andern Seite austritt; die Elektricität ist stets in Bewegung, und doch bleibt die Dichte an jeder Stelle stets dieselbe. Denn sobald an einer Stelle z. B. in der Secunde mehr Elektricität einträten würde, als in derselben Zeit austritt, so müsste sich Elektricität aufhäufen, also die Dichte sich erhöhen; beim stationären Strom aber findet keine Veränderung der Dichte mehr statt; also muss überall ebensoviel Elektricität ein- als austreten.

Dieser stationäre Strom verhält sich ganz ähnlich wie ein Wasserkreislauf: man denke sich durch eine Pumpe regelmässig in der Secunde eine bestimmte Menge Wasser auf eine bestimmte Höhe gehoben, von dem oberen Behälter führe irgend ein Kanal nach dem unteren Gefäss, aus dem die Pumpe schöpft; bald wird sich hier ebenfalls ein stationärer Strom gebildet haben, d. h. der Druck des Wassers an jeder Stelle stets derselbe sein, durch jedes Stück des Kanals tritt ebensoviel Wasser in der Secunde ein, wie aus, und durch jeden Querschnitt desselben geht in der Secunde ebensoviel Wasser hindurch, als die Pumpe in derselben Zeit hebt.

Betrachten wir nun die Richtung des Stromes. Wäre nur die elektromotorische Kraft Zink/Schwefelsäure vorhanden, so müsste ein positiver Strom vom Zink durch die Flüssigkeit zum Kupfer und durch den Kupferdraht zum Zink zurückgehen. Dieser Kraft arbeitet aber diejenige zwischen Schwefelsäure und Kupfer entgegen, dieselbe erhält stets die Dichte auf dem Kupfer niedriger; aber diese letztere Kraft ist kleiner als die erstere, der Strom kann nur von der Summe der elektromotorischen Kräfte in dem galvanischen Element abhängen, und kreist daher in der oben angegebenen Richtung. Da für den Strom nur die Summe von elektromotorischen Kräften in Betracht kommt, nennt man diese Summe: **die elektromotorische Kraft des Elements**. Bezeichnet daher E diese letztere, e_1 die elektromotorische Kraft Zink/verdünnte Schwefelsäure, e_2 diejenige Kupfer/verdünnte Schwefelsäure, also $-e_2$ diejenige Schwefelsäure/Kupfer, so hat man

$$E = e_1 - e_2, \text{ oder allgemein:}$$

die elektromotorische Kraft des Elements ist gleich der Summe der einzelnen elektromotorischen Kräfte im Element, wenn dieselben in der Reihenfolge addirt werden, wie sie im Element vorkommen.

§. 3, VI.   Der stationäre elektrische Strom.   63

Trägt man die Dichten als Ordinaten, die Orte im Stromkreis als Abscissen auf, so erhält man etwa folgende Linien:

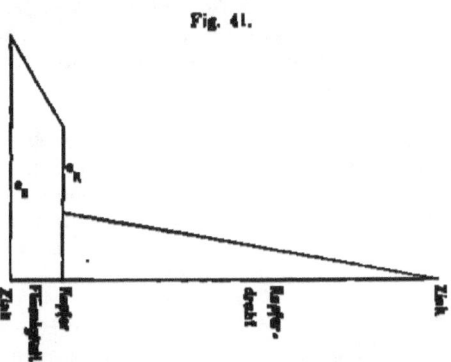

Fig. 41.

Hierbei ist Anfang und Ende der Linien als vereinigt zu denken; der Endpunkt ist die Dichte auf der (zur Erde abgeleiteten) Zinkplatte, der Anfang diejenige der die Zinkplatte berührenden Flüssigkeitsschicht.

VI. **Widerstand; gewöhnliche Form und Darstellung des Ohm'-schen Gesetzes.** Ohm hat, um die physikalische Bedeutung der einzelnen Grössen in Gleichung 4) mehr hervortreten zu lassen, einen neuen Begriff eingeführt, den sogenannten **Widerstand** eines Körpers gegen den elektrischen Strom.

Die treibende Kraft des Stromes ist $e - e'$, s. Gleichung 4), die Differenz der Dichten an den beiden Enden des betrachteten Stückes; ohne dieselbe wäre kein Strom da. Wenn nun durch diese Kraft ein Strom erzeugt wird, so wird die Stärke desselben durch die Leitungsfähigkeit des Körpers, seine Länge und seinen Querschnitt modificirt; Ohm bezeichnet nun mit dem **Widerstand** des Körpers die Grösse:

5) . . . . $w = \frac{1}{k} \cdot \frac{l}{q}$,   und erhält so:

6) . . . . $J = \frac{e - e'}{w}$.

Um sich die Bedeutung dieses sogenannten Widerstandes zu veranschaulichen, liegt es nahe, den elektrischen Strom wieder mit einem Wasserstrom zu vergleichen, der von einem höher gelegenen See in einen tiefer gelegenen geht. Der Widerstand, den das Strombett dem Strom entgegensetzt, ist die Reibung; dieselbe ist, wie der Widerstand eines Körpers gegen Elektricität, um so grösser, je länger das

Dett, und um so kleiner, je grösser der Querschnitt und je grösser, wenn wir uns so ausdrücken dürfen, die Leitungsfähigkeit des Strombettes für Wasser, d. h. je grösser der Grad von Glätte, den es besitzt.

Der Begriff des Widerstandes ist in der Elektricitätslehre von der weitgehendsten Bedeutung und wir wollen uns sogleich mit demselben etwas vertrauter machen.

Die Leitungsfähigkeit für Elektricität ist ein derjenigen für Wärme ganz verwandter Begriff; als Erklärung derselben kann man die obigen Formeln 5) und 6) ansehen. Man denke sich wieder die Zusammenstellung des Kupfer-Zinkelementes, das durch den Kupferdraht geschlossen ist; der Strom J sowohl, als die Differenz $e - e'$ der Dichten an den Enden des Drahtes werde gemessen, dann ist

$$k = \frac{J}{e-e'} \cdot \frac{l}{q};$$

wenn also Länge und Querschnitt des Kupferdrahtes bekannt sind, so ist auf der rechten Seite der Gleichung Nichts unbekannt, und es lässt sich k, die Leitungsfähigkeit für Elektricität von Kupfer, berechnen. Will man dieselbe Grösse für ein anderes Metall bestimmen, so setze man einen Draht dieses Metalles an die Stelle des Kupferdrahtes, messe J und $e - e'$, und bestimme ausserdem l und q des Drahtes; dann lässt sich die Leitungsfähigkeit auch dieses Metalles berechnen.

Beim Widerstand eines Körpers gegen den elektrischen Strom kommt es jedoch nicht allein auf die Leitungsfähigkeit, sondern auf Länge und Querschnitt, kurz, nur auf den Werth des Productes $\frac{1}{k} \cdot \frac{l}{q}$, nicht auf denjenigen der einzelnen Grössen an; wir werden später Mittel kennen lernen, durch welche dieses Product leicht bestimmt werden kann, ohne dass man k, l und q einzeln kennt.

Für alle Betrachtungen und Experimente über elektrische Ströme ist es nun vom grössten Nutzen, ein Grundmass für den Widerstand einzuführen. Das jetzt gebräuchlichste Grundmass ist die sogenannte Quecksilber- oder Siemens'sche Einheit, auf welche wir später zurückkommen.

Die Siemens'sche Widerstandseinheit ist der Widerstand einer Quecksilbersäule von 1 Quadratmillimeter Querschnitt und 1 Meter Länge.

Wenn man nun einen Draht von einem beliebigen Metall oder eine Säule irgend einer Flüssigkeit hat, so kann man auf verschiedene Weise das Verhältniss des Widerstandes des Drahtes oder der Flüssigkeitssäule zu demjenigen eines andern Körpers bestimmen, also z. B.

§. 3, VI.   Der stationäre elektrische Strom.   65

zu demjenigen einer Quecksilbereinheit; man kann also stets den Widerstand eines Körpers, ausgedrückt in Quecksilbereinheiten, bestimmen.

Dies giebt ein treffliches Mittel an die Hand, um die Stärke des elektrischen Stromes in verschiedenen Stromkreisen zu veranschaulichen; da wir jetzt wissen, dass nicht die Länge eines Leiters wesentlich ist für den Strom, sondern nur dessen Widerstand, so tragen wir nun bei der graphischen Darstellung der Dichte in einem Stromkreise nicht mehr die Längen, sondern die Widerstände der durchflossenen Leiter als Abscissen auf.

Wenn wir nun in dem bisher behandelten Fall — ein Zink-Kupfer-Element mit verdünnter Schwefelsäure, geschlossen durch einen Kupferdraht, Zink an Erde gelegt — nochmals den Verlauf der Dichte aufzeichnen, indem wir die Dichte als Ordinate, den Widerstand der Flüssigkeitssäule und des Kupferdrahtes als Abscissen auftragen, so erhalten wir folgende Linien:

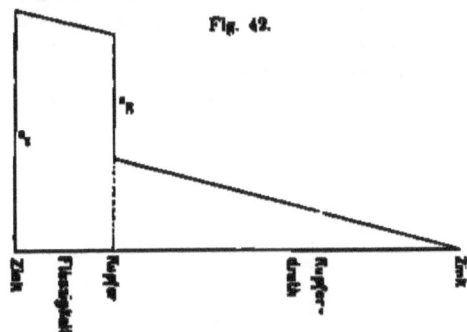

Fig. 42.

Die Schiefe der Dichtenlinien in der Flüssigkeit und im Draht ist nun dieselbe, während sie früher, als die Längen als Abscissen aufgetragen wurden, verschieden war. Dies musste auch erfolgen: denn nach Ohm ist der Strom in irgend einem Leiterstück gleich dem Verhältniss der Dichtendifferenz zu dem Widerstand; nun ist der Strom in allen Theilen des Stromkreises derselbe, ferner tragen wir als Abscissen stets Widerstände auf, also muss auf ein gleiches Abscissenstück dieselbe Dichtendifferenz kommen, die Linien also gleich schief werden.

Wir sehen, dass, wenn wir nun die Dichte in anderen Stromkreisen graphisch darstellen und immer Widerstände in demselben Mass als Abscissen auftragen, die Stärke des Stroms dargestellt wird durch die Schiefe der Linien, oder genauer, wie sich Ohm ausdrückt, durch das

5

Gefälle; das Gefälle der Dichtenlinien ist das Verhältniss der Ordinatendifferenz zu Anfang und zu Ende irgend eines Stückes der Linie zu dem entsprechenden Abscissenstück, also eigentlich der Strom selbst.

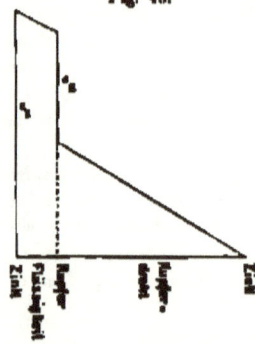

Fig. 43.

Wenn die Flüssigkeitssäule und der Kupferdraht im Zink-Kupfer-Element beide nur halb so lang sind, als wir uns oben dachten, so nimmt die Dichtenlinie nebenstehende Gestalt an; das grössere Gefälle der Linie zeigt den stärkeren Strom an.

Wie man die verschiedenen Leiter im Stromkreis unter denselben Gesichtspunkt bringt, indem man nur ihre Widerstände betrachtet, so kann man auch die im Stromkreis vorhandenen **elektromotorischen Kräfte** zusammenfassen. —

Wenn man z. B. 4 Zink-Kupfer-Elemente hintereinander verbindet, in der Art der Volta'schen Säule, durch einen Kupferdraht schliesst und das erste Zink an Erde legt, so wird die Dichtenlinie folgende Gestalt erhalten:

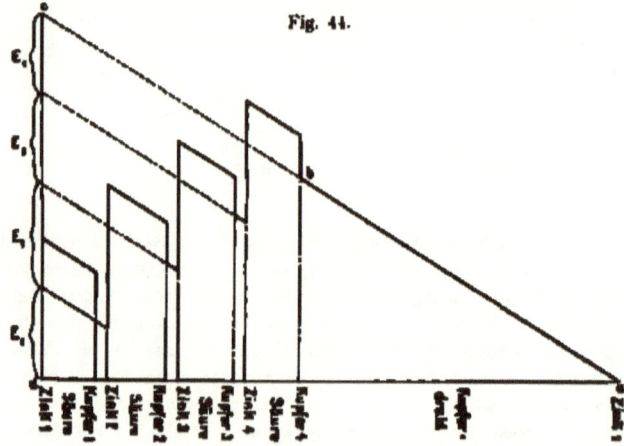

Fig. 44.

Wenn es sich nun nur um das **Gefälle** oder den **Strom** handelt, nicht um die absoluten Werthe der Dichten, so lässt sich dasselbe eben so gut darstellen, wenn man die Dichtenlinie ab im Kupferdraht rückwärts verlängert bis c, wo sie die Ordinatenaxe trifft. Das Stück

§. 3, VI, VII.   Der stationäre elektrische Strom.   67

ed ist, wie sich leicht aus der Figur sehen lässt, $= A(e_t - e_s)$, wenn, wie früher, e_t die elektromotorische Kraft Zink/verdünnte Schwefelsäure und e_s diejenige Kupfer/verdünnte Schwefelsäure, oder wenn $E_1 = e_t - e_s$ die elektromotorische Kraft eines Elementes, so ist $ed = AE_1$, die Summe aller elektromotorischen Kräfte im ganzen Stromkreis, und es ist aus dem Beispiel klar, welche Vereinfachung diese Art der graphischen Darstellung mit sich bringt.

Wenn also bloss Stromverhältnisse dargestellt werden sollen, so trage man die am Ende der Batterie herrschende Dichte auf der Ordinatenaxe auf, dann bei einer Abcisse, welche dem Widerstand des Stromkreises entspricht, die am Anfang der Batterie herrschende Dichte als Ordinate, und verbinde die beiden Punkte durch eine Gerade.

Legt man statt des Anfangs der Batterie die Mitte derselben, die zweite Kupfer- und die dritte Zinkplatte an Erde, so erhält die Dichtenlinie folgende Gestalt:

Das Gefälle bleibt natürlich dasselbe, wie im vorigen Falle.

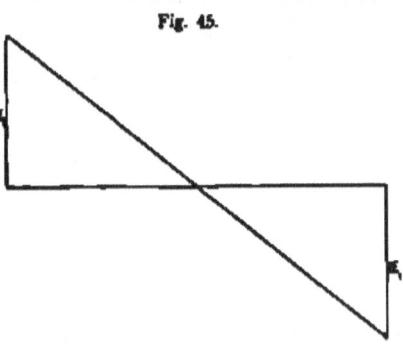

Fig. 45.

Wenn man daher das Ohm'sche Gesetz statt, wie bisher, auf einen beliebigen Theil des Stromkreises, auf den ganzen Stromkreis beziehen will, so kommt es nur auf die Summe der elektromotorischen Kräfte, wie sie auch im Stromkreis vertheilt sein mögen, an, und die Summe aller Widerstände; wenn also E die erstere, W die letztere Summe, so hat man in jedem Stromkreis

L . . . . $J = \dfrac{E}{W}$.

Diess ist nach der gewöhnlichen Benennung das Ohm'sche Gesetz; es ist aber nicht ausser Acht zu lassen, dass dieses Gesetz auch für jedes Stück des Stromkreises gilt, wenn man statt E die Differenz der Dichten an den beiden Enden des Stückes setzt.

VII. **Stromverzweigung; Kirchhoff'sche Sätze.** Das Ohm'sche Gesetz bildet die Grundlage für beinahe alle elektrisch-technischen Be-

5*

rechnungen und Betrachtungen; um dasselbe allgemein anwenden zu können, müssen gewisse Sätze bekannt sein, welche die Ausdehnung dieses Gesetzes auf den Fall beliebig vieler, beliebig in einander greifender Stromkreise oder verzweigter Ströme ermöglichen.

Sowohl beim Experimentiren, als bei den technischen Anwendungen der Elektricität kommt es eigentlich ziemlich selten vor, dass ein einfacher Stromkreis angewandt wird; und die weitaus häufigsten Fälle sind diejenigen, wo die Ströme sich verzweigen.

Es handelt sich bei dieser Art von Aufgaben meistens darum, die Intensität der Ströme in den einzelnen Zweigen zu bestimmen, wenn die elektromotorischen Kräfte und die Widerstände gegeben sind. Diese Bestimmung lässt sich stets durchführen, auch in den complicirtesten Fällen, vermittelst zweier von Kirchhoff bewiesener*) allgemeiner Sätze. Dieselben lauten:

1) **an jeder Kreuzungsstelle ist die Summe der Ströme, welche auf den Punkt zu fliessen, gleich der Summe der Ströme, welche von dem Punkte wegfliessen;**

2) **In jedem geschlossenen Wege, der sich in der Verzweigungsfigur zusammenstellen lässt, ist die Summe der elektromotorischen Kräfte gleich der Summe der für die einzelnen Strecken gebildeten Producte der Ströme mit den Widerständen.**

Wenn z. B., wie in Fig. 46, drei Ströme, a_1, a_2, a_3, auf eine

Fig. 46.

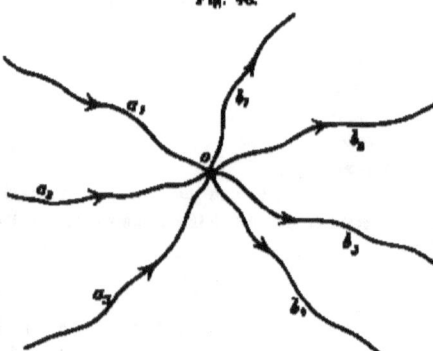

Kreuzungsstelle zu-, und vier Ströme b_1, b_2, b_3, b_4 von derselben abfliessen, so hat man nach Satz 1):

---

*) Vgl. Poggendorff's Annalen 64, 513.

$$a_1 + a_2 + a_3 = b_1 + b_2 + b_3 + b_4.$$

Satz 1) ist überhaupt ohne mathematischen Beweis klar. Denn, wenn an einer Kreuzungsstelle die Summe der zuströmenden Elektricität nicht gleich derjenigen der abströmenden wäre, so wäre die Strömung nicht stationär; die Dichte an der Kreuzungsstelle würde wachsen oder abnehmen, während beim stationären Strom, welcher hier stets vorausgesetzt wird, die Dichte an irgend einer Stelle constant bleiben muss.

VIII. Beispiel (Wheatstone'sche Brücke). Um die Anwendung von Satz 2) zu verdeutlichen, wollen wir eines der wichtigsten, hierher gehörigen Beispiele, die sogenannte Wheatstone'sche Brücke, ausführlich behandeln. Fig. 47 stellt dieselbe schematisch dar.

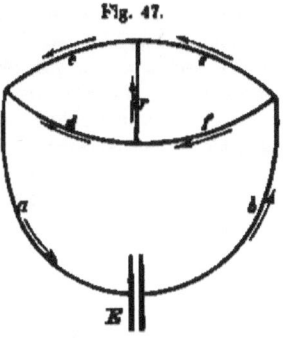

Fig. 47.

E ist die elektromotorische Kraft eines Elementes oder einer Batterie, durch zwei parallele Querstriche angedeutet; a, b, c, d, e, f sind Drähte von gegebenen Widerständen. Wir nehmen nun vorerst für jede einzelne Strecke eine bestimmte Richtung des Stromes an, wie in der Figur die Pfeile andeuten. Wir bemerken ausdrücklich, dass die Wahl dieser Richtungen völlig beliebig ist; es ist damit bloss gesagt, dass wir auf den einzelnen Strecken in den betreffenden Richtungen den Strom, mathematisch gesprochen, positiv rechnen, was ja stets freisteht. Stellt sich dann nach Beendigung der Rechnung für irgend eine Strecke der Strom als negativ heraus, so muss der Strom in Wirklichkeit auf jener Strecke nicht die Anfangs von uns angenommene Richtung, sondern die entgegengesetzte haben.

Wir bezeichnen nun für die einzelnen Strecken Ströme und Widerstände mit:

	a und b	c	d	e	f	r
Strom:	J	i_1	i_2	i_3	i_4	i
Widerstand:	W	w_1	w_2	w_3	w_4	w.

Wir haben hier in W den Widerstand der Drähte a und b sowohl, als denjenigen der Batterie zusammengefasst, weil, wie wir oben sahen, in einem unverzweigten Leiter nur die Summe aller Widerstände in dem Ohm'schen Gesetz auftritt.

Wir stellen nun für alle Kreuzungsstellen Gleichungen nach dem ersten Kirchhoff'schen Gesetz auf; man erhält:
(die Kreuzungspunkte sind mit den Buchstaben der Zweige bezeichnet, welche in denselben zusammenstossen)

Kreuzungspunkt	Gleichung
(a, c, d)	$i_1 + i_2 = J$
(b, e, f)	$i_3 + i_4 = J$
(c, e, r)	$i_2 + i = i_1$
(d, r, f)	$i_3 + i = i_4$

Subtrahirt man hier die zweite Gleichung von der ersten, ferner die dritte von der vierten, so erhält man beide Male die Gleichung

$$i_1 + i_2 - i_3 - i_4 = 0;$$

es muss also eine von den vier Gleichungen eine Folge der drei andern sein, und man hat nur drei von einander unabhängige Gleichungen.

Wir suchen nun in dem Schema der Schaltung alle möglichen geschlossenen oder in sich zurücklaufenden Wege und stellen nach dem zweiten Kirchhoff'schen Satze die betreffenden Gleichungen auf; man erhält unter Anderem:

Weg	Gleichung
(a, b, e, c, a)	$JW + i_3 w_3 + i_1 w_1 = E$
(a, b, f, d, a)	$JW + i_4 w_4 + i_2 w_2 = E$
(a, b, e, r, d, a)	$JW + i_3 w_3 - i w + i_2 w_2 = E$
(a, b, f, r, c, a)	$JW + i_4 w_4 + i w + i_1 w_1 = E$

Es ist hier zu bemerken, dass, so oft man bei Aufstellung einer dieser Gleichungen einen geschlossenen Weg in irgend einer Richtung durchläuft und auf einen Strom stösst, der nach der Zeichnung die umgekehrte Richtung hat, dieser Strom als negativ eingeführt werden muss.

Auch hier ist eine Gleichung die Folge von den drei übrigen; denn subtrahirt man die dritte von der ersten, und die zweite von der vierten, so erhält man jedesmal dieselbe Gleichung:

$$i w + i_1 w_1 - i_2 w_2 = 0.$$

Wir haben demnach, nachdem wir die beiden Sätze zur Aufstellung von Gleichungen benutzt haben, 6 von einander unabhängige Gleichungen erhalten, aus welchen 6 Grössen bestimmt werden können. Physikalisch sieht man nun sofort ein, dass, sobald alle elektromotorischen Kräfte und alle Widerstände bekannt sind, alsdann die Ströme hierdurch ebenfalls bestimmt sind; denkt man sich im vorliegenden Fall E und sämmtliche w als gegeben, so hat man als Unbekannte die 6 Ströme J, i, i_1, i_2, i_3, i_4; zur Bestimmung dieser 6 Grössen

§. 3, IX.   Der stationäre elektrische Strom.   71

reichen die obigen 6 Gleichungen aus — wir sehen also, dass durch die Kirchhoff'schen Sätze die Aufgabe gelöst ist.

Aus jenen Gleichungen lassen sich also sämmtliche Ströme, ausgedrückt in E und den verschiedenen w, bestimmen; erhält man bei dieser Bestimmung für einen der Ströme einen negativen Ausdruck, so zeigt dies an, dass dieser Strom in Wirklichkeit die der in der Zeichnung angenommenen entgegengesetzte Richtung hat.

Fig. 43.

IX. Beispiel mit zwei Batterien. Wir wollen noch ein anderes Beispiel behandeln, in welchem zwei elektromotorische Kräfte in zwei verschiedenen Zweigen vorkommen.

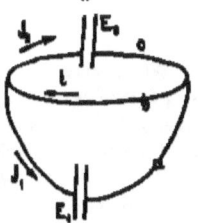

a und c seien zwei Zweige, welche Batterien mit den elektromotorischen Kräften bez. E_1, E_2 enthalten, b ein Zweig ohne Batterie; die Ströme nehmen wir vorläufig in der in der Figur angedeuteten Richtung an; die Widerstände und Ströme in den einzelnen Zweigen bezeichnen wir folgendermassen:

	a	b	c
Widerstand:	W_1	w	W_2
Strom:	J_1	i	J_2

Satz 1) liefert an den beiden Kreuzungspunkten dieselbe Gleichung:
$$i = J_1 + J_2.$$

Satz 2) liefert die Gleichungen:

Weg.	Gleichung.
(a, b, a)	$E_1 = J_1 W_1 + i w$
(c, b, c)	$E_2 = J_2 W_2 + i w$
(a, c, a)	$E_1 - E_2 = J_1 W_1 - J_2 W_2.$

Hierbei haben wir angenommen, dass die elektromotorische Kraft E_2 derjenigen in E_1 entgegen wirkt, dass also in dem Weg (a, c, a) das Kupfer der Batterie E_1 mit dem Kupfer der Batterie E_2, das Zink von E_1 mit dem Zink von E_2 verbunden sei; es muss alsdann, wenn man den Weg (a, c, a) von E_1 rechts herum durchläuft, E_1 positiv, E_2 negativ genommen werden, weil E_1 in dem Sinne wirkt, in welchem man den Weg durchläuft, E_2 entgegengesetzt, ferner J_1 positiv, J_2 negativ, weil die in der Zeichnung angenommene Richtung des ersteren übereinstimmt mit derjenigen, in welcher man den Weg durchläuft, diejenige des letzteren aber entgegengesetzt ist.

In den 3 letzten Gleichungen ist wieder eine die Folge der beiden andern; also hat man im Ganzen nur drei von einander unabhängige Gleichungen und die 3 Unbekannten J_1, J_2, i.

$$J_1 = \frac{E_1(W_2 + w) - E_2 w}{W_1 W_2 + w(W_1 + W_2)},$$

$$J_2 = \frac{E_2(W_1 + w) - E_1 w}{W_1 W_2 + w(W_1 + W_2)},$$

$$i = \frac{E_1 W_2 + E_2 W_1}{W_1 W_2 + w(W_1 + W_2)}.$$

Wir ersehen hieraus, dass von den 3 Strömen nur derjenige im Zweig b stets positiv ist, d. h. stets die in der Zeichnung angenommene Richtung hat. J_1 und J_2 können positiv oder negativ sein je nach den Werthen der betreffenden Zähler, da der Nenner stets positiv ist. Ist z. B. $E_1(W_2 + w) < E_2 w$, so ist J_1 negativ, d. h. die Richtung dieses Stromes ist der in der Zeichnung angenommenen entgegengesetzt; ebenso wird J_2 negativ, wenn $E_2(W_1 + w) < E_1 w$.

Ferner wird

$$J_1 = 0, \text{ wenn } E_1(W_2 + w) = E_2 w \text{ oder } \frac{E_1}{E_2} = \frac{w}{W_2 + w},$$

und $J_2 = 0$, wenn $E_2(W_1 + w) = E_1 w$ oder $\frac{E_1}{E_2} = \frac{W_1 + w}{w}$.

Kehrt man die Batterie E_2 um, so dass sie nun in gleichem Sinne wirkt, wie die Batterie E_1, so hat man in den obigen Gleichungen $-E_2$ statt E_2 zu setzen. In diesem Fall ist J_1 stets positiv, J_2 stets negativ, und i kann positiv, Null oder negativ sein.

Fig. 49.

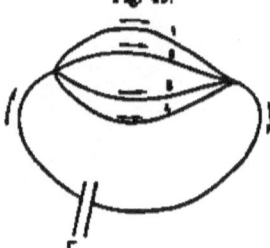

X. Verzweigung von Widerständen. Es kommt sehr häufig vor, dass ein Strom verschiedene Zweige durchläuft, die an ihren Enden sämmtlich mit einander verbunden sind; es fragt sich, wie gross die Intensität der Ströme in den einzelnen Zweigen ist, wenn die Widerstände der Zweige bekannt sind.

Sind die Widerstände aller Zweige gleich, so ist es klar, dass der Hauptstrom in ebensoviel gleiche Theile getheilt wird, als Zweige da sind, dass alle Zweigströme unter einander gleich sind; hat

§. 3, X.   Der stationäre elektrische Strom.   73

man n Zweige und ist J der Hauptstrom, so ist die Intensität eines Zweigstromes $\frac{J}{n}$.

Wir nehmen nun an, es seien n Zweige von verschiedenen Widerständen $w_1, w_2 \ldots w_n$, die Ströme in denselben $i_1, i_2 \ldots i_n$, deren Intensität zu bestimmen.

Nach den Kirchhoff'schen Sätzen erhalten wir die Gleichungen
$$J = i_1 + i_2 + \ldots + i_n$$
$$i_1 w_1 - i_2 w_2 = 0$$
$$i_2 w_2 - i_3 w_3 = 0$$
$$\ldots \ldots \ldots$$
$$i_{n-1} w_{n-1} - i_n w_n = 0;$$
ferner: $J W + i_1 w_1 = E;$
die übrigen Gleichungen folgen aus diesen.

Vorerst folgt hieraus, dass $\frac{i_1}{i_2} = \frac{w_2}{w_1}$, $\frac{i_2}{i_3} = \frac{w_3}{w_2}$ u. s. w. aber auch, $\frac{i_1}{i_3} = \frac{w_3}{w_1}$, $\frac{i_1}{i_4} = \frac{w_4}{w_1}$, u. s. w., allgemein, dass die Ströme in zwei Zweigen sich umgekehrt verhalten wie die Widerstände.

Wir bestimmen nun J. Man hat
$J = i_1 + i_2 + \ldots i_n$, also nach dem Obigen
$$= i_1 w_1 \left(\frac{1}{w_1} + \frac{1}{w_2} + \frac{1}{w_3} + \ldots + \frac{1}{w_n} \right);$$
$J W + i_1 w_1 = E.$

Eliminirt man aus diesen beiden Gleichungen i, so kommt
$$J = \frac{E \left(\frac{1}{w_1} + \frac{1}{w_2} + \ldots + \frac{1}{w_n} \right)}{1 + W \left(\frac{1}{w_1} + \frac{1}{w_2} + \ldots + \frac{1}{w_n} \right)}$$
$$= \frac{E}{W + \dfrac{1}{\frac{1}{w_1} + \frac{1}{w_2} + \ldots + \frac{1}{w_n}}}.$$

Denkt man sich das ganze System der n Zweige als ein Ganzes, so muss dasselbe dem Strom einen bestimmten Widerstand entgegensetzen; wenn dieser Widerstand $= w'$, so hat man einen einfachen Stromkreis, und es ist
$$J = \frac{E}{W + w'}.$$

Dieser Ausdruck für J muss mit dem obigen übereinstimmen; es muss also

7) $$w' = \cfrac{1}{\cfrac{1}{w_1} + \cfrac{1}{w_2} + \cfrac{1}{w_3} + \ldots + \cfrac{1}{w_n}}$$

sein; diese Formel gibt den Widerstand w' eines Zweigsystems ausgedrückt in den Widerständen der Zweige.

Hat man bloss zwei Zweige, so ist der Widerstand ihres Systems

8) $\ldots w' = \cfrac{1}{\cfrac{1}{w_1} + \cfrac{1}{w_2}} = \cfrac{w_1 \, w_2}{w_1 + w_2}$.

Eine häufige Anwendung eines Systems von zwei Zweigen findet statt bei den sogenannten Nebenschlüssen. Es kommt nämlich oft vor, dass der Strom in irgend einem Theil eines Stromsystems zu stark ist; die Stärke des Stromes lässt sich aber auf ein beliebiges Mass vermindern durch Anbringung eines Nebenschlusses, d. h. wenn man einen Zweigdraht so einfügt, dass jener Draht, in welchem der Strom zu stark war, und der neue Draht ein System von zwei Zweigen bilden.

Fig. 50.

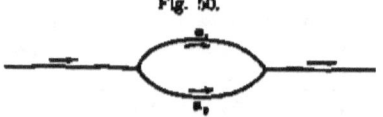

Sei a_1 jener Draht, a_2 der neu eingefügte Nebenschluss; ihre Widerstände seien bez. w_1, w_2, die in ihnen herrschenden Ströme bez. i_1, i_2. Es soll nun der Widerstand des Nebenschlusses so gewählt werden, dass durch Anlegung des Nebenschlusses nur noch der m^{te} Theil des Stromes durch a_1 geht, welcher ohne Nebenschluss durch a_1 gehen würde.

Wir nehmen an, dass die Anbringung des Nebenschlusses die Ströme in den übrigen Theilen des Stromschema's, ausser a_1, nicht verändere, dass also z. D. im Fall eines einfachen Stromkreises die ausser w_1, w_2 in demselben enthaltenen Widerstände bedeutend grösser seien, als w_1 und w_2. Dann ist der Strom, der ohne Nebenschluss durch a_1 geht, gleich der Summe $i_1 + i_2$, d. h. der Ströme, die durch a_1 und a_2 gehen, nach Anlegung des Nebenschlusses. Ferner verhalten sich im letzteren Fall, wie oben gezeigt, die Ströme umgekehrt wie die Widerstände. Man hat also

§. 3, XI.   Der stationäre elektrische Strom.   75

$$\frac{i_2}{i_1} = \frac{w_2}{w_1} \quad \text{und} \quad i_1 = \frac{I}{m}(i_1 + i_2). \quad \text{Hieraus folgt}$$

$$i_1 = \frac{I}{m} \; i_1 \left(I + \frac{w_1}{w_2}\right);$$

$$I = \frac{I}{m} \left(I + \frac{w_1}{w_2}\right);$$

9) . . . . $w_2 = \frac{w_1}{m-I}$.

Wenn also z. B. der Strom in einem Instrument zur Strommessung, namentlich einem Galvanometer, auf $\frac{1}{10}$ seines Werthes reducirt werden soll, so bringt man einen Nebenschluss an, dessen Widerstand $\frac{1}{9}$ des Instrumentes beträgt; soll der Strom auf $\frac{1}{100}$ reducirt werden, so muss der Widerstand desselben $\frac{1}{99}$ desjenigen des Instrumentes betragen u. s. w.

Hierbei ist jedoch nicht ausser Acht zu lassen, dass Gleichung 9) nicht mehr gilt, sobald das Anbringen des Nebenschlusses die Ströme in dem übrigen gegebenen Stromschema verändert.

XI. Schaltung einer Batterie. In der Technik sowohl, wie beim wissenschaftlichen Experimentiren wirft sich häufig die Forderung auf, in einem gegebenen äusseren Widerstand mit einer gegebenen Batterie durch zweckmässige Schaltung derselben einen möglichst starken Strom zu erzeugen.

Bei diesen Schaltungen gibt es zwei Hauptarten, das Parallelschalten und das Hintereinanderschalten. Bei ersterer werden die Elemente (oder Batterien), welche parallel geschaltet werden sollen, neben einander gestellt, dann ihre Kupferpole sämmtlich mit einander verbunden, und ebenso ihre Zinkpole; das Hintereinanderschalten ist die Schaltung, welche zuerst in der Volta'schen Säule angewendet wurde, indem ein Element an das andere gereiht wird, so dass sich die elektromotorischen Kräfte addiren.

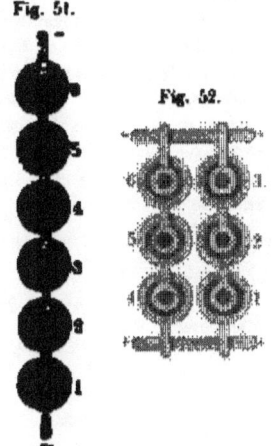

Fig. 51.

Fig. 52.

Fig. 51 zeigt 6 hintereinander geschaltete Elemente,
Fig. 52 2 parallel geschaltete Batterien von je 3 Elementen,

Fig. 53 3 parallel geschaltete Batterien von je 2 Elementen,
Fig. 54 6 parallel geschaltete Elemente.

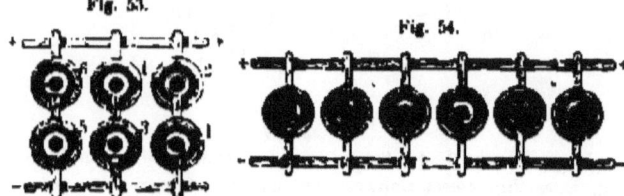

Fig. 53.   Fig. 54.

Betrachten wir den ersten und den letzten dieser Fälle. Wenn E die elektromotorische Kraft eines Elementes, w dessen Widerstand, so ist im ersten Fall $6E$ die elektromotorische Kraft der Batterie und $6w$ ihr Widerstand. In dem letzten Fall, in welchem sämmtliche Zinkpole zu einem Zinkpol und sämmtliche Kupferpole zu einem Kupferpol vereinigt sind, können wir uns auch die Flüssigkeit in allen Bechern communicirend denken, durch Röhren z. B., ohne dass etwas verändert wird; dann hat man aber eigentlich ein einziges Element, wo eine aus 6 Theilen bestehende Kupferplatte und eine ähnliche Zinkplatte in einen Flüssigkeitstrog tauchen; die elektromotorische Kraft dieses Elementes ist also nur E. Um den Widerstand zu finden, denken wir uns die Platten sämmtlich eben, nicht zu Cylindern zusammengerollt, und die Zink- und die Kupferplatten von gleicher Grösse. Dann ist der Widerstand eines Elementes und der Widerstand der Flüssigkeit zwischen den Platten direct zu vergleichen demjenigen eines Drahtes, weil der vom Strom durchflossene Flüssigkeitskörper dann überall denselben Querschnitt hat. Ist nun der Widerstand eines Drahtes w, und verbindet man 6 Drähte parallel, so ist, wie wir S. 74 gesehen haben, der Widerstand dieses Systems $\frac{w}{6}$; ebenso verhält es sich hier mit den 6 parallel geschalteten Elementen.

Bei 6 hinter einander geschalteten Elementen ist daher, wenn W der äussere Widerstand,

$$J = \frac{6E}{6w + W} = \frac{E}{w + \frac{W}{6}},$$

bei 6 parallel geschalteten Elementen dagegen

$$J = \frac{E}{\frac{w}{6} + W}.$$

Wir können uns also in beiden Fällen denken, dass man ein Element mit der elektromotorischen Kraft E im Stromkreis habe; durch das Hintereinanderschalten von 6 Elementen wird gleichsam die elektromotorische Kraft nicht vermehrt, aber der äussere Widerstand auf den sechsten Theil vermindert; durch das Parallelschalten von 6 Elementen dagegen wird der Widerstand des Elementes auf den sechsten Theil vermindert.

Wir sehen ferner, dass je nach den Umständen die eine oder die andere Art von Schaltung vorgezogen werden muss, um den stärkeren Strom zu erzielen: Ist der äussere Widerstand sehr gross im Verhältniss zu demjenigen des Elementes, so wird man hintereinander schalten, ist derselbe klein im Verhältniss zu dem letzteren, wird man parallel schalten. Ist nun W weder sehr gross, noch sehr klein im Verhältniss zu w, so wird eine Verbindung beider Schaltungen das Zweckmässigste sein, und diese wollen wir nun aufsuchen.

Es seien n Elemente gegeben, jedes von der elektromotorischen Kraft E und dem Widerstand w, ferner der äussere Widerstand W; die Elemente sind so zu schalten, dass der Strom ein Maximum wird.

Wenn je m von den n Elementen parallel geschaltet werden, so dass also von je m Elementen die Zinke unter sich und die Kupfer unter sich verbunden werden, so repräsentirt jede solche Gruppe von m Elementen ein einziges Element vom Widerstand $\frac{w}{m}$ und der elektromotorischen Kraft E. Solcher Gruppen sind im Ganzen $\frac{n}{m}$; also hat man den Strom

$$J = \frac{\frac{n}{m} E}{\frac{n}{m} \cdot \frac{w}{m} + W} = \frac{E}{\frac{w}{m} + \frac{m}{n} W}.$$

Dieser Ausdruck muss in Bezug auf m ein Maximum werden. Differenzirt man J nach m, und setzt $\frac{dJ}{dm} = 0$, so kommt

$$o = \frac{dJ}{dm} = \frac{-\frac{w}{m^2} + \frac{1}{n} W}{\left(\frac{w}{m} + \frac{m}{n} W\right)^2},$$

woraus: $\quad \frac{w}{m^2} = \frac{1}{n} W \quad$ oder $\quad \frac{w}{m} = \frac{m}{n} W \quad$ oder

9) . . . . . . $\quad \frac{n}{m} \cdot \frac{w}{m} = W.$

Dass in diesem Fall ein Maximum und kein Minimum eintritt, davon kann man sich in bekannter Weise an dem zweiten Differentialquotienten überzeugen. Nun ist aber $\frac{n}{m} \cdot \frac{w}{m}$ der Widerstand der auf angegebene Weise geschalteten Batterie, also ist

bei gegebener Batterie der Strom ein Maximum, wenn die Batterie so geschaltet wird, dass ihr Widerstand gleich dem äussern Widerstand ist.

Dies genau zu erreichen ist nun im Allgemeinen nicht möglich, weil wir die Batterie nicht in beliebig viele Gruppen theilen können, sondern nur in eine solche Anzahl von Gruppen, die in der Anzahl von Elementen aufgeht; man wählt also immer diejenige Theilungszahl m, die der aus Gleichung 9) berechneten am nächsten kommt. Zur Berechnung von m dient die aus Gleichung 9) fliessende Gleichung:

$$10) \quad\quad\quad m = \sqrt{\frac{n \cdot w}{W}} \, .$$

Ein Fall, in dem man in der Praxis die Forderung der Theorie verwirklichen kann, ist z. B. folgender:

Eine Batterie von 60 Elementen, jedes zu 15 Einheiten Widerstand, sei gegeben, der äussere Widerstand betrage 100 Einheiten; dann hat man für m:

$$m = \sqrt{\frac{60 \cdot 15}{100}} = 3;$$

man schaltet also je 3 Elemente parallel und hat dann eine Batterie von 20 Gruppen, von denen jede aus 3 Elementen gebildet ist. Der Widerstand einer solchen Gruppe ist alsdann: $\frac{15}{3} = 5$ Einheiten, derjenige der ganzen Batterie: $20 \cdot 5 = 100$, also (bei $E = 1$) der Strom

$$J = \frac{20}{200 + 100} = 0{,}100 \, .$$

Würde man sämmtliche 60 Elemente hinter einander schalten, so hätte man

$$J = \frac{60}{60 \cdot 15 + 100} = 0{,}060 \, ;$$

würde man sie sämmtlich parallel schalten, so hätte man

$$J = \frac{1}{\frac{15}{60} + 100} = 0{,}00998 \, ;$$

es erhellt hieraus, dass der Strom bei der gefundenen Schaltung bedeutend stärker ist, als bei andern Schaltungen.

§. 3, XI.   Der stationäre elektrische Strom.   79

Ein Beispiel, in dem man die berechnete Schaltung nur angenähert
ausführen kann, ist folgendes:

Gegeben 25 Elemente mit je 30 Einheiten Widerstand, der äussere
Widerstand beträgt 42 Einheiten. Hier hat man

$$m = \sqrt{\frac{25 \cdot 30}{42}} = 4{,}23,$$

also keine ganze Zahl für m. Wählt man nun die nächste ganze Zahl
für m, nämlich 4, so theilen sich die 25 Elemente in 6 Gruppen zu
4 Elementen, es bleibt aber eins übrig; man wird in diesem Fall am
besten thun, dieses letzte Element in eine der Gruppen einzufügen, so
dass man 5 Gruppen zu 4 und 1 Gruppe zu 5 Elementen hat. Ein
sicheres Urtheil über die günstigste Schaltung erhält man in solchen
Fällen, indem man sich die Ströme berechnet bei den der berechneten
zunächst liegenden Schaltungen und diejenige wählt, welche den stärksten
Strom liefert.

Es bleibt nun noch die Frage zu beantworten, ob das **Parallelschalten
von Elementen** ersetzt werden kann durch das bequemere
Parallelschalten von Batterien.

Man habe z. B. 12 Elemente in 3 Gruppen zu je 4 Elementen
zu schalten, wie in Fig. 55 angedeutet (die inneren Kreise bedeuten
Zinkcylinder, die äusseren Kupferplatten); es fragt sich nun, ob man
nicht statt dessen 4 Batterien zu je 3 Elementen parallel schalten darf,
wie in Fig. 56 angedeutet.

Fig. 55.   Fig. 56.

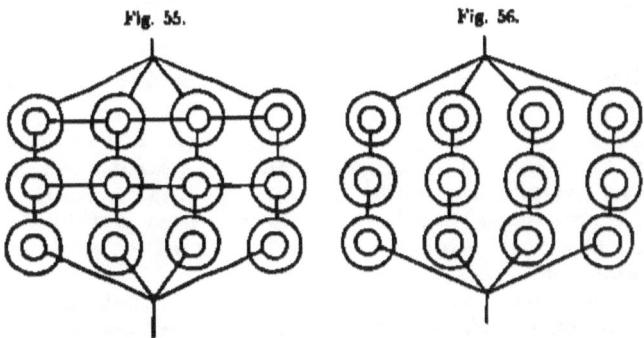

In dem letzteren Fall (Fig. 56) leuchtet ein, dass die Gefälle in
den 4 parallel geschalteten Batterien gleich sein müssen. Auf den 4
unter einander verbundenen Zinken muss dieselbe Dichte herrschen, da
sie durch dicke Drähte oder Bleche von sehr geringem Widerstand ver-

bunden sind, ebenso die 4 unter einander verbundenen Kupfer am anderen Ende der Batterien; da die Enden aller Batterien gleiche Dichte haben und die Batterien selbst unter sich völlig gleich sind, so können die Gefälle in denselben sich durch Nichts unterscheiden. Also müssen nicht nur die Zinke der 4 ersten Elemente unter sich, sondern auch die Kupfer derselben unter sich, ferner die Zinke der 4 zweiten Elemente unter sich, ebenso ihre Kupfer unter sich u. s. w. gleiche Dichten zeigen.

Nun darf man aber stets in jedem beliebigen Stromschema Punkte gleicher Dichte durch Drähte mit einander verbinden, ohne dass dies irgend eine Aenderung in den Strömen und Dichten des Schema's zur Folge hat; denn Ströme können zwischen Punkten gleicher Dichte nicht vorkommen, weil sie eben durch Dichtendifferenzen entstehen, und umgekehrt könnten die Dichten nur verändert werden, wenn Ströme entstehen. Wenn wir nun aber in Fig. 56 jeweilen die Punkte gleicher Dichte, die Kupfer der 4 ersten Elemente unter sich, die Zinke der 4 zweiten Elemente unter sich u. s. w. verbinden, so erhalten wir das Schema von Fig. 55.

Es ist also gleichgültig, in dem oben angeführten Sinn, ob man die Batterien parallel schaltet, oder die Elemente. Will man z. B. 30 Elemente in 10 Gruppen von je 3 Elementen schalten, so erhält man dieselbe Wirkung, wenn man dieselben in 3 Batterien von je 10 Elementen trennt und diese parallel schaltet.

§. 4.
Das Verhalten der Körper in Bezug auf den elektrischen Strom.

Nachdem wir in §. 2 die verschiedenen Erzeugungsarten von Elektricität und in §. 3 die Gesetze des stationären elektrischen Stromes, auch gelegentlich das Verhalten einiger wichtiger Körper in Bezug auf Elektricität kennen gelernt haben, gehen wir nun zu einer ausführlicheren Betrachtung des Verhaltens der Körper in Bezug auf den elektrischen Strom über.

Wir stellen hierbei noch mehr als bisher das praktische Interesse in den Vordergrund, und betrachten daher erstens nur Körper, die eine praktische Verwendung in irgend welchen Apparaten finden oder finden könnten, zweitens aber auch nicht das allgemeine Verhalten dieser Körper in Bezug auf den elektrischen Strom, sondern nur ihre Eigenschaften in Bezug auf praktisch verwendbare Apparate.

§. 4, I.   Verhalten der Körper; A. Elektromotorische Kraft.   81

Die letztere Beschränkung bestimmt uns, die Reibungselektricität, welche wir bisher möglichst im Zusammenhang mit den anderen Erzeugungsarten der Elektricität behandelt haben, von nun an wegzulassen. Technische Verwendung findet die Reibungselektricität wenig; zum Verständniss dieser vereinzelten Anwendungen genügt die Kenntniss der Elektrisirmaschinen, welche wir bereits behandelt haben.

In Bezug auf Elektricitätsquellen beschränken wir uns daher auf Berührungselektricität (Galvanismus) und Thermoelektricität.

Wie nun aus dem Ohm'schen Gesetz direct hervorgeht, hängt der elektrische Strom nur ab von der elektromotorischen Kraft und dem Widerstande im Schliessungskreise; in Bezug auf diese beiden Begriffe muss also das Verhalten der Körper geprüft werden, um ihre Eigenschaften in Bezug auf den elektrischen Strom kennen zu lernen.

A. Elektromotorische Kraft.

1. Constante Elemente. Um ein Element von grosser elektromotorischer Kraft zu construiren, hat man im Allgemeinen bloss zwei in der Spannungsreihe möglichst weit von einander entfernte Metalle zu wählen und dieselben in eine passende Flüssigkeit zu stecken; so lange sich nichts in dem Element ändert, ist dann die elektromotorische Kraft des Elementes durch die Stellung der beiden Metalle in der Spannungsreihe gegeben. Um dem Element ferner einen kleinen Widerstand zu geben, sind die Metalle von möglichst grosser Oberfläche zu wählen, nahe an einander zu rücken, so dass die Länge der Flüssigkeitssäule möglichst gering wird, und endlich bei der Wahl der Flüssigkeit selbst die Leitungsfähigkeit derselben in Betracht zu ziehen.

Trotzdem hiernach die Aufgabe, ein gutes galvanisches Element zu construiren, einfach erscheint, ist sie in Wirklichkeit verwickelt und schwierig. Ganz abgesehen von rein practischen Rücksichten, dem Preise von Materialien, der Bequemlichkeit der Behandlung, der Grösse der Elemente u. s. w., ist es hauptsächlich eine Forderung, welche an ein gutes Element gestellt werden muss, die aber schwierig zu erfüllen ist, nämlich die Constanz des Elementes.

Alle Batterien, welche, gleich der Volta'schen Säule, aus zwei Metallen und einer Flüssigkeit bestehen, erschöpfen sich in kurzer Zeit — die elektromotorische Kraft sinkt und der Widerstand steigt — so dass alle nach diesem Princip gebauten Säulen eine dauernde Inanspruchnahme, z. B. auf einer Telegraphenleitung, nicht vertragen.

Die Ursachen dieser Erschöpfung sind die sogenannte **Polarisation** und die **Veränderung der Flüssigkeit** durch chemische Vorgänge.

II. Polarisation; Nutzeffect. In Bezug auf die Polarisation und überhaupt auf die chemischen Wirkungen des elektrischen Stromes verweisen wir auf den nächsten Paragraphen; wir müssen hier die Kenntniss dieser Vorgänge voraussetzen.

Seit der Erfindung der Volta'schen Säule sind nun eine Unzahl von Elementen und Säulen construirt worden, von denen die meisten völlig in Vergessenheit gerathen sind; beinahe alle litten an Mangel an Constanz. Nachdem aber das erste sogenannte constante Element erfunden war, und man erkannt hatte, dass nur constante Elemente für die Technik und das wissenschaftliche Experimentiren brauchbar sind, beschäftigten sich die Erfinder beinahe nur noch mit solchen Elementen.

Wir besitzen nun heutzutage eine Reihe sogenannter constanter Elemente, von denen jedes seine Vorzüge besitzt; wir werden im Folgenden die wichtigsten und allgemein gebräuchlichen besprechen.

Bildet man aus Kupfer, Zink und verdünnter Schwefelsäure ein Element, und schliesst dasselbe, so beobachtet man bald chemische Vorgänge in demselben; das Zink wird aufgelöst und am Kupfer bildet sich eine Schicht von Wasserstoff, welche das ganze Metall mehr oder weniger dicht, je nach der Stromstärke, bedeckt. Das Ausscheiden von Wasserstoff tritt aber in jedem Element auf, in welchem das negative Metall von einer verdünnten Säure oder der Lösung eines Alkalisalzes umgeben ist. Tritt aber an Stelle derselben die Lösung des Salzes eines schweren Metalls, so wird das Metall an der positiven Platte des Elements ausgeschieden.

In dem Element Zink / Kupfer / verdünnte Schwefelsäure wird im ersten Augenblick nur Wasserstoff am Kupfer ausgeschieden; da aber zugleich eine entsprechende Menge Zink aufgelöst wird, so enthält nun die Flüssigkeit etwas Zinkvitriol. Der Strom muss also ausser dem Wasserstoff auch Zink am Kupfer abscheiden. Der Erfolg ist also der, dass am Kupfer zwar wenig oder kein Wasserstoff auftritt, die ganze Platte jedoch sich allmählig mit Zink überzieht; wenn aber dies vollständig geschehen ist, so kann das Element keine Wirkung mehr haben, denn seine elektromotorische Kraft ist alsdann dieselbe, wie diejenige von zwei in eine Flüssigkeit gesteckten Zinkplatten, d. h. Null.

Würde man statt des Kupfers Kohle oder Platin anwenden, so würde man völlig dieselbe Erscheinung beobachten. Würde man auf

§. 4, II., III. Verhalten der Körper; A. Elektromotorische Kraft. 83

irgend eine Weise das Zink stets aus der Lösung fern halten, so dass dasselbe nach seiner Auflösung sogleich abgeführt wird, so hätte man in allen diesen Elementen eine Schicht von Wasserstoff am positiven Metall; diese verringert die elektromotorische Kraft des Elementes immer mehr, so dass die Wirkung desselben rasch abnimmt und bald ganz aufhört.

Die Beseitigung der Polarisation an dem negativen Pol ist die Hauptschwierigkeit bei der Construction constanter Elemente; eine fernere Forderung, welche jedes gute Element erfüllen muss, ist die Erreichung eines gewissen Grades im Nutzeffect.

Wenn ein Element geschlossen wird, so erhält man einen Strom, mittelst dessen man Wirkungen verschiedener Art ausüben kann; andrerseits entstehen in dem Elemente selbst chemische Vorgänge, welche meistens darin bestehen, dass Metalle in Säuren aufgelöst werden. Die Arbeit, welche der Strom leistet, entspricht nun, wie wir später deutlicher einsehen werden, einem ganz bestimmten Quantum von chemischer Arbeit im Element, oder der Auflösung einer bestimmten Menge des Metalls; wenn z. B. durch den Strom eine Maschine getrieben wird, welche in der Minute eine bestimmte Arbeit liefert, so kann diese Arbeit nur geleistet werden, wenn derselben entsprechend in der Minute eine bestimmte Menge Metall im Element aufgelöst wird. Nun werden aber viele Metalle auch aufgelöst durch blosse Berührung mit der Flüssigkeit, so z. B. Zink in Schwefelsäure; es wird also in Elementen, die solche Metalle und Flüssigkeiten enthalten, auch aufgelöst werden, wenn der Strom nicht geschlossen ist, und wenn derselbe geschlossen ist, wird mehr Metall verbraucht werden, als der durch den Strom geleisteten Arbeit entspricht. Wenn wir also das Verhältniss zwischen der ausserhalb des Elements geleisteten und der in demselben verbrauchten Arbeit den Nutzeffect nennen, so ist einleuchtend, dass jedes Element, bei welchem der Nutzeffect nicht einen gewissen Grad erreicht, unbrauchbar ist.

III. **Daniell'sches Element.** Das erste (vgl. Bd. I. S. 45) und zugleich das beste constante Element construirte Daniell.

Die Metalle, die er anwendete, sind Kupfer und Zink. Um das freiwillige Auflösen von Zink zu vermeiden, wird dasselbe mit Quecksilber amalgamirt; hierdurch wird die elektromotorische Kraft kaum verändert und die directe Einwirkung der Säuren auf das Zink verhindert, so dass eigentlich nur Zink aufgelöst wird, wenn Strom durch das Element geht. Das Amalgamiren des Zinks, welches übrigens nicht Daniell zuerst anwandte, geschieht einfach dadurch, dass man

6*

dasselbe zuerst in verdünnte Schwefel- oder Salzsäure taucht und dann mit Quecksilber übergiesst. Steckt man das Zink unmittelbar in die Lösung eines Quecksilbersalzes, z. B. von salpetersaurem Quecksilberoxyd, so überzieht sich das Zink von selbst mit Quecksilber.

Das Auftreten von Wasserstoff am Kupfer verhinderte Daniell dadurch, dass er das Kupfer mit einer Kupferlösung, nämlich Lösung von Kupfervitriol, umgab. Wie wir oben sahen, wird in diesem Falle nicht Wasserstoff, sondern das Metall aus der Lösung abgeschieden und die negative Platte damit überzogen; da nun aber die Lösung dasselbe Metall abscheidet, aus dem die Platte besteht, so wird an der elektromotorischen Kraft nichts geändert.

Da aber die Kupfervitriollösung beim Zink nicht verwendet werden dürfte, so umgab Daniell das Zink mit verdünnter Schwefelsäure und trennte beide Flüssigkeiten durch eine poröse Thonzelle; diese letztere schliesst zwar die Berührung zwischen den beiden Flüssigkeiten nicht aus, verhindert jedoch eine rasche Mischung derselben.

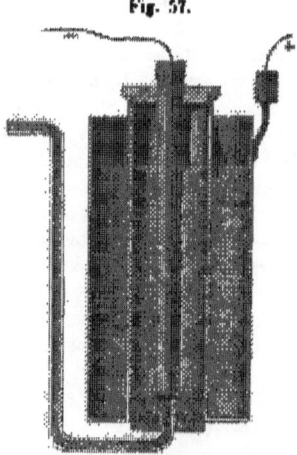

Fig. 57.

Die gewöhnlich angewandte Verdünnung der Schwefelsäure ist etwa $\frac{1}{5}$ (dem Volumen nach).

Fig. 57 stellt eine der ersten Formen des Daniell'schen Elementes dar. Ausserhalb befindet sich ein Kupfercylinder, gefüllt mit Kupfervitriol; in denselben ist ein Thoncylinder eingesetzt, gefüllt mit verdünnter Schwefelsäure; in den letzteren wird das Zink gestellt. Durch ein in die Thonzelle eingesetztes Glasrohr fliesst das in derselben gebildete Zinkvitriol ab, indem von oben frische Säure zugesetzt wird; die Kupfervitriollösung wird durch Einwerfen von festem Kupfervitriol möglichst concentrirt gehalten.

Fig. 58 stellt die jetzt gebräuchliche Form des Daniell'schen Elementes dar; sie zeigt keine wesentliche Veränderung gegenüber der ursprünglichen Form mit Ausnahme des Weglassens der Glasröhre.

In England namentlich werden auch Daniell'sche Batterien in Trogform verwendet. Ein länglicher Kasten wird durch Scheidewände in eine Anzahl von Zellen getheilt; jede Zelle enthält ein Element. Die Metalle werden in Plattenform verwendet; als poröse Scheidewände dienen Platten von unglasirtem Porzellan.

Fig. 58.

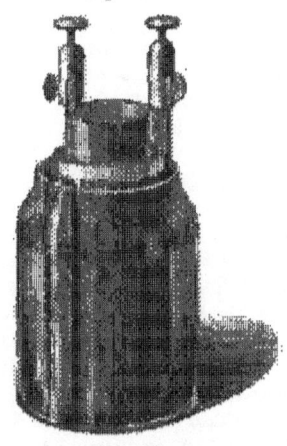

Jedes Daniell'sche Element muss nach einiger Zeit seinen Dienst versagen, und es kommt auf die Aussprüche an, welche man an die Constanz desselben macht, um zu bestimmen, wie lange ein solches Element im Gebrauch belassen werden kann.

Vor Allem muss die Diffusion der Flüssigkeiten durch die Thonzelle hindurch immer mehr Säure in's Kupfervitriol und umgekehrt Kupfervitriol in die Säure treiben. Sowie nun Zink in Berührung mit Kupfervitriol kommt, so wird durch chemische Wirkung das Kupfer niedergeschlagen und dafür ein Theil des Zinkes aufgelöst. Daher überzieht sich nach längerer Zeit in allen Daniell'schen Elementen, gleichviel ob sie geschlossen sind oder nicht, das Zink mit einem schwarzen Schlamm, der hauptsächlich aus Kupfer besteht.

Ferner verändern sich die Flüssigkeiten; die Schwefelsäure verwandelt sich allmählig in Zinkvitriol, das Kupfervitriol verliert immer mehr an Gehalt, und sein Gehalt an freier Schwefelsäure steigt, wenn auch die Concentration durch das Einwerfen von Kupfervitriol Krystallen möglichst stark erhalten wird.

Um ein solches Element also wirklich constant zu erhalten, müssten eigentlich die Flüssigkeiten continuirlich erneuert werden. Bei Messungen sollten Daniell'sche Elemente nicht mit verdünnter Schwefelsäure, sondern mit concentrirter Zinkvitriollösung angesetzt werden.

Fernere Störungen werden durch Unreinheiten, namentlich des Zinks und des Kupfervitriols, veranlasst. Das käufliche Kupfervitriol enthält stets Eisen, dessen Gegenwart schädlich ist. Das käufliche Zink endlich enthält stets eine Anzahl fremder Metalle. Durch dieselben werden lokale Ströme erregt, welche Zink verbrauchen, ohne die Wirkung des Elementes zu steigern. Man denke sich an der Oberfläche des

Zinkes z. B. ein Eisenkörnchen eingesprengt; es entsteht in diesem Fall ein kleines Element Zink/Eisen/verdünnte Schwefelsäure, in welchem ein Strom circulirt, welcher unnöthig Zink auflöst.

Auf die Unreinheit des Zinks ist auch eine Thatsache zurückzuführen, die stets nach längerem Gebrauch bei den Thonzellen auftritt, nämlich das Durchwachsen derselben durch Kupfer. Es bilden sich nämlich an der Thonzelle Warzen von Kupfer auf der mit dem Kupfervitriol in Berührung befindlichen Seite, von denen aus kupferne Fäden sich in das Innere des Thones hinein erstrecken.

Dieses Durchwachsen nimmt jedoch seinen Anfang nicht auf der Kupferseite, sondern auf der Zinkseite, an den Stellen, wo der graue Zinkschlamm die Thonzelle berührt. Dieser schwammartige graue Zinkschlamm, nicht zu verwechseln mit dem oben angeführten, schwarzen Zinkschlamm, der durch starke Diffusion des Kupfervitriols entsteht und Kupfer enthält, fällt bald nach dem Zusammensetzen der Säule vom Zinkblock ab zu Boden; derselbe besteht aus fremden Metallen, welche das käufliche Zink enthält, namentlich Eisen. Ein jedes Körnchen Eisen, welches an der Thonzelle liegt, geräth hierdurch in Berührung mit dem Kupfervitriol, von welchem der Thon vollgesogen ist, und schlägt daher sofort Kupfer nieder, wie jedes Eisenstück, das in Kupfervitriol getaucht wird. Nun hat man aber ein kleines Element, gebildet aus Eisen, Kupfer und den beiden Flüssigkeiten, es muss, wie im Daniell'schen Element, Kupfer an Kupfer niedergeschlagen werden, und es bilden sich daher Kupferadern, die von der Zinkseite die Thonzellen durchwachsen und auf der andern Seite warzenförmige Ansätze bilden.

Man erhält das Durchwachsen ebenfalls, wenn man das Zink ganz entfernt, und bloss den grauen Schlamm an die Thonzelle anlegt. Um das Durchwachsen zu vermeiden, muss dafür gesorgt werden, dass kein Zinkschlamm die Thonzelle berührt. Diess kann dadurch geschehen, dass man das Zink in ein Säckchen steckt, welches den Schlamm nicht durchlässt und die Thonzelle nicht berührt, oder aber, indem man den unteren Theil der Thonzelle, an welchem sich namentlich der Schlamm aufhäuft, in Wachs tränkt. Im Allgemeinen sorge man dafür, dass das Zink nie an die Thonzelle stösst.

Das Daniell'sche Element hat in Bezug auf Ausdauer noch heute den Vorrang vor allen andern constanten Elementen inne; es wird namentlich angewendet, wo man nicht sehr starker Ströme, aber dieser längere Zeit hindurch bedarf, so namentlich in der Telegraphie.

Hat man, wie z. B. beim Telegraphiren, eine Batterie nöthig, die

§. 4, IV. Verhalten der Körper; A. Elektromotorische Kraft.   87

stets bereit stehen und längere Zeit ihren Dienst versehen soll, so wählt man in neuerer Zeit nicht mehr Daniell'sche Elemente, wenigstens nicht in der obigen Form, wegen der Unsicherheit und Unbequemlichkeit, welche die Thonzellen verursachen; dieselben sollten nie länger als acht Tage in Thätigkeit bleiben, und müssen nach dem Gebrauch gut gereinigt und gewässert werden.

Verschiedene Constructeure haben deshalb theils an Stelle der Thonzelle im Daniell'schen Element andere Diaphragmen gesetzt, theils dieselbe ganz entfernt; von diesen Constructionen sind hauptsächlich zu nennen: das Pappelement, das Sandelement, das Meidinger'sche und das Krüger'sche oder amerikanische Element.

IV. **Das Pappelement; das Sandelement.** In dem Pappelement von Siemens & Halske (Fig. 59) ist die Thonzelle ersetzt durch gestampfte Papiermasse.

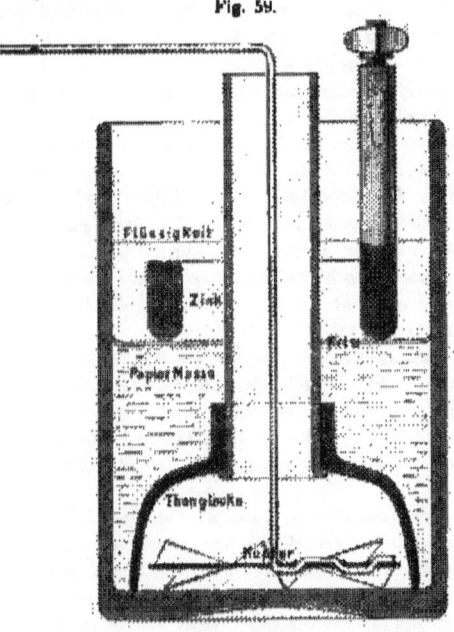

Fig. 59.

Auf den Grund des Glases ist eine kleine Thonzelle von conischer Form gestellt, in welche eine verticale Glasröhre eingesetzt ist; diese zusammen bilden den Raum für das Kupfer und die Kupfervitriollösung. Rings um die Glasröhre, ober der Thonzelle, befindet sich Papiermasse, wie sie aus Papierfabriken bezogen wird; dieselbe ist vorher mit concentrirter Schwefelsäure behandelt und dann fest eingestampft. Oben auf dieser Masse liegt der Zinkring, umgeben von verdünnter Schwefelsäure; derselbe ist von der Papiermasse durch ein untergelegtes ringförmiges Stück von wollenem Zeuge getrennt. Auf die verdünnte Schwefelsäure wird noch eine dünne Schicht Oel gegossen, um die Verdunstung zu verhindern. Das feste Kupfervitriol wird durch die Glasröhre nachgefüllt.

Dieses Element zeichnet sich aus durch constante elektromotorische Kraft, sein Nachtheil besteht in dem meist zu grossen Widerstand; es kann mehrere Monate stehen bleiben, ohne anderer Fürsorge zu bedürfen, als des Nachfüllens von Kupfervitriol.

Das Sandelement von Minotto benutzt Flusssand oder Sägespäne als Diaphragma. Auf den Boden des Gefässes legt man die Kupferplatte, von welcher ein isolirter Kupferdraht nach Aussen führt; auf die Kupferplatte kommt eine Lage festen Kupfervitriols zu liegen, hierauf eine Scheibe Löschpapier, auf diese der Sand oder die Sägespäne, hierauf wieder eine Scheibe Löschpapier und zuoberst die Zinkplatte; das Ganze wird einfach mit Wasser begossen. Natürlich bildet sich bald durch den Strom unten beim Kupfer freie Schwefelsäure, welche zum Zink diffundirt und so dieselbe Anordnung der Flüssigkeiten herstellt, wie beim Daniell'schen Element.

Dieses Element theilt im Wesentlichen die Vorzüge, sowie die Nachtheile des Poppelementes und soll sich in der Telegraphenpraxis in Indien gut bewährt haben.

V. **Das Meidinger'sche Element; das Krüger'sche Element.** In dem Meidinger'schen sowohl, als dem Krüger'schen Element ist die Thonzelle völlig weggelassen, die Flüssigkeiten bleiben durch die Differenz der spezifischen Gewichte übereinander geschichtet, ohne sich zu vermischen; in beiden Elementen liegt das Zink oben, das Kupfer unten.

In dem Meidinger'schen Element (Fig. 60 und 61) befindet sich das Kupfer, in Form eines Ringes von Blech, in einem besonderen Gläschen, das auf den Boden des grösseren Glases gestellt ist; das Zink, ebenfalls in Form eines Blechringes, ruht auf einer Verengerung des Glases; in das kleine Gläschen reicht ein geräumiges Rohr herunter, in welchem sich zuunterst eine kleine Oeffnung befindet. Dieses Rohr wird mit Stücken von Kupfervitriol und entsprechender Lösung

§. 4, V.   Verhalten der Körper; A. Elektromotorische Kraft.   89

oder Wasser gefüllt und in der in Fig. 60 angedeuteten Weise eingesetzt; hierauf wird das ganze Glas mit verdünnter Bittersalzlösung gefüllt. Die Kupfervitriollösung fliesst aus dem Rohre aus und füllt das Gläschen, in welchem sich das Kupfer befindet; aus diesem Gläschen kann dieselbe nicht austreten, weil die Kupferlösung spezifisch schwerer ist, als die Bittersalzlösung; wenn dieselbe je austritt, so bildet sich am Zink schwarzer Schlamm, d. h. es schlägt sich Kupfer nieder. Die Oeffnung des Rohres muss in der Mitte des Gläschens oder tiefer stehen.

Fig. 60.

In dem sogenannten Ballonelement (Fig. 61) ist das Rohr durch einen oben geschlossenen Glasballon ersetzt; derselbe ist unten gut verkorkt, in den Kork ist ein kurzes Ausflussröhrchen gesteckt.

Bei diesem Element ist darauf zu achten, dass das Kupfer nicht über das Gläschen hinausragt, auch dass das Zink nicht über die Verengerung des Gefässes herunterrutscht.

Fig. 61.

Die elektromotorische Kraft ist nahe diejenige eines Daniell's, der Widerstand dagegen bedeutender, wegen der schlechter leitenden Bittersalzlösung und der ungünstigen Lage der Metallplatten. Bei richtigem Ansetzen bleiben sie mehrere Monate lang im Stande, und verlangen keine Fürsorge ausser dem Nachfüllen von Kupfervitriol. Natürlich ist

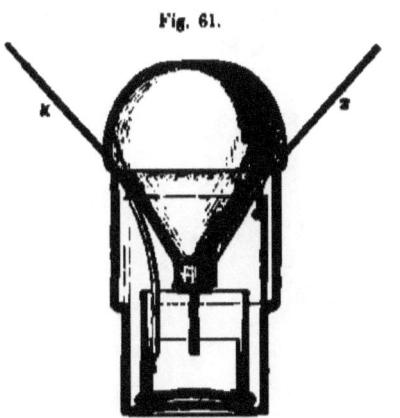

für ihre Wirkung sehr wesentlich das Fernhalten aller Erschütterungen.

In neuerer Zeit scheint sich, als Element für Telegraphenbatterien, das Krüger'sche Element mehr und mehr Bahn zu brechen; die deutsche Telegraphenverwaltung wendet dasselbe ausschliesslich an und in Amerika soll eine ähnliche Construction bedeutende Verbreitung besitzen.

Bei diesen Elementen wird ein Kupferblech, an dem ein Guttaperchadraht befestigt ist, auf den Boden des Glases gelegt, dasselbe etwa einen Zoll hoch mit festem Kupfervitriol bedeckt, dann in den oberen Theil des Glases ein Zinkring eingehängt und das Ganze mit Wasser begossen. Natürlich stellt sich nach einiger Zeit eine ähnliche Vertheilung von Flüssigkeiten ein, wie im Daniell'schen Element; allerdings muss dieses Element sehr ruhig stehen. Statt des Kupferbleches legt Krüger eine Bleiplatte in sein Element; dieselbe wird durch den Strom sehr bald verkupfert und wirkt dann als Kupferplatte.

Diese Elemente sind kräftig, sowohl in Bezug auf elektromotorische Kraft, als auf Leitungsfähigkeit; der Widerstand ist bedeutend geringer, als derjenige von Meidinger'schen, ja selbst als derjenige von Daniell'schen Elementen. Bei stärkeren Strömen jedoch dürfte die Ausnutzung leiden; es setzt sich in diesem Fall leicht schwarzer Schlamm an das Zink, und dies deutet stets auf Lokalströme im Element, also unnöthige Auflösung von Zink.

VI. **Das Grove'sche und das Bunsen'sche Element.** In dem Grove'schen und dem Bunsen'schen Element ist das Kupfer des Daniell'schen Elementes ersetzt durch zwei Körper, die in der Span-

nungsreihe vom Zink möglichst weit abstehen, Platin und Kohle; das Kupfervitriol ist ersetzt durch concentrirte Salpetersäure. Wenn

§. 4, VI.   Verhalten der Körper; A. Elektromotorische Kraft.   91

am positiven Pol des Elementes eine Säure, d. h. deren Hydrat, unverdünnt oder verdünnt, sich befindet, so wird beim Schliessen des Elementes in demselben Wasserstoff frei, während im Fall von Metalllösungen das Metall niedergeschlagen wird; die Salpetersäure hat nun die Eigenschaft, den Wasserstoff bei seinem Auftreten sofort in Wasser zu oxydiren, wodurch die Salpetersäure selbst zu salpetriger Säure reducirt wird; es kann daher in den oben genannten Elementen keine Wasserstoffpolarisation auftreten, diese Elemente sind mithin im Wesentlichen constant.

Fig. 62 stellt ein Grove'sches Element in der jetzt gebräuchlichen Form dar. Das Platinblech ist in Form eines S gebogen (Fig. 63) und in einem Porzellandeckel befestigt; der Zinkcylinder steht in dem äusseren Raume.

Bunsen, und schon vor ihm Cooper, ersetzten das theure Platin durch Kohle, ohne die Anordnung der Flüssigkeiten zu verändern. Fig. 64 und Fig. 65 stellen solche Elemente in verschiedenen Formen

Fig. 64.   Fig. 65.

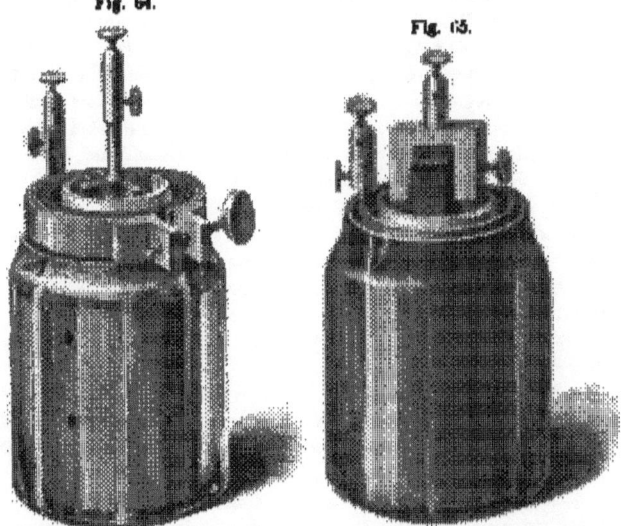

dar; in Fig. 64 steht die Kohle auswendig, das Zink inwendig, in Fig. 65 ist die Anordnung umgekehrt. In Fig. 64 hat das Zink einen kreuzförmigen Querschnitt, die Kohle denjenigen eines Ringes, in Fig. 64

hat die Kohle die Form eines parallelepipedischen Stabes; um die Kohle in Fig. 65 ist zunächst ein Bleiring gelegt und dieser durch den Messingring, welcher die Klemme trägt, an die Kohle angepresst. Die hierzu benutzten Kohlen werden auf verschiedene Weise dargestellt; da Kohle im Allgemeinen schlechter leitet, als die Metalle, kommt es hier wesentlich darauf an, derselben durch Präparirung eine gute Leitungsfähigkeit zu geben. Eine Art der Darstellung besteht darin, dass man 2 Theile Backkohlen und 1 Theil Cokes in Eisenblechformen glüht, dann mit einer concentrirten Zuckerlösung oder mit Steinkohlentheer tränkt und in den Formen nochmals zum Weissglühen erhitzt.

Bunsen'sche Elemente werden in neuerer Zeit namentlich dann benutzt, wenn hohe elektromotorische Kraft und geringer Widerstand verlangt wird; die Ausdauer dieser Elemente ist jedoch sehr gering, bei starkem Strom können dieselben kaum länger als 1—2 Stunden mit Vortheil angewendet werden. Die elektromotorische Kraft eines Bunsen'schen Elementes = 1,8 derjenigen eines Daniell'schen. Bei dem Widerstand kommt es auf die Art der benutzten Thonzellen an; wenn man bei dem Daniell'schen, wie gewöhnlich, hart gebrannte Thonzellen anwendet, um dem Element längere Dauer zu ertheilen, bei dem Bunsen'schen dagegen weich gebrannte, um grosse Stromstärke zu erzielen, so ist für das Bunsen'sche Element etwa $\frac{1}{6}$ des Widerstandes des Daniell'schen zu rechnen; wendet man beim Daniell'schen weich gebrannte Zellen an, so erniedrigt sich sein Widerstand auf $\frac{1}{2}$ bis $\frac{1}{3}$.

In dem Bunsen'schen Element bildet sich beim Zink immer mehr Zinkvitriol, an der Kohle wird immer mehr Salpetersäure zu salpetriger Säure reducirt, welche theilweise in rothen Dämpfen (Untersalpetersäure) entweicht; diese Dämpfe greifen die menschliche Lunge sowohl, als Metalle, namentlich Eisen, heftig an. Bei der Behandlung dieser Elemente ist hauptsächlich auf gutes Wässern der Thonzellen nach dem Gebrauche, sowie auf gute Contacte beim Zusammensetzen der Batterien zu sehen.

VII. **Das Marié-Davy'sche, das Chromsäure- und das Leclanché'sche Element.** Man hat auf verschiedene Art, theilweise mit Erfolg, versucht, dem Kohlen-Zink-Elemente theils grössere Ausdauer, theils mehr Bequemlichkeit in der Handhabung zu ertheilen.

Marié-Davy hat das Kohlen-Zink-Element in ein zum Telegraphiren geeignetes umgeschaffen. Er umgibt das Zink mit Wasser oder verdünnter Säure, die Kohle dagegen mit einem Brei von schwefelsaurem Quecksilberoxyd und Wasser. Das genannte Quecksilberoxyd löst sich in Wasser, aber nur in geringer Menge; wenn ein Strom durch das

Element geht, so wird aus dieser Lösung Quecksilber an der Kohle ausgeschieden, die frei gewordene Schwefelsäure diffundirt in die Thonzelle zum Zink, und es löst sich für das niedergeschlagene Quecksilber eine entsprechende Quantität Salz auf. Die elektromotorische Kraft dieses Elementes ist etwa ⅔ der Daniell'schen; es hält sich lange und wurde in Frankreich früher zum Telegraphiren benutzt; es verträgt jedoch nur schwache Ströme, da das Salz sich nur langsam löst und bei stärkeren Strömen dieses Auflösen durch das Niederschlagen von Quecksilber überholt wird, so dass die Lösung sich immer mehr verdünnt und schliesslich Wasserstoffpolarisation auftritt. Ausserdem ist der Preis des Quecksilbersalzes hoch.

In dem Chromsäureelement ist die Thonzelle weggelassen; Zink und Kohle befinden sich in einem Gemisch von doppelt chromsaurem Kali und Schwefelsäure. Dieses Gemisch entwickelt freie Chromsäure, welche im Element eine ähnliche Rolle spielt, wie die Salpetersäure in der Bunsen'schen, indem sie den an der Kohle auftretenden Wasserstoff oxydirt. Nach Bunsen besteht die vortheilhafteste Mischung in 92 Theilen doppeltchromsaurem Kali und 93,5 Theilen englischer Schwefelsäure; das Salz wird fein gestossen, dann unter Rühren langsam die Säure zugesetzt und endlich noch 900 Theile Wasser zugesetzt.

Fig. 66.

Dieses Element wird meistens zu Tauchbatterien verwendet, d. h. Kohle und Zink werden erst, wenn das Element gebraucht werden soll, in die Flüssigkeit eingetaucht, und nach dem Gebrauch wieder herausgehoben. Eine solche Einrichtung besitzt das Flaschenelement Fig. 66, in welchem wenigstens das Zink gehoben und gesenkt werden kann. Im ersten Moment nach dem Eintauchen besitzt dieses Element eine bedeutende elektromotorische Kraft, dieselbe soll diejenige des Bunsen'schen Elementes noch übertreffen, es eignet sich deshalb sehr zu Zündungen, wo die Batterie nur für einen Augenblick in Thätigkeit versetzt wird; die elektromotorische Kraft nimmt jedoch nach dem Eintauchen ziemlich rasch ab, und der Widerstand ist etwa der doppelte eines entsprechenden Bunsen'schen Elementes; bei zweckmässiger Behandlung und geringem Gebrauch sollen solche Tauchbatterien Monate lang stehen können, ohne wesentlich abzunehmen.

Das neueste constante Element, welches auch zum Telegraphiren in Frankreich und England dient, ist das Leclanché'sche (Fig. 67).

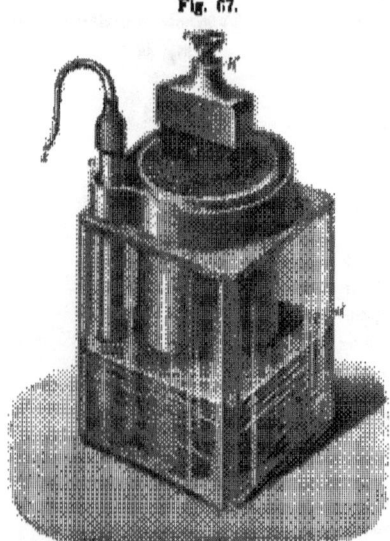

Fig. 67.

In dem äusseren Raume des Glases befindet sich ein Zinkcylinder in concentrirter Salmiaklösung; in der Thonzelle steht eine mit einer Bleikappe versehene Kohlenplatte, die Thonzelle ist gefüllt mit einem Gemisch von Kohle und Braunstein in groben Stücken. Wird das Element geschlossen, so wird das Chlor aus dem Salmiak am Zink frei und löst dasselbe zu Chlorzink auf; an der Kohle soll Ammoniakgas auftreten und ein Theil des im Salmiak enthaltenen Wasserstoffs von dem im Braunstein enthaltenen Sauerstoff zu Wasser oxydirt werden, während der Braunstein zu Manganoxyd wird. In Wirklichkeit ist der chemische Vorgang nicht so einfach und die Natur desselben steht noch nicht fest. Ueberschreitet der Strom eine gewisse Grenze, sowohl in der Dauer als in der Stärke, so tritt Wasserstoffpolarisation an der Kohle auf; dieselbe verschwindet jedoch wieder, wenn man die Batterie einige Zeit ungeschlossen stehen lässt. Die Füllung mit Salmiaklösung soll nur bis zur Hälfte des Glases reichen.

Die elektromotorische Kraft dieses Elementes ist im Anfange etwa 1,5 Daniell; dasselbe hält sich, bei geringem Gebrauch, längere Zeit und soll nur hie und da einer Erneuerung der Lösung bedürfen. Für anhaltenden und stärkeren Strom scheint es nicht geeignet, theils wegen des erwähnten Auftretens von Polarisation, theils weil sich an der äusseren Wand der Thonzelle eine Kruste von weissem, unlöslichem Salz bildet, welche mechanisch entfernt werden muss, und die Wirkung der Thonzelle wesentlich beeinträchtigt, wenn sie auch nur geringe Dicke besitzt. Ein Vortheil des Elementes besteht darin, dass die chemischen Vorgänge nur bei Durchgang des Stromes auftreten, nicht spontan, wie es doch in gewissem Grade bei den meisten Elementen der Fall ist.

VIII. **Die Thermoketten.** Es bleibt uns noch übrig, die elektromotorische Kraft (vgl. §. 2, XI.) von Thermoketten zu betrachten.

Dieselben finden namentlich in folgenden Formen Anwendung:

1) Thermoelemente aus Kupfer, Eisen, Stahl, Neusilber; von diesen ist das gebräuchlichste das Element Eisen/Neusilber, weil dessen elektromotorische Kraft von $0°$ bis $100°$ C. genau proportional der Temperaturdifferenz sein soll; verwendet werden solche Elemente nur zu wissenschaftlichen Experimenten. In Bezug auf elektromotorische Kraft geben, bei $100°$ Temperaturdifferenz, 500 bis 1000 auf ein Daniell.

2) Thermoelemente aus Antimon-Wismuth, vielfach als sogenannte Melloni'sche Thermosäule in der Wärmelehre verwendet. Ihre elektromotorische Kraft ist bedeutend höher als diejenige der obengenannten Elemente; man kann bei $100°$ Temperaturdifferenz, etwa 170 auf 1 Daniell rechnen.

3) Thermoelemente aus Eisen, Kupfer oder Neusilber mit Zink-Antimonlegirung. Dieselben werden bereits wegen ihrer ausserordentlichen Stärke zur Construction von grösseren Batterien verwendet, zum Zweck des Telegraphirens, von galvanischen Niederschlägen; angefertigt werden dieselben namentlich von Noë in Wien und Clamond in Paris. Wir enthalten uns des näheren Eingehens auf dieselben, weil ihre Construction und Vervollkommnung im Allgemeinen wohl noch nicht zum Abschluss gekommen ist.

Von diesen Elementen rechnet man in Bezug auf elektromotorische Kraft bei mässig starker Erhitzung durch Gasflammen circa 25 auf 1 Daniell.

B. Widerstand.

IX. **Widerstandseinheiten.** Die Grundlage aller Widerstandsmessungen bildet die Wahl und Bestimmung einer Widerstandseinheit.

Wir haben bei Gelegenheit des Ohm'schen Gesetzes (S. 64.), bereits angeführt, dass die sogenannte Quecksilber- oder Siemens'sche Einheit als die zweckmässigste anzusehen sei; wir wollen hier die Frage der Widerstandseinheit etwas näher besprechen.

Die Aufgabe, eine zweckmässige Widerstandseinheit zu wählen, ist eine ähnliche, wie diejenige, ein zweckmässiges Normalmass für die Länge oder für das Gewicht zu schaffen; jedoch ist die Natur der sich darbietenden Lösungen dieser verschiedenen Aufgaben eine verschiedene. Für die Länge und das Gewicht waren von Anfang an, bei der Begründung des metrischen Systems, die massgebenden Gesichtspunkte diejenigen, die Längeneinheit und die Gewichtseinheit aus Längen und Gewichten abzuleiten, die in der Natur unveränderlich sind, und ferner, dieselben auf möglichst einfache Weise abzuleiten. Nachdem sich nun allmählig gezeigt hat, dass die damals vorgenommene Ableitung der einen Grösse aus der Natur, nämlich diejenige des Meters aus dem Umfang der Erde, irrthümlich war, und dass dieselbe überhaupt mit grossen Schwierigkeiten verknüpft ist, liess man diese Beziehung als strenge Vorschrift fallen und hielt nur daran fest, ein Längenmass zu construiren, das sich mit der Zeit nicht ändert, und welches sich leicht copiren und reproduciren lässt.

Bezüglich der Widerstandseinheit liegt die Sache anders. Der erste ernstliche Versuch, ein Widerstandsmass allgemein einzuführen (Jacobi), bestand darin, den Widerstand eines willkürlich gewählten Kupferdrahtes als Einheit zu nehmen, diesen Widerstand vielfach zu copiren und diese Einheit durch ausgedehnte Verbreitung allgemein einzuführen. Da es sich bald zeigte, dass die Copien nicht genau genug unter einander übereinstimmten, und da dieselben, so wie auch die Normaleinheit, sich wahrscheinlich mit der Zeit verändern, wurde dieser Gedanke aufgegeben.

In neuester Zeit stehen sich zwei Widerstandseinheiten gegenüber, welche beide bereits grosse Verbreitung geniessen: die Siemens'sche Quecksilbereinheit, deren Einführung von dem Internationalen Telegraphencongress zu Wien 1868 beschlossen wurde, und die sogenannte Ohmad, eine von W. Weber vorgeschlagene und von der British Association angenommene Einheit. Die erstere ist aus der Natur gegriffen, d. h. es ist eine natürlich vorkommende Substanz gewählt, nämlich Quecksilber, mit derselben wird ein Raum von bestimmten Dimensionen angefüllt und der Widerstand desselben als Einheit genommen; bei der Wahl derselben war nur als Gesichtspunkt massgebend die Leichtigkeit und Sicherheit in der Darstellung. Die Ohmad ist eine theoretische, nicht in der Natur vorhandene Einheit. Wir werden später ein Masssystem kennen lernen, das sogenannte absolute magnetische Masssystem von W. Weber, in welchem alle elektrischen und magnetischen Masse auf die Einheiten der Länge und der Kraft zurückgeführt werden; in diesem System bildet die Ohmad oder die absolute magnetische Widerstandseinheit ein Glied, welches mit den entsprechenden Einheiten für elektromotorische Kraft, Strom und Magnetismus in inniger Verbindung steht. Zufälligerweise sind beide Einheiten nur wenig verschieden: nach den neuesten Bestimmungen ist

1 Siemens'sche Einheit = 0,9705 Ohmad.

Man bezeichnet gewöhnlich
Siemens'sche Einheit mit S. E.,
Ohmad mit B. A. U. (British Association Unity.)

Der Hauptnachtheil nun für die Einführung der Ohmad ist die Schwierigkeit ihrer Bestimmung. Es gibt hierfür mehrere ganz getrennte Methoden, dieselben haben aber bis jetzt stets noch ziemlich verschiedene Resultate geliefert; die Copien der von der Commission der British Association dargestellten Ohmad können natürlich mit derselben Genauigkeit angefertigt werden, wie diejenigen der Quecksilbereinheit. Die letztere Einheit bietet den unbestreitbaren Vortheil der Sicherheit der Darstellung: Quecksilber ist das einzige Metall, welches völlig rein erhalten werden kann, die Schwierigkeiten bei der Darstellung dieser Einheit, die Bestimmung von Längen, spezifischen Gewichten u. s. w., fallen in Gebiete der Physik, wo zugleich die feinsten Mittel zu ihrer Ueberwindung gegeben sind. Die Quecksilbereinheit wird daher aus praktischen Gründen stets der Ohmad vorgezogen werden.

Fig. 68.

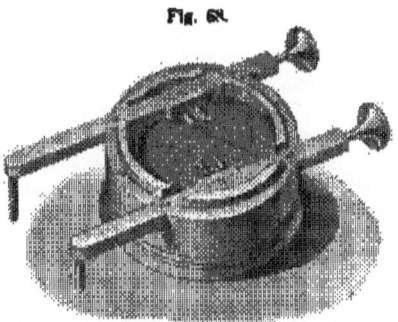

Fig. 68 und 69 stellen die beiden Formen der Quecksilbereinheit vor, welche Siemens & Halske liefern; die erstere besteht aus Neusilberdraht, die letztere aus einer mit Quecksilber gefüllten Glasspirale; die letztere ist das eigentliche Normalmass, die erstere ist nicht ganz unveränderlich, aber weit handlicher.

X. Widerstandsscalen.

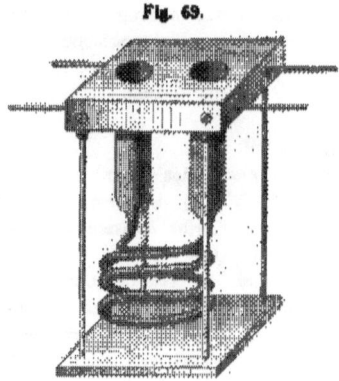

Fig. 69.

Die Bestimmung von Widerständen ist die in der Elektricitätslehre am häufigsten vorkommende Messung. Diese Bestimmungen haben grosse Aehnlichkeit mit der Bestimmung von Gewichten; die wichtigsten Bestimmungsmethoden beruhen auf einem ähnlichen Princip, wie die Waga. Wie nun für das Wägen das Haupterforderniss, ausser der Wage, ein guter Gewichtssatz ist, so bedarf man bei Widerstandsmessungen vor Allem einer guten Widerstandsscala.

Solche Scalen werden jetzt mit grosser Genauigkeit, namentlich in Deutschland und England, angefertigt, und zwar aus Neusilberdraht, theils weil derselbe bei dem geringsten Aufwand von Material den grössten Widerstand besitzt, theils weil dessen Widerstand mit der Temperatur sich wenig verändert.

Fig. 70 zeigt einen Widerstandskasten von Siemens & Halske in Berlin, von 0,1 bis 5000 S. E., in Summa 10000 S. E. Auf der Deckplatte von Horngummi sind eine Reihe von Messingklötzen aufgesetzt, welche durch messingene Stöpsel in der in der Figur angedeuteten Weise unter einander leitend verbunden werden können; an den Enden der hufeisenförmigen Reihe von Klötzen sind Klemmschrauben zur Anbringung von Drähten angebracht. Die Drahtenden jeder, einen bestimmten Widerstand repräsentirenden Rolle von Neusilberdraht sind fest mit je zwei auf einander folgenden Klötzen verbunden, und zwar so, dass die erste Rolle zwischen Klotz 1 und 2, die zweite zwischen Klotz 2 und 3 u. s. w. liegt. Werden alle Stöpsel ausgezogen, so sind sämmtliche Drahtrollen hinter einander eingeschaltet; jeder eingesteckte Stöpsel „schliesst die betreffende Rolle kurz", d. h. nur ein äusserst geringer Theil des Stromes geht durch die Rolle, beinahe der ganze Strom geht durch den Stöpsel von einem Klotz zum andern; die betreffende Rolle ist also ausgeschaltet. Es lässt sich daher durch Stöpseln jeder beliebige Widerstand (bis auf Zehntel Einheiten) von 0,1 bis 10000 S. E. künstlich herstellen.

Die Herstellung genauer Widerstandsscalen wird bei Besprechung der Messinstrumente und Messmethoden näher angegeben werden.

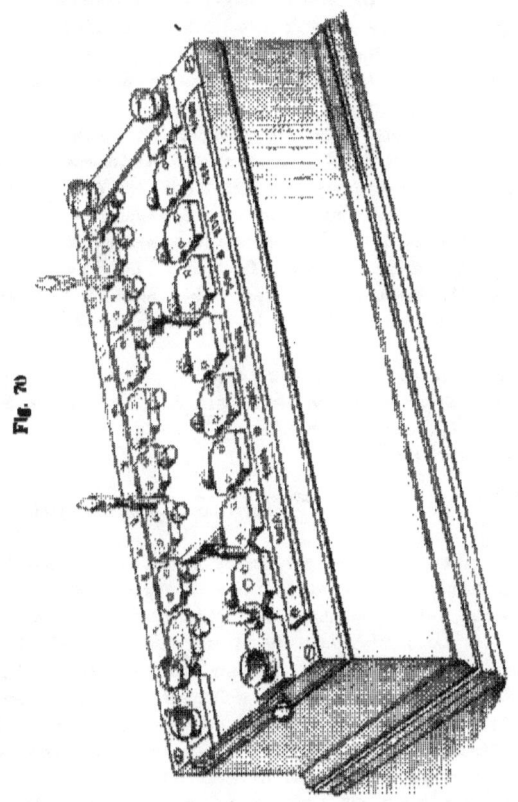

Fig. 70

XI. Eintheilung der Leiter in Bezug auf Widerstand; Definitionen. Sämmtliche Leiter ordnen sich in Bezug auf Widerstand in zwei grosse Gruppen, welche sich in doppelter Hinsicht verschieden verhalten, in die Metalle und die Elektrolyte (Elektrolyte nennt man sämmtliche Leiter, welche durch den elektrischen Strom in ihre chemischon Bestandtheile zerlegt werden); man nennt auch die Metalle Leiter erster Classe, die Elektrolyte Leiter zweiter Classe (s. S. 44). Die ersteren sind auch zugleich diejenigen Leiter, welche in Bezug auf elektromotorische Kraft dem Gesetz der Spannungsreihe gehorchen. Diese beiden Gruppen unterscheiden sich folgendermassen:

Die Electrolyte leiten den elektrischen Strom mit Zersetzung, die Metalle ohne Zersetzung;
der Widerstand der Metalle nimmt durch Erwärmung zu, derjenige der Elektrolyte ab.

Das Verhalten der Körper in Bezug auf Zersetzung durch den Strom wird weiter unten bei den chemischen Wirkungen des Stromes behandelt; an dieser Stelle ist nur der Werth des Widerstandes und seine Veränderung durch Erwärmung von Interesse.

Wir werden bei den im Folgenden vorkommenden Zahlen stets die Quecksilbereinheit zu Grunde legen. Da man bei den Messungen eigentlich stets den Widerstand eines Körpers misst, nicht die Leitungsfähigkeit, so hat man auch den Begriff des spezifischen Widerstandes eingeführt.

Der spezifische Widerstand eines Körpers ist das Verhältniss seines Widerstandes bei 0° zu demjenigen desselben Raumes bei 0°, wenn derselbe Quecksilber enthält.

Es ist ferner stets

$$\text{spezifischer Widerstand} = \frac{1}{\text{spezifische Leitungsfähigkeit}}$$

und umgekehrt.

XII. **Leitungsfähigkeit der Leiter erster Classe.** Bei den genauen Bestimmungen der spezifischen Leitungsfähigkeit der Metalle treten beinahe unüberwindliche Schwierigkeiten auf, während die Bestimmung der Leitungsfähigkeit irgend eines gegebenen Metalldrahtes eine sehr leichte Operation ist. Um die spezifische Leitungsfähigkeit eines Metalls zu ermitteln, muss dasselbe vor Allem von allen Verunreinigungen befreit werden — oft eine sehr schwierige Aufgabe; ferner muss das Metall in einen physikalischen Normalzustand, namentlich in Bezug auf Härte, gebracht werden, da jede Veränderung z. B. der Härte auch eine Veränderung der Leitungsfähigkeit herbeiführt. Vollständig können diese beiden Forderungen nur beim Quecksilber erfüllt werden. Wir dürfen uns daher auch nicht wundern, wenn auch die geübtesten Physiker in ihren Angaben über Leitungsfähigkeit der Metalle wesentlich von einander abweichen.

Die folgende Tabelle enthält eine Zusammenstellung der spezifi-

§. 4, XII.   Verhalten der Körper; B. Widerstand.   101

schen Leitungsfähigkeiten der wichtigsten Metalle und einiger Legirungen, diejenige von Quecksilber $= 1$ gesetzt.

	Specifische Leitungsfähigkeit.		Specifische Leitungsfähigkeit.
Silber	63,7	Stahl	8,69
Kupfer	56,2	Zinn	8,24
Gold	43,5	Aluminiumbronze	8,03
Aluminium	30,9	Eisen	7,84
Magnesium	22,8	Platin	6,09
Zink	16,8	Blei	4,83
Cadmium	14,1	Neusilber	3,61
Messing	13,9	Quecksilber	1,00.

Soll hiernach z. B. berechnet werden, wieviel Widerstand 1 deutsche Meile Eisendraht von 5 mm Durchmesser besitzt, so verwandelt man die Länge l in Meter, den Querschnitt q in Quadratmillimeter, nimmt den Werth der specifischen Leitungsfähigkeit k aus obiger Tabelle und berechnet dann den Widerstand w nach der Gleichung

$$w = \frac{1}{k} \cdot \frac{l}{q}.$$

In obigem Beispiel ist $l = 7420$ Meter,

$$q = \frac{25}{4} \pi = 19,6 \text{ Quadratmillimeter},$$

$$k = 7,84, \text{ also}$$

$$w = \frac{7420}{19,6 \cdot 7,84} = 48,2 \text{ S. E.}$$

Die Vergleichung dieser Bestimmungen und derjenigen der Leitungsfähigkeit der Metalle für Wärme hat ergeben, dass bei den Metallen die Leitungsfähigkeit für Elektricität und für Wärme einander proportional sind, dass also, wenn ein Metall die Wärme besser leitet, als ein anderes Metall, es auch die Elektricität besser leitet, u. s. w.

Für die Zunahme des Widerstandes durch Erwärmung gilt für die reinen Metalle wahrscheinlich das von Arndsen aufgestellte Gesetz, dass diese Zunahme einfach proportional der Temperatur ist, dass dieselbe ferner für alle reinen Metalle gleich gross ist, nämlich

$$\frac{1}{273} = 0,00366$$

für 1° Celsius. Aus diesem Gesetz würde folgen, dass alle reinen Metalle, wenn ihre Temperatur auf — 273° C., d. h. auf den absoluten

Nullpunkt erniedrigt würde, bei dieser Temperatur den Widerstand Null, oder eine unendlich grosse Leitungsfähigkeit haben würden. Von diesem Gesetz macht nur Quecksilber eine Ausnahme; die Zunahme des Widerstandes von Quecksilber für $1°$ C. beträgt 0,0097.

Da die käuflichen Metallsorten nie rein sind, so gelten die angegebenen Werthe, sowohl der Leitungsfähigkeiten, als der Temperaturcoefficienten, nur annähernd für dieselben; für die Zunahmen des Widerstands mit der Temperatur ist zu bemerken, dass dieselbe bei unreinen Metallen und Legirungen im Allgemeinen nicht einfach proportional der Temperaturveränderung ist, sondern complicirtere Gesetze befolgt, die sich jedoch erst bei grösseren Temperaturunterschieden bemerklich machen.

Ein eigenthümliches Verhalten zeigen die Legirungen. Manche unter denselben zeigen als Leitungsfähigkeit das vorher berechenbare Mittel aus den Leitungsfähigkeiten der Bestandtheile (dem Volumen nach), andere zeigen ein ganz abweichendes Verhalten; ähnliche Unregelmässigkeiten finden sich, wenn zu reinen Metallen bloss geringe Quantitäten anderer Metalle zugesetzt werden. Verunreinigungen von Kupfer, sowohl durch andere Metalle, als durch Kohle, Phosphor, Arsen, vermindert stets seine Leitungsfähigkeit; am schädlichsten wirkt das Aufnehmen von Oxyd und Suboxyd beim Giessen.

Die Leitungsfähigkeit von Eisen nimmt mit steigendem Gehalt an Kohle ab.

Die Leitungsfähigkeit von Quecksilber nimmt durch metallische Verunreinigungen stets zu.

In Bezug auf Veränderung des Widerstandes mit der Temperatur zeigen die Legirungen ebenfalls wenig Gesetzmässiges. Wir heben hier bloss das Verhalten von Neusilber hervor; Neusilber zeichnet sich nicht nur durch geringe Leitungsfähigkeit, sondern auch durch geringe Zunahme des Widerstandes mit der Temperatur aus; dieselbe beträgt bloss circa 0.0004 für $1°$ C. — daher die Verwendung von Neusilber in Widerstandssäulen.

Die Kohle leitet in Form von Graphit, dagegen nicht als Diamant; ihr Widerstand nimmt mit der Temperatur ab.

Glas leitet bei gewöhnlicher Temperatur nicht, fängt aber bei etwa 200° C. an zu leiten; von da an steigt seine Leitungsfähigkeit rasch, so dass es bei diesen Temperaturen nicht mehr als Isolator verwendet werden kann. Sonst leiten alle binär zusammengesetzten Körper in festem Zustande nicht, z. B. Krystalle von Kupfervitriol, Zinkvitriol u. s. w.

Härte, Dichte und Spannung beeinflussen die Leitungsfähigkeit der Metalle bedeutend.

Durch Ziehen hartgewordene Drähte besitzen im Allgemeinen mehr Widerstand, als weiche, ausgeglühte, und zwar oft um 10—15 %.

Aufwickeln eines Kupfer- und Eisendrahtes vermehrt, Abwickeln vermindert den spezifischen Widerstand, abgesehen von der Volumänderung. Spannung der Drähte vermehrt ihren Widerstand mehr, als der Vergrösserung ihrer Länge und der Verringerung ihres Querschnittes entspricht.

Der Widerstand geschmolzener Metalle ist im Allgemeinen grösser, als derjenige der festen.

XIII. Leitungsfähigkeit der Leiter zweiter Classe.

Die Bestimmung der Leitungsfähigkeit der Leiter zweiter Classe ist schwierig, namentlich wegen der stets dabei auftretenden Polarisation; deshalb besitzen wir in diesem Gebiet viel weniger Kenntnisse, als bei den Leitern erster Klasse. Einfache Gesetze, namentlich in Bezug auf Concentration der Lösungen, auf Temperaturveränderung u. s. w. sind bis jetzt nicht aufgefunden worden. Sicher ist jedoch, wie schon oben bemerkt, dass der Widerstand der Leiter zweiter Classe mit der Temperatur abnimmt.

Die folgende Tabelle enthält die spezifischen Widerstände von den in Batterien am häufigsten vorkommenden Flüssigkeiten bei 20° C., bezogen auf denjenigen des Quecksilbers bei 0° gleich Eins.

Kupfervitriollösung:

Procente Salz in Lösung.	Spez. Widerstand.	Procente Salz in Lösung.	Spez. Widerstand.
8	399000	20	248000
12	313000	24	232000
16	271000	28	204000

Verdünnte Schwefelsäure:

Spez. Gewicht.	Spez. Widerstand.	Spez. Gewicht.	Spez. Widerstand.
1,10	7620	1,40	9350
1,20	5500	1,50	15600
1,25	4940	1,60	23900
1,30	5440	1,70	34600

Zinkvitriol:

96 Gramm in 100 Cc. Lösung, Spez. Widerstand 166000.

Salpetersäure:

Spec. Gewicht.	Spec. Widerstand.
1,36	12000.

Soll hiernach z. B. der Widerstand einer Schicht Kupfervitriollösung von 0,25 Quadratmeter Querschnitt und 3 Centimeter Dicke, mit 20 Procenten Salz, berechnet werden, so drückt man zunächst den Querschnitt q in Quadratmillimetern, die Dicke oder Länge l der Schicht in Metern aus; man erhält

$$q = 250000 \text{ □□}, \quad l = 0,03 \text{ □};$$

die obige Tabelle gibt

$$k = \frac{1}{248000};$$

also ist der Widerstand der Schicht

$$r = \frac{1}{k} \cdot \frac{l}{q} = 248000 \cdot \frac{0,03}{250000} \; S. E. = 0,0298 \; S. E.$$

Die Abnahme des Widerstands mit der Temperatur bei den Flüssigkeiten ist im Allgemeinen viel grösser, als die entsprechende Zunahme bei den Metallen. Dieselbe beträgt für 1° C.:

bei Schwefelsäure im Mittel 0,010
bei concentrirtem Kupfervitriol etwa . 0,025
bei concentrirtem Zinkvitriol etwa . . 0,025.

§. 5.
Die Wirkungen des elektrischen Stromes.

1. Uebersicht. In den vorhergehenden Paragraphen wurden die Bedingungen behandelt, unter welchen der elektrische Strom entsteht, und die wichtigsten Gesetze, welche derselbe befolgt; wir gehen nun über zur Besprechung der Wirkungen des elektrischen Stromes.

Obschon sich dieser Gang in der Behandlung für eine übersichtliche Darstellung der Lehre vom elektrischen Strom empfiehlt, so war es doch nicht derjenige, welchen die geschichtliche Entwicklung dieser Lehre innehielt.

Der Funkenstrom, welchen eine Elektrisirmaschine liefert, ist zwar, wie wir gesehen haben, ebenso gut ein elektrischer Strom, wie derjenige eines galvanischen Elementes; die Natur und die Wirkungen des elektrischen Stromes aber wurden erst erkannt, nachdem der Galvanismus entdeckt war. Die Existenz des galvanischen Stromes nun wurde an einer

Wirkung desselben entdeckt, nämlich an dem Zucken eines vom galvanischen Strom durchflossenen Froschschenkels, und wenn auch in der Zeit, welche der Entdeckung unmittelbar folgte, namentlich die Bedingungen seiner Entstehung untersucht wurden (Volta's Fundamentalversuch), so waren es doch, mit Ausnahme dieser Untersuchung, die Wirkungen des Stromes, welche die Physiker beschäftigten; und erst, nachdem dieselben schon ziemlich eingehend untersucht waren, wurden die Gesetze des stationären galvanischen Stromes gefunden (Ohm).

Die Wirkungen des elektrischen Stromes zerfallen in zwei grosse Gruppen: die **Wirkungen auf den vom Strom durchflossenen Leiter und die Wirkungen in die Ferne**.

Die erstere Gruppe enthält die Wärmewirkungen des Stromes, seine mechanischen, physiologischen und chemischen Wirkungen; von diesen sind für uns die erst- und letztgenannten die wichtigsten, die übrigen werden wir nur oberflächlich behandeln.

Die zweite Gruppe zerfällt in die mechanischen (ponderomotorischen) und die elektrischen (elektromotorischen) **Fernewirkungen**. Die letzteren werden uns Gelegenheit geben, die praktisch so wichtige Erscheinung der **elektrodynamischen Induction** in ihren einfachen Formen kennen zu lernen. Die Kenntniss der ersteren bildet die Grundlage für den später zu behandelnden **Elektromagnetismus und die Bewegung von Magneten durch den Strom**.

Am Schlusse des Paragraphen werden wir die **Erhaltung der Kraft im Stromkreise** betrachten.

A. Wärmewirkungen.

II. **Erwärmung des Leiters.** Jeder vom elektrischen Strome durchflossene Körper, mag er fest oder flüssig sein, wird durch den Strom erwärmt.

Davon, dass vom Strom durchflossene Drähte sich erwärmen, kann man sich leicht überzeugen, indem man ein kräftiges Element, z. B. ein Bunsen'sches, durch einen kurzen Eisendraht schliesst; nimmt man den letzteren immer dünner, so wird er immer heisser, und man kann es auf diese Weise leicht dahin bringen, dass der Draht glühend wird, ja sogar, dass er abschmilzt.

Die Erwärmung, welche Flüssigkeiten in Folge des Durchleitens von Strömen zeigen, sind gewöhnlich geringer, weil meist die Querschnitte der vom Strom durchflossenen Flüssigkeitssäulen sehr viel grösser sind, als diejenigen der Drähte. Senkt man jedoch ein Thermometer in eine von einem nicht zu schwachen Strom durchflossene Flüssigkeit, und erhält dieselbe in steter Bewegung, so kann man leicht auch hier die Wärmeentwicklung beobachten. Die stärksten Ströme, welche man überhaupt hervorbringen kann, diejenigen der dynamoelektrischen Maschinen, vermögen z. B. Kupfervitriollösung bis zum Kochen zu erhitzen.

III. **Joule'sches Gesetz.** Für die Erwärmung der Leiter durch den Strom gilt ein allgemeines Gesetz, das nach seinem Entdecker das Joule'sche Gesetz genannt wird; dasselbe lautet:

Wenn w der Widerstand irgend eines vom Strome i durchflossenen Leiterstückes, so ist die in demselben entwickelte Wärmemenge Q

proportional dem Quadrate der Stromstärke, und
proportional dem Widerstande;

ferner ist die bei demselben Strome und demselben Widerstande entwickelte Wärmemenge bei allen Körpern gleich.

Wenn daher a ein von der Natur der Körper unabhängiger constanter Factor, so ist die entwickelte Wärmemenge

1) . . . . $Q = a i^2 w.$

Dieses Gesetz wurde auf rein experimentellem Wege, namentlich durch Versuche von Joule, gefunden. Bei diesen Versuchen war meistens der Draht, dessen Erwärmung gemessen werden sollte, durch ein mit Flüssigkeit gefülltes Gefäss geführt; die Erwärmung dieser Flüssigkeit war alsdann ein Mass für die durch den Strom in dem betreffenden Draht entwickelte Wärmemenge. Indem nun Joule Ströme von verschiedener Stärke durch den Draht schickte, ferner Drähte von verschiedenem Widerstand nahm und stets die durch den Strom entwickelten Wärmemengen mass, fand er sein Gesetz.

Das Joule'sche Gesetz lässt sich noch in zwei andere Formen bringen. In der Form von Gleichung 1) ist die Wärmemenge Q dargestellt als abhängig von dem Strom i und dem Widerstand w des Leiterstückes; nun gibt aber das Ohm'sche Gesetz die Beziehung zwischen Strom (i), Widerstand (w) und der „elektromotorischen Kraft des Leiterstückes" (e), d. h. der Differenz der elektrischen Dichten an den beiden Enden desselben; also lässt sich das Joule'sche Gesetz in drei Formen darstellen, nämlich die Wärmemenge als abhängig

1) von Strom und Widerstand,
2) von Strom und elektromotorischer Kraft,
3) von elektromotorischer Kraft und Widerstand.

§. 5, IV.   Wirkungen des Stromes; A. Wärmewirkungen.   107

Das Ohm'sche Gesetz gibt, für jedes Leiterstück,

$$i = \frac{e}{w}.$$

Also ist $i^2 w = ie$, da $iw = e$;

ferner $i^2 w = \frac{e^2}{w^2} w = \frac{e^2}{w}$;

und man hat für das Joule'sche Gesetz ausser der Form 1) noch die beiden Formen

2) . . . . $Q = a \cdot ie$

3) . . . . $Q = a \frac{e^2}{w}$.

Wir heben nochmals hervor, dass diese 3 Gleichungen für jedes Leiterstück, und in Folge dessen auch für ganze Stromkreise gelten.

In rein technischer Hinsicht ist das Joule'sche Gesetz wichtig für zwei Fälle: einmal, wo es gilt, die durch den Strom erzeugte Wärme zu verwerthen, und ferner, wo es darauf ankommt, die Erwärmung der Leiter durch den Strom möglichst zu verhüten. Der erstere Fall findet statt bei dem Zünden durch Leiter, welche durch den Strom zum Glühen gebracht werden, bei der Benutzung solcher Leiter als Leuchtmittel u. s. w., der letztere Fall bei den Maschinen, welche mechanische Arbeit in elektrischen Strom verwandeln, da bei diesen Joule Erwärmung des Drahtes einen Verlust an Arbeitskraft repräsentirt.

IV. **Anwendungen des Joule'schen Gesetzes.** Abgesehen von der technischen ist die wissenschaftliche Bedeutung des Joule'schen Gesetzes eine hohe; wir wollen daher seine Wirkungsweise an einzelnen Fällen näher beleuchten.

Vor Allen zeigt die Form 1) des Gesetzes, dass in jedem Stromkreise die Erwärmung der einzelnen Theile des Stromkreises proportional dem Widerstand derselben ist; denn i, der Strom, ist im ganzen Kreise derselbe, also ist Q nur abhängig von w, und zwar proportional w. Daraus folgt, dass, wenn alle Leiter im Stromkreise denselben Querschnitt haben, die Flüssigkeiten sich verhältnissmässig viel stärker erwärmen, als die festen Leiter; ferner dass in diesem Fall unter den festen Leitern die schlechteren Leiter, wie Neusilber, Eisen, Platin, wärmer werden als die besseren Leiter, wie Kupfer und Silber. Wenn man dagegen den verschiedenen Leitern im Stromkreis solche Querschnitte gibt, dass auf dieselbe Länge stets derselbe Widerstand kommt, also den Flüssigkeiten grosse, den Drähten kleine Querschnitte, so entsteht überall auf derselben Länge auch dieselbe Wärmemenge — in einem Centimeter Flüssigkeitssäule wird dann ebenso viel Wärme entwickelt, wie in einem Centimeter Leitungsdraht. Nun kommt aber, in diesem Fall, dieselbe Wärmemenge bei den schlechten Leitern auf eine viel grössere Masse, als bei den guten Leitern; also wird die Temperaturerhöhung bei den schlechten Leitern viel geringer sein, als bei den andern. Diesem letzteren Fall aber nähern sich die Querschnittsverhältnisse, die man gewöhnlich den Flüssigkeiten in den Elementen und den Leitungsdrähten gibt; die Erwärmung der Elemente ist daher meistens viel geringer, als diejenige der Leitungen. Ferner folgt aus der Form 1) des Gesetzes, dass, um einen Draht durch einen gegebenen Strom möglichst heiss zu machen, man denselben möglichst dünn wählen muss; man hat dabei den doppelten Vortheil, dass bei einem dünneren Draht die entwickelte Wärmemenge grösser ist und ihre Entwicklung in einer geringeren Masse geschieht.

Wenn in einem Stromkreis der innere Widerstand im Verhältniss zum äusseren sehr klein ist, so hat man in Form 3) unter w namentlich den äusseren Widerstand zu verstehen. Wenn in diesem Fall der Widerstand w derselbe bleibt, aber die elektromotorische Kraft sich ändert, so ist die Wärmeentwicklung im Stromkreise stets proportional dem Quadrat der elektromotorischen Kraft — nimmt man also die doppelte Anzahl von Elementen, so ist die Wärmeentwicklung die vierfache u. s. w.; verändert man dagegen den äusseren Widerstand, ohne die elektromotorische Kraft zu verändern — aber stets so, dass der innere Widerstand gegenüber dem äusseren verschwindend bleibt — so ist die Wärmeentwicklung umgekehrt proportional dem Widerstand — also bei doppeltem Widerstand die Hälfte u. s. w.

Ist umgekehrt der äussere Widerstand verschwindend klein im Verhältniss zu dem inneren, oder wird die Batterie kurz geschlossen, so gelten andere Gesetze als im vorigen Fall. Elektromotorische Kraft und Widerstand sind alsdann einander proportional, weil beide Grössen der Anzahl der Elemente proportional sind, also ist der Strom $i = \frac{e}{w}$ stets derselbe, unabhängig von der Anzahl der Elemente. Die Wärmeentwicklung ist daher in diesem Fall nach Gleichung 1), da i constant, proportional dem Widerstand w, oder nach Gleichung 3), da $\frac{e}{w}$ constant ist, proportional der elektro-

§. 5, IV., V. Wirkungen des Stromes; A. Wärmewirkungen. 109

motorischen Kraft, oder auch proportional der Anzahl der Elemente.

Hieraus erhellt, dass in den beiden Grenzfällen, beim Verschwinden des inneren Widerstandes und beim Verschwinden des äusseren, für die Wärmeentwicklung im Stromkreise völlig verschiedene Gesetze gelten, sowohl in Bezug auf elektromotorische Kraft, als auf Widerstand, dass aber diese verschiedenen Gesetze sämmtlich Formen des Joule'schen Gesetzes sind.

Wir wollen noch den Fall betrachten, wo in einem Stromkreise zuerst ein Daniell'sches Element wirkt, dann aber ersetzt wird durch ein Bunsen'sches, wo aber der äussere Widerstand so gewählt wird, dass in beiden Fällen derselbe Strom herrscht. Die elektromotorische Kraft des Bunsen'schen Elementes ist 1,8 von derjenigen des Daniell'schen, also muss beim Einschalten des ersteren Elementes der Widerstand im ganzen Stromkreise ebenfalls 1,8 von demjenigen beim Einschalten des Daniell'schen Elementes sein, wenn der Strom gleich sein soll.

Nach der zweiten Form des Joule'schen Gesetzes, bezogen auf ein Leiterstück, ist die entwickelte Wärme proportional dem Strom und der „elektromotorischen Kraft des Leiterstückes", d. h. der Dichtendifferenz an beiden Enden desselben; nun ist der Strom in beiden Fällen derselbe, also muss auch die Dichtendifferenz e oder das Gefälle dasselbe bleiben, weil der Widerstand des Leiterstückes derselbe bleibt; die Wärmeentwicklung in einem Leiterstück ist also in beiden Fällen gleich.

Dies gilt nicht von der Wärmeentwicklung im Stromkreise. Bezieht man Gleichung 2) auf den ganzen Stromkreis, so ist e die elektromotorische Kraft im Stromkreis, oder diejenige des Elementes, diese ist aber in beiden Fällen verschieden, während der Strom i derselbe bleibt; also ist die im ganzen Stromkreis entwickelte Wärme proportional der elektromotorischen Kraft, d. h. beim Einschalten des Bunsen'schen Elementes um $\frac{8}{5}$ grösser, als beim Einschalten des Daniell'schen.

Die Temperatur des eingeschalteten Schliessungsdrahtes bleibt also in beiden Fällen dieselbe, nur kann man im Falle des Bunsen'schen Elementes bei gleichem Strom mehr Draht einschalten und erwärmen, als im Falle des Daniell'schen Elementes.

V. **Das galvanische Glühen von Drähten.** Eine wichtige Anwendung der Wärmewirkung des galvanischen Stromes ist das galvanische Glühen von Drähten.

Da zum Glühen eines gegebenen Drahtes ein Strom von bestimmter Stärke gehört, welchen man stets durch richtige Schaltung von Batterien erzeugen kann, so ist es auf diese Weise durch Anwendung von Elektricität möglich, auf beliebige Entfernung hin einen Draht glühend zu machen; dieser Vortheil, welchen keine andere Naturkraft bietet, wird namentlich nutzbar gemacht zum Entzünden von Minen und Torpedo's.

Die Patronen, welche den zum Glühen bestimmten Draht enthalten und welche Glühzundpatronen heissen, im Gegensatz zu den Funkenzundpatronen, welche wir später zu erwähnen haben, sind mit Schiessbaumwolle oder einem leicht entzündlichen Knallsatz gefüllt, welcher die Elektricität nicht leitet und welcher den zum Glühen bestimmten Draht umgibt; der Draht selbst ist nur 5 bis 15ᵐᵐ lang, möglichst dünn und besteht meist aus Platin oder Stahl; er ist zwischen den Enden der beiden Zuleitungen ausgespannt; das Ganze umhüllt eine luftdicht schliessende Kapsel. Diese Kapsel wird, wenn die zu entzündende Masse klein und leicht entzündlich ist, direct in dieselbe hineingeschoben; beim Sprengen mit Dynamit jedoch, wo von der Zündpatrone grössere mechanische Kraft verlangt wird, wird diese letztere zuerst in ein Dynamitzündbötchen (Zündbötchen mit starker Ladung) eingeschoben und so in die Dynamitpatrone eingesetzt.

Bei den in neuerer Zeit vielfach angewendeten Glühpatronen von Abel ist der Zündsatz selbst als Leiter benutzt und der Glühdraht ganz weggelassen. Die gewöhnlich zu Zündsätzen verwendeten Körper, wie Schwefel, Salpeter, chlorsaures Kali, Knallsilber u. s. w., sind meist nicht leitend; durch angemessenen Zusatz von leitenden phosphorsauren Salzen kann jedoch der Zündsatz leitend erhalten werden, und zwar in beliebigem Masse; beim Durchleiten des Stromes werden nun die leitenden Theile des Zündsatzes glühend und zünden. Das Prinzip dieser Patronen ist also nicht verschieden von demjenigen der Patronen mit Drähten.

Auf die Wahl des Metalles, aus welchem der Glühdraht bestehen soll, haben folgende Umstände Einfluss; die Dehnbarkeit des Metalles, d. h. die Grenze der Feinheit, bis zu welcher sich der Draht noch ziehen lässt; der spezifische Widerstand; die spezifische Wärme und endlich die Oxydationsfähigkeit durch Luft und Feuchtigkeit. Die Temperatur, bei welcher die verschiedenen Körper anfangen zu glühen, ist bei allen dieselbe. Stahl scheint das beste Zündmaterial zu sein, wenn seine Umgebung mit Sicherheit trocken erhalten werden kann; weil dies jedoch schwierig ist, wählt man gewöhnlich Platin.

§. 5, V.   Wirkungen des Stromes; A. Wärmewirkungen.   111

Um eine Glühpatrone zu construiren, wählt man möglichst dünnen und möglichst kurzen Draht. Es sei nun gegeben eine Batterie oder ein anderer Strom gebender Apparat von gegebener elektromotorischer Kraft und gegebenem Widerstand, ferner Glühpatronen von gegebenem Widerstand; es fragt sich, wieviel Patronen, im Maximum, noch gleichzeitig durch die Batterie gezündet werden können.

Sei e die elektromotorische Kraft der Batterie, w ihr Widerstand; man schalte vorerst eine Patrone ein und äusseren Widerstand, und sieht zu, wieviel äusseren Widerstand man einschalten kann, ohne dass die Patrone aufhört, sicher zu zünden. Sei dieser äussere Widerstand W, so ist der zum Zünden einer Patrone nöthige Strom

$$i = \frac{e}{w + W}.$$

Nun sollen statt des äusseren Widerstandes ein bestimmter Leitungswiderstand L und möglichst viele Patronen eingeschaltet werden. Diese letzteren müssen im Allgemeinen theils parallel, theils hintereinander geschaltet werden. Seien nun immer m Patronen parallel und n solche Gruppen von je m Patronen hintereinander geschaltet, so ist der in der Leitung L circulirende Strom J

$$J = \frac{e}{w + L + n\,\dfrac{u}{m}};$$

denn $\dfrac{u}{m}$ ist der Widerstand einer Gruppe von m parallel geschalteten Patronen und $n\,\dfrac{u}{m}$ derjenige sämmtlicher Gruppen. Der eine Patrone durchlaufende Strom ist $\dfrac{J}{m}$ und dieser Strom muss gleich i sein; man hat also

$$\frac{J}{m} = \frac{1}{m} \cdot \frac{e}{w + L + n\,\dfrac{u}{m}} = i = \frac{e}{w + W},$$

$$m(w + L) + n\,u = w + W$$

1) . . . . $m = \dfrac{w + W - n u}{w + L}.$

Die Anzahl sämmtlicher Patronen, $m\,n$, ist

2) . . . $m\,n = \dfrac{n\,(w + W) - n^2\,u}{w + L},$

und diese soll ein Maximum werden. Wie man sieht, ist in Gleichung 1) m durch n bestimmt; die Anzahl $m\,n$ ist, wie Gleichung 2) zeigt, nur abhängig von n, oder wenn man n durch m ausdrückt, von m; man hat also nach n oder nach m zu differenziren. Setzt man $\frac{d(mn)}{dn} = 0$, so kommt

$$0 = w + \frac{W - 2un}{w + L},$$

$$w + W = 2nu,$$

3) . . . . $n = \dfrac{w + W}{2u}$;

setzt man diesen Werth für n in Gleichung 1) ein, so erhält man

4) . . . . $m = \frac{1}{2} \dfrac{w + W}{w + L}$.

Sei z. B. $u = 1^E$, $w = 10^E$, $L = 5^E$, $W = 60^E$, so dass mit der gegebenen Batterie eine Patrone noch sicher in 60^E äusserem Widerstand gezündet werden kann, so hat man

$$n = \frac{70}{2} = 35, \quad m = \frac{70}{2.15} = 2,3.$$

Für m hat man die nächst kleinere ganze Zahl zu nehmen, also 2.

Man kann also mit jener Batterie in einer Leitung von 5^E 70 Patronen zugleich zünden, wenn man je 2 Patronen parallel und die 35 Gruppen von je 2 Patronen hintereinander schaltet. Der Strom, der zum Entzünden nöthig ist, beträgt $\frac{e}{70^E}$: bei der angegebenen Schaltung von 70 Patronen beträgt der Strom in der Leitung L: $\frac{e}{1.5^E + \frac{35^E}{2}}$ = $\frac{e}{32^E,5}$, derjenige in einer einzelnen Patrone: $\frac{e}{65^E}$; derselbe ist also noch stärker als der zum Zünden nöthige Strom $\frac{e}{70^E}$, muss also sicher zünden.

VI. Grenze der Wärmeentwicklung. Die Wärmeentwicklung durch den elektrischen Strom ist eine unaufhörliche; so lange der Strom ein Leiterstück durchfliesst, wird in einer bestimmten Zeit eine bestimmte Wärmemenge entwickelt. Hieraus geht hervor, dass, wenn das betreffende Leiterstück alle durch den Strom entwickelte Wärme behalten und keine Wärme an die Umgebung abgeben würde, die Temperatur desselben sich bis in's Unendliche steigern müsste; aber wie die Temperatur eines Dampfkessels nicht beliebig gesteigert werden kann durch fortdauernde Heizung, sondern eine Grenze erreicht, welche durch die Wärmeabgabe nach Aussen bestimmt wird, so erreicht auch an

§. 5, VII.   Wirkungen des Stromes; A. Wärmewirkungen.   113

demselben Grunde die Temperatur eines durch den Strom erwärmten Leiterstücks eine Grenze, die nicht überschritten werden kann.

Denkt man sich z. B. einen Draht durch den Strom so lange erwärmt, bis seine Temperatur constant geworden ist, so muss, wie bei jedem Fall von stationärer Temperatur, die Wärmeeinnahme gleich der Wärmeausgabe sein; die Wärmeeinnahme des Drahtes ist die Wärmeentwicklung durch den Strom, seine Wärmeausgabe der Verlust von Wärme nach Aussen, durch Leitung und Strahlung. Die Wärmeentwicklung durch den Strom ist, wenn der Strom sich nicht ändert, constant; man sieht daher, dass die Endtemperatur eines vom Strom erwärmten Leiterstückes sehr wesentlich von der Natur seiner Umgebung abhängt.

Beispiele hiervon finden sich überall, wo mit stärkeren Strömen gearbeitet wird; ein Draht, der bei gegebenem Strom in freier Luft sicher glüht, versagt diesen Dienst, wenn er in nicht ganz trockene Schiesshaumwolle gehüllt wird; und umgekehrt kann in einem Draht, der in freier Luft durch den Strom nicht merklich erwärmt wird, im Innern einer Maschine, wo die Luftkühlung fehlt, bei demselben Strom die Temperatur so hoch steigen, dass die Isolationen gefährdet werden.

VII. **Der elektrische Funke.** Der elektrische Funke, eine Erscheinung, welche mit allen Elektricitätsquellen erhalten werden kann, ist, wie das Glühen von Drähten, eine Wärmewirkung des Stromes; derselbe tritt jedoch in sehr verschiedenen Formen auf.

Eine dieser Formen haben wir bei Besprechung des elektrischen Zustandes kennen gelernt, nämlich den Funken bei der Entladung einer Leydner Flasche; hierher gehört auch der Funkenstrom, der sich zwischen den Polen einer arbeitenden Elektrisirmaschine bildet.

Eine zweite Form ist der Funke, der beim **Schliessen** von galvanischen Batterien auftritt; derselbe ist jedoch sehr klein und bedarf zu seiner Entstehung bereits ungewöhnlich grosser Batterien. Batterien von mehreren hundert Daniell'schen Elementen geben nicht den geringsten Schliessungsfunken; derselbe entsteht erst bei etwa 400 Daniell'schen Elementen und hat nach Gassiot bei 3520 Kupfer-Zink-Elementen eine Schlagweite von bloss $\frac{1}{4}$ Millimeter.

Der Funke, welcher beim **Oeffnen** von galvanischen Batterien auftritt, kann viel leichter erhalten werden. Während es bei dem Schliessungsfunken bloss auf elektromotorische Kraft oder auf Dichtendifferenz der Pole ankommt, ist hier die Stromstärke massgebend; ein gutes Bunsen'sches Element, kurz geschlossen, gibt bei der Oeffnung des Stromes einen deutlichen Funken, Elemente mit hohem Widerstand zeigen den Funken weniger leicht.

Die glänzendste Erscheinung des elektrischen Funkens ist das **elektrische Licht.** Humphrey Davy entdeckte dasselbe, als er den Strom einer Volta'schen Säule von 2000 Plattenpaaren durch zwei einander berührende Kohlenstifte leitete und dann die Kohlen allmählig von einander entfernte; er erbich nämlich einen continuirlichen Funkenstrom von solchem Glanze, dass die einzelnen Funken nicht mehr unterschieden werden konnten und das Ganze mehr den Eindruck eines hell leuchtenden Streifens machte.

Der Funke bei der Entladung der Leydner Flasche ist von derselben Natur wie der Schliessungsfunke einer galvanischen Batterie; in beiden Fällen werden zwei Punkte von verschiedener elektrischer Dichte einander so lange genähert, bis die trennende Luftschicht so dünn geworden ist, dass die Entladung dieselbe zu durchbrechen vermag. Hieraus folgt auch unmittelbar, dass die Schlagweite dieser Funken nur von der Dichtendifferenz an den Batteriepolen, nicht von dem inneren Widerstande der Batterie abhängt. Ferner erklärt sich auch der Umstand, dass eine Elektrisirmaschine diese Funken viel leichter und stärker erzeugt, als eine galvanische Batterie, durch die Verschiedenheit der elektromotorischen Kräfte; die elektromotorische Kraft einer gewöhnlichen Holtz'schen Elektrisirmaschine wird nämlich auf etwa 50 000 Daniell'sche Elemente geschätzt.

Das elektrische Licht ferner ist qualitativ dieselbe Erscheinung, wie der Oeffnungsfunke einer galvanischen Batterie, nur sind beim elektrischen Lichte die für den Oeffnungsfunken günstigsten Umstände gewählt und derselbe continuirlich gemacht, indem die Kohlenspitzen stets in einer solchen Entfernung von einander erhalten werden, dass der Funke noch überzuspringen vermag. Bei dieser Art von Funken geht daher bereits vor ihrer Entstehung ein Strom durch die beiden Körper, zwischen welchen nachher der Funke überspringt, und der Oeffnungsfunke ist nur als eine Fortsetzung des Stromes zu betrachten; bei den Schliessungsfunken dagegen ist der Funke selbst ebenfalls als ein elektrischer Strom zu betrachten, aber die Entstehung desselben wird nicht durch einen vorher zwischen denselben Körpern übergehenden Strom eingeleitet.

Was man sich unter dem elektrischen Funken eigentlich vorzustellen hat, geht erst aus der Untersuchung der Farbe desselben hervor. Schon bald nach der Entdeckung des elektrischen Funkens fiel es auf, dass derselbe verschiedene Farben zeigte, je nach der Natur der Metalle, zwischen welchen er übersprang. Aehnliches wurde bemerkt bei Erzen, also bei Verbindungen der Metalle, und es wurde

§. 5, VII. Wirkungen des Stromes; A. Wärmewirkungen. 115

bereits damals der Gedanke geäussert, dass die Farbe des elektrischen Funkens dazu dienen könne, um die Zusammensetzung des Erzes zu erkennen.

Heutzutage hat die Untersuchung dieser Erscheinung zu der berühmten Entdeckung der **Spectralanalyse** durch **Bunsen** und **Kirchhoff** geführt; und durch dieselbe Entdeckung wurde es möglich, die Natur des elektrischen Funkens zu erkennen.

Bekanntlich enthält das weisse Licht sämmtliche einzelne Farben, dasselbe ist bloss eine Mischung aller Einzelfarben; zerlegt man das weisse Licht durch ein Prisma in seine einzelnen Bestandtheile, so erhält man in seinem Spectrum sämmtliche existirenden Farbentöne neben einander in einer Reihe angeordnet. Untersucht man auf dieselbe Art die ausser Weiss natürlich vorkommenden Farben, so findet man, dass dieselben alle aus mehreren Einzeltönen gemischt sind. Dies gilt namentlich auch von verbrennenden oder verdampfenden Metallen; das Licht eines jeden derselben zeigt, wenn durch das Prisma analysirt, eine kleinere oder grössere Anzahl scharf begrenzter Linien, d. h. bestimmter Einzeltöne, aus deren Mischung die Farbe des gasförmigen Metalles besteht. **Bunsen** und **Kirchhoff** nun haben entdeckt, dass jedes chemische Element im gasförmigen Zustande seine bestimmten charakteristischen Linien oder Einzelfarben besitzt, welche es auch zeigt, wenn es eine Mischung oder chemische Verbindung mit anderen Elementen eingegangen hat, und dass man aus den Linien eines zusammengesetzten Körpers seine chemische Zusammensetzung erkennen könne, wenn sich derselbe in Dampfform befindet.

Diese Analyse ist nun auch auf den elektrischen Funken angewendet worden und hat gezeigt, dass derselbe hauptsächlich die Linien der **Metalle**, zwischen welchen der Funke überspringt, ausserdem aber auch die Linien der **Luft** oder der **Gase**, welche derselbe durchbricht, enthält. Der elektrische Funke besteht daher aus **verdampfenden oder verbrennenden Metallen** und **glühender Luft**, und wir müssen uns den Funken als einen nur augenblicklich bestehenden Canal vorstellen, in welchem verbrennende und verdampfende Metall- und glühende Lufttheilchen sich befinden, und welcher für einen Augenblick die elektrische Leitung zwischen den beiden Körpern herstellt. Dass durch den Funken wirklich materielle Theilchen losgerissen werden, dies beweist die unten zu besprechende Eigenschaft des elektrischen Lichtes, dass die eine Kohle bedeutend rascher verbrennt, als die andere; dieselbe Erscheinung, wenn auch nicht so auffallend, lässt sich bei Metallen beobachten.

8*

Die eben besprochene Zusammensetzung des elektrischen Funkens gilt zwar sowohl für den Schliessungs- als für den Oeffnungsfunken; die Entstehung jedoch dieser beiden Arten von Funken haben wir uns völlig verschieden vorzustellen.

Beim Schliessungsfunken werden die beiden Pole der Batterie so lange einander genähert, bis der Funke die zwischenliegende Luft durchbrechen kann. Dass bei diesem Durchbrechen der Luftcanal, in welchem sich die Elektricität bewegt, glühend wird, lässt sich nach dem Joule'schen Gesetz leicht begreifen: der Widerstand dieses Canales muss ein sehr hoher sein, da man ja gewöhnlich die trockene Luft als Isolator betrachtet; die Wärmeentwicklung ist aber proportional diesem Widerstand, muss also eine sehr bedeutende sein. Das Mitreissen und Verbrennen oder Verdampfen von Metalltheilchen dagegen ist bei dem Schliessungsfunken ein mehr nebensächlicher Vorgang.

Anders verhält es sich bei dem Oeffnungsfunken. Vor der Entstehung desselben fliesst bereits ein Strom durch die beiden Körper, zwischen welchen nachher der Funke überspringt. Sowie nun diese beiden Körper etwas von einander entfernt werden, oder ihre Berührung nur eine lose wird, so bilden die äussersten, einander ganz oder beinahe berührenden Theilchen eine leitende Brücke von einem Körper zum andern; der Widerstand dieser Uebergangsleitung ist ein bedeutender, weil sie nur geringen Querschnitt besitzt, die Metalltheilchen glühen daher und verbrennen, und bringen auch umgebende Lufttheilchen zum Glühen. Der Funke oder die Leitung von Elektricität durch diese Gruppe von glühenden Theilchen kann sich nur so lange erhalten, als der Widerstand derselben eine gewisse Grenze nicht überschreitet; nach Ueberschreitung derselben erlischt der Funke, und zwar geschieht dies bereits bei unmessbar kleiner Entfernung der Körper, zwischen welchen er überspringt. Das Glühen und Verbrennen von Metalltheilchen ist also bei dem Oeffnungsfunken kein nebensächlicher Vorgang, sondern bildet vielmehr die einleitende Ursache dieser Erscheinung.

VIII. **Das elektrische Licht.** Das elektrische Licht ist, wie wir gesehen haben, nichts als ein continuirlicher Strom von Oeffnungsfunken. Diese glänzende Erscheinung beginnt in neuerer Zeit immer mehr Verwendung in der Technik zu finden. Zunächst ist es das stärkste, künstliche Licht, das wir hervorbringen können; mit den grossen dynamoelektrischen Maschinen der Neuzeit ist bereits elektrisches Licht in der Stärke von 14 000 Normalkerzen erzielt worden. Hierzu kommt, dass dieses Licht beinahe auf einen einzigen Punkt concentrirt ist; dies

§. 5, VIII. Wirkungen des Stromes; A. Wärmewirkungen. 117

ist aber eine Voraussetzung, auf welcher die genaue Wirkung aller lichtsammelnden Apparate, der Linsen und Spiegel, beruht, und welche namentlich bei Beleuchtung auf grosse Entfernung hin sehr wesentlich ist; diese Voraussetzung ist bei keinem anderen künstlichen Licht so gut erfüllt. Dieses Licht ist daher auf Leuchtthürmen, im Kriege zur Beleuchtung von Belagerungsarbeiten u. s. w. bereits öfters verwendet worden.

Die grösste Verbreitung jedoch scheint weniger dem möglichst intensiven, als dem elektrischen Licht von mittlerer Stärke, 500 bis 2000 Kerzen, vorbehalten zu sein; in dieser Stärke ist dasselbe passend zur Beleuchtung von Sälen, Theatern u. s. w., zur Reproduction von Photographien und endlich auch zu den so beliebten objectiven Darstellungen in physikalischen Vorlesungen.

Das elektrische Licht kann zwischen allen leitenden Körpern hervorgebracht werden; die Spitzen, zwischen denen sich dasselbe bildet und welche Elektroden genannt werden, können also namentlich aus jedem beliebigen Metall bestehen. Wenn man aber mit derselben Batterie oder Maschine nach einander elektrisches Licht zwischen verschiedenen Metallen erzeugt, so fällt dasselbe je nach der Natur des Metalles sehr verschieden aus, und es zeigt sich hierbei, dass das Licht um so stärker ist, und der Flammenbogen um so länger gemacht werden kann, je leichter die Elektroden sich verflüchtigen oder verbrennen lassen. Zwischen Platindrähten ist das elektrische Licht am schwächsten, zwischen leichtflüchtigen Metallen, wie Zink, stärker, am stärksten jedoch zwischen einem Metalldraht und Quecksilber und zwischen Kohlen, die mit leichtflüchtigen Körpern getränkt sind. Das Quecksilberlicht wird wenig benutzt, namentlich wohl, weil dasselbe in freier Luft nicht brennen darf, da der Quecksilberdampf der Gesundheit schädlich ist.

Wenn man das Bild der beiden Kohlenspitzen durch eine Linse auf einer matten Glasfläche oder auf Milchglas erzeugt, so lässt sich dasselbe beobachten, während bei dem unmittelbaren Hinsehen auf das Kohlenlicht das Auge geblendet wird. Auf diese Weise betrachtet, zeigt sich das elektrische Licht als ein Flammenbogen zwischen zwei Stellen der beiden Kohlen, die durchaus nicht immer einander möglichst nahe liegen; dieser Flammenbogen wandert unaufhörlich von Stelle zu Stelle.

Man kann das elektrische Licht sowohl durch Wechselströme, d. h. durch Ströme, welche fortwährend ihre Richtung wechseln, als durch gleichgerichtete oder constante Ströme hervorbringen.

Im ersteren Fall nehmen beide Kohlen bald eine zugespitzte Form an, im letzteren Fall dagegen höhlt sich die positive Elektrode kraterförmig aus, während die negative sich zuspitzt; positiv nennen wir hier die mit dem positiven Pol der Batterie verbundene Elektrode, negativ die mit dem negativen Pol verbundene. Bei gleichgerichtetem Strom ist daher als positive Elektrode stets die obere Kohle zu nehmen, damit die nach und nach sich ablösenden Ränder der Höhlung nicht auf der Kohle liegen bleiben.

Dass beide Kohlen sich verzehren müssen, geht schon aus der oben besprochenen Natur des elektrischen Lichtes hervor; dies geschieht jedoch nicht gleichförmig auf beiden Kohlen. Die positive Kohle nimmt mehr ab als die negative, und zwar ungefähr im Verhältniss von 8 zu 5. Bringt man das Kohlenlicht in einer Stickstoff- oder Wasserstoff-Atmosphäre hervor, so dass keine Verbrennung stattfinden kann, so nimmt sogar die negative Kohle an Gewicht zu, während die positive abnimmt; es findet also ein förmlicher Transport von Kohlentheilchen hauptsächlich in der Richtung von der positiven zur negativen Kohle statt. Bildet man das elektrische Licht zwischen Metallen, so zeigen beide Elektroden nach einiger Zeit rauhe und vertiefte Stellen, ein Zeichen, dass Metall durch den Funken losgelöst und fortgeschleudert worden ist. Es findet aber auch ein Transport von Metalltheilchen von der negativen zur positiven Elektrode statt, wenngleich ein viel geringerer als derjenige in der umgekehrten Richtung; nimmt man eine Elektrode aus Silber, die andere aus Kupfer, so findet sich nach einiger Zeit sowohl Silber auf dem Kupfer, als Kupfer auf dem Silber.

Die positive Kohle glüht stets stärker als die negative; bei elektrischem Licht zwischen einem Metalldraht und Quecksilber glüht der Draht lebhaft, wenn er als positive Elektrode benutzt wird; verbindet man dagegen das Quecksilber mit dem positiven Pol, so ist der Funke nur klein, der Draht glüht nicht, aber das Quecksilber verdampft stark.

Der Hitzegrad des Kohlenlichtes muss ein sehr hoher sein, wie schon aus dem Verbrennen und Verdampfen der Elektroden hervorgeht; als man diese Eigenschaft des Kohlenlichtes benutzte, um schwer schmelzbare Körper zum Schmelzen zu bringen, erkannte man bald, dass es kaum ein einfacheres und kräftigeres Mittel gibt, um sehr hohe Temperaturen zu erzielen, als der galvanische Flammenbogen. Die colossalen Ströme, welche man heutzutage mit den grossen dynamoelektrischen Maschinen zu erzeugen im Stande ist, und welche entsprechend starkes

§. 5, VIII. Wirkungen des Stromes; A. Wärmewirkungen. 119

Kohlenlicht liefern, berechtigen in dieser Beziehung noch zu bedeutenden Hoffnungen.

Bei den Experimenten über Verflüchtigung schwer schmelzbarer Körper werden entweder kleine Portionen derselben in die kraterförmige Höhlung der positiven Elektrode gebracht, wobei die Kohlen vertikal stehen, die positive unten, oder aber die Kohlen werden horizontal gestellt und jene Körper zwischen dieselben gelegt, so dass der Lichtbogen sie bestreicht. Platin, Iridium, Kieselsäure, Bor, Thonerde und viele andere schwer schmelzbare Stoffe werden flüssig und theilweise auch flüchtig im Lichtbogen. Viele Versuche wurden angestellt, um auf diese Weise künstliche Diamanten zu machen, jedoch ohne Erfolg. Despretz bildete mit einer Batterie von 500 bis 600 Elementen einen Lichtbogen zwischen einer senkrechten Kohlenspitze und einem Graphittiegel, in welchem sich kleine Kohlenstücke befanden; diese letzteren fanden sich nachher aneinandergeschweisst und in Graphit übergegangen. Wurde der Lichtbogen im luftleeren Raum zwischen Kohlenspitzen hergestellt, so schien die Kohle ähnlich wie erhitztes Jod zu verdampfen und schlug sich als schwarzes krystallinisches Pulver an der Gefässwand nieder. Dies ist jedoch kaum so aufzufassen, als ob die Kohle wirklich Dampfform angenommen habe, denn dieselbe Erscheinung tritt bereits bei Kohlenstäbchen auf, welche, ähnlich wie ein Draht, durch den Strom glühend gemacht werden; man hat daher eher anzunehmen, dass in diesen Fällen lose Kohlentheilchen, in fester Form, von der glühenden Kohle ausgeschleudert werden. Als Despretz einen starken Flammenbogen erzeugte und auf denselben ausserdem ein Knallgasgebläse und concentrirte Sonnenstrahlen wirken liess, brachte er Anthracit zum Biegen, Magnesia zum Verdampfen.

Die Lichtstärke des galvanischen Flammenbogens überragt diejenigen aller anderen künstlichen Lichtquellen bedeutend. Nach den Messungen von Fizeau und Foucault ergab sich:

Intensität des Sonnenlichts 1000
 „   „ Lichtbogens von 46 Bunsen'schen Elementen   235
 „   „   „   „ 80   „   „   238
 „   „   „   „ 46   „   „
         von 3facher Oberfläche   385
 „   „ Drummond'schen Kalklichtes . . . . . . 6.85.

Es ist jedoch zu bemerken, dass hierbei nicht die Lichtstärke, sondern nur die chemische Wirkung dieser Lichtquellen verglichen wurde, indem die Zeit gemessen wurde, welche für jede Lichtquelle erforderlich war, um auf einer jodirten Daguerrotypplatte eine bestimmte

Bräunung zu erzielen. Da nun das elektrische Licht hauptsächlich viel chemisch wirkende Strahlen, d. h. blaue und violette, enthält, so sind die obigen Zahlen für das elektrische Licht jedenfalls zu gross; indessen bieten sie doch einen Anhaltspunkt.

Auf die Helligkeit des Kohlenlichts haben, bei gegebenem Strom, namentlich Einfluss: die **Beschaffenheit der Kohlen**, die **Tränkung** derselben und die **Länge des Flammenbogens**.

Ueber die für das Licht zweckmässigste Beschaffenheit der Kohle lässt sich kaum etwas Allgemeines sagen. Bei Anwendung sehr starker Ströme kommt es sehr auf gute Leitungsfähigkeit der Kohle an, eine Eigenschaft, welche durchaus nicht alle Kohlenarten besitzen; leitet die Kohle verhältnissmässig schlecht, so wird der Strom geschwächt und die Kohle selbst wird sehr heiss, was der Kohlenhalter wegen nicht wünschenswerth ist. Das beste Licht scheint reiner Graphit zu geben; die gewöhnlich angewandte Kohlensorte ist Retortenkohle oder eine der in neuerer Zeit im Handel auftretenden, aus Kohlenpulver zusammengebackenen Kohlensorten.

Das Tränken der Kohlen mit geeigneten Flüssigkeiten hat einen bedeutenden Einfluss auf die Lichtstärke; es geschieht am zweckmässigsten so, dass man die Kohlen zuerst einige Zeit in der betreffenden Lösung kocht, dann die Schale mit der Lösung und den Kohlen unter die Luftpumpe bringt, so lange die Luft auspumpt, bis keine Blasen mehr aufsteigen, und dann die Luft wieder zuströmen lässt.

Bunsen fand, dass Tränken mit Glaubersalzlösung die Lichtstärke mehr als verdoppelt. Casselmann, der diesen Gegenstand am eingehendsten behandelt hat, fand folgende Zahlen (die Lichtstärken sind mittelst des Bunsen'schen Photometers gemessen):

Natur der Spitzen	Abstand der Spitzen in Millimetern	Intensität	
		des Stromes	des Lichtes
Reine Kohle	sehr klein	90,5	92,3
	4,5	65,3	139,4
Kohle, getränkt mit salpetersaurem Strontian	0,75	101,5	336,6
	6,75	83,0	274,0
Kohle mit Aetzkali	2,5	95,9	150,0
	8,0	78,0	75,1
Kohle mit Zinkchlorid	1,0	76,6	623,8
	5,0	64,1	159

§. 5, VIII. Wirkungen des Stromes; A. Wärmewirkungen.

Natur der Spitzen	Abstand der Spitzen in Millimetern	Intensität des Stromes	des Lichtes
Kohle mit Borax und Schwefel-	1,5	67,6	1171,3
säure	5,0	60,9	165,4
Kohle mit Borax	7,5	46,0	205,4
Kohle mit Schwefelnatron	6,5	36,7	236,6
		44,3	400,0
	7,5	36,7	177,7
		46,0	234,5
		56,8	460,8
	8,5	36,7	221,4
		51,1	332,5

In der Technik ist, soviel uns bekannt, das Tränken der Kohlen nur wenig oder gar nicht angewendet worden.

Aus den Messungen von Casselmann geht zugleich hervor, welch' bedeutenden Einfluss die Länge des Bogens auf die Lichtstärke ausübt. Dieselbe geht beinahe stets dahin, dass mit wachsender Bogenlänge die Lichtstärke abnimmt; es ist auch oft recht deutlich zu bemerken, dass das Licht um so „wässriger" wird, je weiter sich die Kohlen von einander entfernen. Durchweg ist dies jedoch nicht der Fall; nimmt man die Bogenlänge äusserst klein, so ist auch dies unvortheilhaft; die Bogenlänge, bei welcher die Lichtstärke ein Maximum wird, ist allerdings klein im Verhältniss zu der überhaupt erreichbaren Bogenlänge, sie ist aber nicht die möglichst kleinste.

Aus den Messungen von Casselmann geht ferner hervor, wie stark die Lichtstärke zunimmt bei wachsendem Strom. Dass die Lichtstärke in stärkerem Verhältniss zunimmt, als der Strom, zeigen auch namentlich Messungen an dem mit Maschinen erzeugten Kohlenlicht. Der mathematische Ausdruck, welcher die Beziehung zwischen Lichtstärke und Strom gibt, ist noch nicht festgestellt; Messungen dieser Art sind schwierig auszuführen wegen der grossen Veränderlichkeit, welche namentlich das ganz starke Kohlenlicht zeigt. Das Arbeiten der Maschine, das Arbeiten der elektrischen Lampe, die Beschaffenheit der Kohlen, ihre Stellung, die Art der Höhlung in der positiven Kohle — alle diese Umstände haben bedeutenden Einfluss auf die Stärke des Lichtes. Daraus aber, dass die Lichtstärke viel rascher zunimmt, als der Strom, lässt sich vermuthen, dass die Anwendung der stärksten

Ströme zur Erzeugung von elektrischem Licht zugleich die ökonomischste Verwandlung von Elektricität in Licht sei.

Die elektrische Natur des galvanischen Flammenbogens ist noch keineswegs klargelegt; mehrere Umstände machen es wahrscheinlich, dass das elektrische Licht sich ähnlich verhält wie eine galvanische Zersetzungszelle, deren später zu beschreibendes Verhalten wir hier als bekannt voraussetzen müssen.

Zunächst bedarf das elektrische Licht zu seiner Entstehung einer gewissen elektromotorischen Kraft; ist dieselbe nicht vorhanden, so kann man den Strom beliebig verstärken durch Verkleinerung des Widerstandes, ohne Licht zu erhalten. Ebenso bedarf eine Zersetzungszelle einer bestimmten elektromotorischen Kraft, die stark genug ist, um die Polarisation in der Zelle zu überwinden. Ferner ist der Transport der Theilchen von einer Kohle zur andern ein Vorgang, der mit Ausnahme von besonderen Fällen auch in jeder Zersetzungszelle auftritt.

Edlund hat über diesen Gegenstand Messungen angestellt und gefunden, dass für den Bereich der von ihm angewendeten Ströme — seine stärkste Batterie bestand aus 79 Bunsen'schen Elementen — der Lichtbogen sich ebenso verhält wie eine galvanische Zersetzungszelle.

Nach Edlund besitzt der Lichtbogen eine elektromotorische Kraft, welche derjenigen der Batterie entgegenwirkt und stets kleiner ist als jene — ähnlich der Polarisation in der Zersetzungszelle. Diese elektromotorische Kraft ist bei Anwendung von schwächeren Batterien abhängig von der elektromotorischen Kraft der Batterie und dem Strom; sie wächst, je stärker Batterie und Strom werden, erreicht aber bald ein Maximum, das sie nicht mehr überschreitet. Bei starken Strömen ist also die elektromotorische Kraft des Lichtbogens eine constante Grösse, unabhängig von Batterie und Strom; dieselbe mag bei den von Edlund angewandten Batterien auf 10 bis 20 Bunsen veranschlagt werden.

Dieselbe elektromotorische Gegenkraft kann man sich auch ersetzt denken durch einen Widerstand, der auf den Strom dieselbe Schwächung ausübt, wie erstere; dieser fingirte Widerstand ist aber dann nicht mehr unabhängig vom Strom, sondern demselben umgekehrt proportional. Dies zeigt auch folgende Rechnung:

Wenn E die elektromotorische Kraft der Säule, J der Strom, W der Widerstand im Kreise mit Ausnahme desjenigen des Lichtbogens, L der Widerstand des Lichtbogens, ferner D die elektromotorische Gegenkraft des Lichtbogens, U der statt derselben eingeführte Widerstand, welcher auf den Strom dieselbe Schwächung ausübt, wie jene, so ist

§. 5, VIII., IX. Wirkungen des Stromes; A. Wärmewirkungen. 123

$$J = \frac{E-D}{W+L} = \frac{E}{W+L+U};$$

hieraus folgt

$$W + L + U = \frac{E}{E-D}$$
$$W + L$$

und daraus wieder, wenn von beiden Seiten 1 abgezogen wird,

$$\frac{U}{W+L} = \frac{D}{E-D} \quad \text{oder} \quad U = (W+L)\frac{D}{E-D};$$

nun ist aber

$$W + L = \frac{E-D}{J}, \quad \text{also hat man}$$

$$U = \frac{D}{J}.$$

Nun geht aus Edlund's Versuchen hervor, dass bei stärkeren Strömen die Gegenkraft D eine constante Grösse ist; es muss also bei diesen Strömen der D ersetzende Widerstand umgekehrt proportional dem Strome sein.

Der eigentliche Widerstand (L) des Lichtbogens ist nicht bedeutend im Verhältniss zu demjenigen, welchen, gleichsam, die elektromotorische Gegenkraft dem Strom entgegensetzt. Bei Edlund's Versuchen betrug derselbe, bei der grössten Bogenlänge, etwa ⅓ von dem Widerstand (U), der an Stelle der Gegenkraft gedacht wird, in Einheiten ausgedrückt, etwa 0,5 S. E. Dieser Widerstand ist proportional der Bogenlänge, ähnlich dem Widerstand eines Drahtes, und, bei gleicher Bogenlänge, abhängig vom Strom, und zwar nimmt er mit wachsendem Strom ab.

Bei ganz starken Lichtbogen, wie sie durch Maschinen erzeugt werden, sind noch keine ähnlichen Versuche angestellt worden, wie diejenigen von Edlund am Batterielicht; seine Resultate gelten jedoch wahrscheinlich auch für jene.

IX. **Elektrische Lampe.** In den letzten 30 Jahren sind viele sogenannte elektrische Lampen construirt worden, d. h. Apparate, welche ohne Beihülfe die Kohlen von selbst stets in gleicher Entfernung von einander halten; ohne einen solchen Apparat bedarf das elektrische Licht wegen der raschen Verzehrung der Kohlen unausgesetzten Regulirens. Wir besprechen hier nur die jüngste dieser Constructionen, diejenige von v. Hefner-Alteneck (Siemens & Halske) welche sich vor den älteren namentlich dadurch auszeichnet, dass sie bereits mit geringer Batterie (12 Bunsen'schen Elementen) constantes Licht giebt und ohne bedeutende Veränderung zugleich für starkes Maschinenlicht benutzt werden kann.

124   Wirkungen des Stromes; A. Wärmewirkungen.   §. 5, IX.

Fig. 71.   Fig. 72.

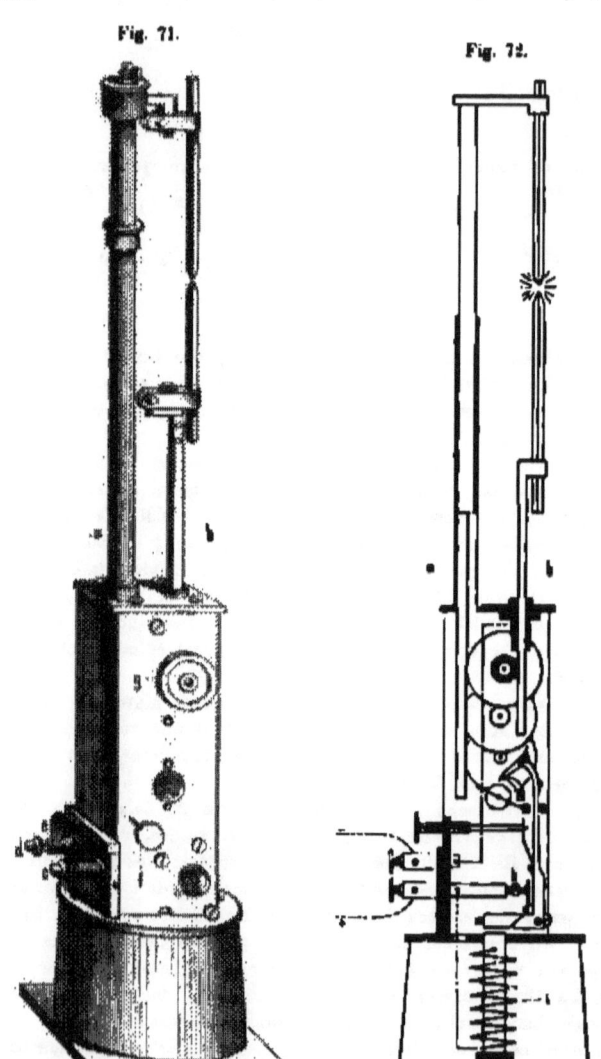

Fig. 71 zeigt eine Seitenansicht, Fig. 72 einen schematisch angeordneten Durchschnitt dieser Lampe. a und b sind die Kohlenhalter, a derjenige der positiven, b derjenige der negativen Kohle, beide in Zahnstangen auslaufend, die an zwei auf derselben Axe befestigten Zahnräder angreifen. Die Umfänge dieser Räder verhalten sich wie 8 : 5, d. h. wie die Verzehrungsgrössen der beiden Kohlen; die Bewegung der beiden Kohlen gegen einander findet daher stets im Verhältniss zu ihrer Verzehrung statt, der Flammenbogen muss daher an derselben Stelle bleiben. An die in die Zahnstangen von a und b eingreifenden Zahnräder schliesst sich eine Reihe ineinandergreifender Zahnräder an, welche in einem stählernen Sperrrad mit schiefen Zähnen endigt, auf dessen Axe ein, in Fig. 71 durch einen Strich angedeuteter Windfang lose, jedoch mit einer gewissen Reibung aufgesteckt ist. Nun ist der Kohlenhalter a bedeutend schwerer als b; wenn daher keine andere Kraft wirkt, so setzt das Uebergewicht von a das System von Zahnrädern in Bewegung, indem hierbei b in die Höhe getrieben wird, so lange bis beide Kohlen auf einander festsitzen. Die Gegenkraft, welche die Kohlen wieder auseinander treibt, wird ausgeübt von einer Art magnetischer Maschine, die nach dem Prinzip des später zu beschreibenden Neef'schen Hammers gebaut ist. In das oben erwähnte Sperrrad kann eine an einem langen Winkelhebel befestigte Sperrklinke eingreifen; die Axe des Winkelhebels liegt (Fig. 72) rechts unten in der Ecke des viereckigen Kastens. Der andere, horizontal sich erstreckende Arm des Winkelhebels trägt am Ende ein Stück Eisen, welches für den darunter befindlichen Elektromagnet i als beweglicher Anker dient; man sieht aus der Figur, dass, wenn dieser Anker angezogen wird, die fest mit demselben verbundene Sperrklinke in das Sperrrad eingreift und so die Bewegung der beiden Kohlenhalter hemmt. Der Arm der Sperrklinke trägt ferner eine Feder aus Stahlblech, welche gegen eine nach Aussen geführte Schraube (s in Fig. 71) drückt und welche die Tendenz hat, den Winkelhebel aus der Stellung bei angezogenem Anker in diejenige bei abgefallenem Anker zurückzuführen; die Kraft dieser Feder lässt sich mittelst Verstellung der Schraube reguliren.

An dem randrirten Kopf mit Zeiger f, Fig. 71, sitzt die Auslösung des Räderwerkes; dreht man den Kopf nach links, so tritt dasselbe in Thätigkeit.

An dem randrirten Kopf g sitzt das kleine Zahnrad, welches in die Zahnstange von b eingreift, und ein in der Zeichnung nicht ersichtliches Kuppelrad, welches dasselbe mit dem ersten grösseren, auf derselben Axe sitzenden, Zahnrad in Verbindung setzt. Drückt man g

nach Innen, so wird diese Kuppelung gelöst und man kann alsdann vermittelst Drehung an g den Kohlenhalter b beliebig bewegen; dreht man im Sinne des Uhrzeigers an g, ohne nach Innen zu drücken, und löst zugleich das Werk aus, so gehen die Kohlen auseinander.

Der Stromlauf ist folgender: Von d, der Klemme, an welche der negative Pol gebracht wird, führt ein, durch eine punctirte Linie angedeuteter Draht nach der Hülse des Kohlenhalters b; diese Hülse ist gegen die Deckplatte des Kastens, in welcher dieselbe sitzt, durch Horngummi isolirt, ebenso die Zahnstange von b gegen das Räderwerk (die Isolirungen sind durch schwarze Flächen bezeichnet). Von b geht die Leitung durch das Licht zu a, von da an den Kasten oder den Körper, der in leitender Verbindung mit sämmtlichen Theilen des Apparates steht, mit Ausnahme von b und den beiden Klemmen c und d. Die Windungen des Elektromagnetes gehen isolirt von e, der positiven Klemme, aus, ihr Ende liegt ebenfalls am Körper; der Strom kann also vom Körper aus durch diese Windungen nach e übergehen, oder aber direct durch den Nebenschluss h. An dem Arm der Sperrklinke, in der Nähe der Axe, ist nämlich eine kleine Feder mit Contactstelle angebracht, welche gegen die Klemme e (+) drückt, wenn der Anker angezogen ist und die Klinke in das Sperrrad greift. Man sieht, dass, wenn der Elektromagnet durch den Strom in Thätigkeit versetzt und der Anker angezogen wird, die Sperrklinke das Sperrrad zurückstösst, die Kohlen also etwas auseinander treibt; zugleich aber wird der Nebenschluss h geschlossen, der Strom geht nicht mehr durch die Windungen des Elektromagnets, der Anker fällt ab und die Klinke verlässt das Sperrad; hierdurch wird aber die Verbindung bei h gelöst, der Strom tritt wieder in die Windungen, der Anker wird angezogen, die Kohlen werden etwas auseinander getrieben u. s. w. Wenn also ein Strom von gewisser Stärke vorhanden ist, so arbeitet diese magnetische Maschine stets dem Zusammenlaufen der Kohlen entgegen und vermindert entweder dasselbe oder treibt die Kohlen sogar auseinander; diese Maschine tritt aber nur in Wirksamkeit, wenn der Strom so stark ist, dass die Anziehung des Ankers die Kraft der auf die Schraube s drückenden Feder überwiegt.

Nun ist das Spiel der Lampe leicht zu übersehen. Anfangs löst man an f das Werk aus und lässt die Kohlen zusammenlaufen; hierdurch wird der Strom kurz geschlossen, der Elektromagnet fängt an zu arbeiten und treibt die Kohlen auseinander; es entsteht ein Flammenbogen, dessen Länge durch die Thätigkeit der Elektromagneten immer grösser wird. Je länger aber der Lichtbogen, desto schwächer der Strom;

§. 5, IX., X. Wirkungen des Stromes; A. Wärmewirkungen. 127

schliesslich ist derselbe so schwach, dass der Anker, wenn angezogen, die Spannung der Feder nicht mehr überwinden kann und der Elektromagnet zu arbeiten aufhört. Hierdurch aber wird der Wirkung des Gewichtes des Kohlenhalters a freies Spiel gelassen, die Kohlen laufen zusammen; der Strom wird aber dadurch wieder stärker und der Elektromagnet treibt die Kohlen wieder auseinander, bis zu jenem Punkte, wo er die Kraft der Feder nicht mehr überwindet. Wird der Lichtbogen aus irgend einem Grunde, durch Verzehrung der Kohlen namentlich, grösser oder erlischt gar, so laufen die Kohlen durch die Thätigkeit des Werks zusammen und verringern die Bogenlänge, bez. stecken das Licht wieder an. So wird der Lichtbogen durch die gegen einander treibenden Kräfte des Werkes und des Elektromagneten stets auf einer gewissen Länge erhalten, welche der Spannung der Abreissfeder am Anker entspricht und mittelst derselben beliebig eingestellt werden kann.

Denselben Zweck, wie die Abreissfeder, aber in weit stärkerem Masse, erfüllt eine nach Aussen führende Schraube mit rundem Kopf (Ecke des viereckigen Kastens unten rechts, Fig. 71), welche durch den Anker geht. Zieht man dieselbe an, so wird die Entfernung des Ankers vom Elektromagnet grösser, lässt man dieselbe nach, so wird die Entfernung kleiner; die Vergrösserung bez. Verkleinerung dieser Entfernung hat aber einen ähnlichen Erfolg, wie das Spannen bez. Nachlassen der Abreissfeder.

X. **Elektrisches Ei und Geissler'sche Röhren.** Der elektrische Funke verändert sich, wenn derselbe im luftverdünnten Raum erzeugt wird. Um solche Versuche anzustellen, verwendete man früher das sogenannte elektrische Ei, heutzutage sind meist die sogenannten Geissler'schen Röhren an dessen Stelle getreten.

Das elektrische Ei besteht in einer Glasglocke irgend welcher Form, welche sich mit der Luftpumpe in Verbindung bringen und auspumpen lässt und welche zwei Stopfbüchsen besitzt, in welchen zwei Messingdrähte verschiebbar sind; an diese Drähte lassen sich dann Elektroden verschiedener Art, Kohlen, Metallspitzen, Metallkugeln u. s. w. ansetzen.

Geissler'sche Röhren (Fig. 73) nennt man irgendwie geformte Röhren von dünnem Glase, an deren Enden zwei Platindrähte eingeschmolzen sind, und welche mit irgend einem Gase in sehr verdünntem Zustande gefüllt sind. Da das Platin sich nur schwer verflüchtigen lässt, enthält der elektrische Funken in diesen Röhren beinahe nur das Licht des glühenden Gases, und es dienen daher diese Röhren namentlich dazu, um dieses Licht unter verschiedenem Druck zu untersuchen. Der Unterschied zwischen dem elektrischen Ei und den Geissler'schen

Röhren besteht darin, dass die letzteren fertige, geschlossene Apparate sind, an denen sich nichts ändern lässt, während man im ersteren die Natur der Elektroden und den Druck des Gases verändern und verschiedene Gase einfüllen kann.

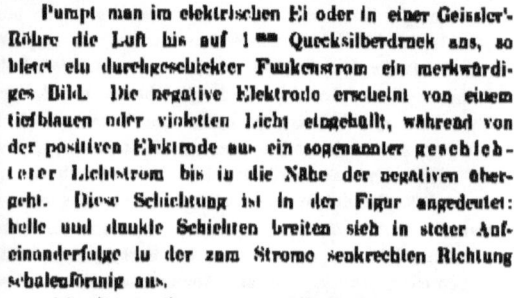

Fig. 73.

Pumpt man im elektrischen Ei oder in einer Geissler'- Röhre die Luft bis auf 1 ᵐᵐ Quecksilberdruck aus, so bietet ein durchgeschickter Funkenstrom ein merkwürdiges Bild. Die negative Elektrode erscheint von einem tiefblauen oder violetten Licht eingehüllt, während von der positiven Elektrode aus ein sogenannter geschichteter Lichtstrom bis in die Nähe der negativen übergeht. Diese Schichtung ist in der Figur angedeutet: helle und dunkle Schichten breiten sich in steter Aufeinanderfolge in der zum Strome senkrechten Richtung schalenförmig aus.

Die Beschreibung der merkwürdigen Thatsachen, welche die Untersuchung dieser Lichterscheinungen in den einzelnen Gasen bei verschiedenem Druck und verschiedener Temperatur ergeben hat, gehört nicht hierher; wir wollen nur noch erwähnen, dass im Allgemeinen der elektrische Funke um so leichter überspringt, je verdünnter die Luft oder das Gas ist, dass aber über eine gewisse starke Verdünnung hinaus der Widerstand der Gase gegen den Durchgang der Elektricität wieder stärker wird, und bei völliger Luftleere die Elektricität nicht mehr übergeht.

XI. **Die Peltier'sche Erscheinung.** Peltier entdeckte eine Wärmewirkung des Stromes, welche an den Stellen stattfindet, an welchen verschiedene Metalle aneinander stossen.

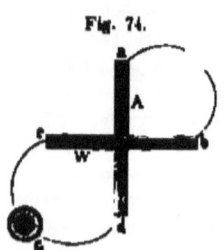

Fig. 74.

In dem sogenannten Peltier'schen Kreuz (Fig. 74) sind ein Antimonstab A und ein Wismuthstab W kreuzförmig mit einander verlöthet; mit zwei beliebigen Enden desselben, z. B. a, b, wird ein kräftiges Bunsen'sches Element verbunden, mit den beiden anderen Enden, c, d, ein für Beobachtung von Thermoströmen geeignetes Galvanometer G. Sowie man den Strom des Elementes schliesst, so erfolgt ein Ausschlag am Galvanometer; wenn die Richtung des Ausschlags am Galvanometer z. B. einer Erwärmung der Kreuzungsstelle entspricht, so erhält man einen, einer Erkaltung der Kreuzungsstelle entsprechenden Ausschlag, wenn man den Strom des Elementes umkehrt. Diese Erwärmungen bez. Erkältungen lassen sich auch direct an der Löthstelle nachweisen.

Dieselben gehorchen folgendem Gesetz: die thermoelektromotorische Kraft der durch den Strom erwärmten, bez. erkälteten Löthstellen ist stets derjenigen des Stromes entgegengesetzt gerichtet. Es sei in dem Schliessungskreise einer Batterie eine Reihe verschiedener Metalle eingeschaltet; nach S. 51 würde jede Erwärmung bez. Erkältung einer Löthstelle einen Thermostrom in einer bestimmten Richtung hervorrufen; die durch die Batterie hervorgerufenen Erwärmungen bez. Erkältungen sind nun stets der Art, dass die durch dieselben entstehenden Thermoströme dem Strom der Batterie entgegengesetzt gerichtet sind.

Ferner ist die Erwärmung bez. Erkältung der Löthstellen durch den Strom proportional der Stromstärke.

An den Löthstellen der gewöhnlich in galvanischen Schliessungskreisen vorkommenden Metallen, wie Kupfer, Neusilber, Eisen u. s. w. ist die Wärmeentwicklung bez. Wärmebindung nur gering; bei feinen Messinstrumenten jedoch müssen dieselben berücksichtigt werden.

B. Mechanische Wirkungen auf den vom Strom durchflossenen Leiter.

Die mechanischen Veränderungen, welche in Leitern auftreten, die von galvanischen Strömen durchflossen werden, sind sehr mannichfaltiger Natur; man hat aber wohl zu unterscheiden zwischen primären mechanischen Wirkungen und secundären. Primäre oder eigentliche mechanische Wirkungen dürfen nur diejenigen genannt werden, bei welchen der Durchgang der Elektricität direct eine mechanische Veränderung hervorbringt; secundäre dagegen sind diejenigen mechanischen Wirkungen des Stromes, welche erst die Folge von anderen Stromwirkungen, namentlich den Wärmewirkungen, sind. Wenn man z. B. einen Draht an seinen Enden festklemmt und einen starken Strom hindurchleitet, so nimmt die Spannung des Drahtes ab; diese mechanische Einwirkung des Stromes auf den Draht ist aber eine bloss secundäre, weil dieselbe eine Folge der durch den Strom hervorgerufenen Erwärmung ist. Bei mehreren hieher gehörigen Erscheinungen ist es noch nicht entschieden, ob sie zu den primären oder secundären mechanischen Wirkungen gehören.

XII. **Mechanische Wirkungen galvanischer Ströme.** Wenn man längere Zeit Ströme durch einen Kupferdraht schickt, so wird derselbe spröd und brüchig. Inwiefern jedoch hierbei Erschütterungen und Temperaturveränderungen mitwirken, ist nicht bekannt.

Die Elasticität von Kupfer- und Stahldrähten wird durch das Hindurchleiten eines Stromes vermindert. Die Erwärmung der Drähte durch den Strom hat allerdings auch eine Verminderung der Elasticität zur Folge; es ist aber erwiesen, dass der Strom für sich in demselben Sinne wirkt.

Bei dem Glühen und Schmelzen von Drähten durch elektrische Ströme werden stets auch mechanische Wirkungen beobachtet. Spannt man einen kurzen, dünnen Draht an den Enden fest und leitet einen Strom hindurch, dessen Intensität man allmählig steigert, so beobachtet man Folgendes: bereits vor dem Glühen krümmt sich der Draht — eine Folge der Wärme —; bei heller Rothgluth biegt sich der Draht völlig auf die Seite, bei Weissgluth reisst er an einer Stelle mit einem gewissen Geräusch ab, die Enden der beiden Stücke werden zugleich in Kugeln geschmolzen, die beiden Stücke werden mit einer gewissen Heftigkeit auf die Seite geschleudert. In diesen Vorgängen, welche auch bei dem Glühen und Schmelzen von Drähten durch den Entladungsschlag einer Batterie von Leydner Flaschen auftreten, sind Wärmewirkungen und mechanische Wirkungen des Stromes gemischt.

Wie wir bei Betrachtung des elektrischen Flammenbogens gesehen haben, findet, namentlich bei Anwendung von Kohlen, ein Transport von Theilchen von Elektrode zu Elektrode statt. Wenn man den Flammenbogen wie eine galvanische Zersetzungszelle zu betrachten hat, so ist diese Erscheinung analog dem Transport von Metallen in der Zersetzungszelle, also als secundäre mechanische Wirkung aufzufassen; wenn auch die Analogie mit der Zersetzungszelle sich nicht bewähren sollte, so ist dennoch dieser Transport kaum als eine primäre mechanische Wirkung anzusehen.

Interessant sind die Bewegungserscheinungen, welche scheinbar eine Beziehung zwischen dem elektrischen Strom und der Capillarität herstellen. Wenn man in einer Glasröhre Schichten von Quecksilber und Säuren oder Salzlösungen neben oder über einander bringt und durch das Ganze einen Strom gehen lässt, so beobachtet man Bewegungen, welche direct durch den Strom hervorgerufen erscheinen; diese Bewegungen sind um so stärker, je dünner die Röhre, je stärkere Krümmung also die Trennungsfläche am Quecksilber besitzt oder je grösser die Wirkung der Capillarkräfte auf diese Fläche ist.

Bringt man in ein U-förmiges Rohr, das einen weiten und einen engen Schenkel besitzt, Quecksilber und giesst über dasselbe in dem engen Schenkel verdünnte Säure, steckt ferner einen Platindraht in das Quecksilber, einen anderen in die Säure und leitet einen Strom hindurch, so steigt oder fällt das Quecksilber in dem engen Schenkel, je nach der Stromesrichtung, und zwar um so mehr, je stärker der Strom und je enger die Röhre ist; beim Steigen des Quecksilbers dringt zugleich eine dünne Schicht Säure zwischen das Quecksilber und die Wand des Rohres.

Sind beide Schenkel des Rohres weit, unten mit Quecksilber, oben mit verdünnter Säure gefüllt, so bleibt beim Hindurchleiten des Stromes eine Oberfläche des Quecksilbers blank, die andere dagegen wird flacher und oxydirt sich; durch intermittirende Ströme kann man die letztere Oberfläche in Schwingungen versetzen.

Aehnliche mechanische Wirkungen lassen sich jedoch, ohne Anwendung des elektrischen Stromes, auf chemischem Wege erzielen, wenn man die Desoxydation der Quecksilberoberfläche z. B. durch Einführen eines Krystalls von unterschwefligsaurem Natron, die Oxydation derselben z. B. durch Hinzufügen von Chromsäure hervorbringt. Die Ursache jener mechanischen Wirkungen liegt also nicht im elektrischen Strom, sondern in der Oxydation, bez. Desoxydation der Quecksilberoberfläche; auf welche Weise diese genannten chemischen Veränderungen hervorgebracht werden, ist gleichgültig — das bequemste Mittel ist allerdings der elektrische Strom; jedenfalls aber sind jene mechanischen Wirkungen des Stromes nur secundär.

Eine fernere mechanische Wirkung des Stromes ist die sog. **elektrische Endosmose**. Legt man in die Biegung eines U-förmigen Rohres einen porösen Körper, Thon, Watte, Sand u. s. w., füllt dasselbe mit reinem Wasser und leitet einen Strom hindurch, so entsteht eine Bewegung des Wassers durch den porösen Körper hindurch, das Wasser sinkt in dem einen und steigt in dem anderen Schenkel der Röhre. Auch diese mechanische Wirkung ist wahrscheinlich nur secundär.

Diese letztere Erscheinung lässt sich auch, wie man sich ausdrückt, „umkehren", d. h. wenn man das Wasser mit mechanischen Mitteln durch den Thon hindurchpresst, so wird in dem Wasser zugleich ein elektrischer Strom erzeugt; dies sind die sog. **Diaphragmenströme**. Die eigentliche Ursache der Entstehung dieser Ströme lässt sich jedoch noch nicht mit Sicherheit angeben.

XIII. **Mechanische Wirkungen von Strömen der Reibungselektricität.** Die stärksten Ströme der Reibungselektricität, d. h. der Elektricität von hoher Dichte, aber geringer Menge, sind, wie wir später bei der atmosphärischen Elektricität sehen werden, die **Blitze**. Die

Wärmewirkungen sowohl, als die mechanischen Wirkungen derselben, sind bekanntlich kolossal im Verhältniss zu ähnlichen in Laboratorien hervorgebrachten Wirkungen. Die Wärmewirkungen der Blitze unterscheiden sich principiell nicht von derjenigen der künstlichen elektrischen Ströme: der Blitz entzündet brennbare Körper, wie namentlich Holz, und schmelzt die der Schmelzung fähigen, wie namentlich die Metalle. Die mechanischen Wirkungen der Blitze jedoch sind für diese beinahe eigenthümlich; wenn wir auch bei Entladungen grosser Batterien ähnliche Wirkungen erzielen können, so lassen dieselben durch ihre Kleinheit die denselben zukommenden Eigenthümlichkeiten bei Weitem nicht so deutlich erkennen, wie die Blitze.

An Metallen und Steinen zeigt sich die mechanische Wirkung des Blitzes in Verbiegungen und Zersprengungen. Metallstücke, welche der Blitz nicht schmelzt, erleiden oft starke Krümmungen. Steine dagegen werden oft mit ungeheurer Kraft fortgeschleudert; es kommt sogar vor, dass grosse Felsstücke aus der Erde gerissen und weithin geworfen werden; auch eine starke Mauer wurde einst um eine bedeutende Strecke von ihrem ursprünglichen Standort weg versetzt. Holz wird, wenn nicht angezündet, zersplittert, wie ja sehr häufig wahrgenommen wird; hierbei tritt nicht selten eine Zerschlitzung des Holzes, der Länge nach, in dünne Latten und Fasern auf; das zerspaltene Holz ist stark ausgetrocknet; der gewöhnliche Weg des Blitzes in einem grünen Baume ist zwischen Holz und Rinde, wobei die letztere zerrissen oder abgeworfen wird.

Merkwürdig sind die sog. kalten Schläge, d. h. Blitzschläge, welche brennbare Gegenstände getroffen haben, ohne dieselben zu entzünden; es werden z. B. alte, trockene Bäume vom Blitze entzündet, junge vollsaftige dagegen oft nur aufgeschlitzt. Diese Fälle lassen sich experimentell nachahmen; man kann den Funken einer Leydener Batterie durch leicht entzündliche Körper gehen lassen, ohne dass eine Zündung erfolgt, — hierbei muss jedoch der Schliessungskreis aus guten Leitern zusammengesetzt sein; sowie man eine nasse Schnur, also hohen Widerstand, in den Kreis einschaltet, erfolgt die Zündung sicher. In ähnlicher Weise wird trockenes Holz leichter entzündet, als saftiges, nicht weil es leichter brennt, sondern weil es schlechter leitet und dem Blitz mehr Widerstand darbietet.

C. Physiologische Wirkungen.

XIV. Der elektrische Strom übt auf den menschlichen und thierischen Körper Wirkungen aus. Es ist bekannt, dass Menschen und Thiere sowohl durch Blitze, als durch die Entladungen grosser Batterien betäubt und getödtet werden können, und zwar hinterlässt ein solcher elektrischer Schlag beinahe keine Spuren; diese Wirkung besteht in einer directen Erregung der Gefühlsnerven beim Durchgang der Elektricität, welche bei grossen elektrischen Kräften verderblich werden kann.

Die physiologische Wirkung des Stromes wird sowohl bei galvanischen Strömen, als bei Strömen der Reibungselektricität beobachtet; die elektromotorische Kraft sowohl, als die Intensität des Stromes haben Einfluss auf die Wirkung. Früher wurden zu medicinischen Zwecken alternirende Magnetinductionsströme verwendet, welche ihrem Charakter nach zwischen den galvanischen Strömen und denjenigen der Reibungselektricität stehen, indem sie ziemlich hohe Dichte mit nicht zu geringer Intensität vereinigen. In neuester Zeit scheint man den sog. constanten Strom vorzuziehen, d. h. den steten Durchgang des Stromes einer Batterie von 20 bis 60 Elementen durch die betreffende Körperstelle.

Die verschiedenen Theile des menschlichen Körpers sind verschieden empfindlich, am empfindlichsten ist die Zunge; wenn beide Poldrähte auf dieselbe gelegt werden, lassen sich recht schwache Ströme noch wahrnehmen. Benetzt man die beiden Poldrähte und fasst dieselben mit den Fingern an, so lassen sich Batterien von 20 bis 30 Elementen noch deutlich empfinden. Für den praktischen Telegraphen-Ingenieur ist diese Eigenschaft nicht unwichtig, indem er oft mit seinen benetzten Fingern einen Fehler in der Schaltung oder in der Batterie viel rascher auffinden kann, als durch Anwendung von Galvanoskopen.

D. Chemische Wirkungen.

Kurze Zeit nach der Entdeckung der Volta'schen Säule fand man, dass der elektrische Strom die Eigenschaft habe, zusammengesetzte Körper zu zersetzen, oder aus chemischen Verbindungen die Elementarkörper abzuscheiden. Diese wichtige Eigenschaft wurde sofort in ausgedehntem Maase von den Chemikern benutzt, um das Verhalten der chemisch einfachen sowohl, als der zusammengesetzten Körper gegenüber dem elektrischen Strom zu studiren und hieraus auf die Natur der chemischen Verbindungen Schlüsse zu ziehen; ferner wurde aber auch der Strom dazu benutzt, um chemische Trennungen zu vollziehen, welche auf keine andere Weise gelingen wollten. Später wurde dieselbe Eigenschaft des Stromes in der Technik verwendet, und es entwickelte sich hieraus der heutzutage immer mehr sich ausdehnende Industriezweig der Galvanoplastik, d. h. der Kunst, beliebig geformte Gegenstände mit einer metallischen Schicht zu überziehen.

XV. Zersetzung durch den Strom. Alle chemischen Verbindungen, welche den Strom leiten, werden durch denselben zersetzt; man nennt diese Körper Elektrolyte. Man nennt ferner die Drähte oder Bleche, welche den Strom in den Elektrolyt einführen, Elektroden, und zwar positive Elektrode oder Anode die mit dem positiven Batteriepol, negative Elektrode oder Kathode die mit dem negativen Batteriepol verbundene. Der Theil des Elektrolytes, der sich an der positiven Elektrode ausscheidet, heisst der elektronegative, derjenige, welcher sich an der negativen Elektrode ausscheidet, der elektropositive Bestandtheil des Elektrolyts.

Auf den ersten Blick scheint nichts einfacher als die Aufgabe, die elektrische Natur der Bestandtheile eines Elektrolyten zu finden; nach dem allgemeinen Gesetz, dass entgegengesetzte Elektricitäten sich anziehen, müssen an jeder Elektrode stets die ungleichnamig elektrischen Bestandtheile des Elektrolyts auftreten. In Wirklichkeit gibt es jedoch nur wenige Fälle, wo diese Scheidung genau so erfolgt, wie sie nach jenem Gesetz erfolgen müsste; in den meisten Fällen erhält man andere, als die zu erwartenden Producte, und zwar hauptsächlich aus dem Grunde, weil jeder durch den Strom ausgeschiedene Körper wieder chemisch auf die ihn umgebenden Körper, die Elektroden, den Elektrolyt und die übrigen ausgeschiedenen Körper einwirkt. Die Producte dieser chemischen Wirkung der ausgeschiedenen Körper nennt man secundäre Zersetzungsproducte, während die bloss durch die Wirkung des Stromes ausgeschiedenen primäre heissen.

Zu diesen chemischen Wirkungen der ausgeschiedenen Körper treten noch gewisse mechanische Vorgänge hinzu, welche die Erscheinung noch mehr verwirren können. Wir werden im Folgenden zuerst das Gesetzmässige der einzelnen Wirkungen beschreiben und dann erst einige der wirklichen Erscheinungen durchgehen.

XVI. Elektrochemische Reihe; Metallfällungen. Wenn eine Lösung, welche verschiedene chemische Verbindungen enthält, dem Einfluss des Stromes unterworfen wird, so fragt sich vor Allem, welche Körper an der einen und welche an der anderen Elektrode ausgeschieden werden.

Eine genaue und sichere Regel zur Beantwortung dieser Frage existirt nicht, namentlich desshalb, weil die meisten der hierüber anzustellenden Versuche keine reinen Resultate geben, sondern solche, die durch die oben erwähnten secundären, rein chemischen Einflüsse getrübt sind. Ueberdies gibt es eine Anzahl sehr kräftiger Verbindungen, welche durch den Strom nur eine theilweise Zersetzung erleiden.

Im Allgemeinen jedoch kann man sich vorstellen, als ob jedes chemische Element einen gewissen elektrischen Charakter im Verhältniss zu den übrigen Elementen besitze, welcher sich in ähnlicher Weise kundgibt, wie derjenige der Metalle in der Spannungsreihe. Es lässt sich nämlich eine sog. elektrochemische Reihe aufstellen, welche mit dem elektronegativsten Körper beginnt und mit dem elektropositivsten schliesst und welche die Art des Niederschlages der Körper in ähnlicher Weise bestimmt, wie die Spannungsreihe die Elektrisirung der Metalle beim Volta'schen Fundamentalversuch. Ist nämlich eine Verbindung zweier Körper gegeben, welche sich durch den Strom zersetzen lässt, und wünscht man zu wissen, welcher von den beiden Körpern an der positiven, welcher an der negativen Elektrode abgeschieden wird, so hat man nur ihre Stellung in der elektrischen Reihe zu beachten: der in derselben nach der negativen Seite hin belegene Körper wird an der positiven, der nach der positiven Seite zu belegene an der negativen Elektrode niedergeschlagen. Die folgende elektrochemische Reihe ist von Berzelius aufgestellt:

Sauerstoff	Molybdaen	Iridium	Nickel
Schwefel	Wolfram	Platin	Eisen
Selen	Bor	Rhodium	Zink
Stickstoff	Kohlenstoff	Palladium	Mangan
Fluor	Antimon	Quecksilber	Uran
Chlor	Tellur	Silber	Aluminium
Brom	Tantal	Kupfer	Magnesium
Jod	Titan	Wismuth	Calcium
Phosphor	Silicium	Zinn	Strontium
Arsen	Wasserstoff	Blei	Baryum
Chrom	Gold	Cadmium	Natrium
Vanadin	Osmium	Cobalt	Kalium

Man wird bemerken, dass in dieser Reihe zuerst die sog. Metalloide, dann die Metalle folgen, und zwar von den letzteren zuerst die edlen Metalle, dann die unedlen und endlich die Erdalkali- und die Alkalimetalle. Wir wiederholen jedoch, dass diese Reihe nur im Allgemeinen richtig ist; ohne Zweifel bedarf sie im Einzelnen noch der Berichtigung.

Die Ordnung, in welcher die Metalle hier aufeinander folgen, bestimmt zugleich die Art der sog. Metallfällungen, oder des Niederschlagens von Metall aus einer Lösung durch ein anderes Metall.

Bildet man z. B. aus Eisen, Kupfervitriollösung und Kupfer ein Element, und schliesst dasselbe, indem man die Metalle ausserhalb der Flüssigkeit durch einen Draht verbindet, so wird, wie später gezeigt werden wird, Kupfer aus der Lösung am Kupfer niedergeschlagen und Eisen durch die freigewordene Säure aufgelöst. Würde man statt der beiden Metalle und des verbindenden Drahtes einen einzigen U-förmig gebogenen Eisenstab nehmen, den einen Schenkel verkupfern, den anderen dagegen blank lassen, und beide Schenkel in die Lösung stecken, so würde offenbar dasselbe stattfinden: das blanke Eisen würde aufgelöst und Kupfer am verkupferten Schenkel niedergeschlagen. Daher kommt es auch, dass, wenn man einen einzigen, nicht verkupferten Eisenstab in die Kupferlösung steckt, derselbe sich sofort mit Kupfer überzieht. Denn, denkt man sich im Anfang nur ein kleines Fleckchen des Stabes verkupfert, so wäre damit ein kleines Element Kupfer/Kupferlösung/Eisen gegeben und die Verkupferung würde um sich greifen; zu der Bildung über jenes ersten Fleckchen von Verkupferung bieten die unzähligen kleinen Ströme, welche sich beim Einstecken des Eisenstabes in die Flüssigkeit durch die Unreinigkeiten im Eisen und die ungleichmässige Concentration der Flüssigkeit bilden, Veranlassung genug.

Nimmt man umgekehrt eine Eisenlösung und steckt einen Kupferstab hinein, so wird sich derselbe nicht mit Eisen überziehen; denn, wenn auch eine Stelle sich mit Eisen überzieht, so würde in dem Element Eisen/Eisenlösung/Kupfer das Eisen wieder aufgelöst; allerdings müsste sich dafür an einer anderen Stelle des Kupfers ebensoviel Eisen niederschlagen, dieses würde aber aus demselben Grunde wieder aufgelöst u. s. w.; das ursprüngliche Fleckchen Eisen auf dem Kupfer kann sich nicht beliebig vermehren, wie oben das Fleckchen Kupfer auf dem Eisen.

Es folgt hieraus, dass von zwei Metallen immer das dem negativen Ende der Spannungsreihe näher stehende aus seiner Lösung durch das dem positiven Ende näher stehende gefällt werden müsste, oder, wenn wir uns kurz ausdrücken sollen, das **edlere Metall durch das unedlere**; es müsste ferner die obige elektrochemische Reihe im Bereich der Metalle übereinstimmen mit der Spannungsreihe. Eine Vergleichung beider Reihen lehrt, dass dies nur im Allgemeinen der Fall ist; die Differenz hängt mit den Ungenauigkeiten zusammen, mit welchen beide Reihen noch behaftet sind.

XVII. **Vorgänge im Elektrolyt.** Wenn ein Elektrolyt durch einen Strom zersetzt wird, so geschieht diese Zersetzung stets nur an den Elektroden; die Flüssigkeit, welche die Elektroden nicht

§. 5, XVII. Wirkungen des Stromes; D. Chemische Wirkungen. 137

berührt, bleibt unzersetzt. Um dies zu erklären, stellt man sich nach Grothuss die elektrischen Vorgänge innerhalb der Flüssigkeit folgendermassen vor:

Wenn z. B. Wasser zersetzt wird, wobei der Wasserstoff an der negativen, der Sauerstoff an der positiven Elektrode sich abscheidet, so denkt man sich die beiden Gase im freien Zustande, d. h. bevor sie sich zu Wasser vereinigt haben, als unelektrisch oder neutral; nach ihrer Vereinigung zu Wasser soll Elektricität frei werden, ähnlich wie nach der Volta'schen Vorstellung bei einer Kupfer-Zink-Platte, indem die Sauerstoffmoleküle negativ, die Wasserstoffmoleküle positiv elektrisch werden. Denkt man sich nun zwischen den beiden Elektroden eine geordnete Reihe von in angegebener Weise elektrisirten Wassermolekülen, so müssen, wie in Fig. 75 angedeutet, nach dem Gesetz der elektrischen Anziehung und Abstossung, alle Sauerstoffmoleküle sich nach der positiven Elektrode und alle Wasserstoffmoleküle nach der negativen Elektrode hin wenden. Sobald nun die elektrische Anziehung der positiven Elektrode auf das nächste Sauerstoffmolekül die chemische Bindekraft zwischen diesem letzteren und dem zugehörigen Wasserstoffmolekül überwiegt, so wird jenes Sauerstoffmolekül losgerissen und tritt als freies Gas an der Elektrode auf; dort gibt es seine freie negative Elektricität ab, neutralisirt damit eine entsprechende Quantität positiver Elektricität der Elektrode und wird wieder unelektrisch, wie im natürlichen Zustande. In ähnlicher Weise wird an der negativen Elektrode unelektrischer Wasserstoff frei. Man sieht, dass nach dieser Operation die Flüssigkeit in Summe ein Molekül Wasser verloren hat, und dass dieselbe immer noch gleichviel Moleküle Sauerstoff, wie Wasserstoff besitzt, nämlich in der Mitte lauter Wassermoleküle, an der positiven Elektrode ein Molekül Wasserstoff, das von dem frei gewordenen Sauerstoff, und an der negativen Elektrode ein Molekül Sauerstoff, das von dem frei gewordenen Wasserstoff übrig gelassen worden ist. Nun stellt man sich vor, dass sämmtliche zwischenliegende Wassermoleküle sich spalten und wieder zusammensetzen, und zwar so, dass jenes übrig gelassene Molekül Wasserstoff mit dem Sauerstoff des nächsten Wassermoleküls, der Wasserstoff dieses letzteren mit dem Sauerstoff des nächsten Wassermoleküls u. s. f. und schliesslich der Wasserstoff des letzten Wassermoleküls mit jenem übrig gelassenen Molekül Sauerstoff sich verbindet. Es ist also schliesslich

Fig. 75.

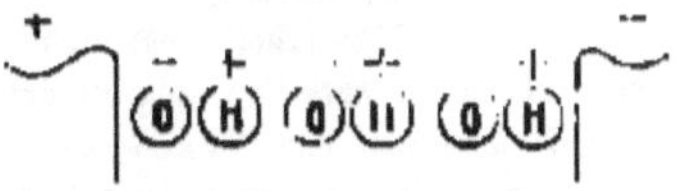

die ganze Flüssigkeit unverändert geblieben; nur ein Molekül Wasser hat sich zersetzt und an der positiven Elektrode ist ein Molekül Sauerstoff, an der negativen ein Molekül Wasserstoff frei geworden.

XVIII. Secundäre Erscheinungen; Leitungen der Salzlösungen. Wie schon oben bemerkt, gibt die elektrochemische Reihe nur theoretisch die Zersetzungsprodukte an; ob dieselben auch in der Wirklichkeit so auftreten, wie die elektrochemische Reihe angibt, hängt davon ab, ob die an den Elektroden ausgeschiedenen Körper nicht chemische Wirkungen auf die Elektroden und die Flüssigkeit ausüben. Diese sog. secundären Erscheinungen treten bei sehr vielen Zersetzungen auf; wir wollen einige der einfacheren anführen.

Wenn beide Elektroden von dem Metall gewählt werden, welches in der Flüssigkeit gelöst ist, so wird an der einen Elektrode ebensoviel Metall aufgelöst, als an der anderen niedergeschlagen; man hat also gleichsam einen Transport von Metall von einer Elektrode zur andern; dies ist der in der Galvanoplastik am meisten angewendete Fall.

Hat man z. B. zwei Elektroden von Kupfer und eine nicht zu schwache Lösung von Kupfervitriol, so scheidet sich an der einen Kupferplatte Kupfer, an der anderen der Körper SO_4 aus; dieser letztere löst aber sofort ein Aequivalent Cu aus der Platte auf; auf diese Weise wird die Flüssigkeit gar nicht verändert, und das eine Kupferblech nimmt auf dieselbe Art zu, wie das andere abnimmt. Aehnlich verhalten sich Silberbleche in Silberlösung, Goldplatten in Goldlösung u. s. w. In diesen Fällen kann man also die secundäre Wirkung des ausgeschiedenen elektronegativen Körpers auf das Metall benutzen, um die sich zersetzende Flüssigkeit wieder zu regeneriren, und um die bei allen diesen Processen praktisch so schädliche Polarisation zu vermeiden.

Eine andere, häufig auftretende, secundäre Erscheinung ist die Oxydirung der positiven Elektrode oder der benachbarten Flüssigkeit durch den ausgeschiedenen Sauerstoff. Eigentlich gehört der eben besprochene Fall auch hierher, indem das Kupfer durch den Körper SO_4 zuerst oxydirt wird; das entstandene Oxyd wird aber von der Säure gelöst, während dies in den folgenden Fällen nicht erfolgt.

Der sog. Bleibaum entsteht, wenn man essigsaures oder salpetersaures Bleioxyd zwischen Platin- oder Bleielektroden zersetzt. An der negativen Elektrode scheidet sich Blei in Blättchen ab, welche sich zu baumförmigen Gruppen aufbauen. Der an der positiven Elektrode auftretende Sauerstoff oxydirt das Bleioxyd der Lösung zu Bleisuperoxyd, welches sich in schwarzen, glänzenden Blättchen absondert.

In ähnlicher Weise wird bei der Bildung des sog. Silberbaumes, einer Abscheidung von Silber aus einer Lösung von schwefelsaurem oder salpetersaurem Silberoxyd, an der positiven Elektrode schwarzes Silbersuperoxyd gebildet.

Scheidet man aus einer wässrigen Lösung an der negativen Elektrode ein Metall ab, welches Wasser zersetzt, so erhält man statt des Metalles ein Oxyd desselben, während der Wasserstoff des zersetzten Wassers entweicht; hierher gehören namentlich die Alkalien und alkalischen Erden. Wenn man dagegen starke Ströme und kleine Elektroden anwendet, so kann das Wasser nicht schnell genug auf das sich abscheidende Metall wirken und man erhält Metall innerhalb einer Kruste von Oxyd.

Wenn man eine concentrirte Salzlösung zersetzt, so zersetzt sich, abgesehen von secundären Einwirkungen, nur das Salz, nicht das Wasser; bei verdünnten Lösungen dagegen beginnt auch das Wasser sich zu zersetzen, und bei sehr verdünnten Lösungen hat man beinahe nur Wasserzersetzung. Aehnliche Resultate erhält man bei Gemengen von mehreren verschiedenen Salzlösungen; je mehr von einem Salz vorhanden ist, um so mehr wird auch davon zersetzt. Man kann sich vorstellen, als ob der Strom sich im Verhältniss der Leitungsfähigkeiten zwischen den verschiedenen Elektrolyten theile und alle zu gleicher Zeit zersetze.

XIX. **Faraday'sches Gesetz; Voltameter.** Für die Menge der ausgeschiedenen Körper gilt ein wichtiges, einfaches Gesetz, welches von Faraday entdeckt wurde:

Bei gleichem Strom stehen die Mengen der zersetzten Körper im Verhältniss ihrer chemischen Aequivalente; ausserdem ist die Menge eines zersetzten Körpers dem Strome proportional.

Es sei z. B. eine Anzahl verschiedener Salzlösungen hinter einander geschaltet; schickt man einen Strom hindurch und wägt, nachdem der Strom eine gewisse Zeit gewirkt hat, die abgeschiedene Menge der verschiedenen Körper ab, sowohl an den positiven, als an den negativen Elektroden, so findet man, dass diese Gewichte sämmtlich im Verhältniss der chemischen Aequivalente stehen, dass also z. B. an den negativen Elektroden auf 1 Gramm Wasserstoff 31,7 Gr. Kupfer, 107,9 Gr. Silber u. s. w. kommen, an den positiven Elektroden auf 8 Gr. Sauerstoff 35,5 Gr. Chlor, 12,6 Gr. Jod u. s. w. Auch wenn durch secundäre, chemische Einwirkungen die abgeschiedenen Körper sich mit anderen verbinden, so bleiben die Gewichte der durch die Stromwirkung abgeschiedenen Körper in demselben Verhältniss.

Der zweite Theil des Gesetzes, die Proportionalität des Niederschlags mit dem Strom, scheint in den weitesten Grenzen zu gelten und kann deshalb trefflich zur Messung des Stromes dienen. Nach diesem Princip sind die sog. Voltameter construirt, Instrumente, mit welchen durch Volumen- oder Gewichtsbestimmung die Menge eines oder mehrerer der niedergeschlagenen Körper bestimmt wird, und welche auf diese Weise unmittelbar die Stromstärke messen. Diese Instrumente besitzen vor den meisten anderen Apparaten zur Strommessung den Vorzug, dass ihre Angaben nicht von der Individualität des Apparates abhängig sind, sondern ein absolutes Mass darbieten.

In der gebräuchlichsten Form der Voltameter wird die Zersetzung des angesäuerten Wassers zwischen Platinelektroden angewendet; die Apparate sind entweder so eingerichtet, dass beide Gase getrennt, oder so, dass sie vereinigt aufgefangen werden; Fig. 76 zeigt einen Apparat der ersteren Art. Man misst bei demselben nicht Gewichte, sondern Volumina, gewöhnlich Cubikcentimeter an getheilten Glasröhren; selbstverständlich üben hierbei Druck und Temperatur einen nicht unbedeutenden Einfluss auf die Volumina aus. Das Volumen des Sauerstoffs müsste, bei Gleichheit von Druck und Temperatur, die Hälfte von demjenigen des Sauerstoffs betragen; dies ist jedoch in Wirklichkeit nicht der Fall, namentlich wegen der bereits oben angeführten Bildung von Wasserstoffsuperoxyd, welches im Wasser gelöst bleibt. Die Angaben des Wasservoltameters sind daher von manchen Nebenumständen abhängig, welche das Messen mit demselben erschweren.

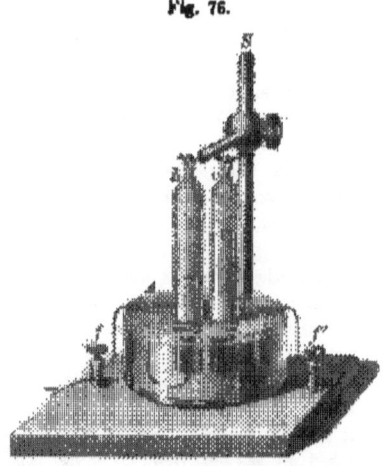

Fig. 76.

Genauer und leichter zu behandeln sind das Kupfer- und das Silbervoltameter, von welchen das letztere als das genaueste Voltameter gilt.

§. 5, XIX.   Wirkungen des Stromes; D. Chemische Wirkungen.   141

Bei dem Kupfervoltameter wird schwach saure Kupfervitriollösung zwischen Kupferelektroden oder auch zwischen einer Kupferplatte (+) und einer Platinplatte (—) zersetzt, bei dem Silbervoltameter Lösung von salpetersaurem Silberoxyd zwischen Silberelektroden oder zwischen Silber und Platin. Vorsichtsmassregeln müssen getroffen werden gegen das Zerfallen der Elektroden, wenn, wie bei dem Poggendorff'schen Silbervoltameter (Fig. 77), die stabförmige Silberelektrode in einer Platinschale steht, also das zerfallende Silber auf die andere Elektrode zu liegen kommt; ferner muss für Bewegung der Flüssigkeit und für die Constanz der Concentration der Lösung gesorgt werden.

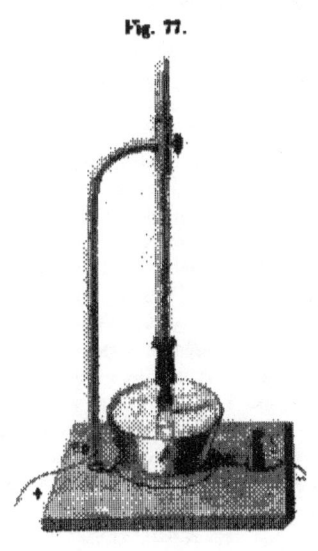

Fig. 77.

Wenn in derselben Lösung mehrere Stoffe sich befinden, so werden dieselben im Allgemeinen stets zusammen niedergeschlagen; das Faraday'sche Gesetz ist also nicht auch dahin zu verstehen, dass diejenigen Elemente, welche höhere Aequivalentzahlen besitzen, vor denjenigen mit niederen Aequivalentzahlen ausgeschieden werden.

In gewissen Fällen jedoch werden die Metalle einzeln ausgeschieden. So schlägt sich meistens, wenn zwei Metalle der folgenden Reihe sich zusammen in Lösung befinden, und zwar mit Säuren verbunden, stets das vorstehende vor dem nachstehenden nieder: Zink, Cadmium, Blei, Zinn, Kupfer, Wismuth, Silber, Gold.

Jedoch kommt es auch hier auf das Lösungsmittel an; für gewisse Lösungsmittel ist die Reihe nicht mehr gültig.

Ferner hat auf das gesonderte Ausscheiden eines Metalls die Stromdichte einen Einfluss, d. h. das Verhältniss der Stromstärke zu dem Querschnitt des durchströmten Leiters; namentlich ist dies der Fall, wenn nur wenig von dem einen, aber viel von dem anderen Metall in Lösung ist.

Diese Verhältnisse beginnen in neuerer Zeit auch für die Technik Wichtigkeit zu erlangen. Man hat nämlich bereits angefangen, in

Hüttenwerken die langwierigen, chemischen Prozesse bei der Darstellung von Metallen, so weit möglich durch elektrolytische Prozesse zu ersetzen. Da nun die natürlich vorkommenden Erze beinahe immer mehrere Metalle zugleich enthalten, so kommt es darauf an, die Elektrolyse so einzuleiten, dass möglichst viel von demjenigen Metall ausgeschieden wird, auf dessen Darstellung es abgesehen ist, und möglichst wenig von den anderen.

XX. **Galvanoplastik.** Das Niederschlagen von Metallen durch den elektrischen Strom wird heutzutage in der Technik in ausgedehntem Masse dazu benutzt, theils um metallische Gegenstände mit einer dünnen Schicht eines anderen, namentlich eines edleren Metalles zu überziehen, theils um getreue Copien von Gegenständen herzustellen; beide Prozesse begreift man unter dem Namen Galvanoplastik, obschon sich dieser Name eigentlich auf den letzteren Process bezieht.

Als dünne Ueberzugsschichten von metallischen Gegenständen sind namentlich zu nennen: die Versilberung, die Vergoldung, die Vernickelung, und Verkupferung; die beiden ersteren finden hauptsächlich Anwendung bei Luxusgegenständen, die Vernickelung bei Gegenständen des täglichen Gebrauches, Apparattheilen u. s. w.; die Verkupferung dient meistens als Vorbereitung für die anderen Operationen; die Vergoldung und Vernickelung haben namentlich die Eigenschaft, die Gegenstände vor Oxydation zu schützen. Bei diesen Processen will man nur dünne, aber festhaftende und glatte Metallschichten erzielen und wendet deshalb nicht zu starke Ströme an. Als negative Elektrode dient der zu überziehende Gegenstand, als positive Elektrode meist eine Platte von dem Metall, welches niedergeschlagen werden soll und welches auch in der Lösung enthalten ist, oder auch ein Platinblech; in dem letzteren Fall ist man jedoch genöthigt, nach jedem Gebrauch der Lösung dieselbe wieder zu regeneriren durch Zusatz von Metallsalz und anderen Chemikalien, was im ersten Fall nur nach längerem Gebrauche erforderlich ist. Batterie und Bad sind hier gewöhnlich von einander getrennt, während es, um stärkere Niederschläge zu erzielen, zweckmässig ist, beide zu vereinigen. Viel Sorgfalt muss auf das Reinigen und Vorbereiten der Gegenstände vor dem Einsatz in das Bad, sowie auf Regulirung des Stromes verwendet werden.

Solche dünne Ueberzüge, namentlich von Kupfer, lassen sich auch auf nicht leitenden Gegenständen anbringen, und es ist also hiermit das Mittel gegeben, jedes beliebige Objekt mit einer metallischen, glänzenden Oberfläche zu versehen. Zu diesem Zweck muss die Oberfläche des Gegenstandes zuerst leitend gemacht werden; dies geschieht entweder

§. 5, XX., XXI. Wirkung. d. Stromes; D. Chemische Wirkungen. 143

durch Einreiben mit reinem Graphit oder durch chemische Versilberung; diese letztere giebt jedoch keinen glänzenden, sondern einen schwarzen Ueberzug. Ist die Oberfläche gut leitend gemacht, so geschieht das Verkupfern auf gewöhnliche Weise.

Das Copiren von Gegenständen reducirt sich auf die Aufgabe, den Gegenstand mit einer dicken, nicht haftenden Metallschicht, fast immer Kupfer, zu überziehen; diese Metallschicht bildet dann eine Matrize, mittelst welcher Copien des Gegenstandes theils mechanisch, theils galvanoplastisch sich herstellen lassen. Hier zeigt sich die wichtige Eigenschaft des galvanischen Niederschlags, die Oberfläche des Gegenstandes völlig treu in allen Einzelheiten wiederzugeben; diese Treue geht sogar soweit, dass galvanoplastische Abdrücke von Daguerrotypbildern die Formen dieser Lichtbilder noch zeigen. Das Nichthaften des Niederschlags am Gegenstand wird gewöhnlich dadurch erreicht, dass die Gegenstände mit etwas Fett und Graphit eingerieben werden; die nicht leitenden sind natürlich vorher mit Graphit zu behandeln oder chemisch zu versilbern.

Zur Erzielung von dicken Niederschlägen wird gewöhnlich das Bad in ein galvanisches Element umgewandelt, so dass das Anwenden getrennter Batterien fortfällt. In jedem geschlossenen Daniell'schen Element nämlich muss sich, ähnlich wie in einer Zersetzungszelle, Kupfer auf dem Kupferblech niederschlagen, oder auch auf einem Blech von anderem Metall, wenn dasselbe statt des Kupferblechs in die Kupfervitriollösung eingesetzt wird. Man bringt daher in das Bad in irgend welcher Anordnung eine Anzahl mit verdünnter Schwefelsäure gefüllter Thonzellen, stellt in jede einen Zinkstab, verbindet alle Zinkstäbe unter einander und mit dem Draht, an welchem die Gegenstände in der Kupferlösung hängen. Man hat alsdann ein Daniell'sches Element von sehr geringem Widerstand, in welchem das Kupferblech durch die zu verkupfernden Gegenstände ersetzt ist; der geringe Widerstand bedingt einen kräftigen Strom, welcher einen Niederschlag hervorbringt, dessen Dicke der Zeit der Wirkung des Stromes proportional ist.

XXI. **Elektrische Endosmose; Wanderung der Ionen.** Wir haben noch zwei Erscheinungen zu erwähnen, welche, wenigstens scheinbar, mechanische Wirkungen des Stromes beim Durchgang durch Zersetzungszellen vorstellen.

Die eine dieser Erscheinungen ist die sog. **elektrische Endosmose.** Dieselbe tritt nur auf, wenn in der Zersetzungszelle poröse Diaphragmen, namentlich Thoncylinder, sich befinden. Füllt man die Zelle mit irgend einer leitenden Flüssigkeit, stellt einen Thoncylinder hinein, der mit derselben Flüssigkeit gefüllt ist, bringt ausserhalb und innerhalb des Cylinders je eine Elektrode an und leitet einen kräftigen Strom hindurch, so beobachtet man eine Bewegung der Flüssigkeit durch die Thonwand hindurch in der Richtung des positiven Stroms, indem die Flüssigkeitshöhe auf der Seite der negativen Elektrode wächst, auf der Seite der positiven fällt. Wenn zu beiden Seiten der porösen Thonwand zwei verschiedene Flüssigkeiten sich befinden, so wird die Erscheinung durch das gleichzeitige Auftreten der, auch ohne elektrischen Strom stattfindenden Diffusion complicirt. In dem Fall des Daniell'schen Elementes steigt stets das Kupfervitriol, während die Schwefelsäure sinkt, entsprechend der Wirkung der elektrischen Endosmose.

Die Bewegung der Flüssigkeit durch die Thonwand wächst mit der Thonstärke; die Druckhöhe, bis zu welcher die Flüssigkeit bei der negativen Elektrode ansteigt, ist um so grösser, je grösser und dicker der Thoncylinder und je grösser der spezifische Widerstand der Lösung ist.

Die andere dieser Erscheinungen ist die Wanderung der Ionen.

Ionen nennt man die beiden Bestandtheile, in welche die Flüssigkeit durch den Strom zersetzt wird. Nach der in XVII besprochenen Natur der Vorgänge im Elektrolyt erfährt die Lösung keine Aenderung in ihrer Zusammensetzung, indem an den Elektroden stets äquivalente Mengen der beiden Ionen abgeschieden werden; ausserdem aber erleidet die Lösung gleichsam eine Verschiebung, welche man als eine Wanderung der beiden Ionen auffasst.

Es werde z. B. neutrale, concentrirte Kupfervitriollösung zwischen Platinelektroden zersetzt, und es sei in einer gewissen Zeit 1 Aequivalent $SO^3 + O$ an der positiven, und zugleich 1 Aequivalent Cu an der negativen Elektrode abgeschieden. Dann bemerkt man, schon an der Farbe der Lösung, dass dieselbe an der negativen Elektrode sich mehr verdünnt hat, als an der positiven. Im Ganzen hat die Lösung 1 Aequivalent Kupfervitriol verloren, sie ist also verdünnter geworden; diese Verdünnung findet nur in der Nähe der Elektroden statt, ist jedoch stärker auf der Seite, wo sich das Kupfer niederschlägt; und zwar hat dieselbe in der Nähe der negativen Elektrode $\frac{3}{4}$ Kupfervitriol verloren, an der positiven nur $\frac{1}{4}$.

Aehnliche Vorgänge beobachtet man bei allen Zersetzungen. Nun muss man, wie wir in XVII sahen, zur Erklärung der Thatsache, dass die Flüssigkeit in der Mitte sich nicht zersetzt, annehmen, dass die Ionen in der ganzen Flüssigkeit wandern, und zwar z. B. in dem obigen

Falle $SO^3 + O$ nach der positiven Elektrode, Cu nach der negativen hin; um daher die verschiedene Verdünnung der Lösung an beiden Enden zu erklären, denkt man sich die beiden Ionen mit verschiedener Geschwindigkeit sich bewegend. In obigem Beispiel wird dann von dem Ion $SO^3 + O$ ⅔ Aequivalent von der positiven Elektrode nach der negativen, von dem andern Ion Cu ⅓ Aequivalent von der negativen nach der positiven hin wandern. An der positiven Elektrode wird hiedurch ⅔ Aeq. $SO^3 + O$ mehr und ⅓ Aeq. Cu weniger auftreten, als vorher, hievon würde 1 Aeq. $SO^3 + O$ an der Platinplatte abgeschieden und die Lösung hat ⅓ Aeq. Kupfervitriol weniger, als vorher. An der negativen Elektrode dagegen tritt ⅓ Aeq. Cu mehr, ⅔ Aeq. $SO^3 + O$ weniger auf, als vorher; hievon wird 1 Aeq. Cu am Platin abgeschieden und die Lösung hat ⅔ Aeq. Kupfervitriol weniger, als vorher.

XXII. Uebergangswiderstand; Polarisation. Im Vorstehenden haben wir gesehen, dass im Allgemeinen bei der galvanischen Zersetzung die Elektroden stets mit Schichten neu auftretender Körper, fester, flüssiger oder gasförmiger Natur sich beladen, dass ferner die unzersetzte Flüssigkeit selbst in der Nähe der Elektroden Aenderungen in der Concentration erfährt; diese Umstände verändern einerseits den Widerstand der Flüssigkeit, andrerseits werden hiedurch elektromotorische Kräfte erzeugt — Beides übt einen wesentlichen Einfluss auf die Stromstärke aus.

Betrachten wir das Beispiel der Wasserzersetzung zwischen Platinelektroden. Wenn in diesem Falle der Strom eine Zeit lang gewirkt hat, so erscheinen die beiden, einander zugekehrten Flächen der Platinbleche völlig mit Gasschichten beladen, die eine mit einer Schicht von Wasserstoff, die andere mit einer solchen von Sauerstoff; von diesen Schichten sieht man in Einem fort einzelne Blasen sich ablösen und aufsteigen, die leer gewordenen Stellen derselben werden aber sofort durch neu entstehende Blasen wieder besetzt. Wenn man zu gleicher Zeit in den Stromkreis ein Galvanometer eingeschaltet hat, so bemerkt man, dass der Ausschlag desselben sich stark verändert, also auch die Stromstärke, und zwar, dass der Strom Anfangs am stärksten ist, hierauf erst rasch, dann langsamer abnimmt, bis er ein gewisses Minimum erreicht, welches sich dann ziemlich unverändert erhält.

Diese Verminderung der Stromstärke kann man sich auf doppelte Weise erklären: erstens durch Annahme eines durch die Gasschichten erzeugten Widerstandes, des Uebergangswiderstandes, zweitens durch Annahme einer durch dieselben Schichten erzeugten elektromotorischen Kraft, welche derjenigen der Batterie entgegenwirkt, der Polarisation.

Von der Existenz dieser letzteren kann man sich leicht dadurch überzeugen, dass man zuerst den Strom der Batterie einige Zeit wirken lässt, dann rasch, durch eine geeignete Vorrichtung, die beiden Elektroden mit einem Galvanometer verbindet; man erhält alsdann stets einen Ausschlag an dem letzteren, welcher nur von einer im Zersetzungsapparat entstandenen elektromotorischen Kraft herrühren kann.

Die Existenz der Polarisation ist also bewiesen, und zwar tritt dieselbe bei allen Zersetzungen auf, wenn man nicht durch chemische Einwirkungen der Flüssigkeit oder der Elektroden die Entstehung der Gase verhindert. Die Existenz des Uebergangswiderstandes ist viel schwieriger nachzuweisen; der Gedanke jedoch, dass durch das Auftreten jener Gasschichten oder überhaupt der Schichten der abgeschiedenen Körper dem Strome ein neues Hinderniss erwächst, wie etwa durch das Einschalten eines Drahtes, lässt sich durchaus nicht unbedingt von der Hand weisen.

Man ist jedoch in neuerer Zeit, nach vielen Untersuchungen, zu der Ueberzeugung gekommen, dass ein eigentlicher Uebergangswiderstand nur da existirt, wo sich schlecht leitende feste Schichten, namentlich Oxydschichten, bilden, dass aber namentlich bei den meisten Gasentwicklungen man nur Polarisation, keinen Uebergangswiderstand sich zu denken hat.

Die Polarisation hat nun, abgesehen von chemischen Einflüssen, stets die Eigenschaft, dass sie der elektromotorischen Kraft der Batterie entgegenwirkt. Wenn also E die elektromotorische Kraft der Batterie, q diejenige der Polarisation, W der Widerstand des Stromkreises, J der Strom, so hat man nach dem Ohm'schen Gesetze:

$$J = \frac{E-q}{W}.$$

In dem Falle also, in welchem zwei Bunsen'sche Elemente mit einem Wasserzersetzungsapparat verbunden sind, muss sich die Spannungslinie folgendermassen gestalten (Fig. 78). (Der erste Zinkpol ist als an Erde gelegt gedacht, PP ist die Zersetzungszelle.) Würde man die Batterie umkehren, so würde sich auch die Zersetzung umkehren, und, wenn man, in der früher beschriebenen Weise, die elektromotorische Kraft des ganzen Stromkreises sich an einem Punkt concentrirt denkt und die Spannung durch eine ungebrochene Linie (cb) darstellt,

§ 5. XXII. Wirkungen des Stromes; D. Chemische Wirkungen. 147

so muss man für jene die Grösse $E - q$ auftragen, also eine kleinere
Grösse, als E.

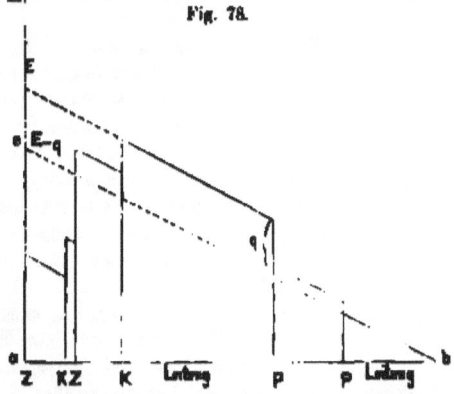

Fig. 78.

Polarisation findet immer statt, so lange auch die Leitung stattfindet:
ein Elektrolyt kann nur leiten, indem er sich zersetzt. So erhält man
beim Voltameter auch bei den schwächsten Strömen stets noch Leitung
und zugleich noch Spuren von Gasentwicklung, obschon dies namentlich
aus gewissen theoretischen Gründen nicht erwartet werden sollte.

Die elektromotorische Kraft der Polarisation ist bei schwachen
Strömen gering und wächst mit der Anzahl der angewendeten Elemente:
dieses Wachsthum nimmt jedoch ziemlich rasch ab, und bei der Anwendung von 3 bis 4 Daniell'schen Elementen stellt sich in den meisten
Fällen ein Maximum ein, welches auch durch die stärksten Ströme nicht
mehr geändert wird.

Dieses Maximum beträgt für blanke Platinelektroden bei der Zersetzung

von Wasser 2,5 Daniell
von Salzsäure 1,2 „ „

Wendet man platinirte Platinelektroden an, d. h. welche mit einer schwarzen Schicht von Platinmoor überzogen sind, so ist die Polarisation bedeutend geringer, trotzdem die entwickelte Menge von Knallgas grösser
ist, bei Anwendung von Kupferplatten beträgt die elektromotorische
Kraft der Polarisation bei der Wasserzersetzung nur noch 0,5 Daniell.

Je kleiner die Elektrode, je grösser also die Stromdichte, desto
grösser die elektromotorische Kraft der Polarisation; am stärksten wirken
Drahtspitzen als Elektroden.

Die Zeit, welche die Polarisation zur Entstehung bedarf, ist ausserst gering; man beobachtet auch bei Strömen von möglichst kurzer Zeitdauer noch Polarisation.

Stellt man das in Fig. 79 enthaltene Stromschema her — im primären Kreis 3 bis 4 Daniell mit einem Wasserzersetzungsapparat OH

Fig. 79.

mit Platinplatten, im secundären Kreis derselbe Apparat OH mit einem Galvanometer — und verbindet zuerst a mit c, bis die Polarisation sich völlig ausgebildet hat, dann a mit b, so kann man an dem Galvanometer den Verlauf des Polarisationsstromes verfolgen. Derselbe sinkt Anfangs sehr rasch, dann immer langsamer, und erlischt nach einiger Zeit.

Der Polarisationsstrom wirkt nämlich depolarisirend auf sich selbst. Man hat den Wasserzersetzungsapparat mit den gasbeladenen Platinblechen zugleich als Element und als Zersetzungszelle anzusehen: als Element liefert er einen Strom von der in der Figur angegebenen Richtung, entgegengesetzt derjenigen des primären Stroms; dieser Strom erzeugt in dem Zersetzungsapparat wieder Polarisation, aber die der anfänglichen Polarisation entgegengesetzte, d. h. die anfängliche wird vermindert, und zwar ist die Verminderung um so geringer, je kleiner der Betrag der Polarisation selbst ist. Die elektromotorische Kraft der Polarisation kann aufgehoben werden, wenn die abgeschiedenen Körper selbst durch chemische Einwirkungen fortgeschafft werden. Zellen, welche diese Eigenschaft besitzen, heissen unpolarisirbare Zersetzungszellen; hierher gehören namentlich amalgamirte Zinkelektroden in concentrirter Zinkvitriollösung, ferner Kupferelektroden in conc. Kupfervitriollösung, Silberelektroden in conc. Höllensteinlösung.

XXIII. **Zersetzungsvorgänge in den Elementen.** Nachdem wir die Vorgänge in den Zersetzungszellen kennen gelernt haben, sind die analogen, für die Praxis so wichtigen Vorgänge in den Elementen leicht zu versiehen; denn das Element ist selbst eine Zersetzungszelle. Ob der Strom, welcher das Element durchfliesst, durch dessen eigene elektromotorische Kraft oder durch eine andere erregt worden ist, bleibt gleichgültig; das Element verhält sich dem vorhandenen Strom gegenüber wie eine Zersetzungszelle.

Dies ist die Ursache, aus welcher z. B. ein Element Kupfer/Zink/ verdünnte Schwefelsäure so rasch in seiner Wirkung abnimmt, sobald es geschlossen wird: es tritt sofort Polarisation auf, welche den Strom bis auf ein gewisses Minimum, welches von dem äusseren Widerstande abhängt, vermindert; je grösser dieser letztere, desto geringer die Stromschwächung durch Polarisation. Die Aufgabe, ein constantes Element zu construiren, geht also eigentlich dahin, die Polarisation durch chemische Einwirkungen anzuheben; so wird im Daniell'schen und im Bunsen'schen Element der am Zink auftretende Sauerstoff mit Schwefelsäure durch Auflösung des Zinkes unschädlich gemacht, ferner in dem letzteren Elemente der Wasserstoff an der Kohle durch die Salpetersäure oxydirt; an dem Kupfer des Daniell'schen Elementes wird nur derselbe Körper, nämlich Kupfer abgeschieden, es kann also hierdurch auch keine Polarisation entstehen.

Aber auch bei den constantesten Elementen kann die Polarisation die Oberhand gewinnen über die chemische Einwirkung, da diese letztere ein bestimmtes Mass nicht überschreiten kann — dies geschieht jedoch nur bei sehr starken Strömen.

Die Vergleichung der Vorgänge in der Zersetzungszelle mit denjenigen im Elemente ergibt ferner eine wichtige Folgerung, dass nämlich in jedem Elemente einer durch ein Voltameter geschlossenen Batterie in derselben Zeit 1 Aequivalent Zink aufgelöst wird, während im Voltameter 1 Aequivalent Kupfer oder Silber sich niederschlägt. Denn jedes Element ist eine Zersetzungszelle, in jedem wird während der Zeit des Niederschlags von 1 Aeq. Kupfer oder Silber im Voltameter 1 Aeq. $SO^3 + O$ am Zink abgeschieden, also auch 1 Aeq. Zink aufgelöst.

In welcher Beziehung dieser letztere Satz zu demjenigen von der Erhaltung der Kraft steht, wird später in dem dafür bestimmten Kapitel erörtert werden.

E. Mechanische Fernewirkungen.

XXIV. Allgemeines. Nachdem in II bis XXIII die Wirkungen des Stromes auf den durchflossenen Leiter betrachtet wurden, gehen wir nun zu den Wirkungen des Stromes in die Ferne über. Die ersteren waren theils Wärmewirkungen, theils mechanische, physiologische und chemische Wirkungen; die Fernewirkungen des Stromes sind entweder mechanische oder elektrische.

Dass ein elektrischer Strom Fernewirkungen ausüben muss, geht bereits aus den früher betrachteten Vorgängen im elektrischen Zustande hervor. Wenn ein elektrisirter Harzstab Papierschnitzel anzieht, so ist dies eine Fernewirkung der Elektricität des Stabes und zwar eine mechanische; wenn ferner beim Laden einer Leydener Flasche die Elektricität, welche der einen Belegung mitgetheilt wird, vertheilend auf die Elektricitäten der anderen Belegung wirkt und daselbst eine elektrische Ladung erzeugt, so ist dies eine elektrische Fernewirkung der Elektricität.

Ein von einem Strom durchflossener Draht müsste ähnliche Erscheinungen zeigen; denn er gehört ebenfalls einer Leydener Flasche an, deren eine Belegung seine eigene Oberfläche, deren andere Belegung die Zimmerwände oder die anderen umgebenden Leiter bilden; ein solcher Draht müsste daher ebenfalls mechanische und elektrische Fernewirkungen auf die umgebenden Leiter ausüben.

Diese Wirkungen sind allerdings vorhanden, wir sehen jedoch im Folgenden völlig von denselben ab: erstens, weil sie bei den galvanischen Strömen, welche hier doch hauptsächlich ins Auge gefasst sind, äusserst gering sind, zweitens, weil jene Wirkungen von ruhender, nicht von strömender Elektricität hervorgebracht werden.

Jene Fernewirkungen der ruhenden Elektricität hängen namentlich von der Dichte der letzteren ab, deshalb übertreffen dieselben bei Anwendung von Reibungselektricität weit die entsprechenden Wirkungen, welche galvanische Elektricität hervorbringen kann. Die Fernewirkungen der strömenden Elektricität dagegen, welche im Folgenden behandelt werden, zeigen sich viel stärker bei galvanischen Strömen, als bei Strömen der Reibungselektricität, weil die letzteren ungleich weniger Menge von bewegter Elektricität liefern.

Die mechanische Fernewirkung des Stromes besteht, allgemein ausgedrückt, darin, dass zwischen zwei verschiedenen Leitern, welche von zwei Strömen durchflossen werden, anziehende und abstossende Kräfte auftreten, welche von der Stärke der Ströme, der Form und der Lage der Leiter abhängen.

Die elektrische Fernewirkung des Stromes besteht darin, dass in einem geschlossenen Leiter durch einen in einem anderen Leiter fliessenden Strom stets elektrische Ströme erzeugt werden, wenn einer von beiden Leitern bewegt wird, und ferner, dass das Entstehen und Verschwinden und jede Veränderung des Stromes in dem einen Leiter Ströme in dem anderen geschlossenen Leiter erregt.

Für das elektrische Experimentiren, für die Instrumenten- und Messungskunde sind die elektrischen Fernewirkungen von der grössten Wichtigkeit; beide Arten von Wirkungen sind jedoch innig mit einander verbunden, indem die Gesetze, welche den Einfluss der Ferne und Lage der Leiter bestimmen, für beide dieselben sind.

Wie wir in XXX sehen werden, erhalten diese Wirkungen erst eine praktische Bedeutung, wenn die (sog.) magnetischen Körper zur

Unterstützung zugezogen werden; wir versparen jedoch die Besprechung
der Eigenschaften dieser Körper auf ein späteres Kapitel. Es wird
sich nämlich dort zeigen, dass dieselben Gesetze, welche für durchströmte
Leiter gelten, sich unmittelbar auf magnetische Körper übertragen lassen,
dass also die Kenntniss des Verhaltens durchströmter Leiter ausreicht,
um die oft verwickelten Fernewirkungen bei Mitwirkung von Magneten
zu verstehen.

XXV. **Bedeutung des Grundgesetzes.** Geschichtlich hat sich die
Lehre von den mechanischen Fernewirkungen des Stromes folgendermassen entwickelt.

Es wurde zuerst durch Zufall (von Oerstedt in Kopenhagen)
entdeckt, dass der elektrische Strom im Stande sei, eine frei aufgehängte
Magnetnadel zu drehen. Auf Grund dieser Entdeckung vermuthete
Ampère in Paris, dass der einen Leiter durchfliessende Strom auch
im Stande sei, einen zweiten, von einem Strom durchflossenen Leiter anzuziehen oder abzustossen, und fand dies bestätigt. Ampère untersuchte
nun diese Anziehungs- und Abstossungserscheinungen experimentell und
mathematisch und es gelang ihm, ein Grundgesetz aufzustellen, welches
diese Erscheinungen sämmtlich erklärt und unter einem Gesichtspunkt
zusammenfasst.

Die Art, auf welche vermittelst eines Grundgesetzes alle jene Erscheinungen erklärt werden können, ist folgende. Denken wir uns zwei
beliebig geformte, von Strömen durchflossene Drähte A und B, welche
eine bestimmte mechanische Wirkung auf einander ausüben; jeden dieser
Drähte denken wir uns in lauter sehr kurze Stückchen zerlegt, welche
wir kurzweg Stromelemente nennen. Dann muss die Wirkung des
Drahtes A auf den Draht B gleich sein der Summe der Wirkungen
des Drahtes A auf die einzelnen Stromelemente von B; ferner muss,
wenn wir uns ebenso A aus lauter Stromelementen zusammengesetzt
denken, die Wirkung des ganzen Drahtes A auf ein bestimmtes Stromelement von B gleich sein der Summe der Wirkungen der einzelnen
Stromelemente von A auf jenes Stromelement von B. Hieraus geht
hervor, dass, wenn wir die Wirkung zweier Stromelemente auf einander kennen, die Wirkung zweier beliebiger Ströme auf einander gefunden werden kann; die Wirkung zweier Stromelemente auf einander
ist daher das Grundgesetz, durch welches alle jene Erscheinungen sich
erklären lassen müssen.

Die Bedeutung dieses Grundgesetzes darf nicht missverstanden werden. Ampère hat durch seine Untersuchung nicht bewiesen, dass dies
das wirkliche, richtige Grundgesetz ist, sondern er hat nur gezeigt,

dass durch dieses Gesetz alle bekannten, hierher gehörigen Erscheinungen sich erklären. Es gibt aber noch andere Grundgesetze, welche von dem Ampère'schen verschieden sind, und welche dennoch bei der Anwendung auf die Erscheinungen ebenfalls richtige Resultate geben. Welches Grundgesetz das richtige ist, lässt sich experimentell nicht leicht entscheiden, namentlich deshalb, weil beinahe sämmtliche Experimente mit geschlossenen Strömen angestellt werden; für diesen Fall ergeben aber alle Grundgesetze dasselbe Resultat, während die Wirkung von Stromelement auf Stromelement von jedem andern dargestellt wird. Wir legen im Folgenden das Ampère'sche Gesetz nur deshalb zu Grunde, weil es bis jetzt am meisten Vertrauen geniesst.

Wir wollen im Folgenden an der Hand des Ampère'schen Grundgesetzes die wichtigsten Fälle der mechanischen Wirkung zweier Ströme auf einander behandeln, jedoch werden wir die resultirenden Kräfte nur qualitativ bestimmen, d. h. für jeden Fall angeben, ob Anziehung oder Abstossung entsteht, ohne die Grösse der Kraft zu betrachten. Wir hoffen auf diese Weise eine klare Uebersicht der Verhältnisse zu geben, ohne mathematische Hülfsmittel in Anspruch zu nehmen.

XXVI. Ampère'sches Grundgesetz. Die Stromelemente stellen wir durch kleine Pfeile dar, welche zugleich Richtung des Elementes und Richtung des Stromes angeben.

Nun sind folgende drei Hauptfälle hervorzuheben:

1) Beide Elemente liegen in derselben Ebene und stehen senkrecht zur Verbindungslinie (Fig. 80a); in diesem Falle erfolgt Anziehung, wenn beide Ströme gleichgerichtet; Abstossung, wenn sie entgegengesetzt gerichtet sind;

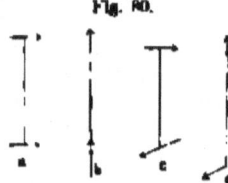

Fig. 80.

2) beide Elemente liegen in der Verbindungslinie (Fig. 80b); in diesem Fall erfolgt Anziehung, wenn beide Ströme entgegengesetzt gerichtet, Abstossung, wenn sie gleichgerichtet sind — also ist die Wirkung in Bezug auf die Stromrichtungen umgekehrt, wie in Fall 1) —; ferner ist die Grösse der Wirkung bei gleicher Länge der Verbindungslinie nur halb so gross, als im ersten Fall;

3) ein Element liegt in einer Ebene, welche senkrecht auf dem anderen Element steht — in diesem Fall ist die Wirkung Null; hierher gehören namentlich die beiden Fälle, wo beide Elemente auf einander und auf der Verbindungslinie senkrecht stehen (Fig. 80c).

und wo ein Element in der Verbindungslinie liegt, das andere senkrecht darauf steht (Fig. 80 d).

Ferner hat Ampère experimentell bewiesen, dass man stets jedes Stromelement in drei Componenten nach drei gegebenen Richtungen zerlegen dürfe; die Resultante der Wirkungen dieser Componenten ist alsdann gleich der Wirkung des Elementes.

Endlich hat Ampère gezeigt, dass die Umkehr der Stromesrichtung in irgend einem Leiter die Wirkung desselben auf einen anderen durchströmten Leiter der Richtung nach umkehrt.

Wenn wir uns nun zwei beliebig gerichtete Stromelemente e und e' mit ihrer Verbindung r (Fig. 81) denken, so können wir die Art der Wirkung, welche sie auf einander ausüben, mittelst der eben mitgetheilten Sätze stets bestimmen. Als eine von den drei Richtungen, nach denen wir die Elemente zerlegen, wählen wir die Verbindungslinie r; ausserdem ziehen wir in bekannter Weise die Richtungen eC und $e'C'$, eB und $e'B'$, so dass eC parallel $e'C'$, eB parallel $e'B'$, ferner eC und eB senkrecht zu r und senkrecht unter sich, und ebenso $e'C'$ und $e'B'$; so erhalten wir die drei unter einander senkrechten Richtungen eA, eB, eC und $e'A'$, $e'B'$, $e'C'$. Nun zerlegen wir e und e' nach jenen Richtungen in der Weise, wie man Kräfte zerlegt — und erhalten so als Componenten von e: a, b, c, als Componenten von e': a', b', c'. Die Wirkung von e auf e' ist nun gleich der Summe der Wirkungen der Componenten auf einander.

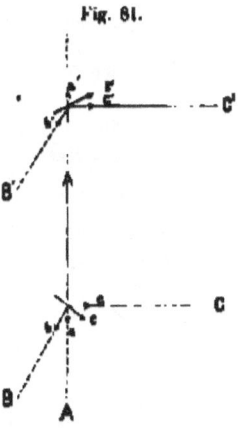

Fig. 81.

Nun sieht man sofort, nach Fall 3), dass die Componente a auf b' und c' keine Wirkung ausübt, ebenso b auf a' und c', c auf a' und b'; wenn wir also die Wirkung z. B. von e auf e' mit (e, e'), von a auf a' mit (a, a') u. s. w. bezeichnen, so bleiben nur die Wirkungen (a, a'), (b, b'), (c, c') über, und man hat

$$(e, e') = (a, a') + (b, b') + (c, c')$$

Diese Wirkungen aber fallen unter die Fälle 1) und 2), und bei Anwendung der dort gegebenen Regeln sehen wir, dass im vorliegenden Fall (a, a'), (b, b'), (c, c') sämmtlich Anziehungen ergeben, dass also auch die Wirkung von e auf e' eine anziehende ist.

154 Wirkung d. Stromes; E. Mechan. Fernewirkungen. §. 5, XXVI.

Wären z. B. alle Componenten a, b, c, a', b', c' gleich, aber (c, c') eine Abstossung, so fragt sich, ob die Anziehungen (a, a') und (b, b') diese Abstossung noch überwiegen; denn ist aber nach den Sätzen 1) und 2) (b, b') gleich (c, c'), aber entgegengesetzt, ferner $(a, a') = \frac{1}{2}(b, b')$, man hat daher in dem Falle

$$(c, c') = \frac{1}{2}(b, b') + (b, b') - (b, b') = \frac{1}{2}(b, b').$$

also die Summe der Wirkungen immer noch eine Anziehung. Auf diese Weise lässt sich bei ganz beliebiger Lage der beiden Stromelemente stets übersehen, ob sie sich anziehen oder abstossen.

Fig. 82.

Der mathematische Ausdruck des Ampère'schen Gesetzes ist folgender: wenn i, i' die Ströme in den Elementen e und e', e und e' die Länge dieser Elemente, r die Entfernung, ϵ der Winkel, welchen die beiden Elemente mit einander bilden, δ und δ' die Winkel, welche bez. e und e' mit der Verbindungslinie r bilden (Fig. 82), so ist die Wirkung W der beiden Elemente auf einander:

$$W = -\frac{i\,i'.\,e\,e'}{r^2}\left\{\cos \epsilon - \tfrac{3}{2}\cos \delta \cos \delta'\right\}.$$

Wenn die Wirkung W ein positives Zeichen hat, so bedeutet dies eine Abstossung, ist das Zeichen negativ, eine Anziehung.

Ampère bewies die oben aufgeführten Grundsätze experimentell auf folgende Weise. Er construirte sich Leiter von einfachen Formen und liess den in einem festen Leiter fliessenden Strom auf einen ebenfalls vom Strom durchflossenen beweglichen Leiter wirken: der letztere musste also Drehungserscheinungen zeigen, aus welchen sich auf die in dem betreffenden Fall auftretende Wirkung von Element auf Element schliessen liess. Der bewegliche Leiter. ABC Fig. 83, endigte in zwei Stahlspitzen, welche in die Quecksilbernäpfchen a und b des Statives A eingesetzt wurden; das Näpfchen b steht mit dem Metall-

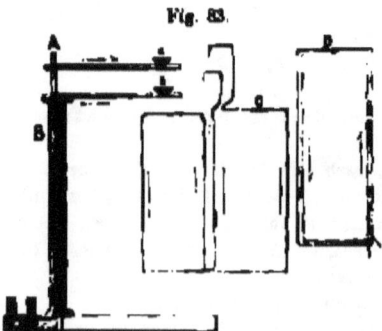

Fig. 83.

§. 5, XXVII. Wirkung. d. Stromes; E. Mechan. Fernewirkungen. 155

rohr B in Verbindung, das Näpfchen a mit einer von jenem Rohr umschlossenen Stange.

Stange und Rohr sind gegen einander isolirt und dienen zur Einführung des Stromes in den beweglichen Leiter; da die Ströme in denselben umgekehrte Richtung haben, so können sie nur sehr geringe Wirkung auf den beweglichen Leiter ausüben. Dem letzteren wird von der anderen Seite ein fester Leiter D genähert; die Wirkung des festen auf den beweglichen Leiter muss sich, wegen der Form dieser Leiter im vorliegenden Fall, hauptsächlich auf die Wirkung der nächstliegenden parallelen Stücke reduciren, da alle anderen Stücke weiter von einander entfernt sind, und man muss also eine Wirkung im Sinne des ersten Falles des Grundgesetzes erhalten. Durch die Combination einer Anzahl von Versuchen dieser Art wusste Ampère sein Gesetz nach allen Seiten hin zu begründen; dasselbe enthält indess immer noch mehrere Grundannahmen, die sich auf diese Art nicht beweisen liessen.

Ein hierher gehöriges Experiment, welches die Abstossung von benachbarten Elementen eines geradlinigen Stromes zeigt, ist folgendes (Fig. 84). Zwei Quecksilberrinnen M und N sind parallel nebeneinander gestellt und durch den schwimmenden kupfernen Bügel mit einander verbunden; der Strom tritt bei X ein und bei Y aus. Sowie man einen kräftigen Strom durch den Apparat schickt, wird der Bügel von der Seite der Rinnen, wo der Strom ein- und austritt, weggetrieben, weil die vom Strom durchflossenen Theile des Quecksilbers und die ebenfalls vom Strom durchflossenen, schwimmenden Enden des Bügels sich abstossen.

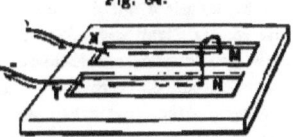

Fig. 84.

XXVII. **Element und unendliche Gerade.** Wir betrachten nun einige Fälle der Wirkung eines geschlossenen Stromes auf ein Stromelement.

Der einfachste dieser Fälle ist derjenige, bei welchem der geschlossene Strom eine unendliche, gerade Linie bildet.

Wenn wir durch den Mittelpunkt des Stromelements und die Gerade eine Ebene legen, so kann das Element mit dieser Ebene jeden beliebigen Winkel bilden; wir dürfen dasselbe jedoch wieder nach drei Richtungen zerlegen, und wählen für diese Richtungen am einfachsten die Richtung der Geraden, die darauf senkrechte Richtung in der Ebene und die darauf senkrechte Richtung senkrecht zur Ebene. Wir haben daher auch hier wieder drei Hauptfälle zu unterscheiden, die in der

Fig. 85 angegeben sind, und mittelst welcher die Wirkung auf ein Element von beliebiger Neigung stets bestimmt werden kann.

1) Element parallel der Geraden (Fig. 85). Man sieht sofort, dass die Wirkung des dem Elemente e am nächsten gelegenen Elementes

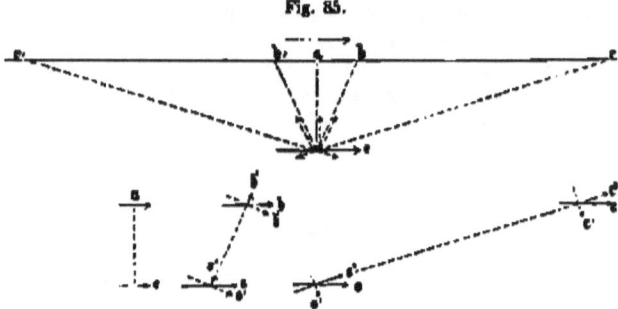

Fig. 85.

der Stromlinie a auf das Element e eine Anziehung ist, wenn die Ströme, wie in der Figur angegeben, gleichgerichtet sind. Nimmt man ein nicht weit von a gelegenes Element b, so zerlegt man, um dessen Wirkung zu erfahren, die Elemente b und e nach ihrer Verbindungslinie und senkrecht dazu, und erhält die Componenten $b'b''$, $e'e''$; die Wirkung von b' auf e' ist eine anziehende, diejenige von b'' auf e'' eine abstossende, die Wirkungen von b' auf e'', von b'' auf e' sind Null.

Die Anziehung überwiegt aber die Abstossung, weil b' und e' grösser sind als bez. b'', e'', und weil auch schon im Falle der Gleichheit die Anziehung zweimal so gross wäre wie die Abstossung. Betrachtet man dagegen ein weit abgelegenes Element c und nimmt bei demselben und e die nämlichen Zerlegungen vor, so findet man, dass nun die Anziehung von c' auf e' die Abstossung von c'' auf e'' nicht mehr überwiegt, weil die Componenten c' und c'' ganz klein sind im Verhältniss zu e' und e'', dass also die Wirkung eine abstossende ist.

Man hat also, wie in der Figur angedeutet, für das Element e in den Richtungen ea, eb, eb, Anziehungen, in den Richtungen ec, ec Abstossungen; die letzteren sind jedoch wegen der grösseren Entfernung der Elemente schwächer, man hat daher vorwiegend Anziehung. Denkt man sich ferner alle auf e wirkenden Anziehungen und Abstossungen nach der Richtung des Elementes und der darauf senkrechten Richtung, in der Ebene, zerlegt, so sieht man, dass alle seitlichen Wirkungen

§. 5, XXVII. Wirkung. d. Stromes; F. Mechan. Fernewirkungen. 157

sich aufheben und nur Anziehungen und Abstossungen in der Richtung
ea übrig bleiben; da endlich die Anziehungen stärker sind, so resultirt
als Gesammtwirkung eine Anziehung des Elementes e nach a hin.
Sind Element und Linie von entgegengesetzter Stromrichtung, so resultirt eine Abstossung.

2) Element senkrecht zur Geraden, in derselben Ebene.

Das dem Element e nächstliegende Element a der Geraden kann
keine Wirkung ausüben, da es senkrecht auf einer durch e gehenden

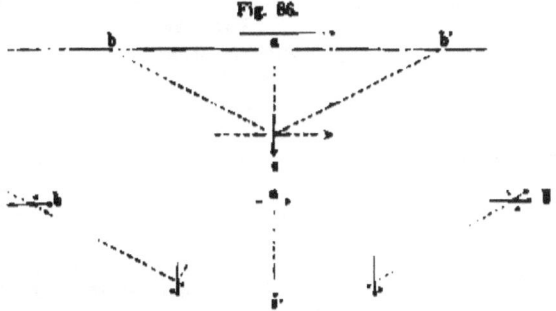

Fig. 86.

Ebene steht; dagegen üben alle anderen Elemente Wirkungen aus, z. B.
die Elemente b und b'. Zerlegt man, wie oben, die Elemente b und
e nach der Richtung der Verbindungslinie und senkrecht dazu, so erhält
man Anziehung; wiederholt man denselben Process bei den Elementen
e und b', so erhält man Abstossung. Alle Elemente rechts von a üben
Anziehungen, immer in den Richtungen der betreffenden Verbindungslinien,
aus, alle Elemente links von a Abstossungen. Denkt man sich alle
diese Einzelwirkungen auf e nach zwei Richtungen zerlegt, nach der
Richtung von e und nach derjenigen der Geraden, so sieht man leicht
ein, dass sämmtliche ersteren Componenten sich aufheben müssen, während
die letzteren sich addiren. Als Resultante erhält man daher eine Kraft,
welche das Element e längs der
Geraden fortführt.

Fig. 87.

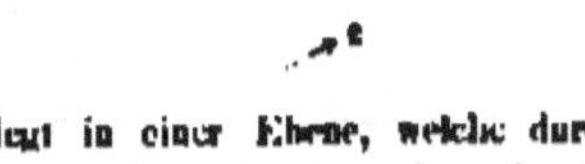

3) Element senkrecht
zur Geraden und senkrecht
zu der Ebene durch Gerade
und Element.

Jedes Element der Geraden liegt in einer Ebene, welche durch
das Element e geht und auf welcher dasselbe senkrecht steht: also ist

die Wirkung jedes Elementes der Geraden und somit auch der ganzen Geraden auf das Element s Null.

Aus den vorstehenden Betrachtungen lassen sich interessante experimentelle Schlüsse ziehen.

Zunächst ist aus Fall 1) klar, dass, wenn statt des Elementes s ebenfalls eine lange Stromlinie gesetzt wird, dieselbe von der andern bei Gleichheit der Stromrichtungen angezogen, bei Ungleichheit jener Richtungen abgestossen wird.

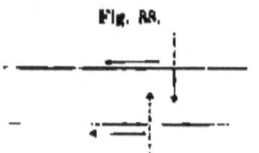

Fig. 88.

Wenn zwei parallele Leiter der zwischen ihnen wirkenden Anziehung oder Abstossung folgen, so ändert sich die Grösse der Wirkung, weil die Entfernung sich ändert; anders ist es mit zwei geraden Leitern A und B, welche sich, wie Fig. 89 zeigt, so kreuzen, dass A eine sehr lange Linie bildet, B dagegen, welcher auf A senkrecht steht, nicht über diesen hinausreicht. Nach Fall 2) muss hier auf B eine Kraft wirken, welche diesen Leiter längs A fortführt; wenn B dieser Kraft folgen kann, so ändert sich seine Entfernung von A nicht, und die auf B wirkende Kraft bleibt daher während der Bewegung stets gleich gross. Hierauf beruht der folgende Versuch, bei welchem ein fester Stromleiter einen beweglichen in continuirliche Drehung versetzt. (Fig. 90).

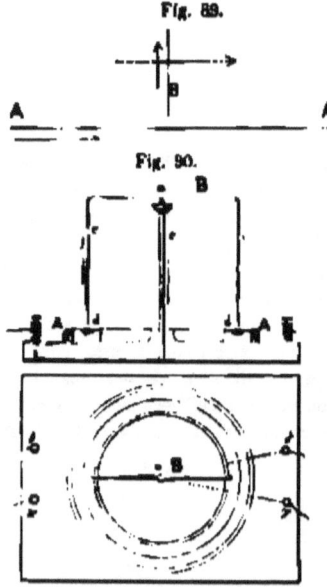

Fig. 89.

Fig. 90.

AA ist ein Leitungsdraht, welcher in vielen kreisförmigen Windungen um die hölzerne Quecksilberrinne d gelegt ist, und dessen Enden an die Klemmen δ und v gehen. In der Mitte des Brettes steht eine kleine, metallene Säule, welche mit der Klemme B in Verbindung steht und an ihrer Spitze ein Quecksilbernäpfchen trägt; in das

§. 5, XXVIII. Wirkung. d. Stromes; E. Mechan. Fernwirkungen. 159

Quecksilber des letzteren taucht eine in der Mitte des metallenen Bügels B angebrachte Stahlspitze, die beiden Enden des Bügels tauchen in das Quecksilber der Rinne d, welche ihrerseits mit der Klemme x verbunden ist. Es lässt sich also ein Strom durch den kreisförmigen Draht, ein zweiter durch die Säule, den Bügel und die Quecksilberrinne leiten. Wendet man etwas kräftige Ströme an, so geräth der Bügel in lebhafte Rotation, deren Richtung sich umkehrt, wenn die Stromrichtung im Bügel oder im kreisförmigen Draht umgekehrt wird.

Bei der beschriebenen Form dieses Versuches sind es hauptsächlich die senkrecht stehenden Theile des Bügels und die denselben benachbarten Theile des Stromkreises, welche die genannte Wirkung ausüben. Wenn der Stromkreis sehr gross wäre, so dürfte man den einem Ende des Bügels benachbarten Theil desselben als gerade Linie betrachten; wäre ausserdem der Stromkreis z. D. unter der Quecksilberrinne, so läge ja der senkrechte Theil des Bügels mit dem benachbarten Stück des Stromkreises in einer Ebene. Dieser Fall wäre aber alsdann übereinstimmend mit Fall 2) und die Entstehung der Drehung wäre erklärt, da nach jener Auseinandersetzung der senkrechte Theil des Bügels längs des geraden Stromleiters hingeführt wird. Die Verhältnisse des vorliegenden Versuches weichen nur wenig von denjenigen jenes Falles ab; also ist auch diese Erklärung im Wesentlichen richtig.

Wenn zwei gerade Leiter, von endlicher oder unendlicher Länge sich kreuzen (Fig. 91), so zerlege man ein Element des einen Leiters, z. B. von BB' nach der Richtung des anderen Leiters und senkrecht dazu und suche nach Anleitung der Fälle 1) und 2) die Wirkung auf; ebenso verfährt man mit einem auf der anderen Seite gelegenen Element. Man erkennt auf diese Weise, dass auf B eine Anziehung nach A

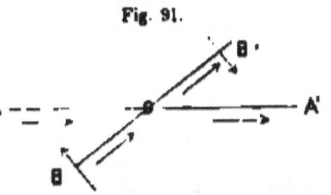

Fig. 91.

hin, auf B' eine Anziehung nach A' hin wirkt, Anziehungen, welche sich bei Umkehr des einen von beiden Strömen in Abstossungen verwandeln. Denkt man sich BB' um den Kreuzungspunkt C drehbar, so suchen diese Kräfte stets beide Leiter so lange zu drehen, bis sie einander parallel liegen, und zwar so, dass in der parallelen Lage beide Ströme gleichgerichtet sind.

XXVIII. **Ampère'scher Satz. Unendlich kleiner Stromkreis.** Um die Wirkung zweier Stromkreise von beliebiger Gestalt und Lage auf einander zu finden, bedient sich Ampère eines von ihm gefundenen Satzes, welcher jeden Stromkreis in viele kleine Stromkreise aufzulösen lehrt und so die Aufgabe dahin reducirt, die Wirkungen eines solchen kleinen Stromkreises zu kennen.

Sei AA ein beliebig gestalteter ebener Stromkreis; nach Ampère denken wir uns die Fläche desselben z. B. durch zwei Systeme von
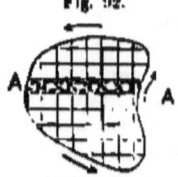
Fig. 92.
parallelen Geraden in lauter kleine Flächen zerlegt; dieselben brauchen aber nicht Vierecke zu sein, sondern können jede beliebige Gestalt besitzen, es wird nur vorausgesetzt, dass sie die Fläche stetig ausfüllen, ohne Lücken zu lassen. Jede kleine Fläche denkt man sich von einem Strom von derselben Stärke, wie AA, umkreist, und zwar muss die Richtung, in welcher jeder Strom seine Flächen umläuft, dieselbe sein, wie diejenige des peripherischen Stromes AA.

Dann ist sofort aus der Figur klar, dass für ein ausserhalb der Fläche gelegenes Stromelement die Wirkung sämmtlicher Stromkreise gleich ist der Wirkung des ursprünglichen Stromkreises AA. Denn die an dem Umfang liegenden Elemente sind die einzigen, welche keine unmittelbar daneben liegenden Nachbarelemente besitzen; alle inneren Elemente sind so angeordnet, dass immer zwei gleich grosse, von umgekehrter Stromrichtung, dicht neben einander liegen: die Wirkungen aber von je zwei so gelegenen Elementen auf ein ausserhalb gelegenes heben sich stets auf, weil Entfernung und Lage dieselben, die Stromrichtung jedoch entgegengesetzt ist. Man darf also einen Stromkreis stets durch die von demselben eingeschlossene, in ausgedehnter Weise mit kleinen Stromkreisen bedeckte Fläche ersetzen.

Ist die Wirkung eines Stromkreises auf ein Element zu bestimmen, so hat man die Summe der Wirkungen jener kleinen Stromkreise auf das Element zu nehmen; ist die Wirkung zweier Stromkreise auf einander zu finden, so denkt man sich beide Stromkreise als mit kleinen Kreisströmen bedeckte Flächen und sucht nun die Summe der Wirkungen der kleinen Stromkreise auf einander.

Dies ist der Weg, den Ampère eingeschlagen hat, um aus seinem Grundgesetze die Wirkungen der Stromkreise zu erklären.

Um unsere übersichtliche Darstellung der Ampère'schen Theorie zu vervollständigen, wollen wir noch kurz die Wirkungen eines kleinen Stromkreises auf ein Stromelement und auf einen zweiten kleinen Stromkreis betrachten.

§. 5, XXVIII. Wirkung. d. Strömen; E. Mechan. Fernewirkungen.

Wir denken uns den kleinen Stromkreis als Viereck, weil wir in diesem Fall den Sinn seiner Wirkungen leicht übersehen können; wir geben im Folgenden nur die Wirkungen der einzelnen Hauptfälle an mit einigen Andeutungen über die Ableitung derselben.

Wirkung eines kleinen Stromkreises auf ein Stromelement. Durch den Mittelpunkt des Stromelementes *e* legen wir die drei Coordinatenaxen X, Y, Z, in die Verbindungslinie kommt die X-Axe zu liegen. Dann hat man folgende Hauptfälle:

a) Stromkreis *a b c d* in der Verbindungslinie, in der XZ-Ebene.

1) Stromelement *e* in der Verbindungslinie (Fig. 93). Das Element wird seitlich fortgetrieben in der Richtung der Z; von den vier Stromlinien *a*, *b*, *c*, *d* des kleinen Stromkreises übt die nächstgelegene *a* die Hauptwirkung aus, diejenige von *c* ist umgekehrt, aber kleiner, wegen der grösseren Entfernung, die Wirkungen von *b* und *d* heben sich gegenseitig auf.

2) Stromelement *e* senkrecht zur Verbindungslinie und zum Stromkreis (Fig. 94). Wirkung Null; *a* und *c* üben keine Wirkung aus, diejenigen von *b* und *d* heben sich auf.

3) Stromelement *e* senkrecht zur Verbindungslinie, in der Ebene des Stromkreises (Fig. 95). Die Wirkung ist eine abstossende oder anziehende, je nach der Stromrichtung; die Wirkungen von *b* und *d* heben sich auf, die Hauptwirkung

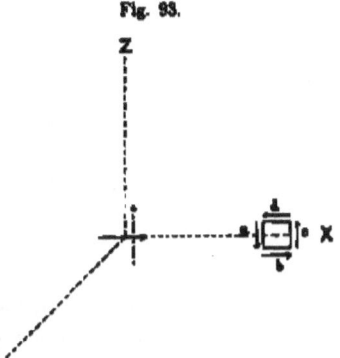

Fig. 93.

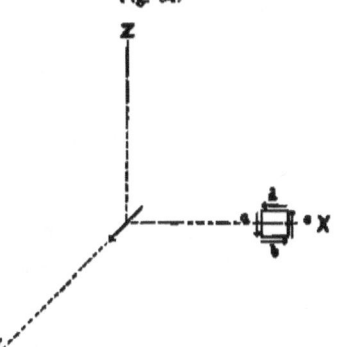

Fig. 94.

geht von *a* aus, von welcher die entgegengesetzte, von *c* ausgeübte, in Abzug zu bringen ist.

b) Stromkreis *a b c d* senkrecht zur Verbindungslinie.

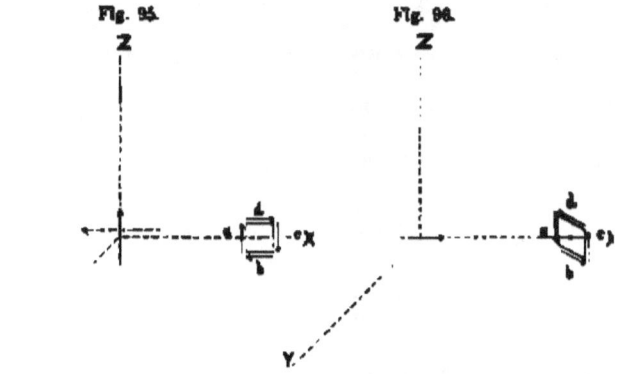

Fig. 95.   Fig. 96.

4) Stromelement *e* in der Verbindungslinie (Fig. 96). Wirkung Null; die Wirkungen von *a* und *c*, und diejenigen von *b* und *d* heben sich auf.

5) Stromelement *e* senkrecht zur Verbindungslinie [nach der Richtung der *Y*.] (Fig. 97). Das Element wird seitlich fortgeführt (nach der Richtung der *Z*). Diese Wirkung rührt her von den Elementen *a* und *c*, welche beide in demselben Sinne wirken; die Wirkungen von *b* und *d* heben sich auf.

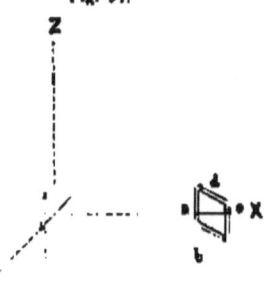

Fig. 97.

Wirkung zweier kleiner Stromkreise auf einander. Wir stellen wieder die beiden Stromkreise als Vierecke dar, legen den einen (*a b c d*) in den Anfangspunkt der Coordinaten, den andern (*a' b' c' d'*) auf die *X*-Axe.

1) Stromkreis *a b c d* und Stromkreis *a' b' c' d'* in derselben Ebene (*X Z*), parallel der Verbindungslinie (Fig. 9b).

§. 5, XXVIII. Wirkung. d. Stromes; F. Mechan. Fernewirkungen. 163

Die Wirkung ist eine anziehende oder abstossende, je nach der Stromesrichtung; massgebend ist die Wirkung der nächstliegenden Stromlinien a' und c.

2) **Stromkreise senkrecht zu einander, beide parallel der Verbindungslinie (Fig. 99).** Wirkung Null; a' und c' wirken gar nicht, die Wirkungen von b und d heben sich auf.

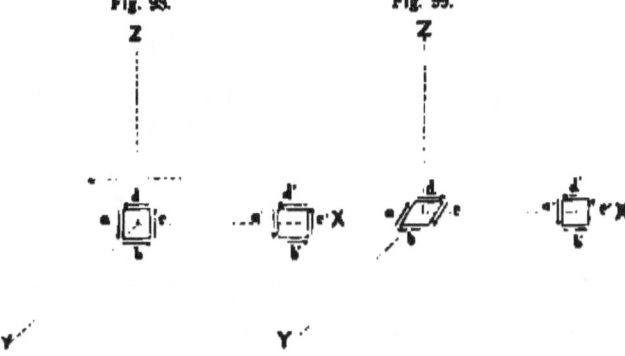

Fig. 98.   Fig. 99.

3) **Stromkreise senkrecht zu einander, der eine senkrecht, der andere parallel zur Verbindungslinie (Fig. 100).** Wirkung Null. Wenn man die Wirkung eines Elementes des einen Stromkreises auf ein Element des anderen Stromkreises betrachtet, so findet sich stets ein anderes Elementenpaar, welches die gleiche, aber entgegengesetzte Wirkung ausübt; die Summe aller Wirkungen ist daher Null.

Fig. 100.

4) **Stromkreise zu einander parallel, zu der Verbindungslinie beide senkrecht (Fig. 101).** Die Wirkung ist eine Anziehung oder Abstossung, je nach der Stromesrichtung. Je zwei gleichgerichtete und nächstgelegene Elemente haben entweder immer gleiche

11*

oder entgegengesetzte Stromesrichtung (a, a') (b, b') u. s. w.; alle solche Paare ziehen sich also entweder an, oder sie stossen sich ab; da die übrigen Wirkungen schwächer sind, bleiben jene massgebend.

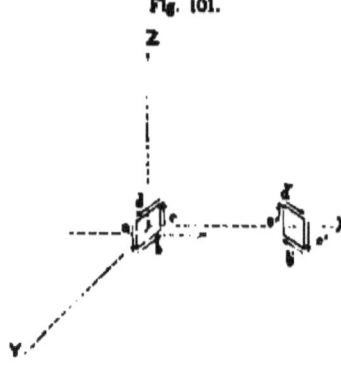

Fig. 101.

XXIX. Die galvanische Schraube. Der unendlich kleine Stromkreis, dessen Wirkungen wir im Vorhergehenden betrachtet haben, bildet den Uebergang zu dem wichtigsten unter diesen Stromgebilden, der galvanischen Schraube (von Ampère „Solenoid" genannt). Setzt man nämlich viele gleiche kleine Stromkreise über einander, reiht man sie gleichsam an eine Linie von beliebiger Gestalt, so erhält man ein Gebilde, dessen Gesammtwirkung ein sehr einfaches Gesetz befolgt und welches, wie wir später sehen werden, die grösste Aehnlichkeit zeigt mit einem **Magnetstab**.

Solche galvanische Schrauben lassen sich auch leicht experimentell herstellen; jeder auf einem Stabe schraubenförmig aufgewickelte Leitungsdraht, dessen Enden nach der Mitte zurück und vereinigt weitergeführt sind, entspricht im Wesentlichen einer solchen, wenn er vom Strome durchflossen wird (Fig. 102).

An einer so verfertigten galvanischen Schraube werden die beiden äussersten Stromkreise, wenn man sie beide von Aussen betrachtet, in verschiedener Richtung vom Strome durchflossen;

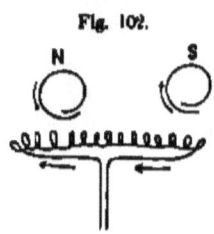

Fig. 102.

es muss nothwendiger Weise das eine Ende vom Strome in der Richtung der Bewegung des Uhrzeigers (Fig. 102 S), das andere in der entgegengesetzten Richtung (Fig. 102 N) durchflossen werden. Wir nennen das erstere Ende den **Südpol**, das letztere den **Nordpol** der galvanischen Schraube; später wird sich zeigen, dass diese Pole ähnlich wirken, wie die entsprechenden Pole eines Magneten.

Das wichtigste Merkmal der Wirkungsweise einer galvanischen Schraube besteht darin, dass ihre Wirkung nur von den Polen ausgeht; es ist völlig gleichgültig, welche Curve die Axe der Schraube bildet, und welche Länge dieselbe besitzt. Man darf sich daher stets statt einer Schraube SaN (Fig. 103) zwei andere, von entgegengesetzten Strömen durchflossene, von S bez. N sich in's Unendliche erstreckende Schrauben Sb, Nc denken. Bei solchen Schrauben wird der in unendlicher Entfernung liegende Pol wegen der grossen Entfernung unwirksam, diese Schrauben besitzen daher faktisch nur einen Pol, und jede zweipolige Schraube lässt sich auf diese Weise durch zwei einpolige ersetzen.

Fig. 103.

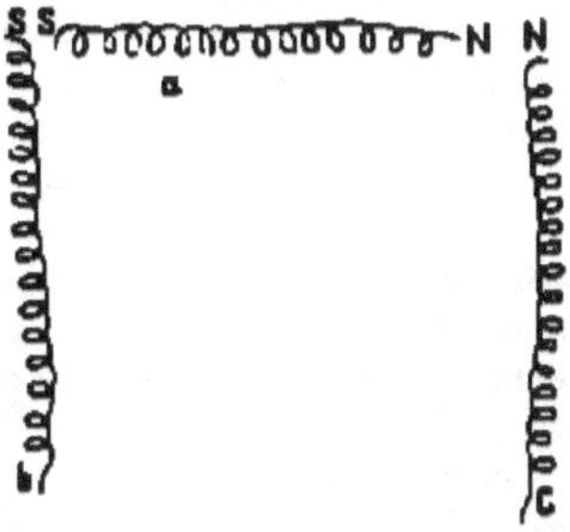

Die Wirkung des Poles p einer solchen einpoligen Schraube auf ein Stromelement e' (Fig. 104) ist nun
proportional der Stromstärke i der
Schraube, der Stromstärke i' des Elementes,
    der Länge des Elementes e',
    der Fläche f eines Stromkreises der Schraube,
    der Dichte d der Wicklung der Schraube, oder der Anzahl von Stromkreisen, welche auf die Längeneinheit der Schraubenaxe kommen,
    dem Sinus des Winkels (r, e'), welchen die Verbindungslinie r mit dem Elemente einschliesst; ferner

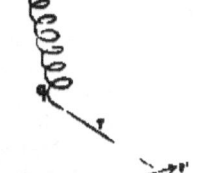

Fig 104.

umgekehrt proportional dem Quadrat der Entfernung r.
Der mathematische Ausdruck dieser Kraft ist daher

$$\frac{i\, i' . e' . d . f . \sin(r, e')}{r^2}$$

Die Richtung dieser Kraft steht stets senkrecht zu der Ebene, welche durch die Verbindungslinie und das Element e' geht. Ist also das Element beweglich, so wird dasselbe in einer auf seiner eigenen senkrecht stehenden Richtung fortgeführt.

Die genaue Bestimmung der Richtung der Kraft ist durch die sog. Ampère'sche Regel gegeben. Nach derselben hat man sich in dem Element liegend vorzustellen, den Strom bei den Füssen ein-, zum Kopfe austretend und den Pol anzusehen. Ist nun der Pol beweglich, so wird derselbe nach **links** bewegt, wenn es ein Nordpol, nach rechts, wenn es ein Südpol ist. Ist dagegen das Element beweglich, so wird dasselbe von einem Nordpol nach **rechts**, von einem Südpole nach **links** hin bewegt.

Ist die galvanische Schraube keine unendlich lange mit einem Pole, sondern eine von endlicher Länge mit zwei Polen, so wirken beide Pole auf das Stromelement in verschiedener Weise; die aus diesen beiden Kräften resultirende Kraft ist dann diejenige, welcher das Element folgt.

Sind es zwei Pole von galvanischen Schrauben, welche auf einander wirken, so entstehen einfache Anziehungen oder Abstossungen, wie sie bei zwei senkrecht zu der Verbindungslinie stehenden, unter sich parallelen Stromelementen, oder zwei senkrecht zur Verbindungslinie stehenden, kleinen Stromkreisen auftreten; im Vergleich zu den Wirkungen von Stromelementen oder Stromkreisen sind jedoch diejenigen der Schraubenpole viel kräftiger.

Wenn man zwei auf der Verbindungslinie senkrecht stehende Stromkreise, welche sich gegenseitig anziehen, von der Verbindungslinie aus betrachtet, so sind die Stromumläufe nach der oben angenommenen Bezeichnung verschieden, der eine im Sinne, der andere entgegen gesetzt dem Sinne des Uhrzeigers. Denkt man sich also hinter jedem dieser Stromkreise eine unendliche Reihe gleicher Stromkreise, so dass jeder ersten Stromkreise zu Polen von zwei sehr langen galvanischen Schrauben werden, so sind im Falle der Anziehung die Pole ungleichnamig, im Falle der Abstossung gleichnamig.

Daher gilt für die Pole von galvanischen Schrauben folgendes Gesetz:

Ungleichnamige Pole ziehen sich an, gleichnamige Pole stossen sich ab; und zwar sind diese Wirkungen

proportional dem Product der in den beiden Schrauben herrschenden Stromstärken,

dem Product der Stromflächen zweier einzelner Stromkreise der beiden Schrauben,

dem Product der Dichten der Wicklung in beiden Schrauben, und umgekehrt proportional dem Quadrat der Entfernung.

Experimentell lassen sich die Anziehungen und Abstossungen mittelst der Schwimmer von de la Rive zeigen (Fig. 105). Ein kleines, galvanisches Element (Zink, Kupfer, Säure) ist in einem leichten Becherglässchen mittelst eines grossen Korkes verschlossen, welcher das ganze Element schwimmend erhält. Ueber dem Kork ist der die Pole des Elementes verbindende Leitungsdraht zu einer horizontalen galvanischen Schraube gewickelt. Nähert man dieser beweglichen galvanischen Schraube von aussen Pole anderer Schrauben, so lässt sich durch die Drehungen und Verschiebungen, welche die schwimmende Schraube zeigt, leicht das obige Gesetz veranschaulichen und bestätigen.

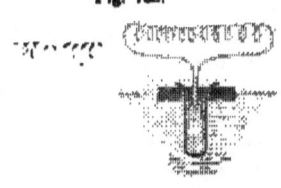

Fig. 105.

F. Elektrische Fernewirkungen.

XXX. **Allgemeines.** Die elektrischen Fernewirkungen des Stromes erhalten, wie schon auf Seite 150 bemerkt, praktische Bedeutung erst, wenn magnetische Kräfte zu Hülfe genommen werden. Wie wir später sehen werden, lassen sich Magnete stets durch elektrische Ströme von einer gewissen Anordnung ersetzen; der praktische Unterschied zwischen elektrischen Strömen und Magneten jedoch ist der, dass die letzteren weit kräftiger sind, als die durch die gewöhnlichen Hülfsmittel hervorgebrachten elektrischen Ströme; ein Magnet ist daher gleichsam ein in kleinem Raum zusammengedrängter Vorrath von sehr kräftigen Strömen, welcher durch den Gebrauch zur Hervorbringung von Bewegungen und Erzeugung von elektrischen Strömen nur allmählig abnimmt und leicht wieder ergänzt werden kann.

Wenn daher auch in praktischer Beziehung die elektrische Fernewirkung eines Magnetes viel wichtiger ist, als diejenige eines Stromes, so lässt sich doch die erstere Wirkung leichter begreifen und übersehen, wenn man die letztere bereits kennt, — wie bei der mechanischen Fernewirkung.

Wir haben in XXV. ff. gesehen, dass zwei von elektrischen Strömen durchflossene Leiter, abgesehen von einzelnen Fällen, stets mechanische Einwirkungen auf einander ausüben, welche, im Falle der Beweglichkeit der Leiter, Bewegungen veranlassen.

Ebenso lässt sich, abgesehen von besonderen Fällen, von den elektrischen Fernewirkungen sagen: jeder elektrische Strom erzeugt in einem geschlossenen Leiter einen Strom, wenn einer der beiden Leiter bewegt wird. Den erzeugenden Strom nennt man den primären, den erzeugten Strom den secundären oder Inductionsstrom.

Mit diesem Satze ist jedoch das Gebiet der Inductionsströme nicht erschöpft; vielmehr giebt es eine Reihe von Fällen, wo ein Strom in einem geschlossenen Leiter durch einen anderen Strom hervorgerufen wird, ohne dass ein Leiter bewegt wird; in diesen Fällen besteht die Ursache der Erregung des Inductionsstromes in einer Veränderung der Intensität des primären Stromes. Und zwar ist diese Art der Entstehung von Inductionsströmen eben so allgemein, wie die vorige, so dass der folgende Satz, abgesehen von einzelnen Fällen, gültig ist: jede Veränderung der Intensität eines elektrischen Stromes erzeugt in einem geschlossenen Leiter einen Strom.

Diese beiden Klassen, in welche die Inductionsströme zerfallen, sind jedoch nur äusserlich von einander getrennt; bei der Erklärung dieser Art von Strömen wird sich zeigen, dass beide Klassen denselben Gesetzen gehorchen, und dass man die Bewegung eines durchströmten Leiters ebenso gut als eine Veränderung der Intensität des Stromes auffassen kann und umgekehrt.

Aus den beiden mitgetheilten Sätzen geht jedoch andrerseits hervor, dass die Entstehung von Inductionsströmen jede elektrische Erscheinung in der Natur und jedes elektrische Experiment begleiten muss.

Die meisten natürlich vorkommenden Körper sind bis zu einem gewissen Grade Leiter; als vollkommene Nichtleiter kennen wir nur sehr wenige. Wo aber Leiter vorkommen, sind auch geschlossene Leitungen vorhanden, sei es im Innern eines leitenden Körpers, sei es durch Verbindung mehrerer Leiter zu einem Kreise. Wenn nun irgendwo ein elektrischer Strom entsteht oder verschwindet, oder wenn sich ein Leiter, in welchem bereits ein Strom kreist, bewegt, so müssen eigentlich in allen geschlossenen Leitern, welche überhaupt in der Natur vorkommen, Ströme entstehen — natürlich sind nur diejenigen merkbar, deren Leiter sich in der Nähe des Leiters des primären Stromes befinden. Hieraus folgt unmittelbar, dass die meisten unter den grossen Bewegungen im Himmelsraume und auf der Erdoberfläche von elektrischen Erscheinungen begleitet sein müssen, dass umgekehrt die grossen elektrischen Ströme, z. B. im Innern der Erde, die Entstehung von anderen Strömen veranlassen; für den Elektrotechniker aber geht hieraus hervor,

§. 5, XXXI. Wirkung. d. Stromes; V. Elektr. Fernewirkungen. 169

dass er keinen Strom schliessen oder öffnen, keinen durchströmten Leiter oder Magneten von seinem Platz rücken kann, ohne dass in den geschlossenen Leitungen seiner Apparate Ströme entstehen.

XXXI. Hauptfälle. Wir betrachten vorerst die vier charakteristischen Hauptfälle der Induction durch elektrische Ströme.

Erster Fall (Verschiebung).

ab und AB (Fig. 106) seien kreisförmige Leiter, ihre Ebenen stehen senkrecht auf der durch ihre Mittelpunkte gehenden Geraden pq, ihrer Axe. Durch AB fliesst ein constanter Strom; ab ist in der in Fig. 106 ersichtlichen Weise mit einem Galvanometer g verbunden, welches die in ab auftretenden Ströme anzeigt. Der Stromkreis ab wird nun längs der Axe pq verschoben, wobei er aber stets sich parallel bleibt, so dass keine Drehung, sondern eine gleiche Verschiebung aller Theile erfolgt.

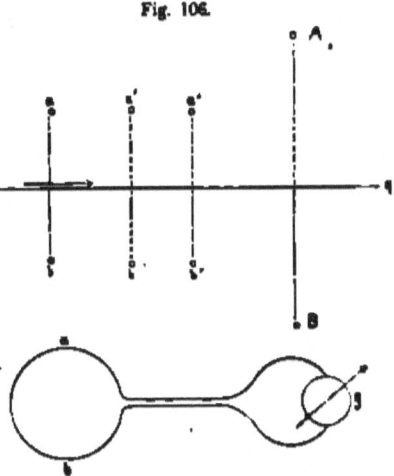

Fig. 106.

Bei jeder solchen Verschiebung von ab nach $a'b'$, $a''b''$ u. s. w. entsteht ein augenblicklicher Strom in ab, und zwar stets in derselben Richtung, wenn ab dem anderen Stromkreis AB genähert, in der entgegengesetzten Richtung, wenn ab entfernt wird.

Es kommt jedoch nicht darauf an, dass gerade der Stromkreis ab bewegt wird; man erhält dieselben Resultate, wenn man den Stromkreis AB bewegt, und zwar ist die Richtung des Inductionsstromes in ab dieselbe, wenn ab genähert wird und AB fest bleibt, als wenn AB genähert wird und ab fest bleibt; die entgegengesetzte Richtung tritt bei der Entfernung, sei es des einen, sei es des anderen Stromkreises auf. Es kommt überhaupt nur auf die relative Bewegung an, nicht auf die absolute. Würden die beiden Stromkreise zugleich in beliebiger

Weise bewegt, aber so, dass ihre gegenseitige Lage dieselbe bleibt, so würde kein Strom in ab entstehen.

Die Richtung des Inductionsstromes, bei gegebener Richtung des primären Stromes, ist bei der Näherung aus (Fig. 107a.), bei der Entfernung aus Fig. (107b.) zu ersehen.

Rückt man z. B. ab immer um einen Zoll näher an AB, indem man zugleich die Ausschläge der Galvanometernadel notirt, so bemerkt

Fig. 107.

man, dass die Ausschläge, die derselben Verrückung entsprechen, mit der Annäherung an AB rasch wachsen und zwar in stärkerem Masse, als die Entfernung abnimmt. Entfernt man umgekehrt ab, so findet man bald eine Lage, wo eine Verrückung, z. B. um einen Zoll, keinen merkbaren Einfluss auf die Nadel ausübt; wendet man aber nun ein empfindlicheres Galvanometer an, so erhält man wieder Ausschläge. Man muss daher annehmen, dass selbst in grosser Entfernung noch Inductionsströme erregt werden, wenn auch nur von unbedeutender Stärke.

Wenn man in irgend einer Lage stets dieselbe Verrückung, z. B. um einen Zoll, wiederholt, aber mit verschiedener Geschwindigkeit, so erhält man stets denselben Ausschlag, so lange nämlich die Zeit, welche die Verrückung in Anspruch nimmt, wesentlich geringer ist, als die Schwingungsdauer der Galvanometernadel. Die Stärke des Inductionsstromes hängt nur ab von der Anfangs- und Endlage des Stromkreises ab, nicht von der Art der Bewegung. Ist die Geschwindigkeit der Bewegung eine so langsame, dass die Nadel nicht mehr merklich abgelenkt wird, so kann man andere Strommessapparate, z. B. ein Voltameter anwenden; man wird finden, dass bei derselben Verrückung stets dieselbe Menge Wasser zersetzt wird, unabhängig von der Art der Bewegung.

Der Inductionsstrom ist nur so lange vorhanden, als die Bewegung dauert; sowie die Bewegung aufhört, verschwindet auch der Inductionsstrom.

Zweiter Fall. (Drehung).

Ein geschlossener Leiter ab (Fig. 108) liege in derselben Ebene, wie der von einem Strom durchflossene Kreis AB, und werde um eine in dieser Ebene liegende Axe KK gedreht, wobei die nach Aussen führenden Enden in der Axe KK bleiben, so dass sie als relativ ruhig zu betrachten sind. Bei jeder Drehung von ab entsteht nun ein Strom, und zwar, wenn ab anfänglich in der Ebene von AB lag, von derselben Richtung, bis ab wieder in die Ebene von AB eintritt, also bei der ersten halben Umdrehung; bei der zweiten halben Umdrehung haben die Inductionsströme die entgegengesetzte Richtung. Versetzt man also ab in rasche und continuirliche Drehung, so erhält man Ströme von wechselnder Richtung, sog. Wechselströme;

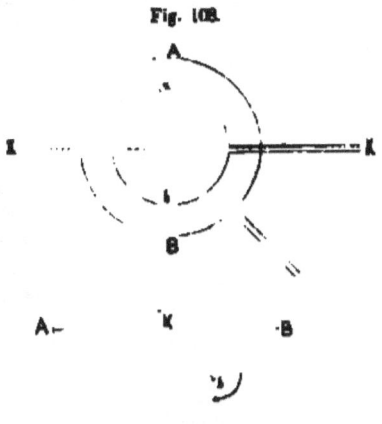

Fig. 108.

jeder Strom in der einen Richtung ist gleich stark, wie der folgende in der entgegengesetzten Richtung. Die Nadel eines in ab eingeschalteten Galvanometers schwingt deshalb, so lange sie den Impulsen folgen kann, in Einem fort hin und her, ohne einen bleibenden Ausschlag anzunehmen; bei schnellerer Drehung werden die Schwingungen kleiner, und bei sehr schneller Drehung bleibt die Nadel stehen.

Dreht man immer um gleiche Winkel, so sind die erhaltenen Ströme am stärksten, wenn sich ab in der Nähe der Ebene von AB befindet, am schwächsten in der dazu senkrechten Stellung.

In Bezug auf die Geschwindigkeit der Drehung zeigt sich ein ganz ähnliches Verhalten, wie im ersten Fall; der durch eine Drehung erzeugte Strom ist nur abhängig von Anfang- und Endlage des Leiters ab.

Die Richtung der Inductionsströme ist durch Fig. 108 angegeben; entgegengesetzte Drehung gibt entgegengesetzten Strom.

Dritter Fall. (Drehung mit Gleitstelle).

Unter den mechanischen Fernewirkungen hat sich (S. 158, Fig. 90) ein Fall gefunden, wo ein fester, durchströmter Leiter ein ebenfalls vom Strom durchflossenes Leiterstück in gleichmässige fortdauernde Drehung versetzt. Wenn man bei demselben Apparat in das Leiterstück B keinen Strom schickt, sondern dasselbe mit der Hand oder mechanisch in gleichmässige Drehung versetzt, so entsteht ein **constanter Inductionsstrom** in dem Stromkreis, von welchem das Leiterstück B einen Theil ausmacht. Und zwar hat der Inductionsstrom die derjenigen entgegengesetzte Richtung, welche der Strom haben müsste, wenn dieselbe Drehung durch die Wirkung des festen Kreisstromes erfolgen würde. Dreht man den Leiter immer um gleiche Winkel, so erhält man gleiche Inductionsströme, von welcher Lage des Leiterstücks auch ausgegangen wird.

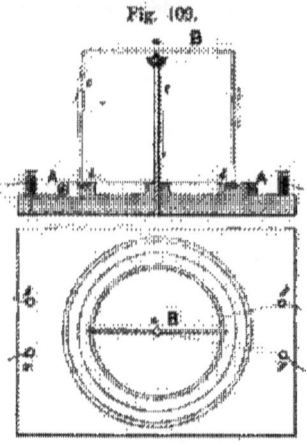

Fig. 109.

Vierter Fall. (Inductionsströme beim Entstehen und Verschwinden von Strömen).

Wie beim ersten Fall seien zwei Kreisströme, AB und ab (Fig. 110), in einander gelegt und der letztere mit einem Galvanometer verbunden. Beim Oeffnen und Schliessen des primären Stromes AB erhält man Inductionsströme im secundären Kreis ab, ohne dass einer der beiden Leiter bewegt wird; und zwar ist der beim Schliessen entstehende Strom dem primären in AB entgegengesetzt, der beim Oeffnen entstehende gleich gerichtet. Der Inductionsstrom wird bedeutend verstärkt, wenn man im primären, wie im secundären Kreise die einfachen Kreise durch viele Windungen ersetzt.

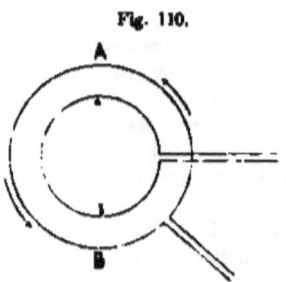

Fig. 110.

Ist ein auf eine Rolle gewickelter Draht in einen Stromkreis eingeschaltet, so wirkt beim Schliessen und Oeffnen des Stromes jede Win-

§. 5, XXXII. Wirkung. d. Stromes; F. Elektr. Fernewirkungen. 173

dung auf die andere, wie oben eine Windung des primären auf eine des secundären Kreises, und man erhält daher beim Schliessen eine **Schwächung** des Stromes, beim Oeffnen suchen die Inductionsströme gleichsam den Strom zu verlängern, so dass an der Stelle, wo der Strom geöffnet wurde, zwischen den getrennten Drahtenden ein **Funken** überspringt, der sog. **Oeffnungsfunke**; die beim Oeffnen in der Rolle erzeugten Inductionsströme treiben die Dichte an der Trennungsstelle so hoch, dass die Elektricität die Luftschicht zu durchbrechen, oder doch die losgerissenen Theile, welche noch den Uebergang bilden, zum Glühen zu bringen vermag. Derselbe Funke tritt auch, obgleich viel schwächer, beim Oeffnen von einfachen, keine Rollen oder Spiralen enthaltende, Stromkreisen auf.

Ein in dem eigenen Leiter des primären Stromes durch Schliessen oder Oeffnen entstehenden Inductionsstrom heisst **Extrastrom**.

XXXII. **Erfahrungsgesetze.** Die Theorie der Inductionsströme ist heutzutage vollständig entwickelt, wenigstens für diejenigen Fälle, in welchen die Formen der Leiter und die Art ihrer Bewegungen einfacher Natur sind; diese Theorie beruht auf einigen allgemeinen mathematischen Sätzen, durch deren Anwendung der in einem speciellen Fall auftretende Inductionsstrom bestimmt wird.

Die Gesetze der Inductionsströme, welche nachstehend aufgeführt werden, sind nicht jene Sätze der Theorie, sondern Gesetze, welche unmittelbar aus der Beobachtung gewonnen sind, auf welchen jene Theorie erst aufgebaut wurde; die Darstellung dieser Gesetze wird uns genügen, um einen allgemeinen Einblick in das Wesen der Inductionsströme zu gewinnen.

Erstes Gesetz. Die elektromotorische Kraft eines inducirten Stromes ist unabhängig von dem Stoff des Leiters, in welchem der Strom entsteht.

Diese Thatsache wurde experimentell auf folgende Weise festgestellt. Es wurde der Inductionsstrom gemessen, welcher in einer Drahtrolle entstand, wenn dieselbe gegen ein System von Strömen fiel. Solcher Drahtrollen wurden verschiedene angefertigt von verschiedenen Metallen, aber von gleichen Dimensionen, des Drahtes sowohl, wie der Rolle. Da die verschiedenen Drahtrollen natürlich ganz verschiedene Widerstände zeigten, wurde jedesmal so viel Widerstand in den secundären Kreis eingeschaltet, dass der ganze Kreis in jedem Fall denselben Widerstand besass. Die Versuche zeigten nun, dass sämmtliche Rollen gleich starke Inductionsströme lieferten; da der Widerstand bei allen Versuchen derselbe war, musste die elektromotorische Kraft dieselbe gewesen sein.

Zweites Gesetz. Unter gleichen Umständen ist die elektromotorische Kraft des Inductionsstromes proportional der Geschwindigkeit der Bewegung.

Bei den einfachen Fällen der Erzeugung von Inductionsströmen durch Bewegung, siehe oben Fälle 1) und 2), bemerkt man, dass es ganz gleichgültig ist, ob die Bewegungen schnell oder langsam geschehen, wenn nur Anfangs- und Endlage des Leiters dieselben bleiben, dass also die Stärke des Inductionsstromes nur von diesen beiden Lagen abhängt.

Hiermit ist das obige Gesetz bewiesen. Denn die im bewegten Leiter erregte elektromotorische Kraft ist vorab proportional der Dauer der Bewegung. Wenn nun dieselbe Bewegung zuerst mit irgend einer Geschwindigkeit, zum zweiten Male aber mit der doppelten Geschwindigkeit ausgeführt wird, so ist im letzteren Falle die Dauer der Bewegung nur halb so lang als im ersteren; andrerseits sind aber die in beiden Fällen erregten elektromotorischen Kräfte gleich, also muss die in der Einheit der Zeit erregte elektromotorische Kraft bei der doppelten Geschwindigkeit doppelt so gross gewesen sein, als bei der einfachen. Alle übrigen Umstände sind in beiden Fällen gleich; also ist die inducirte elektromotorische Kraft proportional der Geschwindigkeit.

Drittes Gesetz. (Lenz'sche Regel). Die Richtung des inducirten Stromes ist immer eine solche, dass die Wirkung des inducirenden Stromes auf den inducirten die Bewegung zu hemmen sucht.

Diese wichtige Regel gibt auch in den complicirtesten Fällen, durch Anwendung der Gesetze der mechanischen Fernewirkungen, Aufschluss über die Richtung des inducirten Stromes; wir wollen dieselbe an zwei Beispielen illustriren.

Fig. 111.

Von zwei parallelen, langen Stromleitern BB und AA (Fig. 111) werde A von einem Strom durchflossen, B sei ohne Strom, aber geschlossen, B werde gegen A bewegt. Dann entsteht in B ein Strom, dessen Richtung derjenigen des Stromes in A entgegengesetzt ist; denn in diesem Falle stossen sich die beiden Ströme ab, die Wirkung des inducirenden Stromes auf den inducirten ist also der Bewegung entgegengesetzt.

Ferner werde ein geschlossener, gerader Leiter BB (Fig. 112), welcher senkrecht zur Stromlinie AA steht, in derselben Richtung verschoben, welche der Strom in AA hat. Dann muss der inducirte Strom nach der Kreuzungsstelle zufliessen; denn in diesem Falle sucht der inducirende Strom den Leiter des inducirten Stromes in der seiner Bewegung entgegengesetzten Richtung zu verschieben.

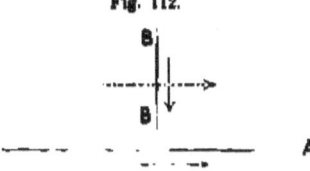

Fig. 112.

Es folgt ferner aus diesem Gesetze, dass in allen Fällen, in welchen die mechanische Fernewirkung der beiden Ströme auf einander, nach der Richtung der Bewegung, Null wäre, kein inducirter Strom entstehen kann; oder dass ein inducirter Strom nur in den Fällen entsteht, in welchen er die Bewegung seines eigenen Leiters hindern kann.

Würde z. B. im ersteren der obigen Beispiele die Linie BB nicht senkrecht zu sich selbst bewegt, sondern in ihrer eigenen Richtung fortgeschoben — wobei immer die Linie BB als unendlich lang vorausgesetzt ist — so würde, wenn ein inducirter Strom entstände, der inducirende Strom denselben senkrecht zur Bewegungsrichtung zu bewegen suchen, würde also die Bewegung weder hemmen noch unterstützen; also entsteht kein Strom. Ebensowenig entsteht ein Strom, wenn in dem zweiten Beispiel der Leiter BB in seiner eigenen Richtung nach der Kreuzungsstelle hin verschoben würde.

Viertes Gesetz. Die Stärke des inducirten Stromes ist proportional der Stärke des inducirenden Stromes.

XXXIII. Grundgesetz. Aus den obigen vier Gesetzen, welche direct aus der Beobachtung abgeleitet sind, lässt sich der vollständige Ausdruck für die in einem Element des inducirten Leiters erregte elektromotorische Kraft ableiten; jene vier Gesetze geben nur einzelne Beziehungen und Eigenschaften dieser Grösse, ihre Vereinigung gibt die Abhängigkeit derselben von allen ursächlichen Momenten, der so gewonnene Ausdruck bildet dann das **Elementargesetz der inducirten Ströme.**

Denken wir uns einen constanten inducirenden Strom von beliebiger Gestalt, auf einen zweiten geschlossenen Leiter von beliebiger Gestalt, welcher in Bewegung begriffen ist, inducirend wirken, und suchen die von dem ersteren Strom in einem Element des letzteren Leiters erregte elektromotorische Kraft zu bestimmen.

Aus den Gesetzen 2) und 4) folgt unmittelbar, dass die inducirte elektromotorische Kraft proportional dem Produkt aus der Geschwindigkeit des inducirten Stromelements und der Stromstärke des inducirenden Stromes. Wenn daher j der inducirte Strom, J der inducirende, v die Geschwindigkeit des inducirten Elementes und K eine Constante, so ist

a) . . . . . . $j = K \cdot v \cdot J$.

Nun bestimmt aber die Lenz'sche Regel, dass der Strom j stets eine solche Richtung haben müsse, dass die Wirkung von J auf j die Bewegung hemmt. Diese Wirkung kann, wie wir bei den mechanischen Fernewirkungen gesehen haben, jede beliebige Richtung haben, je nach Lage und Form des Stromkreises und des Elementes. Man muss sich daher jene Wirkung zerlegt denken in drei Componenten, nach der Richtung der Bewegung und nach zwei zu derselben senkrecht stehenden Richtungen; dann bestimmt die Lenz'sche Regel, dass die nach der Bewegungsrichtung genommene Componente der Wirkung von J auf ein Element s des inducirten Leiters entgegengesetzt der Bewegung oder Geschwindigkeit gerichtet sein müsse.

Diese Componente ist, wie wir bei den mechanischen Fernewirkungen gesehen haben, proportional den Strömen j und J und einer Grösse C, welche nur von Form und Lage der Leiter abhängig ist, also $= j \cdot J \cdot C$; ferner nehmen wir die jeweilige Bewegungsrichtung des inducirten Elementes s als positive Richtung an. Dann muss nach der Lenz'schen Regel jene Componente der mechanischen Fernewirkung stets einen negativen Werth haben, d. h. der Bewegung entgegengesetzt gerichtet sein, oder

b) . . . . . . $j \cdot J \cdot C < 0$.

Aus dieser Gleichung geht unmittelbar hervor, dass der inducirte Strom j abhängig sein muss von der Grösse der mechanischen Fernewirkung der beiden Ströme auf einander.

Die Grösse JC ist nämlich nichts anders, als die nach der Bewegungsrichtung genommene Componente der mechanischen Fernewirkung des Stromes J auf das Element s, wenn in diesem letzteren der Strom 1 vorhanden ist. Sobald die Grösse JC ihr Zeichen wechselt, so muss auch j sein Zeichen wechseln, da nach Gleichung b) das Produkt jJC stets dasselbe Zeichen haben muss; diess ist aber nur möglich, wenn der inducirte Strom von der Grösse der mechanischen Fernewirkung, bezogen auf $j = 1$, abhängig ist. Diese letztere ändert ihr Zeichen, erstens, wenn der Strom J sein Zeichen ändert; zweitens aber können auch Lage und Form des Stromes J sich so verändern, dass die mechanische Fernewirkung umschlägt, z. B. aus einer Anziehung eine Abstossung wird; in beiden Fällen muss auch der inducirte Strom j sein Zeichen ändern.

Die beiden Thatsachen, dass j eine Funktion ist von JC, die gleichzeitig mit JC ihr Zeichen ändert, und dass j proportional J ist (Gleichung a)), sind, wie die Mathematik lehrt, nur vereinbar, wenn j auch proportional ist C.

Auf diese Weise erhält man für j folgenden Ausdruck:

$$j = - a s r J C$$

wo a eine positive Constante, s die Länge des Elementes, in welchem Strom inducirt wird.

Der inducirte Strom j wird aber ebenso, wie ein stationärer Strom, dargestellt durch den Quotienten $\frac{e}{w}$, wo e die inducirte elektromotorische Kraft, w der Widerstand des Elementes s; die Grösse e muss daher demselben Ausdruck gehorchen, wie j, nur mit dem Unterschied, dass für a eine andere Constante, die wir ε nennen wollen, einzusetzen ist.

Der Ausdruck für die durch den Strom J in einem mit der Geschwindigkeit r bewegten Leiterelement s inducirte elektromotorische Kraft ist daher

1. . . . . $e = - \varepsilon s r J C$

wo die Richtung der Geschwindigkeit als positiv angenommen ist und C die nach dieser Richtung genommene Componente der mechanischen Fernewirkung des inducirenden Stromes auf den inducirten bedeutet für den Fall, dass jeder dieser Ströme $= 1$ ist.

Die Constante ε ist für alle Körper dieselbe. Dies geht unmittelbar aus dem ersten Gesetz hervor. Es sind in dem gegebenen Ausdruck für die inducirte elektromotorische Kraft alle Grössen vorhanden, welche auf dieselbe Einfluss ausüben; da im Falle der Gleichheit dieser Grössen die inducirte elektromotorische Kraft bei allen Körpern dieselbe ist, so muss die Constante ε einen universellen Charakter haben. Die Constante ε heisst Inductionsconstante.

XXXIV. **Induction in geraden Leitern.** Das besprochene Elementargesetz zeigt deutlich, in welch innigem Zusammenhang die elektrischen Fernewirkungen mit den mechanischen stehen; wenn von irgend zwei Stromkreisen die mechanische Fernewirkung bekannt ist, so ist dadurch zugleich auch die elektrische Fernewirkung bestimmt. Wir gehen

nun, in ähnlicher Weise wie bei der mechanischen Fernewirkung, XXVII
bis XXIX, die wichtigsten Fälle der verschiedenen Leiterformen durch,
von der geraden Linie bis zur galvanischen Schraube.

In dem Fall von zwei parallelen Geraden, AA und BB
(Fig. 113), von welchen die eine, AA, von einem Strom durchflossen
wird, die andere, BB, der ersteren
genähert oder von derselben entfernt
wird. Hier, wie bei allen folgenden
Fällen, wird vorausgesetzt, dass
der secundäre Kreis, AA, geschlossen ist, wie der primäre.

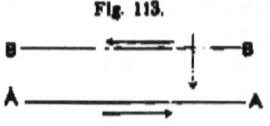

Fig. 113.

Bei der Annäherung entsteht in BB ein dem Strom in AA entgegengesetzt gerichteter, bei der Entfernung ein gleich gerichteter Strom.

Wenn AA und BB in derselben Ebene liegen und zu einander
senkrecht stehen (Fig. 114), jedoch so, dass BB nur bis AA reicht,
nicht aber AA weg, so er-
folgt (siehe S. 158) eine Fortführung in der Richtung des
Stromes in AA, wenn in BB
ein Strom von der Kreuzungsstelle weg, und eine Fortführung in der entgegengesetzten
Richtung, wenn in BB ein

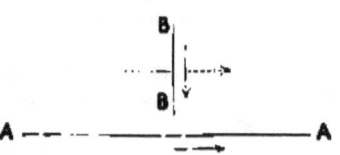

Fig. 114.

Strom nach der Kreuzungsstelle hin fliesst. Also muss in BB ein nach
der Kreuzungsstelle hin fliessender Strom inducirt werden,
wenn BB in der Richtung des Stromes AA fortgeführt wird, ein von
der Kreuzungsstelle weg fliessender Strom dagegen, wenn die Fort-
führungsrichtung von BB der Stromrichtung in AA entgegengesetzt ist.

Wird BB in seiner eigenen Richtung weiter bewegt, so entsteht kein
Strom, aus demselben Grunde, aus welchem im vorigen Fall BB in seiner
eigenen Richtung fortgeführt wurde: weil
nämlich die mechanische Fernewirkung
in diesen Fällen Null ist.

Fig. 115.

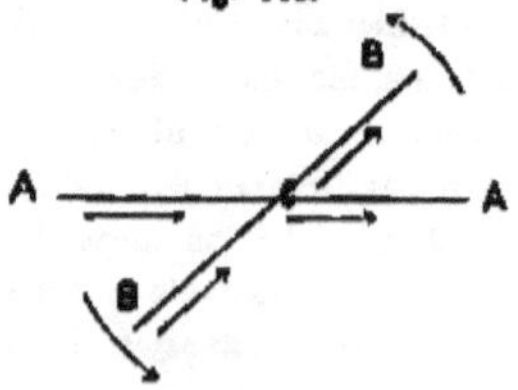

Wenn zwei gerade Leiter, AA
und BB, sich kreuzen, wie in Fig. 115,
so entsteht, wenn beide von Strömen durchflossen werden, und die Mitte
beider Leiter in dem Kreuzungspunkt C liegt, keine Fortführung, wie

im vorigen Fall oder auch hier, wenn BB nur bis zum Kreuzungspunkt reicht, sondern eine Drehung (siehe S. 159). Ist nun der Leiter BB stromlos, so entsteht ein Inductionsstrom, wenn er gedreht wird, und zwar stets ein solcher, der den Leiter wieder zurück zu drehen sucht, wie in der Figur angedeutet.

XXXV. Induction von unendlich kleinen Stromkreisen und galvanischen Schrauben. Der Ampère'sche Satz, mittelst dessen die Wirkung irgend zweier Stromkreise auf einander in die Summe der Wirkungen der vielen kleinen Stromkreise zerlegt wird, lässt sich unmittelbar auch auf die Inductionsströme anwenden.

Wenn irgend ein fester Stromkreis gegeben ist und ein Element eines Leiters, welches bewegt wird, so denkt man sich den Stromkreis in der S. 159 u. ff. angegebenen Weise durch ein die Fläche des Stromkreises continuirlich bedeckendes System von kleinen Stromkreisen ersetzt. Kennt man die Inductionen, welche die einzelnen Stromkreise in dem Element hervorrufen, so hat man diese Wirkungen nur zu summiren, um die Wirkung des ganzen Stromkreises zu finden.

Wird nicht nur ein Element jenes Leiters bewegt, sondern eine Anzahl Elemente, ein endliches Stück oder der ganze Leiter, so hat man das bewegte Stück in Elemente zerlegt zu denken, die Induction des festen Stromkreises auf dieselben zu suchen und zu summiren.

Diese Betrachtungen, welche in dem allgemeinen Fall complicirt und ohne höhere Rechnung unübersehbar sind, gestalten sich in den meisten Fällen der Praxis, in Inductionsapparaten, ganz einfach; und es wird wenige unter jenen gewöhnlichen Fällen geben, wo sich nicht wenigstens die Richtung des Inductionsstromes durch einfache Ueberlegung in der von uns angewandten Weise, ohne Rechnung, angeben lässt.

Sämmtliche Hauptfälle der Induction, welche durch die Einführung des unendlich kleinen Stromkreises entstehen, lassen sich an der Hand der in XXVIII besprochenen mechanischen Fernewirkung mit Leichtigkeit entscheiden, d. h. die Richtung des Inductionsstromes angeben. Dort bestimmt man die Kraft, welche ein fester, vom Strom durchflossener Leiter, ein unendlich kleiner Stromkreis oder eine galvanische Schraube auf einen beweglichen Leiter, ein Stromelement, einen kleinen Stromkreis oder eine galvanische Schraube ausübt, bei gegebenen Stromesrichtungen; hier dagegen ist der bewegliche Leiter stromlos gedacht, und der Inductionsstrom soll bestimmt werden, welcher bei einer gegebenen Bewegung des Leiters entsteht. Nach dem Vorhergehenden müssen in den in XXVIII besprochenen Fällen die den beweglichen

Leitern dort zugeschriebenen Ströme entstehen, wenn die betreffenden Bewegungen in den Richtungen erfolgen, welche bez. den dort angegebenen Bewegungsrichtungen entgegengesetzt sind.

In Fall 1) z. B., siehe Seite 161, der Wirkung eines kleinen Stromkreises $abcd$ auf ein Stromelement e sucht der Stromkreis, wenn die Stromrichtungen die in der Figur angegeben sind, das Element in der Richtung der positiven z fortzuführen. Also muss umgekehrt in demselben Falle, bei derselben Stromrichtung in $abcd$, in dem Elemente e ein Inductionsstrom von der in der Figur bezeichneten Richtung entstehen, wenn dasselbe in der Richtung der negativen z, also nach unten, fortgeführt wird.

Auch die Fälle, in welchen die Bewegungen nicht nach den in jenen Hauptfällen angegebenen Richtungen erfolgen, sondern in beliebigen anderen Richtungen, lassen sich leicht auf jene zurückführen.

Sind beide Leiter vom Strom durchflossen, ist aber in einem der Fälle von XXVIII der bewegliche Leiter nach einer anderen Richtung hin beweglich, als nach derjenigen, nach welcher ihn der feste Strom zu treiben sucht, so ist klar, dass dann die Bewegung mit der Kraft der Componente erfolgt, welche man erhält, wenn man die Resultante, deren Richtung bekannt ist, auf die dem Leiter vorgeschriebene Bewegungsrichtung projicirt. Umgekehrt, ist der bewegliche Leiter stromlos und wird in einer anderen, als der jener Resultante entgegengesetzten Richtung bewegt, so entsteht in demselben ebenfalls nur eine Componente des Inductionsstromes, welcher im Fall der Bewegung nach jener Richtung entstehen würde; die Componente nämlich, welche man erhält, wenn man den letzteren Inductionsstrom der Richtung und Grösse nach aufzeichnet und auf die vom Leiter eingeschlagene Bewegungsrichtung projicirt.

Ist die mechanische Fernewirkung in einem der in XXVIII besprochenen Fälle Null, so ist auch der Inductionsstrom in dem entsprechenden Falle Null.

Wir wollen, ohne die einzelnen Fälle nochmals zu besprechen, auf einige allgemeine Eigenthümlichkeiten derselben aufmerksam machen.

Ein Stromelement, auf welches ein kleiner Stromkreis oder der Pol einer galvanischen Schraube einwirkt, wird stets senkrecht zu seiner eigenen Richtung bewegt; bei der Einwirkung eines kleinen Stromkreises kommt es vor, dass das Element zwar senkrecht zu seiner eigenen Richtung, in derjenigen der Verbindungslinie, bewegt wird, bei der Einwirkung des Poles einer galvanischen Schraube dagegen findet die Bewegung stets auch senkrecht zur Verbindungs-linie statt.

Hieraus folgt, dass ein Leiterelement, bei Einwirkung eines kleinen Stromkreises oder des Poles einer galvanischen Schraube, stets in einer zu seiner eigenen senkrechten Richtung bewegt werden muss, um einen Inductionsstrom zu geben; bei Einwirkung des Poles einer galvanischen Schraube ferner muss die Bewegung nicht nur senkrecht zu der Richtung des Elementes, sondern auch noch senkrecht zur Verbindungslinie stattfinden. Finden die Bewegungen nicht in den angegebenen Richtungen statt, so müssen sie doch Componenten nach diesen Richtungen besitzen, wenn Inductionsströme entstehen sollen.

Der Pol einer galvanischen Schraube ist, wenn man nur dessen Fernewirkungen betrachtet, nur als ein Punkt zu betrachten. Nach der Natur der Schraube stellt derselbe allerdings eine kleine Fläche vor; da aber die Richtung dieser Fläche für mechanische und elektrische Fernewirkungen gleichgültig ist, so darf man sich für diesen Zweck denselben als Punkt vorstellen.

Wenn man daher ein Stromelement um eine durch den Pol einer galvanischen Schraube gelegte Axe dreht, so können elektrische und mechanische Fernewirkung sich nicht ändern, weil die Entfernung des Stromelements vom Pole und die relative Lage desselben zu der Verbindungslinie sich nicht ändern. Leitet man daher einen Strom durch das Element, so wird er sich um eine durch den Pol gehende, zu seiner eigenen Richtung parallel liegende Axe drehen, also senkrecht zu seiner eigenen Richtung und Entfernung; ist der Leiter stromlos, und wird er um die angegebene Axe gedreht, so entsteht ein Inductionsstrom in demselben, welcher bei gleichförmiger Drehung völlig constant ist.

Fig. 116.

Wenn aber auch die Entfernung eines Stromelementes von dem Pole sich ändert, so bleibt doch die Richtung des in demselben erzeugten Inductionsstromes dieselbe, wenn die Bewegung stets gleichsam auf derselben Seite der durch das Element und die Verbindungslinie gelegten Ebene liegt, oder, genauer ausgedrückt, wenn die senkrecht zu der durch Element und Verbindungslinie gelegten Ebene genommene Componente der Bewegung ihre Richtung nicht umkehrt.

Dies ist z. B. der Fall bei einem ebenen, kreisförmigen Leiter (Fig. 116), dessen Ebene senkrecht zur Verbindungslinie des Mittelpunktes mit dem Schraubenpol p steht, und welcher in der Richtung dieser Verbindungslinie sich über den Pol p weg bewegt. Bei dieser Bewegung entstehen sowohl bei der Annäherung an den Pol, als bei der Entfernung von demselben. Inductionsströme derselben Richtung, und zwar von der in der Figur angegebenen, wenn p ein Nordpol.

Die Einwirkung von zwei kleinen Stromkreisen auf einander, sowie diejenige von zwei Polen von galvanischen Schrauben auf einander, werden wir später, nachdem wir den Magnetismus kennen gelernt haben, unter einem einfacheren Gesichtspunkte betrachten lernen.

XXXVI. **Induction durch Entstehen und Verschwinden von Strömen.** Die Inductionsströme, welche in einem Leiter durch Entstehen und Verschwinden des Stromes in einem benachbarten Leiter oder in demselben Leiter (4. Fall, siehe S. 172) erzeugt werden, lassen sich in einfacher Weise auf den bisher betrachteten Fall zurückführen, in welchem die Bewegung des Leiters Inductionsströme erzeugt.

Wenn z. B. zwei lange gerade Leiter, AA und BB, parallel neben einander liegen, und in BB Inductionsströme erregt werden bei dem Entstehen und Verschwinden des Stromes in AA, so ist es, so lange AA ohne Strom ist, für BB gleichgültig, ob AA überhaupt vorhanden ist oder nicht; so lange daher AA ohne Strom ist, dürfen wir uns auch vorstellen, als ob AA vom Strom durchflossen werde, sich aber in unendlicher Entfernung von BB befinde. Entsteht nun in AA ein Strom, so ist es für das Entstehen von Inductionsströmen in BB dasselbe, als wenn der vom Strom durchflossene Leiter AA plötzlich aus unendlicher Entfernung in die Nähe von BB gebracht würde, und zwar mit derselben Geschwindigkeit, mit welcher ein Strom in AA entsteht, also mit einer sehr grossen Geschwindigkeit. Ebenso muss das Verschwinden des Stromes in AA denselben Inductionsstrom in BB erzeugen, wie wenn der vom Strom durchflossene Leiter AA plötzlich aus der Nachbarschaft von BB in sehr grosse Entfernung abgerückt würde. Da es ferner für die Erzeugung von Inductionsströmen nur auf die relative Lage beider Leiter ankommt, so dürfen wir uns auch denken, als ob diese Bewegungen am inducirten Leiter stattfinden. Die Entstehung eines Stromes in AA darf alsdann so aufgefasst werden, als ob BB plötzlich aus grosser Entfernung in die Nähe von AA gebracht würde, das Verschwinden des Stromes in AA, als ob BB plötzlich aus der Nähe von AA in grosse Entfernung abgerückt würde, wobei AA stets als von einem constanten Strom durchflossen gedacht wird.

Nun haben wir aber S. 172 gesehen, dass bei der Annäherung von BB in demselben ein dem Strom in AA entgegengesetzt gerichteter Strom entsteht, bei der Entfernung ein gleichgerichteter;

also muss beim Entstehen des Stromes in AA ein entgegengesetzt gerichteter Strom in BB entstehen, beim Verschwinden des Stromes in AA ein gleichgerichteter in BB.

Im Falle des sog. Extrastroms treten die Inductionen in demselben Leiter auf, in welchem der Strom entsteht und verschwindet; dieser Fall ist auf den vorigen zurückzuführen, wenn man sich AA und BB als dicht neben einander liegend vorstellt. Es wird hierdurch klar, dass dieser Fall sich von dem vorigen nur durch grössere Intensität der Inductionsströme unterscheiden kann, die Richtungen bleiben dieselben; beim Entstehen des Stromes in einem Leiter muss daher ein entgegengesetzt gerichteter, beim Verschwinden ein gleichgerichteter Inductionsstrom auftreten; der Extrastrom schwächt daher den entstehenden Strom, wird dagegen der Strom unterbrochen, so sucht der Extrastrom denselben gleichsam zu verlängern — daher das Auftreten des sog. Oeffnungsfunkens. —

Wir werden später, nach Behandlung des Magnetismus und Elektromagnetismus, auf die Erscheinungen und Gesetze der Inductionsströme noch einmal zurückkommen und dann erst die zahlreichen Experimente und Apparate kennen lernen, welche auf die Entstehung und Wirkung dieser Ströme beruhen; in principieller Beziehung jedoch wird nichts mehr hinzuzufügen sein, sondern sämmtliche Erscheinungen werden sich an der Hand der vorstehend behandelten Stromgesetze ohne Schwierigkeit erklären.

XXXVII. **Inductionsströme durch Stromveränderung; Inductionsströme höherer Ordnung.** Aus der vorstehenden Erklärung der Induction bei ruhenden Leitern geht hervor, dass nicht nur durch das Entstehen und Verschwinden eines Stromes Inductionsströme erzeugt werden müssen, sei es in einem benachbarten Leiter, sei es in dem eigenen, sondern durch jede Veränderung des Stromes. Denn wenn z. B. im inducirenden Leiter A zuerst der Strom J entsteht, so erregt dies in dem inducirten Leiter B einen Strom j, welcher dem Strom J proportional ist, und welcher rasch verläuft; steigt nun der Werth des Stromes J auf J_1, so muss dies auf den Leiter B denselben Einfluss haben, als wenn im Leiter A der Strom $J_1 - J$ entstände; wenn daher j_1 der Inductionsstrom, welcher in B hervorgerufen würde durch das Entstehen des Stromes J_1 in A, so muss das Steigen des Stromes J auf den Werth J_1 den Inductionsstrom $j_1 - j$ im Leiter B erzeugen. Fällt der Strom J auf einen geringeren Werth J_2, so inducirt diese Veränderung in B denselben Inductionsstrom, als wenn in A der dem Strom J entgegengesetzt gerichtete Strom — $(J - J_2)$ entstanden, oder der gleichgerichtete Strom $J-J_2$ verschwunden wäre.

In Bezug auf die Richtung des Inductionsstromes übt also das Steigen des primären Stromes eine ähnliche Wirkung aus wie das Entstehen desselben, das Fallen eine ähnliche Wirkung wie das Verschwinden; und zwar gilt dies ebenso für die Induction in einem benachbarten Leiter, als für diejenige im eigenen.

Hat man complicirtere Stromsysteme, in denen mehrere primäre Ströme auf denselben inducirten Leiter wirken, so hat man stets die Wirkungen einzeln zu bestimmen und dann zu addiren. Wenn z. B. zu gleicher Zeit sich ein vom Strom durchflossener Leiter A dem inducirten Leiter L nähert, ferner im Leiter B ein Strom entsteht und im Leiter C der Strom auf die Hälfte eines Werthes heruntersinkt, so stören sich alle diese Wirkungen auf L unter einander nicht, sondern man hat sich vorzustellen, dass jeder der Leiter A, B, C seinen Inductionsstrom in L erregt und dass dann die Summe dieser Inductionsströme der wirklich in L auftretende Strom ist. Gleiche Inductionsströme von entgegengesetzter Richtung heben sich natürlich auf.

Aus der allgemeinen Thatsache, dass jede Stromveränderung in einem Leiter einen Inductionsstrom in einem Leiter hervorruft, muss unmittelbar geschlossen werden, dass primäre Ströme, welche auf irgend eine Weise einen Inductionsstrom erzeugen, nicht constant bleiben, wie wir bisher stillschweigend annahmen, sondern dass dieselben durch das Auftreten der Inductionsströme kleine Aenderungen erfahren. Wird z. B. ein gerader Leiter BB aus grosser Entfernung plötzlich bis dicht an einen vom Strom durchflossenen anderen geraden Leiter AA herangerückt, so entsteht in BB ein Strom; die Entstehung dieses Stromes erzeugt aber in AA wieder einen schwachen Inductionsstrom, welcher die Stärke des primären Stromes verändert. Dies geht noch weiter; die Stromänderung in AA hat wieder eine Stromänderung in BB zur Folge, diese wiederum eine solche in AA u. s. w.

Man nennt nun den direct durch den primären Strom hervorgerufenen Inductionsstrom einen solchen erster Ordnung, die übrigen, welche durch denjenigen erster Ordnung erzeugt werden, heissen von zweiter, dritter u. s. w., allgemein von höherer Ordnung.

Praktisch haben die Inductionsströme höherer Ordnung wenig Bedeutung, da sie nur geringe Stärke besitzen. Schon der Inductionsstrom erster Ordnung kann, im günstigsten Fall, nur einen Theil der Stärke des primären Stromes besitzen, derjenige zweiter Ordnung steht in einem ähnlichen Verhältniss zu demjenigen erster Ordnung, wie dieser zum primären; die Inductionsströme müssen daher mit der Höhe der Ordnung rasch abnehmen.

Wir sehen jedoch auch aus diesem Beispiel, in welch allgemeiner Weise die Erscheinung der Inductionsströme auftritt.

G. Die Erhaltung der Kraft im Stromkreise.

XXXVIII. Einleitung. Das Princip von der Erhaltung der Kraft ist ein allgemeines physikalisches Princip, welches für alle Naturkräfte gültig ist; dasselbe lässt sich dahin aussprechen: „keine Arbeitskraft kann aus Nichts entstehen."

Dieser Satz, welcher schon lange in seiner Allgemeinheit mehr stillschweigend die Grundlage aller physikalischen Speculationen bildete, hat in den letzten Jahrzehnten bekanntlich eine ausgedehnte directe Anwendung, namentlich auf Wärmeprocesse, gefunden und zu den wichtigsten Resultaten geführt. Diese Resultate sind namentlich auch in die Processe der Technik eingeführt worden, da es sich in denselben meistens darum handelt, einer vorhandenen Arbeitskraft eine andere Form zu geben, ein Fall, welcher die unmittelbare Anwendung jenes Princips gestattet. Daher kommt es, dass man in neuerer Zeit gewohnt ist, alle physikalischen Vorgänge, welche eine Beziehung zu dem Princip der Erhaltung der Kraft darbieten, in diesem Lichte zu betrachten.

Dieses grosse Princip führt auf Resultate zweierlei Art: einerseits können Gesetze, welche durch Beobachtung vermittelt wurden, aus diesem Princip abgeleitet, also als wirkliche Naturgesetze erkannt werden, andrerseits ergibt die Anwendung dieses Princips direct neue Gesetze und neue Muthmassungen über das innere Wesen der Vorgänge, welche an der Hand der blossen Erfahrung oft schwierig oder gar nicht zu erhalten gewesen wären.

Die Absicht, welche der folgenden Darstellung zu Grunde liegt, geht bloss dahin, die Vorgänge im Kreise des elektrischen Stromes aus dem Gesichtspunkt der Erhaltung der Kraft im Allgemeinen zu beleuchten, namentlich aber gleichsam den mechanischen Werth jener Vorgänge, d. h. das Verhältniss der im Stromkreise vorkommenden Arbeitskräfte zu einander darzulegen.

Von diesen Arbeitskräften betrachten wir nur die wichtigsten, nämlich von den stromerzeugenden: Strombildung durch chemische Vorgänge und durch Induction, von den durch den Strom erzeugten: Erwärmung der Leiter, chemische Zersetzung der Elektrolyse, mechanische und elektrische Fernewirkungen.

XXXIX. Ableitung des Joule'schen Gesetzes. Einer der in der vorliegenden Beziehung einfachsten Fälle ist die Erregung eines Stromes in einem geschlossenen Draht durch Induction, d. h. durch Bewegung gegen einen vom Strom durchflossenen Leiter oder Magneten. In diesem Falle ist unmittelbar klar, dass die Arbeitskraft, welche der in dem Draht inducirte Strom vorstellt, nur in eine andere Form umgewandelt wird, nämlich in Wärme; hierbei setzen wir allerdings voraus, dass der inducirte Leiter selbst keine Inductionsströme in anderen Leitern errege. Da wir das Gesetz der Induction und auch das Gesetz der Wärmeentwicklung kennen, muss das Princip der Erhaltung der Kraft eine neue Beziehung zwischen diesen Gesetzen gebm und dient zugleich als Prüfstein derselben.

Wir nehmen den Inductionsstrom der Einfachheit halber als constant an, z. B. wie in dem auf S. 176 besprochenen Fall, wo der primäre Stromleiter eine unendliche Gerade, der secundäre eine auf jener senkrecht stehende, nicht aber dieselbe hinausragende Gerade bildet, welche längs der unendlichen Geraden fortgeführt wird; wenn in diesem Fall die Geschwindigkeit constant ist, so ist auch der Inductionsstrom constant. Wenn v die Geschwindigkeit, ε die Inductionsconstante, C die der mechanischen Fernewirkung entsprechende Grösse, J der inducirende Strom, w der Widerstand des inducirten Leiters, so ist der inducirte Strom

$$j = - \frac{\varepsilon J C v}{w}.$$

Die Kraft, mit welcher der Strom J den inducirten Leiter in seiner Bewegung hemmt, ist aber, wie S. 176 auseinander gesetzt,

$$K = j J C.$$

Die Arbeit, welche die Ueberwindung dieser Kraft kostet, welche also von der den inducirten Leiter bewegenden Hand oder Maschine in der Zeiteinheit geleistet werden muss, ist das Product jener Kraft und der Geschwindigkeit, also, wenn A diese Arbeit bedeutet,

$$A = K v = j J C v.$$

Setzt man hierin für JCv den aus der ersten Gleichung sich ergebenden Werth

$$J C v = - \frac{j w}{\varepsilon}, \text{ so folgt}$$

$$A = - \frac{1}{\varepsilon} j^2 w.$$

Die Arbeit A, welche die Erzeugung des inducirten Stromes kostet, wird vollständig in Wärme verwandelt; es muss eine gewisse Arbeitskraft aufgewendet werden, um den inducirten Leiter zu bewegen, aber dafür erwärmt sich der Leiter, und diese Wärme stellt ebensoviel gewonnene Arbeitskraft vor, als die verbrauchte mechanische Arbeitskraft A beträgt. Wäre die dieser Wärme entsprechende Arbeit grösser als A, so wäre der Ueberschuss der Wärme über die mechanische Arbeit aus Nichts entstanden; wäre die Wärme kleiner als die mechanische Arbeit, so wäre der Ueberschuss der letzteren über die erstere vernichtet worden. Sowohl die Entstehung, als die Vernichtung einer Arbeitskraft ist aber nach dem Princip der Erhaltung der Kraft unmöglich; eine vorhandene Arbeitskraft kann andere Formen annehmen und auf andere Körper übergehen, muss aber stets denselben Werth behalten.

Wenn a das mechanische Aequivalent der Wärme, d. h. die Arbeit, welche der Einheit der Wärmemenge entspricht, und W die im obigen Beispiel im inducirten Draht in der Zeiteinheit entstehende Wärme, so ist

$$W = \frac{1}{a} A = -\frac{1}{a} j^2 w,$$

oder, wenn wir statt $-\frac{1}{a}$ eine neue Constante p schreiben,

1) . . . . $W = p \cdot j^2 w$.

Diese Gleichung ist aber nichts anderes als das Joule'sche Gesetz (siehe S. 106); hiermit ist also bewiesen, dass dieses Gesetz eine Folge ist aus dem Inductionsgesetz und dem Princip der Erhaltung der Kraft. Ferner geht aus dieser Ableitung des Joule'schen Gesetzes die Bedeutung der Inductionsconstante e hervor; die Erörterung derselben würde uns jedoch zu weit führen.

XI. Elektromotorische Kraft und chemische Arbeit. In dem im Vorigen erörterten Fall bildete die Arbeitskraft des elektrischen Stromes eine Uebergangsform zwischen mechanischer Arbeit und Wärme, sie entstand aus der ersteren und wandelte sich in die letztere um; wir betrachten nun den Fall, wo die Arbeitskraft des Stromes aus chemischer Arbeit hervorgeht.

Ein galvanisches Element sei durch einen Draht geschlossen; wir wissen, dass der hierdurch entstehende Strom in allen Theilen des Schliessungskreises Wärme entwickelt, in dem Draht sowohl als in dem Element. Diese Wärme ist, wie im vorigen Fall, gewonnene Arbeit, die entsprechende verlorene Arbeit liegt in den chemischen Vorgängen des Elements, hauptsächlich in der Auflösung des Zinks.

Ein Stück Zink und eine zur Auflösung desselben genügende Menge Schwefelsäure stellt eine aufgespeicherte Arbeitskraft vor, welche man in jedem Augenblick in Thätigkeit setzen und in eine andere Form von Arbeitskraft umwandeln kann. Steckt man das Zink in die Säure und löst dasselbe auf, so geht die chemische Arbeitskraft verloren, sie wird verbraucht; dafür aber wird Wärme entwickelt, das Gemisch erhitzt sich; diese Wärmeentwicklung muss, ihrem Arbeitswerth nach, genau gleich sein dem Arbeitswerthe der chemischen Verbindung, jedoch nur in dem Falle, wenn sich die chemische Arbeit völlig in Wärme verwandelt.

Wenn das Zink rein ist und gut amalgamirt, so wird es von der Säure gar nicht angegriffen, entwickelt also auch keine Wärme; verwendet man aber das amalgamirte Stück Zink bei der Zusammenstellung eines galvanischen Elementes und schliesst dieses letztern, so wird eine gewisse Menge Zink aufgelöst, aber nur so lange, als der Strom dauert, und die aufgelöste Menge ist proportional der Stärke des Stromes. In diesem Fall wird auch Wärme in dem Element entwickelt, aber viel weniger, als wenn dieselbe Menge Zink ohne elektrischen Strom aufgelöst wird; dafür wird aber auch der Draht erwärmt. Unterbricht man den Strom, so bleibt als Resultat des Vorganges gegenüber dem Zustand vor der Schliessung des Stromes im Element eine gewisse Menge aufgelösten Zinkes, im Element und im Draht eine gewisse Wärmemenge. Das aufgelöste Zink ist verlorene, die Wärme gewonnene Arbeit, und beide müssen nach dem Princip der Erhaltung der Kraft gleich sein.

Wenn i der Strom, Z das in der Zeiteinheit aufgelöste Zink, so ist

$$Z = z\,i,$$

wo z eine Constante, nämlich das elektrochemische Aequivalent des Zinkes, oder die Menge Zink, welche von dem Strome Eins in der Zeiteinheit aufgelöst wird. Diese Menge aufgelösten Zinkes ist Aquivalent einer gewissen Wärmemenge und diese wieder einer gewissen mechanischen Arbeit; die der Auflösung des Zinkes äquivalente mechanische Arbeit C ist daher

$$C = c\,z\,i,$$

wo c eine allgemeine Constante, welche nicht mehr dem Zink eigenthümlich ist, sondern nur von den Einheiten abhängt, in welchen man den Strom, das elektrochemische Aequivalent und die mechanische Arbeit rechnet.

Die im ganzen Stromkreise in der Zeiteinheit entwickelte Wärme dagegen ist

$$W = p\,i^2\,w,$$

wenn w der Widerstand des Stromkreises und p eine Constante; und zwar ist hier p ebenfalls eine allgemeine, nicht von der Natur des Elementes oder des Schliessungsdrahtes abhängende Grösse. Der Arbeitswerth A der Wärme W ist aW, wenn a das mechanische Aequivalent der Wärme, also

$$A = aW = ap.i^2w,$$

oder auch, da $iw = e$, der elektromotorischen Kraft des Elementes,

$$A = apie.$$

Die beiden Arbeitswerthe A und C, welche bez. der Wärmeentwicklung und dem chemischen Vorgang im Element entsprechen, müssen gleich sein, also

$$A = apie = czi = C, \text{ woraus}$$

2) . . . . $e = \dfrac{ap}{c} z.$

Die elektromotorische Kraft eines Elementes ist also proportional dem Arbeitswerth der chemischen Vorgänge in demselben, bezogen auf Einheit der Zeit und des Stromes. Wir sagen hier ausdrücklich „der chemischen Vorgänge" und nicht etwa „der Metallauflösung", wie wir uns bisher der Kürze wegen ausgedrückt haben, weil die letztere nur einen Theil, allerdings den wichtigsten, der chemischen Vorgänge bildet, und die übrigen chemischen Vorgänge auch Arbeitswerthe besitzen, wenn auch geringere. So wird beim Daniell'schen Element nicht nur Zink aufgelöst, sondern auch Kupfer aus Kupfervitriol abgeschieden, beim Bunsen'schen Element Wasserstoff entwickelt und mit demselben Salpetersäure reducirt. Wäre nur der Arbeitswerth der Metallauflösung massgebend für die Grösse der elektromotorischen Kraft, so müssten das Daniell'sche und das Bunsen'sche Element gleiche elektromotorische Kraft besitzen.

Dieses Gesetz gewährt einen tiefen Einblick in den Zusammenhang zwischen elektromotorischer Kraft des Elementes und den in demselben enthaltenen chemischen Kräften; dasselbe wurde durch Anwendung des Princips der Erhaltung der Kraft gefunden und erst nachträglich durch die Beobachtung bestätigt.

Wir haben oben gesehen, dass derselbe chemische Process gleichviel Wärme liefern muss, ob er ohne oder mit elektrischem Strom stattfindet; verschieden ist aber in beiden Fällen die Vertheilung der entwickelten Wärme.

Wenn ein Stück Zink direct durch Säure aufgelöst wird, so entsteht die Wärme an derselben Stelle, wo der chemische Process stattfindet, also an der Oberfläche des Zinkes; wird dasselbe aber unter Einfluss des Stromes, ohne directe Einwirkung der Säure, aufgelöst, so entsteht die entwickelte Wärme in jedem Theil des Stromkreises im Verhältniss zu dem Widerstand derselben. Die Summe der Wärme ist zwar dieselbe, wie im ersten Fall, sie vertheilt sich aber auch auf den Draht; der elektrische Strom führt gleichsam einen Theil der Wärme aus dem Element fort und setzt denselben nach dem angeführten Gesetz in dem Schliessungsdraht ab.

XLI. **Einfluss der Polarisation.** Wenn Zersetzungszellen in den Stromkreis eingeschaltet werden, so treten ausser denjenigen in der Batterie, neue chemische Vorgänge auf, welche in Rechnung gezogen werden müssen.

Wird z. B. Wasser zersetzt, so ist dieser Vorgang in Bezug auf seinen Arbeitswerth ähnlich der Abscheidung eines Metalls aus einer Lösung, entgegengesetzt der Auflösung von Metall. Durch Zersetzung von Wasser wird Arbeit gewonnen, während bei der Auflösung eines Metalls Arbeit verloren wird; denn durch die Wiedervereinigung des Wasserstoffs mit dem Sauerstoff kann man Arbeit leisten, z. B. durch directe Explosion des Knallgases, des Gemisches der getrennten Gase, ein Gefäss zersprengen, oder in einem Stiefel einen Kolben bewegen. Wenn auch in diesem Falle der Strom nur Wärme entwickelt und sonst keine Arbeit verrichtet, muss auch hier die Summe der Arbeitswerthe der chemischen Processe im Stromkreise gleich demjenigen der entwickelten Wärme sein; man hat also in diesem Fall die chemische Arbeit in der Zersetzungszelle von derjenigen des Elementes abzuziehen, um den Arbeitswerth der Wärme zu erhalten.

Diesen Satz hat Favre unter anderen an folgendem Beispiel dargelegt.

Fünf kleine Elemente, aus amalgamirtem Zink und platinirtem Platin bestehend, wurden zuerst durch einen Metalldraht, dann durch einen Wasserzersetzungsapparat geschlossen. Beide Male waren sämmtliche Theile des Stromkreises in ein Quecksilbercalorimeter eingesetzt, die Ausdehnung des Quecksilbers zeigte die entwickelte Wärme an; ausserdem wurde die Menge des aufgelösten Zinkes, sowie im zweiten Falle diejenige des zersetzten Wassers bestimmt. Im ersten Falle ergab sich als Wärmeentwicklung bei Auflösung einer bestimmten Menge Zink 18796 Wärmeeinheiten, im zweiten Fall, bei Auflösung derselben Menge Zink, 11769, also 7027 Wärmeeinheiten weniger. Die erste Wärmemenge ist genau gleich derjenigen, welche entstanden wäre, wenn jene Menge Zink direct in Säure gelöst worden wäre. Im zweiten Fall

§. 5, XLI.   Wirkung. d. Stromes; G. Erhaltg. d. Kraft i. Stromkreis.   191

ist ausser der Entwicklung von Wärme noch die chemische Arbeit der
Zersetzung der jener Zinkmenge äquivalenten Menge Wasser geleistet
wurden, und zwar muss hier beachtet werden, dass die Batterie aus
fünf Elementen bestand, dass in derselben also 5 Aequivalente Zink
aufgelöst wurden, während im Voltameter 1 Aequivalent Wasser zersetzt wurde. Der auf diese Weise berechnete Wärmewerth der Wasserzersetzung betrug 6892 Wärmeeinheiten; addirt man denselben zu den
11769 der Wärmeentwicklung, so erhält man 18661 Wärmeeinheiten
für die Summe der vom Strom geleisteten Arbeit, also ziemlich ebensoviel, als im ersten Falle.

In allen diesen Fällen gibt uns die schon früher benutzte Vergleichung des elektrischen Stromes mit einem Wasserstrom ein anschau-
liches Bild der Verhältnisse. Statt der Batterie denken wir uns eine
Pumpe, welche das am unteren Ende des Kanals angekommene Wasser
auf die Höhe des Behälters hebt, aus welchem das Wasser abfliesst;
auf seinem Wege durch den Kanal setze das Wasser Mühlräder in
Bewegung oder verrichte andere Arbeit. Ginge keine Arbeitskraft verloren, durch Erwärmung des Wassers und des Kanalbettes, so müsste
sämmtliche Arbeit, die von der Pumpe geleistet worden, in den Mühl-
werken wieder gewonnen werden, wenn das am unteren Kanalende ankommende Wasser keine Arbeitskraft mehr besitzt; die Arbeit der Pumpe
ist zu vergleichen der chemischen Arbeit in der Batterie, diejenige der
Mühlen der Erwärmung des Stromkreises und der chemischen Arbeit
in den Zersetzungszellen.

Besonders besprochen zu werden verdient der Fall der Zersetzungszellen, in welchen die Elektroden aus dem Metall bestehen, welches die
Lösung enthält, und in welchen keine Polarisation auftritt; hierher gehört namentlich die in der Galvanoplastik vielfach angewendete Zersetzung von Kupfervitriol zwischen Kupferelektroden.

In diesem Falle wird an der positiven Elektrode das Kupfer der
Platte zu Kupfervitriol gelöst, an der negativen Elektrode Kupfer aus
Kupfervitriol abgeschieden; beide chemischen Processe sind einander
gleich und entgegengesetzt; es muss also in dem einen ebensoviel Arbeit gewonnen werden, wie in dem anderen verloren wird. In Summe
ist die chemische Arbeit Null, und es wird nur durch Wärmeentwicklung in der Flüssigkeit Arbeit gewonnen; diese letztere aber ist dieselbe, wie in einem Drahte von demselben Widerstande.

Da zu dem Niederschlagen des Kupfers in diesem Falle keine
chemische Arbeit gehört, während z. B. bei der Zersetzung von Wasser
Arbeit geleistet werden muss, ist es klar, dass man ohne Arbeitsver-

brauch unendliche Mengen von Kupfer niederschlagen kann. Dennoch ist die Menge des in der Zeiteinheit niedergeschlagenen Kupfers nach dem Faraday'schen Gesetz proportional der Stromstärke, also nicht beliebig gross. Dieser scheinbare Widerspruch löst sich, wenn man bedenkt, dass die chemische Arbeit in diesem Falle aus zwei Theilen besteht, welche sich aufheben, dass aber die einzelnen Theile, das Lösen des Kupfers und das Niederschlagen, Arbeiten sind, deren Werth, wie alle anderen chemischen Arbeiten, proportional dem durchfliessenden Strome sind. Will man die Vergleichung des elektrischen Stromes mit dem Wasserstrom auch hier durchführen, so würde die chemische Arbeit der Zersetzung des Kupfervitriols in SO^4 und Cu einem der vom Strom getriebenen Mühlräder entsprechen. Denken wir uns durch das Mühlrad eine Pumpe in Bewegung gesetzt, so wird durch dieselbe in bestimmter Zeit eine bestimmte Menge Wasser des Flusses auf eine gewisse Höhe gehoben; wenn dieses gehobene Wasser zugleich wieder in den Fluss zurückströmt, so wird, wenn das Pumpen sowohl, als das Zurückfliessen ohne Arbeitsverlust geschieht, der Fluss ebensoviel Arbeit zurückerhalten durch das zurückfliessende Wasser, als er durch die Pumpe verloren hat, in Summe also keine Arbeitskraft verlieren, obschon die Leistung des Rades proportional der dem Strom innewohnenden Arbeitskraft ist. Das Zurückfliessen des Wassers entspricht alsdann der Auflösung des Kupfers der Platte durch das ausgeschiedene SO^4.

In den bisher betrachteten Beispielen hat der elektrische Strom gleichsam nur eine vermittelnde Rolle zwischen mechanischer Arbeit, chemischer Arbeit und Wärme gespielt, indem durch denselben die Arbeit aus einer Form in die andere umgesetzt wurde; die Extraströme bilden einen Fall, wo die Arbeitskraft des Stromes zur Bildung eines neuen Stromes verwendet wird.

Wenn eine Batterie durch einen Draht geschlossen wird, so bildet sich im ersten Augenblick, namentlich wenn die Leitung Spiralen enthält, ein entgegengesetzt gerichteter Strom, welcher den primären Strom schwächt, so dass dieser letztere erst nach einiger Zeit den ihm nach dem Ohm'schen Gesetz zukommenden Werth erreicht; die Wärme, welche der Strom in dieser Zeit entwickelt, ist also nicht so gross, als wenn jene Verzögerung der Strombildung nicht stattgefunden hätte; es ist also das Stück elektrische Arbeit, welches ohne Auftreten des Extrastromes in Wärme verwandelt worden wäre, zur Bildung eines secundären Stromes verwendet worden.

Der Extrastrom, welcher bei der Oeffnung des Kreises entsteht, ist dem primären Strom gleichgerichtet; es wird daher nach dem

Aufhören des primären Stromes noch Wärme entwickelt, welche ohne das Auftreten des Oeffnungsstromes nicht entwickelt worden wäre.

Wenn man den Wärmeverlust bei der Schliessung und den Wärmegewinn bei der Oeffnung berechnet, so findet man, dass beide Grössen gleich sind, dass also in Summe ein Extraströme bildender Strom ebensoviel Wärme entwickelt, wie wenn die Extraströme nicht aufgetreten wären.

Im folgenden Kapitel wird gezeigt, dass das Magnetisiren eines Eisenkernes durch den Strom als die Drehung der Molekularströme im Eisen nach einem bestimmten Gleichgewichtszustand betrachtet werden darf; wenn durch das Einleiten eines Stromes in eine Spirale ein in derselben steckender Eisenkern magnetisirt wird, so ist dies ein ähnlicher Vorgang, als wenn statt dessen ein in der Nähe aufgehängter Stromkreis durch die mechanische Fernewirkung des primären Stromes in eine andere Lage gedreht worden wäre.

Um in diesem letzteren Falle den Stromkreis zu drehen, muss eine mechanische Arbeit geleistet werden, da auf den Stromkreis eine Kraft wirkt, welche demselben seine anfängliche Gleichgewichtslage anwies, z. B. die Torsion von Fäden, Zug einer Feder u. s. w. Diese mechanische Arbeit hat der primäre Strom geleistet, und er kann desshalb während der Leistung derselben nicht so viel Wärme entwickeln, als ohne dieser entwickelt worden wäre; dies ist aber wiederum durch die Bildung von Extraströmen bedingt, welche während der Drehung des Stromkreises dem primären Strom sich entgegensetzen. Bei der Unterbrechung des primären Stromes wird dann durch Bildung von Oeffnungsströmen jener Wärmeverlust wieder ersetzt; so lange der drehbare Stromkreis sich ruhig in der neuen Gleichgewichtslage befindet, wird keine Arbeitskraft des primären Stromes auf das Festhalten desselben verwendet, ähnlich wie zu dem Festhalten eines Gewichts keine Arbeit nöthig ist, sondern eine Kraft, während die Hebung eines Gewichts den Aufwand von Arbeit verlangt.

Aehnlich verhält es sich bei dem Magnetisiren und Entmagnetisiren eines Eisenkernes; diese beiden Vorgänge sind Arbeitsleistungen, welche gleichsam aus der vom primären Strom entwickelten Wärme bestritten werden; das Festhalten des Magnetismus in dem Eisen kostet keine Arbeit.

Nur insofern entspricht der Vorgang in dem Eisenkern der Drehung eines aufgehängten Stromkreises nicht, als bei der Drehung der Molekularströme im Eisen bedeutende Reibungen überwunden werden müssen, welche sich in der sogenannten Coërcitivkraft äussern, und in

Folge welcher beim Magnetisiren und Entmagnetisiren Wärme im Eisenkern entwickelt wird, welche ebenfalls als der Wärme des primären Stromes entnommen betrachtet werden darf, welche aber für den primären Strom verloren geht.

§. 6.
Magnetismus und Elektromagnetismus.
A. Magnetismus.

I. Grundgesetze der Magnete. Es kommen in der Natur einige Erze vor, welche unter sich und mit Eisen Anziehungs- und Abstossungserscheinungen zeigen, und welche man Magnete nennt, oder, im Gegensatz zu künstlich erzeugten, natürliche Magnete. Zu diesen gehören vor Allem der Magneteisenstein und der Magnetkies; ausser diesen beiden Eisenerzen gibt es noch einige andere natürlich vorkommende Körper, welche schwache magnetische Wirkungen ausüben. Von künstlich erzeugten Körpern ist vor Allem der Stahl kräftigen Magnetismus anzunehmen im Stande.

Das Kennzeichen eines magnetischen Körpers besteht darin, dass er weiches Eisen anzieht; bestreut man einen Magneten mit Eisenfeile, so bleibt dieselbe hängen, ebenso eiserne Nägel und Schrauben; grössere Magnete können viele Pfunde Eisen tragen.

Hat der Magnet die einfache Form eines Stabes, so findet man die Anziehungskraft der Enden des Stabes bedeutend stärker, als diejenige der Mitte; bestreut man denselben mit Eisenfeile, so bleibt in der Mitte gar nichts hängen, an den Enden am meisten u. s. w.

Fig. 117.

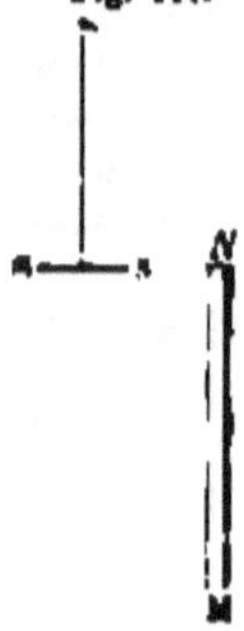

Ist die Länge des Stabes klein gegen die Entfernung von dem Körper, auf welchen der Magnetismus des Stabes wirkt, so fallen die Wirkungen so aus, als wenn die magnetische Kraft des Stabes in zwei Punkten concentrirt wäre, welche nahe an den beiden Enden liegen; diese Punkte nennt man daher die magnetischen Pole des Stabes.

Hängt man eine kleine Magnetnadel, deren Pole n, s (Fig. 117), in der Mitte an einem Faden auf, so dass sie um eine verticale Axe schwingt, und nähert derselben einen langen Magnetstab MN, so bemerkt man beim Nähern des einen Poles N, dass von ihm der eine Pol der Nadel, n, abgestossen,

§. 6, 1.   Magnetismus und Elektromagnetismus; A. Magnetismus.   195

der andere, *s*, angezogen wird. Nähert man den anderen Pol, *M*, so
wird der Pol *n* angezogen, der Pol *s* abgestossen.

Entfernt man alle magnetischen Gegenstände aus der Nähe einer
frei aufgehängten Nadel, so richtet sich dieselbe mit dem einen Pol
nach Norden; man nennt diesen Pol den Nordpol der Nadel, den
entgegengesetzten, nach Süden zeigenden, den Südpol. Die, beide Pole
verbindende Gerade heisst die **magnetische Axe**.

Hängt man in dem obigen Falle den Magnet *MN* ebenfalls frei
auf, so richtet sich der Pol *N* nach Norden, ist also ein Nordpol,
vorausgesetzt, dass der Pol *n* der kleinen Nadel, welcher vom Pol *N*
abgestossen wurde, ebenfalls ein Nordpol war. Aus den Anziehungs-
und Abstossungserscheinungen zweier Magnete aufeinander ergibt sich
das Gesetz:

Ungleichnamige Pole ziehen sich an, gleichnamige stossen sich ab.

Die Erscheinung, dass eine frei aufgehängte Magnetnadel sich nach
Norden richtet, erklärt sich daraus, dass die Erde ebenfalls magnetische
Massen enthält, so dass sie ungefähr wie ein langer Magnetstab wirkt,
der seinen Südpol in der Gegend des geographischen Nordpoles
hat, während der magnetische Nordpol der Erde in die Gegend
des geographischen Südpoles fällt.

Die magnetischen Pole sind in Wirklichkeit durchaus nicht der
Sitz der magnetischen Kraft, sondern diese ist im ganzen Magnet vertheilt; für alle Wirkungen aber, die der Magnet nach Aussen ausübt,
darf man die magnetische Kraft des Stabes als von den beiden Polen
ausgehend annehmen. Die magnetischen Pole sind also nur mathematische Punkte, und spielen in Bezug auf den Magnetismus eine ähnliche
Rolle, wie der Schwerpunkt eines Körpers in Bezug auf die Schwerkraft.

**Die magnetische Anziehung und Abstossung erfolgt um-
gekehrt proportional dem Quadrat der Entfernung.**

Dieses Grundgesetz ist durch genaue, hier nicht zu erörternde Versuche bewiesen worden.

**Die magnetischen Kräfte wirken durch alle Körper hin-
durch**, d. h. die Kraft, welche ein magnetischer Körper auf einen anderen ausübt, wird durch das Zwischensetzen von beliebigen unmagnetischen Körpern, festen, flüssigen, gasförmigen, in keiner Weise verändert. Setzt man zwischen die Magnete magnetische Massen oder
solche Körper, die durch die Annäherung an die Magnete Magnetismus
annehmen, so verändert sich allerdings die Wirkung, aber nur, weil
nun die Wirkung des zugefügten dritten Magneten hinzukommt; die

Wirkung der beiden ursprünglichen Magnete auf einander bleibt dieselbe. Vergleicht man die im Vorstehenden enthaltenen Grundgesetze des Magnetismus mit denjenigen des elektrischen Zustandes (§. 1, I—IV), so springt die Analogie, welche zwischen beiden besteht, in die Augen; bei beiden sind zwei polar-entgegengesetzte Zustände zu unterscheiden, deren Wirkung genau dieselben Gesetze befolgt. Andrerseits sind auch die Unterschiede unschwer zu erkennen, welche zwischen beiden Zuständen bestehen und welche namentlich in der Art der Verbreitung und ihren Beziehungen zu den einzelnen Körpern liegen. Später werden wir sehen, dass der Magnetismus zurückzuführen ist auf strömende Elektricität, also auf eine gewisse Combination von elektrischen Zuständen.

II. **Stahl und Eisen; magnetische Induction.** Im Alterthum kannte man nur die in der Natur vorkommenden Magnete; sämmtliche heutzutage in der Technik oder sonst verwendete Magnete dagegen sind künstliche.

Unter den künstlichen Magneten hat man zu unterscheiden zwischen permanenten und temporären Magneten; die ersteren bleiben magnetisch, wenn einmal magnetisirt, die letzteren dagegen sinken sofort in den unmagnetischen Zustand zurück, sobald die magnetisirende Kraft aufhört zu wirken. Permanente künstliche Magnete bestehen aus hartem Stahl, temporäre aus weichem Eisen. Zwischen diese beiden Körper stellen sich, in magnetischer Beziehung, zahlreiche Zwischenglieder, welche die Eigenschaften der beiden Extreme vereinigen, sich aber dabei dem einen oder dem andern nähern, die weichen Stahl- und die harten Eisensorten; diese Körper verlieren, beim Aufhören der magnetisirenden Kraft, nur einen Theil ihres Magnetismus, der Rest bleibt in dem Körper als permanenter Magnetismus.

Das Hauptkennzeichen des magnetischen Zustandes, das Anziehen von weichem Eisen, ist eine Erscheinung der magnetischen Induction.

Sobald ein Stück Eisen dem Pole eines permanenten Magnetes genähert wird (Fig. 118), wird dasselbe ebenfalls magnetisch und zwar

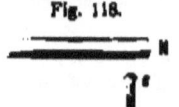

Fig. 118.

nimmt die dem Magnet nächstliegende Stelle die umgekehrte Polarität von derjenigen des Magnetes an, während in dem abgewandten Ende des Eisenstücks ein gleichnamiger Pol entsteht, von derselben Stärke, wie der erstere.

Jeder Magnetpol zieht im Eisen gleichsam den ungleichnamigen Magnetismus an, und stösst den gleichnamigen ab.

Eine unmittelbare Folge der magnetischen Induction ist daher die Anziehung von Eisen durch Magnete; das Eisen wird zuerst durch den Magnet magnetisirt und zwar stets so, dass eine Anziehung erfolgt.

Sobald das Stück Eisen von dem Magnetpole entfernt wird, verliert dasselbe den Magnetismus; eigentlich findet das Aufhören der Induction erst in unendlich grosser Entfernung statt, von erheblicher Grösse ist die Induction jedoch nur in einer gewissen Nähe der Magnete.

Die magnetische Induction ist, wie die magnetische Anziehung oder Abstossung, umgekehrt proportional dem Quadrat der Entfernung.

Die beiden, in magnetischer Beziehung sich gegenüber stehenden Körper, Stahl und Eisen, unterscheiden sich nicht nur durch die Kraft, mit welcher sie den Magnetismus festhalten, sondern auch durch diejenige, welche es kostet, um dieselben zu magnetisiren. Harter Stahl magnetisirt sich schwer und langsam und nimmt weniger Magnetismus an als weiches Eisen, hält denselben jedoch fest; gute Stahlmagnete halten sich bei richtiger Behandlung Jahre lang, ohne an Kraft zu verlieren. Weiches Eisen dagegen magnetisirt sich leicht und schnell und nimmt bedeutend höheren Magnetismus an, als Stahl, verliert denselben aber beinah augenblicklich wieder. Die Kraft, welche in dem Innern eines Körpers dem Magnetisiren entgegenwirkt, heisst die magnetische Coërcitivkraft; dieselbe ist ein Widerstand, welchen die Theilchen des Körpers jeder magnetischen Veränderung entgegensetzen, sowohl der Magnetisirung als der Entmagnetisirung.

III. **Innere Vorgänge bei der Magnetisirung.** Ueber das Wesen des Magnetismus, wie über das Wesen der Elektricität, herrschen bis jetzt nur Hypothesen von grösserer oder geringerer Wahrscheinlichkeit; allerdings werden wir im Verlauf dieses Kapitels sehen, dass der Magnetismus eine innige Verwandtschaft zum elektrischen Strom hat, und dass sich alle magnetischen Vorgänge durch Annahme von elektrischen Strömen erklären lassen, und dass somit die beiden unbekannten Grössen, Magnetismus und Elektricität, sich auf eine Unbekannte reduciren lassen. Wir lassen diese Frage vorläufig unerörtert und geben nur die Vorstellung wieder, welche man sich heutzutage beinahe allgemein von dem Vorgang der Magnetisirung gebildet hat.

Jedes Theilchen eines Körpers, welcher fähig ist, Magnetismus anzunehmen, stellt man sich als einen kleinen Magneten vor; das Theilchen mag eine beliebige Form haben, der Magnetismus sei auf irgend eine Art in demselben vertheilt, stets muss es zwei Punkte in dem Theilchen geben, um welchen man die beiden entgegengesetzten Magnetismen concentrirt denken darf. Die Theilchen des Körpers denkt man sich im unmagnetischen Zustande zwar alle magnetisch, aber die magnetischen Axen derselben von beliebiger Richtung; wenn aber die magnetischen Axen der Theilchen alle möglichen Richtungen haben, so kann keine Wirkung nach Aussen stattfinden, da die Wirkungen der Theilchen sich unter einander aufheben; der Körper scheint also unmagnetisch trotz des Magnetismus, den seine Theilchen bereits besitzen.

Wird nun dem Körper von Aussen ein magnetischer Pol genähert, so drehen sich sämmtliche magnetische Axen der Theilchen nach demselben hin, wie eine frei aufgehängte Magnetnadel sich nach einem genäherten Pole hin richtet. Diese Drehung geschieht aber nicht gleichmässig, weil, um die magnetische Axe eines Theilchens zu drehen, eine gewisse Kraft, die Coërcitivkraft, überwunden werden muss; worin diese Kraft eigentlich besteht, wissen wir nicht, ihre Existenz ist jedoch durch die Erfahrung bewiesen; die dem Pole zunächst liegenden Theilchen werden daher ihre Axen wirklich ganz oder beinahe nach jenem Pole hin richten, die entfernteren weniger, und weit vom Pole entfernte Theilchen gar nicht.

Jede einseitige Richtung der magnetischen Axen hat aber das Auftreten von magnetischen Polen und magnetische Wirkungen nach Aussen zur Folge, und erklärt daher den Act des Magnetisirens.

Denken wir uns die magnetischen Axen in einem dünnen Stahlstab AB (Fig. 119); indem wir die Richtung jeder Axe, vom Südpol

Fig. 119.

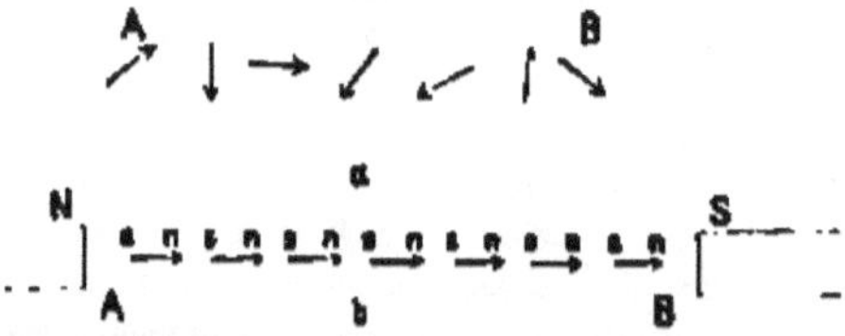

zum Nordpol, durch einen Pfeil bezeichnen, so giebt Fig. 119 a ein Bild des natürlichen, unmagnetischen Zustandes, Fig. 119 b dagegen des vollkommen magnetischen Zustandes, welcher eintritt, wenn die Axen durch zwei starke entgegengesetzte Magnetpole N und S sämmtlich in die Verbindungslinie jener Pole gerichtet werden. Nimmt man nun die Pole N und S weg, so behalten die Axen in dem Stahlstabe ihre Richtungen und üben in diesem Zustand auf andere magnetische Körper Wirkungen aus, was schon daraus folgt, dass an dem einen Ende des Stabes ein Nordpol n, an dem andern Ende ein Südpol s auftritt.

§. 6, IV. Magnetismus und Elektromagnetismus; A. Magnetismus. 199

Es ist ersichtlich, dass durch diese Vorstellung jede magnetische Veränderung sich erklären lässt; dieselbe dient jedoch auch zur Erklärung einer wichtigen Eigenschaft der Magnetisirung, nämlich der Existenz eines magnetischen Maximums.

Schon aus der Existenz der Coërcitivkraft geht hervor, dass die Drehung der magnetischen Axen in den Theilchen mit einem gewissen Widerstand verbunden ist; dieser Widerstand ist um so grösser, je weiter die Axen von ihrer ursprünglichen Lage weggedreht wurden. Wenn daher die magnetisirende Kraft, z. B. die Annäherung von Magneten, in stetiger Weise wächst, so dass dieselbe in gleichen Zeiten stets gleichviel zunimmt, so werden sich die magnetischen Axen der Theilchen Anfangs rasch, dann immer langsamer drehen, bis schliesslich ein Maximum der Magnetisirung eintritt, welches auch bei Anwendung der grössten magnetisirenden Kräfte nicht überschritten wird. Welches dieser Zustand z. B. bei einem dünnen Eisenstab ist, ergibt sich sofort aus der Vorstellung der Drehung der magnetischen Axen: in diesem Falle haben beim Maximum des Magnetismus die Axen sämmtlicher Theilchen gleiche Richtung, wie in Fig. 119 b angedeutet.

IV. **Freier und gebundener Magnetismus.** Wie schon oben bemerkt, sind die magnetischen Pole nur Punkte von theoretischer Bedeutung, welche dazu dienen, um die Wirkung des Magnets nach Aussen leichter berechnen zu können; in Wirklichkeit ist der Magnetismus durch den ganzen Körper verbreitet, allerdings in verschiedener Stärke.

Schon die Anziehung von Eisenfeilspänen durch einen Magnetstab z. B. lehrt, dass die magnetische Wirkung auf das Eisen in der Mitte des Stabes Null, an den Enden dagegen am stärksten ist; ein feineres Mittel zur Erkenntniss dieses Unterschiedes bieten die sogenannten magnetischen Curven.

Bedeckt man einen Magnetstab mit einem Blatt Papier, streut auf dasselbe in möglichst gleichmässiger Vertheilung Eisenfeile und klopft dann leise auf das Papier, so ordnen sich die Eisentheilchen in der in Fig. 120 angedeuteten Weise um den Magnet an. Von den beiden Polen aus strömen dicke Büschel von Linien aus, die Entfernung der Linien von einander, sowie

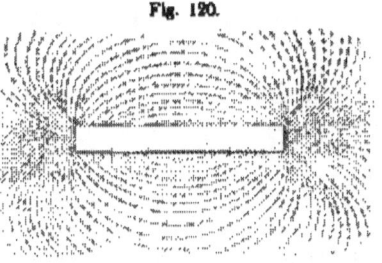

Fig. 120.

die Menge der in den Linien enthaltenen Eisentheilchen nimmt von den Polen nach der Mitte des Stabes zu ab; sowohl die Entfernung der Linien, als die Menge der Eisentheilchen sind Maasse für die an den Ausgangspunkten der Linien herrschenden magnetischen Kräfte. Diese sog. magnetischen Curven geben ein Bild von den Richtungen, welche die magnetischen Axen der in der Nähe des Magnets sich befindenden Eisentheilchen durch die Einwirkung des letzteren angenommen haben.

Daraus aber, dass die Mitte des Stabes nicht nach Aussen wirkt, darf nicht geschlossen werden, dass dieselbe nicht magnetisirt ist. Wenn die magnetischen Axen der Theilchen des Stabes alle dieselbe Richtung haben, die Längsrichtung des Stabes, Fig. 119b) so erhellt, dass, wenn alle gleich starke Pole hätten, nur die Pole an den beiden Enden nach Aussen wirken könnten; denn von allen anderen Polen liegen stets ein Südpol und ein Nordpol so nahe an einander, dass ihre Wirkung nach Aussen hin sich aufhebt; es würde in diesem Fall der ganzen Länge des Stabes nach kein Eisen angezogen, sondern nur an den Spitzen. Nun sind in Wirklichkeit die einzelnen Theilchen nicht gleich stark magnetisch, oder, was auf dasselbe hinaus kommt, ihre Axen nicht gleich gerichtet; dann wirkt jedes Paar von zusammenliegenden Polen nach Aussen, aber nur mit der Differenz ihrer Kräfte.

Man nennt nun den nach Aussen wirkenden Magnetismus den freien, denjenigen Theil des Magnetismus aber, welcher wegen des bezeichneten Umstandes nicht nach Aussen wirken kann, den gebundenen: der wirklich vorhandene oder erregte Magnetismus ist die Summe des freien und des gebundenen. Der freie Magnetismus nimmt bei einem Magnetstab, von der Mitte nach den Polen hin zu, der gebundene dagegen ab; der gebundene Magnetismus ist in der Mitte am stärksten.

In jedem Körper ist stets der vorhandene Nordmagnetismus gleich dem vorhandenen Südmagnetismus. Dies geht aus folgender Thatsache hervor:

Wenn man einen Stahlstab im unmagnetischen Zustande wiegt, dann magnetisirt und wieder wiegt, so findet man keinen Unterschied im Gewicht. Könnte man dem Stabe nur einen Magnetismus geben, den südlichen oder den nördlichen, so würde die Wirkung des Erdmagnetismus sein Gewicht scheinbar vergrössern oder verringern: wäre der Stab nordmagnetisch, so würde derselbe schwerer, wäre er südmagnetisch, so würde er leichter. Da nun das Magnetisiren das Gewicht des Stabes gar nicht verändert, so müssen beide Magnetismen in genau gleicher Stärke entwickelt sein, so dass sich die Wirkungen des Erdmagnetismus aufheben.

Die magnetischen Pole, welche man einem Theilchen des Körpers zuschreibt, müssen also stets gleich stark sein.

V. **Der Erdmagnetismus.** Die ganze Erde ist als ein magnetischer Körper zu betrachten und zwar ist ihr Magnetismus sehr bedeutend; man hat berechnet, dass, wenn der Magnetismus in der Erde gleichmässig vertheilt wäre, 1 Cubikmeter Erde ebenso stark magnetisch wäre, als 6 magnetisirte Stahlstäbe von je 1 Pfund Gewicht; der Sitz des Erdmagnetismus liegt wahrscheinlich in den im Innern derselben verborgenen Eisenerzlagern.

Die Vertheilung des Magnetismus auf der Erdoberfläche, d. h. die Wirkung desselben auf unsere an der Erdoberfläche befindlichen Instrumente, ist im grossen Ganzen eine regelmässige, im Einzelnen jedoch oft eine recht unregelmässige. Im Ganzen ist die Erde einer ziemlich gleichmässig magnetisirten Stahlkugel zu vergleichen, und zwar ist die Richtung der Magnetisirung oder die magnetische Axe der Erde ungefähr zusammenfallend mit der Rotationsaxe derselben. Die magnetischen Pole der Erde liegen daher in der Nähe der geographischen Pole, der Südpol liegt nördlich von Nordamerika, nahe dem Inselmeer der nordwestlichen Durchfahrt, der Nordpol muthmasslich nahe der Küste des antarktischen Festlandes, beide stehen sich jedoch nicht diametral gegenüber. In der Nähe der magnetischen Pole der Erde stellt sich eine nach allen Richtungen frei aufgehängte Magnetnadel vertical; bei dem magnetischen Südpol wurde dies von Capitain Ross direct beobachtet. Wie bei einem Magnetstab, sind auch bei der Erde die Pole nur Punkte von mathematischer Bedeutung; der wirklich vorhandene oder erregte Magnetismus ist am Aequator grösser als an den Polen.

Die Richtung und Grösse der Kraft des Erdmagnetismus an irgend einer Stelle der Erdoberfläche ist durch drei Elemente bestimmt: die **Declination, die Inclination und die Intensität.**

Die **Declination** ist der Winkel, welchen die Richtung einer um eine verticale Axe drehbaren Magnetnadel mit dem geographischen Meridian einschliesst; man spricht von östlicher oder westlicher Declination, je nachdem die Nordspitze der Nadel nach Osten oder Westen vom Meridian abweicht. Die Richtung, in welche sich eine Declinationsnadel einstellt, nennt man den **magnetischen Meridian**.

Die **Inclination** ist der Winkel, welchen die Richtung einer um eine verticale Axe in der durch die Declinationsrichtung gehenden Verticalebene drehbaren Magnetnadel mit der horizontalen Richtung einschliesst.

Die **Intensität** ist die Grösse der erdmagnetischen Kraft, in der durch die Inclinationsnadel angegebenen Richtung gemessen.

202 Magnetismus und Elektromagnetismus; A. Magnetismus. §. 6, VI.

Die Declinationsnadel giebt die Verticalebene an, in welche die Richtung der erdmagnetischen Kraft fällt, die Inclinationsnadel zeigt diese Richtung selbst an.

Diese drei Elemente der magnetischen Erdkraft sind nicht nur an verschiedenen Stellen der Erdoberfläche verschieden, sondern ändern sich auch der Zeit nach.

Diese Veränderungen bestehen theils aus seculären, welche scheinbar ohne Gesetz, d. h. ohne Zusammenhang mit den in der Bewegung der Erde und Sonne liegenden Perioden, theils aus periodischen, welche offenbaren Zusammenhang mit jenen Perioden zeigen, und endlich aus den Störungen oder magnetischen Gewittern, welche plötzlich auftreten, oft in ziemlich heftiger Weise, und rasch, wie magnetische Wellen, über die Erde hinweglaufen.

Eine nähere Betrachtung dieser Veränderungen, sowie der Art der Bestimmung der Elemente des Erdmagnetismus würde uns zu weit führen.

VI. Gleichgewicht und Bewegung einer Galvanometernadel. Die Magnetnadeln, welche bei galvanischen Messinstrumenten verwendet werden, sind meist um eine verticale Axe drehbar, also Declinationsnadeln. Wenn nun ausser dem Erdmagnetismus eine zweite Kraft wirkt, welche die Nadel aus dem magnetischen Meridian ablenkt, so ist die Grösse der Ablenkung abhängig von dem Verhältniss der beiden auf die Nadel wirkenden Kräfte; da nun die eine Kraft, bei einem Galvanometer die ablenkende Kraft des Stromes, nicht beliebig vergrössert werden kann, so hat auch die Empfindlichkeit eines solchen Instrumentes eine bestimmte Grenze, welche sich nicht überschreiten lässt.

Die Empfindlichkeit lässt sich jedoch beinahe beliebig vergrössern, wenn man eine sog. astatische Nadel (Fig. 121) anwendet. Eine

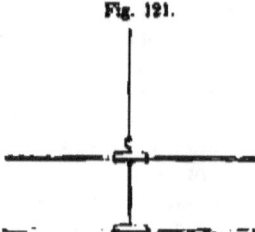
Fig. 121.

solche Nadel nämlich besteht aus zwei parallelen Magnetnadeln, welche so mit einander verbunden sind, dass die entgegengesetzten Pole über einander liegen. Wenn die Nadeln genau parallel wären und ihre Pole gleich stark, so würde der Erdmagnetismus gar keine Wirkung auf das System ausüben, da der erdmagnetische Pol sehr weit entfernt, mithin die Entfernung desselben von je zwei übereinander liegenden Polen als gleich anzusehen ist, die Wirkung derselben auf je zwei Pole sich also aufhebt. Eine vollkommen astatische Nadel ist also in jeder beliebigen Lage im Gleichgewicht, wenn nur der Erdmagnetismus auf dieselbe wirkt; sie zeigt also nicht mehr nach Norden.

Die vollkommene Astasie zweier Nadeln lässt sich nun practisch nicht erreichen, einmal weil die Nadeln nicht genau parallel gerichtet werden können, dann aber namentlich, weil der Magnetismus der beiden Nadeln nicht genau gleich gemacht werden kann. Beide Umstände tragen dazu bei, dass der Erdmagnetismus eine Richtkraft auf das System ausübt; immerhin ist dieselbe aber viel geringer, als bei der einfachen Nadel, und die Empfindlichkeit des Instrumentes, welche von dem Grade der Astasie abhängt, ist bedeutend grösser.

Bei einem Galvanometer ist die Ablenkung aus dem magnetischen Meridian, welche die Nadel durch die Einwirkung des Stromes erfährt, ein Maass für die Stärke des Stromes; aber es herrscht nur bei ganz geringen Ablenkungen Proportionalität zwischen Ablenkung und Stromstärke, bei grösseren Ablenkungen hört dieselbe auf, und zwar ist die Empfindlichkeit jedes Galvanometers um so geringer, je grösser die Ablenkung. Wenn man daher die Theilung, an welcher die Ablenkung abgelesen wird, so einrichtet, dass die Anzahl der Theilstriche proportional der Stromstärke ist, so rücken die Striche um so enger zusammen, je grösser die Ablenkung ist, ja, bei einer Ablenkung von 90° sind sie unendlich nahe an einander, so dass ein unendlich starker Strom dazu gehört, um die Nadel auf 90° zu drehen.

Fig. 122.

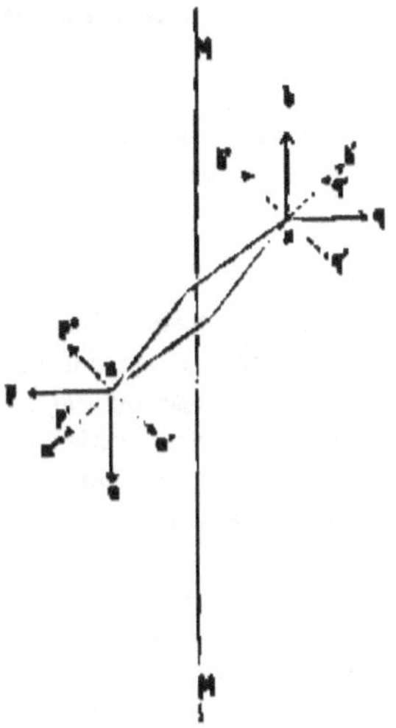

Wenn MM der magnetische Meridian (Fig. 122), ns die Pole einer in horizontaler Ebene schwingenden Magnetnadel, so übt der Erdmagnetismus eine Anziehung a auf den Pol n, und eine Abstossung b auf den Pol s aus. Zerlegt man diese beiden Kräfte nach der Richtung der Magnetnadel und senkrecht darauf, so zerfällt a in die Componenten a' und a'', b in die Componenten b' und b''; die beiden Kräfte a' und b' sind gleich und entgegengesetzt, üben daher keine Wirkung auf die Nadel aus; die beiden andern Kräfte a'' und b'' unterstützen sich gegenseitig und suchen die Nadel in die Richtung des magnetischen Meridians zurück zu drehen.

Wenn die Nadel im magnetischen Meridian liegt, so sind die Componenten a'' und b'' Null; dieselben erhalten erst Werthe, wenn die Nadel aus dem Meridian heraustritt; wenn T die Richtkraft des Erdmagnetismus, im Falle die Nadel im magnetischen Meridian liegt, so ist seine Richtkraft, im Falle die Nadel den Winkel φ mit dem magnetischen Meridian einschliesst,

$$T'. \sin \varphi,$$

wie leicht aus der Figur zu ersehen ist.

Der Strom in den Windungen übt auf die Pole der Nadeln Wirkungen aus, deren Richtung senkrecht zum magnetischen Meridian; wenn p, q diese beiden Kräfte sind, p', q' ihre Componenten nach der Richtung der Nadel, p'', q'' diejenigen senkrecht darauf, so heben sich p' und q' auf, dagegen muss, beim Gleichgewicht der Nadel, die Componente p'' der Stromwirkung gleich der Componente a'' der Wirkung des Erdmagnetismus, und $b'' = q''$ sein. Man ersieht aus der Figur, dass, wenn J die Wirkung des Stromes auf die Nadel, für den Winkel φ. die in Betracht kommende Componente derselben gleich

$$J . \cos \varphi$$

ist. Diese muss, beim Gleichgewicht der Nadel, gleich $T \sin \varphi$ sein; man hat daher

$$J . \cos \varphi = T . \sin \varphi,$$
$$J = T . tg \varphi.$$

Bei den meisten Galvanometern ist nun J, die Wirkung des Stromes auf die Nadel, p und q in der Figur, nicht für alle Werthe des Winkels φ gleich; bei denjenigen Galvanometern jedoch, bei welchen die Windungen weit von der Nadel entfernt sind (Tangentenbussole), so dass diese Entfernung für alle Lagen der Nadel ziemlich dieselbe bleibt, darf die Kraft J als constant angesehen werden.

Da nun die Wirkung J des Stromes stets dem Strome selbst proportional ist, so ergibt sich für den Fall, dass J unabhängig von φ ist, aus obiger Gleichung, dass der Strom in einem solchen Galvanometer proportional der Tangente der Ablenkung der Nadel ist. Wachsende Ablenkungen erfordern immer rascher wachsende Ströme; je grösser bereits die Ablenkung ist, desto mehr Kraft gehört dazu, um die Nadel z. B. um noch einen Grad weiter zu drehen, und um die Nadel auf 90° zu bringen, müsste der Strom unendlich stark sein; mit anderen Worten: auch der stärkste Strom kann die Nadel nicht auf 90° bringen.

Bei denjenigen Galvanometern nun, bei welchen, um grössere Empfindlichkeit zu erzielen, die Windungen nahe an der Nadel angebracht sind, nimmt J, die Wirkung des Stromes auf die Nadel, mit wachsender Ablenkung ab, weil die Nadel sich um so mehr von den Windungen entfernt, je grösser die Ablenkung ist. In diesen Fällen gilt daher das Tangentengesetz nicht mehr, aber das Verhältniss der Empfindlichkeit dieser Galvanometer bei grösseren Ablenkungen zu derjenigen bei kleinen Ablenkungen ist noch viel geringer, als bei den Galvanometern mit weit abstehenden Windungen.

Wir wollen bei dieser Gelegenheit auch die allgemeinen Eigenschaften der Bewegung einer Galvanometernadel besprechen.

Eine Galvanometernadel, welche um die durch den Erdmagnetismus gegebene Gleichgewichtslage schwingt, ist in jeder Beziehung einem schwingenden Pendel zu vergleichen. Wie bei dem in verticaler Ebene schwingenden Pendel die vertical wirkende Schwerkraft bei jeder Lage des Pendels mit gleicher Stärke und in gleicher Richtung wirkt, so bleibt auch bei der in horizontaler Ebene schwingenden Galvanometernadel die Wirkung der horizontalen Componente des Erdmagnetismus bei allen Lagen der Nadel in Bezug auf Stärke und Richtung gleich. Wenn daher keine anderen Kräfte auf die Nadel wirken, so müsste sie, wie ein vollkommen freies Pendel, einmal in Schwingung versetzt, ewig dieselben Schwingungen ausführen. Ferner muss für die Schwingungsdauer der Galvanometernadel ein ähnliches Gesetz gelten, wie für diejenige des Pendels; die Schwingungsdauer einer Galvanometernadel ist:

um so grösser, je grösser das Trägheitsmoment der Nadel;

um so kleiner, je grösser die richtende magnetische Kraft, des Erdmagnetismus oder anderer Magnete,

und um so kleiner, je grösser das magnetische Moment der Nadel, d. h. das Product aus dem Polabstande und dem Magnetismus eines Poles.

Eine lange, dünne Nadel schwingt also langsamer, als eine kurze, dicke von demselben Magnetismus, ein astatisches Nadelpaar langsamer, als ein Paar von Nadeln mit gleichgerichteten Polen; und endlich schwingt eine Nadel um so rascher, je näher die Pole den Enden der Nadel liegen.

In Wirklichkeit nun ist es nicht möglich, eine Galvanometernadel bloss unter dem Einfluss des Erdmagnetismus schwingen zu lassen, ebenso wenig, als beim Pendel die Schwerkraft die einzig wirkende Kraft bleibt; in beiden Fällen treten Widerstände verschiedener Natur auf, d. h. Kräfte, welche der Bewegung entgegenwirken, welche aber zugleich erst durch die Bewegung entstehen, also in der Ruhe gar nicht vorhanden sind.

Beim Pendel besteht dieser Widerstand, abgesehen von der Axenreibung und anderen geringeren Kräften, hauptsächlich in dem Luftwiderstand; bei einer Galvanometernadel hat man ebenfalls Axenreibung, wenn die Nadel auf einer Spitze schwingt, oder Torsion des Fadens, wenn die Nadel an einem solchen aufgehängt ist, dann aber namentlich auch den Luftwiderstand, und, wenn die Windungen geschlossen sind, der Widerstand durch die in denselben inducirten Ströme. Alle diese widerstehenden Kräfte verhindern, dass das Pendel oder die Nadel, einmal in Schwingung versetzt, ewig in Schwingung bleiben; die Schwingungen werden vielmehr unter dem Einfluss dieser Kräfte immer kleiner, bis zuletzt völlige Ruhe eintritt.

Der Luftwiderstand ist eine Kraft, welche ungefähr proportional der Geschwindigkeit des schwingenden Körpers wirkt; sie besteht in der Reibung, welche die Oberfläche des letzteren an den vorbei streichenden Lufttheilchen erleidet und welche natürlich aufhört, wenn der Körper in Ruhe ist. In ganz ähnlicher Weise wirken die inducirten Ströme, deren Entstehung weiter unten besprochen werden wird; sie entstehen ebenfalls erst durch die Bewegungen des Magnetes und zwar proportional der Geschwindigkeit desselben; durch die mechanische Fernewirkung, welche dieselben auf den Magnet ähnlich, wie ein Stromleiter auf den andern, ausüben, wird die Bewegung des letzteren gehemmt und schliesslich vernichtet. Der Widerstand, welchen die Bewegung einer Galvanometernadel erleidet, heisst die Dämpfung; in derselben ist sowohl Luftwiderstand, als Widerstand durch inducirte Ströme enthalten.

Die Amplituden der Schwingungen, d. h. die in einer halben Schwingung überstrichenen Bogen, nehmen unter dem Einfluss der Dämpfung in geometrischer Progression ab, d. h. die erste Amplitude verhält sich z. B. zur zweiten, wie die zweite zur dritten, wie die dritte zur vierten u. s. w.

VII. **Form und Stärke der Magnete.** Die Stärke der Magnete hängt von vielen Umständen ab; wir betrachten hier die Beziehungen derselben zu der Form.

Wenn man einen geraden Stabstab magnetisirt, so ist es leicht zu bemerken, dass der Magnetismus nach der Entfernung des magnetisirenden Körpers rasch abnimmt; namentlich aber verlieren solche Stäbe,

§. 6, VII. Magnetismus und Elektromagnetismus; A. Magnetismus.   207

wenn sie längere Zeit ohne besondere Vorsichtsmassregeln aufbewahrt werden, oft beinahe den ganzen Magnetismus.

Zur Erhaltung des Magnetismus dient der Anker, d. h. ein Stück weiches Eisen, welches an beide Pole angelegt wird, so dass es dieselbe verbindet; derselbe verwandelt durch den in seinem Innern inducirten Magnetismus den grössten Theil des freien Magnetismus der Pole in gebundenen und verwandelt den Magneten in einen geschlossenen Ring, in welchem sich der Magnetismus viel besser hält.

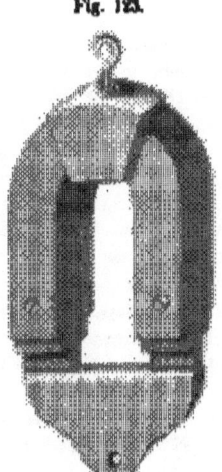

Fig. 123.

Die Nothwendigkeit, die Magnete, wenn ausser Gebrauch, durch Anker geschlossen zu halten, hat auf die Hufeisenform der Magnete geführt; Fig. 123 stellt einen aus mehreren übereinander gelegten Lamellen gebildeten hufeisenförmigen Magneten mit Anker vor; es ist nämlich bequemer und besser, wenn der Anker möglichst kurz ist.

Wenn man nun, in der Absicht, möglichst starke Magnete herzustellen, immer grössere Magnete herstellt und deren Magnetismus auf irgend eine Weise misst, so bemerkt man bald, dass, je grösser man die Magnete macht, die verhältnissmässige Zunahme an Magnetismus immer geringer wird; und zwar beobachtet man dies an hufeisenförmigen Magneten sowohl, als an geraden.

Hierbei ist natürlich vorausgesetzt, dass sowohl das Material, aus welchem die Magnete hergestellt werden, als die Behandlung derselben bei der Herstellung völlig gleich bleibt.

Für die hufeisenförmigen Magnete, welche in der Technik beinahe ausschliesslich angewendet werden, gilt das Gesetz von Hacker, dass nämlich die Tragkraft gesättigter Hufeisenmagnete proportional ist der $\frac{3}{4}$ten Potenz des Gewichts, so dass, wenn T die Tragkraft, G das Gewicht und a eine Constante

$$T = a \cdot G^{\frac{3}{4}}.$$

die Tragkraft nimmt also schwächer zu, als das Gewicht.

Die Tragkraft eines Magnetes und die Anziehungskraft derselben auf einen in bestimmter Entfernung gehaltenen Anker sind diejenigen Kraftäusserungen des Magnetes, welche in der Technik am meisten Verwendung finden. Beide Kräfte sind nicht einfach proportional dem Magnetismus der Pole, denn sie sind proportional dem Magnetismus der Pole und ausserdem dem im Anker inducirten Magnetismus; da dieser letztere proportional dem ersteren ist, ist die Anziehungskraft auf den Anker, wenn der letztere anliegt oder wenn er in geringer Entfernung sich befindet, proportional dem Quadrat des Magnetismus.

Der Grund, wesshalb grössere Magnete verhältnissmässig weniger Magnetismus annehmen, als kleine, liegt hauptsächlich in der störenden Induction, welche neben einander liegende Theilchen auf einander ausüben. Selbst der härteste Stahl scheint noch inductionsfähig zu sein; wenn wir uns nun den Magnetstab oder das Hufeisen aus lauter dünnen, neben einander liegenden Stäben oder Lamellen bestehend denken, so muss jede einzelnen Lamelle in den benachbarten den umgekehrten Magnetismus induciren von demjenigen, welchen sie selbst besitzt, muss also die benachbarten schwächen; und zwar ist diese gegenseitige Schwächung um so stärker, je dicker der Magnet ist.

Um die Schwächung der einzelnen Theile zu verringern, trennt man den Magnet in einzelne Lamellen, siehe z. B. Fig. 123, und verbindet dieselben durch Messingstücke so, dass sie durch kleine Zwischenräume getrennt sind; vor die Pole wird häufig auch ein Eisenstück fest aufgesetzt, welches dann den Magnetismus der Pole der Lamellen aufnimmt. In neuerer Zeit hat Jamin, und schon früher Scoresby, mit Vortheil die Magnete aus lauter magnetisirten Uhrfedern construirt, welche nur an den Polen vereinigt, sonst getrennt sind.

Das Gesetz vom Hacker gilt nur für Hufeisenmagnete, nicht für Stabmagnete. Für diese letzteren gelten zwar keine Gesetze, aber doch ungefähr ähnliche Verhältnisse, wie für die ersteren.

Bei der Construction eines Magnetstabs muss ein gewisses Verhältniss zwischen Länge und Querschnitt eingehalten werden. Wenn der Querschnitt kreisförmig ist, nehme man für den Durchmesser etwa den zehnten Theil der Länge, jedenfalls nicht weniger; ist der Querschnitt rechteckig, so wähle man die Dimensionen so, dass die Querschnittsfläche gleich der Kreisfläche ist, deren Durchmesser gleich $\tfrac{1}{10}$ der Länge.

Wenn die Länge des Magnetes im Verhältniss zum Querschnitt bedeutend zu gross ist, so treten beim Magnetisiren sog. Folgepunkte auf, welche man am besten erkennt, wenn man in der oben angegebenen Weise die magnetischen Curven darstellt; dieselben nehmen alsdann die in Fig. 124 angegebene Gestalt an. Der Stab theilt sich nämlich in

diesem Fall in mehrere Magnete, welche mit ihren gleichnamigen Polen
an einander stossen; hierunter leidet der freie Magnetismus der Pole

Fig. 124.

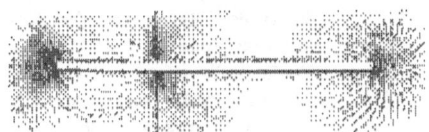

bedeutend; in dem in Fig. 124 dargestellten Fall hätte man zwei
gleichnamige Pole von verschiedener Stärke an den Enden.

Endlich ist noch zu bemerken, dass die Röhrenform für den
Magnetismus vortheilhaft ist; eine magnetisirte Röhre besitzt höheren
Magnetismus, als ein voller Stab von derselben Länge und demselben
Gewicht.

VIII. **Die Magnetisirung.** Die Mittel und Methoden, welche man
anwendet, um Stahlstäbe zu magnetisiren, richten sich wesentlich nach
der Grösse der Stäbe und des Magnetismus, welchen man denselben
ertheilen will. Beim Justiren eines astatischen Nadelpaares, wo die
Nadeln gewöhnlich klein sind, und wo es sich darum handelt, durch
Mittheilen und Entziehen von wenig Magnetismus die beiden Nadeln
in magnetischer Beziehung möglichst gleich zu
machen, magnetisirt man durch blosses **Nähern**
von Magnetpolen; ein stärkeres Mittel ist bereits die **Berührung** durch Magnete, und unter
die stärksten Mittel gehören die verschiedenen
Arten des **Streichens**.

Fig. 125.

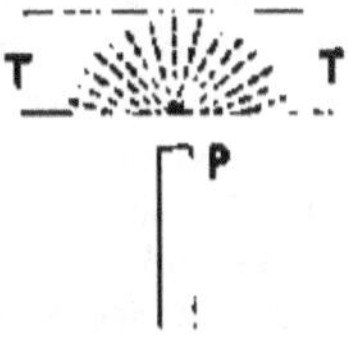

Wenn dem unmagnetischen Stab TT (Fig.
125) ein Magnetpol P genähert wird, oder wenn
er denselben berührt, so entsteht eine radiale
Anordnung der Theilchen des Stabes um den dem Pole P am nächsten
gelegenen Punkt, wie in der Figur angedeutet; nach dem Pole P hin
sind die demselben entgegengesetzten
Pole gerichtet. Man sieht ein, dass,
wenn man einer Nadel ns (Fig. 126)
von beiden Seiten zwei entgegenge-
setzte Pole N und S nähert oder durch dieselben berühren lässt, dieselbe magnetisirt werden muss und zwar mit der durch die Buchstaben
angegebenen Lage der Pole.

Fig. 126.

Das Magnetisiren durch Streichen geschieht bei kleinen Magneten und Nadeln am zweckmässigsten dadurch, dass man die beiden Hälften der Nadel abwechselnd mit den beiden Polen des magnetisirenden Magnetes streicht, und zwar bewegt man hierbei den Magnet von der Mitte der Nadel nach dem Ende hin. Bei dieser Methode wird allerdings die zuletzt gestrichene Hälfte der Nadel etwas stärker magnetisch, als die andere; nicht als ob etwa mehr Magnetismus der einen Art als der andern Art entwickelt würde, sondern die Vertheilung ist nicht dieselbe: in der letztgestrichenen Hälfte liegt der Pol nahe am Ende der Nadel, in der anderen Hälfte ist derselbe vom Ende abgerückt, so dass die Drehungsmomente der beiden Hälften magnetisch verschieden werden.

Fig. 127.

Bei grösseren Magnetstäben führt man den einfachen Strich gleichzeitig auf beiden Hälften des Stabes aus (Fig. 128). Hierbei setzt man am besten die beiden magnetisirenden Pole S und N auf die Mitte des Stabes auf, und zwar die dieselben enthaltenden Stäbe in geneigter Stellung, führt dann in dieser Stellung beide Stäbe gleichzeitig gegen die Enden des zu magnetisirenden Stabes, und wiederholt diesen Process so lange, bis man keine Zunahme von Magnetismus in dem zu magnetisirenden Stabe mehr bemerkt; hierbei ist es von wesentlichem Nutzen, die ganze Oberfläche des Stabes nach und nach zu überstreichen.

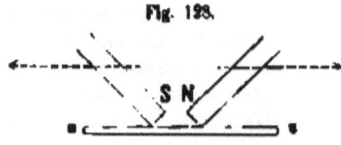

Fig. 128.

Die Erklärung dieses Vorganges ist folgende. Wenn z. B. der Pol N auf den Stab aufgesetzt wird, so richten sich alle in seiner Nähe befindlichen Südpole im Eisen nach demselben hin, die Axen der Theilchen links von N haben also beinahe die derjenigen der rechtsliegenden Theilchen entgegengesetzte Richtung. Nun wird aber der Pol N nach rechts hin geführt; hierdurch wird die Lage der Axen der links liegenden Theilchen im Wesentlichen nicht verändert, die Axen der Theilchen links aber, deren Südpol vorher nach links stand, drehen sich, dem Pol N folgend, in die entgegengesetzte Richtung, indem sie nun auf die linke Seite des Poles N gelangen, und bleiben in derselben liegen. Aehnlich wirkt der Pol S auf der anderen Hälfte.

Der wirksamste Strich scheint der Doppelstrich zu sein. Bei demselben wird ein Hufeisenmagnet mit dicht neben einander stehenden Polen NS (Fig. 129) so auf den Stab aufgesetzt, dass seine magnetische Axe der Richtung des Stabes parallel ist; man fährt nun, indem man diese Lage des Hufeisens beibehält, beliebig hin und her über den zu magnetisirenden Stab, nach und nach dessen ganze Oberfläche überstreichend. Es ist merkwürdiger Weise bei diesem Strich gleichgültig, wo man aufsetzt und in welcher Richtung man streicht, während beim einfachen Strich in dieser Beziehung Vorsicht beobachtet werden muss.

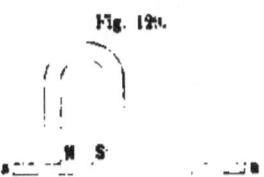

Fig. 129.

Die grösste Wirkung, welche das Hufeisen an irgend einer Stelle ausübt, erfahren stets die Theilchen zwischen seinen Polen; auf diese wirken beide Pole in gleichem Sinne und gleich stark. Die seitwärts vom Hufeisen gelegenen Theilchen erfahren von beiden Polen entgegengesetzte Wirkungen, die eine allerdings überwiegend. Daher kommt es, dass für die Magnetisirung beim Doppelstrich nur die Lage des Hufeisens, nicht die Art seiner Bewegung in Betracht kommt.

Beim einfachen, sowie beim Doppelstrich ist es von Vortheil, wenn man an die Enden des zu magnetisirenden Stabes Stücke weichen Eisens, oder noch besser Magnetpole fest anlegt; der durch das Streichen erzeugte Magnetismus wird hierdurch festgehalten.

In neuerer Zeit werden dickere Stäbe meistens durch **Elektromagnete** magnetisirt, welche wir unten zu behandeln haben. Der Magnetismus, der beim Elektromagnet einem Stab von weichem Eisen ertheilt wird, übertrifft bei Weitem denjenigen, welchen ein Stahlstab von denselben Dimensionen im günstigsten Fall annehmen kann.

Man verfährt hierbei gewöhnlich so, dass man die Enden des zu magnetisirenden Stabes auf die Pole des Elektromagnetes oder auf mit demselben verbundenen Eisenstücke anlegt, den Strom schliesst und nun auf irgend eine Art den Stab zu erschüttern sucht (vgl. S. 212): natürlich muss auch nach und nach die ganze Oberfläche der Stabenden mit den Polen in Berührung gebracht werden.

Diese Art der Magnetisirung ist weitaus die einfachste und kräftigste.

IX. **Einfluss der Cohäsion und der Wärme.** Die wichtigste Beziehung des Magnetismus zur Cohäsion des Stahls oder Eisens ist diejenige, deren Ausdruck die sog. Coërcitivkraft ist, und welche wir bereits besprochen haben; in dem Widerstand, welchen die Körpertheilchen der Magnetisirung entgegensetzen, und in der Kraft, mit welcher sie den angenommenen Magnetismus festhalten, zeigt sich jene Beziehung am deutlichsten.

Wir haben gesehen, dass es streng genommen kein ganz weiches Eisen und keinen ganz harten Stahl gibt, d. h. dass es kein Eisen gibt, welches seinen Magnetismus ganz verlieren kann, und keinen Stahl, der seinen Magnetismus ganz behalten kann; bei Eisen und Stahl nimmt der Magnetismus ab, wenn die magnetisirende Kraft aufgehört hat zu wirken, aber bei beiden bleibt etwas Magnetismus zurück.

Der zurückbleibende oder remanente Magnetismus ist in erster Linie abhängig von der Natur des Körpers, der chemischen sowohl als der physikalischen, aber auch von der Stärke der vorhergehenden Magnetisirung; bei schwacher Magnetisirung kann bei weichem Eisen bis $\frac{1}{4}$ des Magnetismus zurückbleiben, bei sehr starker Magnetisirung dagegen nur etwa $\frac{1}{10}$ bis $\frac{1}{12}$; bei hartem Stahl beträgt der remanente Magnetismus wenigstens $\frac{3}{4}$ des Gesammtmagnetismus. Der remanente Magnetismus ist stets von derselben Art, wie derjenige, den der Körper bei der letzten Magnetisirung angenommen hatte; wenn man daher ein Stück Eisen beliebig oft in abwechselnder Richtung magnetisirt, so entspricht der remanente Magnetismus stets der letzten Magnetisirung.

Einen bedeutenden Einfluss auf den magnetischen Zustand eines Körpers üben ferner Erschütterungen aus. Ein Stahlmagnet kann z. B. durch einen einzigen Längsschlag bereits den grössten Theil seines Magnetismus verlieren; beim Transport von Magneten ist also die Art der Verpackung wesentlich für das Festhalten von Magnetismus.

Umgekehrt aber wirken Erschütterungen nützlich während der Magnetisirung; wird ein Magnetstab bei diesem Vorgang nach allen Seiten erschüttert, so wird durch die Schläge gleichsam ein Theil der Coërcitivkraft überwunden; der Widerstand, den die Theilchen der Drehung ihrer magnetischen Axen entgegensetzen, wird durch mechanische Kräfte entfernt, während bei einem bereits magnetisirten Stab mechanische Kraft im Stande ist, die Axen zurück zu drehen, da keine magnetische Richtkraft mehr auf dieselben einwirkt. Der Einfluss der Erschütterungen ist auch die Ursache, welche bewirkt, dass sämmtliche stählerne Werkzeuge in mechanischen Werkstätten, ferner eiserne Schiffe während des Baues, Magnetismus annehmen. Hier ist es namentlich der Erdmagnetismus, welcher inducirend wirkt, und man nennt auch diesen Magnetismus den Magnetismus der Lage, weil er von der

Lage des Gegenstandes in Bezug zum magnetischen Meridian abhängt; aber die Erschütterungen sind es, welche den von der Erde inducirten Magnetismus befestigen und vermehren.

Für Stahlmagnete ist ferner wichtig der Einfluss der Härtung. Um Stahl zu härten, wird derselbe bekanntlich zuerst erhitzt und dann in einem kälteren Flüssigkeitsbade abgelöscht; durch zweckmässige Wahl des Hitzegrades, der Zusammensetzung der Flüssigkeit und ihrer Wärme lassen sich die mannichfaltigsten Abstufungen von Härte erzielen. Will man einem Stabe an verschiedenen Stellen verschiedene Härte ertheilen, so giebt man dem ganzen Stabe zuerst die Härte, welche die härtesten Stellen erhalten sollen, und „lässt" dann die übrigen Stellen „an", d. h. erwärmt sie über gelindem Feuer und lässt sie langsam abkühlen.

Im Allgemeinen lässt sich behaupten, dass ein Stahlstab um so mehr Magnetismus festhalten kann, je härter er ist; über die specielle Vorschrift der Verfertigung von Magneten jedoch sind die Techniker verschiedener Ansicht: die Einen geben dem ganzen Magnete die grösste Härte, Glashärte, die Anderen dagegen machen die Stabenden glashart und lassen die Mitte des Stabes etwas an; wahrscheinlich gibt es noch andere zweckmässige Verfahrungsarten.

Wichtig und zugleich merkwürdig ist der Einfluss der Wärme. Die Wärme wirkt entmagnetisirend, sowohl auf Stahl, als auf Eisen. Wenn man einen magnetisirten Stahlstab weissglühend macht, so verliert er seinen Magnetismus vollständig und erhält denselben durch die Abkühlung auch nicht wieder. Weissglühendes Eisen ferner wird nicht mehr von einem Magneten angezogen, zeigt aber diese Eigenschaft wieder nach dem Erkalten.

Beim Stahl nimmt der Magnetismus mit zunehmender Erwärmung stetig ab; das Eisen dagegen zeigt unmittelbar vor der Entmagnetisirung eine beträchtliche Zunahme des Magnetismus, wenn während der Erwärmung ein Magnet sich in der Nähe befindet. Diese beiden Erscheinungen widersprechen sich nicht: in beiden Fällen vermindert die Wärme die Coërcitivkraft; je geringer nun diese letztere ist, desto weniger Magnetismus kann der Stahl festhalten, und desto mehr kann das Eisen annehmen, weil der Magnetisirung weniger Widerstand entgegengesetzt wird: Weissgluth zerstört jeden Magnetismus. Ein weissglühendes Stückchen Eisen wird daher vom Magnet nicht mehr angezogen, ein schwach rothglühendes dagegen stärker, als ein kaltes.

Für die in Instrumenten verwendeten Magnete ist ferner wichtig der Einfluss schwächerer Erwärmungen, wie solche durch Veränderung der Lufttemperatur fortwährend hervorgerufen werden. Ein frisch magnetisirter Stahlstab verliert anfangs sowohl durch geringe Erwärmung, als durch Erkältung Magnetismus, nach und nach wird aber der Verlust bei der Erkältung immer kleiner, dann beginnt die Erkältung den Magnetismus zu erhöhen, und schliesslich stellt sich ein stationärer Zustand her, in welchem jede Erwärmung ebensoviel Magnetismus entzieht, als die entsprechende Erkältung wieder erneirt. Im Durchschnitt verliert also ein Stahlstab im Lauf der Zeit Magnetismus, bis ein gewisses Minimum erreicht ist, welches sich dann erhält.

8. Ströme und Magnete.

X. Ersetzung eines Magnets durch Kreisströme. Die Wechselwirkung zwischen Strömen und Magneten ist in der ganzen Lehre von der Elektricität und dem Magnetismus für den Techniker der wichtigste Abschnitt; auf dieser Wechselwirkung beruhen beinahe die ganze elektrische Telegraphie unserer Zeit, sowie die Maschinen zur Erzeugung elektrischer Ströme. Nachdem wir in vorhergehenden Abschnitten die Wechselwirkung von Strömen auf einander und diejenige vom Magneten auf einander kennen gelernt haben, bleibt uns nur noch übrig, die Kette zu schliessen, indem wir den inneren Zusammenhang zwischen Strömen und Magneten darlegen; sobald derselbe gegeben ist, bildet die Erklärung der Wechselwirkungen zwischen Strömen und Magneten nur noch eine Anwendung der Gesetze, welche in den vorhergehenden Abschnitten bereits enthalten sind.

Der Urheber der Lehre von der Identität zwischen elektrischen Strömen und Magneten ist Ampère, derselbe, welchem man die Aufstellung des ersten elektrischen Fundamentalgesetzes verdankt. Bevor Ampère mit seiner Lehre auftrat, hatte für die Erklärung der magnetischen Erscheinungen die Theorie der magnetischen Fluida allgemeine Geltung, eine Theorie, welche für den Magnetismus die Existenz zweier polar entgegengesetzter Flüssigkeiten annimmt, in ähnlicher Weise, wie es für die Elektricität noch heutzutage Sitte ist; von dieser Theorie aus lässt sich aber, ohne Zuhülfenahme von neuen Hypothesen, die Wechselwirkung zwischen Strömen und Magneten nicht erklären. Wir haben diese Theorie übergangen, weil sie jetzt als beseitigt anzusehen ist, obschon die hergebrachten Bezeichnungen in der Lehre vom Magnetismus noch aus jener Theorie stammen, und obschon dieselbe von allen rein magnetischen Erscheinungen vollkommene Rechenschaft giebt.

Den Anstoss zu der ganzen Ampère'schen Theorie der elektrischen Ströme gab die Entdeckung von Oersted, dass die Magnetnadel durch den Strom abgelenkt wird. In Folge dieser Entdeckung vermuthete Ampère die Existenz einer mechanischen Fernewirkung von Strömen auf einander, fand dieselbe, gründete hierauf sein Elementargesetz und gelangte in der Entwicklung seines Gesetzes zu dem Begriff der galvanischen Schraube (Solenoid), indem er offenbar als Schlussstein seiner Untersuchung den Uebergang von Strömen zu Magneten im Auge hatte. Von der galvanischen Schraube nun bewies Ampère theoretisch und experimentell, dass ihre Wirkung in jeder Beziehung ähnlich derjenigen eines Magnetes sei, dass eine galvanische Schraube von kleinem Querschnitt sich stets ersetzen lasse durch einen Magnet von derselben Gestalt, und umgekehrt. Diese Uebereinstimmung verfolgend, fand alsdann Ampère umgekehrt eine magnetische Combination, welche den einfachen Kreisstrom ersetzt, und war schliesslich im Stande, den Magnetismus überhaupt auf elektrische Ströme zurückzuführen, so dass heutzutage die ganze Lehre vom Magnetismus und dem elektrischen Strom auf einem einzigen Grundbegriff aufgebaut wird, demjenigen des elektrischen Stromes.

Ob diese Vereinigung der beiden Gebiete eine natürlich wahre oder nur eine geschickte künstliche Zusammenfassung ist, kann hier nicht entschieden werden und ist auch nicht entschieden. Für uns hat hier diese Lehre den praktischen Werth, dass sie zum Theil verwickelte Erscheinungen aus einem einfachen Gesichtspunkt erklärt und deshalb allein eine Uebersicht der Erscheinungen ermöglicht.

Die Aehnlichkeit zunächst zwischen Magneten und galvanischen Schrauben, ist auffallend; ein überzeugendes Experiment ist hierfür der Schwimmer von de la Rive (siehe S. 107): man erhält ganz ähnliche Bewegungserscheinungen, wenn man statt der schwimmenden galvanischen Schraube einen schwimmenden Magnet, oder statt der festen Schraube einen festen Magnet anwendet. Die Wirkung einer galvanischen Schraube sowohl, als eines Magnets darf als in zwei Punkten concentrirt gedacht werden, den Polen der Schraube oder des Magnets; diese Pole wirken bei der Schraube und beim Magnet umgekehrt proportional dem Quadrat der Entfernung auf einander, und anziehend, wenn sie ungleichnamig, abstossend, wenn sie gleichnamig sind.

Diese Aehnlichkeit wird noch vollständiger, wenn man die Wirkung eines Schraubenpoles auf Stromelemente und Stromkreise vergleicht mit der entsprechenden eines Magnetpoles; dieselbe betrachten wir weiter unten.

Die Uebereinstimmung zwischen einer galvanischen Schraube und einem Magnet von derselben Gestalt ist als bewiesen zu betrachten.

wenn der Querschnitt klein ist; um diese Uebereinstimmung auszudrücken auf Formen von beliebigen Dimensionen, reicht die einfache Substitution einer Anzahl von galvanischen Schrauben nicht aus: die Uebereinstimmung bleibt nur bestehen, so lange die Coërcitivkraft nicht ins Spiel kommt, also bei weichem Eisen; in allen Fällen, in welchen diese Kraft wesentlich mitwirkt, also namentlich bei Stabmagneten, sind die einzelnen Kreisströme der den Magnet ersetzenden Schrauben nicht als parallel, sondern als verschieden gerichtet zu betrachten.

Ampère bildet sich daher folgende Vorstellung von der Natur eines Magnets: er nimmt den Magnet ebenfalls als aus einzelnen Theilchen bestehend an, deren jedes Magnetismus besitzt; aber statt der beiden magnetischen Pole eines Theilchens denkt er sich einen kleinen Kreisstrom, dessen Bahn in dem Theilchen liegt.

Es lässt sich theoretisch zeigen, dass ein kleiner Magnet mit den Polen *s* und *n* (Fig. 130) sich ersetzen lässt durch einen kleinen Kreisstrom *k*, dessen Ebene senkrecht zur magnetischen Axe *n s*, und zwar muss die Mitte der Fläche des Kreisstroms mit derjenigen der Pollinie zusammenfallen; der Strom in demselben muss so kreisen, dass er, von der Seite des Südpols angesehen, in der Richtung der Bewegung des Uhrzeigers, von der Seite des Nordpoles angesehen, in der entgegengesetzten Richtung verläuft.

Fig. 130.

Ampère nimmt an, dass in jedem Theilchen eines Stückes Eisen oder Stahl ein solcher Kreisstrom existire, der ohne Vorhandensein einer elektromotorischen Kraft dennoch nicht an Kraft abnehme, weil seine Bahn, nach Ampère's Annahme, ohne Widerstand sei, dass also die Elektricität in der kleinen Kreisbahn in ähnlicher Weise umlaufe, wie ein Planet um die Sonne, d. h. ohne stets eines neuen Anstosses zu bedürfen und ohne einen Bewegungswiderstand zu finden.

Die Ebenen dieser Kreisströme haben aber, im unmagnetischen Zustande, alle möglichen Richtungen, so dass sie nach Aussen keine Wirkung ausüben. Tritt nun eine magnetisirende Kraft auf, wird ein Magnet genähert, oder wird ein Strom um den Körper geleitet, so richten sich alle Kreisströme. Der angenäherte Magnet enthält auch in seinen Theilchen solche Kreisströme, dieselben sind aber bereits alle gerichtet; wenn der Magnet völlig gesättigt ist, so sind sämmtliche Kreisströme in demselben unter sich parallel und senkrecht zu der magnetischen Axe. Diesen gerichteten Kreisströmen streben sich nun die Kreisströme in dem unmagnetischen Körper gleichzurichten, und je vollkommener dieses Richten geschieht, desto höher ist der Magnetismus in dem non magnetisirten Körper. Der Magnetismus ist nichts Anderes, als die Uebereinstimmung der Richtungen der molekularen Kreisströme. An der Coërcitivkraft wird nach dieser Vorstellung nichts geändert; sie besteht in dem Widerstand, welchen die Kreisströme bei ihren drehenden Bewegungen finden; je grösser dieselbe ist, desto schwieriger wird auch das Zurückgehen der Kreisströme in ihre früheren Lagen nach dem Aufhören der magnetisirenden Kraft, d. h. desto grösser ist der remanente oder permanente Magnetismus.

Es liegt auf der Hand, dass durch diese Auffassung sämmtliche magnetischen Erscheinungen sich ebenso gut erklären lassen, wie durch die Annahme von magnetischen Polen, da nur die magnetische Beschaffenheit des einzelnen Theilchens anders aufgefasst ist, im Uebrigen aber die Erklärung der Erscheinungen dieselbe bleibt. Wir können hinzufügen, dass durch die Aufstellung dieser Theorie die Kenntniss des Magnetismus auch nicht wesentlich gefördert worden ist, namentlich in Bezug auf die grösste Lücke in derselben, die Vertheilung des Magnetismus im Innern der Magnete, da eben die Schwierigkeiten, welche sich bei dieser Aufgabe beiden Theorien entgegenstellen, im Wesentlichen dieselben sind.

Wir haben oben gesehen, dass ein dünner Magnetstab sich ersetzen lässt durch eine galvanische Schraube, und ferner ein Elementarmagnet durch einen kleinen Kreisstrom; wir haben noch zu erwähnen die Ersetzung eines Kreisstromes durch eine magnetische Doppelfläche.

Wenn ein kleiner Kreisstrom sich ersetzen lässt durch einen kleinen Magnet, in der in Fig. 130 angedeuteten Weise, so liegt es nahe zu vermuthen, dass wir statt des einen Magnetes auch viele neben einander liegende annehmen dürfen, welche zusammen dieselbe Wirkung nach Aussen ausüben, wie der eine; wenn dies der Fall ist, so dürfen wir uns auch statt des Kreisstromes einen kleinen Cylinder *n s* denken (Fig. 131), dessen Querschnitt die Fläche des Kreisstromes und dessen Endflächen *n* und *s* mit magnetischen Polen bedeckt sind, die eine mit nördlichen, die andere mit südlichen Polen. Dies ist eine magnetische Doppelfläche, und es lässt sich in der That theoretisch nachweisen, dass jeder kleine Kreisstrom durch eine solche sich ersetzen lässt.

Fig. 131.

Bringen wir diese Ersetzung in Verbindung mit dem Ampère'schen Satz, den wir S. 160 kennen gelernt haben, nach welchem jeder Kreisstrom, gleichviel von welcher Form, sich ersetzen lässt durch ein System von kleinen Kreisströmen, welche die von dem Kreisstrom begrenzte Fläche ausfüllen (Fig. 132).

Fig. 132.

Wenn der Kreisstrom oben ist und die kleinen Kreisströme auch sämmtlich in seiner Ebene liegen, so erhält man, wenn man die einzelnen Kreisströme durch magnetische Doppelflächen ersetzt, statt des Kreisstromes eine einzige magnetische Doppelfläche, welche die von dem Kreisstrom begrenzte Fläche ausfüllt und, im Fall der Figur, oben mit nördlichem Magnetismus, unten mit südlichem belegt ist; der oben gelegene Magnetismus muss nördlich sein, weil, von oben gesehen, der Kreisstrom die der Bewegung des Uhrzeigers entgegengesetzte Richtung hat; von unten gesehen ist die Richtung des Stromes eine umgekehrte, der denselben nach dieser Seite hin vorwiegend ersetzende Magnetismus muss daher südlich sein.

Es ist leicht zu übersehen, dass sowohl der Ampère'sche Satz von der Ersetzung eines Kreisstromes durch viele kleine Kreisströme, als die Ersetzung desselben durch eine magnetische Doppelfläche für ganz beliebige Formen der Flächen gilt; wir können desshalb den Satz von der letztgenannten Ersetzung folgendermassen aussprechen:

Ein Kreisstrom lässt sich stets durch eine magnetische Doppelfläche ersetzen, welche durch den Kreisstrom geht und sonst beliebige Gestalt haben kann; die südlich magnetische Belegung liegt auf der Seite, von welcher aus gesehen, der Strom im Sinn der Bewegung des Uhrzeigers verläuft, die nördlich magnetische Belegung auf der entgegengesetzten Seite.

Nachdem wir die Sätze von der Ersetzung der Ströme durch Magnete und der Magnete durch Ströme kennen gelernt haben, sind wir im Stande, alle Wechselwirkungen von Strömen und Magneten ohne Mühe aus der Wechselwirkung von Strömen auf Ströme oder aus derjenigen von Magneten auf Magnete zu erklären, und zwar sowohl die mechanische, als die elektrische Wirkung.

Wir besprechen zunächst die mechanische Fernewirkung von Strömen und Magneten, dann die elektrische.

a) **Mechanische Fernewirkung von Strömen und Magneten auf einander; Elektromagnetismus.**

XI. **Magnetpol und Stromelement.** Wenn wir den Magnetpol durch eine sehr lange, galvanische Schraube ersetzen, welche in dem Pole endigt, so können wir unmittelbar das Gesetz anwenden, welches

S. 165 besprochen ist. Die Wirkung eines Magnetpoles auf ein Stromelement steht senkrecht auf der durch das Element und die Verbindungslinie gelegten Ebene. Und zwar sucht der Strom den Magnetpol nach links zu treiben, wenn derselbe ein Nordpol ist, wobei man sich mit dem Gesichte nach dem Pole hin in das Stromelement so gelegt denkt, dass der Strom zu den Füssen ein- und zum Kopfe austritt, nach rechts dagegen, wenn es ein Südpol ist; das Stromelement selbst wird, nach der gleichen Ausdrucksweise, von einem Nordpol nach rechts, von einem Südpole nach links getrieben. (Ampère'sche Regel).

Die Wirkung eines Magnetpoles auf ein Stromelement ist umgekehrt proportional dem Quadrate der Entfernung und proportional dem Sinus des Winkels, welchen die Verbindungslinie mit dem Stromelement bildet, ferner proportional dem Magnetismus des Poles, der Länge des Stromelementes und der Stromstärke.

Aus diesem Gesetz erklären sich eine Reihe von einfachen Bewegungserscheinungen, zunächst die Ablenkung einer (horizontalen) Galvanometernadel.

Sei zunächst ein sehr langer Draht AA (Fig. 133 a) gegeben, der im magnetischen Meridian ausgespannt ist, so dass die unter demselben

Fig. 133.

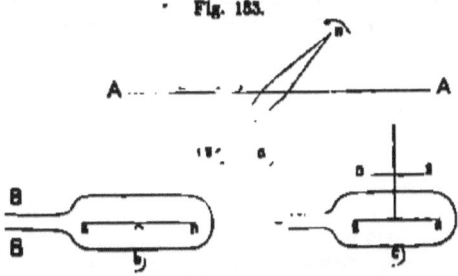

drehbar aufgesetzte Magnetnadel ns in der Ruhelage parallel mit dem Drahte liegt. Wenn ein Strom den Draht durchfliesst, so sucht jedes Stromelement den Nordpol nach links, den Südpol nach rechts zu treiben, der Strom lenkt also die Nadel ab, und zwar würde sich die Nadel senkrecht zum magnetischen Meridian einstellen, wenn nur der Strom wirkte, nicht auch der Erdmagnetismus; durch die Einwirkung des letzteren stellt sich daher eine zwischen dem magnetischen Meridian und der dazu senkrechten Richtung eine Gleichgewichtslage her, welche von dem Verhältnis der beiden wirkenden Kräfte abhängt.

Ist ein Draht in einer Windung um die Nadel geführt, wie in Fig. 133 b), oder in vielen Windungen, wie es in Galvanometern der Fall ist, so unterstützen sich, wie leicht einzusehen, sämmtliche Stromelemente in ihrer Wirkung auf den Magnet, und es erfolgt eine Ablenkung des letzteren, wie im vorigen Fall. Dieselbe ist um so stärker, je näher der Draht an der Nadel liegt, je mehr Windungen die Wicklung enthält und ferner, je stärker der Strom ist und je schwächer die Richtkraft des Erdmagnetismus. Die Ablenkung der Nadel, d. h. ihre Gleichgewichtslage, ist unabhängig von dem Magnetismus der Nadel, weil sowohl die Wirkung des Stromes, als diejenige des Erdmagnetismus demselben proportional ist; wohl hängt aber die Art der Bewegung der Nadel, namentlich ihre Schwingungsdauer, von dem Magnetismus derselben ab.

Die Empfindlichkeit des Galvanometers wird bedeutend vermehrt, wenn man statt der einfachen Magnetnadel ein astatisches System, Fig. 133 c), anwendet; diese Vermehrung rührt theils von der bedeutenden Verringerung der Richtkraft des Erdmagnetismus, theils von der grösseren Ausnutzung der bewegenden Kraft des Stromes her. Die Wirkung des unteren Theiles der Windungen, auf die obere Nadel ist allerdings entgegengesetzt derjenigen auf die untere Nadel, verringert also die Ablenkung; dieselbe ist aber, der grösseren Entfernung wegen, bedeutend geringer, als die Wirkung auf die untere Nadel. Der obere Theil der Windungen treibt beide Nadeln nach derselben Seite hin, wovon man sich durch Anwendung der Ampère'schen Regel überzeugen kann.

Ein zweiter wichtiger Fall ist die fortschreitende Bewegung eines Magnets gegen einen Stromkreis, oder eines Stromkreises gegen einen Magnet. Wenn ns (Fig. 134) ein Magnet, k ein Stromkreis, dessen Mittelpunkt in der Verlängerung der magnetischen Axe ns liegt, so entsteht eine Wirkung nur in dem Falle, wenn die Ebene des Stromkreises senkrecht oder wenigstens geneigt gegen die Verbindungslinie ist. Steht diese Ebene senkrecht gegen die Verbindungslinie, so ist die Wirkung des Magnetes auf alle Elemente des Stromkreises gleich; und zwar überwiegt die Wirkung des Nordpoles, wenn der Stromkreis auf dessen Seite liegt, diejenige des Südpoles, wenn er auf der anderen Seite liegt; liegt der Stromkreis in der Mitte des Magnetes, so ist die Wirkung beider Pole gleich.

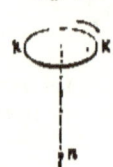

Fig. 134.

Hätte der Magnet nur einen Pol, den Nordpol, so würde der Stromkreis in der Richtung der Verbindungslinie bewegt; er würde angezogen, wenn, vom Nordpol des Magnetes aus gesehen, der Stromkreis aussieht wie der Südpol einer galvanischen Schraube, d. h. im Sinne der Bewegung des Uhrzeigers verläuft, er würde abgestossen, wenn die Stromrichtung umgekehrt wäre. Dasselbe Resultat erhält man, wenn man ein Element des Stromkreises betrachtet und die Ampère'sche Regel anwendet. Im Falle der Anziehung würde der Stromkreis sich dem Nordpol nähern; sobald er sich über denselben weg bewegt hat, würde er von demselben abgestossen, also seinen Weg fortsetzen, denn in diesem Fall verläuft der Strom, vom Nordpol aus gesehen, in entgegengesetzter Richtung, nämlich wie der Nordpol einer galvanischen Schraube. Wenn also nur der Nordpol wirkte, so würde der Stromkreis eine stetige Bewegung in der Richtung der Verbindungslinie erhalten, entweder vom Pole weg, oder zum Pole hin und über denselben weg nach der anderen Seite. Der Südpol würde, wenn er allein wirkte, die entgegengesetzten Bewegungen hervorrufen.

Da nun beide Pole wirken, so kann der Stromkreis, im Falle der Anziehung, sich nur über den Nordpol hinaus bis in die Mitte des Magnetes begeben; dort wird die Wirkung des Südpoles gleich derjenigen des Nordpoles, und es entsteht ein stabiles Gleichgewicht. Befindet sich der Stromkreis anfangs auf der anderen Seite und wird vom Südpol angezogen, so kann er sich ebenfalls nur bis in die Mitte des Magnetes bewegen.

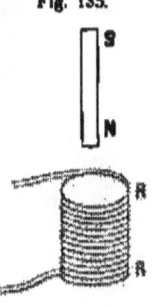

Fig. 135.

Wenn daher eine Drahtrolle R vom Strom durchlaufen wird, und in der Verlängerung ihrer Axe ein Magnet NS liegt, so wird derselbe entweder abgestossen oder angezogen. Im letzteren Falle kann er sich jedoch nur soweit bewegen, bis er zu beiden Seiten gleichviel aus der Rolle hervorragt; ebenso wird die Rolle, wenn sie vom Magnete angezogen wird, sich über den Magnet schieben, aber nur so lange, bis die Mitten beider Körper zusammenfallen.

Ein fernerer interessanter Fall ist die Bewegung eines Stromleiters im homogenen magnetischen Feld.

„Magnetisches Feld" ist ein bildlicher Ausdruck, dessen Bedeutung wir unerörtert lassen; derselbe ist ungefähr gleichbedeutend mit „Wirkungssphäre eines Magnetpols". Ein homogenes magnetisches Feld ist die Wirkungssphäre zwischen zwei gleichmässig magnetisirten Polflächen; streng genommen wird die Gleichmässigkeit der Magnetisirung erst erreicht, wenn die Flächen einander parallel sind und grosse Ausdehnung besitzen; in diesem Fall sind die magnetischen Axen aller an der Oberfläche gelegenen Theilchen gleich gerichtet, nämlich senkrecht zu der Oberfläche, oder die Kreisströme, wenn man solche annimmt, liegen alle in der Oberfläche selbst.

Fig. 136.

Liegt nun in einem solchen homogenen magnetischen Feld ein Stromelement s, siehe Fig. 136, so ist von vorne herein klar, dass, welche Wirkung auch immer das Stromelement erfahren mag, es dieselbe an allen Stellen des Feldes gleichmässig erfahren wird, wenn es seine relative Lage zu den beiden Flächen beibehält; denn, wie es auch verschoben wird, so ist es in diesem Falle stets von allen Seiten in derselben Weise von Magnetpolen umgeben.

Liegt das Element senkrecht zu beiden Flächen, so findet keine Wirkung statt; die Wirkung der in der Verlängerung des Elementes liegenden Pole ist Null, die Wirkung irgend eines anderen Poles wird von derjenigen des, in Bezug zum Element diametral gegenüberliegenden, gleich weit entfernten Poles derselben Fläche aufgehoben.

Ist das Element parallel den Flächen, so erfolgt eine Wirkung, und zwar unterstützen sich sämmtliche Pole beider Flächen, um das

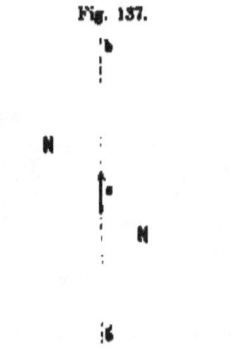

Fig. 137.

Element senkrecht zu sich selbst und parallel den beiden Flächen zu bewegen; natürlich ist die Wirkung der in der nächsten Nähe des Elements gelegenen Pole die stärkste.

Denken wir uns das Element s (Fig. 137) in einiger Höhe über der nordmagnetischen Fläche NN schwebend und betrachten die Wirkung der in den Geraden aa' und bb', senkrecht und parallel zur Richtung des Elementes gelegenen Pole auf das Element.

Die Wirkungen der in der Geraden bb' gelegenen Pole haben sämmtlich dieselbe Richtung, nämlich parallel der Polfläche und senkrecht zum Element gerichtet; die Wirkung der entfernten Pole ist nur gering, weil die Entfernung gross und der Winkel zwischen Element und Verbindungslinie klein ist. Von den in der Geraden aa' gelegenen Polen wirkt jeder in einer anderen Richtung; zerlegt man aber diese Wirkungen nach der Richtung aa' und senkrecht auf aa', so findet man, dass die ersteren Componenten sich sämmtlich unterstützen, um das Element ebenfalls von a nach a' zu treiben; es liegt hier der in dem vorigen Beispiele besprochene Fall vor: die Pole rechts von e ziehen das Element an, die Pole links von e stossen es ab.

Untersucht man in derselben Weise die Wirkungen der Südpole, so findet man, dass die in der Richtung der Flächen, senkrecht zum Element wirkenden Componenten sämmtlich in der Richtung von a nach a' wirken, also die Wirkung des Nordpoles unterstützen; dass dagegen die senkrecht zu den beiden Flächen gerichteten Componenten die entsprechenden, von der Wirkung der Nordpole stammenden Componenten vernichten.

Die beiden Polflächen treiben also das Element e in der Richtung von a nach a'; jedes in einem homogenen magnetischen Feld befindliche, den beiden Polflächen parallel liegende Stromelement wird in der auf dem Element senkrechten, zu den Flächen parallelen Richtung fortgetrieben.

XII. **Rotationsapparate.** Als Beispiele der Wirkung eines Magnetpoles auf ein Stromelement sind noch einige Rotationsapparate zu erwähnen, in welchen theils Stromleiter unter dem Einfluss von Magneten, theils Magnete unter dem Einfluss von Stromleitern rotiren.

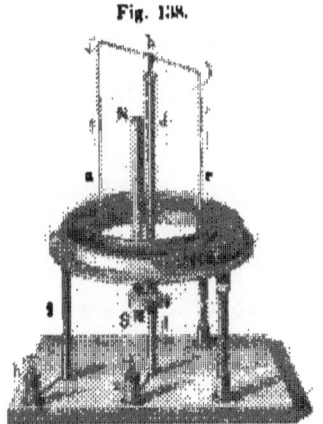

Fig. 138.

1) Der Metallbügel abc schwebt auf der Spitze b und reicht mit seinen Enden in eine Quecksilberrinne; der Strom, welcher zur Klemme h ein-, zur Klemme e wieder austritt, durchfliesst den Bügel in der bei a und c angezeigten Richtung. Nahe der Mittelsäule ist ein Magnetstab NS befestigt; der Bügel geräth durch dessen Einwirkung in stetige Rotation, welche so lange anhält, als der Strom den Bügel durchfliesst.

Dieses Beispiel ist wohl die einfachste Illustration der Wirkung eines Magnetpoles auf ein Stromelement; jeder Theil des Bügels erhält durch den Magnetpol eine Bewegung senkrecht zu der Ebene des Bügels.

Diese Rotation beruht auf derselben Wirkung wie die S. 158 besprochene; nur geht dort die Wirkung von einem Stromkreis aus, statt von einem Magnetpol.

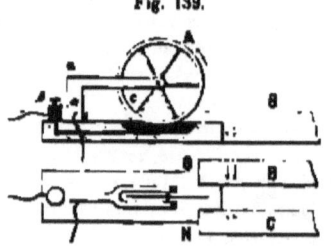

Fig. 139.

2) Das Barlow'sche Rädchen (Fig. 139). Ein in verticaler Ebene drehbares, in eine Quecksilberrinne tauchendes Metallrädchen befindet sich zwischen den Polen N, S eines Hufeisenmagnets BC. Die Rotation erfolgt durch die Wirkung der Pole auf die vom Strome durchflossenen Speichen des Rädchens; eine solche Speiche wird in der auf ihr selbst und der Verbindungslinie mit dem Pole senkrechten Richtung fortgetrieben, d. h. in mehr oder weniger tangentialer Richtung.

Fig. 140.

3) In dem in Fig. 140 dargestellten Falle rotiren zwei Magnete ns, $n's'$, deren magnetische Axen gleichgerichtet sind, unter dem Einfluss des Stromes. Der letztere tritt von der Klemme g in die Quecksilberrinne f ein, geht von da durch ein mit den Magneten verbundenes Querstück und die feststehende Säule ba an die Klemme c. Das Magnetpaar ist an einem Mittelstück d befestigt, welches an einem Faden aufgehängt ist und nach unten mit einer Spitze in den Quecksilbernapf e taucht, also frei rotiren kann. Bei der vorliegenden Anordnung dieses Versuches übt der Strom nur eine Wirkung auf die beiden Südpole aus. In dem in der Fig. 141 dargestellten Schema ist es augenscheinlich, dass sämmtliche Stücke der Stromleiter, mit Ausnahme der neben einander liegenden Zuführungen, auf die beiden Südpole in demselben Sinne drehend wirken, und zwar so, dass der Südpol s, links aus der

Ebene der Zeichnung vortritt; von dieser Anordnung des Stromleiters unterscheidet sich diejenige des Versuches nur durch Weglassung einiger Stücke.

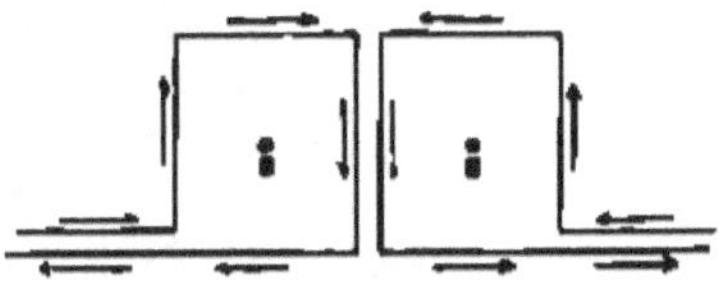

Dieser Versuch lässt sich auch dahin abändern, dass ein einziger Magnet unter dem Einfluss des Stromes um seine Axe rotirt (siehe Fig. 142). Denkt man sich nämlich in dem vorigen Fall statt der beiden Magnete eine grössere Anzahl, welche in Form eines Cylindermantels um die Axe angeordnet sind, oder eine magnetisirte Stahlröhre, und verengert dieselbe immer mehr, so erhält man schliesslich den in Fig. 142 dargestellten Fall, in welchem der Strom, welcher den Magneten bewegt, im Mittelpunkt seines Querschnittes eintritt und an der Peripherie wieder austritt. Denkt man sich zwischen diesen beiden Punkten den Strom irgendwelche Linie beschreibend, welche allmählig von der Axe abweicht und an die Peripherie geht, so muss das in der Axe liegende Stück dieser Stromlinie auf die ausserhalb derselben liegenden Südpole eine ähnliche Wirkung ausüben, wie im vorigen Falle die vom Strom durchflossene Axe.

Fig. 141.

Fig. 143.

4) Der Magnetismus der Erde lässt sich ebenfalls benutzen, um Stromleiter in Drehung zu versetzen; jedoch unterscheiden sich die betreffenden Apparate principiell nicht von den bereits angeführten.

5) Der galvanische Lichtbogen eignet sich in glänzender Weise dazu, um den in Fig. 142 dargestellten Versuch zu wiederholen, siehe Fig. 143. In ein Glasgefäss, welches stark verdünnte Luft enthält, ist ein Magnet *m* in der aus der Figur ersichtlichen Weise eingesetzt; der Strom tritt in den Platindraht *a* ein, geht in einem Licht-

bogen zu dem um die Mitte des Magnets gelegten Platinring *e* oder und verlässt den Apparat bei *b*. Als Stromquelle wird eine Elektrisirmaschine oder ein später zu beschreibender Inductionsapparat benutzt. Der Lichtbogen wandert unter dem Einfluss des Nordpoles des Magnetes ohne Unterbrechung um den Magnet herum, dem Ring entlang.

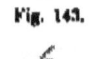

Fig. 143.

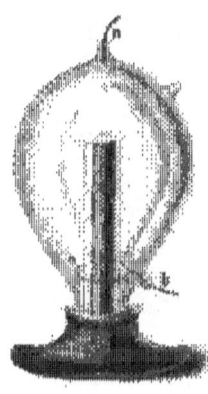

XIII. Magnetpol und Kreisstrom. Um die Wechselwirkung zwischen einem Magnetpol und einem Kreisstrom zu finden, lässt sich entweder die Ersetzung des ersteren durch Kreisströme, oder diejenige des letzteren durch eine magnetische Doppelfläche anwenden. Unter Kreisstrom verstehen wir hier zunächst einen kreisförmigen Leiter, welcher von einem Strom durchflossen wird; die Resultate lassen sich jedoch leicht auf den Fall ausdehnen, in welchem der Leiter eine beliebige geschlossene, ebene Figur bildet.

Wenn sich der Magnetpol ausserhalb der Kreisfläche befindet, wie in Fig. 144, so ersetzen wir den Kreisstrom durch eine magnetische Doppelfläche, — eigentlich muss zuerst der Kreisstrom durch ein System vieler kleiner Kreisströme, dann jeder dieser letzteren durch eine kleine magnetische Doppelfläche ersetzt werden —; alsdann wird sich die südmagnetische Belegung auf der Seite befinden, auf welcher der Kreisstrom wie der Uhrzeiger verläuft, die nordmagnetische auf der anderen. Diese Doppelfläche verhält sich im Wesentlichen wie ein kurzer Magnet und man übersieht sofort, dass, wenn der Kreisstrom beweglich ist, der Magnetpol Anziehung ausüben wird, wenn der ihm zugekehrte Pol ein ungleichnamiger ist, im entgegengesetzten Fall Abstossung; zugleich wird der Magnetpol den Kreisstrom so zu drehen suchen, dass dessen Ebene sich senkrecht zu der Verbindungslinie zwischen Pol und Kreismittelpunkt stellt und dass die dem Magnetpol ungleichnamige Belegung demselben zugekehrt wird; würde die gleichnamige Belegung dem Magnetpol zugewendet, so könnte nur ein labiles Gleichgewicht entstehen.

Fig. 144.

Befindet sich der Magnetpol N innerhalb der Kreisfläche kk (Fig. 145) und ist derselbe, wie in der Figur angedeutet, kein Punkt, sondern eine Fläche, so scheint uns auf den ersten Blick die Ersetzung durch eine magnetische Doppelfläche im Stiche zu lassen. Denn wenn wir dieselbe anwenden, so kommen alle Pole der Polfläche N des Magnets in oder zwischen die beiden Belegungen der Doppelfläche zu liegen; man hat also gleichsam einander durchsetzende Magnetflächen, und der Zweifel ist berechtigt, ob in diesem Fall die uns bekannten Gesetze noch anwendbar seien.

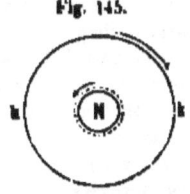

Fig. 145.

Wir greifen daher zu der anderen Ersetzung, und denken uns statt der kleinen Magnete in der Polfläche des Magnetes lauter kleine, parallel dieser Fläche gerichtete Kreisströme; diese lassen sich dann wieder nach dem Ampère'schen Satz durch einen einzigen, die Peripherie der Polfläche umkreisenden Strom ersetzen, welcher im Sinn des Uhrzeigers verläuft, wenn die Polfläche südmagnetisch ist, u. s. w. Sind nun alle die kleinen Magnete in der Polfläche, also auch der sie ersetzende Kreisstrom beweglich, so stellt sich dieser letztere offenbar so ein, dass seine Umlaufsrichtung dieselbe wird, wie im äusseren Kreisstrom.

Es stellen sich also in diesem Fall die Elementarmagnete der Polfläche so, dass die Südpole auf der Seite liegen, von welcher gesehen der Kreisstrom wie der Südpol einer Schraube aussieht, die Nordpole auf der entgegengesetzten Seite; die Axen der Elementarmagnete sind also der magnetischen Axe des Kreisstromes gleichgerichtet.

Der Fall, den wir hier im Auge haben, ist derjenige einer Platte von weichem Eisen, welche sich in der Ebene eines Kreisstromes befindet.

Wir erhalten jedoch auch dasselbe Resultat durch richtige Anwendung der Ersetzung des Kreisstromes durch eine magnetische Doppelfläche; wir wollen dieselbe kurz andeuten.

Nach den Auseinandersetzungen von S. 218 darf die magnetische Doppelfläche, welche den Kreisstrom ersetzt, beliebige Gestalt haben; wir legen nun, um die Schwierigkeit, auf welche wir oben stiessen, zu vermeiden, eine Fläche von solcher Gestalt durch den Kreisstrom, dass dieselbe nicht durch die Polfläche geht und ausserdem sich ihre Wirkung leicht übersehen lässt, nämlich eine unendliche Ebene, aus welcher die vom Kreisstrom begrenzte Fläche ausgeschnitten ist. Bei dieser Ersetzung muss man jedoch die magnetischen Belegungen umgekehrt anordnen, als in dem gewöhnlichen Fall, in welchem der Kreisstrom durch die von ihm umschlossene, mit magnetischen Belegungen versehene Fläche ersetzt wird. Denn man kann sich die erstere Fläche aus der vom Kreisstrom umschlossenen Fläche so entstanden denken, dass man diese letztere immer mehr ausweitet und aufbauscht, bis sie schliesslich in eine unendliche Ebene übergeht, in welcher das Stück fehlt, welches vorher die Fläche bildete; die Umwandlung der ersteren Fläche bringt aber ein Umklappen mit sich, d. h. eine Veränderung der Lage der Belegungen. Wenn also der Kreisstrom, wie in Fig. 145, vom Standpunkt des Beobachters aus, im Sinne des Uhrzeigers verlief, so ist bei der Ersetzung desselben durch die vom Kreisstrom umschlossene Fläche die südmagnetische Belegung dem Beobachter zugekehrt, bei der Ersetzung durch eine unendliche Ebene mit einem, dem Kreisstrom entsprechenden Ausschnitt dagegen liegt die nordmagnetische Belegung nach dem Beobachter hin. Denken wir uns nun die kleinen Magnete in der Polfläche als

Fig. 146.

beweglich, so müssen dieselben offenbar unter der Einwirkung der magnetischen Doppelfläche ihre Südpole nach der Seite hinwenden, nach welcher hin die nordmagnetische Belegung liegt. Also werden die Axen der Elementarmagnete derjenigen des Kreisstromes gleichgerichtet.

Wir sehen also, dass auch in diesem Fall die Ersetzung des Kreisstromes durch eine magnetische Doppelfläche dasselbe Resultat liefert, wie die Ersetzung der Polfläche durch einen Kreisstrom.

XIV. **Der Elektromagnet.** Wir haben bei der Ablenkung einer Galvanometernadel gesehen, dass ein Kreisstrom einen Magnet, der um eine in der Ebene des Kreisstromes liegende Axe drehbar ist, senkrecht zu seiner eigenen Ebene zu stellen sucht; wir haben ferner gesehen, dass die magnetischen Erscheinungen bei weichem Eisen auf die Annahme von drehbaren Molekularmagneten oder Molekularströmen führen; hieraus wurde der Schluss gezogen, dass eine in der Ebene eines Kreisstromes befindliche Eisenplatte durch die mechanische Fernewirkung des Stromes magnetisirt werden müsse.

Diese Magnetisirung erfolgt nun auch in Wirklichkeit und man nennt einen Magnet, welcher aus weichem Eisen besteht und dessen Magnetismus durch umgebende Kreisströme erregt wird, einen Elektromagnet.

Wenn ein einziger Kreisstrom um die Mitte eines Stabes von weichem Eisen gelegt ist, Fig. 147, so wird, wie sich im vorhergehenden Abschnitt gezeigt hat, die in der Ebene des Kreisstromes befindliche Eisenschicht so magnetisirt, dass die Südpole der Molekularmagnete nach der Seite hin stehen, von welcher aus gesehen der Kreisstrom wie der Südpol einer galvanischen Schraube erscheint.

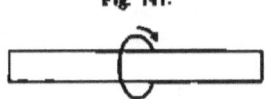

Fig. 147.

Die Wirkung des Kreisstromes auf die ausserhalb seiner Ebene gelegenen Eisenschichten ist eine ähnliche, nur schwächer. Denn, wenn wir für diesen Fall den Kreisstrom durch eine magnetische Doppelfläche ersetzen, so kommt die südliche Belegung derselben nach der Seite hin zu liegen, von welcher aus gesehen der Kreisstrom wie der Südpol einer galvanischen Schraube erscheint; ein ausserhalb der Ebene des Kreisstromes liegender Molekularmagnet wird daher seinen Südpol auch nach derselben Seite hin zu drehen suchen, nach welcher der Südpol eines in jener Ebene befindlichen Molekularmagnets gerichtet wird. Oder wenn wir die Molekularmagnete des Eisenstabes als molekulare Kreisströme auffassen, werden sich sämmtliche Molekularströme im Eisen dem äusseren Kreisstrom gleich zu richten suchen.

Hieraus geht hervor, dass wenn der Elektromagnet von einer, viele Windungen enthaltenden, vom Strom durchflossenen Rolle umgeben wird, alle diese Windungen auf alle Theile des Eisenkernes in gleichem Sinne wirken, und zwar sowohl, wenn die Rolle den Eisenkern nicht vollständig bedeckt, als wenn dieselbe über den Eisenkern hinausragt.

Die Magnetisirung eines Elektromagnets geht stets dahin, dass der Südpol auf der Seite entsteht, von welcher aus gesehen der Strom im Sinne eines Uhrzeigers kreist, der Nordpol auf der entgegengesetzten Seite.

Es scheint nun in der mechanischen Praxis eine allgemeine Uebung zu sein, rechts gewundene Spiralen anzuwenden, natürlich die Fälle ausgenommen, in welchen die verschiedene Windung der Spiralen gerade wirksam ist; dies gilt sowohl von Schraubengewinden, als von Drahtrollen, welche als Stromleiter benutzt werden. Unter der Annahme, dass die Spiralen rechts gewunden sind, und unter der ferneren Annahme, dass die Anzahl der Windungslagen eine gerade ist, dass also Anfang und Ende des Drahtes sich an demselben Ende des Elektromagnets befinden, kann man daher die obige Regel so aussprechen:

Wenn der positive Strom an dem inneren Drahtende eintritt, so entsteht an dieser Stelle ein Südpol, tritt er dagegen am äusseren Drahtende ein, ein Nordpol.

Die Entdeckung des Elektromagnetismus, d. h. der Thatsache, dass sich Stahl und weiches Eisen durch den elektrischen Strom magnetisiren lassen, verdankt man Arago. Die Fig. 148 stellt den ersten, von Sturgeon construirten Elektromagnet dar, einen hufeisenförmig gekrümmten Eisenstab, der mit einigen Windungen von starkem Draht umgeben ist (vgl. Bd. 1. S. 108); die Fig. 149 gibt eine Ansicht eines grösseren, zum Experimentiren bestimmten, Elektromagnetes der Neuzeit, desjenigen der Berliner Universität.

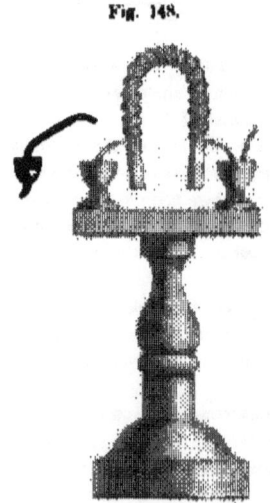

Fig. 148.

Bei diesem letzteren besteht das Hufeisen aus zwei geraden Eisenstäben, welche unten durch ein breites, eisernes Querstück verbunden sind; auf die Stäbe sind Rollen gesteckt, welche viele Windungen dicken Kupferdrahtes enthalten, und welche eine genügende Anzahl von Klemmen besitzen, um die Schaltung der Rollen möglichst beliebig verändern zu können. Vor dem Elektromagnet ist ein Commutator angebracht, welcher gestattet, den Strom zu schliessen, zu öffnen und seine Richtung umzukehren; auf die beiden Pole sind sog. Halbanker gelegt, d. h. Eisenstücke von der zu dem betreffenden Versuch am besten geeigneten Form.

Die grössten Elektromagnete, welche in neuerer Zeit construirt worden sind, dienen theils zum Experimentiren, wie der eben beschriebene, theils zum Betrieb von magnetelektrischen Maschinen; die ersteren bieten nichts wesentlich Neues dar, die letzteren werden wir später kennen lernen.

XV. **Einfluss der Stromstärke.** Die Abhängigkeit des Magnetismus eines Elektromagnets von der Stärke des Stromes ändert sich im Allgemeinen dahin, dass, je stärker der Strom, um so stärker auch der erregte Magnetismus ist; jedoch herrscht zwischen diesen beiden Grössen im Allgemeinen keine Proportionalität.

Wir haben bereits S. 204 gesehen, dass in einem Galvanometer die Drehung der Magnetnadel um so mehr Kraft erfordert, je grösser

Fig. 149.

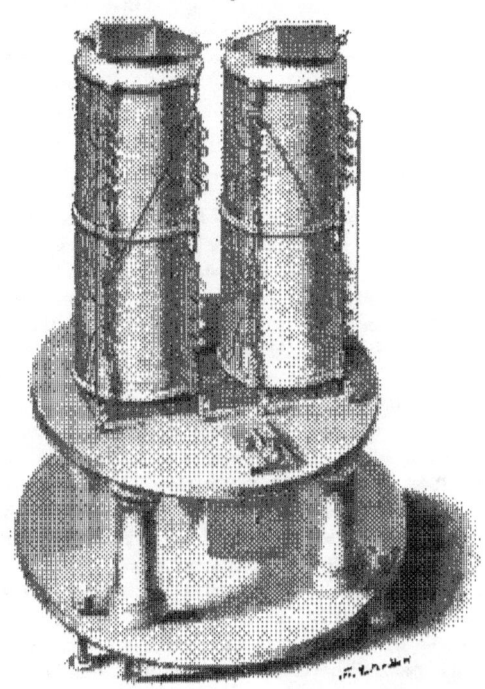

die Ablenkung derselben aus dem magnetischen Meridian ist; dieses Verhältniss findet wahrscheinlich in noch stärkerem Masse bei einem Elektromagnete statt, wo der Drehung eines Molekularmagnetes nicht nur eine Richtkraft, sondern die sog. Coërcitivkraft entgegenwirkt. Es muss ferner aus der Vorstellung der Molekularmagnete, wie schon früher bemerkt, geschlossen werden, dass der Magnetismus, auch derjenige eines Elektromagnetes, ein Maximum besitzt, welches man den Sättigungszustand des Elektromagnetes nennt.

Die Abhängigkeit des Magnetismus von der Stromstärke gestaltet sich daher folgendermassen: Anfangs sind Stromstärke und Magnetismus einander proportional, dann wird die Zunahme des Magnetismus im Verhältniss zu der Zunahme der Stromstärke immer geringer; schliesslich nimmt der Magnetismus gar nicht mehr zu, sondern bleibt bei einem gewissen Maximum stehen; dieses letztere wird aber eigentlich erst dann erreicht, wenn die Stärke des Stromes unendlich gross ist.

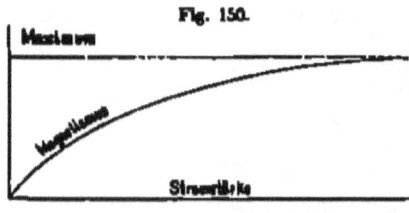

Fig. 150.

Wenn wir daher die Stromstärke als Abscisse, den Magnetismus als Ordinate auftragen, so erhalten wir für den Verlauf des letzteren eine Curve von der in Fig. 150 dargestellten Form.

Für die gewöhnlich in der Technik und bei Apparaten angewandten Formen der Elektromagnete und für die gewöhnlich vorkommenden Stromstärken ist jedoch der Magnetismus nahezu der Stromstärke proportional; dies kommt daher, dass die Dicke der Eisenkerne gewöhnlich eine verhältnissmässig beträchtliche ist.

Denken wir uns unter dem Einfluss desselben Stromes und derselben Windungen zuerst einen einzigen dünnen Eisenstab, dann aber ein ganzes Bündel, so wird sich das letztere schwieriger magnetisiren lassen, als der erstere und zwar deshalb, weil die Theilchen jedes Eisenstabes die Magnetisirung der benachbarten Eisenstäbe hindert. Es tritt also im letzteren Falle von Anfang an ein der Magnetisirung entgegenwirkendes Hinderniss auf; die Curve des Magnetismus steigt im letzteren Fall weniger steil an, als im ersteren, verläuft daher länger wie eine Gerade. So ist an solldicken Eisenkernen von nicht allzu grosser Länge bei den gewöhnlich vorkommenden Stromstärken keine Annäherung an den Sättigungszustand zu bemerken.

XVI. **Einfluss der Windungen.** In Bezug auf Lage und Form der Windungen sind zwei Fragen zu beantworten: erstens ob die Wirkung einer Windung wesentlich verschieden ist, wenn dieselbe sich in der Mitte oder an einem Ende des Elektromagnetes befindet, und zweitens, ob die Weite der Windung von Einfluss ist.

Eine in der Mitte des Elektromagnetes liegende Windung übt, streng genommen, auf den ganzen Eisenkern eine magnetisirende Wirkung aus. Diese Wirkung nimmt aber mit der Entfernung rasch ab, und es gibt eine gewisse Entfernung, über welche hinaus die Windung keine merkliche Wirkung mehr ausübt; wir wollen diese Entfernung die Wirkungssphäre der Windung nennen. Die nicht in der Mitte des Elektromagneten liegenden Windungen unterstützen die Wirkung der in der Mitte liegenden, auch wird die Wirkung einer jeden gleich derjenigen der in der Mitte liegenden sein, so lange die Wirkungssphäre nicht über das Ende des Elektromagnetes hinausreicht; sobald aber dies der Fall ist, wird die Kraft der Windung durch den Elektromagnet nur zum Theil ausgenutzt, und die am Ende liegenden Windungen werden zur Erregung des Magnetismus weniger beitragen, als die in der Mitte liegenden.

Diese Bemerkungen gelten jedoch nur für den erregten, nicht für den freien Magnetismus; wie wir S. 200 gesehen haben, besteht der freie Magnetismus in der Differenz der Magnetisirung der aufeinander folgenden Schichten. Der erregte oder der vorhandene Magnetismus muss bei einem Elektromagnet, wie bei einem Stahlmagnet, von der Mitte nach dem Ende hin abnehmen, zum Theil wegen der geringeren Wirkung der am Ende liegenden Windungen, hauptsächlich aber, weil die Theilchen am Ende nur auf Einer Seite Theilchen haben, deren Magnetisirung ihre eigene verstärkt, nicht zu beiden Seiten, wie die im Innern des Magnetes liegenden Theilchen; der freie Magnetismus dagegen, auf welchen es bei allen Wirkungen nach Aussen, also bei allen Anwendungen ankommt, nimmt von der Mitte nach dem Ende hin zu. Das Verhältniss der Windungen von verschiedener Lage zum freien Magnetismus lässt sich nicht in einfacher Weise übersehen, und wir theilen deshalb in dieser Beziehung nur die Resultate der Erfahrung mit.

Wenn eine Windung von der Mitte eines geraden Stabes nach dem Ende hin verschoben und von Zeit zu Zeit der durch dieselbe hervorgerufene freie Magnetismus an jenem Ende gemessen wird, so zeigt sich derselbe am kleinsten, wenn die Windung am Ende sich befindet, und am grössten, wenn die Windung um eine gewisse kleine Grösse vom Ende entfernt ist.

Stellt man die Versuche so an, dass man zuerst den Elektromagnet der ganzen Länge nach mit Windungen gleichförmig bedeckt und den freien Magnetismus misst, dann dieselben Windungen an einzelnen Stellen anhäuft und wieder den freien Magnetismus misst, so erhält man folgendes Resultat:

Der freie Magnetismus ist bei einem geraden Stabe derselbe, ob der Eisenkern seiner ganzen Länge nach mit Windungen bedeckt ist, oder ob die Windungen an beiden Enden aufgehäuft sind.

Hufeisen dagegen zeigen denselben freien Magnetismus,

ob die Schenkel ganz bedeckt, oder ob die Windungen zur Hälfte an beiden Polen und zur Hälfte in der Mitte angehäuft sind.

Für die constructive Praxis geht hieraus hervor, dass die gleichförmige Bewickelung der Elektromagneto zugleich eine vortheilhafte ist.

Es fragt sich nun ferner, ob die Weite einer Windung von Einfluss auf ihre magnetisirende Wirkung ist. Denken wir uns zunächst einen langen Stab, um dessen Mitte zwei Windungen, eine engere und eine weitere, gelegt sind; beide Windungen seien von demselben Strom durchflossen, das Verhältniss ihrer Wirkungen wird gesucht.

Dieses Verhältniss lässt sich vermittelst des Gesetzes der mechanischen Fernewirkung eines Stromelementes auf einen Magnetpol, welches wir S. 219 besprochen haben, übersehen; nach diesem Gesetz ist jene Wirkung umgekehrt proportional dem Quadrate der Entfernung. Wenn z. B. der Durchmesser der weiteren Windung doppelt so gross ist, als derjenige der engeren, so übt jedes Stromelement der weiteren Windung auf ein im Mittelpunkt liegendes Eisentheilchen nur den vierten Theil der magnetisirenden Kraft aus, welche ein Stromelement der engeren Windung ausübt; nun ist aber die weitere Windung doppelt so lang, als die engere, hat also doppelt soviel Stromelemente und daher übt diese weitere Windung die Hälfte der magnetisirenden Kraft der engeren Windung aus, oder allgemein, die magnetisirende Kraft der Windungen auf Eisentheilchen, die in ihrem Mittelpunkt liegen, ist umgekehrt proportional ihrem Durchmesser.

Dasselbe gilt, wie sich durch Rechnung zeigen lässt, für sämmtliche Eisentheilchen, die in der Ebene der Windung liegen. also ist auch in dem Fall, wo eine Windung den Eisenkern ganz eng umschliesst, die Magnetisirung des in der Windungsebene liegenden Eisens umgekehrt proportional dem Durchmesser der Windung.

Die Erfahrung zeigt nun aber, dass bei gleichem Strom die weiteren Windungen beinahe ebenso stark magnetisirend wirken, wie die engeren; dies kommt daher, dass die Seitenwirkung bei den weiteren Windungen kräftiger ist, als bei den engeren. Eine eng anliegende Windung übt allerdings auf die in der Windungsebene liegenden Eisentheilchen eine kräftige Wirkung aus, wegen der geringen Entfernung; die Entfernung der seitlich liegenden Theilchen dagegen ist bereits bedeutend grösser, die Wirkung muss daher nach den Seiten hin rasch abnehmen, und bald wird die Grenze erreicht, welche wir Wirkungssphäre genannt haben, über welche hinaus die Wirkung eine unmerklich kleine ist. Eine weite Windung magnetisirt die in der Windungsebene liegenden Theilchen schwächer, als eine enge Windung; aber nach den Seiten hin nimmt die Wirkung verhältnissmässig langsamer ab, weil die Entfernung langsamer wächst, und endlich ist auch ihre Wirkungssphäre eine grössere, wie leicht einzusehen ist, wenn man die grössere Länge der weiteren Windung in Betracht zieht. Die stärkere Seitenwirkung der weiteren Windung lässt es daher begreiflich erscheinen, wenn nach der Erfahrung zwischen weiteren und engeren Windungen nur geringe Unterschiede in der Wirkung bestehen.

Die Abhängigkeit des Magnetismos im Eisenkern von der Anzahl der Windungen darf daher so ausgesprochen werden: der Magnetismus des Elektromagnets ist proportional der Anzahl der Windungen, die Anziehung dagegen, welche derselbe auf den Anker ausübt, proportional dem Quadrat der Anzahl der Windungen. Dies gilt jedoch nur für gerade Stabelektromagnete ohne Anker.

Ein Umstand jedoch, welcher die Anwendung von weiteren Windungen beschränkt, ist der Einfluss ihrer grösseren Länge auf den Widerstand des Stromkreises.

Der Widerstand nämlich, den jede Windung dem Strom entgegensetzt, bedingt natürlich eine Schwächung des Stromes; je mehr man daher den Eisenkern magnetisiren will durch das Zufügen von Windungen, desto mehr Widerstand hat der Strom zu überwinden, und um so mehr Batterie muss man anwenden, um den Strom in der gewünschten Stärke zu erhalten. Wenn nun auch in Bezug auf Magnetisirung die weiteren Windungen ungefähr ebensoviel leisten, als die engeren, so geschieht dies bei den weiteren Windungen doch gleichsam mit grösseren Kosten als bei den engeren; wenn z. B. für jede, in den Stromkreis eingeschaltete, engere Windung eine elektromotorische Kraft von $\frac{1}{6}$ Daniell der Batterie zugefügt werden muss, um den Strom auf derselben Stärke zu erhalten, so ist für jede doppelt so weite Windung $\frac{2}{6}$ Daniell der Batterie zuzufügen. Die Magnetisirung durch enge Windungen ist also ökonomischer, als diejenige durch weite Windungen.

Wenn daher irgend ein Eisenkern von gegebener Form und Grösse magnetisirt werden soll, so ist es nicht zweckmässig, die Wickelung über einen gewissen Raum hinaus auszudehnen; es gibt vielmehr für jeden Eisenkern einen Raum von ziemlich bestimmter Form und Ausdehnung, welcher zweckmässiger Weise mit Windungen anzufüllen ist, und dessen Nichtinnehalten stets mit einem gewissen Verlust verknüpft ist, entweder an Magnetisirung, oder an Batterie. Dieser sog. Wickelungsraum lässt sich in Form und Grösse für die einfachen Formen der Elektromagnete theoretisch berechnen; da dies jedoch eine Aufgabe ist, welche namentlich den praktischen Telegraphenbauer unausgesetzt beschäftigt, so hat sich in dieser Beziehung eine gewisse Praxis herausgebildet, welche ohne theoretische Begründung ziemlich das Richtige trifft.

Eine ganz ähnliche Aufgabe, wie diejenige der richtigen Bewickelung eines Elektromagnets ist die Construction eines Galvanometerrahmens.

Ob durch einen mit Windungen ausgefüllten Raum ein Stück Eisen magnetisirt oder eine Magnetnadel abgelenkt wird, ist, wie wir gesehen haben, wenig verschieden; in dem ersteren Falle werden die Axen von vielen kleinen Molekularmagneten gedreht, in dem letzteren die Axe eines aus vielen festen Molekularmagneten bestehenden Körpers. Wenn bei dem Galvanometer nur kleine Ausschläge in Aussicht genommen sind, so ist der Wickelungsraum ebenso zu construiren, wie wenn statt des Magnets ein Eisenkern von derselben Form und Grösse vorhanden wäre, welchen die Bewickelung zu magnetisiren hätte. Sollen dagegen auch grössere Ausschläge gemessen werden, so modifizirt sich hierdurch die Aufgabe.

In allen Fällen jedoch sowohl der Elektromagnete, als der Galvanometer, steht Form und Grösse des Wickelungsraumes in inniger Beziehung zu der Form und Grösse des Magnetes oder Eisenkernes; Regeln sind in dieser Beziehung nicht leicht aufzustellen, wir verweisen daher hierfür auf die Praxis.

XVII. **Die zweckmässigste Wickelung.** Die richtige Construction der Elektromagnete und Galvanometer ist für den Telegraphenbauer eine der wichtigsten Fragen; dieselbe reducirt sich aber, wie aus dem Vorstehenden hervorgeht, im Wesentlichen auf die zweckmässigste Wickelung eines gegebenen Raumes. Denn es gibt, wie wir gesehen haben, für jeden Elektromagnet oder Galvanometermagnet bei gegebenem Eisenkern oder Magnet einen bestimmten Wickelungsraum; die Dimensionen des Eisenkernes oder des Magnets aber sind gewöhnlich durch andere Verhältnisse bestimmt, die Dimensionen des Eisenkernes durch die Arbeit, die derselbe bei der Anziehung des Ankers zu verrichten hat, diejenigen des Galvanometermagnets durch das Gewicht der mit dem Magnet verbundenen Theile, durch die gewünschte Schwingungsdauer u. s. w.

Wenn wir davon ausgehen, dass der Wickelungsraum gegeben ist, so ist die gewöhnlichste Form, in welcher die Frage der Wickelung auftritt, diejenige, dass ausser dem Wickelungsraum noch die Batterie gegeben und die Dicke des Kupferdrahtes zu bestimmen ist, mit welchem gewickelt werden soll.

Es bezeichne J den Strom, M den Magnetismus, r die Anzahl der Windungen, n diejenige der Elemente, E die elektromotorische Kraft und W den Widerstand eines Elementes, w den Widerstand einer Windung, welche den ganzen Wickelungsraum erfüllt; dann ist zunächst der Magnetismus proportional der Stromstärke und der Anzahl der Windungen, oder

$$M = e\,r\,J,$$

wo e eine Constante.

Wenn w den Widerstand einer Windung bedeutet, welche den ganzen Wickelungsraum ausfüllt, so ist der Widerstand von r Windungen $r^2 w$, weil bei r Windungen die Länge der Windungen r mal grösser und der Querschnitt r mal kleiner ist, als bei 1 Windung. Man hat demnach für den Strom J:

$$J = \frac{nE}{nW + r^2 w},\quad \text{also}$$
$$M = e\,\frac{n\,r\,E}{nW + r^2 w}.$$

Es ist nun das Maximum zu suchen des Magnetismus M in Bezug auf die Anzahl r der Windungen; für dasselbe ist:

$$\frac{dM}{dr} = e\,\frac{nE}{\left(nW + r^2 w\right)^2}\left(n\frac{W}{r^2} - w\right) = 0,$$

also $\quad n\dfrac{W}{r^2} = w,\quad$ oder

$$nW = r^2 w,\quad \text{d. h.}$$

der Widerstand der Batterie gleich dem Widerstand der Wickelung.

Wenn also der Wickelungsraum eines Elektromagnets oder eines Galvanometers und die Batterie gegeben ist, so hat man, um das Maximum der Wirkung zu erzielen, den Wickelungsdraht so zu wählen, dass der Widerstand der Wickelung gleich dem Widerstand der Batterie wird.

Wenn der Wickelungsraum gegeben, die Batterie aber beliebig gewählt werden kann, so wirft sich die Frage auf, auf welche Eigenschaft der Batterie bei der Wahl derselben der grösste Werth zu legen sei, um die grösste Wirkung zu erzielen, ob auf hohe elektromotorische Kraft, oder auf geringen Widerstand.

Wie man auch die Batterie wählt, die Wickelung wird man stets so ausführen, dass der Batteriewiderstand gleich dem Widerstande der

Wickelung wird. Wir setzen daher in dem oben für den Magnetismus M gegebenen Ausdruck $r^2 w = n W$, und erhalten

$$M = c\frac{nrE}{2nW} = c\frac{Er}{2W},$$

oder, da $r = \sqrt{n\frac{W}{w}}$,

$$M = \frac{c}{2\sqrt{w}}\sqrt{\frac{nE}{W}}.$$

In diesem Ausdruck ist w der Widerstand einer Windung, welche den ganzen Wickelungsraum ausfüllt, als unveränderlich anzusehen, wie c; und diese Gleichung zeigt somit, dass im vorliegenden Fall mehr auf hohe **elektromotorische Kraft** der Elemente, als auf geringen Widerstand und grosse Anzahl derselben zu sehen ist.

Soll also namentlich ein zum Experimentiren bestimmter, gegebener Elektromagnet so bewickelt und die Batterie so gewählt werden, dass der Magnetismus möglichst stark ist, so wird man zu einer Batterie von grossen Bunsen'schen Elementen greifen und dem Widerstande derselben entsprechend, die Wickelung mit dickem Kupferdraht ausführen.

Da Bunsen'sche Elemente sich nicht lange halten und ausserdem Unannehmlichkeiten mit sich bringen, so könnte man auf den Gedanken kommen, ob nicht mit einer Batterie z. B. von Daniell'schen Elementen, welche sich länger halten, aber mehr Widerstand haben, durch Parallelschaltung eine grössere magnetische Wirkung zu erreichen sei.

Natürlich kann man durch Parallelschaltung stets durch eine Batterie von Daniell'schen Elementen eine solche von Bunsen'schen nachahmen; hat das Daniell'sche Element z. B. $1 S. E.$ Widerstand, das Bunsen'sche $0,2 S. E.$, und ist die elektromotorische Kraft der letzteren ungefähr doppelt so gross, als diejenige des ersteren, so ersetzen stets 10 Daniell'sche Elemente 1 Bunsen, wenn man die ersteren in Gruppen von je 2 Elementen theilt und die Gruppen parallel schaltet. Die magnetische Wirkung, welche durch eine gewisse Anzahl von Bunsen'schen Elementen in einem bestimmten Elektromagnet ausgeübt wird, wird daher ebensogut durch eine 10mal grössere Anzahl Daniell'scher Elemente ausgeübt, wenn dieselben als 5 parallel geschaltete Batterien angeordnet werden.

Man könnte aber glauben, dass mit einer gegebenen Batterie von Daniell'schen Elementen und einem gegebenen Wickelungsraum mehr magnetische Wirkung erzielt werde, wenn die Elemente in einer passenden Anzahl von parallel geschalteten Batterien angeordnet, als wenn

§. 6, XVII. Magnetismus u. Elektromagnetismus; B. Ströme u. Magnete. 239

sie hintereinander geschaltet würden, stets vorausgesetzt, dass der Widerstand der Wickelung demjenigen der Batterie gleichgemacht wird.

Dieses ist nicht der Fall. Denn wenn alle n Elemente hintereinander geschaltet sind, hat man die Gleichung:

$$M = \frac{c}{2} \sqrt{\frac{n}{w}} \sqrt{\frac{nE}{W}}.$$

Werden nun die n Elemente in m parallel geschaltete Batterien getheilt, so wirken dieselben wie eine Batterie von $\frac{n}{m}$ Elementen, von denen jedes den Widerstand $\frac{W}{m}$ besitzt. Setzt man aber in obiger Gleichung $\frac{n}{m}$ statt n und $\frac{W}{m}$ statt W, so hebt sich m im Zähler und Nenner weg, und es ist also der Magnetismus M unabhängig von der Zahl m, oder von der Schaltung der Batterie.

Unter der Voraussetzung also, dass die oben gegebene Wickelungsregel stets eingehalten wird, ist die magnetische Wirkung einer Batterie stets dieselbe, in welcher Schaltung sie auch angewendet wird.

Wenn mehrere Elektromagnete durch denselben Strom zu magnetisiren sind, wie z. B. diejenigen der auf einer Telegraphenlinie eingeschalteten Schreibapparate, so lässt sich die beste Wickelung nach dem Obigen ohne Weiteres angeben.

Wir haben oben gesehen, dass die magnetische Wirkung der einzelnen Windungen eines Elektromagnets im Wesentlichen gleich gross ist. Die auf einer Telegraphenlinie eingeschalteten Elektromagnete haben sämmtlich dieselbe Form und dieselbe Wickelung; sämmtliche Windungen ferner werden von demselben Strome durchflossen; also können wir uns auch vorstellen, dass nur ein einziger Elektromagnet vorhanden sei, welcher mit sämmtlichen, in Wirklichkeit auf die verschiedenen Elektromagnete vertheilten Windungen bewickelt ist.

Dieser Fall ist also kein neuer, sondern fällt mit demjenigen eines einzigen Elektromagnets im einfachen Stromkreise zusammen. Die für diesen letzteren Fall geltende Lösung gilt daher auch hier, d. h. man hat, bei gegebenem Wickelungsraum der Elektromagnete und bei gegebenem Widerstande der Linie und der Batterie die Elektromagnete so zu bewickeln, dass der Widerstand der Summe sämmtlicher Wickelungen gleich ist der Summe der Widerstände der Linie und der Batterie.

Aus dieser Regel folgt unmittelbar eine andere für die Anzahl der Elemente, welche auf solchen, viele hinter einander geschaltete Apparate betreibenden Linien anzuwenden ist.

Bei einer solchen Linie kommt im Durchschnitt auf je eine bestimmte Länge der Leitung ein Apparat. Um durch ein einziges solches Leitungsstück einen einzigen Elektromagnet in Betrieb zu setzen, bedarf es einer bestimmten Anzahl von Elementen, welche von dem Widerstande der Wickelung und demjenigen der Elemente einerseits, andererseits von der Empfindlichkeit des Schreibapparates oder des Relais abhängt. Nach der obigen Regel wird der Widerstand des Elektromagnets gleich der Summe der Widerstände der Linie und der Elemente gemacht, und man hat daher für den Strom J, wenn n_1 die Anzahl der Elemente, E die elektromotorische Kraft, W der Widerstand eines Elements, l der Widerstand der Leitung, u derjenige der Wickelung der Elektromagneten.

$$J = \frac{n_1 E}{l + n_1 W + u},$$

oder, da $u = l + n_1 W$,

$$J = \tfrac{1}{2} \frac{n_1 E}{l + n_1 W} = \tfrac{1}{2} \frac{E}{\frac{l}{n_1} + W}.$$

Hat man nun m Leitungsstücke mit m Elektromagneten, so muss die Stromstärke dieselbe bleiben, wenn alle Apparate mit derselben Kraft betrieben werden sollen, wie der eine im vorigen Fall. Der Gesammtwiderstand beträgt wieder das Doppelte des Leitungs- und Batteriewiderstandes; es ist daher in diesem Falle der Strom, wenn n die Anzahl der Elemente,

$$J = \tfrac{1}{2} \frac{n E}{m l + n W} = \tfrac{1}{2} \frac{E}{\frac{m}{n} l + W}.$$

Aus der Gleichheit der beiden Ausdrücke für J folgt:

$$\frac{m}{n} l = \frac{l}{n_1} l,$$

oder $n = m \cdot n_1$, d. h.

die Anzahl der Elemente bei m Leitungsstücken und m Apparaten ist $m$mal grösser zu nehmen, als im Fall eines einzigen Leitungsstückes und Apparates; wenn z. B. bei 1 Meile Leitung und 1 Apparat 3 Elemente genügen, um den Elektromagnet in Thätigkeit zu setzen, so hat man bei 10 Meilen Leitung und 10 Apparaten 30 Elemente anzuwenden.

§. 6, XVIII. Magnetismus u. Elektromagnetismus; B. Ströme u. Magnete. 241

XVIII. Geschlossene und nicht geschlossene Elektromagnete.
Bei der Untersuchung des Einflusses der Gestalt und der Dimensionen des Eisenkernes eines Elektromagnetes auf dessen Magnetismus sehen wir von allen complicirteren Formen des Eisenkernes ab und behandeln nur den einfachen Fall eines Stabes von gleichförmigem Querschnitt; derselbe darf verschiedenartig gebogen sein, oder aus Stücken bestehen, welche z. B. in rechten Winkeln an einander angesetzt sind, auch darf sich die Form des Querschnitts verändern; nur der Flächeninhalt des Querschnitts soll nach unserer Voraussetzung in allen Theilen des Stabes wesentlich dieselbe Grösse haben.

Die Wirkung, welche ein Elektromagnet nach Aussen ausübt, ist wesentlich verschieden je nach der **magnetischen Schliessung**.

Einen geschlossenen Magnet nennt man nämlich einen solchen, bei welchem die Eisen- oder Stahltheile einen ununterbrochenen, in sich zurücklaufenden Kreis bilden, einen **nicht geschlossenen** dagegen jeden Magnet, bei welchem dieser Kreis durch einen oder mehrere Schnitte in verschiedene Stücke getheilt ist.

Fig. 151.

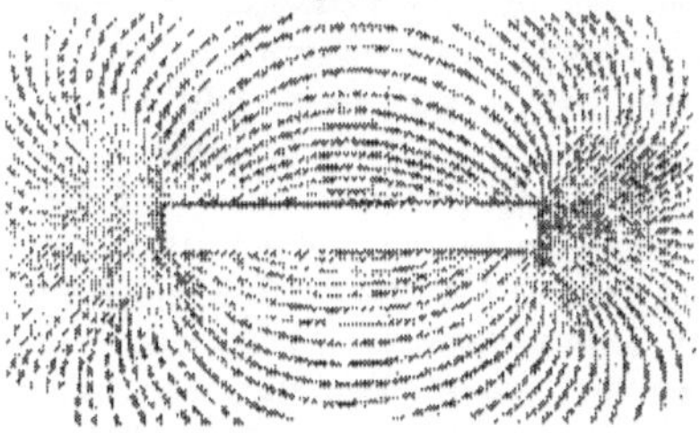

Dass zwischen geschlossenen und nicht geschlossenen Magneten oder Elektromagneten ein grosser Unterschied besteht in Bezug auf den Magnetismus, lehren bereits die magnetischen Curven.

Wir haben die Form dieser Curven S. 199 kennen gelernt für den Fall eines geraden Stabes; die Fig. 151, welche ein Bild derselben giebt, zeigt, dass überall rings um den Stab, bis zu einer gewissen Entfernung, eine magnetische Wirkung auf die Eisentheilchen ausgeübt wird, allerdings von verschiedener Stärke.

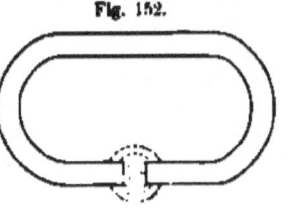

Fig. 152.

Biegt man aus demselben Stab einen Ring, Fig. 152, dessen Enden nur durch einen kleinen Zwischenraum von einander getrennt sind, so bieten die magnetischen Curven ein ganz anderes Bild dar: beinahe nur in jenem Zwischenraum findet eine Wirkung auf die Eisentheilchen statt, dieselbe ist aber bedeutend stärker, als diejenige der Pole im vorigen Fall; ausserhalb jenes Zwischenraumes ist kaum eine Wirkung zu bemerken.

Bringt man endlich die Enden des Ringes in magnetische Verbindung mit einander, etwa durch ein zwischengelegtes Eisenstück, so bemerkt man gar keine Wirkung nach Aussen, wie stark man auch den Magnetismus steigere.

Die magnetischen Curven sind aber der Ausdruck der Anziehungskraft, welche von den beiden Polen ausgeht, also des freien Magnetismus. Wenn nun diese Anziehung bei dem beinahe geschlossenen Magnet ausserhalb des die beiden Pole trennenden Zwischenraums nur gering ist, so ist dies nicht die Folge des geringen Werthes des freien Magnetismus, sondern der geringen Entfernung der beiden Polflächen; der freie Magnetismus dieser Polflächen ist stärker als beim geraden Stab, ihre Wirkungen auf ein ausserhalb liegendes Eisentheilchen sind aber wegen der geringen Entfernung der Flächen beinahe gleich und entgegengesetzt, die Gesammtwirkung also gering. Die Theilchen dagegen, welche sich in dem Raum zwischen den beiden Polflächen befinden, werden von beiden Polen in gleichem Sinne gerichtet.

Der freie Magnetismus der Endflächen ist also um so grösser, je geringer die Entfernung derselben von einander ist; bei vollständigem Schluss jedoch ist derselbe Null. -

Anders verhält es sich mit dem erregten Magnetismus. Für diese Grösse besitzt man ein gutes Mass in dem Inductionsstrom, welcher beim Entstehen und Verschwinden des Magnetismus in dem Eisenkern in einem um denselben gelegten, geschlossenen Drahtkreis erzeugt wird.

Wie wir S. 228 gesehen haben, übt ein solcher Drahtkreis, wenn er vom Strom durchflossen wird, eine richtende Wirkung auf die magnetischen Axen der Eisentheilchen aus, namentlich auf die in seiner Ebene liegenden, d. h. der Strom magnetisirt das Eisen; der ganze erregte Magnetismus ist also eine Wirkung des Stromes. Umgekehrt ist der Strom, der beim Magnetisiren oder Entmagnetisiren des Eisenkerns in einem um denselben gelegten Drahtkreis inducirt wird, ein Mass, nicht blos für den freien Magnetismus, sondern für den ganzen erregten Magnetismus, und zwar für denjenigen, welcher an der Stelle des Eisenkerns erregt wird, an welcher der Drahtkreis sich befindet.

Die Anwendung dieser Methode, den erregten Magnetismus zu messen, welche sich allerdings nur auf Elektromagnete, nicht auf Stahlmagnete bezieht, hat nun ergeben, dass der erregte Magnetismus bei dem geschlossenen Magnet am grössten, bei dem ungeschlossenen am geringsten ist.

Was ferner die Vertheilung des erregten Magnetismus betrifft, so ist von Vorne herein klar, dass in einem geschlossenen Magnet, dessen Querschnitt, wie wir hier stets annehmen, überall gleich gross ist, der erregte Magnetismus an allen Stellen gleich ist, da ja ein solcher Magnet weder Anfang, noch Ende, noch Mitte hat.

Bei einem ungeschlossenen Magnet dagegen ist der erregte Magnetismus in der Mitte am grössten, in den Enden am kleinsten.

Bei dem geraden Stab, der unter allen Magnetformen die geringste magnetische Schliessung besitzt, befolgt der erregte Magnetismus ein einfaches Gesetz: der in einem beliebigen Querschnitt des Stabes erregte Magnetismus ist nämlich proportional der Quadratwurzel aus der Entfernung dieses Querschnittes von dem nächsten Ende des Magnets. Trägt man daher den in einem Stabe ab (Fig. 153) erregten Magnetismus (m) graphisch auf, so

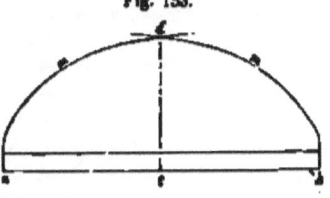

Fig. 153.

erhält man zwei Parabelstücke ad und bd, deren Scheitel in a bez. b liegen, und welche sich in d schneiden.

Hierbei ist vorausgesetzt, dass der Stab seiner ganzen Länge nach gleichmässig von einer magnetisirenden Spirale bedeckt ist.

Wir werden im folgenden Abschnitt den Einfluss betrachten, welchen die Dimensionen, d. h. die Länge und der Querschnitt des Elektromagnetes auf dessen freien und erregten Magnetismus ausüben; für sämmtliche Anwendungen des Elektromagnetismus jedoch, welche auf Anziehung oder Tragkraft beruhen, ist an den bereits S. 208 mitgetheilten Satz zu erinnern, dass Anziehung und Tragkraft proportional dem Quadrat des freien Magnetismus sind.

Gerade diejenigen Fälle, welche in der Technik am meisten vorkommen, bei welchen nämlich die Anziehung eines Elektromagnets benutzt wird, enthalten eine Abweichung von der oben gemachten Voraussetzung, dass der ganze Elektromagnet gleichmässig mit einer magnetisirenden Spirale bewickelt sei. In diesen Fällen wird nämlich ein Anker vom Elektromagnet angezogen; nun kann man allerdings diesen Anker als ein Stück des Eisenkerns betrachten, das durch zwei Schnitte von demselben losgetrennt ist; aber man hat alsdann den Elektromagnet sammt Anker als einen nicht geschlossenen Elektromagnet zu betrachten, der nur zum Theil von der magnetisirenden Spirale bedeckt ist.

Die Erfahrung hat nun aber gezeigt, dass jedenfalls, so lange der Anker eine geringere Länge besitzt, als der Elektromagnet, wie dies bei den Elektromagneten in Apparaten und Maschinen beinahe stets der Fall ist, kein Unterschied im freien Magnetismus, also auch nicht in Anziehung und Tragkraft zu bemerken ist, wenn der Anker mit einer magnetisirenden Spirale bewickelt ist oder nicht, dass also der durch Anlegen eines Ankers bewirkte magnetische Schluss ebenso wirksam ist, als wenn statt des Ankers ein entsprechendes Stück Elektromagnet angelegt würde.

Der in der Telegraphie so oft auftretende Fall, in welchem ein Anker von einem hufeisenförmigen Elektromagnet angezogen wird, lässt sich daher so auffassen, als wenn ein geschlossener Elektromagnet durch zwei Schnitte in zwei Theile getrennt worden wäre, diese Theile aber sich in ganz geringer Entfernung von einander befinden. Der freie Magnetismus der Endflächen des Elektromagnets und derjenigen des Ankers ist in diesem Falle nicht viel geringer als der erregte Magnetismus im Falle vollständigen magnetischen Schlusses; je mehr man den Anker dem Elektromagnet nähert, desto stärker wird der freie Magnetismus der Endflächen, bei der Berührung der Endflächen geht gleichsam der freie Magnetismus in den erregten über.

Der Einfluss der Entfernung des Ankers von der Polfläche auf die Anziehung ist ein sehr bedeutender, theils weil die Anziehung umgekehrt proportional dem Quadrat der Entfernung ist, theils weil der freie Magnetismus der Endflächen bei abnehmender Entfernung dieser Flächen zunimmt. Die Anziehung des Ankers wächst also stärker, als umgekehrt proportional dem Quadrat der Entfernung; das Gesetz dieser Anziehung ist jedoch nicht genau bekannt und lässt sich auch nicht leicht ermitteln, weil bei den geringen Entfernungen, welche hier namentlich in Betracht kommen, die Form und Lage der Endflächen überhaupt sehr in's Gewicht fällt und sorgfältig in Betracht gezogen werden muss.

Wenn man daher Gesetze für die Abhängigkeit der Anziehung von der Stromstärke, der Anzahl der Windungen, den Dimensionen des Eisenkernes u. s. w. aufstellt, so ist hierbei stets die Anziehung in einer Entfernung gemeint, welche einen beliebigen Werth haben kann, nur nicht einen zu grossen, welche aber in allen in dem betr. Gesetz enthaltenen Fällen gleich ist.

XIX. Einfluss der Dimensionen. Der Einfluss der Dimensionen ist nur in den beiden einfachen Fällen des geraden, ungeschlossenen Stabes und des geschlossenen oder beinahe geschlossenen Hufeisens mit Sicherheit bekannt, in beiden Fällen unter der Voraussetzung, dass der Eisenkern der ganzen Länge nach mit der magnetisirenden Spirale bewickelt sei; in dem Falle des geschlossenen Hufeisens macht es keinen Unterschied, ob der Anker bewickelt ist oder nicht; der Querschnitt ist als kreisförmig vorausgesetzt. Ferner ist bei den im Folgenden betrachteten Fällen vorausgesetzt, dass die Anzahl der Windungen dieselbe sei.

In Bezug auf die Abhängigkeit des Magnetismus von dem Durchmesser hat sich nun ergeben, dass sowohl der erregte, als der freie Magnetismus unter sonst gleichen Umständen **proportional der Wurzel des Durchmessers ist.**

Der freie Magnetismus der Endflächen, sowie der erregte im Inneren des Eisenkerns ist nicht gleichmässig über den Querschnitt vertheilt; am Rande ist der Magnetismus stets stärker als in der Mitte. Wenn nur schwache magnetisirende Kräfte angewendet werden, schwache Ströme oder eine geringe Anzahl von Windungen, so dringt der Magnetismus gar nicht bis in die Mitte des Kernes vor, sondern ergreift nur die Randtheile; je stärker die magnetisirende Kraft wird, desto tiefer dringt der Magnetismus in das Innere vor, und desto geringer wird der Unterschied zwischen dem Magnetismus des Randes und demjenigen der Mitte.

Daher kommt es auch, dass bei nicht zu starken magnetisirenden Kräften hohle Eisenkerne beinahe ebensoviel leisten, als massive; der Unterschied wird aber um so bedeutender, je grösser die magnetisirende Kraft ist.

Drahtkerne haben geringeren Magnetismus als massive, wenn sie durch einen constanten Strom erregt werden; bei schnell auf einander folgenden Stromwechseln jedoch zeigen sie stärkeren Magnetismus als massive Kerne. Kerne, welche man aus Eisenfolie bildet, verhalten sich ähnlich.

Das oben ausgesprochene Gesetz gilt allgemein, sowohl für gerade Stäbe, als Hufeisen.

Anders verhält es sich mit der Abhängigkeit des Magnetismus von der Länge des Kerns.

Dieselbe lässt sich bei geraden Stäben oder überhaupt bei ungeschlossenen Systemen dahin aussprechen, dass sowohl der erregte, als der freie Magnetismus **proportional der Wurzel der Länge** sind; bei geschlossenen oder beinahe geschlossenen

Systemen dagegen, wie namentlich bei den mit Anker versehenen Hufeisen, ist der Magnetismus von der Länge unabhängig.

Der Unterschied, welcher sich bei diesem Gesetz zwischen geschlossenen und ungeschlossenen Elektromagneten offenbart, ist auch in der Natur der Sache begründet. Der magnetische Schluss besteht in der Unterstützung, welche die einzelnen Theilchen einander in Bezug auf Magnetisirung gewähren. Theilchen, welche in demselben Querschnitt liegen, stören sich gegenseitig in der Magnetisirung; also ist in Bezug auf die Vertheilung des Magnetismus dem Querschnitte nach auch bei sonst geschlossenen Magneten kein magnetischer Schluss vorhanden; daher ist auch die Abhängigkeit des Magnetismus vom Durchmesser bei geschlossenen und ungeschlossenen Magneten dieselbe.

Anders verhält es sich mit der Abhängigkeit von der Länge, weil in dieser Beziehung der magnetische Schluss in Wirksamkeit tritt. Bei einem ungeschlossenen Magnet hat sowohl der erregte, als der freie Magnetismus an jeder Stelle des Kernes einen anderen Werth, daher müssen auch verschieden lange, ungeschlossene Magnete verschiedenen Magnetismus zeigen. Bei einem geschlossenen Magnet ist der freie Magnetismus Null, der erregte überall gleich, der letztere ist bei gegebener magnetisirender Kraft so gross als möglich, weil die Unterstützung welche jedes einzelne Theilchen durch die benachbarten, in Bezug auf Magnetisirung, erhält, so gross als möglich. Wenn nun der geschlossene Magnet beliebig vergrössert wird und in entsprechender Weise die Anzahl der Windungen, so kann dadurch der Magnetismus nicht mehr gesteigert werden, sondern die hinzukommenden Windungen bringen nur den hinzugekommenen Kern auf dasselbe Mass des Magnetismus, das der anfänglich vorhandene Kern in allen Querschnitten bereits besass.

XX. **Zusammenstellung der Ergebnisse.** Die Grössen, von welchen der Magnetismus eines Elektromagnets abhängt, sind: die Stromstärke, die Anzahl der Windungen, die Länge und der Durchmesser des Eisenkernes; die Abhängigkeit des Magnetismus von diesen Grössen lässt sich durch Formeln ausdrücken.

Wenn j die Stromstärke, m die Anzahl der Windungen, l die Länge, d der Durchmesser des Eisenkerns, so ist der freie Magnetismus F der Endflächen eines geraden, ungeschlossenen Elektromagnets:

$$F = a \cdot j \, m \, \sqrt{l \, d},$$

worin a eine Constante.

Für den freien Magnetismus F' der Endflächen eines durch einen Anker beinahe geschlossenen Hufeisens hat man dagegen:

$$F' = b \cdot j \, m \sqrt{d},$$

worin b eine Constante. Die Anziehung ist stets dem Quadrat des freien Magnetismus proportional; man hat daher für die Anziehung A des Ankers eines beinahe geschlossenen Hufeisens

$$A = c \cdot j^2 m^2 d,$$

worin c eine neue Constante.

Stellt man sich die Aufgabe, mittelst dieser Formeln die zweckmässigste Form des Elektromagnets bei Telegraphenapparaten zu bestimmen, d. h. diejenige, welche mit einem Draht von gegebener Länge bewickelt, am meisten Magnetismus und Anziehungskraft gibt, so ist zu berücksichtigen, dass bei gegebener Drahtlänge die Anzahl der Windungen von der Dicke des Eisenkerns abhängt, nämlich derselben umgekehrt proportional ist. Berücksichtigt man diese Beziehung, so erhält man für den freien Magnetismus F' eines beinahe geschlossenen Hufeisens

$$F' = b' \cdot \frac{j}{\sqrt{d}},$$

und für die Anziehungskraft desselben:

$$A = c' \cdot \frac{j^2}{d}.$$

Es ist also hiernach bei solchen Hufeisen von Vortheil, den Kern dünn und lang zu wählen, nicht dick und kurz. Je dünner aber der Eisenkern ist, desto mehr Unterschied findet in der Länge der inneren, am Kern anliegenden und der äusseren Windungen statt; es liegt hierin ein Nachtheil, welcher den Vortheil der Verdünnerung des Kernes bald aufwiegt, so dass in Wirklichkeit die kurzen und dicken Kerne und die dünnen und langen bei derselben Drahtlänge wenig Unterschied im Magnetismus zeigen.

C. Diamagnetismus.

XXI. Thatsachen. Magnetische Eigenschaften werden, wie wir gesehen haben, ganz ähnlich, nur an Eisen und Stahl und, allerdings in viel geringerem Grade, an einigen dem Eisen verwandten Körpern beobachtet; es wäre jedoch eine sonderbare, schwer zu begreifende Thatsache, wenn diese Körper allein magnetische Eigenschaften besässen, oder wenn es Körper gäbe, welche gar keine Spur von Magnetismus

oder von einem dem Magnetismus verwandten Zustand anzunehmen im
Stande wären. Wie auffallend diese Thatsache wäre, zeigt ein Blick
auf die übrigen physikalischen Zustände und Kräfte, von denen allen
wir annehmen müssen, dass sie an allen Körpern auftreten können,
namentlich aber die Vergleichung des Magnetismus mit dem elektrischen
Zustande. Wenn es auch eigentlich nur wenige Körper sind, an denen
dieser letztere Zustand in ausgeprägter Weise auftritt, so wissen wir
doch, dass der elektrische Zustand sich an allen bekannten Körpern
zeigt, wenn auch oft nur spurweise und unter verschiedenen Umständen.
Aehnliches ist daher vom Magnetismus zu erwarten.

Genaue Untersuchung hat denn auch ergeben, dass im Allgemeinen
jeder Körper Magnetismus zeigt, allerdings theilweise eine andere Art
von Magnetismus, als Eisen und Stahl.

Bei dieser Untersuchung verfuhr man meistens so, dass zwischen
die zugespitzten Pole eines kräftigen Elektromagnets, Fig. 154, der
zu unterscheidende Gegenstand in
Form eines Stäbchens frei drehbar
an einem Coconfaden aufgehängt
wurde; wenn alsdann der
Elektromagnet erregt wurde, so
veränderte der aufgehängte Körper
seine Gleichgewichtslage, weil
der Magnetismus des Elektromagnets
auf den in dem Körper vorhandenen
oder durch jenen erregten
Magnetismus wirkte. Ein Eisenstäbchen muss sich in diesem Falle
natürlich axial stellen, d. h. seine Axe in die Verbindungslinie der beiden
Pole bringen; sehr viele andere Körper thun dies ebenfalls, allerdings
mit geringerer Lebhaftigkeit und Kraft, aber viele nur desshalb, weil zu
der Bearbeitung der Stäbchen Eisen oder Stahl verwendet wurde, von
welchem kleine Theilchen hängen blieben; der Magnetismus dieser Theilchen
genügt alsdann, um das ganze Stäbchen zu richten.

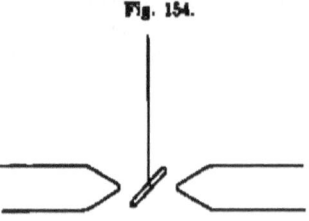

Fig. 154.

Nachdem man diesen Versuchsfehler bemerkt und die Stäbchen von
jenem störend wirkenden Staub befreit hatte, fand man, dass eine Reihe
von Körpern, vorab Wismuth, sich nicht axial, sondern äquatorial
einstellen, d. h. ihre Axe in die zu der Verbindungslinie beider Pole
senkrechte Lage bringen.

Faraday war der Erste, welcher diese Untersuchungen mit sicherem
Erfolg durchführte. Er theilte die Körper in zwei Klassen, in die
magnetischen oder paramagnetischen und in die diamagneti-

scben; die ersteren stellen sich axial, die letzteren äquatorial ein. Die folgende, von ihm aufgestellte, und von Anderen ergänzte Tabelle zeigt den Charakter, welcher den reinen Metallen in dieser Beziehung zukommt.

Magnetisch:		Diamagnetisch:	
Eisen	Aluminium	Wolfram	Phosphor
Nickel	Platin	Uran	Blei
Cobalt	Kalium	Iridium	Quecksilber
Mangan	Natrium	Arsen	Cadmium
Chrom		Gold	Zinn
Silicium		Kupfer	Zink
		Silber	Antimon
		Tellur	Wismuth
		Schwefel	Jod.
		Selen	

Die Verbindungen der Metalle zeigen meistens denselben magnetischen Charakter, wie das Metall; jedoch gibt es hiervon auch sehr auffallende Ausnahmen.

Die in gleichen Gewichten Eisen und Wismuth erzeugten magnetischen und diamagnetischen Kräfte verhalten sich wie 1470000 : 1.

Auch Flüssigkeiten und Gase zeigen Magnetismus bez. Diamagnetismus.

Flüssigkeiten werden gewöhnlich in ein Uhrgläschen gefüllt und dieses letztere auf die Pole des Elektromagnets gestellt, s. Fig. 155. Wenn der Elektromagnet erregt wird, so verändert sich die Oberfläche der Flüssigkeiten: magnetische Flüssigkeiten bilden 2 wulstförmige Erhebungen über den Polen des Elektromagnets, wie in Fig. 155 a angedeutet, wobei sich die Oberfläche zugleich in axialem Sinne ausdehnt; diamagnetische Flüssigkeiten dagegen bilden eine einzige Erhebung in der Mitte, wie in Fig. 155 b angedeutet, wobei die Oberfläche sich in äquatorialem Sinne vergrössert.

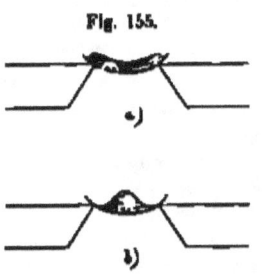

Fig. 155.

Diamagnetisch sind die Flüssigkeiten: Wasser, Alcohol, Aether, Olivenöl, Terpentin, Säuren, Quecksilber, Blut.

Bei Gasen bedarf es meist genauer Messungen, um ihre magnetische Natur zu erkennen, da es nur in einzelnen Fällen gelingt, die

Anziehungs- bez. Abstossungserscheinungen sichtbar zu machen. Am leichtesten gelingt dies bei Flammen. Die meisten Flammen ändern ihre Gestalt, wenn zwischen die Pole des Elektromagnets gebracht, in äquatorialem Sinne, indem sie von jenen Polen abgestossen und, wie in Fig. 156 angedeutet, breitgedrückt werden.

Fig. 156.

Von den Gasen zeigt sich namentlich Sauerstoff als ziemlich stark magnetisch, Stickoxyd und salpetrige Säure ebenfalls magnetisch, aber schwächer; es gibt auch diamagnetische Gase, wie Stickoxydul, Kohlensäure, ölbildendes Gas, aber mit sehr geringer Kraft.

XXII. **Erklärung.** Die Erklärung des Diamagnetismus und die Feststellung seines Wesens bildete eine der schwierigsten Aufgaben im Gebiete der Elektricität, und auch diejenige Theorie, welche heutzutage ziemlich allgemeines Vertrauen geniesst, die Theorie von W. Weber, enthält noch befremdende Punkte.

Zunächst gibt es unter den diamagnetischen Substanzen, welche permanenten Diamagnetismus zeigen, ähnlich wie der Stahl permanenten Magnetismus zeigt. Ein Wismuthstäbchen erregt in einem genäherten Eisenstäbchen oder einem anderen diamagnetischen Stäbchen keinen Magnetismus irgend welcher Art; die diamagnetischen Körper werden erst in Gegenwart von kräftigen Magneten diamagnetisch, ähnlich wie Eisen in demselben Falle magnetisch wird.

Der ganze Unterschied, z. B. zwischen Eisen und Wismuth, besteht nun, abgesehen von der Intensität der Magnetisirung bez. Diamagnetisirung, darin, dass bei der Annäherung eines Magnets im Eisen ungleichnamiger, im Wismuth gleichnamiger Magnetismus erregt wird, dass z. B. ein genäherter Nordpol im Wismuth an dem nächstliegenden Ende wieder einen Nordpol erzeugt, nicht einen Südpol, wie beim Eisen.

Im Uebrigen verhalten sich diamagnetische und magnetische Körper völlig gleich: beide wirken durch andere Körper hindurch in die Ferne, bei beiden wird stets gleichviel südlicher, wie nördlicher Magnetismus erregt, beide induciren unter denselben Umständen Ströme u. s. w.

Es fragt sich nun, wie es möglich ist, dass die Annäherung eines Magnetpoles in einem diamagnetischen Körper gleichnamigen Magnetismus erregt, oder dass die Polarität in demselben die umgekehrte von dem in einem magnetischen Körper erregten ist; die einzige, diese Frage lösende Erklärung ist diejenige von W. Weber.

Die Erklärung des Magnetismus durch die Ampère'schen Molekularströme geht, wie wir S. 214 ff. gesehen haben, dahin, dass jedes Molekül im magnetischen Körper einen Mulekularstrom besitzt, welcher das Molekül umkreist, und dessen Bahn im natürlichen Zustand eine beliebige Lage hat; sobald ein Magnet genähert wird, drehen sich nach dieser Vorstellung die Moleküle, bis ihre Ströme den Molekularströmen des Magnets möglichst gleichgerichtet sind.

Bei den diamagnetischen Körpern nun nimmt Weber an, dass jedes Molekül zwar ebenfalls eine Strombahn von beliebiger Richtung besitze, dass aber im natürlichen Zustand kein Strom in dieser Bahn kreise, dass ferner die Moleküle nicht drehbar seien, wie im Eisen, sondern fest. Wenn nun ein Magnet genähert wird, so werden in jenen Bahnen Ströme inducirt; die auf diese Weise inducirten Ströme aber haben die entgegengesetzte Richtung von denjenigen der Molekularströme im Magnet. Denkt man sich nun die Molekularströme, sowohl im Magnet, als im diamagnetischen Körper, ersetzt durch die entsprechenden Molekularmagnete, so findet man, dass diese Molekularmagnete einander ihre gleichnamigen Pole zuwenden. Wären die Moleküle des diamagnetischen Körpers nicht fest, sondern drehbar, so würden seine Molekularmagnete gleich nach der Entstehung ihres Magnetismus sich so lange drehen, bis sie den Molekularmagneten die ungleichnamigen Pole zuwenden.

Sobald der Magnet entfernt wird oder sein Magnetismus erlischt, werden in den Strombahnen des diamagnetischen Körpers eben so starke Ströme inducirt, wie bei der Annäherung des Magneten, aber von entgegengesetzter Richtung, d. h. die durch jene Annäherung erregten Ströme werden vernichtet, der diamagnetische Körper kehrt wieder in den natürlichen, unmagnetischen Zustand zurück.

Von den in diamagnetischen Körpern inducirten Molekularströmen wird, wie von den in magnetischen Körpern stets vorhandenen, vorausgesetzt, dass sie ohne Widerstand kreisen; wäre Widerstand vorhanden, so müsste in beiden Fällen die lebendige Kraft der Ströme sich sehr rasch in Wärme umsetzen und die Ströme verschwinden; man ist daher zu der Annahme der Widerstandslosigkeit gezwungen.

Es lässt sich kaum bestreiten, dass diese sinnreiche Theorie sonderbare Annahmen enthält, für welche sich kaum andere Gründe anführen lassen, als dass sie eben die Erklärung des Diamagnetismus ermöglichen — dahin gehören namentlich die Annahme von der Festigkeit der Moleküle in diamagnetischen gegenüber der Drehbarkeit derselben in magnetischen Körpern, ferner die Annahme der permanenten Existenz von Molekularströmen in den letzteren Körpern gegenüber dem Fehlen derselben in den ersteren; in ihren Folgerungen jedoch ist diese Theorie mit allen Thatsachen im Einklang.

D. Elektromagnetische Apparate und Maschinen.

XXIII. Uebersicht. Wir betrachten im Folgenden die Apparate und Maschinen, in welchen Elektricität und Magnetismus zur Verwendung kommt und welche sich technisch verwerthen lassen. Dieselben zerfallen in drei Abtheilungen:

1) in solche, welche Elektricität durch Elektricität,
2) in solche, welche Elektricität durch mechanische Bewegung,
3) in solche, welche mechanische Bewegung aus Elektricität erzeugen.

Diese drei Abtheilungen umfassen das ganze Gebiet der technischen Anwendung der Elektricität und des Magnetismus, und zwar lässt sich von den beiden ersten Abtheilungen behaupten, dass so ziemlich alle Thatsachen, welche die Wissenschaft darbietet, auch bereits technisch verwerthet sind, während dies von der dritten Abtheilung, welche die Erzeugung von Bewegung aus Elektricität umfasst, nicht gilt. Der Grund hiervon liegt in der Natur der Elektricität. Unter den Wirkungen derselben befinden sich nämlich solche, welche sich durch keine andere Kraft hervorbringen lassen, z. B. das Zeichengeben auf beliebig grosse Entfernungen, die galvanische Zersetzung der Flüssigkeiten, die physiologische Wirkung der Elektricität. Bloss als Form der Arbeitskraft andererseits hat die Elektricität nur bedingten Werth, da die directe Erzeugung von Arbeitskraft durch galvanische Batterien ökonomisch unvortheilhaft ist, und es sich also hierbei nur um die Verwendung der Elektricität als Uebergangsform der Arbeitskraft handeln kann; und auch hier wird die Elektricität wohl nur Verwendung finden, wo die Eigenthümlichkeit ihrer Wirkungen ihr den Vorzug vor anderen Kräften verschafft, so z. B. bei der Transmission der Arbeitskraft auf grössere Entfernungen. Daher kommt es, dass das Gebiet der elektrischen Motoren von den Technikern verlassen ist und wir in der oben bezeichneten dritten Abtheilung, welche dieselben enthalten sollte, beinahe nur Apparate finden, in welchen die Elektricität benutzt wird, um mechanische Zeichen zu geben, Apparate, bei denen es nur darauf ankommt, dass ihre mechanische Leistung irgendwie merkbar ist, nicht auf den Arbeitswerth derselben.

Der **Magnetismus** spielt bei den sämmtlichen zu betrachtenden Apparaten praktisch eine wichtige Rolle; principiell jedoch bringt die Anwendung des Magnetismus in elektrischen Apparaten nie etwas Neues, da sich derselbe, wie wir gesehen haben, stets durch Elektricität ersetzen lässt.

XXIV. Der Inductionsapparat; Princip. Bei der Umsetzung von Elektricität in Elektricität kann es sich nur darum handeln, Dichte und Menge der Elektricität zu verändern, oder, wenn wir elektrische Ströme in's Auge fassen, elektromotorische Kraft und Stromstärke. Nach dem Joule'schen Gesetz bildet das Product aus elektromotorischer Kraft und Stromstärke die Arbeitskraft; wenn also ein bestimmter elektrischer Strom gegeben ist, so kann dessen elektromotorische Kraft nur auf Kosten der Stromstärke vermehrt werden, und umgekehrt, da das Product beider Grössen constant bleiben muss nach dem Princip der Erhaltung der Kraft.

Die einfachste und ausgiebigste Art der Erzeugung von Elektricität ist diejenige des galvanischen Stromes, d. h. eines elektrischen Stromes von geringer elektromotorischer Kraft, aber bedeutender Stromstärke; es kann sich also bei der Umsetzung von Elektricität in Elektricität nur darum handeln, galvanische Ströme mit den bezeichneten Eigenschaften in elektrische Ströme von hoher elektromotorischer Kraft und geringer Stromstärke zu verwandeln. Ströme von der letzteren Art liefern die Elektrisirmaschinen; die Aufgabe lässt sich also dahin bestimmen, dass galvanische Ströme in Ströme der Art, wie sie die Elektrisirmaschinen liefern, umzusetzen sind.

Diese Aufgabe ist in dem **Inductionsapparat von Ruhmkorff** gelöst. Das Princip ist folgendes: in einer Drahtrolle der sog. primären oder inducirenden lässt man in regelmässigem Wechsel einen kräftigen galvanischen Strom entstehen und verschwinden; in einer zweiten Drahtrolle, der sog. secundären, oder inducirten, welche die erstere umgibt, werden hierdurch Inductionsströme von abwechselnder Richtung, aber gleicher Stärke erzeugt; man sendet also galvanische Ströme in den Apparat und empfängt aus demselben Inductionsströme. Die elektromotorische Kraft dieser letzteren lässt sich nun vermittelst zweckmässiger Wickelung der secundären Rolle beinahe beliebig erhöhen.

Wenn die secundäre Rolle kurz geschlossen ist, so ist es für die Inductionsströme gleichgiltig, ob dieselbe aus vielen oder wenigen Windungen besteht. Denn in jeder Windung wird ungefähr dieselbe elektromotorische Kraft erregt, jede Windung hat aber auch ungefähr denselben Widerstand; wenn nun der Gesammtwiderstand nur aus demjenigen der Windungen besteht, so werden durch das Hinzufügen von neuen Windungen elektromotorische Kraft und Widerstand in gleicher Weise vermehrt, der Strom bleibt also derselbe. Auch die Dichte kann an keinem Punkte einen bedeutenden Werth haben, weil der Strom der Anhäufung derselben entgegenwirkt; je kürzer der die beiden Enden der secundären Rolle verbindende Draht ist, desto geringer ist die Differenz der Dichten an diesen Enden.

Ganz anders verhält es sich, wenn die Enden der secundären Rolle, in einem gewissen Abstand von einander, isolirt werden. In diesem Fall können die Electricitäten sich nur durch einen Funken ausgleichen, der, die Luft durchbrechend, zwischen den beiden Polen, wie wir die Enden der secundären Rolle kurzweg nennen wollen, überspringt. Ist der Abstand zwischen diesen Polen so gross, dass die Elektricität denselben nicht durchbrechen kann, so entsteht kein Strom; ist jedoch dieser Abstand kleiner, so dass der Funke überspringen kann, so ist der Widerstand der Funkenbahn ein sehr hoher, so dass der Widerstand des Drahtes der secundären Rolle im Verhältniss zu demselben als verschwindend klein zu betrachten ist. Der Strom wird schwach, wegen des hohen Widerstandes der Funkenbahn, aber die Anhäufung der Dichte an den Polen ist beinahe eben so gross, als in dem Falle der Nichtausgleichung der Electricitäten.

Nun lässt sich auch die Dichte beinahe beliebig vergrössern durch Erhöhung der Anzahl der Windungen, da die inducirte elektromotorische Kraft proportional dieser Anzahl und beinahe genau gleich der Differenz der Dichten an den Polen ist. Wenn daher die secundäre Rolle aus sehr feinem Draht und möglichst vielen Windungen besteht, so muss man an den Polen Dichten erhalten, welche die bei galvanischen Strömen vorkommenden weit übersteigen und sich den bei der Elektrisirmaschine vorkommenden nähern.

In Wirklichkeit erreicht die Erhöhung der Dichte eine Grenze; der Grund hiervon liegt zum Theil in einigen, später zu erwähnenden Nebenumständen, namentlich aber in der Schwierigkeit der Isolation des Drahtes der secundären Rolle. Der Grad der Isolation dieses Drahtes muss natürlich ungefähr dem Isolationsgrad der Theile der Elektrisirmaschine entsprechen, und dies ist bei den eng aneinanderliegenden Windungen schwierig, bei sehr hohen Dichten der Elektricität unmöglich.

Nach dem Vorstehenden erscheint es zwar möglich, auf dem angegebenen Wege Inductionsströme zu erhalten, deren Eigenschaften denjenigen der Ströme der Elektrisirmaschine nahe kommen, es bleibt jedoch ein wesentlicher Unterschied zwischen beiden Arten von Strömen; diejenigen des Inductionsapparates sind von wechselnder Richtung, entsprechend dem Schliessen und Oeffnen des primären Stromes, und verlaufen rasch, während der Strom der Elektrisirmaschine stets gleiche Richtung und constante Stärke besitzt. Es würde also hieraus folgen, dass die Pole des Inductionsapparats nicht eine constante Dichte zeigen, wie diejenigen der Elektrisirmaschine, sondern dass dieselbe ihr Zeichen ändert, so dass es also z. B. unmöglich wäre, fortwährend eine Leydner Flasche mit dem Inductionsapparat zu laden.

Der Wechsel der Dichte an den Polen des Inductionsapparats, und damit der Gebrauch des Apparates, wird jedoch wesentlich modificirt durch die Verschiedenheit des Verlaufes der Oeffnungs- und der Schliessungsströme.

Der durch Oeffnung und der durch Schliessung des primären Stromes erzeugte Inductionsstrom sind beide von gleicher Stärke, weil sie dieselbe Ursache, in entgegengesetztem Sinne, besitzen, d. h. die in Bewegung gesetzte Elektricitätsmenge ist in beiden Fällen dieselbe; der Verlauf beider jedoch ist ganz verschieden, und zwar verläuft der Oeffnungsstrom jäh und rasch, ähnlich einer Springfluth, während der Schliessungsstrom viel langsamer ansteigt und auch langsamer abfällt.

Der Grund dieses Unterschiedes liegt namentlich in der Rückwirkung der Inductionsströme auf den primären Strom und in dem Umstande, dass bei dieser Rückwirkung der primäre Kreis im Falle des Oeffnungsstromes geöffnet, im Falle des Schliessungsstromes geschlossen ist. Fände gar keine Induction statt, so würde der primäre Strom beim Schliessen ebenso plötzlich ansteigen, wie er beim Oeffnen abfällt.

Fig. 157.

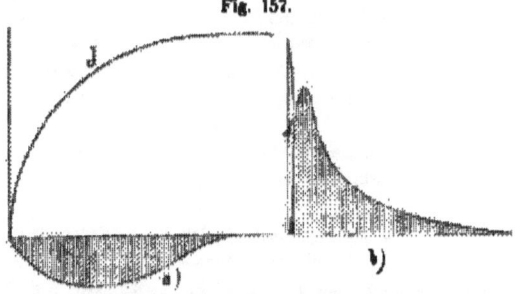

Durch die Rückwirkung des Schliessungsstromes aber wird der primäre Strom geschwächt und sein Ansteigen in einen allmähligen Uebergang zu der stationären Stromstärke verwandelt, so dass, wenn als Abscisse die Zeit, als Ordinate die Stromstärke aufgetragen wird, Fig. 157 a, die Curve J den Verlauf des primären Stromes nach der Schliessung darstellt. Beim Oeffnen dagegen erleidet der primäre Strom nur geringe Rückwirkungen vom Oeffnungsstrom, weil derselbe auf einen offenen Kreis wirkt; dieselbe kann höchstens, wenn sie sehr kräftig ist, einen Funken, d. h. einen momentanen Stromstoss bewirken; der primäre Strom ist daher bei der Oeffnung als sehr rasch abfallend zu betrachten, wie die Curve J in Fig. 157 b, andeutet.

Die Art der Veränderung des primären Stromes beim Schliessen und Oeffnen bestimmt aber den Verlauf der Inductionsströme: der Schliessungsstrom wächst und fällt allmählig, wie in der die schraffirte Fläche begrenzenden Curve Fig. 157 a, angedeutet, der Oeffnungstrom dagegen wächst und fällt rasch, s. die entsprechende Curve, Fig. 157 b. Die Flächen jedoch, welche von den Curven des Oeffnungs- und des Schliessungsstromes und den Abscissenaxen begrenzt werden, sind gleich.

Daraus folgt, dass bei dem Inductionsapparat die Oeffnungsströme an den Polen der secundären Rolle eine viel höhere Dichte erzeugen, als die Schliessungsströme, obschon die Stärke beider Ströme dieselbe ist. Nimmt man daher zuerst den Abstand der Pole so gross, dass kein Funke überspringen kann, und nähert die Pole allmählig, bis Funken überspringen, so können die letzteren nur von Oeffnungsströmen herrühren, die elektrischen Ströme, welche die Funken vorstellen, haben also stets dieselbe Richtung; nur wenn man den Abstand der Pole sehr klein macht, erhält man Oeffnungs- und Schliessungsfunken.

Wenn man also die Ströme des Inductionsapparates nur in der Weise verwendet, dass in den die beiden Pole verbindenden Kreis eine erhebliche Funkenstrecke eingeschaltet wird, so erhält man gleichgerichtete Ströme, kann also z. B. eine Leydner Flasche laden und andere Wirkungen hervorbringen, welche sonst nur der Elektrisirmaschine zukommen.

XXV. **Der Inductionsapparat; Beschreibung.** Fig. 159 zeigt den Ruhmkorff'schen Inductionsapparat, Fig. 159 im horizontalen Durchschnitt.

Den Hauptkörper des Apparates bildet die secundäre Rolle, deren Enden an zwei verticale Messingstangen geführt sind; derselbe schliesst als Kern die primären Rollen ein, deren Enden mit den Klemmen A, E verbunden sind. Dieser Rollenkörper steht auf einem hölzernen Sockel, welcher in seinem Innern den Condensator enthält, dessen

§. 6, XXV. Magnetismus u. Elektromagn.; D. Apparate u. Maschinen. 257

Bedeutung wir weiter unten erörtern; die beiden Belegungen dieses Condensators sind mit den Klemmen CC verbunden.

Fig. 158.

Fig. 159.

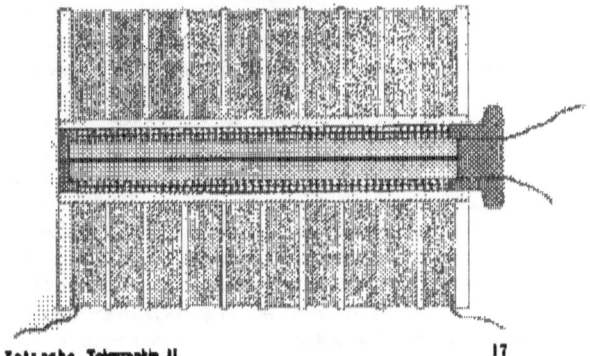

Die Pole der secundären Rolle endigen in Messingknöpfe, in welchen sich Messingstangen mit verschiedenen Ansätzen verschieben lassen. In der Figur trägt die eine Stange eine Scheibe, die andere eine Spitze; es lassen sich aber auch zwei Spitzen oder zwei Kugeln aufsetzen. Durch die Verschiebung lässt sich die Schlagweite des Funkens beliebig einstellen; die grösste Entfernung der beiden Pole, welche der Apparat anzuwenden gestattet, muss eine solche sein, bei welcher keine Funken mehr überspringen können, sondern nur Glimmentladungen auftreten.

Der Rahmen des Rollenkörpers besteht völlig aus Horngummi: das Rohr, welches die primäre Rolle von der secundären trennt, die Endfläche der secundären Rolle und die Wände, welche, wie aus Fig. 159 ersichtlich, die einzelnen Schichten der letzteren von einander trennt. Die Herstellung der genügenden Isolation für die primäre Rolle bietet keine Schwierigkeit: die Drähte werden gut übersponnen und lackirt; die Drähte der secundären Rolle dagegen, an deren Isolation weit höhere Anforderungen gestellt werden, werden nicht nur umsponnen, sondern auch sorgfältig mit Harz, Paraffin, Gummicompositionen oder anderen isolirenden Stoffen getränkt.

Wenn die primäre Rolle nur vom Strom durchflossene Windungen enthielte, so wäre die Wirkung auf die secundäre Rolle zwar vorhanden, aber nur von geringer Stärke; eine kräftige Wirkung wird erst durch das Einschieben eines Eisenkerns in die primäre Rolle erzielt.

Ein von der primären Rolle umgebener Eisenkern muss deren Wirkung in jeder Beziehung immer verstärken; denn, wie wir S. 228 ff. gesehen haben, erzeugt die Rolle, wenn sie vom Strom durchflossen wird, im Eisen stets gleichgerichtete Pole, d. h., wenn man die Rolle als galvanische Schraube betrachtet, so fällt der Nordpol der galvanischen Schraube mit dem Nordpol des Eisenkerns, und ihr Südpol mit dem Südpol der letzteren zusammen. Die Wirkung eines Eisenkerns übertrifft aber stets bei Weitem diejenige der magnetisirenden Spirale.

Die Construction dieses Eisenkerns ist von grosser Bedeutung für die Wirkung des Apparates. Es kommt hier nicht, wie bei einem gewöhnlichen Elektromagnet, darauf an, einen kräftigen Magnetismus bei andauerndem Strom zu erzielen, sondern der Magnetismus muss bei schnellem Wechsel des Stromes möglichste Stärke besitzen. Bei andauerndem Strom giebt ein massiver Eisenkern den kräftigsten Magnetismus, bei schnellem Wechsel dagegen ein Bündel von dünnen Eisendrähten, deren gegenseitige Berührung durch einen das Bündel durchdringenden Kittguss möglichst vermieden wird. Der

Grund dieser Erscheinung liegt, wie bereits früher erwähnt, darin, dass die Zeit, welche der Magnetismus zum Entstehen und Verschwinden braucht, bei einem solchen Bündel am geringsten ausfällt, wenn die Drähte weit von einander abstehen, um so grösser dagegen, je kleiner die Hohlräume zwischen denselben sind, und am grössten bei dem massiven Stab.

Ein wichtiger Punkt ist ferner die Construction der secundären Rolle. Bei derselben muss man suchen die Drähte so zu legen, dass die Dichte der Elektricität bei benachbarten Drähten möglichst wenig verschieden ist; treten grössere Unterschiede in dieser Beziehung auf, so kann auch die sorgfältigste Isolation nicht vor dem Ueberschlagen von Funken schützen; jeder zwischen zwei Stellen des Drahtes überspringende Funke aber schaltet gleichsam das zwischen jenen Stellen liegende Drahtstück aus der Rolle aus, oder schliesst vielmehr dasselbe kurz.

Das Ueberspringen von Funken in der secundären Rolle ist unvermeidlich, wenn dieselbe, wie sonst bei Elektromagneten, lageuweise gewickelt wird; man wendet deshalb im vorliegenden Falle das Wickeln in Schichten an, welche sich in senkrechter Richtung gegen die Cylinderaxe erstrecken. Zu diesem Behuf wird, wie aus Fig. 159 ersichtlich, der Wickelungsraum der secundären Rolle durch Horngummischeiben in möglichst viele solcher Schichten getheilt; jede dieser Schichten wird für sich gewickelt, und die einzelnen alsdann unter einander in geeigneter Weise verbunden. Es ist leicht einzusehen, dass bei dieser Anordnung die Dichtendifferenz benachbarter Drähte um so geringer wird, je grösser die Anzahl der Schichten oder je geringer die Länge der Lagen in den Schichten.

XXVI. Der selbstthätige Unterbrecher; der Condensator. Um regelmässig alternirende Ströme in der primären Rolle zu erzeugen, bedarf man eines selbstthätigen Unterbrechers, d. h. einer kleinen Maschine, welche, durch den Strom der primären Rolle getrieben, den Stromwechsel selbstthätig bewerkstelligt.

Ein selbstthätiger Unterbrecher liesse sich aus jedem der sog. Rotationsapparate (s. S. 223 ff.) herstellen, d. h. einem Apparate, in welchem durch den Strom eine Drehung bewirkt wird. Derjenige Apparat jedoch, welcher sich am besten zu diesem Zwecke eignet und allein als solcher im Gebrauche ist, ist der Wagner-Neef'sche Hammer.

Die Bewegung, welche dieser Apparat hervorbringt, ist keine Drehung, sondern eine hin- und hergehende Bewegung. Der hin- und hergehende Theil ist der Anker eines Elektromagnets; an demselben ist eine Contactstelle angebracht, durch welche der den Elektromagnet erregende Strom fliessen muss. Die Wirkung dieser Contactstelle geht dahin, dass der Strom geöffnet wird durch diejenige Bewegung des Ankers, welche durch die Schliessung des Stromes bewirkt wurde, und dass diejenige Bewegung des Ankers, welche durch die Oeffnung des Stromes bewirkt wurde, den Strom schliesst. Wird daher der Strom geschlossen, so wird der Anker angezogen, und zugleich der Strom geöffnet; durch das Oeffnen des Stromes fällt der Anker zurück und schliesst den Strom wieder u. s. w.; kurz, es entsteht eine rasch hin- und hergehende Bewegung des Ankers, welche durch den Strom selbst erzeugt und unterhalten wird. Fig. 160 stellt diesen Wagner-Neef'schen

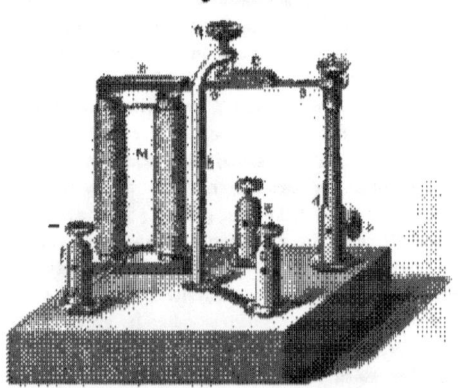

Hammer in der von Halske angegebenen Form dar. M ist der Elektromagnet, dessen Schenkel, um einen raschen Wechsel des Magnetismus zu ermöglichen, aus eisernen Röhren angefertigt und nur an den Enden durch massive, eiserne Kappen geschlossen sind. Der Anker n ist an einer Messingfeder oo befestigt, deren rechtes Ende festgeklemmt ist; an der Feder oo sitzt eine kleine, schwache Feder p, mit aufgelöthetem Platinblech in e; die Stelle e legt sich, bei geöffnetem Strom, gegen die in eine Platinspitze endigende, in den Messingstab eingesetzte Schraube q. An die Klemmen f und s sind die Enden des um den Elektromagnet gewickelten Drahtes geführt, die Klemmen a und d sind die Punkte, zwischen welchen durch das Spiel an der Contactstelle e der Strom geöffnet und geschlossen wird. Legt man den einen Pol der Batterie an d, den andern an f und verbindet die beiden Klemmen a und s, so ist der Strom geschlossen, wenn der Contact c geschlossen oder der Anker abgeworfen ist, und es beginnt alsdann das oben beschriebene Spiel des Ankers. Wenn man daher zwischen a und e die primäre Rolle des Inductionsapparates einschaltet, so wird in derselben durch das Spiel des Wagner-Noef'schen Hammers der Strom abwechselnd geöffnet und geschlossen. Die Geschwindigkeit dieses Spiels hängt hauptsächlich von der Länge und Stärke der Feder o o, der Amplitude ihrer Schwingung und der Anziehungskraft des Elektromagnets ab; die Grösse dieser Geschwindigkeit lässt sich meistens nach der Höhe des Tones beurtheilen, welcher die raschen Schwingungen der Feder begleitet.

Je grösser der Inductionsapparat ist, desto stärker werden die Funken, welche beim Oeffnen des Stromes an der Contactstelle c auftreten; bei starken Funken versagt auch der beste Contact bald, und ausserdem übt das Auftreten des Funkens schädliche Einflüsse auf den in der secundären Rolle erzeugten Inductionsstrom.

Um das Verbrennen der Contacte zu vermeiden, lässt man den Funken nicht zwischen Platin und Platin, sondern zwischen amalgamirtem Kupfer und Quecksilber überspringen, welches von einer Schicht einer nichtleitenden Flüssigkeit, z. B. von concentrirtem Alkohol, Glycerin, reinem Terpentinöl u. s. w. überdeckt ist.

Der selbstthätige Unterbrecher erhält hierdurch eine veränderte Construction, Fig. 161 stellt dieselbe in der Ausführung von Siemens und Halske dar (Quecksilberwippe).

Das von der nichtleitenden Flüssigkeit überdeckte Quecksilber befindet sich in dem Näpfchen g, in welches ein Stift von amalgamirtem Kupfer hineinragt; dieser sitzt an einer horizontalen Stange e, welche von einem vertikal stehenden Stahlblech getragen wird, dessen Federung die hin- und hergehende Bewegung der Stange ermöglicht. An dem rechten Ende der Stange befindet sich der über dem Elektromagnet n schwebende Anker; der verticale Draht, welcher an der Stange sitzt, trägt das verstellbare Gewicht f, dessen Lage die Geschwindigkeit der hin- und hergehenden Bewegung bestimmt. Der Elektromagnet wird nicht, wie bei der Wippe, Fig 160, durch denselben Strom betrieben, wie die primäre Rolle des Inductionsapparates, sondern erhält eine besondere, kleinere Batterie, ein Bunsen'sches Element, während die Hauptbatterie aus wenigstens 3 bis 4 solchen Elementen besteht. Der Elektromagnetkreis besitzt auch eine besondere Unterbrechungsstelle mit verstellbarer Schraube in d; der Schraubenspitze gegenüber, auf dem federnden Stahlblech befindet sich eine leichte, mit Platincontact versehene Feder.

Zwischen den Punkten b und c, l und k sind Unterbrechungsstellen mit den drehbaren Hebeln b und l angebracht, welche gestatten, nach Belieben den Hauptstromkreis, bei $b c$, und den Elektromagnetkreis, bei $l k$, zu öffnen und zu schliessen.

Die Pole der kleinen Batterie werden mit der Klemme p und derjenigen, an welcher das Stück k sitzt, verbunden; der Strom geht, wenn die Unterbrechungsstelle geschlossen ist, von k über l nach der Säule m, von dort über die Unterbrechungsstelle d an das federnde Stahlblech, welches mit dem Anfang der Wickelung des Elektromagnets in Verbindung steht; das Ende dieser Wickelung ist an die Klemme p geführt. Das Spiel des Elektromagnets ist völlig dasselbe, wie bei dem Unterbrecher Fig. 160; es beginnt, sobald der Strom in $l k$ geschlossen wird.

Der Hauptstromkreis, welcher die grössere Batterie und die primäre Rolle des Inductionsapparates enthält, wird an die Klemmen a und h geführt, der Strom geht alsdann von a über die Unterbrechungsstelle $b c$ nach dem wippenden Körper, von diesem über die Unterbrechungsstelle g in das Quecksilber und an die Klemme h über. Grosse Batterie und primäre Rolle werden hintereinander geschaltet, und z. B. das freie Ende der Batterie mit h, dasjenige der primären Rolle mit a verbunden.

Die Unterbrechung der beiden Stromkreise geschieht bei derselben Bewegung der Wippe, Eintritt und Dauer der Unterbrechungen lässt sich durch Verstellung des Stiftes bei g, der Schraube bei d und der Schraube s variiren; die Drehung der letzteren bewirkt Hebung oder Senkung der Eisenkerne des Elektromagnets.

Wenn auch durch Anwendung von Quecksilber und einer nichtleitenden Flüssigkeit die Contacte sich besser halten, als bei Anwendung von Platin, so ist darum die Stärke der Funken noch nicht verändert; dieselben sind im Gegentheil bei Quecksilber stärker.

Um die Funken abzuschwächen, wendet man einen Condensator (s. S. 20 ff.) an; und zwar werden dessen beide Belegungen mit den Punkten des Stromkreises verbunden, zwischen welchen der Funke auftritt, also bei der oben beschriebenen Wippe mit g und h. An dieser Stelle entsteht nur ein Funke bei der Oeffnung des primären Stromes, derselbe rührt vom Extrastrom her. Sowie der Stromkreis unterbrochen wird, häufen sich beide Arten von Elektricität an den Punkten, zwischen welchen die Unterbrechung stattfand, an, die eine Elektricität an dem einen, die andere an dem andern Punkt. Wenn nun mit diesen Punkten Condensatorbelegungen verbunden sind, so fliessen die beiden Elektricitäten in dieselben ab, so lange, bis dieselben gefüllt sind. Der Condensator kann daher so gross gewählt werden, dass kein Funke mehr auftritt. Wenn nun aber der Stromkreis an der Unterbrechungsstelle wieder

Fig. 161.

geschlossen wird, so entsteht ein Schliessungsfunke, weil sich dann der durch den Oeffnungsstrom geladene Condensator entladet; dieser Schliessungsfunke tritt ohne Condensator nicht auf. Am besten wählt man den Condensator so, dass Schliessungs- und Oeffnungsfunke ungefähr gleich stark werden. Man hat alsdann allerdings doppelt so viel Funken, als ohne Condensator, aber die Stärke derselben beträgt nur die Hälfte.

XXVII. **Gebrauch des Inductionsapparates.** Die Wirkungen des Inductionsapparates erstrecken sich auf das ganze Gebiet der Elektricität; sowohl die Erscheinungen der Reibungselektricität, als diejenigen des Galvanismus lassen sich mittelst desselben hervorbringen.

Wie schon S. 253 ff. bemerkt wurde, verhält sich der Apparat ganz anders, wenn die Pole der secundären Rolle isolirt, als wenn sie durch einen Leiter verbunden werden. Im ersteren Falle erhält man hohe Dichten der Elektricität, und es lassen sich deshalb viele Versuche mittelst des Inductionsapparates ausführen, welche sonst mit der Elektrisirmaschine angestellt werden; im letzteren Falle kann sich keine hohe Dichte an den Polen entwickeln, weil die Elektricitäten sich immer wieder durch die Schliessung ausgleichen, und der Inductionsstrom erhält im Wesentlichen die Eigenschaften eines mit einer galvanischen Batterie hervorgebrachten Stromes.

Wenn die Pole durch einen Leiter verbunden werden, lassen sich mittelst des Inductionsapparates sämmtliche Wirkungen galvanischer Ströme zeigen, freilich mit dem Unterschied, dass man es hier mit Wechselströmen, nicht mit einfachen, constanten Strömen zu thun hat.

Die Wärmewirkungen sind völlig dieselben, wie bei einem constanten Strom, auch die physiologischen sind wesentlich dieselben, wie diejenigen von rasch aufeinanderfolgenden Strömen gleicher Richtung; bei den übrigen Wirkungen dagegen macht der fortwährende Wechsel der Stromrichtung einen Unterschied, jedoch zeigen einfache Inductionsströme, durch einmaliges Schliessen oder Oeffnen des primären Stromes hervorgebracht, stets ähnliche Wirkungen, wie der constante Strom.

Schaltet man eine Zersetzungszelle zwischen die Pole des Apparates, so erhält man Zersetzung, aber die beiden Körper, in welche sich die Flüssigkeit zersetzt, zusammen an beiden Polen, beim Voltameter z. B. an beiden Polen Knallgas.

Mechanische und elektrische Fernewirkungen erhält man nur bei einzelnen Inductionsstössen, nicht wenn der Apparat wie gewöhnlich arbeitet, weil die Wirkungen der einzelnen Stösse sich aufheben. Ein zwischen die Pole eingeschaltetes Galvanometer zeigt keine Ablenkung, wenn der Apparat in voller Arbeit ist, wohl aber ein Elektrodynamometer.

Das Elektrodynamometer, von Weber construirt, ist ein Galvanometer, bei welchem der Magnet durch eine vom Strom durchflossene Drahtrolle ersetzt ist; Beschreibung folgt später. Der Strom durchfliesst hintereinander die äussere, feste und die innere, bewegliche Rolle; die letztere wird hiedurch gedreht, wie der Magnet des Galvanometers; wenn die Richtung des Stromes wechselt, so geschieht dies in beiden Rollen zugleich, die drehende Wirkung, welche auf die innere Rolle ausgeübt wird, bleibt dieselbe. Dieses Instrument ist das einzige, mit welchem sich Wechselströme messen lassen.

Construirt ist jedoch der Inductionsapparat nicht für galvanische Wirkungen, sondern für Wirkungen, welche denjenigen der Reibungselektricität nahe kommen.

Auf diese Versuche näher einzugehen, ist hier nicht der Ort. Wir erinnern bloss daran, dass, wie bereits S. 255 ff. auseinandergesetzt wurde, der verschiedene Verlauf der Oeffnungs- und Schliessungsströme dahin wirkt, dass bei grossem Abstand der Pole die in den Funken sich zeigenden Inductionsströme dieselbe Richtung haben, weil nur die Oeffnungsströme den Widerstand der Luftschicht überwinden, dass dagegen bei kleinem Abstand der Pole Wechselströme auftreten.

Eine der wichtigsten Anwendungen des Inductionsapparates, nämlich diejenigen in der Medicin, in welcher dessen physiologische Wirkungen benutzt werden, gehört nicht in den Kreis unserer Darstellung.

XXVIII. **Inductionsrollen als Telegraphenapparate.** Inductionsrollen können auch zum Telegraphiren verwendet werden; der Selbstunterbrecher fällt aber alsdann fort, und es handelt sich nur darum, irgend einen Strom nicht direct zu benutzen, sondern die durch denselben erzeugten Inductionsströme. Der Strom wird durch die primäre Rolle geleitet, die secundäre Rolle gibt dann die Inductionsströme. Solche Inductionsrollen sind meist mit verschiebbarem Eisenkern eingerichtet, um die Stärke der Induction reguliren zu können.

Man gibt also in diesem Falle einen Strom in den Apparat und empfängt aus demselben wieder einen Strom, aber von ganz veränderten Eigenschaften. In Bezug auf Stromstärke tritt hierbei stets ein bedeutender Verlust ein; die lebendige Kraft des in der primären Rolle kreisenden Stromes wird zum grossen Theile in Wärme verwandelt und nur ein geringer Theil in Inductionsstrom. Dennoch bietet dieses Verfahren Vortheile, namentlich wenn es sich darum handelt, das langsame Ansteigen und Fallen eines Stromes in rasche, entschiedene Bewegungen oder einen einfachen, z. B. positiven Strom in zwei aufeinanderfolgende Ströme, einen negativen und einen positiven, zu verwandeln.

Eine Inductionsrolle lässt sich zunächst als Geber benutzen, indem man einen Strom in die primäre Rolle schickt und die in der secundären Rolle entstehenden Inductionsströme in die Leitung führt. Jeder primäre Strom erzeugt alsdann zwei Inductionsströme, den einen beim Entstehen, den anderen beim Verschwinden; dieselben sind einander gleich und entgegengesetzt. So lange der primäre Strom andauert, entsteht kein Inductionsstrom. Bei Anwendung der Morseschrift unterscheiden sich Punkte und Striche nur dadurch, dass die Inductionsströme, welche Anfang und Ende dieser Zeichen entsprechen, beim Strich weiter auseinander stehen, als beim Punkt. Es gibt nun Fälle, in welchen gerade diese Art der Zeichengebung erforderlich oder wenigstens vortheilhaft ist, z. B. beim Kabelsprechen; in diesem Falle handelt es sich nämlich darum, die Ladung, welche jeder einfache Stromimpuls dem Kabel ertheilt, und welche bedeutende Quantitäten von Elektricität repräsentirt, möglichst rasch wieder zu vernichten oder zu entfernen; dies geschieht am besten durch das Nachsenden eines entgegengesetzten Stromes, lässt sich also durch die Inductionsrolle in einfacher Weise ausführen.

Diese Art des Gebens lässt sich jedoch meist ebensogut, ohne Batterie, durch Anwendung von permanenten Magneten ausführen; die sog. Magnetinductoren werden weiter unten (XXIX. ff.) besprochen.

Die Inductionsrolle mit Eisenkern wird aber auch auf der empfangenden Seite angewendet, um langsam verlaufende Ströme abzukürzen und gleichsam zuzuschärfen. Wenn man die primäre Rolle von dem aus der Leitung kommenden Strom durchlaufen lässt und die secundäre Rolle mit dem empfangenden Apparat zu einem Stromkreis verbindet, so erhält man in dem letzteren Apparat jedesmal einen Inductionsstrom, wenn der aus der Leitung ankommende Strom steigt oder fällt oder überhaupt sich verändert.

Wie wir später sehen werden, gibt es Instrumente, welche den Strom unmittelbar graphisch darstellen, d. h. auf einem sich gleichmässig fortbewegenden Papierbande mit irgend einer Farbe eine Curve beschreiben, deren Abscissen in jedem Augenblicke die Stärke des Stromes angeben, welcher das Instrument durchläuft.

Wenn man auf einem solchen Instrument ein Morse'sches „Verstanden"-Zeichen (— — — —), von einer galvanischen Batterie in einem aus blossem Widerstand bestehenden Stromkreise erzeugt, aufzeichnet, so erhält man die Form:

Fig. 162.

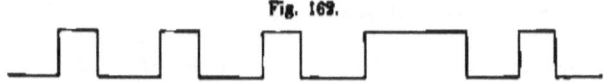

Lässt man diese Ströme durch die primäre Rolle eines Inductionsapparates gehen, so nehmen die in der secundären Rolle — wenn dieselbe geschlossen ist — hervorgebrachten Inductionsströme folgende Form an:

Fig. 163.

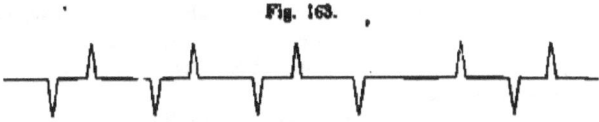

Unter Umständen kann es auch Vortheile haben, die Extraströme zu benutzen, welche in der primären Rolle entstehen, wenn ein Strom dieselbe durchläuft, und die secundäre Rolle ganz wegzulassen.

Der Strom wird durch dieselben nur etwas modificirt: sein Ansteigen wird verlangsamt, sein Abfall abgerundet. Schaltet man in einem aus Batterie und Widerstand bestehenden Stromkreis einen kräftigen Elektromagnet ein und giebt ein Morse'sches „Verstanden"-Zeichen, so nehmen die Ströme folgende Form an:

Fig. 164.

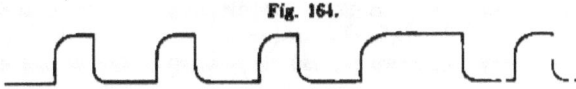

Im Allgemeinen kommen Inductionsströme in der Telegraphie in allen denjenigen Fällen vor, in welchen Magnete und Elektromagnete angewendet werden, also beinahe in der ganzen Telegraphie. Dieselben wirken theilweise nützlich und bilden einen wesentlichen Factor des betreffenden Telegraphensystems; theilweise wirken sie schädlich, und dann handelt es sich darum, Mittel zu finden, um dieselben unschädlich zu machen. Die Beschreibung des Auftretens der Inductionsströme in den einzelnen Fällen gehört in die späteren Bände dieses Werkes.

XXIX. **Magnetelektrische Inductions-Maschinen; Uebersicht.** Unter magnetelektrischen Inductions-Maschinen verstehen wir Maschinen, in welchen durch Magnete, ohne Batterien, Inductionsströme in continuirlicher Weise erzeugt werden.

Der Ruhmkorff'sche Inductionsapparat liefert, wie wir gesehen haben, in continuirlicher Weise Inductionsströme von wechselnder Richtung; als Stromerzeuger aber ist in demselben eine Batterie benutzt, und die mechanische Arbeit, welche zum Betrieb des Apparates gehört, wird vom Batteriestrom geleistet. Bei den magnetelektrischen Maschinen fällt die Batterie weg, dafür werden Magnete angewendet; die Arbeitskraft, welche in Inductionsströme umgesetzt wird, ist nicht elektrischer Art, wie beim Ruhmkorff'schen Apparat, sondern eine mechanische. Eine magnetelektrische Maschine besteht im Allgemeinen aus

Magneten, Eisenkernen und Drahtwickelungen; einer oder zwei dieser drei Bestandtheile werden in Bewegung gesetzt und dadurch Inductionsströme erregt; die in den Inductionsströmen enthaltene Arbeitskraft ist, abgesehen von Reibungen, secundären elektrischen Strömen u. s. w., ein unmittelbares Aequivalent für die zum Betrieb der Maschine aufgewendete mechanische Arbeit.

Bei der Bewegung kommt es nur auf das Relative an. Es ist völlig gleichgültig, ob der Magnet dem Eisenkern genähert wird oder der Eisenkern dem Magnet, wenn nur die Näherung beide Male in derselben Weise geschieht. Bei der Eintheilung dieser Maschinen ist daher nur zu unterscheiden, was für Theile gegen einander bewegt werden, nicht, welcher von den gegen einander bewegten Theilen feststeht und welcher wirklich bewegt wird.

Hiernach lassen sich diese Maschinen eintheilen 1) in solche, bei welchen die Drahtwickelung auf dem Eisenkern angebracht ist und diese bewickelten Eisenstücke und die Magnete gegen einander bewegt werden; 2) in solche, bei welchen die Drahtwickelung auf den Magneten angebracht ist, und die bewickelten Magnete und die

Fig. 165.

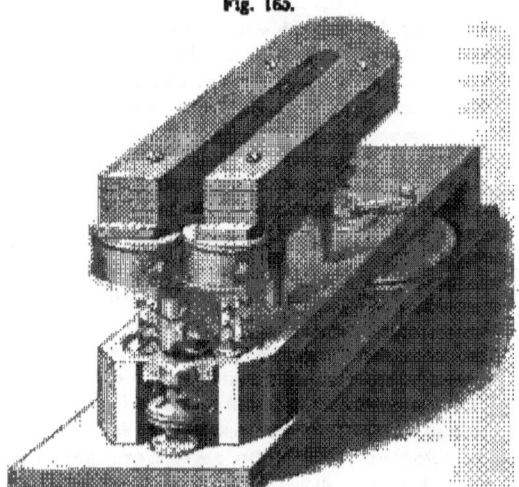

Eisenkerne gegen einander bewegt werden; 3) in solche, bei welchen die Drahtwickelung mechanisch unabhängig von den Eisenkernen und Magneten ist oder wenigstens sein kann, und die Draht-

§. 6, XXX. Magnetismus u. Elektromagn.; D. Apparate u. Maschinen.

wickelung einerseits und Magnete und Eisenkerne andrerseits gegen einander bewegt werden.

Eine andere, mehr praktische Eintheilung dieser Maschinen würde dieselben nach der Art der Ströme, welche sie liefern, ordnen; die einen liefern Ströme von wechselnder Richtung, kurz Wechselströme genannt, oder, wenn die Richtung der Ströme durch Anwendung von Commutatoren gleich gemacht wird, einen Strom von wechselnder Stärke, die anderen dagegen liefern einen constanten, gleichgerichteten Strom.

Beide Eintheilungen fallen zusammen: die Maschinen, bei welchen die Drahtwickelung auf den Eisenkernen oder den Magneten sitzt, liefern stets Ströme von wechselnder Richtung oder von wechselnder Stärke, nur diejenigen Maschinen, bei welchen Magnete und Eisenkerne feststehen, die Vertheilung des Magnetismus sich also nicht ändert, liefern constanten, gleichgerichteten Strom.

XXX. **Magnetelektrische Maschinen mit Strömen von wechselnder Stärke.** Die erste magnetelektrische Maschine wurde von dem Franzosen Pixii construirt. Dieselbe bestand im Wesentlichen aus einem feststehenden, hufeisenförmigen Elektromagnet; vor demselben war ein hufeisenförmiger, permanenter Stahlmagnet drehbar aufgestellt und zwar so, dass seine Pole dicht an denjenigen des Elektromagnets vorbeistreichen konnten. (Unter Elektromagnet verstehen wir hier, wie sonst, eine Rolle mit Eisenkern). Bereits bei dieser Maschine war ein Commutator angebracht, welcher die im Elektromagnet entstehenden Wechselströme in Ströme gleicher Richtung verwandelte. Die Dimensionen dieser Maschine, welche für Ampère gebaut war, waren kolossal im Verhältniss zu denjenigen der jetzigen Maschinen.

Die Maschine von Pixii wurde verbessert durch Saxton, Clarke, von Ettingshausen, Stöhrer, Page, Wheatstone (s. auch Bd. I, S. 121) und führten schliesslich zu der Maschine der Compagnie „l'Alliance" in Paris, welche als die vollkommenste dieser Art zu betrachten ist.

Bei allen diesen Maschinen ist der Elektromagnet drehbar gemacht, nicht, wie bei Pixii, der permanente Magnet. Dies kommt daher, dass man bald nach Pixii es als vortheilhaft erkannte, die Dimensionen des Elektromagnets klein zu wählen, dem permanenten Magnet dagegen möglichst viel Masse zu geben; als drehbarer Körper wird natürlich der weniger massive von beiden gewählt.

Fig. 165 stellt die Maschine von Ettingshausen dar. Vor den Polen eines massiven, hufeisenförmigen, magnetischen Magazins ist ein

Elektromagnet mit kurzen Rollen, AB, drehbar; der Elektromagnet ist möglichst nahe an den permanenten Magnet herangeschoben. Die Axe, an welcher der Elektromagnet sitzt, trägt zugleich den Commutator gh, dessen Einrichtung wir nicht näher beschreiben wollen; die Axe wird vermittelst Kurbel, Drehscheibe und Schnurlauf in Drehung versetzt.

Wenn sich der Elektromagnet in der auf der Fig. 165 angegebenen, axialen Lage befindet, d. h. wenn seine Pole denjenigen des Stahlmagnets gegenüberstehen, so sind die von den Rollen umschlossenen Eisenkerne magnetisirt. Dreht man den Elektromagnet in die äquatoriale Lage, senkrecht zu der anfänglichen, so sind beide Eisenkerne gleich weit von beiden Magnetpolen entfernt, können also nicht magnetisch sein; auf dem Wege zu dieser Stellung ist daher der Magnetismus der Eisenkerne verschwunden und hiedurch ein Inductionsstrom in den Rollen erzeugt. Dreht man um eine Viertelumdrehung weiter, so dass die Pole wieder unter einander zu liegen kommen, so sind die Eisenkerne wieder magnetisirt, aber im entgegengesetzten Sinne, als Anfangs; ein Eisenkern, der Anfangs an seinem Ende einen Nordpol erhalten hatte, erhält jetzt einen Südpol. Durch diese Magnetisirung entsteht wieder ein Inductionsstrom, und zwar von derselben Richtung, wie der bei der ersten Viertelumdrehung entstandene; denn es entsteht derselbe Inductionsstrom, wenn Nordmagnetismus im Eisen verschwindet, als wenn Südmagnetismus von gleicher Stärke in demselben entsteht.

Auf der zweiten Hälfte der Umdrehung wiederholt sich dasselbe Spiel, nur in umgekehrtem Sinne; bei der dritten Viertelumdrehung verschwindet Südmagnetismus in dem oben betrachteten Eisenkern, bei der letzten entsteht wieder Nordmagnetismus; beide Viertelsumdrehungen liefern Inductionsströme von derselben Richtung, entgegengesetzt der Richtung der beiden ersten Inductionsströme.

Die durch die magnetischen Veränderungen des Eisenkerns entstehenden Inductionsströme bilden bei der vorliegenden Maschine die Hauptwirkung derselben; weniger stark, jedoch in gleichem Sinne wirken die Pole des permanenten Magnets, wovon man sich auf folgende Art überzeugen kann:

Die Wirkung der Maschine würde im Wesentlichen nicht verändert, wenn die Elektromagnete nicht seitlich an den Polen des permanenten Magnets vorbeigeführt würden, sondern in der in Fig. 166 angedeuteten Art die Verlängerungen des permanenten Magnets bildeten und in der Richtung dieser Verlängerungen hin- und hergeschoben würden. Das Princip der Maschine besteht in der Näherung und Entfernung der

Elektromagnete in Bezug auf den permanenten Magnet, und es ist ziemlich gleichgültig, auf welche Weise dies geschieht. Ordnet man aber die Bewegung so an, wie in Fig. 166 angegeben, so erhellt aus der durch die Buchstaben n s angedeuteten magnetischen Anordnung des ganzen Systems, dass die Richtung der magnetischen Axen der Theilchen in jedem Elektromagnet dieselbe ist wie in dem bezeichneten gegenüberstehenden Schenkel des permanenten Magnets, und dass je ein Elektromagnet mit dem zugehörigen Schenkel des permanenten Magnets in der Rolle Inductionsströme von derselben Richtung erregen muss, wie ein einziger, in der Rolle steckender, magnetischer Stab. Die Näherung des Elektromagnets entspricht dann einem Anwachsen des Magnetismus in diesem Stabe, die Entfernung einem Abnehmen desselben.

Fig. 166.

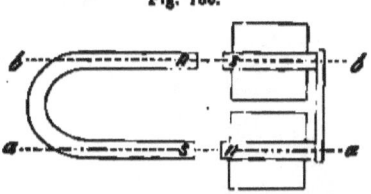

Nun haben wir S. 229 gesehen, dass eine um einen Eisenstab liegende, vom Strom durchflossene Windung überall in dem Stabe die magnetischen Axen der Theilchen in demselben Sinne richtet; wenn daher umgekehrt der Magnetismus einzelner Theile eines Stabes, dessen Theilchen magnetisch gleichgerichtet sind, wächst, so müssen die in einer um den Stab gelegten Rolle erregten Inductionsströme dieselbe Richtung haben, gleichviel von welchen Theilen des Stabes aus dieselben erzeugt worden sind; ebenso erzeugt das Abnehmen des Magnetismus in irgend einem Theile des Stabes Ströme der entgegengesetzten Richtung.

Hieraus folgt, dass in der oben beschriebenen Maschine die Pole des permanenten Magneten in demselben Sinne stromerregend wirken, wie die Eisenkerne.

Die Stärke des inducirten Stromes ist sehr veränderlich. Es lässt sich leicht übersehen, dass am Anfang und am Ende jeder Vierteluindrehung der Strom Null oder beinahe Null ist, in den beiden axialen Lagen, (wo die Pole des Magnets und des Elektromagnets einander gegenüberstehen), weil der Strom sein Zeichen wechselt, in die beiden äquatorialen Lagen (senkrecht zu den axialen Lagen), weil der Magnetismus der Eisenkerne sich nur langsam ändert. Es werden also in jeder Umdrehung vier getrennte Stromstösse erzeugt, zwei positive und zwei negative wie in Fig. 167 angedeutet; der Wechsel der Stromrichtung erfolgt in den axialen Lagen, also in einer Lage, welche das drehbare System der Elektromagnete von selbst annimmt, wenn es beweglich ist und der Anziehung der Magnete überlassen wird. Sollen

Fig. 167.

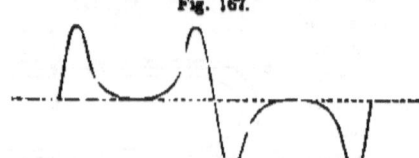

die Ströme sämmtlich gleiche Richtung haben, so wird ein Commutator (*gh* Fig. 165) angewendet, d. h. eine Vorrichtung, welche die Verbindung des drehbaren Stromleiters mit dem äusseren, festen Theil des Stromkreises herstellt; derselbe besteht gewöhnlich aus Metallstücken, an welche die Enden des auf die Rollen gewickelten Drahtes geführt sind, und auf denen Metallfedern schleifen, welche mit den Enden des äusseren Schliessungsdrahtes verbunden sind; die Lage und Grösse der Metallstücke giebt die Mittel, die Verbindung des inneren und äusseren Drahtes in jeder beliebigen Weise auszuführen; der einfachste Fall ist derjenige, bei welchem der in den Rollen inducirte Strom, sobald er sein Zeichen wechselt, in umgekehrter Richtung durch den äusseren Draht geführt wird; die vier Stromstösse erhalten alsdann die in Fig. 168 angedeutete Form.

Fig. 168.

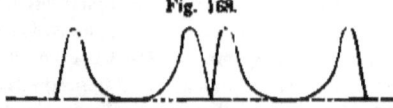

Das einfache Modell der Maschine von Pixii oder seinen unmittelbaren Nachfolgern wurde später in verschiedener Weise vervielfacht, um grössere Wirkung zu erzielen.

Fig. 169 zeigt eine von Stöhrer gebaute Maschine; dieselbe besitzt 3 hufeisenförmige permanente Magnete und, dem entsprechend, 6 Elektromagnete, welche in gleichen Abständen auf der Peripherie einer drehbaren Scheibe angebracht sind.

Kräftige Ströme, wie sie namentlich für das elektrische Licht erforderlich sind, liefert nur die Maschine der Compagnie l'Alliance in Paris, s. Fig. 170. Bei dieser Maschine sind die Magnete, 24 an der Zahl, kreisförmig angeordnet, indem je drei hinter einander stehen; diejenigen Pole, welche einander unmittelbar benachbart sind, sowohl in der Richtung der Kreisperipherie, als in der Richtung der Axe der Maschine, haben stets entgegengesetzten Magnetismus. Innerhalb des

Fig. 169.

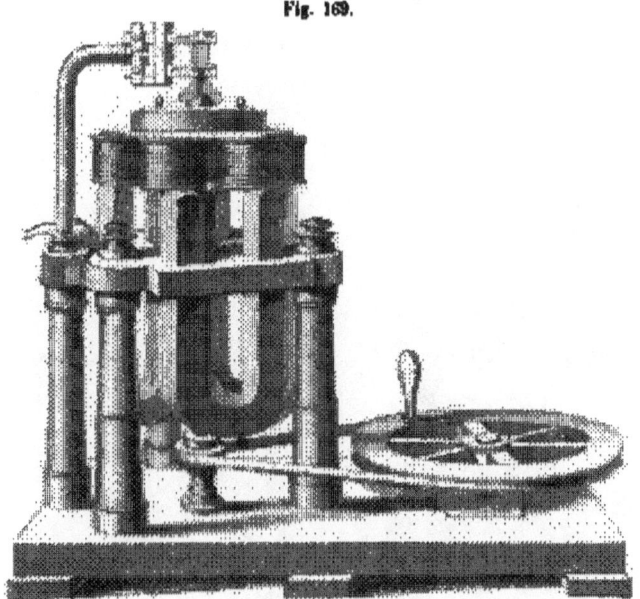

mit Magneten besteckten Kranzes bewegt sich ein Cylinder, an dessen Mantel die Elektromagnete angebracht sind, und zwar so, dass in der axialen Lage je ein Elektromagnet zwischen zwei in der Richtung der Maschinenaxe hinter einander stehende Magnetpole zu liegen kommt; die Art der Bewegung ist also eine ähnliche, wie in der Ettinghausen-schen Maschine. Die Anzahl der Elektromagnete ist 32; dieselben sind natürlich so geschaltet, dass die durch die Bewegung aus einer axialen in eine äquatoriale Lage erzeugten Ströme sich addiren. Die Enden des auf den Rollen enthaltenen Drahtes sind an zwei Federn geführt, welche auf zwei gegen einander isolirten Metallhülsen schleifen, und zwar jede Feder stets auf derselben Hülse; die Maschine liefert daher nur Wechselströme.

Diese Maschine wird namentlich zur continuirlichen Erzeugung von elektrischem Licht auf Leuchtthürmen verwendet.

Eine in der Form von allen übrigen magnetelektrischen Maschinen abweichende Maschine ist diejenige von Werner Siemens, der sog. Cylinderinductor oder die Doppel-T-Maschine.

Fig. 170.

Auch in dieser Maschine wird ein Elektromagnet vor Magneten gedreht; aber die Construction, namentlich des Elektromagnetes oder des bewickelten Ankers, ist eine vortheilhaftere, als bei den früheren Maschinen.

Während in den letzteren die Eisenkerne lang und dünn sind, ist hier der Anker kurz und dick gewählt, derselbe besteht nämlich im Wesentlichen aus einem Eisenstab, auf dessen Mantelfläche die Magnetpole wirken, während bei den früheren Maschinen die Magnete über den Endflächen des Eisenkerns standen. Der Anker wird also bei den letzteren der Länge nach, bei der Doppel-T-Maschine in transversalem Sinne magnetisirt.

§. 6, XXX. Magnetismus u. Elektromagn.; D. Apparate u. Maschinen.

Aus dieser Anordnung ergeben sich mehrere Vortheile.

Zunächst ist es auf diese Weise möglich, einen einzigen bewickelten Anker bei beliebig vielen Magneten zu verwenden, während bei den früheren Maschinen je zwei Magnete einen Anker erforderten, also die Anzahl der Anker mit derjenigen der Magnete im Verhältniss stand. Bei der Doppel-T-Maschine lassen sich beliebig viele Magnete, mit gleichen Polen, aufeinander legen und zu einer Säule vereinigen, ein einziger, in diese Säule gesteckter Anker, von der Länge der Höhe der Säule, nimmt die Wirkung sämmtlicher Magnete auf.

Sodann sind die magnetischen Verhältnisse günstiger für die Stromerzeugung, als in den anderen Maschinen. Die magnetische Bindung zwischen Magneten und Anker ist vollkommener, der Anker besitzt mehr Magnetismus und gibt deshalb mehr Strom; und endlich, was nicht zu unterschätzen ist, kann der Magnetismus hier rascher und kräftiger wechseln.

Wenn ein Eisenstab unter dem Einfluss rasch folgender, alternirender Magnetisirungen steht, so gibt es eine Grenze der Geschwindigkeit, bei welcher das Eisen dem Wechsel der Magnetisirung nicht mehr folgen kann. Die Stärke des Magnetismus im Eisen nimmt mit wachsender Geschwindigkeit des Wechsels rasch ab und wird schliesslich unmerklich klein. Diese Trägheit in Bezug auf Annahme von Magnetismus zeigt sich um so mehr, je länger der Stab ist; bei den magnetelektrischen Doppel-T-Maschinen muss daher bei rascher Drehung wegen der Kürze des Ankers bedeutend mehr Strom erzeugt werden.

Endlich zeichnet sich die Doppel-T-Maschine vor den anderen dadurch aus, dass in Folge der eigenthümlichen Construction des Ankers die Trennung zwischen zwei aufeinander folgenden, gleichgerichteten Stromstössen wegfällt, und dass der Anker bei jeder Umdrehung nur zwei getrennte Stromstösse giebt, einen positiven und einen negativen, nicht vier, wie bei den anderen Maschinen.

Fig. 171 stellt eine Doppel-T-Maschine, wie solche bei Zeigertelegraphen verwendet werden, dar, Fig. 172 den Querdurchschnitt, Fig. 173 den Längsdurchschnitt des Ankers.

Die Magnete lassen sich in beliebiger Anzahl anwenden, die von der Maschine gelieferte elektromotorische Kraft ist proportional dieser Anzahl. Die einzelnen Magnete sind durch Messingstücke von einander getrennt, damit sie sich gegenseitig möglichst wenig schwächen.

Der Querdurchschnitt des Eisenkerns hat die Form eines doppelten T; der von Eisen nicht erfüllte Raum des Cylinders enthält den Draht, welcher der Länge nach über den Stab gewickelt ist. Denkt man

sich den Anker ganz kurz, so dass die Höhe des Cylinders nicht grösser wäre als sein Durchmesser, so würden die Drahtwindungen die
Fig. 171.

Fig. 172.

Fig. 173.

Form von Kreisen und der Eisenkern diejenige eines runden Stabes annehmen, auf dessen Endflächen Stücke aufgesetzt sind, welche die Windungen überdecken. Denkt man sich diese letzteren Stücke weg. so hat man genau die in der Alliancemaschine angenommene Anordnung von Magnet und Elektromagnet; nur die Art der Drehung des Ankers ist bei beiden Maschinen verschieden.

Die Magnete sind ausgedreht, so dass sie in der axialen Lage des Ankers, in welcher die Eisenflächen den Magnetpolen zugewendet sind, jene Flächen noch etwas überragen; es wird geringer Abstand zwischen Magnet und Anker mit grosser Bindungsfläche vereinigt. In der äquatorialen Lage, bei welcher die Windungen den Magneten gegenüberstehen, werden die Magnete von den Windungen überragt, aber nur so wenig, dass beinahe unmittelbar, nachdem die eine Eisenfläche einen Magnetpol verlassen hat, die andere bereits in den Bereich desselben tritt. So lange noch ein Theil dieser Eisenfläche, wenn auch ein geringer, sich in unmittelbarer Nähe eines Magnetpoles befindet, besitzt dieselbe noch kräftigen Magnetismus und nimmt auch sofort den umgekehrten Magnetismus an, sobald auf der einen Seite der letzte Theil derselben den einen Magnetpol verlassen, auf der anderen Seite aber ein kleiner Theil derselben in den Bereich des anderen Poles gerückt ist.

Da diese beiden Momente bei dieser Maschine unmittelbar auf einander folgen und die in diesen Momenten entwickelten Stromstösse gleiche Richtung haben, so vereinigen sich dieselben zu einem einzigen Stromstoss. So lange eine Eisenfläche in dem Bereich eines und desselben Magnetpoles sich befindet, wird zwar auch etwas Strom entwickelt, weil der Magnetismus des Eisenkerns sich etwas ändert; dieser Strom ist jedoch nur gering im Verhältniss zu dem beim Uebergang von dem einen Pol zum andern entwickelten. Die Doppel-T-Maschine giebt daher bei jeder Umdrehung nur zwei Stromstösse, bei jedem Wechsel des Magnetismus im Eisenkern einen; der von derselben gelieferte Strom nimmt daher die in Fig. 174 angedeutete Form an, bei Anwendung eines Commutators dagegen die in Fig. 175 angedeutete. —

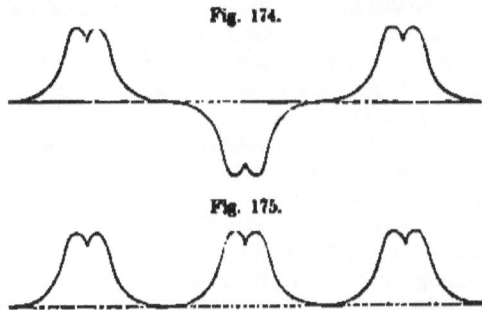

Fig. 174.

Fig. 175.

Die auf S. 268 erwähnte zweite Classe von magnetelektrischen Maschinen mit nicht constantem Strom, diejenigen Maschinen nämlich, bei welchen die Wickelung auf dem Magnete angebracht ist, gehen unmittelbar aus den eben betrachteten Maschinen hervor, wenn man als Anker blosse Eisenkerne verwendet und die Enden der Magnete mit Draht bewickelt.

Wie wir oben gesehen haben, ist der grösste Theil des Inductionsstromes stets der Wirkung des veränderlichen Magnets zuzuschreiben, welcher den Kern der Wickelung bildet. Die beiden Classen von Maschienen unterscheiden sich also dadurch, dass bei der ersten dieser veränderliche Magnet aus Eisen, bei der zweiten aus Stahl besteht. Der magnetische Vorgang bei beiden Classen besteht darin, dass ein Eisenkern sich vor den Polen von Magneten so bewegt, dass sein Magnetismus in Einem fort wechselt. Diese kräftigen magnetischen Veränderungen im Anker bleiben aber nicht ohne Rückwirkung auf den Magnet; wenn derselbe auch aus glashartem Stahl besteht, so beobachtet man dennoch magnetische Veränderungen in demselben, und zwar entspricht der Näherung des Ankers stets eine kleine Verstärkung des Magnetismus im Stahlmagnet, der Entfernung des Ankers eine kleine Schwächung. Während also der Magnetismus im Anker stets sein Zeichen wechselt, hat man im permanenten Magnet gleichsam ein magnetisches Zittern, d. h. kleine Schwankungen um einen festen Mittelwerth.

Dass die Stärke der durch dieses magnetische Zittern erregten Inductionsströme viel geringer ist, als diejenigen der durch den Anker erregten Ströme, liegt auf der Hand; wenn es jedoch weniger auf die Stromstärke, sondern mehr auf die durch den Strom hervorgebrachte Dichte ankommt, kann die Verwendung der ersteren Ströme Vortheile haben, weil die Dichte des Inductionsstromes nicht nur von der Stärke der magnetischen Veränderung, sondern namentlich auch von der Geschwindigkeit abhängt, mit welcher dieselbe vor sich geht. Allerdings erzeugt eine magnetische Veränderung von doppelter Stärke auch doppelte Dichte im Inductionsstrome, bei gleichem Verlauf der magnetischen Veränderung; umgekehrt erzeugt aber eine kleine magnetische Veränderung, wenn sie rasch vor sich geht, einen Inductionsstrom von bedeutenderer Dichte, als eine andere magnetische Veränderung, welche zwar grössere Stärke, aber langsameren Verlauf hat. Es scheinen nun in der That die magnetischen Veränderungen in Stahlmagneten rascher vor sich zu gehen, als in Eisenstäben; der Erfolg ist jedenfalls der, dass die auf Stahlmagnete gesteckten Rollen bei richtiger Behandlung recht bedeutende Dichten der Elektricität liefern, so dass sich Maschinen dieser Construction namentlich für physiologische Zwecke, zur Erregung von Muskeln u. s. w. und zum Zünden von Minen verwerthen lassen.

Die bisher gehörenden Maschinen, welche für medicinische Zwecke gebaut sind, übergehen wir als uns zu ferne liegend; dieselben scheinen nur in Frankreich im Gebrauch zu sein.

Von den Minenzündern dieser Construction erwähnen wir denjenigen von Bréguet (Fig. 176).

$NOOS$ ist der permanente Magnet, auf dessen Pole die Rollen EE gesteckt sind; bei der Wickelung der Rollen wird der Isolation

§. 6, XXX. Magnetismus u. Elektromagn.; D. Apparate u. Maschinen.   279

besondere Aufmerksamkeit geschenkt durch Aufgiessen von Paraffin.
Der Anker A, eine Eisenplatte, ist an einem kupfernen Hebel M be-

Fig. 176.

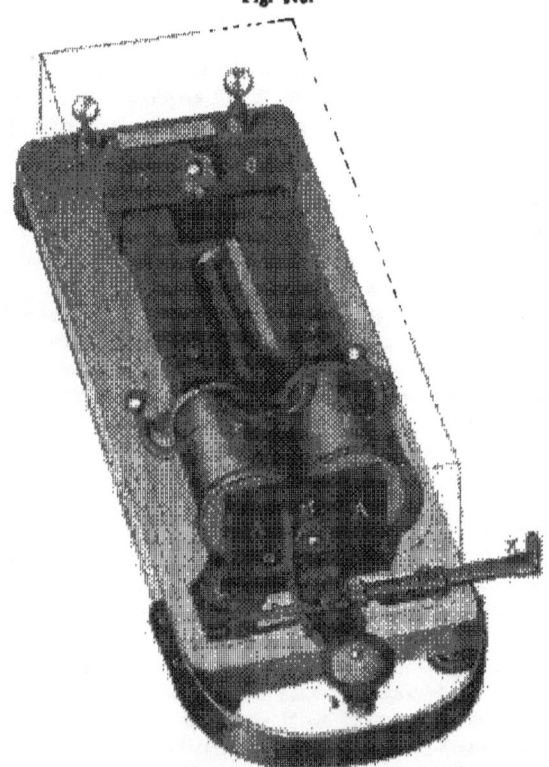

festigt, welcher sich in a um eine, der Pollinie parallele Axe drehen
kann. Schlägt man also auf den Knopf B, so erhält man einen Inductionsstrom in den Windungen EE, wenn dieselben geschlossen sind.

Nun ist es ein Satz der Erfahrung, dass man eine grössere
Dichte des Inductionsstromes erhält, wenn man im Anfang der Entwickelung des Stromes die Rollen kurz schliesst und erst nach einer
gewissen Zeit den äusseren Schliessungskreis, in welchem sich die Leitungen und die Zündpatronen befinden, einschaltet. Zu diesem Zweck

ist an dem Hebel B eine Contactfeder R angebracht, welche auf die Schraube e drückt; dieser Contact, welcher den kurzen Schluss der Rollen bewirkt, bleibt eine Weile geschlossen, während der Hebel sich bereits bewegt, und öffnet sich erst in dem letzten Theil dieser Bewegung.

Die Patronen, für welche dieser Minenzünder bestimmt ist, sind diejenigen von Abel, welche bereits S. 110 besprochen sind, oder ähnliche. Dieselben sind allerdings leitend, die Leitungsfähigkeit ist jedoch gering und unregelmässig und jedenfalls mit Polarisation verbunden; ausserdem ist es wahrscheinlich, dass die Leitungsfähigkeit mit dem Strome wächst. Aus diesen Gründen ist es gerade bei diesen Patronen zweckmässig, den Inductionsstrom Anfangs sich bei kurzem Schluss, unabhängig von den Patronen, entwickeln zu lassen und erst später ihn durch die Patronen zu schicken.

Der von Marcus gebaute Minenzünder beruht auf einem ähnlichen Princip, wie der Bréguet'sche, soll jedoch kräftigere Wirkung geben.

XXXI. **Magnetelektrische Maschinen mit constantem Strom.** Die magnetischen Maschinen mit constantem Strom sind eine Errungenschaft der neuesten Zeit; von der Erfindung derselben in Verbindung mit der Entdeckung des weiter unten zu besprechenden dynamoelektrischen Princips datirt eigentlich erst die Einführung der Elektricität in die Grossindustrie.

Allerdings versuchte man, bald nach der Construction der besseren magnetelektrischen Maschinen mit wechselndem Strom, dieselben im Grossen auszuführen; man stiess jedoch auf Schwierigkeiten, sobald man die Ströme gleichgerichtet zu machen suchte, und gelangte nur bei Anwendung von Wechselströmen zu einem gewissen Ziele, wie das Beispiel der Alliancemaschine zeigt. Die Construction grösserer Maschinen zur Erzeugung elektrischer Ströme bietet überhaupt Schwierigkeiten; eine Anzahl derselben haben die Maschinen mit constantem Strom mit den älteren Maschinen gemein; einer der Uebelstände aber, welchen die älteren, wenn im Grossen ausgeführt und für gleichgerichteten Strom eingerichtet, besitzen, welcher sich nicht beseitigen lässt, da er auf dem Wechsel der Stromstärke beruht, sind die Funken am Commutator.

Jeder Commutator — mit Ausnahme des Commutators an Wechselstrommaschinen, welcher diesen Namen eigentlich nicht verdient — bewirkt entweder, dass von Zeit zu Zeit Stromzweige geöffnet oder geschlossen, oder wenigstens, dass sie bald mit dem äusseren Stromkreis verbunden, bald kurz geschlossen werden. Hiedurch werden aber die Stromstärken in den betr. Zweigen plötzlich geändert, Punkte von sehr verschiedener elektrischer Dichte werden mit einander in Berührung gebracht, in den geöffneten Zweigen entstehen Extraströme u. s. w.; daher entstehen Funken am Commutator, welche um so stärker sind, je stärker der Strom, je grösser die Maschine, und je stärker der Wechsel der Stromstärke. Bei den Wechselstrommaschinen ist dies nicht der Fall, da stets je ein Ende der Wickelung des Ankers mit demselben Ende der äusseren Schliessung in Verbindung bleibt.

Die Funken am Commutator, bei gleichgerichtetem Strom, liessen sich erst bei den Maschinen mit constantem Strom soweit verringern, dass eine Ausführung dieser Maschinen im Grossen möglich wurde.

Die beiden Maschinen mit constantem Strom, welche heutzutage angewendet werden, sind diejenigen von Pacinotti und von v. Hefner-Alteneck.

Die erste Maschine ist von Prof. Pacinotti in Pisa erfunden und zuerst als magnetelektrische Maschine (mit Elektromagneten statt Stabmagneten) in kleinem Modell ausgeführt; die Erfindung blieb jedoch beinahe unbekannt. Obschon der Erfinder nie eine grössere Maschine construirte, geht aus seinen Veröffentlichungen hervor, dass er die Bedeutung seiner Erfindung vollständig kannte. Lange Zeit nachher wurde dieselbe Maschine von dem Mechaniker Gramme in Paris, wie es scheint, zum zweiten Male erfunden, im Grossen ausgeführt und in die Industrie eingeführt. Aus der Pacinotti'schen Maschine entwickelte sich die Hefner'sche als eine Abänderung der ersteren; dieselbe lässt sich jedoch auch als unabhängig von der Pacinotti'schen Idee von einem anderen Princip ausgehend darstellen. Später gelangte auch Pacinotti zu der Hefner'schen Construction, ohne die bereits vorher erfolgte Veröffentlichung derselben zu kennen. In den letzten Jahren sind die beiden in Rede stehenden Maschinen wesentlich vervollkommnet und theils auf Galvanoplastik, theils auf Erzeugung von elektrischem Licht angewendet worden und bilden einen wichtigen neuen Industriezweig.

Die Verdienste bei der Herstellung dieser Maschinen bestehen in der Erfindung der magnetelektrischen Combination und in der Construction grosser, praktisch brauchbarer Maschinen; da die letztere bedeutende, hier nicht zu besprechende Schwierigkeiten birgt, sind beide Verdienste als ziemlich gleichwerthig zu betrachten.

Die magnetische Combination der Pacinotti'schen Maschine besteht in einem eisernen Ring, welcher in der in Fig. 177 angegebenen Weise einerseits von einer nordmagnetischen (N), andrerseits von einer südmagnetischen (S) Fläche beinahe vollständig umfasst wird. Auf diese Weise wird der Ring in transversalem Sinne magnetisirt, weshalb ihn auch Pacinotti: „Transversalelektromagnet" nennt: die eine Hälfte desselben wird südmagnetisch, die andere nordmagnetisch, und zwar häuft

Fig. 177.

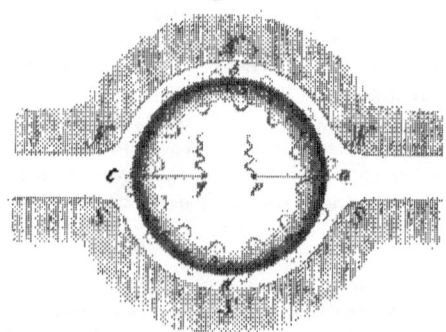

sich der freie Magnetismus in überwiegendem Masse an der äusseren Seite desselben an, da dort eine kräftige magnetische Bindung mit den äusseren Magnetflächen stattfindet: die innere Seite des Ringes wird um so weniger freien Magnetismus zeigen, je dicker der Ring ist.

Lässt man diesen Ring um seine Axe rotiren, so wird er in magnetischer Beziehung stets dasselbe Bild zeigen wie in der Ruhe; die magnetischen Axen der Theilchen werden allerdings in steter Bewegung sein, aber an derselben Stelle des von dem Ring ausgefüllten Raumes wird stets derselbe Magnetismus herrschen. Wäre die Drehung eine so rasche, dass die magnetischen Axen der Theilchen nicht mehr schnell genug folgen können, so würde das magnetische Bild bei Bewegung gegenüber demjenigen bei Ruhe allerdings etwas Veränderung zeigen, aber es würde doch während der Bewegung stets gleich bleiben.

Dieses Gleichbleiben des magnetischen Bildes während der Bewegung ist charakteristisch für die Pacinotti'sche und die Hefner'sche Maschine und bildet die Grundbedingung für die Constanz des Stromes.

Denken wir uns nun den Ring ruhend und eine einzelne, den Ring umschlingende, geschlossene Drahtwindung auf demselben verschiebbar, und betrachten die Inductionsströme, welche in derselben durch die Verschiebung entstehen müssen; wir sehen hierbei vorläufig von der Wirkung der äusseren Magnetflächen ganz ab.

Befindet sich die Windung bei *a* und wird in der Richtung nach *b* hin verschoben, so gelangt sie von einer Gegend, wo kein freier

Magnetismus im Ringe herrscht, in eine solche, wo südlicher Magnetismus herrscht. Es entsteht ein Inductionsstrom in derselben von derselben Stärke und Richtung, als wenn die Windung sich nicht bewegt hätte, aber die von derselben umschlungene Stelle des Ringes südlich magnetisch geworden wäre.

Bewegt sich nun die Windung weiter über die südmagnetische Hälfte des Ringes, so werden stets Ströme gleicher Richtung in derselben inducirt wie beim Ausgang von der Stelle *a*. Denn der Fall stimmt mit dem S. 181 ff. besprochenen überein, bei welchem eine Windung sich über den Pol einer galvanischen Schraube weg bewegt und auf dem ganzen Wege Ströme derselben Richtung inducirt werden. Statt des Pols der galvanischen Schraube dürfen wir uns einen Magnetpol denken oder auch eine Anzahl aneinander gereihter, gleichnamiger Magnetpole. Die Richtung der auf den einzelnen Strecken der Bewegung erzeugten Ströme wird stets dieselbe bleiben, die Stärke derselben veränderlich, wenn die Windung Stellen von ungleichem Magnetismus überstreicht, constant dagegen da, wo gleicher Magnetismus im Ringe herrscht, also auf der ganzen Strecke mit Ausnahme der beiden Stellen bei *a* und *e*, an welchen keine äussere Fläche gegenübersteht.

Sobald die Windung über *e* hinausgelangt, wechselt der Magnetismus unter derselben und mit dem Magnetismus die Richtung des inducirten Stromes; beim Durchgange durch *e*, wie durch *a*, wird kein Strom inducirt.

Während des Umlaufes der Windung werden also während der einen Hälfte des Umlaufes beinahe constante Ströme der einen Richtung, während der andern Hälfte beinahe constante Ströme der anderen Richtung inducirt; der Stromwechsel findet an den magnetisch indifferenten Stellen *a* und *e* statt.

Man denke sich nun den ganzen Ring mit einer Lage besponnenen Drahtes umwickelt, aber so, dass bei jeder Windung auf der oberen Seite des Ringes eine Stelle nackt bleibt; wenn alsdann an irgend welchen Stellen Schleiffedern aufgelegt werden, so wird jede Windung in dem Augenblick, in welchem sie unter einer solchen Feder vorbeistreicht, mit derselben Contact erhalten (s. Fig. 178).

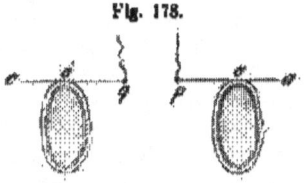

Fig. 178.

Nun denke man sich das Magnetsystem, die Flächen *N* und *S* und den Ring, ruhig, dagegen die ganze Drahtwickelung rotirend, die Schleiffedern an den Stellen $o\,o'$ aufliegend, so muss stets in der Wickelung auf der Strecke $a\,b\,c$ der Strom der einen Richtung, auf der Strecke $c\,d\,a$ derjenige der anderen Richtung herrschen. Beide Ströme treten an den Stellen $o\,o'$, an welchen keine elektromotorische Kraft herrscht, in den äusseren Schliessungskreis $o\,m\,o'$, und man ersieht aus dem Stromschema Fig. 179, dass durch diese Schaltung beide Ströme vereinigt werden: sie stossen an den Stellen $o\,m\,o'$ gleichsam gegen einander und fliessen vereinigt in die äussere Schliessung ab.

Fig. 179.

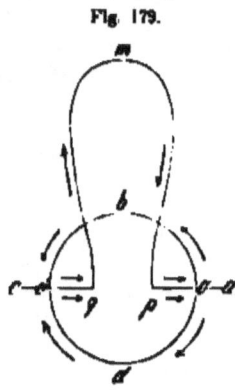

Mechanisch lässt es sich nun nicht ausführen, dass der Ring stille steht, während die Drahtwickelung rotirt; da aber, wie wir gesehen haben, das magnetische Bild auch bei rotirendem Ring dasselbe bleibt, so darf der Ring mit der Wickelung gedreht werden, ohne dass die elektrische Wirkung Schaden leidet.

Fig. 180.

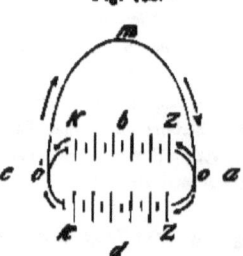

Diese Maschine ist in jeder Beziehung einer galvanischen Batterie zu vergleichen, indem sie elektromotorische Kraft und Widerstand besitzt; führt man diesen Vergleich durch, so hat man sich, wie in Fig. 180 angedeutet, in den beiden Zweigen $a\,b\,c$ und $c\,d\,a$ je eine Batterie vorzustellen, welche parallel geschaltet sind.

Wir knüpfen an diese Beschreibung des Pacinotti'schen Princips gleich diejenige des v. Hefner-Alteneck'schen an.

Führt man durch den Pacinotti'schen Ring längs der Axe desselben einen Schnitt nach irgend einer Richtung mit Ausnahme der Richtung $a\,e$ (Fig. 180), so müssen an beiden Durchschnittsstellen die Magnetismen und elektromotorischen Kräfte, abgesehen vom Zeichen, gleich stark sein; denn mag auch der Magnetismus in den permanenten Magneten und dem Ring an keiner Stelle gleich stark sein, wie an der anderen, so muss dies doch, wegen der Symmetrie der ganzen Construction in Bezug auf die Ebene $a\,e$, an allen symmetrisch zu dieser Ebene liegenden Stellen der Fall sein; durch den Magnetismus ist aber die elektromotorische Kraft stets bedingt. Es sind also (Fig. 181) die elektromotorischen Kräfte bez. in den Zweigen 1 und 4 und in den Zweigen 2 und 3 gleich.

Fig. 181.

Nun muss aber die elektromotorische Kraft in den inneren Zweigen 2 und 3 jedenfalls bedeutend geringer sein, als diejenige in den äusseren Zweigen 1 und 4. Denn erstens zieht sich der Magnetismus in dem Ringe durch das Vorsetzen der äusseren Magnetflächen zum grössten Theil an die Aussenflächen des Ringes; zweitens üben die Magnetflächen N und S eine bedeutende elektromotorische Wirkung auf die äusseren Zweige 1 und 4 aus, welche ungefähr dieselbe Grösse und denselben Sinn hat, wie die elektromotorische Wirkung des Ringes, während auf die inneren Zweige 2 und 3 Magnetflächen und Ring etwa gleich stark, aber in entgegengesetztem Sinne wirken, also nur eine unbedeutende elektromotorische Kraft hervorbringen können.

Hiernach muss es von Vortheil sein, wenn man die inneren Zweige weglässt und die äusseren Zweige unter einander verbindet, und zwar stets die diametral oder beinahe diametral gegenüber liegenden. Eine solche Maschine stellen Fig. 182 und Fig. 183 schematisch dar.

Fig. 182.

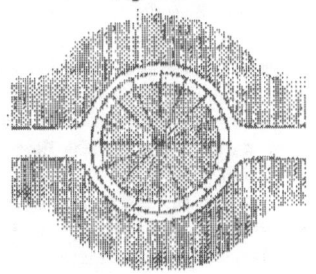

Fig. 183.

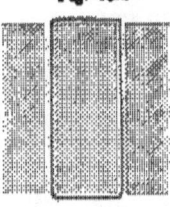

Durch das Wegfallen der inneren Windungen wird der innere Hohlraum des Ringes frei und lässt sich mit Eisen ausfüllen. Auf diese Weise verwandelt sich der Pacinotti'sche Ring in den Hefner'schen Cylinder. Dieser Cylinder muss lang sein, weil die die

Stirnflächen desselben bedeckenden Drahtstücke keinem Magneten gegenüber stehen und deswegen keine elektromotorische Kraft geben; man wählt also den Durchmesser des Cylinders kleiner, als die Länge desselben.

Das ganze System nimmt hierdurch einen von dem Pacinotti'schen verschiedenen Charakter an; man hat bloss zwei Magnetflächen, zwischen denselben einen Cylinder als Anker, und zwischen Anker und Magnet eine rotirende Drahtwickelung. Der Raum zwischen Magnet und Anker ist ein homogenes magnetisches Feld; der Strom der Hefner'schen Maschine wird also durch eine im homogenen magnetischen Felde sich bewegende Drahtwicklung hervorgebracht. Wie wir S. 222 ff. sahen, wird ein in einem solchen Felde befindlicher, vom Strom durchflossener Draht, wenn er den Magnetflächen parallel liegt, in der auf dem Element senkrechten, zu den Flächen parallelen Richtung fortgetrieben; daraus folgt, dass, wenn derselbe in dieser Richtung bewegt wird, die Magnete in demselben Ströme induciren.

Im Grunde ist diese Bewegung des Drahtes durch das magnetische Feld auch der Charakter der Pacinotti'schen Maschine, weil die inneren Windungen des Ringes beinahe unwirksam sind.

Die Schwierigkeit bei der Ausführung der Hefner'schen Maschine bestand nun wesentlich in der Schaltung.

Die oben beschriebene Pacinotti'sche Schaltung lässt sich nicht unmittelbar auf die Hefner'sche Maschine übertragen. Denn es ergibt sich unmittelbar aus dem Anblick der Fig. 177 und 181, dass, wenn man die inneren Windungen weglässt und je zwei einander diametral gegenüberstehende, äussere Windungen direkt mit einander verbindet, schliesslich die beiden Windungen, welche gerade unter den Schleiffedern liegen, mit einander verbunden werden müssen. Die ganze Drahtwickelung wäre also in diesem Falle stets kurz geschlossen, und die Schleiffedern könnten nicht den geringsten Theil des Stromes nach Aussen abführen.

Diese Schwierigkeit hat v. Hefner durch eine glückliche Benutzung des Wickelns in verschiedenen Lagen überwunden.

Fig. 184 stellt diese Schaltung (auf der Stirnfläche des Cylinders angebracht) dar. Die kleinen nummerirten Kreise bedeuten die Enden der den Cylindermantel bedeckenden Drähte; es sind zwei Lagen, jede aus 8 Drähten bestehend. Je zwei gleiche Nummern tragenden Drähte, wie 1 und 1_1, 2 und 2_1, u. s. w., sind an der anderen Stirnfläche des Cylinders unter sich verbunden. Es sind stets Drähte, die einander diametral gegenüber stehen. In je zwei solchen Drähten herrschen nach dem Obigen gleiche elektromotorische Kräfte, diese treiben aber die positive Elektricität nach verschiedenen Richtungen; wenn z. B. im Draht 1 die positive Elektricität nach Vorne getrieben wird, so wird

Fig. 184.

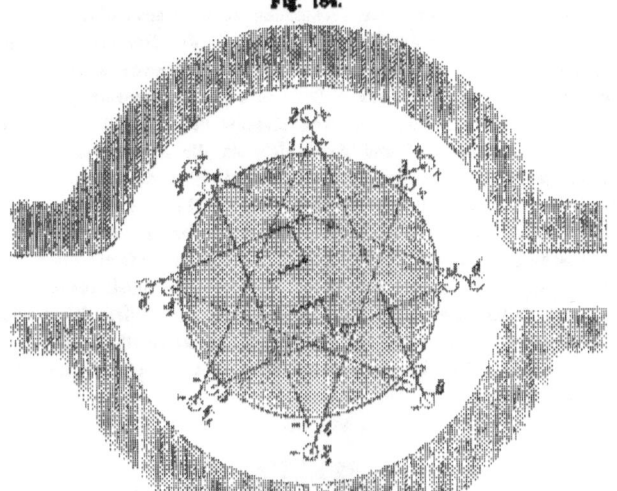

dieselbe im Draht 1, nach Hinten getrieben u. s. w.; dies ist durch die Zeichen + und — angedeutet; die Ströme jedoch unterstützen sich gegenseitig. Die Drahtenden sind in der in der Figur angegebenen Weise über die Stirnfläche weg unter einander verbunden; an den durch c bezeichneten Stellen dieser Verbindungsdrähte denke man sich dieselben blank gemacht, um mit den Schleiffedern Contacte zu schliessen, wenn sie unter dieselben gelangen; die Schleiffedern liegen eben bei o o, auf.

Gehen wir von der einen Contactstelle o, aus und verfolgen die Wickelung, so gelangen wir über 5, 5,, 7, 7,, 1,, 1, 4,, 4 nach der Stelle o und der zweiten Schleiffeder, von da über 6,, 6, 8,, 8, 2, 2,, 3, 3,, 5, nach dem Ausgangspunkt o, zurück. Die Drähte bilden also einen einzigen, in sich zurückkehrenden Kreislauf, wie beim Pacinotti'schen Ring; die Ströme aller Drähte unterstützen sich, es sind stets Drähte von gleicher oder möglichst wenig verschiedener elektromotorischer Kraft mit einander verbunden; die Schleiffedern berühren zwei

Stellen, an welchen keine elektromotorische Kraft herrscht, und welche um die Hälfte der Drahtwickelung von einander entfernt sind. Diese Schaltung leistet also dasselbe, wie die Pacinotti'sche; man sieht aber, dass ihre Grundbedingung die Verbindung zweier Lagen bildet.

Bei der Hefner'schen Maschine lässt sich die Drahtwickelung mechanisch unabhängig von dem Eisencylinder machen. Der Draht wird nämlich in diesem Falle nicht auf den Eisenkern gewickelt, sondern auf einen Blechcylinder von Messing oder Neusilber; die Axe dieses Cylinders ist hohl und dreht sich um die Axe des Eisenkerns. Wie wir jedoch gesehen haben, hat das Feststellen des Eisenkerns in elektrischer Beziehung keinen Vortheil, wenn nicht etwa die Drehungsgeschwindigkeit so gross ist, dass bei mitlaufendem Eisenkern die magnetische Drehung der Theilchen nicht rasch genug erfolgt; diese Veränderung des Magnetismus scheint bei den in Wirklichkeit vorkommenden Geschwindigkeiten noch nicht aufzutreten. Es laufen daher auch bei den Hefner'schen Maschinen die Eisenkerne meistentheils mit.

Fig. 185 stellt eine Pacinotti'sche Magnetmaschine, von Gramme in Paris, dar.

Fig. 185.

Ein aus einzelnen Lamellen zusammengesetzter Hufeisenmagnet ist an den Polen N, S, mit halbkreisförmig ausgeschnittenen, eisernen Ansätzen versehen, deren Endflächen die Polflächen bilden. In dem von diesen Ansätzen gebildeten Hohlraum läuft der mit Draht bewickelte, eiserne Ring AB; der Zwischenraum zwischen Ring und Polfläche ist möglichst gering gehalten. Die Axe des Ringes ruht in festen Lagern; auf den vom Zuschauer abgewendeten Theil der Axe ist ein Zahnrad aufgesteckt, welches in ein anderes, grösseres, mit einer Kurbel drehbares Zahnrad eingreift. Auf dem vorderen Theile der Axe ist der Commutator angebracht, d. h. ein System von zur Axe parallelen, gegen einander isolirten Kupferstreifen, gegen welches zwei aufrecht stehende, kupferne Federn oder Bürsten schleifen; diese letzteren sind durch verschiedene Verbindungsstücke und Klemmen mit den Drähten F und E, den Enden des äusseren Schliessungsdrahtes, verbunden.

Jeder Kupferstreifen des Commutators steht mit einer Stelle der Drahtwickelung in leitender Verbindung, und zwar entsprechen diese Stellen den in der schematischen Darstellung, Fig. 177, durch Punkte bezeichneten Stellen; statt also, wie bei jener Darstellung angenommen wurde, die Commutatorfedern direkt auf jenen Stellen schleifen zu lassen, versetzt man gleichsam, in der angedeuteten Weise, dieselben an einen besonderen Kreis von geringerem Umfange und lässt dort die Federn aufliegen; dies geschieht namentlich, um die Stösse, welche die unvermeidlichen kleinen Unebenheiten der Kupferstreifen bei der Drehung auf die Schleiffedern ausüben, möglichst gering und den Contact dadurch möglichst sicher zu machen. Die Kupferstreifen sind so angeordnet, dass die Federn stets auf denjenigen schleifen, welche in Verbindung mit den angenblicklich zwischen den Polflächen befindlichen Stellen, M, M' der Wickelung, stehen.

Zwischen je zwei Stellen der Wickelung, welche mit je zwei aufeinander folgenden Kupferstreifen verbunden sind, liegt nicht bloss eine Windung, wie in der schematischen Darstellung, Fig. 177, angenommen ist, sondern eine ganze Anzahl. Es ist jedoch vortheilhaft, möglichst wenig Windungen zwischen zwei solchen Stellen zu lassen, d. h. die Anzahl der Abtheilungen, in welche die ganze Wickelung zerfällt, möglichst gross zu machen. Je mehr Windungen zwischen zwei solchen Stellen liegen, desto grössere Differenz in der elektrischen Dichte herrscht an denselben, und desto stärker werden die Funken, welche zur Commutatorfeder überspringen, wenn dieselbe von einem Kupferstreifen auf den anderen übergeht.

Fig. 186 stellt eine Magnetmaschine von v. Hefner-Alteneck (Siemens & Halske) dar. Bei derselben besteht das magnetische Magazin aus zwei Reihen von je 25 Hufeisenmagneten, welche mit gleichnamigen Polen gegen einander gelegt sind. Je 50 gleichnamige Pole sind an einem halbrund ausgedrehten Eisenstück befestigt, dessen innere

Fläche dann eine Polfläche bildet. Der Anker besteht aus einem langen Eisencylinder, welcher in der oben angegebenen Art der Länge nach

Fig. 186.

mit Draht bewickelt ist. Diejenigen Stellen der Wickelung, welche mit den Schleiffedern in Contact treten sollen, sind, wie bei der obigen Maschine, mit den Kupferstreifen des Commutators verbunden, gegen welche die Bürsten oder Federn des Commutators angedrückt sind. Die in obiger Figur dargestellte Maschine besitzt vier Bürsten, statt, wie gewöhnlich, zwei; es wird hierdurch bewirkt, dass stets zwei Benachbarte Kupferstreifen mit einem Ende der äusseren Schliessung in Contact treten; diese Einrichtung vermindert die Stärke der am Commutator auftretenden Funken.

Die vier Bürsten sind an einem Metallstück befestigt, welches sich um die Axe des Cylinders drehen lässt; die schleifenden Bürsten lassen sich daher auch an andere Stellen der Wickelung anlegen, als gerade an denjenigen, welche sich jeweilen zwischen den beiden Polflächen befinden. Es hat sich nämlich durch Erfahrung gezeigt, dass die Stellen der Wickelung, welche ohne elektromotorische Kraft sind, und mit welchen die Schleifbürsten zu verbinden sind, nicht zwischen beiden Polflächen liegen, in der Linie $a'b'$, Fig. 187, sondern etwas verschoben sind nach ab. Diese Verschiebung geschieht stets im Sinne der Drehung und rührt von der magnetisirenden Wirkung des Stromes in den sich drehenden Drähten auf den Eisenkern des Ankers her.

Der Anker der Hefner'schen Maschine besitzt, wie man sieht, eine Länge, die das Fünf- bis Sechsfache des Durchmessers beträgt; bei der Gramme'schen Maschine ist das Verhältniss dieser beiden Dimensionen etwa das Umgekehrte. Bei Anwendung des gleichen Gewichts von Magneten ist wahrscheinlich die Hefner'sche Maschine die kräftigere. Beide Maschinen zeigen im Uebrigen beim Gebrauch die grösste Aehnlichkeit.

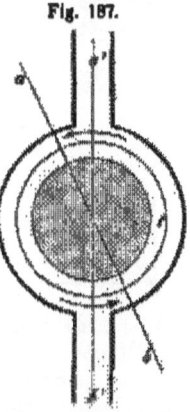

Fig. 187.

Interessant ist der Verlauf der elektrischen Dichte innerhalb einer solchen Maschine, wenn sie in Thätigkeit versetzt wird.

Die Wirkungen, welche eine solche mit constanter Geschwindigkeit gedrehte Maschine ausübt, sind dieselben, wie diejenigen einer galvanischen Batterie; sie besitzt eine gewisse elektromotorische Kraft und einen gewissen Widerstand, welche unabhängig von dem äusseren Schliessungskreis sind; es lässt sich stets eine galvanische Batterie zusammenstellen, welche eine bestimmte Magnetmaschine ersetzt, und stets eine Magnetmaschine construiren, welche eine bestimmte Batterie ersetzt. Der Verlauf der Dichte innerhalb einer Magnetmaschine jedoch ist ein ganz anderer als derjenige innerhalb einer Batterie.

Wenn die Magnetmaschine ungeschlossen gedreht wird, d. h. ohne dass ihre Endklemmen unter sich verbunden sind, so findet an diesen Endklemmen, oder, wie wir in Zukunft sagen, an den Polen eine bestimmte Differenz der elektrischen Dichte statt; dies ist ihre elektromotorische Kraft, wie die elektromotorische Kraft einer Batterie durch die Dichtendifferenz an den Polen dargestellt wird, wenn die Batterie ungeschlossen ist. Dieselbe hängt nur ab von der Geschwindigkeit und ist bei constanter Geschwindigkeit constant.

Betrachtet man in diesem Falle den Verlauf der Dichte zwischen den Polen, so findet man bekanntlich bei der Batterie, dass die Dichte sich sprungweise ändert: auf den Metallen und den Flüssigkeiten ist sie constant, an den Berührungsstellen zwischen Metall und Flüssigkeit findet eine constante Differenz der Dichte statt. Innerhalb der Magnetmaschine kann sich die Dichte nur continuirlich ändern, da an keinem Punkte eine elektromotorische Kraft in dem Sinne auftritt, wie bei der Batterie an den Berührungsstellen zwischen Metall und Flüssigkeit. Vielmehr wird in jedem einzelnen Stück des auf dem

Anker befindlichen Drahtes durch die Drehung desselben vor den Polflächen der Magnete eine Differenz der Dichte an den beiden Enden des Stückes erzeugt, welche proportional der Länge des Stückes ist. Da dies für die kleinsten Stücke des Drahtes gilt, so muss die Dichte in dem ganzen Draht des Ankers gleichmässig ansteigen oder fallen.

Fig. 188.

Wenn wir also, wie früher S. 65 ff., den Verlauf der Dichte graphisch so darstellen, dass die Abscissen die Längen des Drahtes (verschiedene Drähte auf denselben Widerstand reducirt), die Ordinaten die Dichten vorstellen, so muss die Dichte innerhalb der Magnetmaschine im ungeschlossenen Zustande, wie in Fig. 188, verlaufen (a und b sind die Pole der Maschine, der Pol a ist an Erde gelegt gedacht); bc ist also die elektromotorische Kraft der Maschine.

Im geschlossenen Zustande, wenn der äussere Schliessungskreis keine elektromotorische Kraft enthält, muss also die Dichte in einer gebrochenen geraden Linie, aca', Fig. 189, verlaufen: ab bedeutet den Draht des Ankers, ba' die äussere Schliessung, a und a' bedeuten beide denselben Pol der Maschine. Man erhält dieselbe gebrochene Linie,

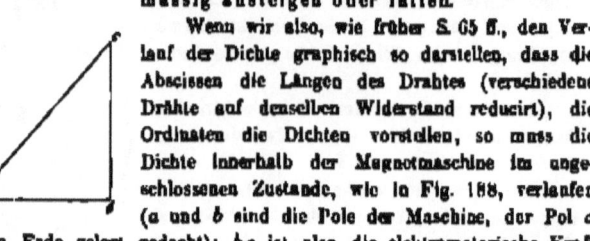

Fig. 189.

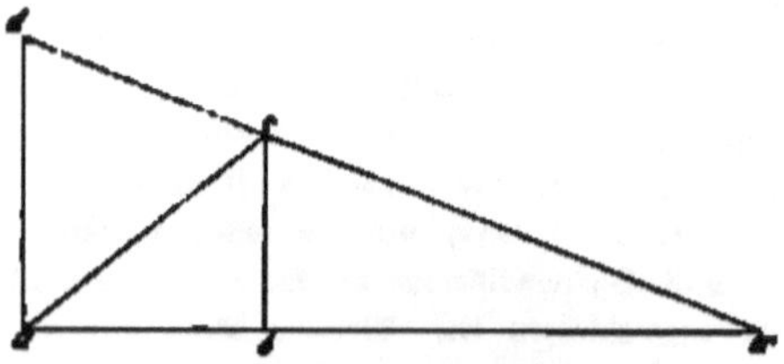

indem man ad gleich der elektromotorischen Kraft ($= bc$ in Fig. 188) macht und da' zieht; hierdurch ist der Punkt c bestimmt und daher auch die Linie ac.

Man kann sich die Magnetmaschine als eine Batterie von sehr vielen Elementen von sehr geringer elektromotorischer Kraft denken; für diesen Fall geht die für eine Batterie geltende Treppenlinie, Fig. 44, in die Fig. 189 angegebene über.

Elektromotorische Kraft und Widerstand einer Magnetmaschine hängen ganz von der Art der Wickelung des Ankers ab; beide sind um so grösser, je dünner der Draht dieser Wickelung. Der Wickelungsraum ist durch die Construction gegeben; es frägt sich also nur, in welcher Art elektromotorische Kraft und Widerstand von der Dicke des Drahtes oder der Anzahl der Windungen abhängen.

Die geringste Anzahl von Windungen, deren sowohl die Pacinotti'sche, als die Hefner'sche Maschine bedarf, ist zwei, je eine für eine Schleiffeder. Denken wir uns den ganzen Wickelungsraum durch zwei solche Windungen erfüllt, und sei in diesem Falle e die elektromotorische Kraft, w der Widerstand der Maschine, so wird, wenn man den Wickelungsraum mit $2r$ Windungen erfüllt, die elektromotorische Kraft (E) r mal so gross sein, weil dieselbe proportional der Windungszahl wächst, also

1) . . . . $E = re;$

der Widerstand (W) dagegen muss proportional r^2 sein, weil die Drahtlänge r mal grösser und der Querschnitt des Drahtes r mal kleiner geworden ist, also

2) . . . . $W = r^2 e.$

Der Widerstand wächst also viel stärker mit der Anzahl der Windungen, als die elektromotorische Kraft.

Wenn U der äussere Widerstand, so ist der von der Maschine gelieferte Strom:

3) . . . . $J = \dfrac{re}{U + r^2 w}$

Stellt man die Frage, wie eine solche Magnetmaschine bei gegebenem Wickelungsraum zu bewickeln sei, um möglichst starken Strom zu geben, wenn der äussere Widerstand U gegeben ist, so erhält man durch eine Rechnung, welche derjenigen auf S. 237 ganz ähnlich ist, den Satz: **Das Maximum des Stromes tritt ein, wenn der Widerstand der Maschine gleich dem äusseren Widerstande ist.**

Was endlich die Abhängigkeit der elektromotorischen Kraft von der Geschwindigkeit der Drehung betrifft, so ist dieselbe sehr einfach: es herrscht einfache **Proportionalität**.

Dieser Umstand ist für wissenschaftliche Versuche sehr wichtig, indem hierdurch für die elektromotorische Kraft ein **nichtelektrisches, rein mechanisches Mass** gegeben ist. Der einzige Umstand, welcher dieses einfache Verhältniss zwischen elektromotorischer Kraft und Drehungsgeschwindigkeit stören könnte, ist die Veränderung der Magnete, von deren Kraft die elektromotorische Kraft noch ausserdem abhängt. Da diese Veränderungen aber nur sehr langsam vor sich gehen, so bleibt für alle, auf nicht zu lange Zeit sich erstreckende Versuche jenes einfache Verhältniss bestehen.

XXXII. Dynamoelektrische Maschinen. Bald nachdem die Industriellen Erfinder angefangen hatten, grössere magnetelektrische Maschinen zu construiren, stellte sich das Bedürfniss ein, Elektromagnete statt der Stahlmagnete zu verwenden. Wenn man die Wirkung der Maschine durch Vermehrung der Stahlmagnete zu steigern suchte, so gelangte man sehr bald zu bedeutenden Dimensionen — wie das Beispiel der Alliance-Maschine zeigt — während ein durch Batterie erregter Elektromagnet leicht auf dieselbe Kraft bei viel geringerer Grösse gebracht werden kann. Die Anwendung von Elektromagneten führte in naturgemässer Entwickelung auf die Entdeckung des dynamoelektrischen Princips, und durch diese Entdeckung erst wurde die Construction grosser stromgebender Maschinen ermöglicht; die Grenze dieser Construction ist durch jene Entdeckung sogar soweit gerückt, dass dieselbe zur Zeit als noch nicht erreicht zu betrachten ist.

Zunächst wurden von Wilde und Ladd in England grosse Siemens'sche Doppel-T-Maschinen gebaut, in welchen ein Elektromagnet die Stelle der Stahlmagnete vertrat; der Elektromagnet wurde nicht durch Batterie, sondern durch eine kleinere Doppel-T-Maschine mit Stahlmagneten erregt, welche zugleich mit der ersteren Maschine in Drehung versetzt wurde. An der kleineren Maschine musste ein Commutator angebracht werden, um den Strom derselben gleich gerichtet zu machen, da der Elektromagnet stets dieselbe Polarität behalten musste; wenn die Maschine sehr rasch gedreht wird, so wird, trotz der wechselnden Stärke ihres Stromes, der Magnetismus des Elektromagnets beinahe constant, da derselbe wegen der grossen Eisenmasse den Stromschwankungen nicht mehr folgen kann und in Folge dessen einen mittleren Werth annimmt. Die grosse Maschine, deren Anker den zur Verwendung im äusseren Stromkreis kommenden Strom liefert, liess sich nicht mit einem Commutator versehen, wegen zu grosser Funken, konnte also nur Wechselströme geben; man erreichte jedoch schon auf diesem Wege kräftigere Licht- und Wärmewirkungen, als mit allen früheren Maschinen mit Stahlmagneten.

Nun warf sich die Frage auf, ob diese beiden Maschinen sich nicht in eine einzige vereinigen liessen, oder ob die stromgebende Maschine ihren Elektromagnet nicht selbst erregen könne.

Dass man den Strom einer Magnetmaschine mit gleichgerichtetem Strom benutzen kann, um die Magnete zu verstärken, ist unmittelbar klar: denn ebenso gut, als man durch diesen Strom irgend einen Elektro-

magnet erregt, kann man auch die Magnete der Maschine mit Drahtrollen
versehen und vom Strom durchlaufen lassen; je weicher die Magnete sind,
desto grösser ist dann die Verstärkung des Magnetismus durch den eigenen Strom der Maschine. Denkt man sich z. B. eine Doppel-T-Maschine
mit Magneten aus welchem Stahl, auf welche Drahtrollen gesteckt und
so geschaltet sind, dass der im Anker entstehende Strom vor dem Eintritt in den äusseren Kreis dieselben durchläuft und den Magnetismus
verstärkt, so leuchtet ein, dass eine solche Maschine Anfangs zwar
schwachen Strom giebt wegen der geringen Stärke der Magnete, dass
aber der Magnetismus dieser letzteren durch den Strom der Maschine
verstärkt wird und dadurch auch wieder in der Maschine ein stärkerer
Strom erzeugt wird. Welcher Stahl aber kann unter dem Einfluss eines
kräftigen Stromes einen viel höheren Magnetismus annehmen, als harter
Stahl; man sieht daher die Möglichkeit, dass in einer solchen Maschine
sowohl der Magnetismus als der Strom eine bedeutendere Stärke erreichen können, als in einer Maschine.

Je weicher man den Stahl nimmt, desto geringer wird sein remanenter Magnetismus, desto grösser aber der Magnetismus, welchen derselbe unter Einfluss von Strom annehmen kann. Auf den letzteren
Magnetismus aber kommt es allein an; mit dem remanenten Magnetismus fängt die Maschine bloss an, derselbe dient nur dazu, um die
Erzeugung von Strom im Gang zu bringen, jedoch die Stärke desselben
hat durchaus keinen Einfluss auf die schliessliche Stärke des Magnetismus in der Maschine.

Den weitaus grössten Magnetismus unter Einfluss von Strom nimmt
weiches Eisen an; dafür ist aber sein remanenter Magnetismus sehr
gering. Da nun die kleinste Spur von Magnetismus genügt, um Strom
zu erzeugen und da auch das weichste Eisen noch remanenten Magnetismus besitzt, so ist kein Grund vorhanden, weshalb man für die (umwickelt gedachten) äusseren Magnete statt des welchen Stahles nicht
welches Eisen nehmen sollte; im Gegentheil muss eine solche Maschine
gerade die grösste Wirkung geben. Eine solche Maschine ist aber
nichts weiter als die dynamoelektrische Maschine, welche Werner
Siemens im December 1866 und beinahe gleichzeitig Wheatstone
im Februar 1867 erfanden.

Beide Erfinder knüpften ihre Erfindung an die Siemens'sche Doppel-
T-Maschine, indem sie dieselbe in eine dynamoelektrische umwandelten;
das Princip aber ist ein allgemeines und lässt sich unmittelbar auf jede
magnetelektrische Maschine mit gleichgerichtetem Strom
anwenden, also namentlich auch auf die Maschinen von Pacinotti und

v. Hefner. Jede dieser Maschinen lässt sich in eine dynamoelektrische verwandeln dadurch, dass man an Stelle der Stahlmagnete Elektromagnete, d. h. mit Draht von passendem Widerstande bewickelte Eisenstücke setzt und die Wickelung so schaltet, dass der aus dem Anker kommende Strom zuerst die Elektromagnete umläuft und dann in den äusseren Schliessungskreis eintritt.

Wird der Anker einer solchen Maschine in Drehung versetzt, so erregt der remanente Magnetismus der Elektromagnete einen schwachen Strom ih der Wickelung des Ankers; dieser Strom durchläuft die Bewickelung der Elektromagnete und verstärkt deren Magnetismus etwas; der Strom, der durch diesen verstärkten Magnetismus in der Ankerwickelung erregt wird, ist etwas stärker als der erste und verstärkt den Magnetismus der Elektromagnete noch mehr u. s. w.; so wachsen Magnetismus und Strom, indem stets das Wachsthum des einen das Wachsthum des anderen verursacht.

Dieses Wachsen geschieht Anfangs rasch, dann immer langsamer und hört schliesslich auf, wenn Magnetismus und Strom ihr Maximum erreicht haben. Dieses Maximum tritt ein, wenn der Magnetismus der Elektromagnete so stark geworden ist, dass der im Anker erregte Strom gerade ausreicht, um jenen Magnetismus zu erhalten; sobald dies der Fall ist, tritt ein stationärer Zustand ein, der sich nicht verändert, so lange der Widerstand im Stromkreis und die Drehungsgeschwindigkeit des Ankers sich nicht verändern. Das Maximum von Magnetismus und Strom steht in innigem Zusammenhang mit der Sättigungscurve des Magnetismus, s. S. 232, oder der Beziehung zwischen Magnetismus und Strom im Elektromagnet.

Der Strom, welchen eine dynamoelektrische Maschine im stationären Zustande gibt, ist, bei gegebener Construction und bei gegebener magnetischer Erregbarkeit des Eisens, abhängig von dem **äusseren Widerstande und der Drehungsgeschwindigkeit**; beide Abhängigkeiten sind nicht einfacher Art und noch ziemlich unbekannt.

Es gibt einen äusseren Widerstand, bei welchem die Maschine gar nicht „angeht", d. h. bei welchem gar kein Anwachsen des Stromes stattfindet, sondern nur der ganz schwache Strom entsteht, welcher dem remanenten Magnetismus entspricht. Die elektromotorische Kraft, welche der remanente Magnetismus in der Wickelung des Ankers erregt, ist stets dieselbe, ob der äussere Widerstand gross oder klein ist; der durch diese elektromotorische Kraft erzeugte Strom aber, der von dem äusseren Widerstande abhängt, muss, wenn er den Magnetismus der Elektromagnete verstärken soll, eine gewisse Stärke besitzen.

Ist dieser Strom bei einem gewissen äusseren Widerstande nur so stark, dass er in dem Elektromagnet gerade soviel Magnetismus erregen könnte, als derselbe bereits besitzt, so erregt derselbe gar keinen neuen Magnetismus, und es kann kein Anwachsen von Strom und Magnetismus stattfinden. Ist der äussere Widerstand noch grösser, der Strom noch schwächer, so findet natürlich ebenso wenig ein Anwachsen statt.

Die Abhängigkeit des Stromes von dem Widerstand des Stromkreises ist keine Proportionalität. Wenn der Strom umgekehrt proportional dem Widerstande wäre, so könnte nicht, wie eben gezeigt, der Fall eintreten, dass die Einschaltung von Widerstand gar keine Veränderung des Stromes hervorbringt.

Wenn der Magnetismus der Elektromagnete constant bliebe, so würde, wie bei einer Magnetmaschine, der Strom umgekehrt proportional dem Widerstand sein. Da aber bei einer dynamoelektrischen Maschine jede Veränderung des Stromes zugleich eine Veränderung des Magnetismus mit sich bringt, so muss der Strom in einem höheren Verhältniss vom Widerstand abhängig sein, als in demjenigen der einfachen umgekehrten Proportionalität.

Ganz ähnlich verhält es sich mit der Geschwindigkeit. Bei einer Magnetmaschine ist der Strom proportional der Geschwindigkeit; dies wäre auch bei einer dynamoelektrischen Maschine der Fall, wenn die Magnete den Veränderungen der Geschwindigkeit nicht ebenfalls folgten. Da aber jede Vermehrung der Geschwindigkeit auch eine Verstärkung des Magnetismus und jede Verminderung der Geschwindigkeit eine Schwächung des Magnetismus zur Folge hat, muss der Strom in einem höheren Verhältniss von der Geschwindigkeit abhängig sein, als in demjenigen der einfachen Proportionalität.

Wie es einen Widerstand gibt, bei welchem und über welchen hinaus die Maschine nicht mehr „angeht", so gibt es auch eine Geschwindigkeit, bei welcher dasselbe stattfindet. Denkt man sich die Maschine zuerst ganz langsam, dann immer schneller gedreht, so wird anfänglich auch kein Anwachsen des Stromes stattfinden, weil der entwickelte Strom nicht stark genug ist, um den Magnetismus der Elektromagnete zu verstärken; dann wird bei einer gewissen Geschwindigkeit soviel Strom entwickelt, dass die Elektromagnete, wenn sie ohne Magnetismus wären, unter dem Einfluss des Stromes so viel Magnetismus annehmen würden, als ihr thatsächlicher remanenter Magnetismus beträgt; sobald nun die Geschwindigkeit diesen Werth überschreitet, beginnt das Anwachsen des Stromes, die Maschine „geht an".

Aus der Art der Abhängigkeit des Stromes von Widerstand und Geschwindigkeit geht hervor, dass die Maschine gegen die Aenderungen dieser beiden Grössen, welche sich in Wirklichkeit nie ganz vermeiden lassen, viel empfindlicher ist, als eine Magnetmaschine; namentlich ist dies der Fall bei Erzeugung von elektrischem Lichte, dessen Widerstand sowohl, als dessen elektromotorische Gegenkraft von der Stromstärke abhängt, wie wir S. 122 ff. gesehen haben.

Wir gehen jetzt zur Beschreibung der beiden wichtigsten dynamoelektrischen Maschinen über.

Fig. 190 zeigt eine dynamoelektrische Maschine nach dem Pacinotti'schen System von Gramme.

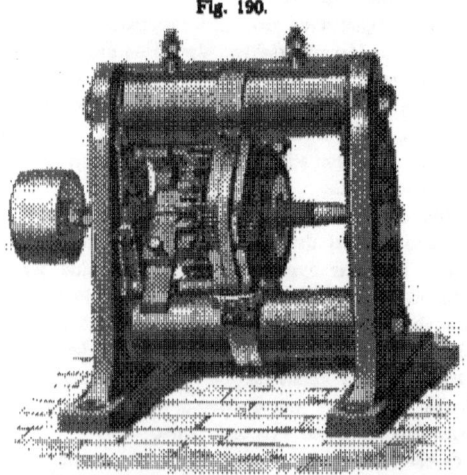

Fig. 190.

An einem aus zwei starken, eisernen Platten bestehenden Gestell sind oben und unten die Elektromagnete in horizontaler Lage befestigt; dieselben haben die gewöhnliche Form von runden, bewickelten Eisenstäben. Jeder dieser Elektromagnete ist in der Mitte durch eine verticale eiserne Platte in zwei Hälften getheilt; die Fortsetzung jeder Platte bildet ein halbkreisförmig ausgedrehtes Eisenstück. Die inneren Flächen dieser Stücke sind die Polflächen der Maschine: der Stromlauf in den Elektromagneten ist so angeordnet, dass die eine von den beiden eisernen Platten nördlich, die andere südlich magnetisirt wird. Die Platten des Gestells bilden die magnetische Verbindung zwischen den beiden

Elektromagneton. Das Magnetsystem lässt sich auch so auffassen, als ob die beiden Rollen rechts, die obere und untere, mit ihren Eisenkernen und der sie verbindenden Platte des Gestells einen in der gewöhnlichen Weise bewickelten Elektromagnet bildete, und die beiden Rollen links mit der anderen Gestellsplatte den anderen Elektromagnet, und als ob beide Elektromagnete mit gleichnamigen Polen gegen die ausgedrehten, mittleren Platten gesetzt wären.

Zwischen den Polflächen befindet sich der drehbare Anker, der Pacinotti'sche Ring; auf dessen Axe, auf der linken Seite, der Commutator aufgesetzt ist. Dieser letztere hat dieselbe Einrichtung, wie bei den Magnetmaschinen von Gramme und von v. Hefner; man sieht in der Figur die eine kupferne Bürste, welche gegen die den einzelnen Abtheilungen des Ankers entsprechenden Kupferstücke schleift. Die vielen, aus dem Anker nach links vorstehenden Blechstücke sind Verbindungsstücke zwischen der Wickelung und den Kupferstücken des Commutators.

Die v. Hefner'sche Maschine (Siemens & Halske), Fig. 191, unterscheidet sich von der Gramme'schen durch die bereits besprochene

Fig. 191.

Abänderung des Ankers. In dieser Abänderung liegt zugleich die Nothwendigkeit, dem Anker im Verhältnis zu der Dicke eine bedeutende Länge zu geben: die über die Stirnflächen des Ankers gelogten Drahttheile sind nämlich elektromotorisch beinahe unwirksam und müssen deshalb einen möglichst geringen Theil der Wickelung ausmachen.

In Folge der Veränderung der Ankerform erleiden auch die Elektromagnete eine Umgestaltung, wie aus der Figur ersichtlich. Der Kern derselben ist nicht mehr ein runder Stab, wie bei gewöhnlichen Elektromagneten und bei der Gramme'schen Maschine, sondern band- oder plattenförmig, da seine Breite der Länge des Ankers entsprechen muss. Fig. 192 zeigt einen Querschnitt in systematischer Darstellung: K ist der Eisenkern des Ankers, t die Bewickelung desselben, $n\,s\;n\,s$ die Elektromagnete. Auch hier kann man sich das System der Elektromagnete als aus zwei gewöhnlichen Elektromagneten bestehend vorstellen, einem solchen rechts und einem links, welche mit gleichnamigen Polen gegen einander gelegt sind. Deutlich lässt sich aus der Figur die Einrichtung des Commutators übersehen: die schleifenden Bürsten, die vielen Kupferstreifen und die Blechstücke, welche dieselben mit den entsprechenden Stellen der Wickelung verbinden. Auch hier, wie bei der Hefner'schen Magnetmaschine, lassen sich die beiden Bürsten um die Ankeraxe drehen; im vorliegenden Fall ist diese Einrichtung eine Nothwendigkeit, da die richtige Stellung desselben von der Stromstärke abhängt, also bei verschiedenen Stromstärken verschieden ist, und ferner, da eine unrichtige Stellung derselben starke Funken verursacht, welche den Strom schwächen und den Commutator zerstören.

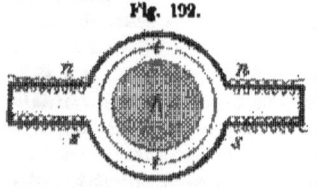

Fig. 192.

Wir brechen hier die Erörterung der dynamoelektrischen Maschinen ab, weil eine eingehendere Behandlung unserem Zwecke nicht entsprechen würde. Ausserdem besitzt man über die elektrischen Vorgänge in diesen Maschinen noch wenig genaue Kenntnisse, obschon dieselben ganz eigenthümlicher Art und auch theoretisch interessant sind.

Technische Verwendung finden diese Maschinen namentlich in zwei Richtungen, für Galvanoplastik und für elektrisches Licht. In beiden Zweigen der Verwendung macht sich in neuerer Zeit ein lebhafter Aufschwung bemerkbar; in beiden sind bereits Resultate erzielt worden, welche Alles, was man bisher mit Batterien erzielte, weit hinter sich lassen. In Folge dessen bricht sich immer mehr die Ueberzeugung Bahn, dass in allen Fällen, in welchen man grösserer Batterien bedarf, elektrische Maschinen den Batterien vorzuziehen sind, sowohl wegen der Sicherheit und der Annehmlichkeit der Behandlung, als wegen der geringeren Betriebskosten; und zwar gilt dies sowohl von den neueren Magnetmaschinen, als von den dynamoelektrischen.

§. 7.
Die elektrischen Erscheinungen in Kabeln.

I. Uebersicht. Kabel nennt man eine zum Telegraphiren bestimmte Leitung, welche nicht, wie die gewöhnlichen Leitungen, über der Erdoberfläche, sondern unter derselben angebracht und daher entweder in den Erdboden, oder in das Wasser des Meeres, der Seen oder Flüsse eingebettet ist. Da sowohl das Wasser, als der Erdboden als ein einziger Leiter von ungehcurer Ausdehnung zu betrachten ist, muss der Leitungsdraht des Kabels der ganzen Länge nach isolirt werden; dies geschieht dadurch, dass der ganze Leitungsdraht mit einer gleichmässigen Schicht von Guttapercha oder Gummi umpresst wird. Ein auf diese Weise isolirter Draht heisst Kabelader; jedes Kabel enthält eine oder mehrere solche Adern; die Vereinigung von Adern oder die Aderlitze wird mit Hanf und mit Eisendrähten bewickelt, um dem Kabel die mechanischen Eigenschaften zu ertheilen, welche dasselbe während der Legung und nachher besitzen muss.

In elektrischer Beziehung ist die Kabelader, oder, wie wir von nun an der Kürze wegen sagen, das Kabel, als ein Leitungsdraht zu betrachten, umgeben von einer isolirenden Schicht, an deren Oberfläche sich Feuchtigkeit befindet; hieraus ergibt sich unmittelbar die elektrische Natur des Kabels.

Der Leitungsdraht zunächst besitzt, wie jeder Metalldraht, einen gewissen Widerstand; da derselbe beinahe ohne Ausnahme aus Kupfer angefertigt wird, nennt man denselben den Kupferwiderstand des Kabels.

Der Kupferdraht ist aber nicht der einzige leitende Bestandtheil des Kabels, auch die isolirende Hülle leitet stets etwas. Dies gilt nicht nur für Guttapercha und Gummi, welche Körper bei der Kabelfabrikation zur Anwendung kommen, sondern wahrscheinlich für alle sog. Isolatoren.

Wenn man bei einem Stück eines sog. Isolators findet, dass es bei Anwendung der stärksten Batterien und der empfindlichsten Instrumente keinen nachweisbaren Strom durchlässt, so ist damit nicht bewiesen, dass dieses Stück nicht leitet, sondern nur, dass seine Leitungsfähigkeit kleiner ist, als die kleinste Leitungsfähigkeit, welche wir unter den betreffenden Umständen noch nachweisen können; häufig lässt sich bei einem Isolator noch Leitungsfähigkeit nachweisen, wenn die Umstände für diesen Nachweis möglichst günstig sind, während unter ungünstigen Umständen keine Spur von Leitungsfähigkeit zu entdecken ist.

So ist es z. B. leicht, einen Cylinder von Guttapercha herzustellen, bei welchem, von einer Endfläche zur anderen, mit der stärksten Batterie und dem empfindlichsten Instrument sich keine Leitung nachweisen lässt. Drückt man diesen Cylinder zusammen, so dass er immer kürzer und dicker wird, so stellt sich, wenn diese Operation bis zu einem gewissen Punkte getrieben ist, deutlich nachweisbare Leitung ein und nimmt zu, je mehr der Cylinder zusammengedrückt wird. Denkt man sich ferner die ganze Guttapercha, welche den Kupferdraht eines atlantischen Kabels umgibt, abgestreift und zu einem Würfel geformt, so wird es mit den feinsten Mitteln gerade noch gelingen, die Leitung von einer Seite des Würfels zur anderen zu zeigen, während dagegen dieselbe Guttapercha, wenn sie in die Form der Kabelhülle gebracht ist, eine Leitung besitzt, welche sich mit ziemlich groben Instrumenten nachweisen lässt. Aus diesem Grunde ist eher die Annahme gerechtfertigt, dass kein Isolator wirklich absolut isolirt, dass vielmehr sämmtliche Isolatoren eine schwache Leitungsfähigkeit besitzen, welche sich jedoch nicht immer nachweisen lässt, da die Leistungsfähigkeit unserer experimentellen Hülfsmittel eine bestimmte Grenze hat.

Vorab ist dies bei den zu Kabelhüllen verwendeten Isolatoren der Fall, die Kabelhülle leitet also stets etwas; den Widerstand, den dieselbe dem Strom entgegensetzt, nennt man den **Isolationswiderstand**. Wenn also der Kupferdraht des Kabels in einen Stromkreis eingeschaltet wird, von welchem ein Punkt an Erde liegt, so geht stets ein, wenn auch schwacher Zweigstrom vom Kupferdraht durch die Kabelhülle zur Erde.

Das Kabel ist aber nicht nur (in doppelter Beziehung) ein Leiter, sondern auch ein Condensator: die isolirende Schicht ist die Kabelhülle, die eine Belegung die Oberfläche des Kupferdrahtes, die andere Belegung die leitende Schicht an der Oberfläche der Kabelhülle; und zwar hat das Kabel, wie schon S. 27 bemerkt wurde, die Form der gewöhnlichen Leydner Flasche. Als solche besitzt das Kabel eine Capacität der Ladung, und dies ist die dritte elektrische Constante desselben.

Die Ladung des Kabels ist natürlich am grössten, wenn ein Ende desselben isolirt, das andere an den einen Batteriepol, Erde an den anderen Batteriepol gelegt wird; aber es ist auch Ladung vorhanden,

§. 7, 1.   Die elektrischen Erscheinungen in Kabeln.   303

wenn das eine Ende nicht isolirt, sondern an Erde gelegt wird. Im Allgemeinen wird daher stets, wenn ein Strom in das Kabel geschickt wird, wenigstens ein Theil der Elektricität des Stromes zur Ladung des Kabels verwendet; diese Elektricität verlässt den Draht nicht, sondern bleibt an der Oberfläche des Drahtes liegen, so lange als die Umstände, welche die Ladung bedingten, sich nicht ändern.

Auch ein oberirdischer Telegraphendraht nimmt eine gewisse Ladung an und besitzt eine gewisse Capacität; der Isolator ist die Luft, die eine Belegung die Oberfläche des Drahtes, die andere die Oberfläche der Erde, der Bäume u. s. w., überhaupt der den Draht umgebenden Leiter. Diese Ladung ist jedoch nur sehr gering; ihr Einfluss beim Telegraphiren tritt höchstens bei sehr langen Leitungen bemerkbar auf.

Durch die doppelte Fähigkeit der Ladung und der Leitung nimmt das Kabel eine ganz eigenthümliche Stellung ein: als Stromleiter gehört es unter die galvanischen Apparate, als Condensator unter die Apparate der statischen Elektricität. Die elektrischen Erscheinungen am Kabel umfassen also das ganze Gebiet der Elektricität, und zwar deshalb, weil die Ladungscapacität im Vergleich zu derjenigen der gewöhnlichen Ladungsapparate, z. B. der Leydner Flasche, eine sehr grosse ist. Bei einer Leydner Flasche werden kräftige Wirkungen der Ladung nur dadurch erzielt, dass man die Dichte der Elektricität sehr gross nimmt, d. h. als Elektricitätsquelle die Elektrisirmaschine verwendet, nicht eine galvanische Batterie; beim Kabel dagegen hat man grosse Capacität — 1 Kilometer eines Unterseekabels hat ungefähr dieselbe Capacität, wie 300 Leydner Flaschen mittlerer Grösse — und erhält deshalb auch bei Verwendung der geringen Dichten des galvanischen Stromes bedeutende Wirkungen der Ladung.

Dadurch aber, dass die Ladung bei Kabeln so bedeutend ist, erleiden alle Stromerscheinungen, wie man sie sonst, ohne gleichzeitige Ladung, kennt, sehr wesentliche Veränderung; das Telegraphiren auf Kabeln muss daher ganz anderen Anforderungen genügen und bedarf ganz anderer Methoden des Stromgebens und Stromempfangens, als dasjenige auf oberirdischen Linien.

Wir werden daher zunächst die oben bezeichneten elektrischen Constanten, dann die Stromerscheinungen in Kabeln und schliesslich die mit den letzteren in Zusammenhang stehenden Versuche über die Geschwindigkeit der Elektricität besprechen.

A. Die elektrischen Constanten des Kabels.

II. Kupferwiderstand. Für den Kupferwiderstand des Kabels gelten die auf S. 100 ff. besprochenen Gesetze.

Für die Abhängigkeit von den Dimensionen und der Leitungsfähigkeit des Materials hat man die Gleichung

$$w = \frac{1}{k} \frac{l}{q},$$

worin w der Widerstand, k die Leitungsfähigkeit, l die Länge, q der Querschnitt.

Für die Abhängigkeit von der Temperatur darf man, wo es sich nicht um grosse Genauigkeit handelt, die Zunahme des Widerstandes proportional der Temperaturzunahme setzen und, wie bei allen reinen Metallen, den Arndtsen'schen Coefficienten

benutzen.

Da jedoch das in Kabeln verarbeitete Kupfer nie rein ist und namentlich durch das Giessen Beimischung von nicht leitendem Kupferoxydul, und durch das Ausziehen zu Draht solche von Eisen und Stahl erhält, so ist die Arndtsen'sche Formel nicht ganz richtig. Die folgende, quadratische Formel schliesst sich dem Verhalten des reinsten Kupferdrahtes besser an:

$$k_t = k_0 \left\{ 1 - 0,003765\, t + 0,00000833\, t^2 \right\},$$

wo k_t die Leitungsfähigkeit bei der Temperatur t, k_0 diejenige bei $0°$, t die Temperatur in Graden Celsius. (Im Anhange befindet sich eine nach dieser Formel berechnete Tabelle).

Etwas verwickelter als bei einfachen Drähten gestaltet sich die Berechnung des Kupferwiderstandes bei Kabeln durch den Umstand,

Fig. 193.

dass bei den letzteren beinahe nie einfache Drähte, sondern Litzen zur Anwendung kommen, d. h. Stränge, die aus mehreren seilartig zusammengedrehten Drähten bestehen.

Die gewöhnliche Form der Litze ist die siebendrähtige (Fig. 193), bei welcher sieben gleich dicke Drähte zusammengedreht sind. Bei dieser Form ist der mittlere Draht gerade ausgestreckt; um denselben sind die 6 übrigen mit einem gewissen Drall herumgewickelt.

§. 7, II.   A. Die elektrischen Constanten des Kabels.   305

Wären alle 7 Drähte gleich lang, und bedeutet k ihre Leitungsfähigkeit, q den Querschnitt eines einzelnen Drahtes, l seine Länge, so wäre der Widerstand der Litze:

$$w = \frac{1}{7} \cdot \frac{l}{kq}.$$

Dadurch aber, dass die äusseren Drähte länger sind, als die inneren, ist dieser Ausdruck nicht genau.

Sind alle 7 Drähte gegen einander isolirt und nur an den Enden verbunden, so hat man die Formel für Zweigwiderstände (S. 73, 7)) anzuwenden; wenn l die Länge der Litze oder des inneren Drahtes, $l(1 + \alpha)$ die Länge der äusseren Drähte (wo α der Ueberschuss dieser Länge über die Länge der Litze dividirt durch die letztere), so ist der Widerstand der Litze:

$$w = \frac{1}{k \frac{q}{l} + 6k \frac{q}{l(1+\alpha)}} = \frac{l}{kq} \cdot \frac{1}{1 + \frac{6}{1+\alpha}};$$

oder, da α eine kleine Grösse, deren höhere Potenzen vernachlässigt werden können:

$$w = \frac{l}{kq} \cdot \frac{1}{1 + 6(1-\alpha)} = \frac{1}{7} \cdot \frac{l}{kq} \left(1 + \frac{6}{7} \alpha\right).$$

Man sieht, dass in diesem Falle der Widerstand der Litze grösser ist als derjenige von 7 gleich langen, parallel geschalteten Drähten.

Sind die Drähte nicht gegen einander isolirt, sondern überall, wo sie einander berühren, in gegenseitigem Contact, so bilden sie einen einzigen Draht, dessen Querschnitt keine einfache Gestalt hat. Für die Berechnung des Widerstandes jedoch kommt es nicht auf diese Gestalt an, sondern nur auf die Grösse des Querschnitts.

Wenn Q dieser Querschnitt, so ist der Widerstand der Litze

$$w = \frac{l}{kQ}.$$

Q können wir aus dem Volumen berechnen; da das Volumen der Litze gleich der Summe der Volumina der einzelnen Drähte ist, hat man

$$lQ = lq + 6l(1+\alpha)q, \quad \text{oder}$$

$$Q = 7q + 6\alpha q = 7q\left(1 + \frac{6}{7}\alpha\right).$$

Für den Widerstand der Litze erhält man hieraus (angenähert):

$$w = \frac{1}{7} \cdot \frac{l}{kq}\left(1 - \frac{6}{7}\alpha\right);$$

derselbe ist also im vorliegenden Falle kleiner, als derjenige von 7 gleich langen, parallel geschalteten Drähten von der Länge l.

In Wirklichkeit nun sind die Drähte gewöhnlich weder gegen einander isolirt, noch haben sie überall unter einander Contact, da sie in der Maschine zwar gegen einander gepresst, aber meist durch eine isolirende Schmiere gezogen werden; es kommt daher auf die Art der Fabrikation an, ob mehr der erstere oder der letztere Fall vorliegt. Ferner kommt auch wesentlich die Dehnung in Betracht, welche die Drähte beim Durchgang durch die Maschine erleiden und welche auch die Leitungsfähigkeit etwas verändert; die Behandlung derselben würde uns jedoch zu weit führen.

III. **Isolationswiderstand.** Wenn das eine Ende eines Kabels isolirt und das andere Ende an Batterie gelegt wird, so erhält man folgenden Verlauf des Stromes im Galvanometer:

Zuerst schlägt die Nadel plötzlich und heftig aus, wie bei der Ladung eines Condensators, dann kehrt sie beinahe ebenso rasch zurück in eine gewisse Ablenkung, welche nun verhältnissmässig langsam mit der Zeit abnimmt; die Abnahme dieser Ablenkung geschieht Anfangs rasch, dann immer langsamer, bis endlich nach längerer Zeit eine constante Ablenkung eintritt, welche sich nicht mehr verändert.

Der erste, plötzliche Stromimpuls ist der Ladungsstrom, von welchem weiter unten die Rede sein wird; die nach erfolgter Ladung vorhandene Ablenkung ist ein Mass des Isolationsstromes oder des Stromes, der von dem Kupferdraht des Kabels aus durch die Kabelhülle zu der feuchten Oberfläche der Kabelhülle, also zur Erde, geht. Aus der Stärke dieses Stromes lässt sich bei bekannter Empfindlichkeit des Galvanometers der Widerstand der Kabelhülle berechnen, oder der Isolationswiderstand; denkt man sich statt der Kabelhülle einen Draht, welcher denselben Widerstand besitzt, wie jene, so hat man den ganzen Kupferdraht als einen einzigen Punkt, nämlich als den Anfangspunkt des Drahtes, die Oberfläche der Kabelhülle oder die Erde als den Endpunkt desselben zu betrachten.

Der Isolationswiderstand des Kabels nimmt also unter dem Einfluss des Stromes mit der Zeit zu, bis er einen constanten Werth erreicht.

Wenn man nun das Kabel, nachdem der Isolationsstrom sein Minimum erreicht hat, von der Batterie wegnimmt und an Erde legt, so erhält man eine der eben beschriebenen ähnliche, aber umgekehrte Erscheinung.

Zuerst erfolgt die Entladung: die Nadel schlägt wieder plötzlich und heftig aus, aber nach der entgegengesetzten Seite. Dann kehrt sie wieder in eine Ablenkung zurück, welche sich langsam mit der Zeit verändert, bis schliesslich jeder Strom aufhört; die Zeit, welche das

§. 7, III.   A. Die elektrischen Constanten des Kabels.   307

Kabel braucht, um alle Elektricität abzugeben, ist ungefähr ebenso gross, als diejenige, die es zur Aufnahme derselben nöthig hat.

Wenn also ein Kabel zuerst an Batterie gelegt wird, bis der Isolationswiderstand sein Maximum erreicht hat, und dann an Erde, so nimmt der Isolationsstrom den in Fig. 194 angedeuteten Verlauf. Der

Fig. 194.

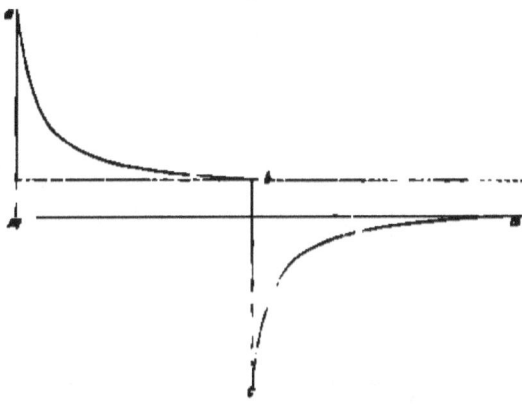

Isolationswiderstand entspricht dem reciproken Werth des Isolationsstromes; man spricht aber nur von Isolationswiderstand, so lange Batterie anliegt.

Man sieht, dass das Verhalten des Isolationsstromes in keiner Weise durch die bisher von uns behandelten Stromerscheinungen erklärt wird.

Wenn die starke Verminderung des Stromes von der Erwärmung der Kabelhülle herrührte, so wäre kein Grund vorhanden, weshalb das Kabel Strom geben sollte, wenn es an Erde gelegt wird.

Entschiedene Aehnlichkeit dagegen hat der vorliegende Stromverlauf mit demjenigen eines eine galvanische Zersetzungszelle durchlaufenden Stromes, s. S. 145 ff.: auch in diesem Falle nimmt der Strom ab bis zu einem gewissen Minimum, und wenn die Batterie aus dem Kreise ausgeschaltet wird, erhält man einen Strom entgegengesetzter Richtung, der rasch abnimmt und schliesslich verschwindet; zwischen beiden Erscheinungen besteht nur der wesentliche Unterschied, dass der Verlauf des Isolationsstromes ein viel langsamerer ist, als derjenige des Stromes mit Zersetzungszelle.

Von dem letzteren Strome wissen wir, dass die Ursache seines Verlaufes in der Polarisation liegt, d. h. einer elektromotorischen Gegenkraft, welche der Strom selbst erzeugt, und welche, wenn die Batterie ausgeschaltet ist, selbst Strom gibt. Es geht daher aus der Uebereinstimmung des Verlaufes der beiden Stromerscheinungen hervor, dass auch der Isolationsstrom in der Kabelhülle eine elektromotorische Gegenkraft erzeugt, welche wächst, bis sie ein gewisses Maximum erreicht hat, und nach Wegnahme der Batterie einen entgegengesetzt gerichteten Strom gibt, durch welchen sie selbst wieder aufgezehrt wird.

Eine chemische Zersetzung in der Kabelhülle ähnlich derjenigen in der Zersetzungszelle darf aber deshalb nicht angenommen werden. Dies geht schon daraus hervor, dass eine gute Kabelhülle viele Jahre hindurch die stärksten Ströme erträgt, ohne sich wesentlich zu verändern, dass also die Wirkungen, welche der Isolationsstrom in der Kabelhülle hervorbringt, stets wieder aufgehoben sind, sobald der Strom aufgehört hat, während in einer Zersetzungszelle die durch den Strom getrennten Körper sich nicht wieder von selbst verbinden nach dem Aufhören des Stromes.

Die elektromotorische Gegenkraft des Isolationsstromes entsteht vielmehr durch die **Elektrisirung der inneren Theile der Kabelhülle** und lässt sich am besten an der Hand der Faraday'schen Vertheilungstheorie erklären, welche wir S. 25 ff. erwähnt haben. Durch den Durchgang des Stromes findet in derselben wahrscheinlich eine Art elektrischer Polarisation statt: die Theilchen der Kabelhülle, welche im natürlichen Zustande bereits Elektricität besitzen, beladen sich mit noch mehr Elektricität und stellen sich mit ihren elektrischen Axen in eine bestimmte Richtung zu dem durchgehenden Strom. Dieser Vorgang findet langsam statt wegen der schlechten Leitungsfähigkeit von einem Theilchen zum andern, und wegen der molecularen Kräfte, welche sich der Drehung der Theilchen entgegensetzen. Sobald der Kupferdraht des Kabels an Erde gelegt wird, geben die Theilchen nach und nach das Mehr von Elektricität, welches sie vorher aufgenommen haben, wieder an den Kupferdraht ab.

Die eben angedeutete Art der Erklärung ist übrigens nicht als etwas Bewiesenes, sondern nur als Vermuthung zu betrachten.

Welche Vorstellung man sich auch über die Natur dieser Elektrisirung der Kabelhülle bilden mag, so geht doch stets soviel daraus hervor, dass der Begriff des Isolationswiderstandes, wie derselbe gewöhnlich, und so auch im Obigen, definirt ist, ein uneigentlicher ist. Wir bezeichnen damit eigentlich nur den reciproken Strom, aufgefasst

§. 7, III.   A. Die elektrischen Constanten des Kabels.   309

als Widerstand, während gerade die Veränderung des Isolationsstromes ihre Ursache mehr in der Veränderung der elektromotorischen Kraft, als in derjenigen des Widerstandes hat.

Ob und zu welcher Zeit der Isolationsstrom wirklich den Widerstand der Kabelhülle angibt, d. h. an welchem Punkt der Curve, Fig. 194, die elektromotorische Kraft der Batterie die einzige in dem Stromkreise ist, lässt sich noch nicht entscheiden. Nach der oben angedeuteten Erklärung hätte man, wie beim Strom in der Zersetzungszelle, jenen Widerstand aus dem Anfangswerth des Isolationsstromes zu berechnen, nach einer anderen Erklärung dagegen aus dem stationären Endwerthe.

Welche Zähigkeit das Material der Kabelhülle, die Guttapercha oder das Gummi, in Bezug auf das Annehmen und Abgeben der Elektricität besitzt, geht aus folgender, leicht zu beobachtender Thatsache hervor.

Man lege z. B. ein Kabel 2 Minuten lang an den positiven Pol einer kräftigen Batterie, dann $\frac{1}{2}$ Minute lang an den negativen Pol einer gleich starken Batterie und dann an Erde. Beobachtet man die in der letzten Periode auftretenden Ströme an einem empfindlichen Instrument, so sieht man zuerst, wie gewöhnlich, einen kräftigen negativen Entladungsstrom, dann einen schwachen, negativen, abnehmenden Isolationsstrom, entsprechend dem Theile *en* in der Curve Fig. 194. Dieser letztere Strom sinkt nun rascher auf Null, als sonst, wenn das Kabel vor der letzten Ladung an Erde gelegen hat, und geht sogar über ins Positive. Es ist also in diesem Fall die erste, positive Elektrisirung der inneren Schichten der Kabelhülle durch die zweite, negative, nicht völlig aufgehoben worden; als das Kabel an Erde gelegt wurde, besassen die dem Kupferdraht zunächst liegenden Schichten negative Elektrisirung, die tiefer liegenden dagegen noch positive; es entluden sich daher zuerst die inneren und dann die äusseren Schichten.

Ganz ähnliche Erscheinungen zeigen sich bei Magneten. Wenn ein Magnet durch eine vom Strom durchflossene Rolle magnetisirt wird, so lässt sich nachweisen, dass der Magnetisirungsprocess erst die obersten Schichten des Magnets ergreift und dann allmählig in die Tiefe dringt. Ist der magnetisirende Strom nicht stark, oder ist die Zeit seiner Einwirkung kurz, so wird der Magnet nur bis zu einer gewissen Tiefe durch den Strom magnetisirt, und die tiefer liegenden Schichten behalten die Magnetisirung, welche sie vorher besassen. Wenn also der Magnet AB zuerst durchweg so magnetisirt wird, dass der Nordpol bei A, der Südpol bei B erscheint, dann durch einen schwächeren Strom in umgekehrter Weise, so erhält der Magnet die in Fig. 195 angedeutete Art der Magnetisirung: inwendig bleibt die erste Magnetisirung und

Fig. 195.

darüber erstreckt sich eine umgekehrt magnetisirte Schicht. Ist die letztere Schicht stark genug, so wirkt der Magnet nach Aussen, als wenn das eine Ende durchweg nordmagnetisch, das andere durchweg südmagnetisch wäre. Legt man nun den Magnet in Säure und lässt denselben sich auflösen, indem man von Zeit zu Zeit seinen Magnetismus untersucht, so tritt ein Punkt ein, wo der Magnetismus sich umkehrt; dann ist nämlich die obere Schicht entfernt, und die untere, umgekehrt magnetisirte, wirkt allein nach Aussen.

Die Elektrisirung der Isolatoren hat überhaupt eine grosse Achnlichkeit mit der Magnetisirung von Stahl; freilich herrscht der wichtige Unterschied, dass man es im ersteren Fall mit ruhender Elektricität, im letzteren mit Magnetismus oder strömender Elektricität zu thun hat. —

Sehr bedeutend ist der **Einfluss der Temperatur auf den Isolationswiderstand.**

Der Widerstand der Guttapercha und des Gummi nimmt mit der Temperatur ab, wie derjenige der leitenden Flüssigkeiten oder der Leiter zweiter Classe.

Die Veränderlichkeit des Widerstandes dieses Körpers ist aber viel grösser, als diejenige aller anderen Körper. Wie aus den S. 103 ff. mitgetheilten Coefficienten hervorgeht, müsste man ein reines Metall um etwa 270° erwärmen, um demselben den doppelten Widerstand zu ertheilen, concentrirtes Kupfervitriol dagegen um etwa 40° abkühlen; bei gewöhnlicher Guttapercha gibt bereits eine Abkühlung um 5° den doppelten Widerstand, bei Gummi eine solche um 14°.

Die Veränderung des Widerstandes mit der Temperatur erfolgt auch bei den genannten Isolatoren nach einem anderen Gesetz.

Bei Metallen und Flüssigkeiten kann man, wenn es sich nicht um grosse Temperaturdifferenzen handelt, die Veränderung des Widerstandes proportional der Temperaturveränderung setzen, so dass, wenn w_t der Widerstand bei der Temperatur t, w_0 derjenige bei der Temperatur $0°$, α der Temperaturcoefficient,

$$w_t = w_0 (1 + \alpha t).$$

§. 7, III.   A. Die elektrischen Constanten des Kabels.   311

Hieraus folgt, dass gleichen Temperaturdifferenzen stets gleiche Differenzen des Widerstandes entsprechen; denn, wenn w_{t_1} der Widerstand bei der Temperatur t_1, so ist

1) . . . . . . $w_{t_1} = w_o (1 + a t_1)$, also
$$w_{t_1} - w_t = a w_o (t_1 - t).$$

Wenn also z. B. der Widerstand eines Drahtes von 0° zu 5° um 3 S. E. sich vermehrt, so wird er sich auch von 20° zu 25° um 3 S. E. zunehmen.

Bei Guttapercha und Gummi ist dies nicht mehr richtig; bei beiden ist die Abnahme des Widerstandes von 20° zu 25° bedeutend grösser, als diejenige von 0° zu 5°; bei diesen Körpern entsprechen gleichen Temperaturdifferenzen nicht gleiche Differenzen, sondern gleiche Verhältnisse des Widerstandes.

Wenn w_t, w_o, t dasselbe bedeuten, wie oben, und a ein Coefficient, so ist für Guttapercha und Gummi:

2) . . . . $w_t = w_o . a^t$.

Für die Temperatur t_1 hat man daher
$$w_{t_1} = w_o . a^{t_1}; \text{ es ist also}$$
$$\frac{w_{t_1}}{w_t} = a^{t_1 - t},$$

d. h. das Verhältniss der Widerstände bei zwei verschiedenen Temperaturen hängt nur ab von der Temperaturdifferenz, nicht von dem absoluten Werth der Temperaturen.

Logarithmisirt man diese Formel, so kommt

3) . . $Log\ w_{t_1} - Log\ w_t = (t_1 - t) Log\ a$

oder die Differenz der Logarithmen der Widerstände ist proportional der Temperaturdifferenz.

Es ist also z. B. die Differenz der Widerstände bei 20° und 25° viel grösser, als diejenige bei 5° und 0°, aber das Verhältniss ist dasselbe: der Widerstand bei 25° verhält sich zu demjenigen bei 20°, wie der Widerstand bei 5° zu demjenigen bei 0°.

Dadurch, dass der Isolationswiderstand bei einer bestimmten Temperatur keine constante Grösse ist, wird auch die Temperaturreduction abhängig von der Zeit, d. h. von der Dauer der Elektrisirung.

Wenn die Elektrisirungscurve, d. h. die Veränderung des Isolationswiderstandes mit der Dauer der Elektrisirung für alle Temperaturen dieselbe wäre, dann würde auch der Temperaturcoefficient a, s. Gleichungen 2) und 3), für alle Temperaturen derselbe sein. Dies ist aber nicht der Fall. Die Zunahme des Isolationswiderstandes mit der Dauer der Elektrisirung ist bei niederer Temperatur viel grösser, als bei höherer; also ist auch das Verhältniss der Widerstände bei zwei verschiedenen Temperaturen, und in Folge dessen der Coefficient a, z. B. nach der 1sten Minute, bedeutend geringer als nach der 10ten oder 20sten Minute.

Diese doppelte Abhängigkeit des Isolationswiderstandes von der Temperatur und der Dauer der Elektrisirung ist bis jetzt noch nicht durch eine einzige Formel ausgedrückt worden. Beim praktischen Kabelmessen wird gewöhnlich der Isolationswiderstand nach einer bestimmten Zeit der Elektrisirung, nach einer oder nach zwei Minuten, als Mass angenommen und für diese Grösse der Temperaturcoefficient a bestimmt.

Im Anhange befindet sich eine Tabelle und einige Messungen, welche eine Uebersicht über diese doppelte Abhängigkeit gewähren.

Man sieht, dass die Kabelhülle der Elektrisirung um so weniger Widerstand entgegensetzt, je höher ihre Temperatur ist. Hiernach müsste es sogar eine Temperatur geben, bei welcher dieselbe sofort durch die erste Einwirkung des Stromes durch alle Schichten hindurch völlig elektrisirt wäre. Diese Temperatur müsste jedenfalls höher als 30° sein; da aber bei einer solchen Temperatur Guttapercha und Gummi anfangen weich zu werden, sind bisher solche Beobachtungen nicht gemacht worden.

Auch dieses Verhalten der Isolatoren ist ähnlich demjenigen der Magnete. Die Elektrisirung eines Isolators hat Aehnlichkeit mit der Magnetisirung eines Magnetes; beiden Vorgängen stellen sich Molecularkräfte entgegen, welche das Anwachsen der Elektrisirung bez. der Magnetisirung verzögern; bei den Magneten nennt man diese Molecularkraft die Coërcitivkraft.

Wie S. 213 bemerkt wurde, nimmt die Coërcitivkraft in Magneten mit steigender Temperatur ab, die Magnetisirung findet also bei höherer Temperatur weniger Hindernisse, gerade so wie die Elektrisirung eines Isolators.

Der Isolationswiderstand ist auch abhängig von dem Druck, unter welchem die Oberfläche der Kabelhülle steht, und zwar in nicht unbedeutendem Masse; daher kommt es, dass in tiefer See liegende Kabel bei gleicher Temperatur höhere Isolation besitzen, als vor der Legung in der Fabrik oder an Bord des Schiffes.

Für das praktische Kabelmessen ist es nun wichtig, nicht nur das Verhalten einer guten Kabelhülle zu kennen, sondern auch die Eigenschaften und die Entwickelung von Fehlern.

§. 7, III.   A. Die elektrischen Constanten des Kabels.

Das Vorkommen von Fehlern in der Kabelhülle bei der Fabrikation völlig zu vermeiden, ist fast unmöglich; das Umpressen der Kupferlitze mit Guttapercha oder Gummi lässt sich nie in solcher Vollkommenheit ausführen, dass der Ueberzug nicht eine Anzahl Luft- und Wasserblasen enthält. Hieraus entspringt namentlich die Nothwendigkeit, Kabel, welche gut isolirt und dauerhaft sein sollen, nicht in einer einzigen Operation mit Guttapercha oder Gummi zu umpressen, sondern denselben mehrere übereinander lagernde Ueberzüge zu geben, bei dünneren Kabeln zwei, bei dickeren drei und mehr. Durch dieses Verfahren wird die Isolation ganz bedeutend erhöht und gleichsam versichert: im Allgemeinen werden die schlechten Stellen des einen Ueberzuges auf gute Stellen des anderen Ueberzugs zu liegen kommen und umgekehrt, so dass nur in Ausnahmefällen zwei schlechte Stellen sich überdecken und einen wirklichen Fehler, d. h. eine schlechte Isolation der Kupferlitze, bilden.

Durch dieses Verfahren und durch sorgfältige mechanische Prüfungen und Verbesserungen der einzelnen Ueberzüge lassen sich weitaus die meisten von Ungenauigkeiten der Fabrikation herrührenden Fehler beseitigen; es bleiben nur wenige versteckte Fehler übrig, welche mechanisch kaum zu bemerken sind; die Anwesenheit dieser Fehler zu erkennen und wo möglich dieselben zu finden, bildet ein Hauptgeschäft des Kabelelektrikers.

Die gewöhnliche Ursache dieser feineren Fehler, welche oft erst lange nach Beendigung der Fabrikation auftreten, sind kleine Höhlungen, theils längs der Kupferlitze, theils an der Trennungsfläche zweier Ueberzüge; dieselben enthalten Luft und Feuchtigkeit, in selteneren Fällen nur Wasser. Ein Isolationsfehler entsteht aus solchen Höhlungen erst, wenn dieselben einen continuirlichen Weg von der Kupferlitze bis an die Peripherie der Kabelhülle bilden; ein Fehler, der erst nach einiger Zeit auftritt, besteht daher in einer solchen Höhlung im Innern der Kabelhülle, welche sich nach und nach erweitert hat, bis schliesslich die Kabelhülle gesprengt wurde.

Zur Erweiterung einer solchen Höhlung bedarf es einer Kraft. Bei Kabeladern, welche nach ihrer Fertigstellung noch Fabrikationsprocessen unterworfen werden, geben die damit verbundenen mechanischen Manipulationen Anlass genug zu dieser Erweiterung; bei ruhig liegenden Kabeln dagegen können bloss elastische Nachwirkung und Temperaturveränderungen die Ursache jener Erweiterung sein. Namentlich sind es wohl die letzteren; denn bei jeder Erwärmung des Kabels erhalten Luft und Wasserdampf im Innern einer jener Höhlungen erhöhten Druck, zerreissen die Kabelhülle etwas und erweitern die Höhlung; diese Erweiterung geht nicht zurück, wenn Erkaltung eintritt; und auf diese Weise wird durch jede Erwärmung etwas Kabelhülle zerstört, bis dieselbe durchbohrt ist.

Dieser Vorgang lässt sich auf elektrischem Wege erkennen, und zwar an der Verschiedenheit, welche die Werthe des Isolationswiderstandes bei der Messung mit Kupfer- und Zinkpolen zeigen.

Bei der Isolationsmessung ist es Regel, dass das Kabel vor der Messung möglichst lange an Erde liegt, dann z. B. mit dem Kupferpol einer Batterie von 100 bis 200 Elementen gemessen, hierauf wenigstens eine Stunde an Erde gelegt und endlich mit dem Zinkpol derselben Batterie gemessen wird; je länger das Kabel ist, desto länger lässt man dasselbe zwischen beiden Messungen an Erde liegen. Ein völlig gutes Kabel muss unter diesen Umständen mit Kupfer und Zink nach gleicher Dauer der Elektrisirung denselben Isolationswiderstand zeigen; jede Differenz der Messungen mit Kupfer und Zink zeigt das Vorhandensein eines Fehlers an, und je grösser diese Differenz, desto grösser ist der Fehler.

Vorausgesetzt ist hierbei, dass bei beiden Messungen die Temperatur dieselbe und vor der Messung jede ältere Elektrisirung der Kabelhülle entfernt sei.

Merkwürdigerweise ist, so lange der Fehler noch nicht ausgebildet, d. h. die Kabelhülle durchbohrt ist, im Allgemeinen nicht anzugeben, welcher Isolationswiderstand grösser ist, ob der mit Zink, oder der mit Kupfer gemessene. Ist die Kabelhülle durchbohrt, ist also das Kupfer in directem Contact mit dem Wasser, so ist stets die mit Zink gemessene Isolation grösser; so lange aber noch ein Stück Isolator zwischen Wasser und Kupfer liegt, kommt es eben so häufig vor, dass die mit Kupfer gemessene Isolation grösser ist, als das Gegentheil.

Sobald der Fehler sich mehr und mehr ausgebildet, treten ausserdem noch andere Erscheinungen hinzu: die Abnahme des Isolationsstromes mit der Dauer der Elektrisirung verändert sich, wird in den meisten Fällen geringer, hier und da auch grösser; schliesslich, wenn der Fehler sich ganz entwickelt hat, schwankt der Isolationsstrom in unregelmässiger Weise um einen mittleren Werth. In dem letzteren Falle ist ziemlich sicher auf einen directen Contact zwischen Kupfer und Wasser, wenn auch nur durch einen haarfeinen Gang in der Kabelhülle, zu rechnen.

Die Isolation, welche eine Schicht aus irgend einem isolirenden Material bewirkt, ist überhaupt stets nur eine relative und gilt bloss für

§. 7, III.   A. Die elektrischen Constanten des Kabels.   315

eine gewisse Grenze der elektrischen Dichte. Ein Kupferdraht
z. B., welcher nur mit einer dünnen Schicht von Guttapercha bedeckt
ist, kann recht gute Isolation zeigen, so lange man eine geringe Anzahl
von Elementen benutzt; bei Anwendung stärkerer Batterieen jedoch wird
die Schicht bald an der schwächsten Stelle vom Strom durchbrochen,
so dass ein Isolationsfehler entsteht. Wählt man die isolirende Schicht
stärker, wie bei Unterseekabeln, so wird die Isolation auch einer Batterie von mehreren 100 Elementen widerstehen, während der Schlag
einer mit der Elektrisirmaschine geladenen Leydener Flasche dieselbe mit
Leichtigkeit durchbricht.

Legt man einen isolirten Leiter an eine Elektricitätsquelle, deren
Dichte man so lange steigert, bis die isolirende Schicht durchbrochen
wird, und beobachtet zugleich den Isolationsstrom, so wächst dieser letztere innerhalb der Grenzen, für welche die Isolation sicher ist, ziemlich
gleichmässig mit der Dichte; sobald man sich aber jenem Maximum der
Dichte nähert, welches die Schicht gerade noch erträgt, beginnt der
Strom unruhig zu werden — man beobachtet namentlich stossweises
Wachsen desselben, gefolgt von allmäligem Zurücksinken — bis endlich der Durchbruch erfolgt, und die Isolation in Leitung umschlägt.

Endlich haben wir noch zu erwähnen die Abhängigkeit des Isolationswiderstandes von den Dimensionen des Kabels.

Wenn D der äussere Durchmesser des Kabels, also derjenige der
Kabelhülle, d der Durchmesser der Kupferlitze, so ist der Isolationswiderstand eines Kabels von der Länge L in Kilometern:

$$4) \quad\quad w = a \frac{Log \frac{D}{d}}{L}.$$

Hier ist a eine Constante, welche von dem Material und der Temperatur abhängt.

Für Guttapercha bei 15° C. ist

$$a = 2500 \text{ Millionen S. E.},$$

für Gummi bei 15° C. ist

$$a = 25000 \text{ Millionen S. E.}$$

Die hier für a gegebenen Werthe sind nur als Mittelwerthe anzusehen, von denen die den einzelnen Sorten des Materials entsprechenden
Werthe erheblich abweichen können.

Man sieht aus dieser Formel, dass es beim Isolationswiderstand
nur auf das Verhältniss des äusseren zum inneren Durchmesser der

Kabelhülle ankommt, nicht auf die absoluten Werthe derselben; wenn also der Durchmesser der Kupferlitze in demselben Masse vergrössert oder verkleinert wird, als derjenige der Kabelhülle, so bleibt der Isolationswiderstand derselbe. Die Dicke der Kabelhülle ist also nicht allein massgebend für die Isolation, sondern auch die Dicke des Kupferdrahtes.

Man sieht ferner aus dieser Formel, dass der Isolationswiderstand umgekehrt proportional der Länge des Kabels ist. Dies ist selbstverständlich. Denn der Isolationswiderstand ist dem Widerstand eines Körpers zu vergleichen, dessen eine Endfläche die Oberfläche der Kupferlitze und dessen andere Endfläche die Oberfläche der Kabelhülle ist, und in welchem der Strom von einer Endfläche zur anderen geht. Die Grösse der Endflächen aber ist proportional der Länge des Kabels, und der Widerstand umgekehrt proportional einer Endfläche; also ist derselbe umgekehrt proportional der Kabellänge.

IV. **Die Ladung.** Wenn ein Kabel einen unendlich grossen Isolationswiderstand hätte, so würde beim Anlegen desselben an die Batterie — wenn das andere Ende isolirt ist — nur ein **Ladungsstrom** auftreten, d. h. ein Strom, der dem Kabel die seiner Eigenschaft als Condensator entsprechende Ladung zuführt. Wird das Kabel entladen, so entsteht ein **Entladungsstrom**, der dem Ladungsstrom **gleich, aber entgegengesetzt gerichtet** ist.

Die Ladungsströme sind keine stationären Ströme, d. h. Ströme, deren Stärke einen constanten Werth behält, sondern dauern nur kurze Zeit und sind innerhalb derselben nie constant. Die Art der Veränderung der Stromstärke und die Dauer des Stromes ist in verschiedenen Fällen verschieden — so dauert bei langen Kabeln der Ladungsstrom länger und verändert sich langsamer, als bei kurzen Kabeln — immerhin ist aber die Dauer des Ladungsstromes in den gewöhnlichen Fällen so kurz, dass derselbe auf ein Galvanometer wirkt, wie ein nur einen Augenblick andauernder Stromstoss, oder wie eine bestimmte **Menge Elektricität**, welche auf einmal dem Kabel zugeführt wird. Dieselbe Menge Elektricität wird durch den Entladungsstrom dem Kabel entzogen, daher sind beide Ströme gleich gross.

Die Ladungsströme haben in ihrem Verlauf viele Aehnlichkeit mit Inductionsströmen. Wie der Ladung eine Entladung entspricht, so entspricht einem Inductionsstrom der einen Richtung ein solcher in der entgegengesetzten Richtung, wie z. B. beim Schliessen und Oeffnen eines primären Stromkreises. Der Verlauf von Ladung und Entladung ist zwar stets derselbe, während, wie wir gesehen haben, inducirte Oeffnungs- und Schliessungsströme sehr verschiedenen Verlauf zeigen; allein in den meisten Fällen ist dieser Verlauf so rasch, dass sie auf die gewöhnlichen Instrumente wie momentan verlaufende Ströme wirken; in diesem Falle aber üben auch z. B. ein Oeffnungs- und ein Schliessungsstrom gleiche und entgegengesetzte Wirkungen aus.

Der Unterschied zwischen Ladungs- und Inductionsströmen besteht, abgesehen von den Ursachen dieser Ströme, darin, dass nach der Ladung das Kabel oder der Condensator freie Elektricität enthält, welche durch die Entladung wieder entfernt wird, während nach jedem Inductionsstrom der Leiter, in welchem derselbe auftrat, keine freie Elektricität mehr besitzt.

Wir haben bereits S. 26 erwähnt, dass die Ladung eines Condensators proportional sei der Capacität desselben und der Dichte der Elektricitätsquelle. Für die letztere können wir auch die elektromotorische Kraft der Batterie setzen; die Formel für die Capacität des Kabels oder eines cylindrischen Condensators ist S. 26 gegeben worden.

Man hat daher für die Ladung eines Kabels (bei isolirtem Ende)

1) . . $L = p \cdot EC = pEi \dfrac{2\pi l}{\log \dfrac{D}{d}}$;

hier bedeuten:

L die Ladung des Kabels,
p einen constanten Factor, der von den Masseinheiten abhängt,
E die elektromotorische Kraft der Batterie,
C die Capacität des Kabels,
i das specifische Ladungsvermögen der Kabelhülle,
l die Länge des Kabels,
D den Durchmesser der Kabelhülle,
d denjenigen des Kupferdrahtes.

Die Ladung des Kabels ist also proportional der elektromotorischen Kraft der Batterie, dem specifischen Ladungsvermögen des Materials, aus welchem die Kabelhülle besteht, und der Länge des Kabels; die Abhängigkeit der Ladung von dem äusseren und inneren Durchmesser ist nicht einfacher Natur.

Man sieht aus der Formel, dass es für die Ladung nur auf das Verhältniss der beiden Durchmesser des Kabels ankommt, nicht auf die absolute Grösse. Wählt man also dieses Verhältniss immer gleich, nimmt man z. B. den äusseren Durchmesser der Kabelhülle stets 3 mal so gross, als den Durchmesser des Kupferdrahtes, so bleibt die Ladung stets dieselbe unter sonst gleichen Verhältnissen.

Denkt man sich den Kupferdraht mit einer ganz dünnen Schicht des Isolators überzogen, so ist die Abhängigkeit der Ladung von den Dimensionen des Kabels eine einfache. Denn wenn wir in obiger Formel die Dicke der Kabelhülle $h = D - d$ einführen, so wird:

$$\frac{1}{\log \frac{D}{d}} = \frac{1}{\log \frac{d+h}{d}} = \frac{1}{\log \left(1 + \frac{h}{d}\right)};$$

ist nun die Dicke der Kabelhülle klein im Verhältniss zu derjenigen des Kupferdrahtes, so darf man für $\log \left(1 + \frac{h}{d}\right)$ setzen: $\frac{h}{d}$, und es wird

$$\frac{1}{\log \left(1 + \frac{h}{d}\right)} = \frac{d}{h},$$

oder: wenn die Schicht des Isolators dünn ist, so ist die Ladung umgekehrt proportional der Dicke jener Schicht.

Denkt man sich nun die Dicke der isolirenden Schicht allmählig zunehmend, und betrachtet die entsprechende Abnahme der Ladung, so wird diese Abnahme verhältnissmässig stets geringer. Dies geht deutlich aus der folgenden Tabelle hervor, in welcher für einige Werthe von $\frac{D}{d}$, welche den ganzen Bereich der in Wirklichkeit möglichen Werthe dieser Grösse umfassen, die entsprechenden Werthe der Ladung berechnet sind, die Ladung für $\frac{D}{d} = 2$ gleich 100 gesetzt.

$\frac{D}{d} =$	1.5	2	2.5	3	3.5	4	5	7	10	15	20
$L =$	171	100	75.6	63.1	55.3	50.0	43.0	35.6	30.1	25.6	23.1

Bei Unterseekabeln ist das Verhältniss von $\frac{D}{d}$ meist wenig verschieden von 3, bei den neuen unterirdischen Linien in Deutschland dagegen 2.5, bei den in Wirklichkeit zur Verwendung kommenden Guttaperchadrähten ist $\frac{D}{d}$ wenigstens $= 2$, höchstens $= 4$. Für diese Grenzen aber $\left(\frac{D}{d} = 2 \text{ bis } 4\right)$ ist, wie aus obiger Tabelle hervorgeht, die Ladung annähernd proportional $\frac{d}{D}$; für Werthe unter 2 von $\frac{D}{d}$, ist die Veränderung der Ladung stärker, für Werthe über 4 schwächer, als der Proportionalität mit $\frac{d}{D}$ entspricht. —

§. 7, IV.   A. Die elektrischen Constanten des Kabels.   319

Betrachten wir nun die Vorgänge bei der Ladung des Kabels näher. Denken wir uns zunächst einen Stromkreis, bestehend aus einer Batterie b, einem Widerstand w und einem Condensator c, Fig. 196,

Fig. 196.

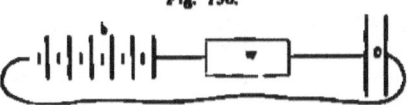

und betrachten die Einflüsse der elektromotorischen Kraft der Batterie, des Widerstandes und der Capacität des Condensators auf den Ladungsstrom.

Die Formel 1) für die Quantität L der Ladung gründet sich unmittelbar auf die Bedingungen des elektrischen Gleichgewichtes, wenn der Condensator geladen ist, und ist streng richtig. Wie gross oder wie klein auch die elektromotorische Kraft der Batterie und die Capacität des Condensators sein mag, stets ist die zur Ladung nöthige Menge Elektricität proportional beiden Grössen.

Durch die Quantität der Ladung ist der Ladungsstrom in einer Beziehung bestimmt: der Ladungsstrom hat gleichsam die zur Ladung nöthige Menge Elektricität nach dem Condensator zu führen; es ist also hierdurch die Leistung bestimmt, welche der Ladungsstrom im Ganzen auszuführen hat. Stellen wir den Ladungsstrom dar, indem wir die Zeit als Abscisse, die Stromstärke als Ordinate auftragen, Fig. 197, so ist die Quantität der Ladung gleich dem Inhalt der von der Stromcurve und der Abscissenaxe eingeschlossenen Fläche; dieser Inhalt ist also durch die elektromotorische Kraft der Batterie und die Capacität des Condensators bestimmt.

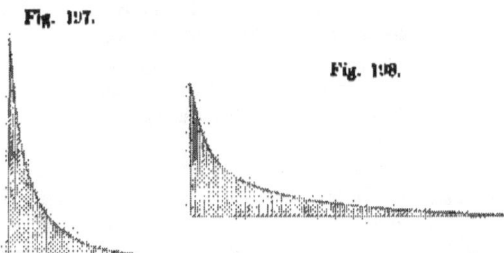

Fig. 197.

Fig. 198.

Nicht bestimmt aber ist hierdurch der Verlauf des Ladungsstromes. Bei derselben Capacität und derselben Batterie kann der Ladungsstrom von Fig. 197 die Form von Fig. 198 annehmen; der

Stromverlauf ist in diesem Fall ein ganz anderer, obschon der Inhalt der umschlossenen Fläche derselbe geblieben ist.

Insofern bleibt unter allen Umständen der Verlauf des Ladungsstromes ein ähnlicher, als derselbe stets im ersten Augenblick die grösste Stärke besitzt, dann fällt, erst rasch, dann immer langsamer, und schliesslich allmählig verschwindet. Die beiden charakteristischen Merkmale dieser Stromcurve sind: der **Anfangswerth des Stromes und die Geschwindigkeit des Fallens**.

Der **Anfangswerth des Ladungsstromes ist gleich dem Strom bei kurzem Schluss**, d. h. dem Strom, welchen man erhält, wenn man den Condensator aus dem Kreise ausschaltet und die Batterie unmittelbar durch den Widerstand schliesst; derselbe ist also nur abhängig von der **elektromotorischen Kraft der Batterie und dem Widerstand des Stromkreises, nicht von der Capacität des Condensators**.

Die **Geschwindigkeit des Fallens des Ladungsstromes** hängt ab vom **Widerstand des Stromkreises und von der Capacität des Condensators**, und zwar von beiden Grössen in gleichem Masse. Je grösser Capacität und Widerstand, desto langsamer fällt der Ladungsstrom.

Damit hängt aber unmittelbar die **Dauer des Ladungsstromes** zusammen; da nämlich durch die Verhältnisse im Stromkreis einerseits der Anfangswerth des Ladungsstromes und die Art seines Abfalls, andrerseits der Inhalt der von der Stromcurve eingeschlossenen Fläche gegeben ist, so ist hierdurch auch die Dauer des Stromes bestimmt.

Die Dauer des Ladungsstromes ist also um so grösser, je grösser der Widerstand und je grösser die Capacität; vom Widerstand hängt dieselbe aber mehr ab als von der Capacität, weil derselbe nicht nur die Art des Abfalls des Stromes beeinflusst, wie dies auch die Capacität thut, sondern auch den Anfangswerth.

Um diese für das praktische Kabelsprechen nicht unwichtigen Verhältnisse zu veranschaulichen, gebrauchen wir das schon früher benutzte Bild eines Wasserstromes.

Denken wir uns einen leeren Wasserbehälter, auf dessen Grund eine Röhre führt, von welcher ein Ende mit einer Wasserquelle von bestimmter Leistungsfähigkeit verbunden ist. Es soll ferner eine Einrichtung getroffen sein, welche, sobald das Niveau im Wasserbehälter anfängt zu steigen, die Röhre hebt, so dass ein Ende derselben immer auf dem Niveau der Quelle, das andere auf demjenigen des Behälters liegt. Die Quelle ist zu vergleichen mit der Batterie, ihre Fallhöhe

§. 7, IV.   A. Die elektrischen Constanten des Kabels.   321

mit der elektromotorischen Kraft der Batterie, der Reibungswiderstand der Röhre mit dem Widerstand des Stromkreises, der Wasserbehälter mit dem Condensator, die Grösse des Behälters mit der Capacität des Condensators.

Wenn das erste Wasser durch die Röhre fliesst, ist es offenbar ganz gleichgültig, wie gross der Wasserbehälter ist, da das Wasser sich ganz ungehindert am Boden desselben ausbreiten kann. Die Röhre bietet einen gewissen Reibungswiderstand dar, und es fliesst daher im Anfang so viel Wasser durch die Röhre, als bei der betr. Fallhöhe und dem betr. Widerstand der Röhre überhaupt fliessen kann. Der Anfangswerth des Stromes hängt also nicht von der Grösse des Behälters ab, sondern ist derselbe, als wenn der Behälter unendlich gross und das Niveau in demselben constant wäre. Dieser Fall entspricht aber demjenigen des Stromes bei kurzem Schluss, wie wir denselben oben definirt haben.

Sobald das Niveau im Behälter anfängt zu steigen und das eine Ende der Röhre sich hebt, wird die Niveaudifferenz zwischen Quelle und Behälter kleiner, also der Strom schwächer. Das Fallen des Stromes muss sowohl vom Widerstand in der Röhre, als von der Grösse des Behälters abhängen: denn je grösser der Widerstand und der Inhalt des Behälters ist, desto langsamer füllt sich der Behälter und desto langsamer verringert sich die den Strom bestimmende Niveaudifferenz; von der Geschwindigkeit des Fallens des Stromes hängt aber auch die Dauer der Füllung des Behälters ab; da für diese letztere aber auch der Anfangswerth des Stromes maassgebend ist, hat der Widerstand, der sowohl den Anfangswerth, als die Fallgeschwindigkeit des Stromes beeinflusst, grösseren Einfluss auf die Dauer des Stromes, als die Grösse des Behälters.

Wie auch der Widerstand beschaffen sein möge, stets hat der Strom dieselbe Arbeit zu leisten, nämlich den Behälter zu füllen; diese Leistung entspricht der Fläche, welche bei der graphischen Darstellung der Stromcurve von dieser und der Abscissenaxe eingeschlossen wird.

Wir haben bisher nur die Ladung eines Condensators besprochen; das Kabel ist allerdings ein Condensator, aber ein Condensator mit Widerstand. Wenn wir uns das Kabel in eine beliebige Anzahl gleicher Stücke getheilt denken, so stellt jeder einzelne Theil, wie klein er auch sein mag, ein Stück Leitungsdraht mit einem gewissen Widerstand und einen Condensator vor. Wenn man also ein künstliches Kabel aus Drahtwiderständen w und Condensatoren c zusammensetzen will, so müsste dies in der in Fig. 199 angedeuteten Weise geschehen, indem man das Ende jedes Widerstandes mit der einen Belegung eines Condensators und die anderen Belegungen sämmtlicher Condensatoren unter einander und mit der Erde verbindet; die ersteren Belegungen entsprechen alsdann der Innenfläche der Kabelhülle oder der Oberfläche des Kupfer-

Fig. 199.

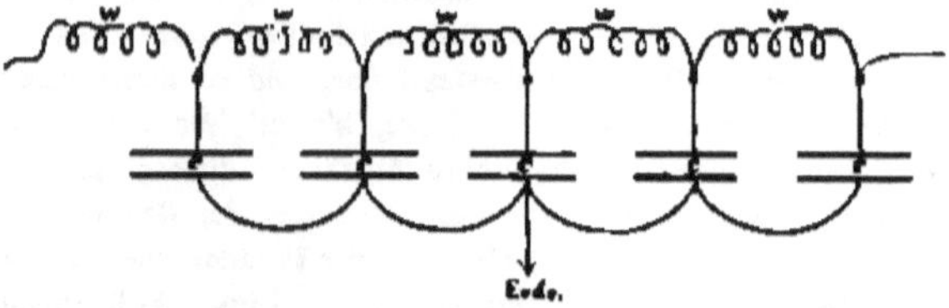

drahtes, die letzteren der Aussenfläche der Kabelhülle. Die Anzahl der einzelnen Theile eines solchen künstlichen Kabels müsste aber eine möglichst grosse sein; je grösser dieselbe ist, desto getreuer ist die Uebereinstimmung der Erscheinungen am künstlichen Kabel mit denjenigen am wirklichen.

Hieraus ist aber ersichtlich, dass die Ladungserscheinungen am Kabel nicht unmittelbar dieselben sind, wie die oben betrachteten an einem einzigen, mit einem einzigen Widerstand verbundenen Condensator. Im Wesentlichen jedoch stimmen beide Fälle überein: Widerstand und Capacität üben beim Kabel ähnliche Einflüsse auf den Verlauf des Ladungsstromes aus wie bei jener einfacheren Combination und aus denselben Gründen; nur ist die Uebereinstimmung der Erscheinungen keine genaue.

Hierbei ist nicht zu übersehen, dass als Widerstand ausser demjenigen des Kupferdrahtes des Kabels auch derjenige der Batterie mitwirkt; und zwar kann dieser Einfluss ziemlich bedeutend sein. Der Batteriewiderstand wirkt genau so, wie ein vor das Kabel geschalteter Widerstand.

In der vorstehenden Betrachtung wurde stets vorausgesetzt, dass das Ende des Kabels isolirt sei; dies ist im Allgemeinen beim Telegraphiren nicht der Fall, sondern es befinden sich hierbei vielmehr, mit wenigen Ausnahmen, vor beiden Enden des Kabels Widerstände, vor dem Kabelanfang der Widerstand der Batterie, hinter dem Kabelende derjenige des Empfangsapparates.

Auch in diesem Falle findet Ladung statt; dieselbe ist aber kleiner als bei dem an einem Ende isolirten Kabel, und der Zufluss und Abfluss von Elektricität kann nicht mehr bloss am Kabelanfang, sondern an beiden Enden des Kabels zugleich stattfinden.

§. 7, IV.   A. Die elektrischen Constanten des Kabels.   323

In dem bisher behandelten Fall (Fig. 200) ist die Dichte an allen Stellen des Kabels gleich; die Dichte wird daher durch eine der Abscissenaxe parallele Gerade ed dargestellt, der Inhalt des Rechtecks $abcd$ ist ein Maass für die Ladung oder die Elektricitätsmenge, welche im Kabel gebunden ist.

Ist das Ende des Kabels an Erde gelegt (Fig. 201), so wird die Dichte durch die schiefe Gerade bc dargestellt, welche die Werthe der Dichte am Anfang und am Ende des Kabels mit einander verbindet, die Elektricitätsmenge, die im Kabel gebunden ist, durch den Inhalt des Dreiecks abc. Hieraus geht unmittelbar hervor, dass die **Ladung des Kabels**, wenn das **Ende an Erde gelegt** ist, die **Hälfte von der vollen Ladung des Kabels** (d. h. wenn das Ende isolirt ist) beträgt.

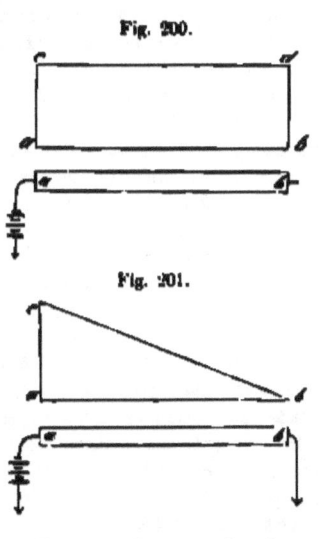

Fig. 200.

Fig. 201.

Was den Process der Ladung und Entladung bei an Erde gelegtem Ende betrifft, so ist von der ersteren klar, dass dieselbe nur vom Kabelanfang aus stattfindet, weil am anderen Ende keine Ursache vorhanden ist, welche Elektricität aus der Erde in das Kabel treiben sollte. Anders ist es mit der Entladung; diese geschieht nach beiden Seiten hin, wie bei einem an zwei Stellen angebohrten Wassergefäss. Hieraus geht hervor, dass der Strom der Entladung am Kabelanfang dem Strom der Ladung entgegengesetzt gerichtet ist, wie bei isolirtem Kabelende, dass am Kabelende dagegen Ladungs- und Entladungsstrom dieselbe Richtung haben.

Was die Elektricitätsmengen betrifft, die bei der Entladung durch die beiden Enden des Kabels strömen, so ergibt die Theorie, dass **zwei Drittel** der Ladung durch den **Kabelanfang**, **ein Drittel** durch das **Kabelende** strömen.

Befinden sich vor und hinter dem Kabel Widerstände, so werden die Verhältnisse etwas verwickelter.

Den Verlauf der Dichte, nach erfolgter Ladung des Kabels, erhält man auch in diesem Falle, wenn man, wie sonst, sämmtliche Widerstände auf der Abscissenaxe aufträgt und den Werth der Dichte am Anfangspunkt (elektromotorische Kraft der Batterie) mit dem Endwerth derselben (Null) durch eine Gerade verbindet. Es ist aber wohl zu beachten, dass von der ganzen Leitung nur das Kabel Ladung besitzt, nicht die vor und hinter dasselbe geschalteten Drähte.

Wenn jedoch jene Widerstände ungefähr gleich und im Verhältniss zu demjenigen des Kabels klein sind, so verhalten sich die bei der Entladung durch Anfang und Ende des Kabels strömenden Elektricitätsmengen ähnlich wie ohne Einschaltung von Widerständen. —

Die Einheit, in welcher man in neuerer Zeit die Capacitäten sowohl von Condensatoren als von Kabeln misst, ist die **Mikrofarad**; diese Masseinheit ist ein Glied des sog. absoluten Maasssystems, dessen Definitionen wir später wiedergeben.

Wie man bei der Herstellung von Widerstandsscalen eines Metalles bedarf, dessen Widerstand sich mit der Zeit möglichst wenig ändert, so bedarf man zur Herstellung von Capacitätsscalen eines Isolators, dessen specifisches Ladungsvermögen möglichst constant bleibt. Der Körper, welcher sich hierzu am besten eignet, ist **Glimmer**. Condensatoren aus Glimmer, sowie aus anderen isolirenden Materialien, werden stets so angefertigt, dass man isolirende Platten und Stanniolblätter von rechteckiger Form in der in Fig. 202 und Fig. 203 angedeuteten Weise abwechselnd übereinander schichtet. Jedes Stanniolblatt steht auf einer

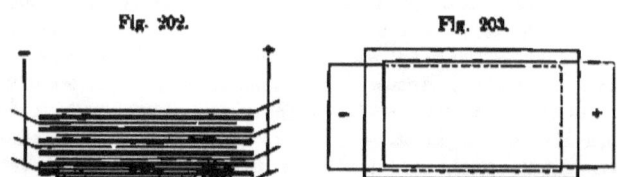

Fig. 202.   Fig. 203.

Seite aus der Schicht der isolirenden Platten vor, während es auf den übrigen drei Seiten den Rand jener Platten nicht erreicht. Die Stanniolblätter stehen abwechselnd nach verschiedenen Seiten vor, z. B. die Blätter 1, 3, 5, 7 u. s. w. nach rechts, die Blätter 2, 4, 6 u. s. w. nach links; die nach einer Seite vorstehenden Enden derselben werden unter einander verbunden und bilden zusammen eine Belegung.

Auf diese Weise lassen sich beliebig Condensatorscalen anfertigen und die einzelnen Abtheilungen, wie bei einem Gewichtssatz, so wählen, dass man innerhalb bestimmter Grenzen jedes beliebige Vielfache der Capacitätseinheit durch Stöpselung herstellen kann. Fig. 204 stellt eine welche Scale (von Siemens und Halske) vor: die einen Belegungen sämmtlicher einzelner Condensatoren sind unter sich und mit der äussersten Klemme links verbunden, welche gewöhnlich mit der Erde verbunden wird; die anderen Belegungen sind einzeln an die mit Zahlen bezeichneten Klemmen geführt, welche durch Stöpselung beliebig mit der quer liegenden Klemme verbunden werden können. Dieser Condensator gibt alle Vielfache der Mikrofarad von 1 bis 10; um z. B. eine Capacität von 7 Mikrofarad herzustellen, hat man die Klemmen 5 und 2 mit der Querklemme zu verstöpseln; es stellt dann diese letztere Klemme den Anfang einer Belegung eines Condensators von 7 m¹ vor, die äusserste Klemme links den Anfang der anderen Belegung.

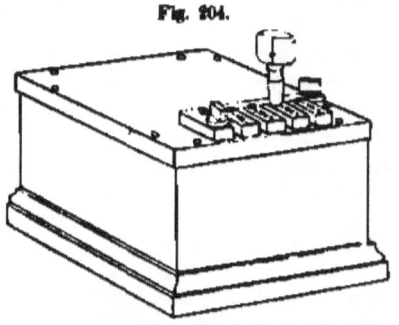

Fig. 204.

Um grosse Condensatoren bis zu 100 oder 1000 m¹, wie es in der telegraphischen Praxis vorkommen kann, herzustellen, ist Glimmer zu theuer. Sobald es auf die genaue Justirung des Condensators nicht ankommt, wählt man als isolirende Masse feines Papier, welches mit Paraffin, Wachs, Schellack u. s. w. getränkt ist. Diese sog. Papiercondensatoren verändern sich meist mit der Zeit in ihrer Capacität, halten sich aber in der Isolation; die Veränderungen der Capacität gehen gleichmässig vor sich, so dass das Verhältniss der einzelnen Capacitäten ziemlich constant bleibt.

Die Isolation jedes Condensators ist natürlich relativ, wie diejenige der Kabel, s. S. 315, und gilt nur bis zu einer gewissen Dichte der Elektricität. So werden z. B. sämmtliche, zum Telegraphiren benutzte Condensatoren und Kabel von dem Strom einer Elektrisirmaschine oder einer mit derselben geladenen Leydener Flasche durchgeschlagen, während sie für Batterien bis zu 200 Elementen die Isolation halten.

B. Die Stromerscheinungen im Kabel.

V. Die Verzögerung und die Schwächung.

Wie wir gesehen haben, unterscheidet sich das Kabel von der oberirdischen Leitung dadurch, dass es eine grosse Ladungscapacität (vgl. S. 302) besitzt, während dieselbe bei der letzteren so gering ist, dass sie bei den meisten gewöhnlichen elektrischen Vorgängen gar nicht bemerkt wird. Dieser Unterschied macht sich bei allen Stromerscheinungen so fühlbar, dass dieselben beim Kabel im Vergleich zu der oberirdischen Linie vollständig veränderte Gestalt annehmen, und zwar sowohl in Bezug auf den zeitlichen Verlauf als die Stärke der Ströme.

Das Kabel lässt sich in keiner Weise durch Widerstände ersetzen, wohl aber die oberirdische Linie, wenigstens für sämmtliche in der telegraphischen Praxis vorkommenden Stromvorgänge und für die bei denselben in Betracht zu ziehende Genauigkeit. Die oberirdische Linie ist ein Kabel von sehr geringer Capacität, sie lässt sich ersetzen durch ein Kabel, dessen isolirende Hülle sehr bedeutende Dicke hat; da bei der Ladung der oberirdischen Linie die Oberfläche des Drahtes der einen Belegung, die Oberfläche der Erde, der Bäume, der Häuser u. s. w. der anderen Belegung entspricht. Das Kabel liesse sich höchstens durch eine oberirdische Linie ersetzen, welche dicht über der Erdoberfläche, aber gut isolirt gegen dieselbe, gezogen wäre.

So gut aber, als die oberirdische Linie Ladungscapacität besitzt, muss jeder isolirte Draht und jeder isolirte Leiter eine gewisse, wenn auch sehr kleine Capacität besitzen. Denn jedes System von Leitern, das vom Strom durchflossen wird, mag es nun ein irgendwie aufgewickelter, oder ein ausgespannter Draht, oder endlich irgend eine Reihe von körperlichen Leitern sein, ist von einem isolirenden Material begrenzt; jenseits dieser letzteren befinden sich wieder Leiter, die wieder isolirt sein können, meistens aber mit Erde verbunden sind. Also muss, wenn die erstgenannten Leiter von Elektricität durchströmt werden, in den letzteren Elektricität gebunden werden und demgemäss in den ersteren eine Ladung entstehen.

Streng genommen gibt es also keinen Leiter ohne Capacität und keine Stromerscheinungen ohne Ladung; es sind daher die Stromerscheinungen im Kabel als der allgemeine Fall zu betrachten, welcher alle anderen umfasst.

Der Fehler jedoch, den man begeht, indem man z. B. die oberirdischen Leitungen als capacitätslos annimmt, ist so gering, dass bei allen gewöhnlichen Fällen derselbe nicht in Betracht kommt; bei Messungen jedoch, wie wir sie bei den Bestimmungen der Geschwindigkeit der Elektricität kennen lernen werden, muss die Ladung berücksichtigt werden.

Wenn ein leitender Draht keine oder nur sehr geringe Capacität besitzt, so sind die Stromerscheinungen einfacher Natur. Hat man einen geschlossenen Drahtkreis, so ist stets der elektrische Strom an allen Stellen desselben gleich stark, und alle Veränderungen treten an allen Stellen zu gleicher Zeit auf; ist der Draht an einem Ende isolirt, so entstehen überhaupt keine Strömungen.

Besitzt dagegen der Draht eine in Betracht kommende Capacität, wie das Kabel, so ist der Strom im geschlossenen Kreise im Allgemeinen an keiner Stelle eben so stark, wie an einer anderen, und die Veränderungen treten auch nicht überall zu gleicher Zeit ein; ist der Draht an einem Ende isolirt, so können Ströme entstehen, — die Ladungsströme.

Betrachten wir den Fall eines Stromimpulses, wie solche beim Telegraphiren auf oberirdische Linien gewöhnlich benutzt werden; das Ende der Leitung ist in diesem Fall durch einen Widerstand mit Erde verbunden, der Anfang wird auf kurze Zeit an den Pol einer constanten Batterie, deren anderer Pol mit Erde verbunden ist, und dann an Erde gelegt. Ist die Leitung eine oberirdische und gut isolirt, so entwickelt sich der Strom sofort in voller Stärke und zwar an allen Punkten der Leitung zu gleicher Zeit — wenigstens ist mit gewöhnlichen Apparaten keine Zeitdifferenz nachzuweisen. Aus der gleichzeitigen Entwickelung des Stromes folgt, dass die Elektricität den Draht in kaum messbar kleiner Zeit durchläuft; die Gleichheit der Stromstärke zeigt an, dass alle Elektricität, die am Anfang in die Leitung eintritt, dieselbe am Ende auch wieder verlässt.

Anders beim Kabel. Bildet man ein längeres Kabel aus einzelnen Stücken und schaltet zwischen diese Stücke Apparate ein, welche den Strom anzeigen, so lässt sich leicht nachweisen, dass einerseits eine deutlich bemerkbare Zeit vergeht, bis der Strom von einer Stelle des Kabels zu einer anderen gelangt, und andrerseits, dass die an den einzelnen Stellen auftretenden Ströme um so schwächer sind, je weiter die betr. Stellen vom Anfang entfernt sind.

Darin offenbart sich die Verzögerung und die Schwächung der Ströme im Kabel; dieselben treten im Allgemeinen bei allen Kabelströmen auf, gleichviel welche Schaltung mit dem Kabel vorgenommen, und in welcher Weise dasselbe mit Batteriepolen und Erde verbunden wird. Wir müssen jedoch gleich hinzusetzen, dass diese Bezeichnungen nur allgemeiner Natur und völlig unbestimmt sind, indem die Art der Verzögerung und der Schwächung eines Kabelstromes von den in jedem einzelnen Falle herrschenden Verhältnissen abhängt und bei demselben Kabel bei verschiedenen Stromvorgängen sehr verschieden ausfallen kann.

Dass eine Schwächung des Stromes im Kabel eintreten muss, lässt sich zunächst an dem oben genannten Beispiele leicht übersehen.

Wenn das Kabel vor dem Anlegen des einen Endes an Batterie entladen war, so muss die Elektricität, die durch das Anlegen an Batterie in dasselbe eintritt, zum Theil dazu verwendet werden, um das Kabel zu laden; es bleibt daher in jedem einzelnen Stück des Kabels Elektricität zurück, und es fliesst immer weniger Elektricität weiter; es muss also der Strom, der am Kabelanfang seine volle Stärke besass, mit der Entfernung vom Kabelanfang abnehmen.

Dasselbe gilt aber auch im Allgemeinen für den Fall, dass das Kabel vor dem Eintritt des Stromes geladen ist. Für den Strom kommt es, wie unten ausführlicher auseinandergesetzt wird, nur auf die Differenz der elektrischen Dichten an, nicht auf den absoluten Werth derselben; wenn also das Kabel seiner ganzen Länge nach mit Elektricität von gleicher Dichte geladen ist und der Anfang an einen Batteriepol von anderer elektrischer Dichte gelegt wird, bleiben die Stromverhältnisse dieselben, als ob das Kabel vorher gar nicht geladen wäre und der Anfang an einen Batteriepol gelegt würde, dessen Dichte gleich der Differenz der im ersteren Fall vorkommenden Dichten wäre. Eine Schwächung des Stromes bei seiner Fortpflanzung durch das Kabel muss also in diesem Fall aus demselben Grund eintreten, wie oben.

Findet ein in das Kabel geschickter Strom Stellen im Kabel, deren elektrische Dichte bereits vorher gleich oder beinahe gleich ist derjenigen, welche der Strom an dieser Stelle herzustellen sucht, so verringert dieser Umstand die Schwächung des Stromes; es lassen sich sogar Fälle denken, in denen der Strom zu derselben Zeit an zwei verschiedenen Stellen des Kabels gleich stark oder an weiter entfernten stärker ist, als an der näherliegenden. Diess sind jedoch einzelne Ausnahmen, die für eine allgemeine Charakterisirung dieser Ströme nicht ins Gewicht fallen.

Es fragt sich nun, welches die Ursache der bei den Kabelströmen beobachteten Verzögerung ist.

Zunächst muss eine Verzögerung entstehen, wenn es richtig ist, dass die Elektricität sich nicht augenblicklich fortpflanzt, sondern eine bestimmte Fortpflanzungsgeschwindigkeit besitzt. Weiter unten werden wir sehen, dass diess allerdings wahrscheinlich ist; wenn es aber auch der Fall ist, so hat jedenfalls die Fortpflanzungsgeschwindigkeit der Elektricität einen Werth, der demjenigen der Lichtgeschwindigkeit gleich oder nahe gleich, also sehr gross ist.

Diese Art von Verzögerung kann auch bei den längsten Kabeln nur einen geringen Werth haben, so dass die in Wirklichkeit auftretenden Verzögerungen nicht nur dieser Ursache abgeleitet werden können.

Für ein atlantisches Kabel beträgt die aus der Geschwindigkeit der Elektricität berechnete Verzögerung etwa 0,015 Sekunden, während der Werth der wirklichen sog. Verzögerung wenigstens 0,3 Sekunden ist.

Die Ursache dessen, was man beim Kabel Verzögerung nennt, liegt jedenfalls, wie bei der Schwächung, in der Ladung. Die Kraft, welche die Elektricität im Kabel von einer Stelle zur andern treibt, hat ihre Ursache in der Differenz der elektrischen Dichte an den beiden Stellen, indem nach dem Grundgesetz der Elektricität zwischen zwei benachbarten Stellen von verschiedener Dichte ein elektrischer Strom entstehen muss, wenn nicht diese Dichtendifferenz durch äussere Kräfte aufrecht erhalten wird. Dieser treibenden Kraft wirkt die Ladung entgegen, oder vielmehr die Anziehung der durch das Auftreten von Elektricität im Innern des Kabels an die Oberfläche der Kabelhülle gezogenen Elektricität. Diese Anziehung von Seiten der äusseren Elektricität bewirkt nicht nur ein Festhalten der inneren Elektricität, also eine Schwächung des Stromes, sondern auch eine Verzögerung der Bewegung der Elektricität.

Wie schon oben bemerkt, müssen die Verzögerung und Schwächung für jeden einzelnen Fall besonders betrachtet werden, da sich dieselben in jedem einzelnen Falle anders gestalten.

Die einzelnen Fälle, welche wir im Folgenden behandeln, sind das **Ansteigen des Stromes** beim Anlegen einer constanten Batterie und die **Fortpflanzung von regelmässigen Wechselströmen** oder **elektrischen Wellen**.

Die Betrachtung des ersteren Falles gibt uns, wie wir sehen werden, die Mittel an die Hand, sämmtliche in der Telegraphie vorkommenden Stromvorgänge kennen zu lernen; der letztere Fall bietet mehr wissenschaftliches Interesse dar, indem dessen Betrachtung gestattet, die Fortpflanzung der Elektricität mit derjenigen des Schalles, des Lichtes und der Wärme zu vergleichen.

Den Schluss der Betrachtung über die Stromerscheinungen im Kabel bildet diejenige über die Induction in Kabeln.

VI. **Dichte und Strom beim Anlegen von Batterie.** Die Sprechfähigkeit eines Kabels hängt ab von der Curve des ansteigenden Stromes; so nennen wir nämlich die Curve, nach welcher der Strom am Ende eines Kabels ansteigt, wenn der Anfang des Kabels an den Pol einer constanten Batterie gelegt wird, während das Ende an Erde liegt.

Diese Curve könnte man auch die charakteristische Curve des Kabels nennen; denn, wenn dieselbe für irgend ein Kabel bekannt ist, lässt sich stets für eine beliebige Reihe von Stromimpulsen, die dem Anfang des Kabels ertheilt werden, die Wirkung bestimmen, welche diese Ströme im Kabelende, also im Empfangsapparat hervorbringen: es lässt sich also mittelst der Kenntniss dieser Curve in allen in der telegraphischen Praxis vorkommenden Fällen der Verlauf des Stromes im Empfangsapparat bestimmen.

Im Folgenden betrachten wir, bevor wir diese Curve und ihre Verwendung eingehender besprechen, den elektrischen Zustand des ganzen Kabels in allen seinen Theilen, wenn am Anfang Batterie anliegt und das Ende mit Erde verbunden ist, und zwar sowohl die Vertheilung der elektrischen Dichte als die Stromverhältnisse. Bei dieser Darstellung beschreiben wir die Resultate, welche die Theorie der Elektricitätsbewegung in Kabeln ergibt, und begründen dieselbe soweit, als dies ohne Theorie möglich ist.

Der Verlauf der elektrischen Dichte lässt sich, im Allgemeinen wenigstens, leicht übersehen.

Zu Anfang, vor dem Anlegen der Batterie, ist die Dichte im ganzen Kabel Null. Durch das Anlegen der Batterie an den Kabelanfang er-

Fig. 205.

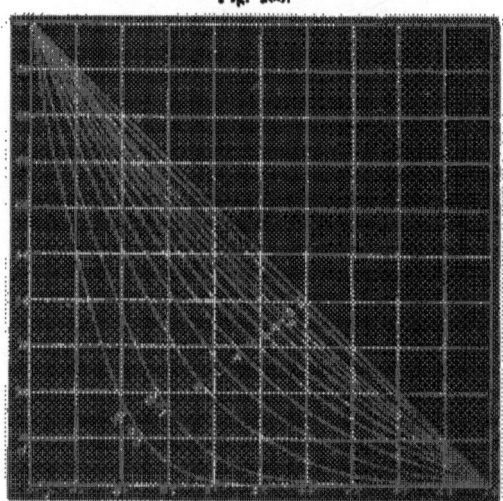

Vertheilung der Dichte im Kabel zu verschiedenen Zeiten.

hält daselbst die Dichte plötzlich den Werth der Dichte des Batteriepols, während die Dichte im ganzen Kabel und auch in der Nähe des Kabel-

Anfangs nur einen sehr geringen Werth annimmt; die Dichte an dem an Ende gelegten Kabelende bleibt stets gleich Null. Die Dichten am Anfang und am Ende des Kabels bleiben von da an dieselben; zwischen diesen beiden Fixpunkten hebt sich die Curve Fig. 205, welche die Vertheilung der Dichte längs des Kabels darstellt, immer mehr, Anfangs rascher, dann immer langsamer, bis dieselbe in die schiefe Gerade übergeht, welche die Vertheilung der Dichte im stationären Zustand darstellt. Der stationäre Zustand tritt ein, wenn alle Theile des Kabels sich vollständig mit Elektricität geladen haben; wenn dieser Zustand erreicht ist, wird von der Elektricität, welche am Kabelanfang eintritt, kein Theil mehr zur Ladung des Kabels verwendet; es fliesst also in jedem einzelnen Stück des Kabels gerade so viel Elektricität auf der einen Seite ein, als auf der anderen Seite ausfliesst; der Strom und die Vertheilung der Dichte sind also dieselben, wie wenn das Kabel keine Ladung hätte; es muss also die Dichte durch eine Gerade dargestellt werden, welche die Werthe der Dichte am Anfang und am Ende des Kabels verbindet.

Fig. 205 stellt die **Vertheilung der Dichte im Kabel zu verschiedenen Zeiten** dar; die Abscissen sind die Entfernungen (x) der einzelnen Stellen im Kabel vom Anfang in Theilen der ganzen Länge (l), die Ordinaten die Dichte, wobei die Dichte am Kabelanfang $= 100$ gesetzt ist. Die einzelnen Curven gelten für verschiedene Zeitpunkte, welche in gleichen Zwischenräumen auf einander folgen, und zwar sind die Zeiten (t) in einer gewissen Einheit a gerechnet, deren Bedeutung und deren Werth bei den einzelnen Kabeln weiter unten besprochen wird.

Der Verlauf der Dichte lässt sich auch noch auf eine andere Art graphisch darstellen, indem man nämlich für die Veränderung der Dichte mit der Zeit an jedem Punkt des Kabels eine Curve entwirft und diese Curven auf demselben Felde vereinigt. Dies ist in Fig. 206 geschehen; die Abscissen sind die Zeiten (in der Einheit a ausgedrückt), die Ordinaten die Dichten; die einzelnen Curven gelten für verschiedene Entfernungen (x) vom Kabelanfang, diese Entfernungen sind in Theilen der Länge (l) ausgedrückt. Fig. 206 giebt also ein Bild des Verlaufs der Dichte nach der Zeit an verschiedenen Stellen des Kabels.

Die beiden Curventafeln, Fig. 205 und Fig. 206, zeigen deutlich, dass die Dichte bereits unmittelbar nach dem Anlegen der Dichte im ganzen Kabel einen von Null verschiedenen Werth hat, dass also die Elektricität sich in unmerklich kurzer Zeit durch das ganze Kabel verbreitet, wenn dieser Werth auch Anfangs nur ein unmerklich kleiner ist, und zwar um so mehr, je grösser die Entfernung vom Kabelanfang ist.

Für die telegraphische Praxis jedoch sind nicht die Dichtenverhältnisse massgebend, sondern die Stromverhältnisse, da die sämmt-

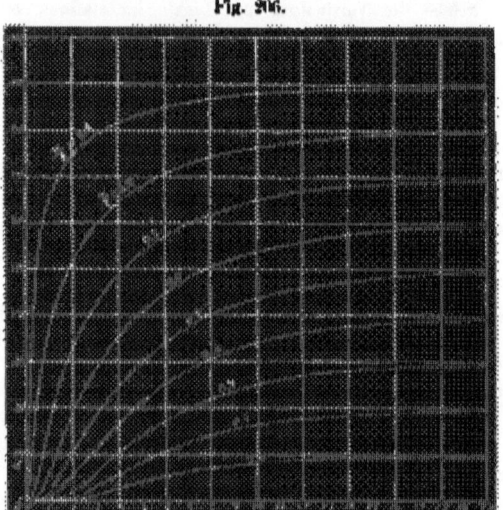

Fig. 206.

Verlauf der Dichte an verschiedenen Punkten des Kabels.

lichen bis jetzt construirten telegraphischen Empfangsapparate auf der Wirkung des Stromes beruhen.

Es lässt sich nun die Stromstärke stets aus der Vertheilung der Dichte ableiten; wenn man nämlich für irgend einen Zeitpunkt die Vertheilung der Dichte im Kabel kennt, so erhält man ein Mass für die in diesem Augenblick an irgend einem Punkte des Kabels herrschende Stromstärke, indem man an diesem Punkt die Tangente an der Curve der Dichte construirt; es ist stets die Stromstärke an irgend einem Punkte proportional der Tangente an die Curve der Dichte.

Dies ist ein allgemeiner Satz, welcher für alle beliebigen Dichtencurven gilt, die in einem Leitungsdrahte vorkommen können, und ist in der Definition des elektrischen Stromes begründet. Nach dieser

§. 7, VI.   B. Die Stromerscheinungen im Kabel.   333

Definition ist der Strom an jeder Stelle des Drahtes proportional der Leitungsfähigkeit, dem Querschnitt und dem Gefälle der Dichte; da Leitungsfähigkeit und Querschnitt im ganzen Draht dieselben sind, ist das Gefälle der Dichte ein Mass für die Stromstärke. Unter Gefälle der Dichte verstehen wir die Differenz der Dichten an den Enden eines kleinen Drathstückes, welches an dem Punkte, für den die Stromstärke gesucht wird, liegt, dividirt durch die Länge dieses Stückes.

Fig. 207 zeigt die Vertheilung der Stromstärke im Kabel zu verschiedenen Zeiten.

Fig. 207.

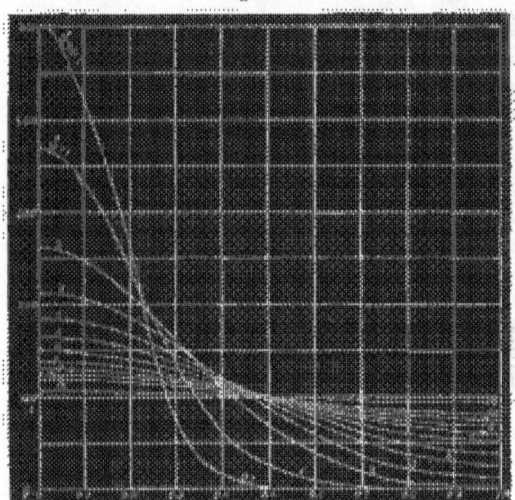

Vertheilung der Stromstärke im Kabel zu verschiedenen Zeiten.

Die Vertheilung der Stromstärke im stationären Zustande gibt eine der Abscissenaxe parallele Gerade; wie oben bemerkt, muss in diesem Falle der Strom an allen Punkten gleich und von derselben Stärke sein, wie wenn die Kupferlitze des Kabels frei in der Luft ausgespannt wäre, also wenig oder keine Ladung hätte. Die stationäre Stromstärke ist gleich 100 gesetzt; die Zeiten sind, wie oben, in der Einheit α gemessen.

Anfänglich, kurz nach dem Anlegen der Batterie, zeigt die Stromcurve am Anfang des Kabels sehr hohe Werthe. Es muss hierbei bemerkt werden, dass in der den Curven zu Grunde liegenden Rechnung der Widerstand der Batterie als sehr klein angenommen ist, was bekanntlich in Wirklichkeit nie der Fall ist. Wenn es der Fall wäre, so wäre der Strom am Kabelanfang im ersten Augenblick nach dem Anlegen der Batterie unendlich gross; da jede Batterie einen Widerstand von endlicher Grösse besitzt, kann dieser Strom nicht grösser sein, als derjenige, welchen man bei kurzem Schluss der Batterie erhält.

Wenn man also den Widerstand der Batterie in Rechnung zieht, so erhalten die Stromcurven etwas veränderte Form, namentlich betrifft dies die Stromstärken in der Anfangsstrecke der Kabel und in der ersten Zeit nach dem Anlegen der Batterie. Diese Veränderung ist erheblich, wenn das Kabel kurz ist, also wenig Widerstand hat, der Widerstand der Batterie dagegen gross ist. Bei längerem Kabel und bei einer guten Batterie von geringem Widerstand — welcher Fall dieser ganzen Betrachtung eigentlich zu Grunde liegt — sind die in Fig. 207 enthaltenen Curven beinahe genau richtig.

In der ersten Zeit nach dem Anlegen der Batterie fallen die Stromcurven vom Kabelanfang aus sehr rasch ab; in den entfernteren Theilen des Kabels und am Ende zeigt sich kaum merklicher Strom. Je länger die Batterie wirkt, desto mehr fällt die Stromstärke am Kabelanfang und steigt dafür am Ende; mit wachsender Zeit nähern sich die Stromcurven immer mehr der Mittellinie d. h. dem stationären Zustand. Dieser Zustand stellt sich nach der Theorie erst nach sehr langer Zeit ganz genau her; in Wirklichkeit kommt es jedoch nur darauf an, dass die Abweichungen der Stromcurve von der Mittellinie für unsere Instrumente unmerklich sind, und dies ist schon nach ziemlich kurzer Zeit der Fall, da die Grösse a, in welcher die Zeiten hier gemessen sind, gewöhnlich nur einen geringen Bruchtheil einer Secunde beträgt.

Schon bei einem oberflächlichen Anblick der Fig. 207 muss es auffallen, dass alle Stromcurven in gleichmässiger Weise um die Mittellinie herumschwanken, so dass, wenn man bei irgend einer der Curven das Mittel aus allen Stromstärken nimmt, dieses Mittel gleich der stationären Stromstärke 100 zu sein scheint.

Dies ist nicht nur ungefähr, sondern genau richtig und lässt sich theoretisch beweisen. **Das Mittel der zu irgend einer Zeit im Kabel vorhandenen Stromstärken ist stets gleich der stationären Stromstärke, oder: die Summe der im ganzen Kabel in Bewegung befindlichen Elektricität ist zu allen Zeiten gleich.** Natürlich gilt dieser Satz nur für den vorliegenden Fall, d. h. so lange am Kabelanfang constante Batterie, am Ende Erde anliegt.

Die Stromstärke am Kabelanfang, welche gleich der in der Batterie herrschenden Stromstärke ist, steigt anfangs plötzlich auf einen hohen Werth und sinkt alsdann allmählig auf den Werth des stationären Stromes herunter. Hätte das Kabel keine Ladungscapacität, so würde an dieser Stelle von Anfang an der Werth des stationären Stromes herrschen. Es geht hieraus hervor, dass **die Batterien beim Telographiren auf Kabeln viel mehr angestrengt werden, als beim Sprechen auf Ueberlandlinien**.

Die Curven zeigen ferner, dass in der ganzen zweiten Hälfte des Kabels die Stromstärke nie grösser wird als die stationäre Stromstärke, während in dem grösseren Theile der ersten Hälfte, wie am Kabelanfang, kurz nach dem Anlegen der Batterie die Stromstärke höhere Werthe annimmt, als die stationäre beträgt.

Diese Unterschiede werden deutlicher, wenn man, wie in Fig. 209, den zeitlichen Verlauf des Stromes an verschiedenen Punkten

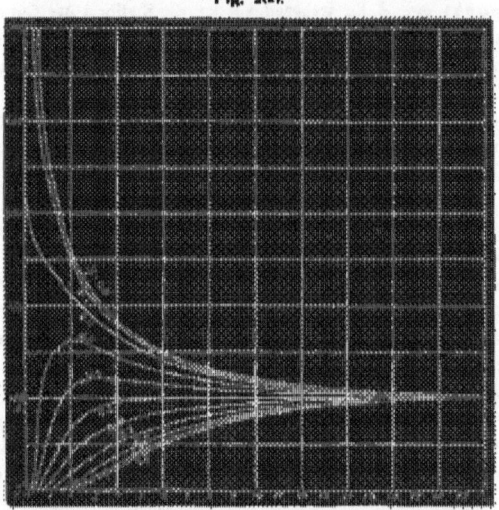

Fig. 209.

Zeitlicher Verlauf des Stromes an verschiedenen Punkten des Kabels.

des Kabels graphisch darstellt; die Abscissen sind daselbst die Zeiten, die Ordinaten die Stromstärken, die einzelnen Curven gelten für die einzelnen Stellen (x) des Kabels. Hier zeigt sich deutlich, dass die Stromcurven beinahe in der ganzen ersten Hälfte des Kabels gleichsam einen Höcker besitzen, der über die Linie der stationären Stromstärke hinaus reicht, dass aber dieser Höcker bei den Stromcurven in der Mitte und der zweiten Hälfte des Kabels fortfällt. Der Uebergang der Curven einer Form in die andere findet etwa bei 0,4 der Länge des Kabels statt.

Es geht hieraus auch hervor, dass das Kabel beim Telegraphiren in der Mitte am wenigsten angestrengt wird, am meisten dagegen an den beiden Enden.

Die Stromcurve am Ende des Kabels, $\left(\frac{x}{l} = 1,0\right)$, die letzte der in der Figur gezeichneten, ist diejenige, welche wir die Curve des ansteigenden Stromes nennen.

VII. Die Curve des ansteigenden Stromes.

Die Gestalt dieser Curve characterisirt sich folgendermassen: sie beginnt im Anfangspunkte 0, besitzt aber im Anfang nur sehr geringe Höhe und Steigung, dann steigt sie ziemlich plötzlich und steil in die Höhe; nachdem sie ungefähr ein Drittel des Werthes des stationären Stromes erreicht hat, tritt ein Wendepunkt ein, d. h., während vorher die Steilheit der Curve immer mehr zunahm, nimmt sie von diesem Punkt an immer mehr ab, die Tangente der Curve, welche vorher sich nach der verticalen Richtung hin drehte, bleibt an diesem Punkte stehen und dreht sich nachher zurück, der horizontalen Richtung zu. Wir können demnach an dieser Curve drei Theile unterscheiden: das Anfangsstück, vom Anfangspunkt bis zum Beginn der steilen Steigung, das steile Ansteigen, und der allmählige Uebergang in den stationären Strom. Die Grenze zwischen dem zweiten und dritten Theil der Curve, jener Wendepunkt, ist ein scharf bestimmter Punkt und lässt sich bereits in einer graphischen Darstellung mit ziemlicher Sicherheit erkennen; die Grenze dagegen zwischen dem ersten und zweiten Theil ist keine scharf bestimmte.

Wir denken uns nun am Ende des Kabels ein Instrument eingeschaltet, welches, wenn es vom Strom durchflossen wird, ein Zeichen giebt, einen Telegraphenapparat oder ein Galvanometer u. s. w. in Bewegung setzt, und betrachten die Wirkung des Stromes. Jedes Instrument der angegebenen Art besitzt eine bestimmte Empfindlichkeit, d. h. der Strom muss eine gewisse Stärke erreicht haben, wenn das Instrument ein Zeichen geben soll; ein Instrument, das jede Spur von Strom anzeigt, giebt es nicht. Das Zeichen wird also erst an einem gewissen Punkte der Curve des ansteigenden Stromes erfolgen, nämlich an dem Punkte, an welchem die Curve die der Empfindlichkeit des Instruments entsprechende Stromstärke erreicht hat. Bevor der Strom diesen Punkt erreicht hat, verhält sich das Instrument, als wenn kein Strom durch dasselbe flösse.

Hieraus folgt, dass bei jedem Instrument, das den Strom am Kabelende anzeigt, nach dem Anlegen der Batterie eine gewisse Zeit vergeht, bis dasselbe den Strom anzeigt; diese Zeit nennt man die Verzögerung. Bei Kabeln von einigermassen erheblicher Länge lässt sich die Thatsache der Verzögerung leicht beobachten, wenn Anfang und Ende des Kabels an demselben Ort liegen und man daher direct beurtheilen kann, ob zwischen Abgang und Ankunft des Stromes eine merkliche Zeit vergeht oder nicht. Es folgt aber auch aus der Natur der Curve, dass bei demselben Kabel die Grösse der Verzögerung abhängig sein muss von der Empfindlichkeit des Instruments, das den Strom anzeigt, und zwar in dem Sinne, dass empfindlichere Instrumente weniger Verzögerung zeigen, als weniger empfindliche.

Die Erscheinung der Verzögerung ist also zwar für Kabel durchaus charakteristisch, indem bei Oberlandlinien mit gewöhnlichen Instrumenten keine Spur von Verzögerung wahrgenommen werden kann; die Verzögerung aber in der oben gegebenen gewöhnlichen Definition ist keine so genau bestimmte Grösse, um als Massstab für die Sprechfähigkeit des Kabels dienen zu können.

Da nach der Theorie die Curve des ansteigenden Stroms im Anfangspunkt beginnt, müsste man dadurch, dass man das Empfangsinstrument immer empfindlicher macht, die Verzögerung immer mehr verringern und schliesslich auf eine unmerklich kleine Grösse reduciren können. Dieser Versuch ist bisher noch nicht ausgeführt worden; die Thatsache jedoch, dass die Verzögerung um so grösser ausfällt, je unempfindlicher das Instrument ist, lässt sich experimentell nachweisen.

VIII. **Das Product Widerstand $\times$ Capacität.** Wir haben bisher die Verhältnisse der Dichte und des Stromes im Falle des Anlegens von Batterie an ein Kabel betrachtet, ohne auf die elektrischen Eigenschaften des Kabels Bezug zu nehmen. Diese Betrachtungen gelten auch für ein ganz beliebiges Kabel. Dichte und Strom bieten bei allen Kabeln dasselbe Bild, nur der Massstab (a), mit welchem die Zeit gemessen wird, ist bei verschiedenen Kabeln verschieden.

Es gilt nämlich für den vorliegenden Fall folgender Satz: die Zeiten, bei welchen in verschiedenen Kabeln an einander entsprechenden Stellen dieselbe Dichte und Stromstärke eintritt, verhalten sich wie die Producte Widerstand $\times$ Capacität (W.C).

Dieser Satz gilt nicht nur für verschiedene Kabel, von verschiedener Construction oder verschiedener Länge, sondern natürlich auch für verschiedene Längen desselben Kabels. In dem letzteren Falle sind Widerstand und Capacität der Längeneinheit bei beiden Kabeln gleich, es verhalten sich also die Widerstände sowohl als die Capacitäten beider Längen wie diese Längen selbst, also die Producte Widerstand $\times$ Capacität wie die Quadrate der Längen. Für verschiedene Längen desselben Kabels lässt sich daher jener Satz folgendermassen aussprechen:

Die Zeiten, bei welchen in verschiedenen Längen desselben Kabels an entsprechenden Stellen dieselbe Dichte oder Stromstärke eintritt, verhalten sich wie die Quadrate der Längen.

Der Ausdruck: „entsprechende Stellen" ist dahin zu verstehen, dass die betr. Stellen der beiden Kabel im Verhältniss zu den Längen der beiden Kabel ähnlich liegen müssen, oder dass die Entfernungen der beiden Stellen von den bez. Kabelanfängen sich verhalten wie die Längen der beiden Kabel; man hat also das Ende des einen Kabels mit dem Ende des anderen, die Mitte des einen mit der Mitte des anderen u. s. w. zu vergleichen.

Der Satz gilt nicht für verschiedene Stellen desselben Kabels; — man darf nicht z. B. Mitte und Ende desselben Kabels unter einander vergleichen. Zwischen den Dichten und Stromverhältnissen der Mitte und des Endes eines Kabels bestehen charakteristische Unterschiede, welche sich nicht einfach aussprechen lassen; z. B. zeigt eine und dieselbe Stelle eines Kabels, welche 500 ^{km} vom Anfang entfernt ist, charakterisch verschiedene Curven für Dichte und Strom, wenn sie einmal als Ende eines Kabels von 500 ^{km} Länge und dann als Mitte eines Kabels von 1000 ^{km} Länge benutzt wird. Dagegen zeigen das Ende eines Kabels von 500 ^{km} und das Ende eines Kabels von 1000 ^{km} Curven von gleichem Charakter, welche einander decken, wenn man die Zeiten auf gleiches Produkt Widerstand $\times$ Capacität reducirt.

Wir müssen ferner hinzufügen, dass der Satz, wie er oben ausgesprochen ist, nur gilt, wenn Dichte und Stromstärke im stationären Zustande an den beiden zu vergleichenden Stellen gleich sind. Ist dies nicht der Fall, so sind Dichten und Stromstärken zu den im Verhältniss der Producte Widerstand $\times$ Capacität stehenden Zeiten nicht gleich, sondern sie verhalten sich wie die bez. Dichten und Stromstärken im stationären Zustand.

Wir beziehen den Satz vorläufig nur auf den dieser ganzen Betrachtung zu Grunde liegenden Fall, dass der Kabelanfang an Batterie-

das Kabelende an Erde liegt und vor dem Anlegen der Batterie das Kabel ohne Elektricität war; wir werden jedoch sehen, dass der Satz allgemeiner Natur ist.

Wenn nun die einzelnen Werthe für Dichte und Strom im vorliegenden Fall bei allen Kabeln gleich sind für Zeiten, die sich wie die Producte Widerstand $\times$ Capacität verhalten, so müssen umgekehrt die Curven für Dichte und Strom völlig übereinstimmen, wenn man die Zeiten in einer Einheit misst, welche proportional jenem Product ist. Als solche Einheit hat man die Grösse a gewählt, welche auch bei den oben gegebenen Curven angewendet ist; wenn W der Widerstand, C die Capacität des Kabels, so ist

$$a = \frac{WC}{\pi^2} \log. nat. (10^{a,1}) =$$
$$= 0,02332\ WC.$$

hierbei sind W und C als in sog. absolutem Masse (Vgl. Anhang C.) gemessen angenommen; misst man den Widerstand in Siemens'schen Einheiten, die Capacität in Mikrofarads, so ist

$$a = \frac{0,02403}{1000000} WC,$$

oder wenn w der Widerstand der Längeneinheit (z. B. Kilometer), c die Capacität der Längeneinheit, l die Länge des Kabels,

$$a = \frac{0,02403}{1000000} wcl^2$$

Die Grösse a, welche eine Zeit bedeutet, hat also für jedes Kabel einen anderen Werth; die Curven für Dichte oder Strom an zwei entsprechenden Punkten zweier Kabel fallen zusammen, wenn man bei jedem Kabel die Zeit in dem diesem Kabel entsprechenden Werth von a misst. Die oben gegebenen Curventafeln gelten also für jedes Kabel; für jedes einzelne Kabel ist dann, um die Zeit in Secunden auszudrücken, die Grösse a zu berechnen.

Bei den neuen unterirdischen Kabeln in Deutschland ist das Product etwa: $wc = 1,83$, bei 15° C., per Kilometer. Für ein solches Kabel von 558,3 km Länge — Linie Berlin — Frankfurt — ist

$$a = 001371\ \text{Secunden};$$

die Fig. 205 bis 208 stellen also Dichte und Strom in der besprochenen Weise auf dieser Linie dar, wenn für a dieser Werth eingeführt wird.

Dieselben Curven gelten z. B. für die Linie Frankfurt — Kiel, 956,5^{km}, wenn für a der Werth

$$a = 0{,}04023 \text{ Secunden}$$

eingeführt wird.

Wir wollen endlich noch den Satz über das Product Widerstand × Capacität an einigen Beispielen illustriren, indem wir die Zeit nicht in der Massgrösse a, sondern in Secunden rechnen.

Fig. 209 stellt die Stromcurven am Ende oder „die Curven des ansteigenden Stroms" für drei Kabel dar, deren Längen sich wie

Fig. 209.

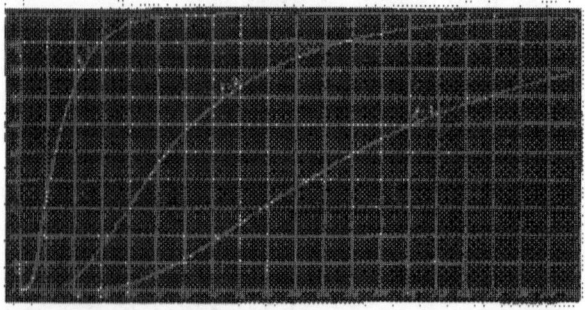

Fig. 210.

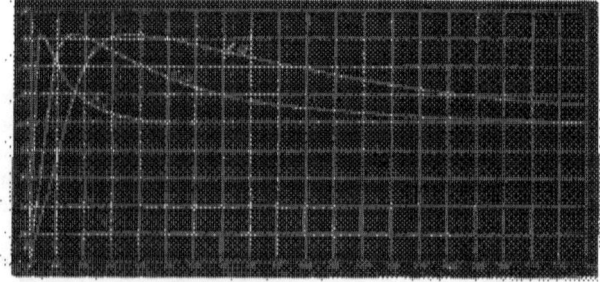

1:2:3, deren Producte $W C$ sich also wie 1:4:9, verhalten; die Grösse a beträgt

für Kabel 1 $a = 0{,}0227$ Sec.
„   „   2 $a = 0{,}0908$ „
„   „   3 $a = 0{,}2043$ „ ;

§. 7. IX.   B. Die Stromerscheinungen im Kabel.   341

die Zeiten sind in Hundertstel-Secunden aufgetragen. (Z. B. Theilstrich 120 auf der Abcissenaxe bedeutet 1,20 Secunden.) Man lege durch diese Curven irgendwo eine der Abscissenaxe parallele Gerade; die Werthe, welche die Abscissen des Schnittpunktes dieser Geraden mit den drei Curven besitzen, sind die verschiedenen Zeiten, zu welchen in den verschiedenen Kabeln der Strom dieselbe bestimmte Stärke erreicht. Man kann sich leicht überzeugen, dass die zusammen gehörigen Zeiten sich stets wie $1:4:9$ verhalten.

Dieselben Bemerkungen gelten für Fig. 210, welche die Stromcurven in ein Viertel der Länge auf denselben Kabeln in derselben Weise darstellt.

IX. Numerische Werthe und experimentelle Bestimmungen der Curve des ansteigenden Stromes. Die folgende Tabelle giebt die Werthe der Abscissen und Ordinaten einer Reihe von Punkten der Curve des ansteigenden Stromes: i bedeutet die Stromstärke, (der stationäre Strom ist $= 100$ gesetzt) die Zeiten (t) sind in der Massgrösse a ausgedrückt.

$\frac{t}{a}$	i	$\frac{t}{a}$	i	$\frac{t}{a}$	i	$\frac{t}{a}$	i
0,7	0,000	2,0	2,461	3,6	19,844	12,0	87,384
0,8	0,001	2,1	3,100	3,8	22,590	14,0	89,978
0,9	0,005	2,2	3,818	4,0	25,353	16,0	94,976
1,0	0,016	2,3	4,616	4,5	32,184	18,0	96,830
1,1	0,041	2,4	5,487	5,0	38,748	20,0	98,000
1,2	0,089	2,5	6,427	5,5	44,882	22,0	98,738
1,3	0,170	2,6	7,432	6,0	50,558	24,0	99,204
1,4	0,296	2,7	8,495	6,5	55,718	—	—
1,5	0,476	2,8	9,613	7,0	60,412	—	—
1,6	0,720	2,9	10,778	8,0	68,428	—	—
1,7	1,037	3,0	11,986	9,0	74,872	—	—
1,8	1,430	3,2	14,508	10,0	80,020	—	—
1,9	1,904	3,4	17,139	11,0	84,121	—	—

Auf den neuen unterirdischen Kabeln in Deutschland sind auch bereits Versuche ausgeführt worden (von Siemens & Halske), um diese bisher nur theoretisch bekannte Curve experimentell zu prüfen.

Die Versuche wurden mittelst des Russschreibers ausgeführt, eines im Anhang näher zu beschreibenden Instrumentes, welches gestattet, die Stromcurven durch eine feine Spitze auf einem stetig berussten Papierstreifen (weiss auf schwarz) unmittelbar aufzutragen. Die vermittelst dieses Instrumentes erhaltenen Streifen (von der Breite gewöhnlichen Telegraphenpapiers) wurden mit Vergrösserung photographirt und sind, ohne Veränderung, als Fig. 211 auf der angehefteten Tafel durch Lichtdruck getreu wiedergegeben.

Jeder dieser Streifen enthält zwei Linien; die obere ist die Stromcurve am Kabelende, die untere wurde durch eine Spitze hervorgebracht,

Fig. 212.

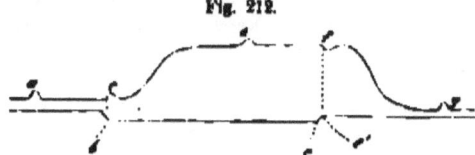

die direct mit dem stromgebenden Taster verbunden war, so dass die Zeitpunkte des Anlegens und Abnehmens der Batterie genau markirt wurden. Die kleinen Höcker a, d, g, Fig. 212, in der oberen Linie sind Secundenmarken, welche ebenfalls durch Wirkung des Stromes auf den Russschreiber, jedoch ganz unabhängig von dem Stromkreise des Kabels hervorgebracht wurden. Durch das Anbringen dieser Secundenmarken wird es möglich, die den einzelnen Punkten der Curve entsprechenden Zeiten wirklich zu messen. Die Ecke b in der unteren Linie entspricht dem Niederdrücken des Tasters, also dem Anlegen der Batterie an den Kabelanfang, die Ecke e dem Loslassen des Tasters, die Ecke e' dem Anlegen von Erde an den Kabelanfang. Den Punkten b und e' in der unteren Linie entsprechen in der oberen Linie eine kleine Erhebung bei c und eine kleine Senkung bei f; dies sind Inductionsstösse, welche die Ladung bez. Entladung des Kabelanfangs in dem, beim Versuch dicht daneben liegenden Kabelende erzeugen. Zwischen c und d hat man die Curve des ansteigenden Stromes für das neben dem Streifen angegebene Kabel; die sich zwischen f und g erstreckende Curve bietet genau das umgekehrte Bild wie die erstere, und zeigt den allmähligen Abfall des Stromes am Kabelende, wenn der Kabelanfang nach eingetretenem stationärem Strom an Erde gelegt wird. Auch eine oberflächliche Betrachtung der einzelnen Streifen zeigt, dass erhebliche Zeiten vergehen, bis der Strom im Kabel sein Maximum, den stationären Werth, erreicht hat; die Curven geben ferner ein deutliches Bild von der verschiedenen Geschwindigkeit, mit welcher der Strom in Kabeln von verschiedenen Längen ansteigt.

§. 7, X.   B. Die Stromerscheinungen im Kabel.   343

Die Curven sind auch einer eingehenden Berechnung unterworfen und vermittelst des Satzes vom Product $W' \times C$ auf einander reducirt worden, und es hat sich eine befriedigende Uebereinstimmung mit der Theorie ergeben, so dass diese letztere durch diese Versuche auch als experimentell begründet zu betrachten ist.

X. Ausdehnung auf beliebigem Batteriewechsel am Kabelanfang. Alle bisherigen Betrachtungen galten nur für den Fall, dass am Kabelanfang Batterie, am Kabelende Erde anliegt, und vor dem Anlegen das Kabel keine Elektricität enthielt. Wir wollen jetzt diese Betrachtungen **ausdehnen auf den Fall, dass Batteriepole und Erde in beliebiger Reihenfolge an den Kabelanfang angelegt werden.** Der Einfachheit halber behandeln wir hierbei nur die Stromcurve am Ende, weil diese für die Fälle der praktischen Telegraphie allein in Frage kommt; die Betrachtungen gelten jedoch für die Dichte- und Stromverhältnisse im ganzen Kabel.

Zunächst setzen wir den Fall, dass in dem Zeitpunkt, an welchem Batterie angelegt wird und welchen wir als Zeitanfang wählen, **Elektricität in irgend welcher Menge und Vertheilung im Kabel vorhanden sei, dass aber Anfang und Ende des Kabels an Erde liegen**; dieser elektrische Zustand, den man **Anfangszustand** nennt, soll aber vollständig bekannt sein, und es soll ferner bekannt sein, in welcher Weise dieser Anfangszustand sich weiter verändern würde, wenn keine Batterie an das Kabel angelegt würde.

Es sei z. B. der Strom am Kabelende am Zeitanfang $= ab$, Fig. 213, und die Curve bc stelle den Verlauf dieses Stromes dar, welcher stattfinden würde, wenn an Anfang und Ende des Kabels dieselben Bedingungen herrschten, wie vor dem Zeitanfang.

Fig. 213.

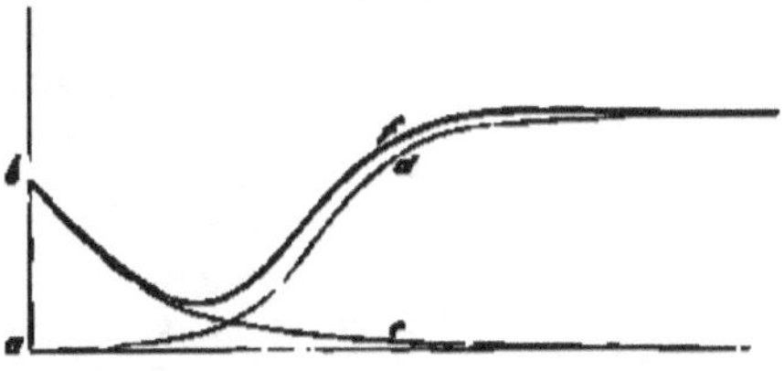

Wenn am Zeitanfang keine Elektricität im Kabel wäre, aber an diesem Zeitpunkt Batterie angelegt würde, so würde der Verlauf des Stromes am Kabelende, wie wir oben gesehen haben, durch die Curve ad dargestellt sein.

Nun findet in Wirklichkeit Beides statt, d. h. es ist ein Anfangszustand vorhanden, und es wird am Zeitanfang Batterie angelegt; der in Folge dieser beiden Ursachen eintretende Verlauf des Stromes ist derselbe, als wenn jede dieser beiden Ursachen allein wirkte und in jedem Zeitpunkte der von der einen Ursache herrührende Strom zu dem von der anderen Ursache herrührenden zu addiren wäre.

Dieser Satz gilt ganz allgemein für eine beliebige Anzahl von Einzelwirkungen. Wenn mehrere Ursachen, beliebiger Art, zugleich auf den Strom am Kabelende einwirken, so ist ihre Gesammtwirkung stets gleich der Summe der Einzelwirkungen. Im vorliegenden Fall stellt nun die Curve bc die eine Einzelwirkung, diejenige des Anfangszustandes, und die Curve ad die andere Einzelwirkung, diejenige der angelegten Batterie, dar; um also den in Folge beider Ursachen eintretenden Stromverlauf zu erhalten, hat man für jeden Werth der Abscisse, der Zeit, die bei den für diesen Werth geltenden Ordinaten oder Stromstärken der Curven bc und ad zu addiren. Auf diese Weise erhält man die Curve bf.

Wenn nun bereits im Anfangszustand der Anfang des Kabels nicht an Erde, sondern an einem Batteriepole von der Dichte A lag und dann an einen Batteriepol von der Dichte B gelegt wird, so ist die Einzelwirkung der letzteren Batterie so zu berechnen, als ob vorher der Kabelanfang an Erde gelegen habe und dann mit einem Batteriepol von der Dichte $B - A$ verbunden worden sei.

Es liege z. B. der Kabelanfang zuerst an Erde, dann werde er zur Zeit a, Fig. 214, mit dem Kupferpole von 100 Elementen (Dichte A), endlich zur Zeit c mit dem Zinkpole von 100 Elementen (Dichte B) verbunden, so wird der Strom am Kabelende von der Zeit a bis zur Zeit c durch die Curve af dargestellt. Von c an haben wir zwei Einzelwirkungen, welche zu summiren sind: den Anfangszustand (die Zeit c wird für diese neue Periode Zeitanfang), welcher für sich in der Curve fb verlaufen würde, und die Wirkung, welche die zweite Batterie für sich hervorbringen würde.

Fig. 214.

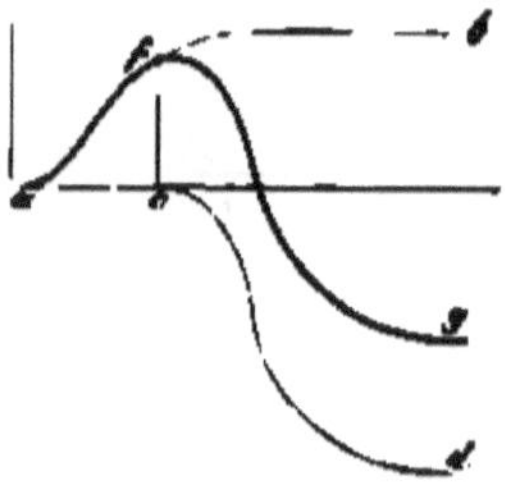

Diese letztere Einzelwirkung ist nun so zu berechnen, als ob der zur Zeit c angelegte Batteriepol die Dichte $B - A$ von $-100 - 100$

= — 200 Elementen besässe (die Dichte von Kupferpolen wird als positiv, diejenige von Zinkpolen als negativ in Rechnung gebracht). Eine Dichte von — 200 Elementen am Kabelanfang würde für sich am Kabelende den Strom cd erzeugen; der in Wirklichkeit eintretende Stromverlauf wird nun so berechnet, dass von c an für jede Abscisse die entsprechenden Ordinaten der Curven fb und cd algebraisch addirt werden; so erhält man die Curve fg; es ist demnach afg der wirkliche Stromverlauf.

Hätte man zur Zeit c Erde angelegt statt — 100 Elemente, so wäre $B = o$ gewesen; man hätte daher in diesem Fall das Hinzufügen einer Dichte von $B — A = -$ 100 Elementen am Kabelanfang in Rechnung ziehen müssen.

Man sieht leicht ein, dass sich die Stromcurve stets berechnen lässt, wenn man an den Kabelanfang nach einander zu beliebigen Zeiten beliebige Batteriepole und Erde anlegt, indem stets beim Eintritt einer neuen Periode die Wirkung sämmtlicher früheren Perioden als Anfangszustand für diese neue Periode behandelt wird.

Das Anlegen von verschiedenen Batterien und von Erde an den Kabelanfang ist aber zugleich das Mittel, welches zum Telegraphiren verwendet wird; es lassen sich also auf die angegebene Weise sämmtliche beim Telegraphiren vorkommende Fälle behandeln, d. h. es lässt sich, bei jeder beliebigen Stromgebung am Kabelanfang, die Stromcurve am Kabelende bestimmen, und umgekehrt die Art der Stromgebung am Kabelanfang, welche die zum Telegraphiren am meisten geeignete Stromcurve am Kabelende erzeugt. —

Die Weiterführung dieser Betrachtungen und ihre Anwendung auf die Telegraphie wird im III. Bande gegeben werden.

XI. **Elektrische Wellen im Kabel.** Der wissenschaftlich interessanteste Fall elektrischer Vorgänge im Kabel ist die Fortpflanzung elektrischer Wellen, und zwar deshalb, weil dieselbe eine directe Vergleichung der Elektricität mit Schall, Licht und Wärme gestattet.

Vom Schall wissen wir, dass dessen Ursache in Verdichtungs- und Verdünnungswellen besteht, welche in der Luft, oder einem anderen elastischen Körper erregt werden. Diese Wellen pflanzen sich mit constanter Geschwindigkeit fort, und zwar ist es bezüglich der Grösse dieser Geschwindigkeit gleichgültig, ob die Wellen stark oder schwach erregt werden, und ob die Schwingungen schnell oder langsam auf einander folgen, d. h. ob die Töne hoch oder tief sind.

Dasselbe ist der Fall beim Licht. Vom Licht ist es zum Mindesten sehr wahrscheinlich, dass es aus Schwingungen des sog. Aethers besteht, d. h. eines feinen, nicht direct wahrnehmbaren Stoffes, der nach der Annahme vieler Physiker alle Räume und Körper durchdringt. Auch hier herrscht, in demselben Medium, dieselbe Fortpflanzungsgeschwindigkeit für sämmtliche Schwingungen. Namentlich hat die Farbe des Lichts, welche beim Schall der Höhe des Tones, also der Schnelligkeit der Schwingungen entspricht, beinahe gar keinen Einfluss auf die Grösse der Fortpflanzungsgeschwindigkeit.

Anders ist es bei der Wärme. Beinahe die einzigen Wärmeschwingungen, welche in der Natur vorkommen, treten bei der Temperatur der Erde, in Folge des Eindringens der Stromwärme, auf. Die Sonnenwärme ist eine periodisch wirkende Ursache, ähnlich wie eine hin und her schwingende Saite oder die schwingenden Aethertheilchen einer leuchtenden Flamme. Dieselbe erzeugt in der Erde ein periodisches Ansteigen und Sinken der Temperatur, also Wärmewellen, welche sich von der Erdoberfläche aus nach dem Innern fortpflanzen.

Diese Wärmewellen besitzen ebenfalls eine constante Fortpflanzungsgeschwindigkeit, d. h. sie pflanzen sich in gleichen Zeiten um gleiche Strecken fort, allein dieselbe ist verschieden für Wellen verschiedener Perioden. Die Sonnenwärme besitzt zugleich zwei Perioden, eine tägliche und eine jährliche, giebt also zwei Arten von Wärmewellen, eine solche von langsamem und eine von raschem Verlauf. Die Wellen der jährlichen Periode pflanzen sich nun bedeutend langsamer fort als diejenigen der täglichen Periode. Also ist die Fortpflanzungsgeschwindigkeit der Wärmewellen um so grösser, je rascher dieselben aufeinander folgen. Was ferner die Stärke der Wellen betrifft, so erleiden die Wärmewellen bei ihrer Fortpflanzung eine Schwächung, welche eine geometrische Progression befolgt.

Es fragt sich nun, wie sich die Wellen der Electricität verhalten, ob dieselben sich in der Weise fortpflanzen wie bei Schall und Licht, d. h. unabhängig von der Schnelligkeit des Verlaufs der Wellen, oder wie bei der Wärme.

Elektrische Wellen lassen sich in irgend einer Leitung leicht erzeugen, indem man die Wechselströme eines Magnetinductors in dieselbe schickt oder in regelmässigem Wechsel positive und negative Batteriepole anlegt. In diesem Falle zeigen sowohl die elektrische Dichte als die Stromstärke an irgend einer Stelle der Leitung regelmässig periodischen Verlauf, und es gibt Mittel, die Fortpflanzung dieser elektrischen Wellen genau zu untersuchen:

§. 7, XI.   B. Die Stromerscheinungen im Kabel.   347

So lange man zu solchen Versuchen oberirdische Leitungen verwendete, war von einer Fortpflanzung nichts zu entdecken, oder vielmehr die Fortpflanzungsgeschwindigkeit war so gross, dass die Zeit zwischen Abgang und Ankunft der Wellen nicht gemessen werden konnte; der Strom schien in jedem Augenblicke an allen Stellen der Leitung derselbe zu sein.

Ganz andere Verhältnisse zeigen elektrische Wellen im Kabel.

Schon die Curve des ansteigenden Stromes zeigt, wie wir gesehen haben, ganz erhebliche und leicht nachweisbare Verzögerungen bei Kabeln von einiger Länge; es ist daher zu erwarten, dass auch bei elektrischen Wellen die Zeit sich nachweisen lässt, welche eine Welle braucht, um von einem Punkte zum andern zu gelangen.

Um jedoch diese Zeit zu messen und um der ganzen Erscheinung eine Gestalt zu geben, welche derjenigen der Schall-, Licht-, und Wärmewellen analog ist, müssen die Wellen eine gewisse einfache Form besitzen, die im ganzen Kabel dieselbe bleibt, wenn auch die Stärke der Wellen beliebig verändert wird. Sendet man nämlich Wellen von irgend welcher Form in das Kabel, so wird dieselbe im Allgemeinen bei der Fortpflanzung durch das Kabel stets verändert, und es entstehen hierdurch Schwierigkeiten für die Messung der Fortpflanzungsgeschwindigkeit. Eine Form dagegen giebt es, welche im ganzen Kabel überall dieselbe bleibt, und welche sich deshalb am besten für diese Versuche eignet, die sog. Sinusform, welche Fig. 215 zeigt, in welcher die Zeit als Abscisse, die Stromstärke als Ordinate aufgetragen ist; diese Form ist zugleich dieselbe, welche die Schwingungen eines Luftheilchens bei einem einfachen Ton, und diejenigen eines Aethertheilchens bei einer einfachen Farbe zeigen.

Fig. 215.

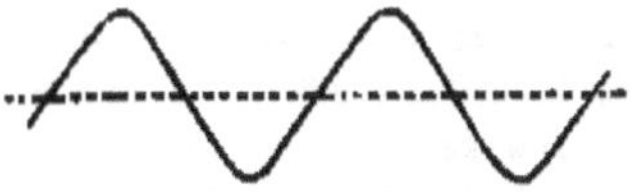

Solche elektrische Sinuswellen lassen sich experimentell auf verschiedene Weise herstellen (so sind z. B. auch die durch das Telephon hervorgebrachten elektrischen Wellen aus solchen Sinuswellen zusammengesetzt); und es sind an den neuen unterirdischen Kabeln in Deutschland von Siemens & Halske Versuche mit solchen Wellen angestellt worden.

Diese Versuche haben ergeben:

1) dass die Fortpflanzungsgeschwindigkeit von elektrischen Sinuswellen im Kabel constant und umgekehrt proportional der Wurzel aus dem Product: Widerstand $\times$ Capacität ist.

2) dass diese Geschwindigkeit um so grösser ist, je rascher die Wellen auf einander folgen.

3) dass die Stärke der Wellen bei der Fortpflanzung durch das Kabel in geometrischem Verhältniss, also sehr rasch, abnimmt.

Die Fortpflanzungsgeschwindigkeit für Wellen, welche mit einer Geschwindigkeit von 6 Wellen in der Secunde dem Kabel ertheilt worden, beträgt ungefähr 8400 Kilometer per Secunde, die Länge einer Welle 1400 Kilometer.

Es geht aus diesen Versuchen überhaupt hervor, dass die elektrischen Wellen im Kabel sich ähnlich verhalten wie Wärmewellen, und dass die Theorie der elektrischen Erscheinungen im Kabel, welche schon oben bei der Curve des ansteigenden Stromes u. s. w. benutzt wurde, und welcher eine Vergleichung dieser Erscheinungen mit Wärmevorgängen zu Grunde liegt, mit der Wirklichkeit übereinstimmt.

Elektrische Wellen in einem Leitungsdraht verhalten sich also ähnlich wie Schall oder Lichtwellen, wenn keine Ladungscapacität vorhanden ist (oberirdische Leitung), dagegen wie Wärmewellen, wenn dieselbe gross ist (Kabel).

XII. **Induction in Kabeln und oberirdischen Leitungen.** Wenn zwei Leitungen nahe neben einander liegen, so bemerkt man auf der einen Stromerscheinungen, wenn auf der anderen Ströme circuliren. Dies sind Inductionserscheinungen, welche von wesentlich verschiedenen Ursachen herrühren; die eine dieser Ursachen ist die secundäre Ladung und kommt hauptsächlich bei Kabeln vor, d. h. bei Leitungen, die eine beträchtliche Capacität besitzen; die andere Ursache ist die Voltainduction, oder Induction von Strom durch Strom und kommt bei allen Leitungen vor.

Die secundäre Ladung muss stets auftreten, wenn mehrere Kabeladern dicht neben einander liegen und die Oberflächen der isolirenden Hüllen der Kabeladern nicht völlig mit Feuchtigkeit überzogen sind. Wenn die Kupferlitze einer Kabelader geladen wird, so erzeugt diese Ladung in allen benachbarten Leitern, d. h. in Leitern, die jenseits der die Kupferlitze umgebenden, isolirenden Hülle liegen, eine Gegenladung; ist nun eine Stelle an der Oberfläche der die Kupferlitze umgebenden Kabelhülle ohne Feuchtigkeit, so gehört daselbst die Kabelhülle der benachbarten Ader auch zu der umgebenden isolirenden Schicht, und es muss daher in der Kupferlitze der benachbarten Ader ein Ladungsstrom entstehen, eben so gut, wie in der die Kabelhülle der ersteren Ader bedeckenden Feuchtigkeit; die Kupferlitze der zweiten Ader gehört alsdann mit zu der äusseren Belegung der Leydener Flasche, welche die erstere Kabelader vorstellt.

§. 7. XII.   B. Die Stromerscheinungen im Kabel.   349

Auch bei längeren, gut isolirten oberirdischen Leitungen tritt secundäre Ladung auf. In diesem Falle ist die Luft die Isolirende Schicht; eine benachbarte Leitung bildet daher stets einen Theil der äusseren Belegung für die Leydener Flasche, deren innere Belegung die von der Batterie geladene Leitung vorstellt. Die Wirkungen sind jedoch hier bedeutend geringer, als bei Kabeln, wegen der Kleinheit der primären Ladung.

Die secundäre Ladung ist proportional der primären Ladung, oder der Ladung des primären Drahtes; hieraus folgt, dass die secundäre Ladung proportional ist der elektromotorischen Kraft der Batterie, der Länge der beiden Leitungen, und der Ladungscapacität der Längeneinheit einer Leitung.

Dieselbe wird am einfachsten beobachtet, wenn man die einen Enden beider Drähte isolirt und die anderen Enden, das eine Ende durch Batterie, das andere durch ein Galvanometer an Erde legt, siehe Fig. 216.

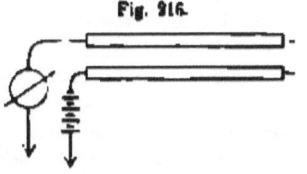

Fig. 216.

Die Richtung des Stromes der secundären Ladung ist in diesem Falle stets entgegengesetzt derjenigen des Stromes der primären Ladung.

Zwischen zwei benachbarten Kabeladern verschwindet die secundäre Ladung vollständig, wenn die Oberfläche der Kabelhüllen leitend gemacht wird; und zwar genügt hierfür bereits eine geringe Leitungsfähigkeit der die Oberfläche bedeckenden Schicht. Wenn man z. B. zwei nebeneinander aufgewickelte Guttaperchadrähte, welche bei trockener Oberfläche secundäre Ladung zeigen, in Wasser taucht, so verschwindet jede Spur von secundärer Ladung, und ebenso, wenn man den primären Draht mit Staniol oder Kupferband bewickelt.

Die Voltainduction befolgt ganz andere Gesetze.

Zunächst kann Voltainduction nur auftreten, wenn jede der beiden Leitungen, die primäre und die secundäre, einen geschlossenen Kreis bildet; in dem in Fig. 216 dargestellten Fall tritt also keine Voltainduction auf.

Der secundäre, in der Nebenleitung erzeugte Strom hat bei der Entstehung des primären Stromes die entgegengesetzte, bei dem Aufhören desselben die gleiche Richtung, wie der primäre Strom: so lange der primäre Strom constant bleibt, wird kein secundärer Strom im Nebendraht inducirt.

Der secundäre Strom der Voltainduction ist proportional dem primären Strom und umgekehrt proportional dem Widerstand des secundären Drahtes.

Die Voltainduction ist ebenfalls abhängig von der Leitungsfähigkeit der die Kabelhüllen bedeckenden Schicht, aber in ganz anderer Weise als die secundäre Ladung. Während bei dieser letzteren nur eine sehr geringe Leitungsfähigkeit der Oberflächenschichte genügt, um die secundäre Ladung zu vernichten, üben bei der Voltainduction schlechtleitende Schichten, wie namentlich Wasser, gar keinen Einfluss aus; und es gelingt nur die Voltainduction zu verringern, indem man die Leitungsfähigkeit jener Schicht aufs Höchste steigert, z. B. dadurch, dass man dicke Kupferbleche zwischen die beiden Kabeladern bringt.

Bei zwei benachbarten oberirdischen Leitungen hat man stets Voltainduction und zwar ist dieselbe ziemlich unabhängig von der Entfernung der Leitungen von einander. —

Für den telegraphischen Betrieb ist es wichtig, die Abhängigkeit der secundären Ladung und Voltainduction von der Länge der Leitungen zu kennen; bei kurzen Linien sind nämlich beide Erscheinungen so schwach, dass sie praktisch nicht ins Gewicht fallen; bei langen Leitungen frägt es sich daher, welche von beiden Erscheinungen überwiegt, weil davon die Beseitigungsmittel abhängen.

Wenn, wie im telegraphischen Betrieb stets der Fall ist, jede Leitung für sich einen geschlossenen Kreis bildet, so treten secundäre Ladung und Voltainduction zusammen auf, da nicht nur eine am Ende isolirte primäre Leitung Ladung annimmt, sondern auch eine mit dem Ende an Erde gelegte.

Von der secundären Ladung ist es einleuchtend, dass dieselbe auch in diesem Fall proportional der Länge der Leitung ist, wenn stets dieselbe Batterie angewendet wird, und dass sie in noch höherem Masse mit der Länge zunimmt, wenn, wie in Wirklichkeit der Fall, bei längeren Leitungen die Batterien stärker genommen werden.

Bei der Voltainduction dagegen ist allerdings die im Nebendraht inducirte elektromotorische Kraft proportional der Länge der Leitungen, aber der Widerstand der secundären Leitung ist ebenfalls proportional der Länge (wenn wir den Widerstand der eingeschalteten Apparate als unerheblich betrachten); der secundäre Strom der Voltainduction ist daher bei gleicher Stärke des primären Stromes unabhängig von der Länge der Leitungen, dieser secundäre Strom ist daher bei den längsten Leitungen nicht wesentlich stärker, als bei einer kurzen.

Hieraus folgt, dass die Störungen, welche namentlich bei längeren Kabeln durch Induction von einer Leitung auf der anderen erzeugt werden, hauptsächlich der secundären Ladung zuzuschreiben sind, dass dieselben also erheblich verringert werden, wenn die Oberflächen der Kabelhüllen mit einer leitenden Schicht überzogen werden.

C. Die Fortpflanzungsgeschwindigkeit der Elektricität.

XIII. Uebersicht.

Wie wir oben (S. 337) gesehen haben, ist die Fortpflanzungsgeschwindigkeit der Elektricität kein bestimmter Begriff, sondern hängt theils von der elektrischen Beschaffenheit der Leitung ab, theils von der Art der Stromimpulse, deren Fortpflanzung beobachtet wird.

In Bezug auf die Leitungen hat man wesentlich zu unterscheiden zwischen oberirdischen Linien und Kabeln, oder zwischen Leitungen mit geringer und mit grosser Capacität; als Stromimpulse kommen wesentlich in Betracht: das Anlegen einer constanten Batterie und einfache Sinuswellen.

Was zunächst das Anlegen von constanter Batterie betrifft, so haben wir gesehen, dass dieser Fall keine einfachen, durch Versuche leicht zu prüfenden Verhältnisse darbietet; dieser Fall ist nur deshalb so wichtig, weil die telegraphischen Anwendungen beinahe sämmtlich auf denselben zurückzuführen sind; zur Vergleichung der Theorie mit der Wirklichkeit eignet sich derselbe nicht. Zu diesem Zweck müssen vielmehr Sinuswellen verwandet werden.

Bei Kabeln sind, wie wir gesehen haben, die Sinuswellen die einzigen Stromimpulse, welche bei ihrer Fortpflanzung durch das Kabel ihre Form nicht verändern, und deren Fortpflanzungsgeschwindigkeit eine constante Grösse ist.

Bei oberirdischen Linien findet eine Formveränderung der Stromimpulse nur in geringem Maasse statt, so dass es nicht, wie beim Kabel, darauf ankommt, dass die Wellen genaue Sinusform haben; die Fortpflanzung verschiedenartiger Stromimpulse scheint bei diesen Leitungen ziemlich dieselbe zu sein, nicht nur, wenn die Form derselben verschieden ist, sondern auch, wenn das Aufeinanderfolgen verschieden rasch ist: so scheint namentlich zwischen der Fortpflanzung regelmässig auf einander folgender Wellen und einzelner Stromimpulse auf diesen Leitungen kein Unterschied stattzufinden.

Die Fortpflanzung der Elektricität in Kabeln ist im Allgemeinen als bekannt anzusehen und entspricht der Fortpflanzung der Wärme in einem Stabe. Wenn auch eine genaue Prüfung dieser Theorie noch nicht durchgeführt worden ist, so ist dieselbe doch so weit vorgeschritten, dass die allgemeine Uebereinstimmung nachgewiesen ist; es können also höchstens Unterschiede untergeordneter Natur zwischen Theorie und Wirklichkeit bestehen.

Anders steht es mit der Fortpflanzung der Elektricität in oberirdischen Leitungen.

Wir haben bereits S. 348 bemerkt, dass nach der Theorie die Fortpflanzungsgeschwindigkeit der Elektricität in einer Leitung ohne Ladungscapacität gleich derjenigen des Lichtes, also von 40000 geogr. Meilen in der Secunde, und für alle Arten von Stromimpulsen dieselbe sein müsse; diese Geschwindigkeit ist es, welche man eigentlich unter dem Ausdruck: Fortpflanzungsgeschwindigkeit der Elektricität versteht. Dieselbe soll nach der Theorie unabhängig von dem Material und dem Querschnitt des leitenden Drahtes sein.

Diesem Grenzfall nähern sich nun allerdings die oberirdischen Linien, indem ihre Ladungscapacität eine geringe ist; da aber die Zeitdifferenzen zwischen Abgang und Ankunft des Stromes, welche eine Leitung ohne Capacität zeigen sollte, so gering sind, so fällt die Verzögerung, welche durch die Ladung entsteht, wahrscheinlich noch in Betracht.

Hinzu tritt noch ein ferner Umstand, welcher die Erscheinung noch mehr complicirt, und der vielleicht einen grösseren Einfluss ausübt als die Ladung; es ist dies die Induction von einer oberirdischen Leitung auf die benachbarte. Bei den hieher gehörigen Versuchen ist es nämlich nöthig, dass beide Enden der Leitung im Zimmer des Experimentirenden sich befinden; und zwar kann Erde nicht als Rückleitung benutzt werden.

Es müssen daher zwei zwischen denselben Punkten liegende Leitungen zu einer Schleife verbunden werden, und da dieselben meist an demselben Gestänge liegen, so entstehen Inductionen von der einen Hälfte der Leitung auf die andere.

Diese Induction zerfällt, wie wir S. 348 sehen, in zwei wesentlich von einander verschiedene Erscheinungen: die secundäre Ladung und die Voltainduction; beide befolgen in Bezug auf die Kraft ihrer Wirkung verschiedene Gesetze, und auch ihre verzögernde Wirkung ist nicht derselben Art.

Wenn man also die Geschwindigkeit von einzelnen Stromimpulsen oder elektrischen Wellen auf oberirdischen Leitungen misst, so ist die aus dieser Messung sich ergebende Verzögerungszeit als aus mehreren Einzelwirkungen zusammengesetzt zu betrachten, nämlich der Zeit, welche die

§. 7, XIV. C. Die Fortpflanzungsgeschwindigkeit der Elektricität. 353

Elektricität gebraucht hat, um sich durch den leitenden Draht, ohne Ladung und Induction, fortzupflanzen (Geschwindigkeit der Elektricität), der Verzögerung, welche durch die Ladung und derjenigen, welche durch Induction geschieht. Von keiner dieser Grössen ist anzunehmen, dass sie gegen die anderen Grössen verschwindend klein sei.

Ehe wir nun auf die einzelnen Versuche eingehen, können wir gleich das Resultat derselben dahin aussprechen, dass eine sichere Messung der Geschwindigkeit der Elektricität, mit genauer Berücksichtigung der eben hervorgehobenen, begleitenden Umstände noch nicht gelungen ist. Als Ursache der mangelhaften Durchführung dieser Versuche müssen die Schwierigkeiten bezeichnet werden, welche die Messung so kleiner Zeiten, wie sie hier vorkommen, überhaupt bietet, und welche die Beschaffung von gut isolirten Leitungen von genügender Länge mit zugehöriger Variation der Länge der Leitungen, ihres gegenseitigen Abstandes u. s. w. verursachen.

XIV. **Messungen.** Wir theilen im Folgenden die allgemeine Anordnung und die wichtigsten Resultate der hieher gehörigen Versuche mit.

Zunächst sind eine Anzahl Versuche von den Amerikanern Walker, Mitchel, Gould angestellt worden, in welchen zum Zeichengeben Elektromagnete oder chemische Telegraphen benutzt wurden. Die Resultate dieser Versuche sind nicht als massgebend zu betrachten, da die Zeiten, welche der Magnetismus des Elektromagnets braucht, um sich zu verändern (anzusteigen oder abzufallen), und deren auch die Flüssigkeit des präparirten Papiers im chemischen Telegraphen bedarf, um sich zu zersetzen, keineswegs gering sind, und was die Hauptsache ist, nicht genau constant bleiben. Bei der Messung so kleiner Zeiträume dürfen nicht Apparate verwendet werden, welche, um das Zeichen zu geben, etwa eben so viel Zeit brauchen, als der zu messende Zeitraum beträgt, weil die Variationen dieser Zeit zu sehr ins Gewicht fallen und die Bestimmung dieser Zeit für sich eine ähnliche Aufgabe bildet, wie die Messung der Geschwindigkeit der Elektricität selbst.

Messungen mit Apparaten, welche augenblicklich, ohne Zeitverlust, wirken, sind theils mit dem elektrischen Funken, theils mit dem galvanischen Strom angestellt worden.

Der älteste und zugleich berühmteste dieser Versuche rührt von Wheatstone her; durch diesen Versuch wurde zum ersten Mal die Verzögerung der Entladung einer Leydener Flasche auf einem Kupferdraht von einer halben engl. Meile Länge, wenn auch nicht genau so, doch überhaupt nachgewiesen.

Weil die Entladung einer nicht mit Erde verbundenen Leydener Flasche von beiden Belegungen derselben zugleich ausgeht, musste die Leitung in zwei Hälften getheilt und die Verzögerung zwischen Anfang oder Endo der Leitung und der Mitte derselben beobachtet werden. Auf einem Funkenbrett, Fig. 217, waren neben einander drei

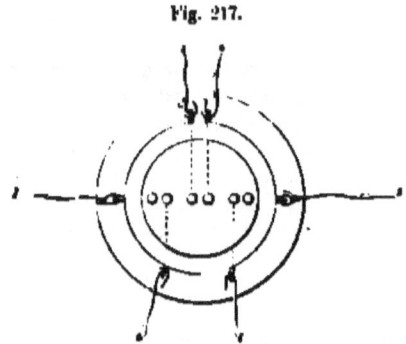

Fig. 217.

Paare von isolirten Metallkugeln aufgestellt; zwischen den Kugeln jedes Paares sprang ein Funke über; die Drähte 1 und 6 waren mit den beiden Belegungen der Leydener Flasche verbunden, zwischen 2 und 3 befand sich die eine, zwischen 4 und 5 die andere Hälfte der Leitung.

Die drei Funken wurden in einem mit grosser Schnelligkeit rotirenden Spiegel betrachtet. Dieses ist ein Mittel, welches in neuerer Zeit vielfach angewendet wird, um rasch wechselnde Erscheinungen zu untersuchen. Da jeder der Funken eine gewisse, wenn auch sehr kleine Zeit dauerte, erschien dessen Bild im bewegten Spiegel nicht als ein leuchtender Punkt, wie in einem ruhenden Spiegel, sondern als eine leuchtende Linie, deren Länge der Dauer des Funkens entsprach. Wenn die drei Funken gleichzeitig stattfanden (bei Einschaltung kurzer Drähte statt der langen Leitungen), so erblickte man im Spiegel drei genau unter einander liegende Linien, Fig. 218; worden nun die langen Leitungen eingeschaltet, so zeigte sich die mittlere Linie, welche von dem in der Mitte der Leitung überspringenden Funken herrührte, etwas seitlich verschoben, Fig. 219, und zwar in der der Drehung des Spiegels entgegengesetzten Richtung.

Fig. 218.

§. 7, XIV. C. Die Fortpflanzungsgeschwindigkeit der Elektricität. 355

Hierdurch war die Verzögerung der Entladung zwischen den Enden und der Mitte der Leitung nachgewiesen; die Grösse derselben wurde von Wheatstone ungefähr geschätzt und daraus die Geschwindigkeit der Elektricität auf etwa 60000 geogr. Meilen in der Secunde berechnet.   Fig. 219.

Fizeau und Gounelle und später Guillemin und Bourneuf wandten galvanische Batterien und als Messinstrumente Galvanometer an. Die von denselben angewendete Methode stimmt im Wesentlichen mit der sonst unter dem Namen der Pouillet'schen Zeitmessungsmethode bekannten überein.

Nach dieser Methode wird in den Anfang der Leitung ein Strom geschickt und kurze Zeit nachher die Verbindung, welche sonst zwischen dem Ende der Leitung durch das Galvanometer mit dem anderen Pole der Batterie besteht, unterbrochen. Geschieht diese Unterbrechung unmittelbar nach dem Anlegen der Batterie, so gibt das Galvanometer keinen Ausschlag, da der Strom noch nicht bis an das Ende der Leitung gelangt ist; vermehrt man nun allmählig die Zeit zwischen dem Anlegen der Batterie und der Unterbrechung am Ende der Leitung, so wird, wenn dieser Zeitraum einen gewissen Werth erlangt hat, das Galvanometer ausschlagen; dieser Werth ist alsdann die Zeit, welche der Strom braucht, um die Leitung zu durchlaufen.

Statt eines einfachen Stromes wandten die genannten Beobachter eine Reihe von Strömen an, welche in regelmässiger Folge in den Anfang der Leitung geschickt wurden; das Ende der Leitung wurde abwechselnd mit dem Galvanometer verbunden und abgenommen. Auf diese Weise erhielt man, wenn die Ströme rasch genug aufeinander folgten, im Galvanometer einen constanten Ausschlag, der von der Stellung des Unterbrechers und der Geschwindigkeit der Stromfolge abhängig war; aus den Minimis und Maximis, welche der Galvanometerausschlag bei langsam veränderter Geschwindigkeit der Stromfolge zeigte, liess sich dann die Zeit berechnen, welche der Strom braucht, um die Leitung zu durchlaufen.

Der Versuch trägt eine unverkennbare Aehnlichkeit mit der Messung der Geschwindigkeit des Lichtes durch Fizeau und Foucault.

Fizeau und Gounelle arbeiteten mit einer Linie, welche theils aus Eisen-, theils aus Kupferdraht bestand; sie suchten die Fortpflanzungsgeschwindigkeit in diesen beiden Drähten zu erhalten, indem sie die Länge der Leitung und die Art der Zusammensetzung derselben aus Eisen und Kupfer variirten. Sie schlossen aus ihren Versuchen, dass der Querschnitt des Leiters keinen Einfluss auf die Fortpflanzungsgeschwindigkeit ausübe, wohl aber glaubten sie einen Einfluss des Materials zu erkennen; sie fanden für Eisen: 13 600 geogr. Meilen in der Secunde, für Kupfer: 24 500 Meilen.

Während bei allen früheren Messungen die Ladung der Leitung gar nicht erwähnt wird — wahrscheinlich, weil diese Eigenschaft der Leitung noch zu wenig bekannt war —, begannen bereits Fizeau und Gounelle den Einfluss derselben bei ihren Versuchen zu bemerken, ohne die Ursache jedoch zu kennen. Guillemin beschäftigte sich eingehender mit dieser Frage und erkannte im Allgemeinen die Art des Einflusses, welchen die Ladung auf den Verlauf und die Stärke der Ströme ausübt. Bei den Messungen von Guillemin und Bourneuf, welche sonst ähnlich denjenigen von Fizeau und Gounelle angestellt waren, wurde denn auch für die Entladung der Linie gesorgt, indem die Linie nach jeder Stromgebung nicht isolirt, sondern an Erde gelegt wurde.

Guillemin und Bourneuf fanden für die Fortpflanzungsgeschwindigkeit in Eisen: 24 300 Meilen in der Secunde.

Die letzten Messungen wurden von Werner Siemens angestellt, und zwar, wie bei Wheatstone, mittelst Entladung einer Leydener Flasche.

Der von Siemens angewendete Chronograph besteht aus einer mit grosser Geschwindigkeit und zugleich grosser Regelmässigkeit rotirenden Stahlscheibe, auf welche die Entladungsfunken aus einer festen, dicht an der Scheibe befindlichen Platinspitze überspringen. Wenn die Scheibe vorher berusst wird, so erzeugt jeder überspringende Funke eine kleine russfreie Fläche, in deren Mitte sich die Funkenmarke, ein scharfer, glänzender Punkt, befindet. Durch genaue Messung des Abstandes zwischen zwei Funkenmarken und der Drehungsgeschwindigkeit der Scheibe lässt sich die Zeit berechnen, welche zwischen den beiden Funken verstrichen ist.

Die Platinspitze wird mit dem Ende der Leitung, die Stahlscheibe mit der Erde, die eine Belegung der geladenen Leydener Flasche mit dem Anfang der Leitung verbunden; um die Flasche zu entladen, wird die andere Belegung der Leydener Flasche an Erde gelegt, die Ladung der Flasche durchläuft daher die ganze Leitung und geht dann auf die Scheibe über. In demselben Augenblick, in welchem die Ladung dieser Flasche in den Anfang der Leitung tritt, wird eine zweite Leydener Flasche entladen und eine entsprechende Funkenmarke erzeugt, so dass auf der Scheibe Abgang und Ankunft des Entladungsstromes durch Funkenmarken aufgezeichnet werden.

Die Versuche wurden an gut isolirten Linien aus Eisendraht angestellt, deren Länge bez. ungefähr 1, 2, 3, 4, 5 Meilen betrug. Es ergab sich aus denselben:

1) dass die Zeit, welche der Entladungsstrom der Leydener Flasche braucht, um die Leitung zu durchlaufen, proportional der Länge der Leitung ist;

2) dass die Fortpflanzungsgeschwindigkeit (im vorliegenden Fall) im Mittel 30 200 geogr. Meilen in der Secunde beträgt.

Dieses Resultat ist wahrscheinlich frei von dem Einfluss der Ladung, jedenfalls aber behaftet mit dem Einfluss der Induction von einer Hälfte der Leitung auf die andere, ebenso wie die Messung von Fizeau und Gounelle, von Guillemin und Bourneuf, und am meisten diejenige von Wheatstone. Dieser Einfluss geht jedenfalls dahin, dass die Induction den Werth der Fortpflanzungsgeschwindigkeit verringert; die Grösse dieses Einflusses ist jedoch noch nicht experimentell bestimmt. —

Aus der vorstehenden Zusammenstellung geht hervor, dass die Versuche über die Geschwindigkeit der Elektricität noch nicht als abgeschlossen zu betrachten sind; man hat daher vorläufig die oben entwickelten Resultate der Theorie als richtig anzunehmen.

Anhang.

Die elektrischen Messungen.

A. Die Messinstrumente.
B. Die Messmethoden.
C. Das absolute Masssystem.
D. Zahlen und Tabellen.

A. Die Messinstrumente.

I. Uebersicht der Messinstrumente. Die elektrischen Messinstrumente zerfallen in zwei Klassen: in solche, welche auf Wirkungen der Elektricität beruhen, und welche daher direct zur Messung des elektrischen Zustandes dienen, und in solche, welche Körper enthalten, die, wenn sie der Einwirkung der Elektricität unterworfen werden, in Bezug auf Massgrössen der Elektricität einfache Verhältnisse darbieten. Die ersteren sind diejenigen, welche zur Messung des elektrischen Stromes und der elektrischen Dichte dienen, die letzteren sind die Widerstands- und Ladungsscalen, d. h. künstlich hergestellte Reihen von Körpern, welche in Bezug auf Ladung und Widerstand einfache Massverhältnisse darbieten, und mit welchen die zu untersuchenden Körper verglichen werden.

Diese Eintheilung der elektrischen Messinstrumente ist durch die Natur der Sache bedingt. Denn einerseits wird irgend ein elektrischer Vorgang in irgend einem Leiter durch Strom, Dichte und Elektricitätsmenge vollständig bestimmt — die Elektricitätsmenge wird aber gewöhnlich nur im strömenden Zustande und daher durch Strommessinstrumente bestimmt —; andrerseits hängt das Verhalten eines Körpers in Bezug auf elektrische Vorgänge nur von seinen Widerstands- und Ladungsverhältnissen ab.

Diese Bemerkungen gelten für das ganze Gebiet der Elektricität, also für den Galvanismus sowohl als für Reibungselektricität; im Folgenden, wie überhaupt in diesem ganzen Anhang, wird jedoch nur das auf den Galvanismus Bezügliche berücksichtigt.

a) Die Strommessinstrumente.

II. Uebersicht der Strommessinstrumente. Die Strommessinstrumente zerfallen in drei Gruppen, nach den drei verschiedenen Wirkungen des Stromes, welche bei den betr. Instrumenten verwendet werden. Diese Gruppen sind:

1) die Galvanometer, oder Strommesser, welche auf der mechanischen Wirkung eines vom Strom durchflossenen Leiters auf Magnete beruhen;

2) die Dynamometer oder Strommesser, welche auf der mechanischen Wirkung eines vom Strom durchflossenen Leiters auf einen anderen vom Strom durchflossenen Leiter beruhen;

3) die Voltameter oder Strommesser, welche auf der chemischen Zersetzung einer vom Strom durchflossenen Flüssigkeit beruhen.

In praktischer Beziehung unterscheiden sich diese Gruppen folgendermassen. Die Galvanometer werden am häufigsten angewendet und zwar für die kräftigsten Ströme sowohl, als die schwächsten, aber beinahe nur für Ströme einfacher Richtung; die Dynamometer sind gleich anwendbar für Ströme einfacher Richtung und für Wechselströme, für schwache Ströme erreicht ihre Empfindlichkeit jedoch bei Weitem nicht diejenige der Galvanometer; die Voltameter werden meist nur in den Fällen verwendet, in welchen die chemische Wirkung des Stromes untersucht werden soll.

III. **Die Galvanometer.** Das Galvanometer ist weitaus das wichtigste Instrument des Elektrikers. Einerseits ist nämlich die Strommessung die am häufigsten vorkommende Messung; andrerseits ist das Galvanometer das einfachste und bequemste unter den elektrischen Messinstrumenten, so dass aus diesem Grunde auch oft bei Messungen, welche naturgemässer mit anderen Instrumenten ausgeführt werden müssten, die Messmethode so eingerichtet wird, dass das Galvanometer als Messinstrument verwendet werden kann.

Galvanometer nennen wir jedes Instrument, welches auf der Wirkung eines vom Strom durchflossenen Leiters auf einen oder mehrere Magnete beruht und welches zur Strommessung dient. Galvanoskope nennt man, namentlich in der telegraphischen Praxis, diejenigen Instrumente, welche das Vorhandensein von Strömen anzeigen, ohne zugleich für Strommessung construirt zu sein; die Beschreibung derselben gehört nicht hieher. Es versteht sich von selbst, dass sich jedes Galvanometer zugleich als Galvanoskop verwenden lässt.

Die Construction stimmt bei allen Galvanometern im Allgemeinen überein; sie bestehen sämmtlich aus einer Anzahl von feststehenden Drahtwindungen, welche, wenn sie vom Strom durchflossen werden, auf einen oder zwei, um eine senkrechte Axe drehbare Magnete wirken. Wir werden allerdings auch Instrumente kennen lernen, bei denen das Magnetsystem fest und die Drahtwindungen be-

Anhang. A. Die Messinstrumente. 363

weglich sind; dieselben gehören aber nicht mehr zu den eigentlichen Galvanometern, da sie bis jetzt wenigstens nicht zur Strommessung verwendet werden.

Bei der Construction eines Galvanometers sind hauptsächlich zwei Punkte massgebend: die **Empfindlichkeit** und die **Art der Messung**.

Wie verschieden die **Empfindlichkeit** der Galvanometer in verschiedenen Fällen sein muss, geht schon aus einer oberflächlichen Uebersicht über die in der Technik vorkommenden Stromstärken hervor. Nehmen wir die Stromstärke: elektromotorische Kraft von 1 Daniell in 1 S. E. zur Einheit, so stellen sich die stärksten, in der Technik vorkommenden Ströme auf etwa 10000 (bei den dynamoelektrischen Maschinen für chemische Zersetzung), die schwächsten dagegen (bei Isolationsmessungen von Kabeln) auf etwa $\frac{1}{1000 \text{ Millionen}}$. Jedes einzelne Galvanometer eignet sich aus verschiedenen Gründen nur für einen gewissen Bereich von Stromstärken; wenn es nun auch, namentlich bei feinen Instrumenten, wie wir sehen werden, Mittel gibt, um diesen Bereich zu vergrössern, so erhellt doch aus den obigen Zahlen, dass schon der verschiedenen Empfindlichkeit wegen die Technik einer Reihe Galvanometer von verschiedener Construction bedarf.

Was die **Arten der Messung** betrifft, so hat man es beinahe nur mit denjenigen Fällen zu thun, in welchen die **Wirkung der Windungen auf den Magnet ein einfaches Gesetz** befolgt. Der Strom lässt sich zwar auch messen, wie wir sehen werden, wenn dieses Wirkungsgesetz complicirt und theoretisch nicht bekannt ist, indem dasselbe dann empirisch ermittelt wird, und diese Art wurde im Anfang der Entwicklung der Galvanometrie öfter angewendet; je mehr jedoch die Construction der Galvanometer fortschritt, desto mehr wurde auch diese Art der Messung in den Hintergrund gedrängt, so dass dieselbe heutzutage kaum mehr angewendet wird.

Die Vorschriften, welche sich aus der Rücksicht auf **Empfindlichkeit** für die Construction ergeben, sind einfach: die Empfindlichkeit ist um so grösser, je grösser die Anzahl der Windungen ist, je enger der Wickelungsraum die Nadel umschliesst und je geringer die äussere magnetische Richtkraft (Erde, Richtmagnete) ist.

Die aus der Rücksicht auf die Empfindlichkeit sich ergebenden Vorschriften sind aber nicht die einzigen, welche in der Construction zu erfüllen sind; es hat vielmehr die Art der Messung ebenfalls Einfluss auf die Construction. Da die Vorschriften beiderlei Art sich nicht immer zugleich erfüllen lassen, so lässt sich bei der Construction im Allgemeinen nicht eine bestimmte Empfindlichkeit mit einer bestimmten Messungsart verbinden; und es haben sich in Folge dieses Verhältnisses in der Galvanometrie eine Reihe einzelner, individuell verschiedener Formen ausgebildet, deren jede nur eine beschränkte Anwendbarkeit besitzt.

Bevor wir zur Besprechung dieser einzelnen Formen übergehen, betrachten wir die Arten der Messung und die magnetischen Combinationen, welche zur Erhöhung der Empfindlichkeit angewendet werden.

IV. Die Arten der Messung. Wenn man die Einwirkung einer vom Strom durchflossenen Windung auf eine drehbare Magnetnadel untersucht, so findet man drei Fälle, in welchen diese Wirkung ein einfaches Gesetz befolgt. Wenn der Erdmagnetismus die einzige Kraft ist, welche der von dem Strom ausgeübten Kraft entgegenwirkt, so folgt, da die Wirkung des Erdmagnetismus ebenfalls ein einfaches Gesetz befolgt, dass im Gleichgewicht, in welchem die Wirkungen beider Kräfte sich aufheben, auch ein einfaches Gesetz zwischen dem die Windung durchlaufenden Strom und der Ablenkung der Nadel herrschen muss.

Dieses einfache Gesetz ist in den erwähnten drei Fällen: 1) das Tangentengesetz, 2) das Sinusgesetz, 3) die Proportionalität.

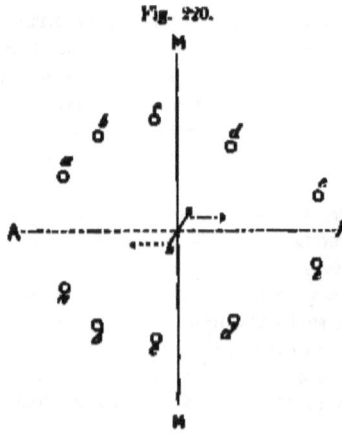

Fig. 220.

1) Das Tangentengesetz gilt, wenn die Entfernungen der Windungen von der Nadel gross sind im Verhältniss zu den Dimensionen der Nadel.

Fig. 220 stellt den horizontalen Durchschnitt durch ein System solcher, um den Magnet in sonst beliebiger Weise angeordneter, kreisförmiger Windungen aa, bb, cc, dd, ee dar, deren Axe AA durch den Mittelpunkt des Magnets geht. MM ist die Richtung des magnetischen Meridians. Jede dieser Windungen übt, wenn sie sämmtlich vom Strom in gleicher Richtung durchflossen werden, auf die Pole des Magnets Kräfte aus, welche denselben in der Richtung der Axe zu bewegen suchen, den Nordpol nach der einen, den Südpol nach der an-

Anhang. A. Die Messinstrumente.

deren Seite. Diese Kräfte sind allerdings von verschiedener Grösse je nach dem Durchmesser des Kreises der Windung und der Entfernung der Kreisebene vom Magnet; aber die Kräfte, welche eine Windung ausübt, bleiben gleich gross für alle Winkel, welche die Magnetnadel mit dem magnetischen Meridian macht. Der Grund dieser Constanz der Kräfte liegt darin, dass die Dimensionen der Nadel klein sind gegen die Entfernungen von den Windungen; je kleiner dieses Verhältniss ist, desto strenger gilt jene Constanz.

Es gilt also in diesem Fall die Betrachtung, welche bereits S. 203 ff. gegeben wurde, und welche wir kurz wiederholen wollen.

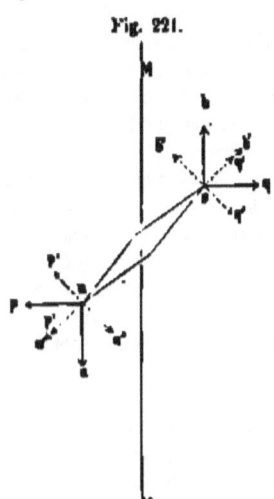

Fig. 221.

MM ist die Richtung des Meridians; na und sb sind die Kräfte, welche der Erdmagnetismus auf die Pole ausübt, np und sq diejenigen, welche alle Windungen zusammen ausüben. Diese Kräfte werden sämmtlich nach der Richtung der magnetischen Axe ns und senkrecht dazu zerlegt; die ersteren heben sich gegenseitig auf, die letzteren sind: np'', sq'', die Componenten der Wirkung des Erdmagnetismus, und na'', sb'', die Componenten der Wirkung des Stromes; von diesen müssen sich im Gleichgewichte die beiden, an demselben Pole angreifenden Componenten aufheben.

Die Wirkung des Erdmagnetismus (na oder sb) sei Hm, wo m der Magnetismus eines Poles der Nadel, diejenige des Stromes (np oder sq) sei cmi, wo i die Stromstärke, c eine Constante, φ der Winkel, den die magnetische Axe ns mit dem magnetischen Meridian bildet. Dann ist

die Componente $na'' = Hm \sin \varphi$,

die Componente $np'' = cmi \cos \varphi$,

also im Falle des Gleichgewichts

$cmi \cos \varphi = Hm \sin \varphi$, und daher

1) . . . . $i = \dfrac{H}{c} tg \varphi$,

oder der Strom proportional der Tangente der Ablenkung der Nadel, unabhängig von dem Magnetismus der Nadel.

2) Das Sinusgesetz herrscht, wenn die relative Lage der Nadel zu den Windungen bei Wirkung des Stromes dieselbe ist, wie ohne Strom, die Formen der Windungen und die Entfernungen derselben von der Nadel können hiebei beliebige sein.

Der angegebene Fall lässt sich nur verwirklichen, wenn die Windungen drehbar sind und zwar um die Drehungsaxe der Nadel, und wenn die Theilung, über welcher die Nadel spielt, fest mit den Windungen verbunden ist. Wenn kein Strom wirkt, zeigt die Nadel, die alsdann in der Richtung des magnetischen Meridians liegt, auf einen Strich der unter ihrer Spitze befindlichen Theilung, gewöhnlich auf Null. Wenn der Strom geschlossen wird, schlägt die Nadel aus und bleibt auf einem anderen Theilstrich stehen; nun wird die Theilung sammt den Windungen so lange gedreht, bis die Nadel wieder auf Null steht und der Winkel, um welchen man gedreht hat, gemessen.

Bei diesem Verfahren muss die Wirkung des Stromes auf die Nadel unabhängig von dem Winkel sein, um welchen man die Windungen gedreht, weil diese Wirkung nur von der relativen Lage der Windungen gegen die Nadel abhängt, welche stets dieselbe bleibt; dieselbe ist aber proportional der Stromstärke. Die Componente der Wirkung des Stromes nach der auf die Nadelaxe senkrechten Richtung ist daher $= cmi$, wo c eine Constante, i die Stromstärke, m der Magnetismus eines Poles der Nadel. In Fig. 221 hätte man sich p auf p'', q auf q'' fallend zu denken.

Die entsprechende Componente des Erdmagnetismus ist, wie im Falle des Tangentengesetzes, $= Hm \sin \varphi$, wenn φ der Winkel, welchen beim Gleichgewicht die Nadelaxe mit der Richtung des magnetischen Meridians bildet, oder der Winkel, um welchen man bei der Einstellung die Windungen gedreht hat.

Man hat also im Gleichgewicht:

$$cmi = Hm \sin \varphi, \text{ und daher}$$

2) . . . . $i = \dfrac{H}{c} \sin \varphi$

oder der Strom ist proportional dem Sinus des Winkels, um welchen man die Windungen gedreht hat, unabhängig von dem Magnetismus der Nadel.

3) Die Proportionalität findet statt, wenn die Ablenkungen der Nadel klein sind; Form und Entfernungen der Windungen können beliebige sein.

Die Bedingung des Tangentengesetzes bestand darin, dass die Entfernung der Windungen von der Nadel gross sei im Verhältniss zu der Länge der Nadel, oder was dasselbe ist, dass bei verschiedenen Ablenkungen der Nadel jene Entfernung im Wesentlichen gleich gross bleibe und nur geringe Veränderungen erleide.

Diese Bedingung wird offenbar auch erfüllt, wenn die Entfernung der Windungen von der Nadel zwar möglichst gering ist, wenn aber die Nadel nur ganz kleine Ablenkungen erhält. Ist jene Entfernung gross, so kann die Nadel beliebige Ablenkungen erhalten, ohne dass jene Entfernung sich wesentlich ändert; je kleiner jene Entfernung ist, desto geringer sind die Ablenkungen, welche die Nadel erhalten darf, ohne dass das Tangentengesetz seine Giltigkeit verliert.

Wir haben also auch in diesem Fall

$$i = \frac{H}{c} tg\, \varphi,$$

oder, da für kleine Werthe von φ die Tangente gleich dem Winkel ist,

$$i = \frac{H}{c} \varphi, \text{ oder:}$$

der Strom ist proportional der Ablenkung der Nadel, unabhängig von dem Magnetismus derselben.

4) Auch Galvanometer, deren Construction es nicht gestattet, eine der drei vorstehend beschriebenen Messungsarten anzuwenden, lassen sich als Messinstrumente verwerthen, wenn man dieselben graduirt.

Unter Graduirung versteht man die empirische Ermittelung der Stromstärken, welchen die einzelnen Grade der Theilung entsprechen. Man stellt durch Combination verschiedener Batterien und Widerstände künstlich eine Reihe von Strömen von bekannter Stärke her und misst die Ausschläge, welche sie am Galvanometer hervorbringen. Aus dieser Reihe von Bestimmungen lässt sich alsdann, durch graphische Aufzeichnung oder durch mathematische Interpolation, die Curve ermitteln, welche die Abhängigkeit der Stromstärke vom Ausschlage darstellt, und eine Tabelle berechnen, welche für jeden Grad der Theilung die entsprechende Stromstärke angibt.

Wie schon oben bemerkt, wendet man diese Methode nur im Nothfalle an wegen der Umständlichkeit, mit welcher die Ausführung derselben verknüpft ist.

V. **Messungsarten bei den empfindlicheren Magnetsystemen.**
Wir haben die Fälle des Gleichgewichtes zwischen Strom und Mag-

netismus betrachtet unter der Voraussetzung, dass das Magnetsystem des Galvanometers aus einer einzigen Nadel bestehe, auf welche von Aussen bloss der Erdmagnetismus wirkte. Um die Empfindlichkeit, namentlich bei Spiegelgalvanometern, zu erhöhen, wird theils die auf die Nadel wirkende Richtkraft geschwächt, theils die Wirkung des Stromes auf die Nadel erhöht; dies geschieht durch Anwendung von **astatischen Nadeln** und **Richtmagneten**. Wir wollen untersuchen, ob in diesen Fällen die oben angegebenen Messungsarten noch richtig sind.

Wir betrachten zunächst die astatische Nadel ohne Richtmagnet.

Die beiden, zu einem astatischen Paare verbundenen Nadeln seien mm, $m'm'$, Fig. 222. Der von denselben eingeschlossene Winkel sei ϵ, ferner φ der Winkel, welchen die stärkere von beiden, mm, mit dem magnetischen Meridian MM einschliesst. Im Gleichgewicht ohne Wirkung des Stromes muss die Summe der senkrecht zu den Nadeln gerichteten Componenten Null sein. Man hat daher, wenn m, m' bez. die (absoluten) Magnetismen der Nadelpole bezeichnen, H die horizontale Componente des Erdmagnetismus, und φ_0 den Winkel, den die stärkere Nadel ohne Wirkung des Stroms mit dem magnetischen Meridian bildet, oder den Winkel der Ruhelage,

Fig. 222.

$$Hm \sin \varphi_0 - Hm' \sin(\varphi_0 + \epsilon) = 0.$$

Wenn es auch vielleicht unmöglich ist, die magnetischen Axen der beiden Nadeln genau parallel zu stellen, den Winkel ϵ also gleich Null zu machen, so ist dieser Winkel doch jedenfalls sehr klein; man kann also $\sin \epsilon = \epsilon$, $\cos \epsilon = 1$ setzen. Die obige Gleichung wird alsdann:

$$Hm \sin \varphi_0 - Hm' \sin \varphi_0 - Hm' \epsilon \cos \varphi_0 = 0, \text{ woraus}$$

$$tg \, \varphi_0 = \frac{m'}{m - m'} \epsilon = \frac{\epsilon}{\frac{m}{m'} - 1}.$$

Aus dieser Gleichung ergibt sich, dass die Ruhelage eines astatischen Nadelpaares nur abhängt von dem Winkel zwischen beiden Nadeln und dem Verhältniss der Magnetismen der Pole, also nicht von dem absoluten Werth des Magnetismus.

Anhang. A. Die Messinstrumente. 369

Wenn, wie man es in der Praxis namentlich liebt, der Winkel zwischen beiden Nadeln zwar klein, aber der Unterschied zwischen der Magnetisirung der Nadeln noch erheblich ist, so weicht die Ruhelage wenig ab vom magnetischen Meridian, da diese Abweichung alsdann nicht viel grösser ist, als der Winkel zwischen den beiden Nadeln. Verstärkt man nun den Magnetismus der schwächeren Nadel immer mehr, so weicht die Ruhelage der astatischen Nadel immer mehr ab vom magnetischen Meridian, und endlich, wenn der Magnetismus der beiden Nadeln völlig gleich geworden ist, stellt sich die Ruhelage auf 90° (vom magn. Meridian an gerechnet).

Ist der Winkel zwischen beiden Nadeln wirklich Null, und sind auch die (absoluten) Magnetismen der Nadeln genau gleich, so wird $tg \varphi_0$ unbestimmt, d. h. die astatische Nadel ist in jeder beliebigen Lage im Gleichgewicht. Dieser Fall lässt sich in Wirklichkeit kaum herstellen, und wenn man denselben auch mit grosser Sorgfalt beinahe erreicht hat, so macht sich bei diesem hohen Grad der Astasie der sonst unmerkliche Einfluss der temporären Magnetisirung der Nadeln durch den Erdmagnetismus fühlbar, welcher in verschiedenen Ablenkungen verschieden ist und daher das Eintreten der oben genannten Erscheinung verhindert.

Die Ruhelage eines astatischen Nadelpaares ohne Stromwirkung nennt man auch die freiwillige Ablenkung derselben.

Betrachten wir nun die Einwirkung des Stromes auf die astatische Nadel, ohne Mitwirkung eines Richtmagnets.

Von den oben beschriebenen Messungsarten kann die erste hiebei nicht in Betracht kommen, da dieselbe einen grossen Abstand der Windungen von der Nadel voraussetzt, während astatische Nadeln nur angewandt werden, um grössere Empfindlichkeit zu erzielen, wobei aus demselben Grunde die Windungen möglichst nahe um die Nadeln gelegt werden.

Wir machen in der ganzen folgenden Betrachtung die Voraussetzung, dass der Winkel zwischen beiden Nadeln (e) Null oder verschwindend klein sei. Wenn dieser Winkel einen erheblichen Werth besitzt, so werden beide Messungsarten ungenau, sowohl die Sinusmethode als diejenige der kleinen Ablenkung. Bei der Anfertigung der Nadeln muss also dafür gesorgt werden, dass der Winkel zwischen beiden Nadeln verschwindend klein sei.

Wenn $e = o$, so hat man für das Gleichgewicht bei Anwendung der Sinusmethode die Gleichung:

$$Hm \sin \varphi - Hm' \sin \varphi - cmi - c'm'i = o;$$

hier bedeuten H, m, m', φ, bez. dasselbe, wie S. 366, ferner i die Stromstärke, c die Wirkung des Stromes I auf einen Pol der Nadel m, wenn dessen Magnetismus $= 1$ ist, c' die entsprechende Grösse für einen Pol der Nadel m'. Es folgt hieraus:

$$\sin \varphi = \frac{i}{H} \cdot \frac{cm + c'm'}{m - m'} = \frac{ic}{H} \cdot \frac{1 + \frac{c'}{c} \cdot \frac{m'}{m}}{1 - \frac{m'}{m}}$$

und ferner:

$$2) \quad \ldots \quad i = \frac{H}{c} \cdot \frac{1 - \frac{m'}{m}}{1 - \frac{c'}{c} \cdot \frac{m'}{m}} \cdot \sin \varphi.$$

Es ist also auch in diesem Falle der Strom proportional dem Sinus der Ablenkung, die Methode also anwendbar.

In welchem Maasse der Ausschlag vergrössert wird durch Anwendung der astatischen Nadel, geht aus einer Vergleichung von Gleichung 2) mit der dem Fall einer einfachen Nadel entsprechenden, Gleichung 2) auf S. 366 hervor. Der Ausschlag wird vergrössert, weil der Strom auf zwei Nadeln im gleichen Sinne wirkt, und weil die Richtkraft des Nadelpaares viel kleiner ist als diejenige einer einfachen Nadel.

Der Ausschlag oder die Empfindlichkeit ferner ist nicht abhängig von der absoluten Stärke des Magnetismus, sondern nur von dem Verhältniss der Magnetismen beider Nadeln, oder von dem Grade der Astasie.

Bei Anwendung der Methode der kleinen Ablenkung hat man die Gleichung:

$$Hm \sin \varphi - Hm' \sin \varphi - cmi \cos \varphi - c'm'i \cos \varphi = 0.$$

Hieraus erhält man

$$tg \varphi = \frac{i}{H} \cdot \frac{cm + c'm'}{m - m'} = \frac{ic}{H} \cdot \frac{1 + \frac{c'}{c} \cdot \frac{m'}{m}}{1 - \frac{m'}{m}} \quad \text{und}$$

$$3) \quad \ldots \quad i = \frac{H}{c} \cdot \frac{1 - \frac{m'}{m}}{1 + \frac{c'}{c} \cdot \frac{m'}{m}} \cdot tg \varphi,$$

eine Gleichung, die sich von 2) nur durch das Auftreten von $tg \varphi$ für $\sin \varphi$ unterscheidet; statt $tg \varphi$ ist bei kleiner Ablenkung φ zu setzen.

Es ist also hier der Strom proportional der Ablenkung, und daher die Methode anwendbar. Die soeben gemachten Bemerkungen aber Vergrösserung der Empfindlichkeit und Abhängigkeit des Ausschlags vom Magnetismus gelten auch hier.

Wir wollen endlich noch den Fall untersuchen, wenn die astatische Nadel unter dem Einfluss zweier Richtmagnete S und S_1, siehe Fig. 223, steht. Diese letzteren sollen ziemlich weit entfernt

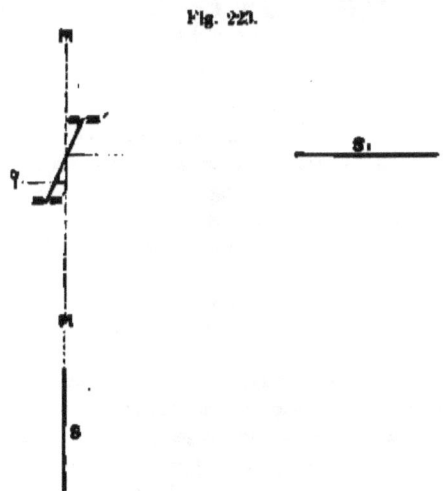

Fig. 223.

von der Nadel sein, so dass je nur ein Pol eines Richtmagnets als wirksam anzusehen ist; S liegt in der Richtung des magnetischen Meridians, S_1 in der dazu senkrechten Richtung; die beiden Nadeln sind als parallel vorausgesetzt.

Der Richtmagnet S ist der sog. Hauy'sche Stab; derselbe wird angewendet, um die Astasie des Magnetsystems zu erhöhen; derselbe muss dem Erdmagnetismus entgegen wirken.

Ohne Wirkung des Stromes hat man die Gleichung:

$$(H - S) \, m \sin \varphi_0 - (H - S) \, m' \sin \varphi_0 - S_1 \, m \cos \varphi_0 \\ + S_1 \, m' \cos \varphi_0 = 0;$$

hieraus folgt für die Ruhelage φ_0:

4) . . . . . . $tg \, \varphi_0 = \dfrac{S_1}{H - S}$.

Diese Gleichung zeigt, dass ein Abweichen der astatischen Nadel vom magnetischen Meridian nur erfolgt, wenn der Richtmagnet S_1 wirkt, und dass man durch Verstärkung desselben die Nadel bis beinahe um 90° drehen kann; diese Drehung erfolgt um so leichter, je mehr der Richtmagnet S die Wirkung des Erdmagnetismus aufhebt; diese Drehung ist ferner unabhängig von dem Magnetismus der Nadeln.

Wenn der Strom wirkt, so hat man die Gleichung:

$$(H - S)(m - m')\sin\varphi - S_1(m - m')\cos\varphi - i(em + e'm')\cos\varphi = 0,$$

woraus:

$$tg\,\varphi = \frac{i(em + e'm') + S_1(m - m')}{(H - S)(m - m')}..$$

Nun ist aber der Winkel, den man beobachtet, nicht φ, sondern $\varphi - \varphi_0$, da die Ablenkungen von der Ruhelage aus gerechnet werden; der Winkel φ_0 oder die Abweichung der Ruhelage vom magnetischen Meridian ist gewöhnlich nicht bekannt.

Ziehen wir Gleichung 2) von der letzterhaltenen ab, so ergibt sich

$$tg\,\varphi - tg\,\varphi_0 = \frac{i}{H - S} \cdot \frac{em + e'm'}{m - m'} = \frac{ie}{H - S} \cdot \frac{1 + \frac{e'}{e}\cdot\frac{m'}{m}}{1 - \frac{m'}{m}}...$$

Es ist nun die Ablenkung $\varphi - \varphi_0$ eine kleine Grösse, deren höhere Potenzen vernachlässigt werden dürfen. Unter dieser Voraussetzung kann man sich leicht überzeugen, dass in erster Annäherung

$$tg\,\varphi - tg\,\varphi_0 = \varphi - \varphi_0, \text{ also}$$

$$\varphi - \varphi_0 = \frac{ie}{H - S} \cdot \frac{1 + \frac{e'}{e}\cdot\frac{m'}{m}}{1 - \frac{m'}{m}} \quad \text{und}$$

$$5)\quad \ldots\quad i = \frac{H - S}{e} \cdot \frac{1 - \frac{m'}{m}}{1 + \frac{e'}{e}\cdot\frac{m'}{m}} (\varphi - \varphi_0);$$

es ist also der Strom proportional der Ablenkung, diese Art der Messung daher anwendbar.

Auch für diesen Fall hängt die Empfindlichkeit nur von dem Verhältnisse der Magnetismen der beiden Nadeln ab; sie ist um so grösser, je geringer der Unterschied dieser Magnetismen oder je höher die Astasie der Nadeln, aber auch je vollständiger die Wirkung des Erdmagnetismus durch den Richtmagnet S aufgehoben wird.

Der Ausschlag ist ferner gänzlich unabhängig von dem Richtmagnet S_1, senkrecht zum Meridian; derselbe kann nur dazu dienen, die Ruhelage der Nadel beliebig zu verändern, hat aber keinen Einfluss auf die Empfindlichkeit.

Für den Fall eines für kleine Ablenkung gebauten Galvanometers mit einfacher Nadel und 2 Richtmagneten hat man in der obigen Gleichung 5) bloss $m' = o$ zu setzen; man erhält auf diese Weise

$$6) \quad \quad \quad i = \frac{H - S}{c} (\varphi - \varphi_0).$$

Diese Gleichung zeigt, dass in diesem Falle die Erhöhung der Empfindlichkeit bloss auf der Abschwächung des Erdmagnetismus durch den Magnet S beruht.

Die vorstehende Betrachtung gibt die Grundzüge der Theorie der sämmtlichen feineren Galvanometer und wird uns als Grundlage für die Besprechung derselben dienen.

VI. **Bewegung der Galvanometernadeln.** Wir haben bereits S. 205 ff. die Bewegung einer Galvanometernadel im Allgemeinen besprochen; wir wollen hier die Formel für die Schwingungsdauer des Magnets geben und die Dämpfungsverhältnisse betrachten.

Es wurde bereits S. 205 bemerkt, dass die Schwingung einer Galvanometernadel in jeder Beziehung einem schwingenden Pendel zu vergleichen ist, weil in beiden Fällen die Bewegung um eine feste Drehaxe unter dem Einfluss einer Kraft von constanter Richtung und Grösse erfolgt; der Erdmagnetismus mit oder ohne Houy'schen Stab wirkt bei der in horizontaler Ebene schwingenden Galvanometernadel wie die Schwerkraft bei dem in verticaler Ebene schwingenden Pendel.

Für die Schwingungsdauer T eines einfachen Pendels, d. h. eines Pendels, bei welchem die Stange sehr leicht ist und das am Ende derselben befestigte Gewicht als in einem Punkte vereinigt gedacht werden kann, hat man bekanntlich das Gesetz:

$$T = \pi \sqrt{\frac{M}{m\,l\,g}};$$

hier bedeuten: π die bekannte Zahl, M das Trägheitsmoment, m die Masse des Gewichts, l die Länge der Stange, g die Beschleunigung der Schwerkraft.

In ganz ähnlicher Weise erhält man für die Schwingungsdauer einer einfachen bloss unter dem Einfluss des Erdmagnetismus stehenden Galvanometernadel:

$$1) \quad \quad \quad T = \pi \sqrt{\frac{M}{m\,l\,H}};$$

hier bedeuten: T die Schwingungsdauer, M das Trägheitsmoment, m

den Magnetismus eines Pols, *l* den Abstand eines Pols von der Drehaxe, *H* die horizontale Componente des Erdmagnetismus.

Hat die Magnetnadel, wie gewöhnlich, die Form eines langen, schmalen und dünnen Stabes, so ist das Trägheitsmoment proportional dem Quadrat der halben Länge, der Ausdruck unter der Wurzel wird daher proportional der halben Länge *l* selbst.

In diesem Fall ist also die Schwingungsdauer:
proportional der Quadratwurzel aus der Länge,
proportional der Quadratwurzel aus der Masse,
umgekehrt proportional der Quadratwurzel aus der magnetischen Richtkraft,
umgekehrt proportional der Quadratwurzel aus dem Magnetismus der Nadel.

Hieraus ergibt sich auch, dass die Schwingungsdauer der Nadel vergrössert wird durch Anwendung des Hauy'schen Stabes oder Verwandlung der einfachen Nadel in eine astatische; denn im ersteren Falle wird die magnetische Richtkraft verringert, im letzteren hat man als Magnetismus der Nadel den Unterschied der Magnetismen der beiden Nadeln in Rechnung zu bringen. Je weiter man durch Anwendung der genannten Mittel die Astasie der Nadel treibt, desto langsamer schwingt dieselbe, bis zuletzt bei vollkommener Astasie die Schwingungen überhaupt aufhören, während die Gleichgewichtslage eine völlig unbestimmte wird. (Wie schon S. 369 bemerkt, lässt sich eine vollkommene Astasie in Wirklichkeit nie herstellen).

Bei der obigen Formel 1) ist vorausgesetzt, dass die Bewegungen der Nadel ohne Widerstand geschehen; nach dieser Voraussetzung würde aber eine Nadel, einmal abgelenkt, nie zur Ruhe kommen, sondern stets hin und her schwingen. In Wirklichkeit sind nun stets, wie beim Pendel, widerstehende Kräfte vorhanden, welche die Bewegung verlangsamen und die Nadel allmählig zur Ruhe bringen, nämlich die Reibung auf der Spitze, wenn die Nadel auf einer solchen schwingt, und der Luftwiderstand. Diese Kräfte sind jedoch meist von geringem Belang und müssen auf dieser Stufe bleiben, da sonst Ungenauigkeiten in der Messung auftreten. Die Praxis des Beobachtens am Galvanometer verlangt aber entschieden einen kräftigen Widerstand in der Bewegung, damit die Zeit, in welcher die Nadel zur Ruhe kommt, möglichst kleiner wird.

Der Widerstand, welchen man zu diesem Zweck am Galvanometer anbringt, oder die Dämpfung, wie man denselben gewöhnlich nennt, ist meist elektrischer Natur und besteht in der Rückwirkung der von dem Magnet in den umgebenden Leitern inducirten Ströme auf den Magnet. Bereits die Windungen des Galvanometers üben, wenn sie geschlossen sind, eine dämpfende Kraft auf die Bewegung des Magnets aus, ohne das Gleichgewicht desselben irgendwie zu verändern, (abgesehen von den Spuren von Eisen, welche der Kupferdraht enthält); meistens bringt man aber, wie die später zu gebenden Beschreibungen zeigen, noch ausserdem in der nächsten Umgebung der Magnete Kupfermassen an, welche zu keinem anderen Zwecke dienen, als zu demjenigen der Dämpfung.

Die Dämpfung durch Inductionsströme ist eine Kraft, welche, ähnlich wie der Luftwiderstand, proportional der Geschwindigkeit der Bewegung des Magnets wirkt. Zieht man diese Kraft (D) in Rechnung, so erhält man für die Schwingungsdauer der Nadel:

$$2) \quad \quad T = \pi \sqrt{\frac{M}{m l H - D}} ;$$

es ergibt sich aus dieser Gleichung, dass die Schwingungsdauer mit der Dämpfung zunimmt.

Für das praktische Beobachten ist aber nicht direct die Grösse der Schwingungsdauer das Wichtigste, sondern die Grösse der Beruhigungszeit, und diese hängt, ausser von der Schwingungsdauer, von der Abnahme der Amplituden der Schwingungen ab.

Ein völlig ungedämpfter Magnet, wenn es einen solchen gäbe, würde, einmal abgelenkt, stets dieselben Schwingungen machen, die Amplituden oder die Weiten der Schwingungen würden stets gleich bleiben.

Bei einem gedämpften Magnet dagegen nehmen die Amplituden ab, und zwar nach einer geometrischen Reihe, deren Exponent der dämpfenden Kraft proportional ist. Je stärker die Dämpfung ist, desto schneller nehmen die Amplituden ab, desto kleiner würde, wenn die Schwingungsdauer dieselbe bliebe, die Beruhigungszeit sein. Nun nimmt allerdings die Schwingungsdauer mit zunehmender Dämpfung auch etwas zu, aber bei Weitem nicht in demselben Masse, in welchem die Amplituden abnehmen; die Beruhigungszeit ist daher trotzdem bei grösserer Dämpfung bedeutend kleiner als bei geringerer Dämpfung.

Denkt man sich die Dämpfung immer mehr zunehmend, so nehmen die Amplituden immer mehr ab, die Schwingungsdauer dagegen zu. Schliesslich tritt ein Zustand ein, in welchem der Magnet gar keine Schwingungen mehr macht, oder in welchem die Schwingungsdauer unendlich gross ist. Dies ist der Fall, siehe Gleichung 2), wenn

$mlH = D$,

wenn die magnetische Richtkraft gleich der dämpfenden Kraft ist; dieser Zustand heisst der aperiodische oder schwingungslose Zustand. Wenn eine Nadel aperiodisch ist, so bewegt sie sich, wenn sie z. B. durch einen Strom aus der Ruhelage abgelenkt wird, auf ihre neue Ruhelage zu, ohne dieselbe zu überschreiten; je mehr sie sich derselben nähert, desto langsamer wird ihre Bewegung, und sie erreicht eigentlich ihre neue Ruhelage erst nach sehr langer Zeit vollständig.

Der aperiodische Zustand bietet den grossen Vortheil dar, dass die Bewegung der Nadel unmittelbar ein Bild der Stromvorgänge gibt, ohne dasselbe durch Schwingungen zu verwirren; dies ist namentlich bei Strömen, welche ihre Richtung und Stärke fortwährend ändern, sehr wichtig. Es darf hierbei jedoch nicht ausser Acht gelassen werden, dass stets durch die Dämpfung eine gewisse Verzögerung zwischen dem Strom und der Bewegung der Nadel stattfindet, oder dass die Nadel jede Veränderung des Stromes erst nach einer gewissen Zeit angibt, da sie stets Zeit braucht, um von einer Ruhelage in eine andere überzugehen; die Stromstärke und der Stand der Nadel stimmen nur überein, wenn die Nadel stille steht.

Wird die dämpfende Kraft D grösser als mlH, so wird der Zustand überaperiodisch; in diesem Zustand verhält sich Alles ähnlich, wie im aperiodischen Zustand, nur die Zeit, welche die Nadel braucht, um eine neue Ruhelage zu erreichen, ist um so grösser, je mehr der Zustand überaperiodisch ist.

Aus der Formel 2) für die Schwingungsdauer erhellt, dass der aperiodische und überaperiodische Zustand nicht nur durch Vermehrung der dämpfenden Kraft, sondern auch durch Verringerung der magnetischen Richtkraft (mlH), d. h. durch Anwendung von astatischen Nadeln oder Anbringung des Hauy'schen Stabes, herbeigeführt werden kann. Die Vortheile und Nachtheile der verschiedenen Arten, den aperiodischen Zustand herbeizuführen, werden wir bei Gelegenheit der Spiegelgalvanometer behandeln.

Wir gehen nun über zu der Besprechung der einzelnen Formen der Galvanometer.

VII. **Galvanometer mit Theilkreis.** Galvanometer mit Theilkreis nennen wir diejenigen, bei welchen grössere Ablenkungen beobachtet werden, wozu ein Theilkreis nöthig ist; die im Folgenden beschriebenen sind: der Batterieprüfer, die Tangentenbussole, die Sinusbussole, die Sinustangentenbussole und das astatische Nadelgalvanometer.

Den Batterieprüfer stellt Fig. 224 dar. Derselbe besteht einfach aus zwei Windungen von 1 bis 2 ᵐᵐ dickem Kupferdraht, welche ziemlich dicht um eine auf Spitze schwingende Magnetnadel geführt sind. Der Widerstand der Windungen beträgt höchstens $\frac{1}{10}$ S. E. Das Instrument dient zur Prüfung von Elementen und Batterien.

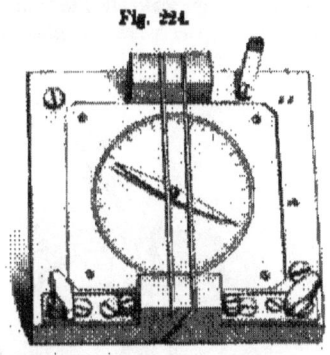

Fig. 224.

Das Gesetz, welches in diesem Fall zwischen der in den Windungen herrschenden Stromstärke und dem Ausschlag der Nadel besteht, ist nicht das Tangentengesetz, weil der Abstand der Windungen von der Nadel bei Weitem nicht gross genug ist; das Gesetz ist überhaupt nicht einfacher Natur. Der Batterieprüfer wird daher nur so verwendet, dass man sich bei guten Exemplaren der verschiedenen Arten von Elementen den bezüglichen Ausschlag ungefähr merkt und danach die Güte der zu prüfenden Elemente beurtheilt.

Der Batterieprüfer von Siemens & Halske gibt für die von derselben Firma gelieferten Elemente ungefähr folgende Ausschläge:

Elemente:	Ausschlag:
Daniell'sches mit Thonzelle	50°
Meidinger'sches Element	40°
Amerikanisches Element	55°
Grosses Pappelement	25°
Kleines Pappelement	8°

Der Hauptvortheil des Batterieprüfers besteht darin, dass mit demselben sich ebensogut Elemente, wie Batterien von beliebig vielen Elementen prüfen lassen. Da nämlich der Widerstand des Batterieprüfers, sowie derjenige der Zuleitungsdrähte klein ist im Verhältniss zu demjenigen des Elementes, so ist die Stromstärke, welche beim Anlegen dieses Instrumentes auftritt, im Wesentlichen dieselbe wie bei kurzem Schluss. Nun gibt aber bei kurzem Schluss eine Batterie von beliebig vielen Elementen dieselbe Stromstärke wie ein Element, wenn die einzelnen Elemente denselben Widerstand besitzen; also ist auch der Ausschlag am Batterieprüfer derselbe.

378 Anhang. A. Die Messinstrumente.

Wenn aber auch eine grössere Batterie den Ausschlag zeigt, welcher einem guten Element zukommt, so ist dennoch möglich, dass dieselbe ein oder mehrere Elemente von zu grossem Widerstande enthält, so lange dieser Ueberschuss an Widerstand klein ist im Verhältniss zu demjenigen der Batterie. Beim Prüfen von Batterien zeigt der Batterieprüfer nur dann schlechte Elemente, wenn deren Widerstand bereits sehr hoch ist. Um sicher zu gehen, theilt man daher, wenn die ganze Batterie auch den richtigen Ausschlag gibt, dieselbe in Gruppen von 5 bis 10 Elementen und misst diese einzeln.

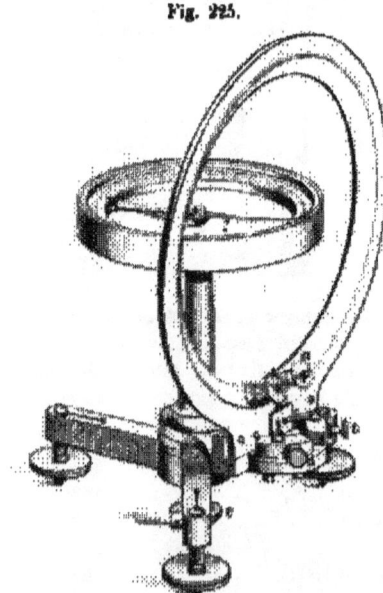

Fig. 225.

Die Tangentenbussole zeigt Fig. 225 und zwar in der Form, welche Gaugain und Helmholtz derselben ertheilt haben (Construction Siemens & Halske). Die Tangentenbussole ist ein Galvanometer mit Theilkreis, bei welchem das Tangentengesetz (siehe S. 364) zur Anwendung kommt.

Wie wir bei Besprechung dieses Gesetzes gesehen haben, besteht die Grundbedingung der Anwendbarkeit derselben in weitem Abstand der Windungen von der Nadel; ein solches Galvanometer kann daher seiner Natur nach sich nur für stärkere Ströme eignen.

Gibt man ferner den Windungen Kreisform, so lässt sich die Wirkung derselben auf die Magnetnadel theoretisch genau berechnen und auf diese Weise zum Voraus bestimmen, wie stark der Strom sein muss, der eine bestimmte Ablenkung der Nadel hervorbringt; bei der Tangentenbussole ist daher unmittelbar durch die Construction ein absolutes Strommass gegeben, und zwar ist dieselbe das einzige Galvanometer, welches diese Verwendung gestattet.

Anhang. A. Die Messinstrumente.

Bei der einfachsten Construction der Tangentenbussole wird die Nadel in die Ebene der Windung oder, bei mehreren Windungen, in die mittlere Windungsebene gesetzt. Nun ist aber das Tangentengesetz nur richtig, wenn die Länge der Nadel verschwindend klein ist im Verhältniss zu der Entfernung der Windungen. Dies ist in Wirklichkeit bei keiner Construction der Fall, jede Tangentenbussole zeigt kleine Abweichungen von dem Gesetz, und es handelt sich darum, dieselben möglichst klein zu machen. Es lässt sich nun theoretisch zeigen, dass diese Abweichungen bereits bedeutend kleiner werden, wenn man die Windungen seitwärts von der Nadel anbringt, siehe Fig. 226, und zwar so, dass der Durchmesser jeder Windung gleich der vierfachen Entfernung derselben vom Mittelpunkt der Nadel ist ($ab = 4\,cm$); wenn dies bei jeder Windung erfüllt sein soll, so müssen dieselben, wie in der Figur angedeutet, angeordnet werden. Diese Anordnung liegt auch der in Fig. 225 dargestellten Construction zu Grunde.

Fig. 226.

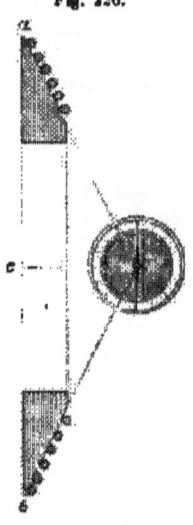

In dieser Construction wird ausser den auf dem Messingring angebrachten (fünf) Windungen jener Ring selbst noch als Stromleiter benutzt, wenn die Ströme so stark sind, dass der Ausschlag bei Anwendung der Windungen zu gross wird. Die Klemmen a, b führen zu dem Messingring, die Klemmen c, d zu den Drahtwindungen.

Wenn die Nadel in der Windungsebene liegt, hat man für den Strom i:

$$i = \frac{dH}{4\pi} \, tg\,\varphi,$$

oder

$$i = p\,tg\,\varphi, \text{ wo } p = \frac{dH}{4\pi}.$$

Hier ist d der Durchmesser der Windung, H die horizontale Componente des Erdmagnetismus, φ die Ablenkung der Nadel; die Grösse p nennt man den Reductionsfactor. Wenn man d in Millimetern und H in absolutem Masse ausdrückt, so ist die Stromstärke in absolutem sog. magnetischem Masse ausgedrückt. Der Reductionsfactor p stellt die Stromstärke vor, welche einer Ablenkung von 45° entspricht.

Befindet sich die Windung seitwärts von der Nadel, so erhält der Reductionsfactor den Werth:

$$p = \frac{JH}{4\pi \sin^3 u}$$

wenn u der Winkel zwischen den Linien am und em.

Wenn mehrere Windungen angebracht sind und nahe zusammenliegen, so erhält man den Reductionsfactor derselben, wenn man für den Durchmesser d das Mittel aus den Durchmessern der Windungen nimmt und den hieraus für die mittlere Windung gefundenen Reductionsfactor durch die Anzahl der Windungen dividirt.

Bevor man mittelst der Tangentenbussole eine Messung ausführt, wird zunächst die Ebene des Theilkreises mittels der Stellschrauben so gestellt, dass der an der Nadel befestigte Zeiger von Aluminium überall in gleichmässiger Höhe über dem Theilkreise schwingt, dann der Theilkreis gedreht, bis die Nadel auf Null steht, und hierauf mittelst der Schraube e festgestellt. Die beiden Zuleitungsdrähte müssen dicht neben einander und senkrecht zum magnetischen Meridiane liegen. Eisentheile und Magnete sind aus der Umgebung der Nadel möglichst zu entfernen.

Wie bei allen Magnetnadeln, die auf Spitze schwingen, tritt auch hier mit der Zeit ein Wachsen der Reibung ein, welches sich sowohl in Trägheit der Bewegung, als auch in Unsicherheit der Ruhelage äussert. Dieser Uebelstand wird oft theilweise beseitigt, wenn man die Nadel möglichst kräftig magnetisirt, indem kräftigerer Magnetismus nicht die Ablenkungen verändert, wohl aber die Bewegung lebhafter und sicherer macht.

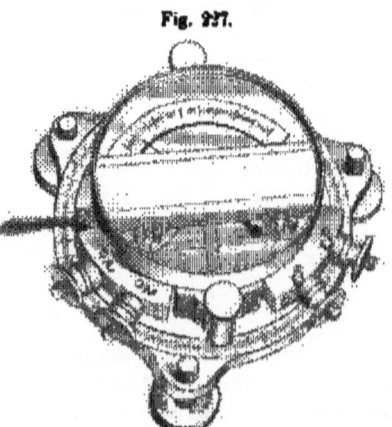

Fig. 227.

Die Sinusbussole, Fig. 227 (Construction Siemens & Halske), ist ein Galvanometer mit engen Windungen; die Weite der Windungen ist, wie wir gesehen haben, bei Anwendung des Sinusgesetzes beliebig.

Der Galvanometerrahmen, in welchem die Spitze, worauf die Nadel schwingt, und die Arretirungsvorrichtung angebracht ist, ist in einem besonderen, drehbaren Gehäuse befestigt, an welchem ausserdem noch der Theilkreis, über welchem der auf der Nadel senkrecht zu derselben befestigte Zeiger spielt, und die Klemmen für die Zuleitungsdrähte sitzen. Die Drehung dieses Gehäuses wird auf einem zweiten, festen Theilkreis abgelesen, innerhalb dessen sich das Gehäuse dreht.

Vor der Messung wird durch Drehung des Gehäuses der Zeiger auf Null gestellt und die Stellung des Gehäuses an dem äusseren Theilkreise abgelesen. Dann wird der Strom geschlossen und das Gehäuse der abgelenkten Nadel nachgedreht, bis der Zeiger wieder auf Null sicht; liest man nun die Stellung des Gehäuses wieder ab und zieht von dem jetzt abgelesenen Winkel den der früheren Stellung entsprechenden Winkel ab, so erhält man den Winkel der Drehung, dessen Sinus der Stromstärke proportional ist.

Das in der Figur dargestellte Instrument ist zugleich ein Differentialgalvanometer.

Differentialgalvanometer nennt man jedes Galvanometer, das zwei getrennte gleiche Drahtwickelungen besitzt, die sich so schalten lassen, dass auf die Nadel nur die Differenz der beiden, die Windungen durchlaufenden Ströme wirkt; auf diese Weise lassen sich zwei Ströme einander gleich machen, indem nämlich die Stärke des einen Stroms so lange verändert wird, bis die Differenzwirkung auf die Nadel Null ist.

Bei einem vollständig justirten Differentialgalvanometer müssen zwei Bedingungen erfüllt sein: die beiden Windungen müssen gleichen Widerstand und gleiche Wirkung auf die Nadel besitzen. Beide Bedingungen zugleich zu erfüllen ist ohne eine besondere Regulirvorrichtung schwierig; gewöhnlich erfüllt man nur die eine Bedingung, nämlich diejenige der gleichen Wirkung auf die Nadel, da die durch das Nichterfüllen der anderen Bedingung entstehende Differenz der Widerstände sich bei Messungen leicht in Rechnung ziehen lässt. Bei dem hier beschriebenen Instrument sind meistens beide Bedingungen erfüllt.

Die Gleichheit der Wirkung auf die Nadel wird geprüft, indem man denselben Strom durch beide Windungen hinter einander in entgegengesetzter Richtung (Zuleitungen bei $A_1 A_2$, Klemmen $E_1 E_2$ mit einander verbunden) schickt; ist Gleichheit der Wirkung vorhanden, so bleibt die Nadel ruhig.

Sind ausser den Wirkungen auf die Nadel auch die Widerstände gleich, so bleibt die Nadel auch ruhig, wenn die Windungen parallel, mit entgegengesetzter Stromrichtung, geschaltet werden (Zuleitungen bei $A_1 A_2$, Klemme E_2 mit A_1, E_1 mit A_2 verbunden).

Die **Sinustangentenbussole**, s. Fig. 228 (Construction Siemens & Halske), lässt sich für Messungen nach dem Sinusgesetz und

Fig. 228.

für solche nach dem Tangentengesetz benutzen. Der Draht ist auf einen Holzring gewickelt, dessen mittlere Ebene durch den Mittelpunkt der Nadel geht, und welcher weit genug von der Nadel entfernt ist, um das Tangentengesetz anwenden zu können. Die Windungen bestehen aus zwei Theilen, deren jeder zwei besondere Klemmen besitzt, einem dickeren Draht von 16 Windungen und ungefähr 0,09 S. E. Widerstand und einem dünneren Draht von ungefähr 1000 Windungen und 140 bis 150 S. E. Widerstand. Für Messungen nach dem Tangentengesetz werden der dickere Draht und eine kurze Magnetnadel, für Messungen nach dem Sinusgesetz der dünnere Draht und eine lange Nadel angewendet; für die letzteren ist, wie bei der oben beschriebenen Sinusbussole, ein äusserer, fester Theilkreis angebracht, in welchem sich der innere, über welchem die Nadel spielt, dreht. Um bei der Messung nach dem Sinusgesetz den Bereich der messbaren Stromstärken zu erweitern, ist ein

Nebenschluss zu den Windungen mit dünnerem Draht mit den Widerständen: W, $\tfrac{1}{2} W$, $\tfrac{1}{3} W$, (wenn W der Widerstand der Windungen) beigegeben, so dass man von jeder vorkommenden Stromstärke i die Theile $\tfrac{1}{2} i$, $\tfrac{1}{3} i$ und $\tfrac{1}{10} i$ durch die Bussole leiten kann. (Ueber die Einrichtung solcher Nebenschlüsse s. weiter unten bei den Spiegelgalvanometern).

Das **astatische Nadelgalvanometer**, Fig. 229, ist für keine der drei beschriebenen Messungsarten bestimmt und dient mehr zur blossen Beobachtung schwächerer Ströme, nicht zu genauen Messungen.

Fig. 229.

Die Windungen umschliessen die untere Nadel möglichst eng, die obere Nadel befindet sich dicht über den Windungen; auf die untere Nadel wirken sämmtliche Windungen, auf die obere wirkt im Wesentlichen nur die obere Hälfte der Windungen, die untere Hälfte derselben wirkt sogar in entgegengesetztem Sinne auf die obere Nadel. Das Nadelpaar ist an einem Coconfaden aufgehängt.

Will man die Empfindlichkeit möglichst steigern, so müssen die Nadeln möglichst astatisch gemacht werden. Die obere Nadel wird meistens als die stärkere gewählt; grössere Astasie erhält man daher durch Schwächung des Magnetismus derselben, was am besten durch blosses Annähern von gleichnamigen Magnetpolen an die Spitzen der Nadel geschieht. Vergrösserung der Astasie erkennt man leicht an der Vergrösserung der Schwingungsdauer; hat man den Magnetismus der oberen Nadel zu stark geschwächt, so schlägt das Nadelpaar um 180° um.

Bei höherer Astasie kommt es vor, dass die Nadel ausser der Gleichgewichtslage im magnetischen Meridian, parallel den Windungen, noch zwei andere, seitwärts gelegene, sog. diagonale Gleichgewichtslagen besitzt, bei welchen sie nach grösseren Ausschlägen stehen bleibt, ohne auf Null zurückzukehren. Dies rührt von den Spuren von Eisen her, welche stets in dem Kupfer der Windungen enthalten ist, dessen Einfluss sich aber erst geltend macht, wenn die Richtkraft des Erdmagnetismus durch Astasirung der Nadel sehr abgeschwächt ist. Um diesen Uebelstand zu beseitigen, bringt man mit Vortheil ein magnetisirtes Stück einer Nähnadel als Richtmaguet in der Nähe des Nullpunktes der Theilungen an.

VIII. **Spiegelgalvanometer.** Die feineren Galvanometer der Neuzeit sind sämmtlich für Messung kleiner Ablenkungen gebaut; und zwar ist die Anwendung dieser Messungsart erst möglich geworden durch eine Hülfsvorrichtung, durch welche eine beinahe beliebige Vergrösserung der Ablenkung erreicht wird, und welche sich überhaupt in neuerer Zeit in der ganzen Physik in ausgedehntem Masse eingebürgert hat, der **Spiegelablesung.**

Die Bewegung der Galvanometernadel ist stets eine Drehung. Befestigt man an der Nadel einen Spiegel und lässt auf denselben einen von einem festen Punkte ausgehenden Lichtstrahl fallen, so macht der vom Spiegel reflectirte Strahl die Bewegung der Nadel mit, und zwar ist stets, nach dem Gesetz der Reflexion, die Drehung des reflectirten Strahls doppelt so gross als diejenige des Spiegels; es gibt daher die Drehung des reflectirten Strahls ein Mass für die Wirkung des Stromes auf die Nadel. Der Weg, welchen jener Strahl bei der Drehung beschreibt, ist natürlich um so grösser, je grösser die Entfernung vom Spiegel ist, in welcher man den Strahl auffängt; es bildet daher die Vergrösserung dieser Entfernung ein Mittel dar, um die Bewegung der Nadel in beliebigem Masse zu vergrössern.

Der Lichtstrahl, dessen Drehung beobachtet wird, lässt sich nun entweder mittels eines Fernrohres beobachten, oder objectiv darstellen; es gibt daher eine Spiegelablesung mit Fernrohr und eine solche mit objectiver Darstellung.

Die Einrichtung der ersteren Art von Spiegelablesung zeigt Fig. 230. Eine Scale c ist senkrecht zu der Verbindungslinie zwischen der Mitte des Spiegels s und der Mitte der Scale aufgestellt; dieselbe wird gut beleuchtet, sei es durch auffallendes Licht, wenn die Scale undurchsichtig ist, sei es durch durchscheinendes Licht, wenn die Scale transparent ist. Auf den Spiegel wird das Fernrohr f gerichtet und zwar so, dass

Fig. 230.

man in demselben die Scale sieht; dreht sich der Spiegel, so gelangen nach einander immer andere von der Scale ausgehende Lichtstrahlen in das Fernrohr, man sieht daher in demselben die Scale an dem Fadenkreuz vorbeiziehen. Um das Fernrohr auf die Scale einzustellen, sucht man zuerst mit blossem Auge eine Stelle, an welcher man im Spiegel die Scale sieht, stellt das Fernrohr auf und richtet dasselbe ungefähr auf den Spiegel; nun zieht man das Fernrohr ganz aus, drückt es allmählig zusammen, bis man den Spiegel sieht, und richtet das Fernrohr genauer; dann drückt man weiter zusammen, bis man die Scale sieht.

Die Entfernung des Fernrohrs vom Spiegel ist für die Grösse der Ablenkung gleichgültig; diese richtet sich nur nach der Entfernung der Scale vom Spiegel. Das Fernrohr kann seitwärts von der Scale, wie in der Skizze, oder auch, wie es meistens geschieht, genau über oder unter der Scalenmitte aufgestellt werden.

Fig. 231.

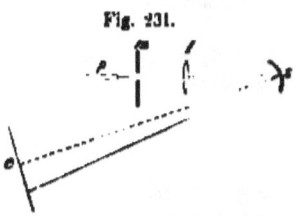

Die Spiegelablesung mit objectiver Darstellung zeigt Fig. 231; p ist die Flamme einer hochbrennenden Lampe (Petroleum, Gas oder elektrisches Licht), m ein Spalt, l eine Linse, s der Spiegel, c die Scale. Die Linse wird so lange verstellt, bis man auf der Scale ein scharfes Bild des Spaltes *m* erhält; dreht sich der Spiegel, so wandert dieses Bild auf der Scale.

Der Spalt *m* wird entweder eng gewählt, so dass man auf der Scale eine schmale Lichtlinie erhält, oder aber breit mit einem über die Mitte gespannten feinen Draht; im letzteren Fall dient das Bild des Drahtes zur Ablesung. Kommt es nicht auf genaue Ablesungen an, so nimmt man das Bild der Flamme und lässt den Spalt weg.

Der Spiegel wird häufig schwach hohl gewählt; in diesem Falle kann die Linse entbehrt werden, wenn man die Entfernung des Spaltes vom Spiegel so wählt, dass auf der Scale ein gutes Bild entsteht. Ist der Spiegel plan, so ist die Linse nöthig.

Gewöhnlich wird der Spalt unter der Scale, die Linse vor und die Lampe hinter derselben angebracht.

Die Spiegelablesung mit objectiver Darstellung ist in der gewöhnlichen Ausführung nicht so genau, wie diejenige mit Fernrohr; sie bietet jedoch den Vortheil, dass mehrere Personen zugleich beobachten können und das Auge weniger angestrengt wird.

Bevor wir zur Besprechung der einzelnen Formen des Spiegelgalvanometers übergehen, müssen wir einer Vorrichtung erwähnen, durch welche sich der Bereich der Anwendbarkeit des Spiegelgalvanometers beinahe beliebig erweitern lässt, den sog. **Nebenschluss**.

Der Nebenschluss besteht aus einer Reihe von Widerständen, welche in einfacher numerischer Beziehung zu dem Widerstand des Galvanometers stehen, und durch deren Anwendung es möglich ist, von jedem zu messenden Strom nur einen bestimmten Theil durch das Galvanometer zu schicken.

Fig. 232.

Der Nebenschluss wird stets parallel zum Galvanometer geschaltet, s. Fig. 232; es sei der Widerstand des Nebenschlusses, n, der m^{te} Theil des Widerstandes y des Galvanometers:

$$n = \frac{y}{m},$$

wo *m* eine ganze Zahl.

Die häufigste, einfachste Anwendung des Nebenschlusses bezieht sich auf den Fall, in welchem die ausser Galvanometer und Nebenschluss im Stromkreise eingeschalteten Widerstände so gross sind, dass die beiden ersteren dagegen verschwindend klein sind.

In diesem Fall hat man, wenn J der Strom im Hauptkreise, i_g der durch das Galvanometer und i_n der durch den Nebenschluss gehende Strom,

$$i_n + i_g = J$$

$$i_n : i_g = y : n = g : \frac{y}{n} = m : 1;$$

hieraus erhält man

$$i_g = J \frac{1}{m+1}, \quad i_n = J \frac{m}{m+1}.$$

Ist also der Widerstand des Nebenschlusses z. B. der 4te Theil desjenigen des Galvanometers, so geht der 5te Theil des Stromes durch das Galvanometer; ist $\frac{n}{g} = \frac{1}{9}$, so ist $\frac{i_g}{J} = \frac{1}{10}$; ist $\frac{n}{g} = \frac{1}{372}$, so ist $\frac{i_g}{J} = \frac{1}{373}$ u. s. w.

Legt man den Nebenschluss, wie es gewöhnlich geschieht, so an, dass dessen Widerstände bez. $= \frac{1}{9}, \frac{1}{99}, \frac{1}{999}$ u. s. f. des Widerstandes des Galvanometers sind, so geht bei deren Anwendung bez. $\frac{1}{10}, \frac{1}{100}, \frac{1}{1000}$ u. s. f. des Hauptstromes durch das Galvanometer. Man sieht, dass auf diese Weise das empfindlichste Galvanometer auch für die stärksten Ströme verwendet werden kann.

Ist der Widerstand des Galvanometers nicht sehr klein im Verhältniss zu den übrigen Widerständen des Stromkreises, so muss die durch Einschaltung verschiedener Nebenschlüsse hervorgerufene Veränderung des Hauptstromes J in Rechnung gezogen werden. —

Wir beschreiben im Folgenden drei Formen von Spiegelgalvanometern nach Constructionen von Siemens & Halske, das transportable Spiegelgalvanometer mit einer Rolle, das aperiodische und das astatische Spiegelgalvanometer.

Das transportable Spiegelgalvanometer mit einer Rolle, Fig. 233, lässt sich nach einiger Uebung ebenso sicher und leicht aufstellen, wie ein Galvanometer mit Nadel auf Spitze.

Die Magnetaufhängung ist eine Nachahmung derjenigen des Thomson'schen Spiegelgalvanometers,[*] welches zum Kabelsprechen bestimmt

---

[*] Dasselbe wird im 2. Bande näher besprochen werden.

386   Anhang. A. Die Messinstrumente.

ist, mit dem Unterschiede, dass bei diesem Instrumente der Magnet selbst als Spiegel benutzt wird, während bei dem Thomson'schen Instrumente

Fig. 233.

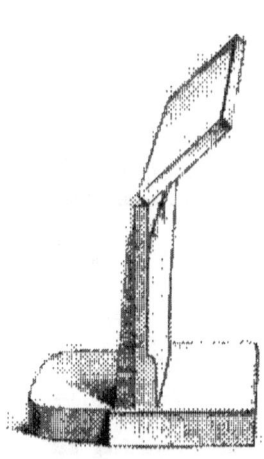 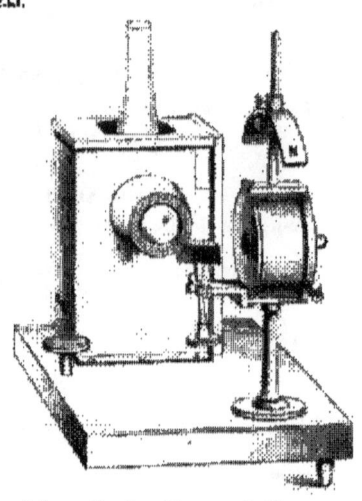

gläserne Spiegel angewendet werden, auf deren Rücken Magnete in Form von kleinen Stäbchen (Fig. 234) aufgeklebt sind.

Die ganze Magnetaufhängung besteht nämlich in einem cylindrischen Kupferstück, s. Fig. 235, das von hinten in die Mitte der Galvanometerrolle eingeschoben wird. Das Kupferstück besitzt hinten eine Handhabe, vorn einen engen Hohlraum, welcher durch Glas verschlossen ist und in welchem sich der Magnetspiegel befindet. Dieser letztere ist äusserst leicht (0,1 gr Gewicht) in der Mitte kaum 0,35 mm dick und schwach ausgehöhlt, mit einer Brennweite von ungefähr 50 cm. Er hängt oben

Fig. 234.

Fig. 235.

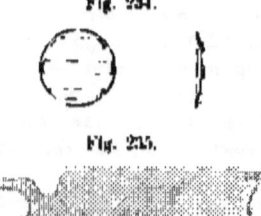

und unten an je einem Coconfaden, welche durch feine Oeffnungen aus dem Hohlraum heraus in zwei Nuthen geführt sind, die sich längs des Kupfercylinders erstrecken. Die in Betracht kommende Länge eines solchen Fadens, vom Aufhängepunkt bis zur Peripherie des Spiegels, ist

Anhang. A. Die Messinstrumente. 389

sehr gering, etwa 3 ᵐᵐ, daher die von dem Faden ausgeübte Richtkraft viel bedeutender, als bei den feineren Spiegelgalvanometern; dafür bildet aber die ganze Aufhängung ein einziges, leicht transportirbares Stück.

Die Rolle des Galvanometers trägt oberhalb einen halbrunden Richtmagnet N, der sich beliebig drehen und an einer Stange auf- und abschieben lässt. Vor der Rolle befindet sich ein in Kugelgelenk drehbares Prisma, an dessen hinterer (diagonaler) Fläche das aus der Laterne kommende Licht reflectirt und auf den Magnetspiegel geworfen wird. Die Laterne, welche mit dem Galvanometer auf demselben Bret befestigt ist, enthält eine Petroleumlampe mit Flachbrenner und einer runden Oeffnung gegenüber der Flamme; über diese Oeffnung ist ein feiner Draht gespannt, und an dieselbe schliesst sich eine Rohrhülse, in welcher das die Linse tragende Rohr sich verschieben lässt. Das Bret, welches Galvanometer und Laterne trägt, lässt sich mit einer Stellschraube verstellen. Gegenüber der Galvanometerrolle wird eine auf besonderem Stativ angebrachte Scale aufgestellt, welche durch ein überhängendes Bretchen etwas verdunkelt werden kann.

Beim Gebrauch wird die breite Fläche der Flamme in die Linie: Linse-Draht gebracht und das Prisma so gedreht, dass der Reflex auf den Magnetspiegel fällt, wovon man sich durch unmittelbares Hineinsehen in den Spiegel überzeugt. Alsdann verfolgt man den Lauf des vom Spiegel reflectirten Strahls mittels eines Stückes Papier, auf welches man den Strahl auffallen lässt, und stellt das Prisma so, dass das vom Prisma reflectirte Licht mitten auf den Spiegel fällt und das vom Spiegel reflectirte unmittelbar über dem Prisma fortgeht. Durch Drehung der an dem Fussbret angebrachten Stellschraube bringt man alsdann den Strahl auf die Höhe der Scale und durch Drehung des Magnetes N auf die gewünschte Stelle der Scale. Zuletzt wird die Linse so lange verschoben, bis das auf der Scale erscheinende Bild des Drahtes scharf ist, und das den Magnet enthaltende Kupferstück so lange gedreht, bis das Bild auf der Scale horizontal schwingt.

Das Instrument lässt sich in jeder beliebigen Ebene aufstellen, da der Richtmagnet kräftig genug ist, um dem Magnet jede Richtung zu geben. Der Richtmagnet wird gewöhnlich nur den Erdmagnetismus verstärkend gebraucht; das Auf- und Abbewegen desselben verändert die Empfindlichkeit in ziemlich weiten Grenzen.

Bei mittlerem Stande des Richtmagnets und einer Wickelung mit dünnstem Kupferdraht (10 000 F, 30 000 L') giebt das Instrument ungefähr einen Ausschlag von 1ᵐᵐ für einen Strom von 1 Daniell in 7 Millionen S. E. bei 1 Meter Entfernung der Scale.

Anhang. A. Die Messinstrumente.

Fig. 236.

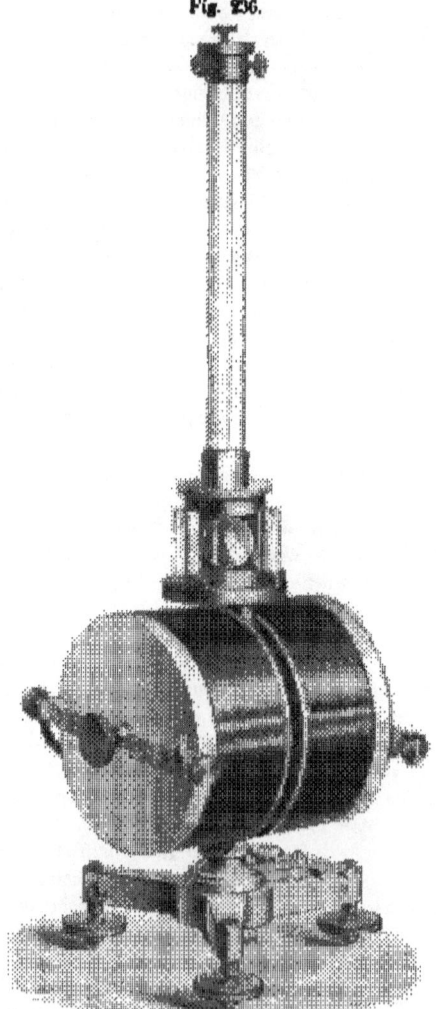

Das Instrument ist weniger für genaue Strommessungen, als für Drücken- und ähnliche Messungen bestimmt.

Das aperiodische Spiegelgalvanometer (Fig. 236) ist, wie das vorige Instrument, ein Galvanometer mit Einer Nadel, ist aber, im Gegensatz zu jenem, für genaue Messungen bestimmt. Es eignet sich zu diesem Zweck um so mehr, als die Bewegung seines Magnets durch eine eigenthümliche Construction des letzteren bereits ohne Anwendung von astasirenden Richtmagneten beinahe oder völlig aperiodisch ist, was, wie wir in VI gesehen haben, für die Schnelligkeit der Ausführung der Messungen von hohem Werthe ist.

Dieses Instrument ist ausserdem verhältnissmässig kräftig und gross gebaut, so dass es sich auch für objective Darstellung von Stromerscheinungen für ein grösseres Publikum und überhaupt für Spiegelablesung mit weiter Entfernung der Scale eignet.

Anhang. A. Die Messinstrumente. 391

Als Nadel dient der von W. Siemens angegebene Glockenmagnet, Fig. 237. Derselbe hat die Gestalt eines ab- und aufgeschnittenen Fingerhutes, die Pole befinden sich an dem unteren Ende, während das kuppelförmige, obere Ende magnetisch indifferent ist. Der freie Magnetismus der Pole hat etwa dieselbe Kraft, wie bei einem Stabe von der doppelten Länge des Glockenmagnets; das Trägheitsmoment dagegen ist ein viel geringeres, als dasjenige eines solchen Stabes. Die magnetische Bindung, welche zwischen den einander nahe gegenüberstehenden Polflächen besteht, beschränkt allerdings den nach Aussen wirkenden Magnetismus, verhindert aber zugleich freiwillige, bei anderen Magneten mit der Zeit stets eintretende Verringerung des Magnetismus.

Fig. 237.

Fig. 238.

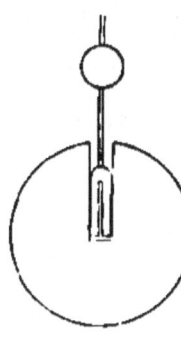

Dieser Glockenmagnet schwingt in einer massiven Kugel aus bestleitendem Kupfer, siehe Fig. 238. Die Dimensionen dieser letzteren sind so gewählt, dass die von derselben ausgeübte dämpfende Kraft beinahe ebenso gross ist, als wenn der Magnet von einer sich ins Unendliche ausdehnenden Kupfermasse umgeben wäre. Durch die Stärke dieser Dämpfung und den geringeren Betrag des Trägheitsmomentes des Magnets wird es möglich, dass der Magnet sich aperiodisch bewegt.

Bringt man, z. B. unter dem Instrument an einer Stange, einen Richtmagnet an, so lässt sich durch denselben erstens die Empfindlichkeit verändern, zweitens aber auch die Art der Bewegung; lässt man den Richtmagnet astasirend, d. h. dem Erdmagnetismus entgegen, wirken, so erhält man überaperiodische Bewegung; wirkt der Richtmagnet im Sinne des Erdmagnetismus, so macht der Magnet Schwingungen um seine Gleichgewichtslage.

Die beiden Rollen sind an der Kupferkugel angeschraubt und lassen sich abnehmen und durch andere ersetzen, ohne dass dabei die Stellung des Instruments sonst verändert wird. Die Kupferkugel mit den Rollen lässt sich drehen und mittels einer unten an dem Dreifuss angebrachten Schraube feststellen. Der Spiegel lässt sich ebenfalls beliebig drehen, sowie das die Glasröhre tragende Gehäuse, in welchem der Spiegel schwingt, und an welchem das vor den Spiegel zu setzende Planglas sitzt.

Anhang. A. Die Messinstrumente.

Um das Instrument aufzustellen, werden zunächst die Rollen abgenommen und die Fussschrauben des Dreifusses so lange verstellt, bis der Magnet frei schwingt. Dann werden die Rollen angeschraubt und die Windungsebene derselben ungefähr in den magnetischen Meridian gestellt. (Genauer erkennt man die Stellung im Meridian an der Gleichheit der Ausschläge für gleiche Ströme von entgegengesetzter Richtung). Das Spiegelgehäuse wird gedreht, bis das Planglas mit den Richtungen nach dem Fernrohr oder der Lichtflamme und der Mitte der Scale ungefähr gleiche Winkel bildet; steht also das Fernrohr oder die Flamme in der Mitte der Scale, so kommt das Planglas senkrecht zu der Richtung nach dem Fernrohr zu stehen. Endlich wird der Spiegel parallel zu dem Planglas gestellt, während kein Richtmagnet auf den Magnet wirkt. Um die Einstellung der Spiegelablesung zu erleichtern, ist an der Fassung des Spiegels eine Stellschraube angebracht, durch welche dessen Neigung verändert werden kann.

Bei einer Drahtwickelung von 2000 S. E. (beide Rollen zusammen) und einem Abstand der Scale von 1 Meter gibt das Instrument einen Ausschlag von etwa 1^{mm} bei einer Stromstärke von 1 Daniell in 35 Millionen S. E. Widerstand.

Das astatische Spiegelgalvanometer zeigt Fig. 239; es ist dies diejenige Form des Spiegelgalvanometers, bei welcher die höchste Empfindlichkeit erzielt wird.

Das Magnetsystem ist astatisch; jeder der beiden Magnete ist von Drahtrollen umgeben, erhält also Wirkung von dem durchfliessenden Strom. Wenn man, was früher oft geschah, das astatische Nadelgalvanometer, Fig. 229, mit Spiegel und Spiegelablesung versieht, so erhält man, bei gleicher Astasie, eine höhere Empfindlichkeit als bei den Spiegelgalvanometern mit einem Magnet; bei jenem Instrument erhielt aber der obere Magnet bloss Wirkung von der den unteren Magnet umgebenden Drahtrolle; das Umgeben des oberen Magnets mit Drahtwindungen bildet eine weitere Erhöhung der Empfindlichkeit.

Auf einem Fussbret von Horngummi steht eine verticale Messingplatte, an welcher die vier Rollen angeschraubt sind; oben auf der Messingplatte sitzt, beliebig drehbar und durch Schrauben feststellbar, das Spiegelgehäuse, eine halb abgeschnittene Röhre, welche zu oberst die Fadenaufhängung, ein beliebig drehbares, mit Aufwindedorn r versehenes, durchbohrtes Stück Messing, trägt.

Ueber den Rollenkörper wird ein geräumiger Glascylinder gestülpt, auf welchen sich ein das Spiegelgehäuse umschliessendes, drehbares Gehäuse mit Planglas aufsetzen lässt. Das Fussbret, welches mit 3 Stellschrauben versehen ist, trägt an seiner unteren Seite die Richtmagnetvorrichtung, vorne die Klemmen, an welche die Enden der auf die einzel-

Fig. 239.

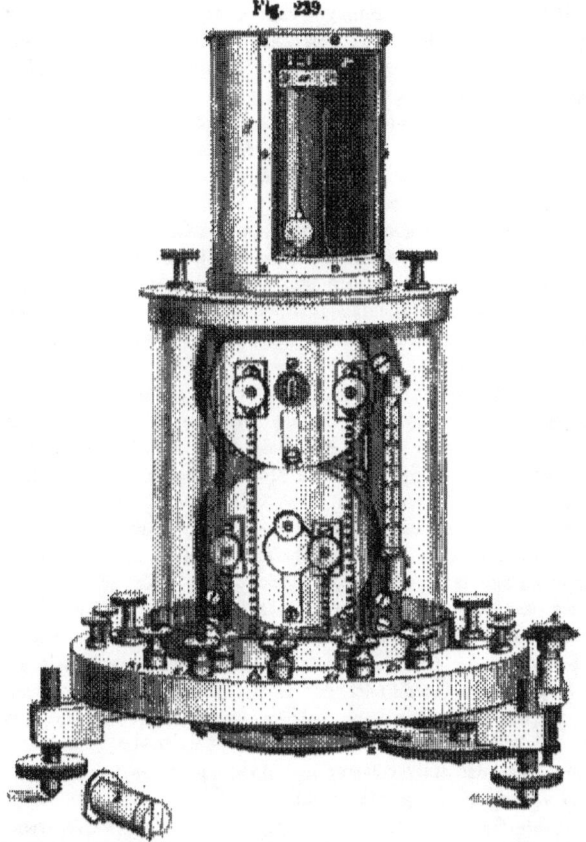

nen Rollen gewickelten Drähte geführt sind. An der verticalen Messingplatte, rechts, ist ein Thermometer angebracht.

In die Hohlräume der vorderen Rollen lassen sich entweder mit Leder besetzte Messinghülsen oder Kupferkerne (b), welche zur Aufnahme der Glockenmagnete ausgehöhlt sind, einschieben und festschrauben. Die ersteren werden beim Transport angewendet; durch dieselben

394   Anhang. A. Die Messinstrumente.

werden beide Magnete festgeklemmt. Die letzteren vervollständigen die Dämpfung, welche bereits durch die in den hinteren Rollen festsitzenden Kupferkerne ausgeübt wird.

Die Richtmagnetvorrichtung besteht in zwei über einander liegenden Magneten $m\,n$, welche durch eine Zahnradvorrichtung beliebig gedreht werden können. Dreht man ohne Druck an dem raudrirten Kopfe s, so drehen sich beide Magnete zusammen, indem die Stellung derselben zu einander oder der Winkel, den ihre Axen bilden, gleich bleibt. Drückt man den Kopf s nieder und dreht, so drehen sich beide Magnete auseinander oder gegen einander, während die den Axenwinkel halbirende Linie ihre Lage nicht verändert.

Die erstere Bewegung verändert im Wesentlichen nur die Lage des Magnetsystems, die letztere die Empfindlichkeit (vgl. S. 368); Lage und Empfindlichkeit lassen sich also beinahe unabhängig von einander verändern. Die ganze Richtmagnetvorrichtung lässt sich sowohl abnehmen, als auch umgekehrt ansetzen, so dass der Kopf s auf die andere Seite zu stehen kommt.

Das Freischweben der Magnete lässt sich theils direct an den Bewegungen derselben erkennen, theils an der Lage der Stange, an welcher die Magnete befestigt sind; um diese Lage beurtheilen zu können, sind zwei Löcher in der verticalen Messingplatte angebracht, das eine von der Seite, das andere von vorne nach hinten.

Beim Gebrauch stellt man das Instrument so, dass die Windungsebenen der Rollen in den magnetischen Meridian zu liegen kommen. Hierauf bringt man das Magnetsystem zum freien Schweben durch Hebung und Senkung des Fadens und Stellung der Fassschrauben; in der Ruhelage, welche alsdann die Magnete einnehmen, sind von vorne die Schnitte der Glockenmagnete zu sehen. In dieser Ruhelage wird das Magnetsystem vermittelst der beiden Messinghülsen festgeschraubt und der Spiegel in die Lage gedreht, welche er je nach der Aufstellung der Spiegelablesung einnehmen soll. Nun stülpt man den Glascylinder über das Galvanometer und dreht das obere Gehäuse, bis das Planglas dem Spiegel parallel steht.

Dieses Galvanometer besitzt, wenn mit feinstem Kupferdraht bewickelt, einen Gesammtwiderstand von 20000 S. E. bei 60000 Windungen und giebt bei 1 Meter Entfernung der Scale vom Spiegel ohne Richtmagnete ungefähr 1 ^{mm} Ausschlag bei einem Strom von 1 Daniell in 3000 Millionen S. E.

Die in England von Eliott Brothers gebauten Instrumente dieser Art unterscheiden sich von dem oben beschriebenen durch zarteren

Bau, durch Anwendung der Thomson'schen Magnetstäbchen und Luftdämpfung (durch ein grosses, an dem Magnetsystem befestigtes Aluminiumblatt) durch andere Richtmagneteinrichtung (ein Magnet, an einer über dem Glasgehäuse angebrachten Stange verschiebbar und drehbar), und durch Verwendung von Hohlspiegeln.

Bei dem obigen Instrument ist der Spiegel plan; als Spiegelablesung lässt sich sowohl eine solche mit Fernrohr, als eine solche mit objectiver Darstellung anwenden.

IX. Der Russschreiber. Der Russschreiber von Siemens & Halske dient zwar nicht zu genauen Strommessungen, wie die Galvanometer, schliesst sich aber unmittelbar an die Galvanometer an, weil dessen Princip gleichsam in der Umkehrung des Princips der Galvanometer besteht. Während nämlich beim Galvanometer die **Stromleiter feststehen und die Magnete beweglich** sind, hat man beim **Russschreiber feststehende Magnete, welche auf einen beweglichen Stromleitor einwirken.**

Wie die Galvanometer, so zeigt auch der Russschreiber Ströme verschiedener Richtung und Stärke durch Bewegungen von verschiedener Richtung und Grösse an; während aber beim Galvanometer die Bewegung nur zu einzelnen Zeitpunkten, z. B. wenn die Nadel in ihrer Bewegung umkehrt, oder zur Ruhe kommt, sich beobachten lässt, zeichnet der Russschreiber **den ganzen zeitlichen Verlauf des Stromes auf einem Papierstreifen auf.**

In Folge dieser Eigenschaften eignet sich der Russschreiber am meisten zur Beobachtung von Strömen, deren **Richtung und Stärke sich verändert.**

Das erste Instrument dieser Art war der Syphon Recorder, von Thomson als Empfangsapparat beim Kabelsprechen construirt, dessen Einrichtung im 3. Bande besprochen werden wird; derselbe eignet sich jedoch weniger zum allgemeinen Gebrauch wegen der complicirten Behandlung, deren derselbe bedarf.

Die magnetisch-elektrische Combination des Russschreibers, von W. Siemens angegeben und ausserdem noch zu anderen Apparaten benutzt, Fig. 240, ist eine unmittelbare Anwendung des S. 221 ff. besprochenen Falles der Bewegung eines **Stromleiters im homogenen magnetischen Feld**; wir haben gesehen, dass in diesem Falle ein Draht stets in der Richtung senkrecht zu seiner eigenen Axe bewegt wird.

Das homogene magnetische Feld des Russschreibers wird durch einen cylindrischen Eisenkern N und durch eine Eisenplatte SS gebildet; der Cylinder N befindet sich in einem in der Platte S angebrachten runden Oeffnung und zwar so, dass die Entfernung zwischen Cylinder und Platte klein und überall gleich gross ist. Wenn daher der Eisencylinder N z. B. nördlichen, die Platte S südlichen Magnetismus erhält, so entsteht in dem Zwischenraume ein homogenes magnetisches Feld.

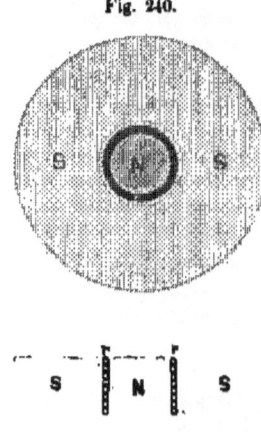

Fig. 240.

In diesem letzteren befindet sich nun die Drahtrolle r, deren Windungsebene senkrecht zu der Axe des Cylinders N liegt. Wenn ein Strom die Rolle durchläuft, so wird jedes einzelne in derselben enthaltene Drahtstück, also auch die ganze Rolle, in der Richtung der Axe des Cylinders N bewegt. Wenn der positive Strom die Rolle aufwärts treibt, so treibt der negative Strom dieselbe abwärts. Die Kraft, welche auf die Rolle ausgeübt wird, ist proportional der Stromstärke; hängt man daher die Rolle an einer Spiralfeder auf, so sind die Hebungen und Senkungen der Rolle proportional dem Strom, der sie durchfliesst.

Die Methode, nach welcher die Bewegungen der Rolle aufgezeichnet werden, entsprang aus der bekannten Art, in welcher z. B. die Schwingungen einer Stimmgabel registrirt werden. In diesem letzteren Fall wird gewöhnlich eine berusste Glasplatte rasch vor der mit einem Schreibstift versehenen Stimmgabel vorbeigeführt; der Schreibstift wischt den Russ da, wo er die Platte berührt, ab und zeichnet auf diese Weise seine eigene Bewegung (weiss auf schwarz) auf.

In ähnlicher Weise ist beim Russschreiber die Rolle mit einem Schreibstift versehen, welcher die Bewegungen der Rolle auf einem gleichmässig vorbeigeführten, berussten Papierbande aufschreibt. Während jedoch bei dem Versuch mit der Glasplatte dieselbe vor jedem Versuche berusst werden muss, geschieht das Berussen beim Russschreiber continuirlich, und ausserdem wird nach dem Aufzeichnen der Russ auf dem die Aufzeichnung enthaltenden Papierstreifen ebenfalls in continuirlicher Weise fixirt.

Fig. 241 stellt den sog. grossen Russschreiber dar.

Anhang. A. Die Messinstrumente. 397

In einem langen hölzernen Kasten, welcher das Gestell des Apparates bildet, ist ein topfartig aussehender Metallkörper eingesetzt, dessen unteres Ende aus dem Kasten herausragt; derselbe enthält das Magnet-

Fig. 241.

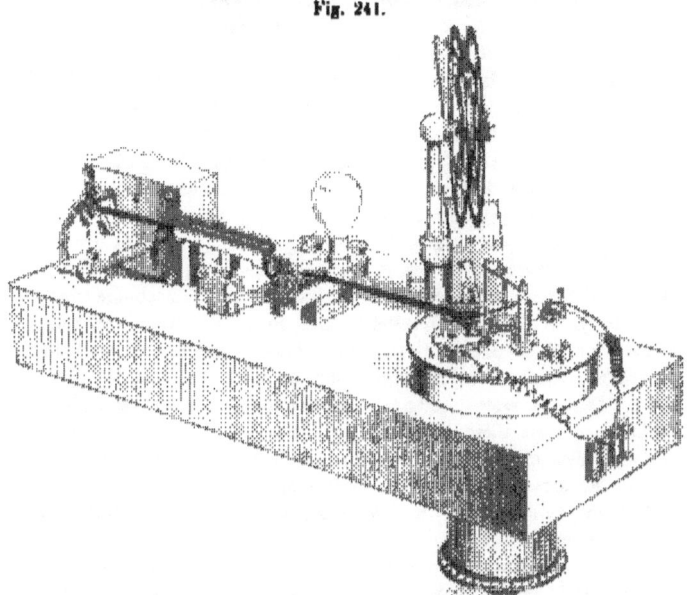

system, die den Strom leitende, bewegliche Rolle mit Aufhängung und Schreibstift und eine bewegliche Messingrolle, über welche das berusste Papierband fortgleitet.

Das Magnetsystem des in der Figur dargestellten Russschreibers ist aus permanenten Magneten hergestellt; um aber die höchste Empfindlichkeit zu erzielen, wird ein Elektromagnet angewendet: wir beschreiben keines dieser Systeme näher, weil deren Kenntniss für das Verständniss nicht wesentlich ist.

Die Eisenplatte und der Eisencylinder, zwischen welchen sich das magnetische Feld bildet, und welche auf die Pole des Magnetsystems aufgesetzt werden, haben bei allen Magnetsystemen die in Fig. 240 angegebene Form.

Ueber die Eisenplatte SS, Fig. 240, ist ein massiver Messingdeckel geschraubt, welcher alle Theile, die zur Aufhängung der Rolle

Anhang. A. Die Messinstrumente.

gehören, und die zur Papierführung dienende Messingrolle trägt. In der Mitte dieses Deckels sieht man das Blechkreuz a, welches die im magnetischen Felde schwebende Rolle trägt; an dem Blechkreuz sitzt ein verticaler Draht und an diesem eine Spiralfeder, deren oberes Ende an einem über der Mitte des Deckels errichteten Galgen befestigt ist. Jener verticale Draht und die Spiralfeder sind an ihrer Verbindungsstelle an einem horizontalen Blechstreifen b befestigt, welcher nach links in die Schreibspitze (aus feinem Schildpatt) und nach rechts in ein federndes Stückchen von dünnem Blech endigt; das Ende dieses letzteren ist an einer über der Messingplatte sich erhebenden Säule festgeschraubt.

Hieraus ist ersichtlich, dass die Schreibspitze alle auf und niedergehenden Bewegungen der Rolle mitmacht und zwar in etwa doppelt vergrössertem Massstab, da die Entfernung des Angriffspunkts der Rolle an dem Schreibhebel von dem festen Endpunkte dieses letzteren etwa die Hälfte der Entfernung der Schreibspitze von demselben Endpunkte beträgt.

An dem die Rolle tragenden Blechkreuz sind vier horizontale, kreuzförmig ausgespannte, feine Drähte befestigt, welche in kurze Spiralfedern aus feinem Draht ausgehen und an vier feste Klemmen geführt sind. Diese Klemmen enthalten zugleich Spannvorrichtungen für die Drähte, so dass diese letzteren dazu benutzt werden können, um die Rolle in dem magnetischen Feld zu centriren. Zwei dieser Klemmen, g und h, dienen zugleich zur Einführung des Stromes in die Rolle, indem die beiden von g und h ausgehenden Drähte als Zuleitungen benutzt werden.

Das zu berussende Papierband ist nach Art des Telegraphenpapiers zu einer Rolle aufgewickelt, welche auf einem über dem ganzen Apparat sich erhebenden Rollenständer gesteckt ist. Von diesem Ständer läuft das Papier über eine in dem Gehäuse m verborgene Metallrolle, unter welcher eine Petroleumlampe von besonderer Construction brennt und das Papier berusst; das Papier wird durch seine Verbindung mit der Metallrolle, welche eine verhältnissmässig bedeutende ausstrahlende Oberfläche besitzt, vor dem Abbrennen bewahrt, so lange die Rolle in Bewegung ist. Nachdem es berusst ist, geht das Papier an der Schreibspitze vorbei und empfängt von derselben die Aufzeichnung des Stromes. Von dort wird das Papier durch ein Bad c geleitet, welches eine verdünnte Lösung von Schellack in Spiritus enthält, und aus dem Bade in einen Trockenapparat d, unter welchem eine Spirituslampe brennt. Das am Ende aufgestellte Uhrwerk e giebt die Kraft, mit welcher das Papier durch die einzelnen Apparattheile durchgezogen wird. Wenn das Uhrwerk arretirt wird, erhält die Petroleum-

Anhang. A. Die Messinstrumente. 399

lampe zugleich eine Bewegung, welche dieselbe von dem Papierband entfernt.

Wenn der Papierstreifen den Apparat verlässt, ist der Russ auf demselben vollkommen fixirt, so dass die Stromaufzeichnungen nicht mehr verwischt werden können.

Der Apparat arbeitet regelmässig und namentlich die Petroleumlampe bedarf nur geringer Regulirung, nachdem der Apparat einige Zeit in Thätigkeit versetzt ist und die sich erwärmenden Theile die ihnen zukommende Temperatur angenommen haben.

Die Dämpfung der sich bewegenden Rolle lässt sich bei dem grossen Russschreiber mit Elektromagnet vollkommen beliebig einstellen. Da dieselbe von den Strömen herrührt, welche die Magnete in der Rolle induciren, wenn diese letztere sich bewegt, so lassen sich durch Veränderung theils des Magnetismus, theils des Widerstandes, mit welchem die Rolle zu einem Stromkreis verbunden ist, alle Nüancen der Dämpfung bis zum aberaperiodischen Zustande hervorbringen.

Der Apparat eignet sich vornehmlich zur Beobachtung von Stromerscheinungen im Kabel.

X. **Die Dynamometer.** Es ist ein entschiedenes Bedürfniss vorhanden nach einem Strommessinstrument, welches Wechselströme, und zwar von beliebig schneller Aufeinanderfolge, anzeigt, indem solche Ströme oft theils zu wissenschaftlichen, theils zu technischen Zwecken untersucht werden müssen. Wenn die Wechselströme langsam aufeinanderfolgen, so lassen sich dieselben sowohl an Galvanometern als am Russschreiber beobachten; eigentliche Messungen sind aber schwierig auszuführen, weil die Eigenbewegung der Galvanometernadel bez. der Russschreiberrolle zu sehr in Betracht kommt. Je rascher nun die Wechselströme aufeinanderfolgen, desto geringer wird der Ausschlag bei jenen Instrumenten, und es tritt endlich der Fall ein, dass der Ausschlag vollständig aufhört oder vielmehr unmerklich klein wird, weil die eigene Trägheit die Magnetnadel oder die Russschreiberrolle verhindert, den wechselnden Stromimpulsen zu folgen.

Das einzige Instrument, mit welchem alle, auch die schnellsten Wechselströme sich messen lassen, ist das Dynamometer von W. Weber, dessen schematische Anordnung Fig. 242 zeigt.

Dasselbe ist ein Galvanometer, bei welchem der Magnet durch eine vom Strom durchflossene Rolle ersetzt ist. Die äussere Rolle m entspricht der Rolle eines Galvanometers, die innere Rolle n dem Magnet; die Axe der inneren Rolle steht im Ruhezustande senkrecht auf derjenigen der Galvanometerrolle. Die Einführung des Stromes in die innere Rolle geschieht vermittelst der dünnen Drähte oo, welche zugleich die Aufhängung der Rolle bilden (sog. bifilare Aufhängung). Bei empfindlicheren Instrumenten wird die innere Rolle an einem dünnen Draht aufgehängt, während die zweite Zuleitung aus einer feinen Drahtspirale besteht, welche von der Rolle vertical nach unten führt.

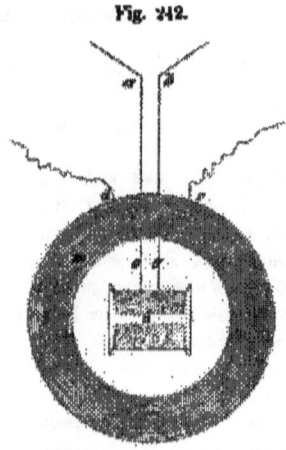

Fig. 242.

Das Dynamometer wird wie ein Galvanometer mit einfacher Nadel so aufgestellt, dass die Windungsebene der äusseren Rolle in dem magnetischen Meridian, diejenige der inneren Rolle senkrecht dazu steht.

Fliesst ein Strom durch die innere Rolle, so wird dieselbe nicht abgelenkt, wenn ihre Axe genau im magnetischen Meridian liegt; sowie dieselbe Axe dagegen einen Winkel mit dem magnetischen Meridian macht, so sucht der Erdmagnetismus die vom Strom durchflossene Rolle zu drehen und zwar stets in den magnetischen Meridian, bei der einen Stromrichtung nach der einen, bei der entgegengesetzten Stromrichtung nach der entgegengesetzten Seite.

Fliessen Ströme durch beide Rollen, so entsteht eine Ablenkung, deren Richtung dieselbe bleibt, wenn die Stromrichtung gewechselt wird, und welche nur von der Art abhängt, wie die beiden Rollen geschaltet sind, ob nämlich derselbe positive oder negative Strom zugleich bei beiden Rollen in die Anfänge der Drahtwickelung, oder bei der einen in den Anfang, bei der anderen in das Ende eintritt. Die Grösse der Ablenkung dagegen ist abhängig nicht nur von den Stromstärken, sondern auch vom Erdmagnetismus, und verändert sich daher beim Stromwechsel.

Wenn φ die Ablenkung der Axe der inneren Rolle aus dem magnetischen Meridian, J_a der durch die äussere, J_i der durch die innere Rolle fliessende Strom, H die horizontale Componente des Erdmagnetismus, p, q, r constante Coefficienten, so hat man (vgl. S. 365) im Gleichgewicht:

1) . . $p J_a J_i \cos \varphi + q J_i H \sin \varphi - r \sin \varphi = 0$,

Anhang. A. Die Messinstrumente. 401

wenn der Erdmagnetismus in demselben Sinne, wie der Strom, wirkt,
dagegen:

2) . . $p J_a J_i \cos \varphi - q J_i H \sin \varphi - r \sin \varphi = 0$,

wenn derselbe in demselben Sinne wirkt, wie die mechanische Richtkraft
der bifilaren Aufhängung, deren Wirkung durch die Grösse r bezeichnet ist.

Ist die Ablenkung φ sehr klein, wie bei Anwendung von Spiegelablesung, so erhält man:

3) . . . . $\varphi = \dfrac{p J_a J_i}{r \mp q J_i H}$,

wo das —Zeichen für den Fall der Gleichung 1), das +|- Zeichen für
den Fall 2) gilt.

Wenn man daher das Dynamometer zur Messung constanter,
gleichgerichteter Ströme verwendet, so muss die Wirkung des
Erdmagnetismus auf irgend eine Weise eliminirt werden, weil die Berücksichtigung derselben bei der Berechnung der Beobachtungen lästig
fallen würde.

Dies kann erstens geschehen, wenn die Ablenkung klein ist, indem
man die Ablenkungen bei entgegengesetzten Stromrichtun-
gen nimmt, d. h. zuerst die Ablenkung (φ_1) bei irgend welcher Richtung der Ströme J_a und J_i, dann die Ablenkung (φ_2) bei Umkehrung
beider Stromrichtungen. Die reciproken Werthe beider Ablenkungen
sind dann z. B.:

$$\frac{1}{\varphi_1} = \frac{r + q J_i H}{p J_a J_i} \quad \text{und}$$

$$\frac{1}{\varphi_2} = \frac{r - q J_i H}{p J_a J_i},$$

also das Mittel aus diesen beiden Grössen:

$$\frac{1}{2}\left(\frac{1}{\varphi_1} + \frac{1}{\varphi_2}\right) = \frac{r}{p J_a J_i},$$

und der reciproke Werth dieses Mittels:

4) . . $\Phi = \dfrac{2}{\dfrac{1}{\varphi_1} + \dfrac{1}{\varphi_2}} = 2 \dfrac{\varphi_1 \varphi_2}{\varphi_1 + \varphi_2} = \dfrac{p}{r} J_a J_i$.

Die Grösse Φ ist also proportional dem Product der in
den beiden Rollen herrschenden Ströme.

Wenn die Wirkung des Erdmagnetismus gering ist, die beiden
Ablenkungen φ_1 und φ_2 also wenig von einander abweichen, so ist (wie
sich aus 3) für $q = 0$ ergibt) in erster Annäherung:

$$\Phi = \frac{\varphi_1 + \varphi_2}{2};$$

der ausgesprochene Satz gilt also dann für das Mittel aus den beiden, für verschiedene Stromrichtung erhaltenen Ableskungen.

Zweitens lässt sich die Wirkung des Erdmagnetismus eliminiren durch Anwendung des sog. Torsionsverfahrens.

Dieses Verfahren wird angewendet, wenn die zur Aufhängung der inneren Rolle dienenden Drähte oder Spiralfedern in der Drehaxe der Rolle liegen, so dass als mechanische Richtkraft nur Torsionskräfte wirken.

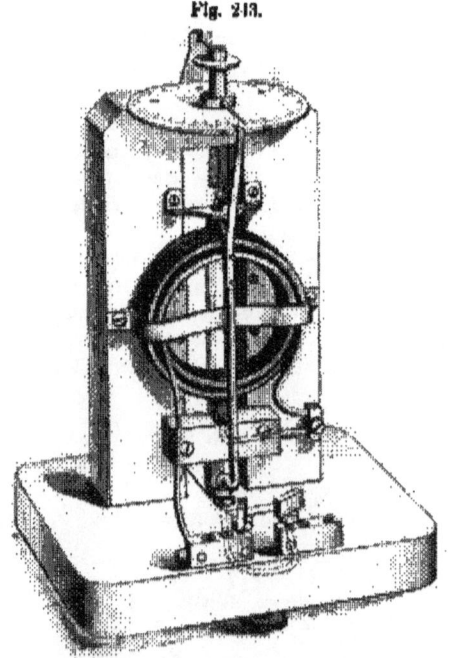

Fig. 243.

Das Verfahren besteht darin, dass, wenn der Strom die Rollen durchläuft, die innere Rolle durch Tordirung der Aufhängungsdrähte oder -federn in ihre Ruhelage zurückgedreht und der Winkel (t) abgelesen wird, um welchen der Draht tordirt wurde. In diesem Falle ist im Gleichgewicht die Wirkung des Erdmagnetismus Null, weil die Rollenaxe im magnetischen Meridiane liegt, und die Gleichung des Gleichgewichts wird (φ ist $= o$):

Anhang. A. Die Messinstrumente. 403

$$p J_a J_i = r t_i$$

wo jedoch r nun die Torsionskraft des Fadens; man hat daher für den Torsionswinkel t:

5) . . . . . . $t = \dfrac{p}{r} J_a J_i$,

der Torsionswinkel ist proportional dem Product der Ströme.

Wenn durch dieses Verfahren auch die Wirkung des Erdmagnetismus völlig beseitigt wird, so ist nicht zu übersehen, dass dasselbe nur giltig ist, wenn die Axe der inneren Rolle im magnetischen Meridian liegt, während das zuerst angegebene Mittel, wenigstens bei geringem Unterschied der Ablenkungen φ_1 und φ_2, auch für eine beliebige Aufstellung des Dynamometers gilt.

Im Fall von Wechselströmen ist die Wirkung des Erdmagnetismus ebenfalls stets wechselnd, also die Summe seiner Wirkungen Null. Folgen daher die Wechselströme langsam auf einander, aber regelmässig, so beobachtet man, nachdem die Bewegung stationär geworden ist, ein regelmässiges Hinundherschwanken der inneren Rolle; je rascher die Wechselströme werden, desto mehr vermindert sich dieses Schwanken, bis endlich die Ablenkung ebenso constant wird, wie bei einem constanten Strom.

In diesem Fall heben sich also die Wirkungen des Erdmagnetismus auf und man hat für die Ablenkung φ (wenn dieselbe klein ist)

6) . . . . . . $\varphi = \dfrac{p}{r} J_a J_i$,

die Ablenkung proportional dem Product der Ströme, oder, wenn derselbe Strom durch beide Rollen geleitet wird, dem Quadrat des Stromes.

Verändern die Wechselströme nicht nur ihre Richtung, sondern auch ihre Stärke, so ist an Stelle des Productes der beiden Ströme der mittlere Werth dieses Productes zu setzen.

Das von W. Weber gebaute Instrument hatte bedeutende Dimensionen; heutzutage werden Dynamometer in ähnlichen Dimensionen gebaut, wie die Galvanometer.

Ein Dynamometer, wie es von Siemens & Halske für die Messung der Ströme der dynamoelektrischen Maschinen angewendet wird, zeigt Fig. 243.

Die Windungen dieses Instrumentes bestehen aus 3 mm dickem Kupferdraht, welchen auch die stärksten Ströme nicht zu erwärmen vermögen. Zur Messung wird das Torsionsverfahren angewendet, die innere Rolle oder vielmehr Windung zu diesem Zwecke an einem Faden aufgehängt, welchen eine kräftige Spiralfeder umgibt, deren oberes Ende an einem drehbaren verticalen Stift, deren unteres Ende an der inneren Windung befestigt ist; die beiden Enden der inneren Windung tauchen in Quecksilbernäpfe, mit welchen die zur Aufnahme der äusseren Zuleitungen bestimmten Klemmen verbunden sind. Diese Art der Verbindung ist in diesem Fall möglich, weil man es hier mit verhältnissmässig bedeutenden Kräften zu thun hat; bei feineren Instrumenten lässt sich dieselbe nicht anwenden.

Die äussere Rolle enthält kreisförmige Windungen, die innere blos eine einzige, welche mehr die Form eines Rechtecks hat. Durch diese Einrichtung wird die von der äusseren Rolle ausgeübte Kraft zu der weitaus überwiegenden und die Wirkung des Erdmagnetismus darf bei der Messung vernachlässigt werden; man braucht also auch das Instrument nicht in einer bestimmten Lage aufzustellen.

Geht man in der Figur von der Klemme links aus, so führt die Stromleitung zunächst in die äussere Rolle, von da durch einen kurzen, theilweise punktirten Verbindungsdraht in einen Quecksilbernapf, aus diesem durch die innere Windung in einen zweiten, unteren Quecksilbernapf und von da an die Klemme rechts.

An dem vorderen Theile der inneren Windung ist ein Blechstreifen angesetzt, dessen Ende auf einer horizontalen, über dem Holzgestell angebrachten Theilung spielt; der Nullpunkt dieser Theilung ist der Punkt, auf welchen der Zeiger stets gestellt wird. In der Mitte der Theilung erhebt sich ein Messingcylinder, an welchem das obere Ende der Spiralfeder befestigt ist, und auch ein bis an die Theilung reichender Zeiger, welcher den Torsionswinkel der Spiralfeder anzeigt.

Beim Gebrauch wird zunächst das Instrument durch die drei unter dem Fussbret liegenden Fussschrauben so eingestellt, dass die beiden in Quecksilbernäpfe tauchenden Drahtenden frei spielen.

Wenn kein Strom durch das Instrument geht, so müssen beide Zeiger auf Null stehen. Sobald der Strom eintritt, schlägt der an der inneren Windung befestigte Zeiger aus; nun dreht man an der randrirten Schraube jenes Messingcylinders, bis der Zeiger der Windung wieder auf Null steht. Der Stand des Torsionszeigers gibt dann den Winkel, um welchen man die Spiralfeder tordirt hat; dieser Winkel ist proportional dem Quadrate der Stromstärke.

XI. **Die Voltameter.** In Bezug auf Voltameter verweisen wir auf S 139 ff., wo das Wasser- und Silbervoltameter beschrieben sind.

In der technischen Praxis sind die beiden genannten Voltameter wenig im Gebrauch, viel mehr jedenfalls das **Kupfervoltameter**, dessen Construction nichts Bemerkenswerthes darbietet.

Zwei gereinigte Kupferplatten, in schwach saurer, concentrirter, reiner Kupfervitriollösung einander gegenübergestellt und mit Klemmen versehen, bilden ein brauchbares Voltameter. Je stärker der Strom ist, desto grösser wählt man die Oberfläche der Kupferplatten; bei grossen Voltametern stellt man eine Reihe von Kupferplatten neben einander in das Kupferbad und verbindet dieselben in abwechselnder Reihenfolge mit dem einen und dem anderen Pol der Batterie.

Die Dichte des Stromes, d. h. das Verhältniss der Stromstärke zu der Oberfläche des Kupferbleches, darf nicht zu gross und nicht zu klein sein. Ist dieselbe zu gross, so wird der Niederschlag körnig und haftet nicht fest; ist dieselbe zu klein, so können secundäre chemische Vorgänge, die nie ganz zu vermeiden sind, die Messung wesentlich beeinträchtigen.

b) Die Elektrometer.

XII. Uebersicht; Quadrantenelektrometer. Elektrometer nennt man jedes Instrument, das zur Messung der **elektrischen Dichte** dient.

S. 40 haben wir bereits ein Elektrometer beschrieben, das sich zu exacten Messungen verwenden lässt, das Dellmann'sche; dasselbe würde jedoch für die beim Kabelmessen vorkommenden Dichtenverhältnisse bei Weitem nicht empfindlich genug sein; für diesen Zweck lässt sich nur das folgende Instrument verwenden.

Das Quadrantenelektrometer von W. Thomson ist eines der sinnreichsten Instrumente der Neuzeit; die Sicherheit und Empfindlichkeit der Messung ist bei demselben bis zu einem so hohen Grade erreicht, dass alle anderen Elektrometer weit hinter demselben zurückstehen.

Das Princip, nach welchem das Elektrometer seinen Namen erhalten hat, besteht in folgendem Vorgang.

Falls ein nierenförmig ausgeschnittenes Blech nn, Fig. 244, Einzelfigur rechts, welches um eine zur Ebene der Zeichnung senkrecht stehende Axe drehbar ist, elektrisirt ist und sich unter oder über demselben vier quadrantenförmige Flächen A, B, C, D befinden, welche mit abwechselndem Zeichen elektrisirt sind, (A und D mit entgegengesetzter Elektricität als B und C), so erhält das Blech nn eine Drehung, wenn es in der in der Figur angedeuteten Lage sich befindet, da jede Hälfte desselben von einer benachbarten Fläche angezogen, von der anderen abgestossen wird. Lässt man dieser Drehung, wie bei den Galvano-

Fig. 244.

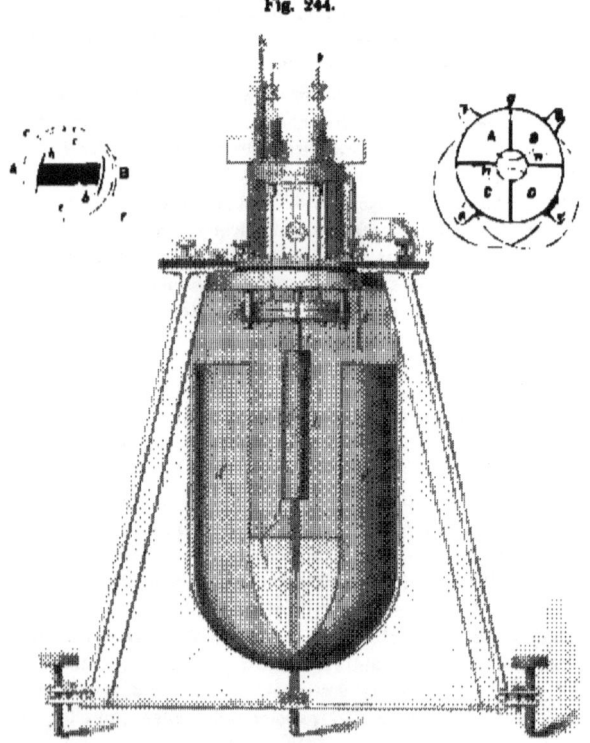

metern, eine Richtkraft entgegenwirken, welche das Blech stets in seine Mittellage zurückzuführen sucht, und sind die Ablenkungen des Bleches nur klein, so sind diese Ablenkungen (φ) proportional dem Product der elektrischen Dichte (d) der an das Blech und der Differenz der Dichten (D_1, D_2) der an die Quadranten angelegten Elektricitätsquellen, so dass

$$1) \quad \ldots \quad \ldots \quad \varphi = p\, d (D_1 - D_2),$$

wo p ein constanter Factor. Die elektrischen Dichten auf dem Blech und den Quadranten sind nicht bez. gleich den Dichten der an dieselben angelegten Elektricitätsquellen, sondern nur proportional.

Dieses Princip ist in dem Quadrantenelektrometer so ausgeführt, dass sowohl oben als unten feste Bleche A, B, C, D das bewegliche Blech $n n$ oder, wie wir dasselbe fortan nennen, die „Nadel" umschliessen, und dass die direct über einander liegenden und die diametral einander gegenüberstehenden gleich elektrisirt werden, da B mit C und A mit D durch Draht verbunden ist; die Nadel ferner ist bifilar aufgehängt und mit Spiegelablesung versehen, so dass die Beobachtungsart derjenigen am Spiegelgalvanometer durchaus ähnlich ist.

Um nun aus der Ablenkung φ auf eine der drei im Elektrometer vorkommenden Dichten d, D_1, D_2, zu schliessen, müssen die beiden anderen constant gehalten werden, wenigstens so lange, bis man statt der Elektricitätsquelle, deren Dichte bestimmt werden soll, eine andere von bekannter Dichte, angelegt hat. Zu diesem Zweck ist das ganze Elektrometer in eine Leydener Flasche gesetzt und ausserdem eine kleine Maschine angebracht, welche es ermöglicht, die Dichte der Belegungen dieser Flasche constant zu halten.

Fig. 244 stellt das Elektrometer schematisch dar.

Ein unten geschlossener Glascylinder ist oben in einen Metallring gefasst; an diesem Ring sind drei nach unten führende, mit Stellschrauben versehene Schienen angebracht, welche die Füsse des Instruments bilden. Auf den Ring lässt sich dicht schliessend eine Messingplatte aufschrauben, an welcher alle zu dem Elektrometer gehörigen Theile sitzen mit Ausnahme der Leydener Flasche, zu deren Herstellung das Glasgefäss benutzt ist.

Um das Glasgefäss in eine Leydener Flasche zu verwandeln, sind an der Aussenseite Staniolstreifen f aufgeklebt, welche mit dem Dreifuss und der ganzen äusseren Armirung Verbindung haben; inwendig dagegen ist bis etwa $\frac{1}{4}$ der Höhe concentrirte Schwefelsäure eingefüllt, welche den ganzen inneren Raum trocken hält und am Glase eine, die innere Flaschenbelegung bildende, leitende Oberfläche herstellt.

Zunächst sitzen an der Messingplatte die vier oben besprochenen Quadranten A, B, C, D, deren Form und Verbindung die Einzelzeichnung rechts zeigt; drei derselben sind fest, der vierte dagegen ist von Aussen verstellbar und zwar mittels einer Mikrometerschraube, welche in dem Gehäuse g verborgen ist. Zu zweien dieser Quadranten führen zwei Drähte, welche in den Klemmen i und k endigen.

Zwischen den Quadranten schwebt die Nadel nn, von Aluminiumblech, welche durch eine dünne Stange mit dem in engem Raum schwi-

408   Anhang. A. Die Messinstrumente.

genden Spiegel *m* verbunden ist; über dem Spiegel endigt jene Stange
in ein horizontales Querstäbchen, an dessen Ende die beiden die bifilare Aufhängung bildenden Cocontäden angeknüpft sind; die oberen
Enden der Fäden sind an einer Vorrichtung befestigt, welche gestattet,
die Entfernung der oberen Befestigungspunkte der Fäden, sowie ihre
Spannung in einfacher Weise zu verändern. Mit der Spiegelaufhängung
ist ferner der ins Innere der Flasche herabreichende Messingcylinder *b*
verbunden, welcher durch einen herabhängenden Platindraht in Verbindung mit der Schwefelsäure steht. Die Stange, an welcher die Nadel *n n*
befestigt ist, reicht in den Messingcylinder, so dass sie bei heftigen
Bewegungen an denselben anschlagen muss, und ist ebenfalls mittels
eines feinen, durch ein kleines Gewicht gestreckten Platindrahtes mit der
Schwefelsäure verbunden.

Ueber der Aufhängungsvorrichtung des Spiegels, in leitender Verbindung mit demselben, erhebt sich eine horizontale Messingscheibe
(in der Figur punktirt); diese Scheibe wirkt, wenn elektrisirt, auf ein
kleines, in einer flachen Dose über der Scheibe eingeschlossenes Elektrometer, welches nur dazu bestimmt ist, die Ladung der Leydener
Flasche zu messen, oder vielmehr anzuzeigen, ob dieselbe von dem
constanten Werth, den dieselbe besitzen soll, abweicht oder nicht. Dieses
Elektrometer, welches in der Figur weggelassen ist, besteht im Wesentlichen aus einem dünnen horizontalen Aluminiumblech, welches durch
zwei horizontale, gespannte Fäden in der Schwebe gehalten wird, und
an welchem ein Zeiger sitzt, der dessen Bewegungen anzeigt. Dieses
Blech steht in Verbindung mit der äusseren Belegung der Flasche, die
oben genannte Messingscheibe dagegen, welche dem Blech gegenübersteht, mit der inneren Belegung. Die gegenseitige Anziehung des Blechs
und der Scheibe hängt von der Grösse der Ladung der Flasche ab und
drückt sich in dem Stand des an dem Blech befestigten Zeigers aus.
Für denjenigen Stand des Zeigers, welcher der normalen Ladung entspricht, ist eine Marke angebracht, und jede Abweichung der Ladung
von dem normalen Betrage wird durch Abweichung des Zeigers von
dieser Marke erkannt.

Die dritte der über das Elektrometer hervorragenden Klemmen, *h*,
ist um ihre Axe drehbar, und bringt durch Drehung den Draht *h*, der
gewöhnlich isolirt ist, in Verbindung mit der inneren Belegung der
Flasche. Diese Klemme wird nur zur ersten Ladung der Flasche (durch
eine Elektrisirmaschine oder ein Elektrophor) benutzt.

Einer der interessantesten Theile des Instrumentes ist der sogen.
replenisher, oder die kleine Maschine, welche dazu dient, die Ladung

der Flasche auf dem normalen Stand zu erhalten; dieses Maschinchen ist nichts anderes, als eine Art Influenzelektrisirmaschine, s. S. 31 ff., jedoch vor der Erfindung der letzteren construirt.

Dieselbe ist an und um den von Aussen drehbaren Stift s angebracht (in der Hauptfigur weggelassen) und schematisch in der Einzelfigur links dargestellt.

An dem Stift s sitzt ein horizontales Stück Horngummi mit zwei schief angesetzten, kleinen Messingscheibchen bb. Diesem drehbaren Theil stehen zwei feste, halbkreisförmige Metallreifen A, B gegenüber, in deren Mitte, in Verbindung mit denselben, je eine Contactfeder e angebracht ist; am Rande jedes Reifens befindet sich noch je eine andere Contactfeder c; die Federn cc sind unter einander verbunden, aber gegen alle übrigen Theile isolirt.

A steht in Verbindung mit der einen Flaschenbelegung, B mit der anderen. Wenn die Scheibchen bb die Contactfedern ee berühren, so werden sie dadurch unter sich verbunden; hierbei stehen sie den entgegengesetzt geladenen Flächen A und B gegenüber, es wird also auf jedem der beiden Scheibchen etwas Ladung inducirt, welche sie nicht austauschen können, sobald sie die Federn ee verlassen, da sie alsdann gegen einander isolirt sind. Dreht man nun den Stift s weiter, bis die Scheibchen bb an die Federn cc anstossen, so gibt jedes Scheibchen seine Ladung an einen der beiden Streifen und daher an eine der beiden Flaschenbelegungen ab. Es wird also die Ladung der Flasche auf diese Weise etwas verstärkt oder geschwächt, und zwar, wie sich leicht übersehen lässt, verstärkt bei einer Drehung in dem der Drehung des Uhrzeigers entgegengesetzten Sinn, geschwächt bei einer Drehung im Sinn des Uhrzeigers.

Mittels dieses Maschinchens und des kleinen, eben beschriebenen Elektrometers lässt sich daher die Ladung der Flasche stets auf einen bestimmten constanten Werth bringen.

Aufstellung und Behandlung des Quadrantenelektrometers sind schwieriger, als bei den Spiegelgalvanometern; ihre Beschreibung würde uns zu weit führen; wir geben daher nur einige Notizen über die Art der Messung.

Wie oben mitgetheilt, ist die Nadel stets mit der inneren Flaschenbelegung verbunden, also mit einer constanten Ladung versehen. Will man nun die Dichte einer Elektricitätsquelle bestimmen, so legt man diese letztere an zwei der Quadranten an, misst den Ausschlag, legt statt der Elektricitätsquelle von unbekannter Dichte eine solche von bekannter Dichte an und misst auch den jetzt entstehenden Ausschlag.

Das Verhältniss der Ausschläge ist dann gleich dem Verhältniss der Dichten.

Häufig hat man es aber mit Elektricitätsquellen zu thun, welche Pole von gleicher, aber entgegengesetzter Dichte besitzen, wie z. B. eine Batterie, deren Mitte an Erde gelegt ist. In diesem Falle legt man den einen Pol an zwei Quadranten, den andern an die beiden anderen an und erhält hiedurch die doppelte Wirkung; dieser Ausschlag bleibt alsdann auch derselbe, wenn in der Batterie die Erde an einer anderen Stelle, als an der Mitte, angelegt wird.

Es kann auch vorkommen, dass man die Differenz zweier Dichten zu bestimmen hat. In diesem Fall ladet man zwei Quadranten mit der einen, die beiden andern mit der anderen Dichte; der Ausschlag ist alsdann derselbe, als wenn ein Quadrantenpaar mit der Differenz der beiden Dichten, das andere dagegen gar nicht geladen wäre.

Das Quadrantenelektrometer ist leider in Deutschland noch sehr wenig bekannt, aber mit Unrecht. Es gibt zwar eine Reihe von Messungen, welche mit dem Elektrometer und dem Spiegelgalvanometer mit beinahe gleichem Vortheil ausgeführt werden können, bei welchem eben die zu messende Grösse sowohl aus einer Strommessung, als aus einer Dichtenmessung abgeleitet werden kann. Bei einer Reihe von Erscheinungen aber lässt sich die Galvanometermessung nicht durch die Elektrometermessung ersetzen; es sind dies die Fälle, in welchen gar kein elektrischer Strom auftritt, oder wo derselbe zwar vorhanden, sich aber nicht direct durch das Galvanometer leiten lässt und zugleich durch so grosse Widerstände läuft, dass das Anbringen einer das Galvanometer enthaltenden Zweigleitung die Erscheinung wesentlich verändert.

Seiner Bestimmung nach ist daher das Elektrometer ein eben so wichtiges elektrisches Messinstrument als das Galvanometer.

c) Die Widerstandsscalen.

XIII. Das Allgemeine über Widerstandseinheiten und Widerstandsscalen haben wir bereits S. 95 ff. angeführt. Es kann hier nicht unsere Aufgabe sein, die einzelnen Formen von Widerstandsscalen zu beschreiben, da dieselben keine principiellen Unterschiede darbieten; wir begnügen uns daher, einige practische Bemerkungen hinzuzufügen.

Je mehr Windungen eine Rolle besitzt, desto stärker wird die Induction, welche jede Windung auf die benachbarten ausübt. Dieselbe kann sehr störend auftreten, namentlich bei feineren Messungen, bei welchen der Strom nur ganz kurze Zeit wirken sollte; in diesem Falle würde man wegen der Induction gezwungen sein, den Strom so lange wirken zu lassen, bis die Inductionsströme sich verlaufen haben, wenn sich die Induction nicht entfernen liesse. Dieselbe lässt sich jedoch entfernen durch das sog. **bifilare Wickeln** der Widerstandsrollen.

Statt nämlich den Draht einfach auf die Rolle aufzuwickeln, theilt man denselben in zwei Hälften und wickelt, bei der Mitte des Drahtes anfangend, beide Hälften zugleich auf. Während bei einfach gewickelten Rollen die Stromrichtung in allen Windungen dieselbe ist, also auch die Inductionsströme sämmtlich dieselbe Richtung haben, wird durch das bifilare Wickeln die Stromrichtung in den Windungen der einen Hälfte entgegengesetzt derjenigen in der anderen Hälfte, jede Windung ist von Windungen verschiedener Stromrichtung umgeben, und es heben sich daher die Inductionsströme beinahe völlig auf.

Der Widerstand jedes Drahtes wird durch **Aufwickeln** vermehrt, daher müssen die Widerstandsrollen nach dem Wickeln längere Zeit liegen, bis sie justirt werden können. Auch der Widerstand von **Löthstellen** scheint sich während einiger Zeit nach dem Löthen zu verändern.

Zum Schutz gegen Feuchtigkeit werden die Widerstandsrollen paraffinirt.

Neusilberwiderstände verändern sich mit der Zeit etwas, sowohl wenn sie nicht gebraucht werden, als namentlich wenn häufig Ströme durch dieselben fliessen. Diese Veränderung ist jedoch höchstens auf $\frac{1}{1000}$ des Werthes zu veranschlagen.

Die sog. **Stöpselfehler**, d. h. die Widerstände, welche durch mangelhaftes Passen der Stöpsel in den Stöpsellöchern entstehen, treten bei gut gearbeiteten Widerstandskasten erst nach langem Gebrauche wirklich störend auf.

Die Hauptschwierigkeit beim Justiren der Widerstände bildet die Temperatur, und zwar deshalb, weil die dickeren Rollen der äusseren Temperatur viel langsamer folgen, als die dünneren. Aus demselben Grunde sollte ein Widerstandskasten möglichst wenig Temperaturwechseln ausgesetzt werden.

Bei einer gut justirten Widerstandsscale ist der Widerstand jeder Rolle bis auf wenigstens $\frac{1}{1000}$ des Werthes genau.

Ausser den jetzt allgemein gebräuchlichen Widerstandsscalen mit einer Reihe von Rollen und Stöpselvorrichtung müssen noch die **Wheatstone'schen Rheostaten** erwähnt werden; dieselben sind zwar jetzt wenig mehr in Gebrauch, aber dennoch sehr bequem in allen Fällen, wo es auf allmählige Abstufung ohne genaue Justirung ankommt.

Ein solcher Rheostat besteht aus einem drehbaren Cylinder von Serpentin, Porzellan oder ähnlichem Material, auf welchen spiralförmig ein blanker Neusilberdraht aufgewickelt ist, und ausserdem einen Laufcontact, d. h. ein Metallröllchen, welches bei der Drehung des Cylinders den Draht entlang gleitet und auf diese Weise jede beliebige Stelle des Drahtes mit einer festen Klemme in Verbindung bringt. Durch Drehung lässt sich daher ein beliebiges Stück des aufgewickelten Drahtes zwischen zwei festen Klemmen einschalten.

Häufige Anwendung finden auch die Widerstände aus Graphit. Dieselben werden entweder durch Stampfen von fein gepulvertem Graphit in Glasröhrchen hergestellt oder dadurch, dass man in einem Horngummistück angebrachte Nuthen mit Graphit einreibt. Die erstere Methode liefert Widerstände von 1000 bis 10 000 S. E., die letztere dagegen hohe Widerstände von 100 000 S. E. an. Diese Widerstände sind billig, aber nicht constant.

d) Die Ladungsscalen.

XIV. Die allgemeine Construction der Ladungsscalen ist bereits S. 324 ff. besprochen worden. Wir haben hier nichts zuzufügen, als die Bemerkung, dass die Construction und Justirung von Ladungsscalen bis jetzt bei Weitem nicht den Grad von Genauigkeit erlangt hat, wie diejenige der Widerstandsscalen.

Der genauen Justirung steht allerdings kein Hinderniss im Wege: auch Materialien, deren specifisches Ladungsvermögen der Zeit nach sich wenig verändert, und die sich zur Herstellung von Scalen eignen, giebt es wahrscheinlich ausser Glimmer noch mehrere.

Es fehlt jedoch vor Allem an einer leicht und sicher reproducirbaren Einheit. Die Mikrofarad ist in nicht einfacher Weise aus gewissen absoluten Messungen abgeleitet, ist also nicht, wie die Quecksilbereinheit, unmittelbar vermittelst eines leicht in normalem Zustande erhältlichen Körpers herstellbar. Es ist daher in dieser Richtung das elektrische Messungswesen einer Vervollkommnung dringend bedürftig.

B. Die Messmethoden.

I. Uebersicht. Wir stellen im Folgenden summarisch die elektrischen Messmethoden zusammen; wir behandeln jedoch unter denselben nur diejenigen, welche den Techniker interessiren können. Obschon die Güte der Messmethode nicht die einzige Bedingung zur Ausführung einer guten Messung ist, sondern die Anordnung der Schaltung, Verwendung von Schlüsseln, Umschaltern u. s. w., sowie die Vorsichtsmassregeln bei der Messung selbst oft eben so wichtig sind, wie die Wahl der Messmethode, müssen wir uns hier auf allgemeine Beschreibung der Methoden beschränken.

Wir theilen dieselben ein in Methoden der Messung:
    1) des Stromes,
    2) der Dichte,
    3) der elektromotorischen Kraft,
    4) des Widerstandes,
    5) der Ladung,
    und 6) in Fehlerbestimmungen.

a) Der Strom.

II. Directe Strommessung. Der Strom lässt sich zunächst direct messen mit Hülfe der Messinstrumente, welche wir beschrieben haben, der Galvanometer, Dynamometer, Voltameter.

III. Methode des gleichen Ausschlags. Diese Methode wird angewendet, wenn man nur über ein Instrument verfügt, welches den Strom zwar anzeigt, aber nicht geeignet ist, denselben genau zu messen. Diese Methode besteht darin, dass der durch das Instrument gehende Strom durch Veränderung des Widerstandes im Stromkreise immer auf derselben Stärke gehalten wird, und dass auf das Verhältniss der Stromstärken aus dem Verhältniss der Widerstände geschlossen wird.

Diese Methode wird vorzugsweise so angewendet, dass das Galvanoskop (g) mit der Widerstandsscala (w) als **Nebenschluss** zu einem Theil ($a\,b$) des Hauptstromkreises geschaltet wird (siehe Fig. 243); die Rückwirkung, welche die Veränderung des Widerstandes w auf den Hauptstrom ausübt, wird durch diese Schaltung möglichst abgeschwächt.

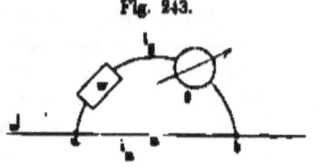

Fig. 243.

Wenn w der eingeschaltete Widerstand, g derjenige des Galvanoskops, u derjenige des Drahtes $a\,b$, wenn ferner J der Strom im Hauptkreise, i_u derjenige im Zweige u, i_g derjenige im Zweige g, so hat man:

$$\frac{i_u}{i_g} = \frac{w+g}{u}, \quad J = i_u + i_g, \quad \text{hieraus}$$

$$i_g = J \cdot \frac{u}{w+g+u}.$$

Ist der Strom im Hauptkreise J', so schaltet man so viel Widerstand (w') an der Scale ein, bis der Ausschlag derselbe, i_g also gleich gross ist, wie oben. Alsdann ist

$$\frac{J}{w+g+u} = \frac{J'}{w'+g+u}, \quad \text{und}$$

$$J' = J \cdot \frac{w'+g+u}{w+g+u}.$$

Beispiel. Das Galvanoskop habe den Widerstand 80^E, der Zweig u 100^E; im Hauptkreis fliesse zuerst ein Strom (J), der das Galvanoskop auf 25^0 ausschlagen lasse, wenn $w = 840^E$, dann ein anderer Strom (J'), der denselben Ausschlag hervorbringe, bei $w = 1610^E$; alsdann ist der letztere Strom

$$J' = J \cdot \frac{1610+80+100}{840+80+100} = 1{,}75\,J.$$

Hat man ausserdem eine Normalbestimmung mit dem Galvanoskop bei demselben Ausschlag angestellt, d. h. das Galvanoskop, 1 Daniell'schen Element und eine Widerstandsscale zu einem Stromkreise verbunden und den Widerstand W bestimmt, bei welchem die Nadel auf 25^0 ausschlägt, so lassen sich obige Ströme in dem gebräuchlichen Masse bestimmen.

Anhang. B. Die Messmethoden.

Hat man z. B. gefunden $W = 560^E$, so ist

$$i_g = \frac{1\ Daniell}{560^E},$$

also, da

$$J = i_g \cdot \frac{w + g + u}{u},\ J' = i_g \cdot \frac{w' + g + u}{u},$$

$$J = \frac{1\ Dan.}{560^E} \cdot \frac{1020}{100} = \frac{1\ Dan.}{54,9^E},$$

$$J' = \frac{1\ Dan.}{560^E} \cdot \frac{1790}{100} = \frac{1\ Dan.}{31,3^E}.$$

IV. **Strommessung durch Bestimmung der Dichtendifferenz.** Namentlich bei sehr starken Strömen, welche sich nicht direct messen lassen, misst man die Differenz der Dichte $d - d'$ an zwei Punkten des Stromkreises; ist u der Widerstand zwischen jenen Punkten, so hat man für die Stromstärke:

$$J = \frac{d - d'}{u}.$$

Die Bestimmung der Dichte muss auf Daniell reducirt werden; über die Methoden dieser Bestimmung s. folgenden Abschnitt.

b) Die Dichte.

V. **Directe Dichtenmessung mit Elektrometer.** Jede Dichte oder Dichtendifferenz lässt sich zunächst, wie wir S. 405 gesehen haben, direct mittelst des Elektrometers messen.

Mit demselben wird eigentlich stets eine Dichtendifferenz, diejenige zwischen den beiden Quadrantenpaaren, gemessen; ist aber die Dichte auf einem dieser Paare Null (Erde), so ist die Dichtendifferenz gleich der Dichte auf dem anderen Paare.

Bei hoher Dichte lässt sich das Elektrometer nicht direct verwenden, da seine Empfindlichkeit nur in verhältnissmässig kleinem Spielraum sich verändern lässt (durch Verschiebung der Quadranten und Veränderung des Abstandes der Aufhängungsfäden).

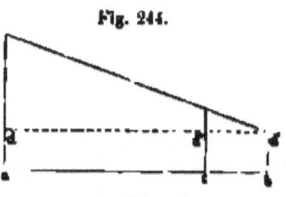

Fig. 244.

In diesem Fall schaltet man zwischen den Punkten a und b, siehe Fig. 244, an welchen die Dichtendifferenz zu messen ist, einen grossen Widerstand $u ab$ ein; in demselben entsteht ein schwacher Strom, der die Dichten a und b nur wenig verändert; längs demselben verändert sich die Dichte gleichmässig nach der Geraden $d\,d'$. Man misst statt der Dichtendifferenz $ab\;(d-d')$ die Dichtendifferenz $bc\;(d''-d')$, wo c eine beliebige Stelle auf dem Drahte ab; wenn w der Widerstand ab, u der Widerstand bc, so ist

$$d-d' = (d''-d')\cdot\frac{u}{w}\,.$$

Auf diese Weise lässt sich eine beliebig grosse Dichtendifferenz in eine beliebig kleine gleichsam verwandeln.

VI. **Dichtenmessung durch Gegenschaltung.** Wie schon früher bemerkt, ist das Elektrometer ein wenig verbreitetes und nicht leicht zu behandelndes Instrument; man sucht daher die Dichte gewöhnlich mittels des Galvanometers zu bestimmen; alle folgenden Methoden sind für das Galvanometer bestimmt.

Auch für diese Methoden gilt die Bemerkung, dass eigentlich stets die Differenz der Dichte an zwei Punkten gemessen wird, dass aber diese Differenz gleich der Dichte eines Punktes wird, wenn der andere an Erde liegt.

Bei der Methode durch Gegenschaltung wird die zu messende Dichtendifferenz an den Punkten a und b künstlich durch eine Combination von Batterie und Widerständen hervorgebracht, s. Fig. 245, 246, so dass die Dichten-Differenz $a'b'$ gleich derjenigen ab ist; alsdann kann beim Anlegen des Zweiges $aa'b'b$ an ab höchstens ein augenblicklicher, kein constanter Strom durch das Galvanometer g geben.

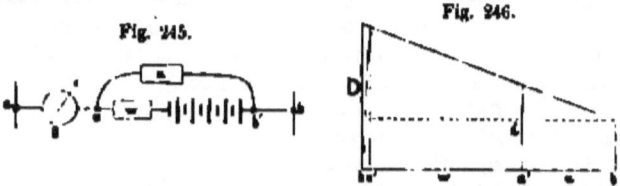

Fig. 245. Fig. 246.

Der Zweig $a'b'$ besteht aus einer Batterie, vor welche der Widerstand w gesetzt ist, der so gross ist, dass der Batteriewiderstand im Verhältniss zu demselben unerheblich ist, an Batterie und Widerstand w ist ein Nebenschluss durch den Widerstand u angelegt. Das Galvanometer wird zwischen a und a' oder zwischen b und b' geschaltet. Der Widerstand w bleibt constant, der Widerstand u dagegen wird so lange verändert, bis das Galvanometer keinen Strom mehr anzeigt.

Anhang. B. Die Messmethoden.

Wenn dieses der Fall ist, so herrscht nur im Kreise $b'a'b'$ Strom; die Dichte in demselben ist in Fig. 246 dargestellt. Wenn D die Dichtendifferenz $c'b'$, d diejenige $a'b'$, so ist

$$d = D - \frac{u}{w+u};$$

d ist aber zugleich die gesuchte Dichtendifferenz ab und D die elektromotorische Kraft der Batterie; man erhält also d in Daniell ausgedrückt.

Der Widerstand des Galvanometers hat nur Einfluss auf die Empfindlichkeit der Messung.

Beispiel. Batterie: 10 Daniell, $w = 500^E$, im Gleichgewicht $u = 131,2^E$, also

$$d = 10 \; Dan. \; \frac{131,2}{631,2} = 2{,}079 \; Dan.$$

VII. **Dichtenmessung mittelst Condensatoren.** Wenn es bei der Dichtenmessung erforderlich ist, dass die zu diesem Behuf an die Punkte a, b angelegte Schaltung keine oder nur eine sehr geringe Leitung zwischen diesen Punkten herstelle, so lässt sich die Methode der Gegenschaltung nicht gut anwenden. Verfügt man ausserdem nicht über ein Elektrometer, so wendet man die Condensatormethode an.

Fig. 247 zeigt die betr. Schaltung, um die Dichte des Punktes a zu bestimmen. C ist der Condensator, dessen eine Klemme c durch Taster oder Stöpsel mit a oder mit e, der Klemme des Galvanometers g, verbunden werden kann. Die andere Klemme des Condensators, sowie die zweite des Galvanometers liegen an Erde.

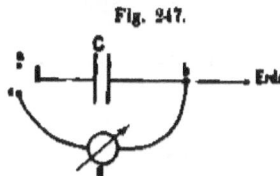

Fig. 247.

Man verbindet zuerst c mit a, wodurch der Condensator eine der Dichte in a proportionale Ladung erhält, dann mit e, wodurch Entladung durch das Galvanometer erfolgt; der Ausschlag am Galvanometer ist proportional der Dichte a.

Will man nur die Dichtendifferenz zwischen zwei Punkten bestimmen, so schaltet man das Galvanometer vor die Klemme c des Condensators, ladet diesen durch Anlegen an den einen Punkt, wobei man das Galvanometer kurz schliesst, nimmt dann den Condensator ab, öffnet den kurzen Schluss des Galvanometers und beobachtet den Ausschlag beim Anlegen an den zweiten Punkt.

Anhang. B. Die Messmethoden.

Alle Dichtenbestimmungen sind leicht auf Daniell zu reduciren, wenn man den Ausschlag kennt, den der Condensator, mit einer bekannten Anzahl Daniell'scher Elemente geladen, am Galvanometer gibt.

Für das Benutzen von Nebenschlüssen für das Galvanometer sind die unter dem Abschnitt: Ladung, S. 436 ff., gegebenen Correctionen anzuwenden.

Zur Anwendung dieser Methode ist meist ein Spiegelgalvanometer nöthig.

VIII. **Dichtenmessung mittelst Strommessung.** Die zu dieser Methode gehörige Schaltung ist dieselbe, wie in Methode III. mit Nebenschluss.

Man verbindet die Punkte a, b, deren Dichtendifferenz zu bestimmen ist, durch einen grossen, constanten Widerstand w und das Galvanometer g; der Widerstand w muss so gross sein, dass der durch das Anlegen dieses Zweiges in demselben entstehende Strom die Dichten in a und b nicht wesentlich ändert. Der vom Galvanometer angezeigte Strom ist proportional der Dichtendifferenz in a und b und lässt sich leicht in Daniell ausdrücken, indem man statt der Stellen a und b die Pole einer passenden Batterie anlegt, und den entstehenden Strom mit dem obigen vergleicht.

Fig. 248.

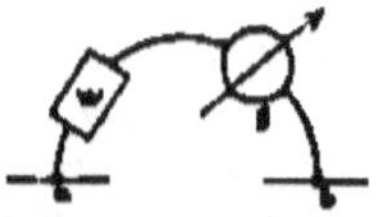

Für diese Methode eignen sich namentlich hohe Widerstände von Graphit und Spiegelgalvanometer.

Hat man eine einzige Dichte, in a, zu bestimmen, so legt man das andere Ende an Erde, statt an b.

c) Die elektromotorische Kraft.

Für die Bestimmung der elektromotorischen Kraft ist es wesentlich, ob durch das zu untersuchende Element ein Strom geht oder nicht; die Methoden der ersteren Art lassen sich nur auf constante oder beinahe constante Elemente anwenden, diejenigen der letzteren Art auch auf nicht constante Elemente.

α) **Methoden mit Strom in dem zu untersuchenden Element.**

IX. **Methode mit einfachem Strom.** Man schaltet das Element mit einem Widerstand und einem Galvanometer in einen Stromkreis. Wenn der innere Widerstand des Elementes klein ist im Verhält-

Anhang. B. Die Messmethoden.

niss zu dem äusseren Widerstand und dieser letztere stets gleich gross genommen wird, so ist der Strom ein Mass für die elektromotorische Kraft. Schaltet man daher ein zweites Element mit demselben äusseren Widerstand zusammen und misst den Strom, so verhalten sich die elektromotorischen Kräfte der beiden Elemente wie die beiden Ströme.

Verfügt man nur über ein Galvanoskop, mit dem sich der Strom nicht genau messen lässt, so arbeitet man mit **gleichem Ausschlag**. Man schaltet das eine Element mit einem äusseren Widerstand zusammen, gegen welchen der innere Widerstand des Elementes verschwindet, und betrachtet den Ausschlag der Nadel; dann setzt man das zweite Element an Stelle des ersteren und verändert den äusseren Widerstand so lange, bis der Ausschlag derselbe ist wie vorher. Ist E die elektromotorische Kraft des ersten, E' diejenige des zweiten Elementes, W, W' bez. die äusseren Widerstände, so ist

$$\frac{E}{E'} = \frac{W}{W'}.$$

X. Wheatstone'sche Methode. Die folgende Methode lässt sich auch anwenden, wenn der innere Widerstand des Elementes nicht klein ist im Verhältniss zum äusseren Widerstand; dieselbe bedarf ferner nur eines Galvanoskops, nicht eines Galvanometers.

Man schaltet das eine Element mit einem Widerstand und einem Galvanoskop zusammen und beobachtet den Ausschlag; dann verändert man den Widerstand, vergrössert denselben z. B. um u Einheiten, und beobachtet wieder den Ausschlag. Alsdann ersetzt man das Element durch das zweite und bringt mit demselben durch Verändern des Widerstandes dieselben beiden Ausschläge hervor, wie beim ersten Element; zu merken hat man sich nur den Widerstand (u' Einheiten), welchen man zu dem anfänglichen Widerstand hinzufügen muss, um den ersten Ausschlag in den zweiten zu verwandeln. Wenn E die elektromotorische Kraft des ersten, E' diejenige des zweiten Elementes, so ist

$$\frac{E}{E'} = \frac{u}{u'}.$$

Beweis. Es seien: J der dem ersten, J' der dem zweiten Ausschlag entsprechende Strom, w und w' bez. die Widerstände der beiden Elemente, W und W' bez. die für den ersten Ausschlag eingeschalteten äusseren Widerstände. Dann ist

$$J = \frac{E}{w + W} = \frac{E'}{w' + W'}$$

$$J' = \frac{E}{w + W + u} = \frac{E'}{w' + W' + u'}$$

hieraus folgt:

$$\frac{E}{E'} = \frac{w + W}{w' + W'} = \frac{w + W + u}{w' + W' + u'}, \text{ oder}$$

$$\frac{w' + W' + u'}{w' + W'} = \frac{w + W + u}{w + W}.$$

Subtrahirt man in dieser Proportion jedes untere Glied von dem oberen, so folgt

$$\frac{u'}{w' + W'} = \frac{u}{w + W}, \text{ oder}$$

$$\frac{u}{u'} = \frac{w + W}{w' + W'} = \frac{E}{E'}.$$

9) **Methoden ohne Strom in dem zu untersuchenden Element.**

Wenn kein Strom durch das Element geht, so ist die Dichtendifferenz an den beiden Polen desselben gleich der elektromotorischen Kraft, und die Bestimmung der letzteren daher nichts Anderes als eine Dichtenmessung, welche sich mit jeder der in V., VI., VII., VIII. angegebenen Methoden ausführen lässt.

Von diesen Methoden wird am häufigsten angewandt die Methode der Gegenschaltung; dieselbe hat jedoch für den vorliegenden Zweck mehrere Modificationen erhalten, welche zu erwähnen sind.

XI. **Methode der Gegenschaltung.** Diese Methode lässt sich zunächst unmittelbar in der unter VI. mitgetheilten Form anwenden (a, b sind hier die beiden Pole des zu untersuchenden Elementes); wenn die elektromotorische Kraft der gegengeschalteten Batterie bekannt ist, so erhält man diejenige des zu untersuchenden Elementes in Daniell.

Gewöhnlich zieht man es jedoch vor, statt der zu stöpselnden Widerstände w und u einen ausgespannten Draht zu verwenden, längs welchem die Contactstelle a' (z. B. in Form eines Platinröllchens) beliebig verschoben werden kann. Für diesen Fall gelten die Schaltung von Poggendorff-Dubois und die von Latimer Clark.

Nach Poggendorff-Dubois wird ein Element, dessen elektromotorische Kraft E_0, durch einen ausgespannten Draht mn geschlossen, siehe Fig. 249. Wären dieses Element und die Verbindungen desselben mit m, n ohne Widerstand, so wären auf dem Drahte mn, wenn wir z. B. die Dichte in m als Null annehmen, alle Werthe der Dichte von Null bis zur elektromotorischen Kraft E_0 vertreten. Wenn man daher zwischen m und dem Laufcontact p ein Galvanometer und das zu untersuchende Element, dessen elektromotorische Kraft E, einschaltet, so dass es dem

Element E_0 entgegenwirkt (die Schaltung der Pole ist durch die Buchstaben Z (Zink) und K (Kupfer oder Kohle) angedeutet, so muss sich durch den Laufcontact eine Stelle p finden lassen, bei welcher das Galvanometer keinen Strom anzeigt. Man hätte alsdann einfach

$$E = E_0 \cdot \frac{x}{l},$$

wenn x der Widerstand mp, l der Widerstand mn.

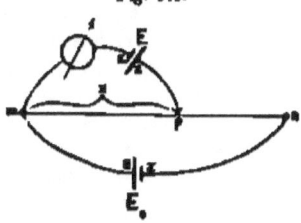

Fig. 249.

Da aber der Draht mn selbst keinen grossen Widerstand besitzt, muss der Widerstand des Elementes E_0 in Rechnung gezogen werden, ist also obiges Verfahren nicht richtig.

Man umgeht diese Schwierigkeit, indem man die zu vergleichenden Elemente, eines nach dem anderen, an der Stelle E einschaltet und jedes derselben mit dem Element E_0 vergleicht; aus diesen beiden Messungen folgt dann das gewünschte Verhältniss der elektromotorischen Kräfte.

Seien E_1, E_2 bez. diese elektromotorischen Kräfte, ferner x_1, x_2 die entsprechenden Drahtlängen bei eingestelltem Gleichgewicht, ferner u_0 der Widerstand des Elementes E_0, ausgedrückt als eine Länge desselben Drahtes, wie er zu mn verwendet ist, so hat man

$$E_1 = E_0 \cdot \frac{x_1}{u_0 + l}, \quad E_2 = E_0 \cdot \frac{x_2}{u_0 + l};$$

hieraus folgt

$$\frac{E_1}{E_2} = \frac{x_1}{x_2}.$$

Zu dieser Messung lässt sich das weiter unten beschriebene Universalgalvanometer von Siemens & Halske verwenden. Fig. 250 zeigt, wie obige Schaltung an diesem Instrument auszuführen ist.

Die drei Stöpsellöcher der Widerstandsrollen n sind

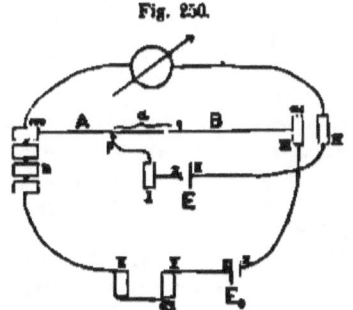

Fig. 250.

gestöpselt, der Stöpsel zwischen III und IV dagegen herausgenommen. Wenn a die Ablesung bei Gleichgewicht, von Null an gerechnet, so ist

$x = 150 - a$ auf der A-seite
und $x = 150 + a$ auf der B-seite.

Für die Messung ist es bequemer, den Taster zwischen II und V auszuschalten, d. h. II und V zu verbinden, dagegen zwischen IV und I einen Taster einzuschalten, da man ohne den letzteren stets Strom im Galvanometer hat, bis die Gleichgewichtslage gefunden ist.

Beispiel. E_0 ein grosses Bunsen'sches Element, E_1 ein Daniell'sches mit Thonzelle, Ablesung $a_1 = 05$ auf der B-seite; E_2 ein grosses Pappelement, das längere Zeit in Gebrauch gewesen, Ablesung $a_2 = 76$ auf der B-seite; hieraus, wenn $E_1 = 1$ gesetzt wird, elektromotorische Kraft des Pappelementes

$$E_2 = \frac{150 + 76}{150 + 95} = \frac{226}{245} \; Daniell = 0{,}922 \; Daniell.$$

Noch vollkommener ist die Schaltung von Clark; Fig. 251 zeigt, wie dieselbe beim Universalgalvanometer auszuführen ist. Die Schaltung von Poggendorff-Dubois ist zu Grunde gelegt, es ist jedoch zwischen den Punkten m, n noch ein Normalelement (E') eingeschaltet und zwar so, dass im Gleichgewicht auch in diesem Zweig kein Strom herrscht. Hierdurch erlangt man aber den Vortheil, dass die gesuchte elektromotorische Kraft gleich in Theilen dieses Normalelements ausgedrückt wird.

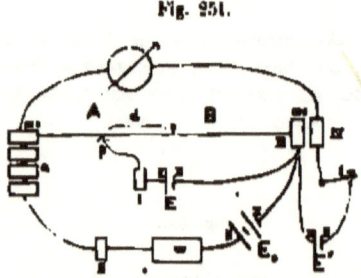

Fig. 251.

Man denke sich vorerst das zwischen III und I eingeschaltete, zu untersuchende Element weg; dann hat man eine Schaltung nach dem Schema der Fig. 249; die Elemente E_0 und E' wirken sich entgegen, und es muss sich daher der Widerstand W so einstellen lassen, dass im Element E' und dem Galvanometer kein Strom herrscht; dann ist die Dichtendifferenz der beiden Endpunkte des ausgespannten Drahtes gleich der elektromotorischen Kraft E' und die Theile dieses Drahtes entsprechen unmittelbar Theilen dieser Kraft.

Fügt man nun zwischen III und I das Element E ein und verschiebt den mit I verbundenen Laufcontact längs des Drahtes, so muss sich eine Stelle finden lassen, wo ein zu diesem Element geschaltetes Galvanometer auf Null zeigen würde. Dann ist

$$E = E' \frac{x}{l},$$

oder beim Universalgalvanometer;

$$E = E' \frac{150 - \alpha}{300} \quad \text{auf der } A\text{-seite,}$$

$$E = E' \frac{150 + \alpha}{300} \quad \text{auf der } B\text{-seite.}$$

Es ist aber nicht nöthig, ein zweites Galvanometer zu dem Element E zu schalten, weil, wie leicht zu übersehen, jede Abweichung des Laufcontacts von der Gleichgewichtslage auch einen Strom im Galvanometer g hervorruft, obschon dasselbe vor dem Anlegen des Zweigs I III auf Null gebracht war; das Universalgalvanometer (g) kann daher auch zugleich zur Einstellung des Laufcontacts dienen.

Bei t ist ein Taster eingeschaltet, damit der Strom nicht fortwährend durch das Galvanometer geführt zu werden braucht.

Die Einstellung geschieht daher folgendermassen: nach Ausführung der Verbindungen nimmt man zuerst den an Klemme I gehörenden Draht ab und verändert den Widerstand W so lange, bis das Galvanometer g bei Drücken des Tasters t auf Null zeigt; dann legt man jenen Draht an I an und verschiebt den Laufcontact so lange, bis beim Drücken des Tasters t zum zweiten Male Gleichgewicht eintritt.

d) Der Widerstand.

Die Widerstandsmessungen sind diejenigen, welche dem Elektriker am häufigsten vorkommen; sie theilen sich in Messungen

1) von Drahtwiderständen,
2) von hohen Widerständen,
3) von Flüssigkeitswiderständen.

1) Drahtwiderstände.

XII. **Widerstandsmessung in einfachem Stromkreis.** Der zu messende Widerstand wird mit einem Galvanometer und einer Batterie in einem Stromkreis vereinigt; derselbe lässt sich alsdann durch Strommessung oder mittels der Methode des gleichen Ausschlags bestimmen.

Anbang. B. Die Messmethoden.

Hat man ein Galvanometer, mit dem sich Ströme genau messen lassen, so misst man den Strom bei Einschaltung des unbekannten Widerstandes (x), ersetzt alsdann den letzteren durch einen bekannten Widerstand (w) von ähnlicher Grösse und misst den Strom wieder. Ist J der erstere, J' der letztere Strom, W der ausser x oder w im Stromkreise befindliche Widerstand, so ist

$$\frac{x + W}{w + W} = \frac{J'}{J},$$

woraus $x = (w + W)\dfrac{J'}{J} - W = w\dfrac{J'}{J} + W\dfrac{J' - J}{J}$.

Diese Methode wendet man nur an, wenn der Batteriewiderstand im Verhältniss zu den äusseren Widerständen klein ist, weil der Batteriewiderstand von der Stromstärke abhängt. Die Messung ist am empfindlichsten, wenn $W = o$.

Verfügt man nur über ein Galvanoskop, so arbeitet man mit **gleichem Ausschlag**, d. h. man ersetzt den unbekannten Widerstand durch eine Widerstandsscala und verändert diese letztere, bis der gleiche Ausschlag eintritt, wie bei dem ersteren Widerstand; dann ist der in der Scala eingeschaltete Widerstand gleich dem zu bestimmenden Widerstand.

Diese Methode ist unabhängig vom Batteriewiderstand, wenn derselbe constant ist, was für die Dauer dieser Messung anzunehmen ist. Hat sich derselbe verändert, so erkennt man dies an der Veränderung des Ausschlags, wenn man nach erfolgter Vergleichung noch einmal den unbekannten Widerstand einsetzt.

XIII. **Widerstandsmessung mit Differentialgalvanometer.** S. 381 ist die Einrichtung und Justirung eines Differentialgalvanometers beschrieben. Um dasselbe zu Widerstandsmessungen zu benutzen, schaltet man die beiden Windungen desselben, u_1 und u_2, Fig. 252, in zwei Zweige, von denen der eine den unbekannten Widerstand x, der andere die Widerstandsscala enthält; die beiden Windungen sind so eingeschaltet, dass die beiden Ströme in entgegengesetztem Sinn auf die Nadel wirken. Man sucht den Werth von w, bei welchem die Nadel auf Null steht, die beiden Zweigströme also gleich sind; dann ist

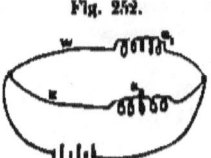

Fig. 252.

$$x + u_2 = w + u_1, \text{ oder}$$
$$x = w + u_1 - u_2.$$

Haben die Windungen ausserdem noch gleichen Widerstand ($u_1 = u_2$), so ist
$$x = w.$$

Ist das Galvanometer so justirt, dass die Nadel bei Parallelschaltung der Windungen auf Null zeigt, ohne dass die Widerstände u_1 und u_2 gleich sind, so müssen sich beim Gleichgewicht die Ströme umgekehrt verhalten wie die Widerstände der Windungen; es ist also

$$\frac{x + u_2}{w + u_1} = \frac{u_2}{u_1}, \text{ oder}$$

$$\frac{x + u_2}{u_2} = \frac{w + u_1}{u_1}, \text{ woraus}$$

$$x = w \frac{u_2}{u_1}.$$

XIV. Wheatstone'sche Brücke. Diese Methode wird am häufigsten zur Bestimmung von Widerständen benutzt; das Schema stellt Fig. 253 dar. Dasselbe lässt sich auch in der in Fig. 254 angegebenen

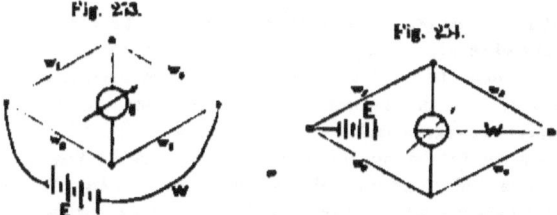

Fig. 253. Fig. 254.

Weise als ein Viereck mit zwei Diagonalen darstellen: die Seiten des Vierecks sind die vier Widerstände w_1, w_2, w_3, w_4, eine Diagonale der Galvanometerzweig, die andere der Batteriezweig.

Die Widerstandsmessung mittels dieser Schaltung beruht auf dem Satz, dass, wenn der Strom (i) im Galvanometerzweig Null ist, die 4 Widerstände in einfacher Proportion stehen, so dass

$$\frac{w_1}{w_2} = \frac{w_3}{w_4}.$$

Die allgemeinen für dieses Schema geltenden Gleichungen haben wir bereits S. 70 abgeleitet; wir stellen dieselben, indem wir dieselben Bezeichnungen beibehalten, für das Viereck noch einmal auf, unter der Annahme, dass der Strom im Galvanometerzweig Null ist. Mittels der Kirchhoff'schen Gesetze erhält man in diesem Fall:

426   Anhang. B. Die Messmethoden.

$$i_1 = i_2, \quad i_3 = i_4,$$
$$(\text{Kreis } w_1, g, w_2) : (i_1 w_1 - i_2 w_2) = 0,$$
$$(\text{Kreis } w_3, g, w_4) : (i_3 w_3 - i_4 w_4) = 0.$$

Hieraus folgt
$$\frac{i_1}{i_2} = \frac{w_2}{w_1}, \quad \frac{i_3}{i_4} = \frac{w_4}{w_3},$$

und, da $\dfrac{i_1}{i_2} = \dfrac{i_3}{i_4}$,

$$\frac{w_1}{w_2} = \frac{w_3}{w_4}.$$

Ist daher einer der vier Widerstände unbekannt, so lässt sich derselbe vermittelst dieser Proportion aus den Werthen der drei anderen berechnen.

Wenn der unbekannte Widerstand x im Zweige 1 liegt, also $w_1 = x$ ist, so hat man

$$x = w_2 \frac{w_3}{w_4};$$

es ist also $x = w_2$, wenn $w_3 = w_4$. Man nennt daher w_2 den Vergleichswiderstand, w_3, w_4 die Brückenzweige.

Von den vielen Formen, in welchen die Wheatstone'sche Brücke ausgeführt wird, sind namentlich zwei zu erwähnen, die **Brücke mit Widerstandsscala** und die **Drahtbrücke**.

Bei der Brücke mit **Widerstandsscala** ist der Vergleichswiderstand eine Widerstandsscala, die Brückenzweige sind feste Widerstände, die Einstellung geschieht vermittelst des Vergleichswiderstandes. Jeder Brückenzweig besteht aus einer Reihe von Widerständen mit den Werthen: 0,1, 1, 10, 100 u. s. w. S. E., welche sich durch Stöpselung beliebig einschalten lassen.

Sind die Brückenzweige einander gleich, so ist im Gleichgewicht der unbekannte Widerstand gleich dem Vergleichswiderstand; in diesem Fall gibt man den Brückenzweigen Werthe, welche demjenigen des unbekannten Widerstandes möglichst nahe kommen.

Ist der unbekannte Widerstand besonders niedrig, oder besonders hoch, so misst man mit **Uebersetzung**, d. h. man gibt den Brückenzweigen verschiedene Werthe. Die oben beschriebene Einrichtung gestattet es, dem Verhältniss $\dfrac{w_3}{w_4}$ den Werth einfacher Potenzen von 10 zu geben, einerseits die Werthe: 1, 10, 100 u. s. w. andrerseits die Werthe 1, $\frac{1}{10}$, $\frac{1}{100}$ u. s. w. Im Gleichgewicht ist daher der

Vergleichswiderstand gleich einem Vielfachen des unbekannten Widerstandes. Auf diese Weise lassen sich einerseits sehr kleine, andrerseits sehr grosse Widerstände mit derselben Widerstandsscala messen.

Bei der **Drahtbrücke** ist der Vergleichswiderstand fest, die beiden Brückenzweige sind aus einem Draht gebildet, längs welchem sich ein Laufcontact verschieben lässt, mit welchem ein Pol der Batterie verbunden ist. Die Summe $w_1 + w_2$ ist also in diesem Fall constant, dem Verhältniss $\dfrac{w_2}{w_1}$ dagegen lässt sich jeder beliebige Werth ertheilen. Die Einstellung des Gleichgewichts erfolgt mittels des Laufcontacts.

Diese Art von Brücke dient, wenn mit den nöthigen Vorsichtsmassregeln construirt und behandelt, zu den genauesten Widerstandsmessungen, namentlich zu den Bestimmungen der Widerstandseinheit. Ausserdem lässt sich derselben für gewöhnliche Messungen leicht eine compendiöse Form ertheilen, so dass sie sich zum Transport eignet. Bei dieser einfachen Ausführung fallen jedoch aus verschiedenen Gründen die Messungen nicht so genau aus, als bei der Brücke mit Widerstandsscala.

XV. **Universalgalvanometer.** Auf die feineren Widerstandsmessungen können wir hier nicht eingehen; dagegen wollen wir ein vielfach angewendetes Instrument beschreiben, welches im Wesentlichen eine transportable Drahtbrücke mit Galvanometer ist, das **Universalgalvanometer** von Siemens & Halske, s. Fig. 255 auf S. 428.

In einem cylindrischen Glasgehäuse mit abschraubbarem Deckel befindet sich ein astatisches Nadelgalvanometer mit Theilkreis. Die obere Nadel dient zugleich als Zeiger, das Nadelpaar ist an einem Cocoafaden aufgehängt, der durch eine in der Mitte des Glasdeckels befindliche Schraube gehoben und gesenkt werden kann; die seitlich angebrachte Schraube b setzt die Arretirungsvorrichtung in Bewegung; die Wickelung des Galvanometers hat ungefähr 100^ξ Widerstand und 1600 Umwindungen.

Unter dem Glasgehäuse dehnt sich eine kreisförmige Schieferplatte mit Kreistheilung aus; längs dem Rande derselben zieht sich eine Nuth hin, in welche der neusilberne Brückendraht eingelegt ist; dieser Draht ist so kalibrirt, dass er an allen Stellen bei gleicher Länge gleichen Widerstand besitzt. Der Draht ist in 300 Grade getheilt; der Nullpunkt befindet sich in der Mitte, die beiden Hälften sind mit A und B (A links, B rechts) bezeichnet. Längs diesem Drahte lässt sich ein Arm a verschieben, welcher um die Axe des Instrumentes drehbar ist und den Laufcontact in Form einer auf den Draht drückenden, beweglichen Platinrolle r trägt.

Fig. 255.

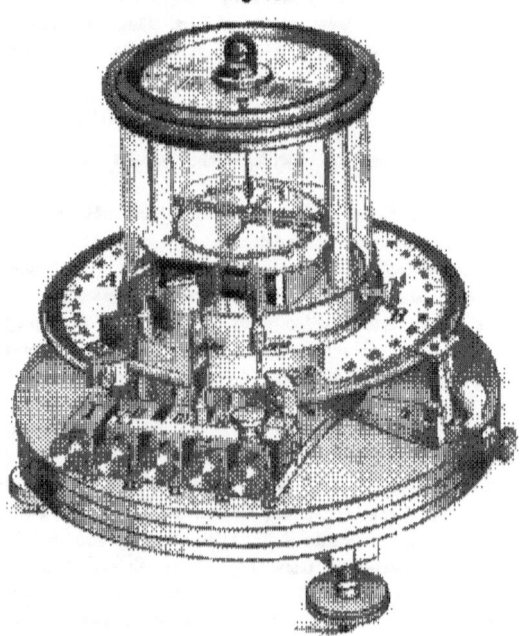

Unter der Schieferplatte befinden sich die Neusilberdrähte, aus denen der Vergleichswiderstand a zusammengesetzt ist; die Enden sind in der bei Widerstandsscalen gebräuchlichen Weise an Klemmen mit Stöpseleinrichtung geführt; die den einzelnen Widerständen entsprechenden Stöpsellöcher sind mit 10, 100, 1000 bezeichnet; in das Loch 10 lässt sich ausserdem ein Widerstandsstöpsel stecken, der diesen Widerstand auf 1^g reducirt.

Unter der Schieferplatte, nach Vorne, sitzt ferner ein Gestell, welches die Klemmen I bis V, mit einem kleinen Taster zwischen II und V und einem Stöpselloch zwischen III und IV, trägt.

Wie das Instrument zur Bestimmung von elektromotorischen Kräften zu gebrauchen ist, haben wir bereits S. 421 angedeutet; Fig. 256

zeigt die Schaltung, welche vorzunehmen ist, um das Instrument als Wheatstone'sche Brücke zu benutzen.

Stöpselloch III, IV ist zu stöpseln, von den Vergleichswiderständen n ist derjenige einzuschalten, dessen Werth dem unbekannten Widerstand x am nächsten liegt; x ist zwischen II und III einzuschalten.

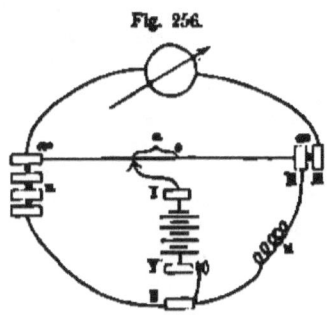

Fig. 256.

Wenn a die Ablesung des Laufcontacts bei eingestelltem Gleichgewicht, so hat man

auf der A-seite: $x = \dfrac{150 + a}{150 - a}\, n$

auf der B-seite: $x = \dfrac{150 - a}{150 + a}\, n$.

Der Werth der Brüche $\dfrac{150 + a}{150 - a}$ und $\dfrac{150 - a}{150 + a}$ wird einer dem Instrument beigegebenen Tabelle entnommen.

Eine ausführlichere Gebrauchsanweisung enthält die dem Instrument beigegebene Beschreibung. Es lassen sich mit dem Instrument Widerstände von 0,2 S. E. bis 50 000 S. E. messen und Fehler nach einer weiter unten beschriebenen Methode bestimmen; auch lässt sich das Galvanometer getrennt benutzen.

2) Hohe Widerstände.

Unter hohen Widerständen verstehen wir Widerstände von über 1 Million S. E.; solche Widerstände sind namentlich die **Isolationswiderstände von Kabeln**.

Zur Bestimmung derselben müssen die empfindlichsten Instrumente angewendet werden, Spiegelgalvanometer und Elektrometer.

XVI. **Isolationsmessung durch Strommessung.** Die gewöhnliche Isolationsmessung geschieht nach der in XII. beschriebenen Methode, indem die Stärke eines durch den zu messenden Widerstand gehenden Stromes am Spiegelgalvanometer gemessen wird; wenn man vorher die Empfindlichkeit des Galvanometers bestimmt hat, d. h. den Ausschlag, den ein bekannter Widerstand mit derselben Batterie gibt, so lässt sich der zu messende Widerstand in S. E. berechnen. Wesentlich ist hierbei die Anwendung des S. 386 beschriebenen Nebenschlusses.

Bei Widerständen, welche sich mit der Zeit ändern, namentlich bei den Kabelhüllen, wendet man stark gedämpfte oder aperiodische Galvanometer an; es entspricht alsdann, auch bei Bewegung der Nadel, der Ausschlag stets beinahe genau der Stromstärke.

Beispiel. Der unbekannte Widerstand x gebe, mit 100 Elementen, am Spiegelgalvanometer den Ausschlag 273, ohne Nebenschluss. Dieselben 100 Elemente geben bei einem Widerstand von $100\,000^E$ und einem Nebenschluss $\frac{1}{999}$ den Ausschlag 507. Dann würden bei derselben Batterie, ohne Nebenschluss am Galvanometer, $100\,000^E_{\,}$ einen Ausschlag geben von $507\,(999 + 1) = 507\,000$; der Widerstand x ist daher

$$x = \frac{507\,000}{273}\, 100\,000^E = 185,7\; Mill.\; S.\; E.$$

XVII. **Isolationsmessung aus dem Sinken der Dichte.** Wenn ein Kabel geladen und dann an beiden Enden isolirt wird, so strömt die im Kabel enthaltene Electricität allmälig durch die Kabelhülle aus; die Dichte der Electricität im Kabel sinkt also allmälig und zwar um so mehr, je schlechter das Kabel isolirt ist; das Sinken der Dichte bildet daher ein Mittel, um den Isolationswiderstand zu messen.

Dieses Sinken der Dichte wird entweder mit dem Galvanometer, oder mit dem Elektrometer gemessen.

Wendet man das Galvanometer an, so misst man zuerst den Strom bei Ladung des Kabels (Ausschlag L), isolirt das Kabel, wartet t Minuten, und entladet dann das Kabel durch das Galvanometer (Ausschlag l). Wenn W der Isolationswiderstand, C die Capacität des Kabels in Mikrofarads, so ist

$$W = 26,85 \frac{t}{C\,(\log L - \log l)}\; Millionen\; S.\; E.$$

Wenn der Ausschlag (mit derselben Batterie) bekannt ist, den 1 Mikrofarad gibt, so lässt sich aus dem Ladungsausschlag die Capacität C bestimmen. Empfindlicher wird die Messung, wenn man, statt das Kabel nach t Minuten zu entladen, dasselbe wieder an die Batterie legt; die Electricität, die alsdann in das Kabel strömt, ist gleich derjenigen, welche das Kabel vorher verloren hat, $= L - l$.

Die Ausschläge und damit die Empfindlichkeit der Messung werden um so grösser, je länger das Kabel ist; die Isolation ganz kurzer Längen lässt sich auf diese Weise nicht messen.

Beispiel. 1500 Meter vom deutschen Untergrundkabel. $C = 0{,}323^{al}$, $L = 167$, nach einer Minute $t = 145$ Scalentheile,

$$W = 26{,}55 \; \frac{1}{0{,}323 \, (2{,}22272 - 2{,}16137)} = 1355 \text{ Mill. } E.$$

Wendet man dagegen das Elektrometer an, so lässt sich die Isolation von beinahe beliebig kurzen Stücken Kabel noch messen. Man misst nämlich an demselben nicht Ladungen oder Elektricitätsmengen, sondern Dichten, und die Veränderung der Dichte ist **unabhängig von der Länge**.

Die Ladung des Kabels nämlich ist proportional, der Isolationswiderstand umgekehrt proportional der Länge; der Verlust aber, den die Ladung in einer bestimmten Zeit erleidet, ist umgekehrt proportional dem Isolationswiderstand, also proportional der Länge. Je länger daher ein Kabel ist, um so mehr Ladung nimmt es auf, um so mehr verliert es aber auch in einer bestimmten Zeit; die Dichte sinkt daher gleichmässig in langen und kurzen Stücken.

Wenn D die Dichte unmittelbar nach der Ladung (gleich der Dichte des angelegten Batteriepols), d diejenige nach t Minuten, so ist

$$W = 26{,}55 \; \frac{t}{C \,(\log D - \log d)} \quad \text{Millionen } S. E.$$

Hieraus folgt auch, dass

$$\log D - \log d = \log \frac{D}{d} = 26{,}55 \; \frac{t}{W C} \; ;$$

das Product WC ist unabhängig von der Länge, also auch das Verhältniss der Dichten.

Ueberhaupt eignet sich das Elektrometer mehr zu dieser Art von Messung, da man in dem Ausschlag desselben die Dichte stets gleichsam vor Augen hat, während das Galvanometer nur das Endresultat des Vorgangs zeigt.

Der nach der vorstehenden Methode erhaltene Isolationswiderstand ist nicht der zur Zeit t wirklich vorhandene, sondern der mittlere Isolationswiderstand während der Zeit t. Man erhält also mittelst dieser Methode andere Resultate, als mit der Methode XVI.

XVIII. **Löthstellenprüfung.** Die höchsten Widerstände, welche der Elektriker zu prüfen hat, sind diejenigen von Löthstellen in Kabeladern; diese Widerstände werden gewöhnlich nicht in Widerstandseinheiten ausgedrückt, sondern mit denjenigen von wenigen Metern gesunder Kabelader verglichen.

Der Strom, der durch so hohe Widerstände geht, lässt sich mit den feinsten Instrumenten kaum nachweisen; man wendet daher Condensatoren an, um die durch die Löthstelle gegangene Elektricitätsmenge anzusammeln.

Die gewöhnliche Methode der Löthstellenprüfung besteht darin, dass das Kabel CC, Fig. 257, mit möglichst starker Batterie, Ende isolirt, geladen wird; die Löthstelle X wird in einen gut isolirten, mit Wasser gefüllten Trog T gelegt, in welchen zugleich eine Kupferplatte p getaucht ist; diese Platte ist mit der einen Belegung c des Condensators verbunden, während die andere c' an Erde liegt; die Ladung des Condensators wird gemessen, indem c von p abgenommen und an das Galvanometer gelegt wird, dessen anderes Ende an Erde liegt. Zu beiden Seiten des Troges muss die Oberfläche des Kabels sorgfältig gereinigt werden, damit an der Kabeloberfläche keinerlei Ueberleitung vom Trog zur Erde stattfindet.

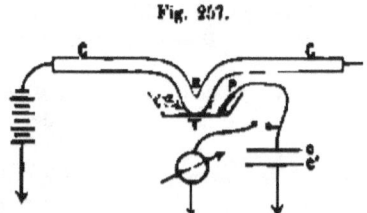

Fig. 257.

Durch die Löthstelle geht etwas Elektricität aus dem geladenen Kabel hindurch, sammelt sich in dem Condensator cc' an und kann nach einigen Minuten durch das Galvanometer entladen werden. Wiederholt man dieselbe Operation mit einem kurzen Stück Kabelader statt mit der Löthstelle, so erhält man durch Vergleichung der beiden Ausschläge ein Urtheil über die Güte der Löthstelle.

Man kann den Condensator durch die Löthstelle entladen, statt denselben zu laden, wie eben beschrieben; das Kabel wird alsdann an Erde gelegt und man misst den Ladungsverlust, welchen ein gut isolirter, geladener Condensator durch die Löthstelle in einigen Minuten erleidet. Diese Methode wird nur im Nothfall angewendet, namentlich bei Kabelreparaturen auf See, wo man kein Kabelende zur Disposition hat.

3) **Flüssigkeitswiderstände.**

Die Methoden zur Bestimmung von Flüssigkeitswiderständen sind verschieden, je nachdem man es mit Zersetzungszellen oder mit dem Widerstand von Elementen zu thun hat.

XIX. Widerstand einer Zersetzungszelle. Man richtet die Zersetzungszelle als parallelepipedischen Trog ein, in welchem eine Elektrode verschiebbar ist, so dass man nach Belieben Flüssigkeitssäulen von verschiedener Länge aber gleichem Querschnitt einschalten kann; ausser der Zersetzungszelle wird eine kräftige Batterie, eine Widerstandsscala und ein Galvanoskop eingeschaltet.

Hat man bei eingeschalteter Zersetzungszelle den Ausschlag gemessen, so schliesst man die Zersetzungszelle kurz und schaltet soviel Widerstand ein, bis der Ausschlag gleich gross wird; diese Messungen werden bei verschiedenen Längen der Flüssigkeitssäule wiederholt.

Ist l die Länge der Flüssigkeitssäule, w der an der Scala gefundene Widerstand, p eine von der Polarisation in der Zelle abhängige Grösse, a eine Constante, so ist

$$w = p + al,$$

wo al der Widerstand der Flüssigkeitssäule.

Aus zwei Beobachtungen bei den Längen l_1, l_2, welche die Widerstände w_1, w_2 ergeben, lässt sich a oder der Widerstand der Flüssigkeitssäule von der Einheit der Länge bestimmen. Man hat nämlich

$$w_1 = p + al_1$$
$$w_2 = p + al_2$$

und hieraus

$$a = \frac{w_1 - w_2}{l_1 - l_2}.$$

Damit die Polarisationsgrösse p constant sei, muss die Batterie so kräftig sein, dass die Polarisation ihr Maximum erreicht hat.

XX. Widerstand von Batterie; Halbirungsmethode. Man schaltet die Batterie, deren Widerstand zu messen ist, mit einer Tangentenbussole und einer Widerstandsscala w zusammen, siehe Fig. 258; der Widerstand ausserhalb der Batterie muss verschwindend klein im Verhältniss zu dem Batteriewiderstand sein. Den Ausschlag an der Tangentenbussole bringt man durch einen an derselben angebrachten Nebenschluss auf eine passende Grösse.

Fig. 258.

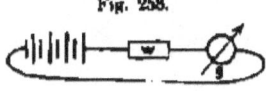

Man beobachtet den Ausschlag bei kurzem Schluss der Batterie, d. h. ohne Einschaltung von Widerstand; dann schaltet man so lange Widerstand ein, bis der Ausschlag auf die Hälfte gesunken ist; der eingeschaltete Widerstand ist alsdann gleich dem Widerstand der Batterie.

Die beiden Ströme, bei welchen man misst, sind: der Strom bei kurzem Schluss und der Strom bei gleichem innerem und äusserem Widerstand.

Hat man ein Spiegelgalvanometer und einen hohen Widerstand n, so schaltet man (Fig. 259) die Batterie mit demselben zusammen und misst die Ablenkung;

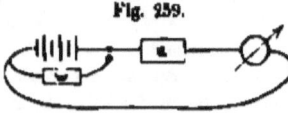

Fig. 259.

dann schaltet man eine Widerstandsscala als Nebenschluss w zu der Batterie und sucht den Widerstand, bei welchem die Ablenkung gleich der Hälfte der ersteren ist; der so gefundene Widerstand w ist gleich dem Batteriewiderstand.

Die beiden Ströme, bei welchen man hier misst, sind der Strom bei sehr grossem äusserem Widerstand und derjenige bei gleichem innerem und äusserem Widerstand.

Aus der ersten Ablenkung am Spiegelgalvanometer lässt sich zugleich die elektromotorische Kraft bestimmen.

XXI. **Widerstand von Batterien; Brückenmethode.** Am besten ist es, die Wheatstone'sche Brücke zu verwenden; freilich bedarf man alsdann noch einer Messbatterie (siehe Fig. 260), welche ziemlich kräftig sein muss.

Das Element oder die Batterie, deren Widerstand x zu bestimmen, wird wie ein unbekannter Drahtwiderstand eingeschaltet; hat man eine Batterie von gerader Elementenzahl, so

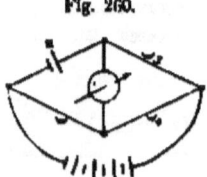

Fig. 260.

theilt man dieselbe in zwei Hälften und schaltet diese gegen einander; ist die Anzahl der Elemente ungerade, so schaltet man die nächst niedere gerade Anzahl von Elementen in zwei Hälften gegeneinander.

Im Galvanometer entsteht ein Ausschlag, der durch Nebenschlüsse oder Zufügung von Widerstand auf eine passende Grösse gebracht wird; in dem Zweig der Messbatterie muss sich ein Taster befinden.

Man sucht den Werth des Vergleichswiderstandes w, bei welchem der Ausschlag im Galvanometer gleich bleibt, wenn man den Zweig der Messbatterie schliesst oder öffnet. Dann findet zwischen den Wider-

ständen der vier Viereckseiten die bekannte Proportion statt. Sind die
Brückenzweige gleich, so ist *r* der gesuchte Batteriewiderstand.

Das Universalgalvanometer lässt sich auch für diese Messmethode
benutzen.

e) Die Ladung.

Von den vielen Methoden zur Bestimmung der Ladung theilen wir
nur zwei mit, von denen die eine für Condensatoren und kürzere Kabel
die allgemein gebräuchliche ist, während die andere sich auch für längere
Kabel eignet.

XXII. Ladungsmessung durch einfachen Ausschlag. Der eine
Pol der Batterie wird mit der einen Belegung des Condensators, der
andere Pol durch das Galvanometer mit der anderen Belegung verbunden; ist das Galvanometer ein Spiegelgalvanometer, bei welchem nur
Ausschläge von wenigen Winkelgraden beobachtet werden, so ist der im
obigen Fall entstehende Ausschlag proportional der elektromotorischen
Kraft der Batterie und der Capacität des Condensators. Verschiedene
Capacitäten verhalten sich also, bei derselben Batterie, wie die entsprechenden Ausschläge.

Bei dieser Methode giebt der am Galvanometer angebrachte Nebenschluss Anlass zu Irrthümern; man beobachtet nämlich bei demselben
Condensator und derselben Batterie, dass die Ausschläge bei Anwendung
verschiedener Nebenschlüsse nicht genau in den durch die Nebenschlüsse
gegebenen Verhältnissen stehen, sondern dass der Ausschlag bei jedem
Nebenschluss etwas zu klein ist und zwar um so mehr, je weniger
Widerstand der Nebenschluss hat.

Dies rührt von der Induction her, welche jeder in einer Windung
entstehende und verschwindende Strom auf die Nachbarwindungen ausübt; diese Inductionsströme müssen den Ladungsstrom stets verringern
und um so stärker sein, je geringer der Widerstand des Kreises: Galvanometer + Nebenschluss ist, in welchem sie verlaufen.

Wenn A_1 der Ausschlag, den der Condensator ohne Nebenschluss
geben würde, und welcher als Mass für die wahre Capacität zu betrachten
ist, A der mit dem Nebenschluss N beobachtete Ausschlag, G der
Widerstand des Galvanometers, so ist

$$A_1 = A \left(1 + \frac{k}{G + N}\right).$$

Hier ist k eine von jener Induction herrührende, constante Correctionsgrösse, welche man folgendermassen bestimmt: Man beschafft sich zwei Condensatoren, deren Capacitäten sich genau wie 1 : 2 verhalten, man misst den Ausschlag (a_1), welchen der grössere von beiden bei einem Nebenschluss $N = G$ giebt, und den Ausschlag (a_2), welchen der kleinere ohne Nebenschluss giebt; dann ist

$$k = 2G\left(\frac{a_2}{a_1} - 1\right).$$

XXIII. Compensationsmethode. Die Voraussetzung, auf welcher die Methode des einfachen Ausschlags beruht, besteht darin, dass die Zeit, in welcher sich das Kabel ladet, klein sei gegen die Schwingungsdauer der Galvanometernadel. Je länger nun ein Kabel ist und je mehr Widerstand vor dasselbe geschaltet ist, desto länger wird die Ladungszeit, so dass jene Voraussetzung nicht mehr richtig und jene Methode ungenau, d. h. zu kleine Resultate liefert.

Fig. 261.

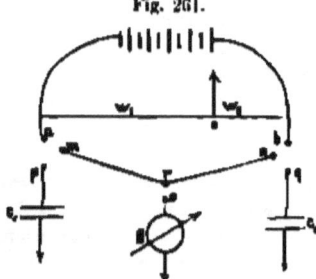

In diesem Fall wendet man die Compensationsmethode nach der Schaltung Fig. 261 an.

Eine Batterie B wird durch einen Widerstand ($w_1 + w_2$), längs welchem ein Erdcontact sich verschieben lässt, geschlossen; die Endpunkte a und b erhalten hierdurch entgegengesetzte Dichten, der eine positive, der andere negative, und durch das Verschieben des Erdcontactes lässt sich jedes beliebige Verhältniss dieser beiden Dichten hervorbringen.

Verbindet man nun a mit p, b mit q, so werden die beiden Condensatoren c_1 und c_2 mit den bez. Dichten geladen; löst man diese Verbindungen und verbindet dagegen p mit m, q mit n ($n r m$ ist ein blosser Verbindungsdraht), so neutralisiren sich die Ladungen der Condensatoren bis auf einen Rest, dessen Grösse man durch Verbindung von r mit s, d. h. Entladung durch das Galvanometer g, messen kann.

Man sieht ein, dass sich für den Erdcontact eine Stelle e finden lässt, bei welcher die beiden Condensatoren gleich grosse Electricitätsmengen, aber von entgegengesetzten Zeichen aufnehmen, so dass nach der Neutralisirung kein Rest übrig bleibt und das Galvanometer keinen Ausschlag zeigt. Dann verhalten sich die Capacitäten umgekehrt wie die Widerstände:

$$\frac{c_1}{c_2} = \frac{w_2}{w_1}.$$

Diese Methode ist unabhängig von der Ladungszeit; sowohl die Ladungszeit, als die Zeit der Neutralisirung kann beliebig gross genommen werden.

f) Die Fehlerbestimmungen.

Die Bestimmungen der Fehler in Oberlandlinien und namentlich in Kabeln sind im Allgemeinen unter allen in der elektrischen Technik vorkommenden Bestimmungen die schwierigsten, weil man es hier nicht, wie bei den übrigen Bestimmungen, mit constanten oder regelmässig und langsam sich ändernden Vorgängen zu thun hat, sondern mit solchen, die sich in unregelmässiger Weise ändern. Diese Bestimmungen bilden daher im Allgemeinen die besten Proben der Geschicklichkeit, der Erfahrung und der Einsicht des Elektrikers. Wie in diesem ganzen Kapitel beschränken wir uns auch hier auf Angabe der Methoden und zwar nur derjenigen, deren practischer Werth anerkannt ist.

Die Grössen, deren Veränderlichkeit die meisten Fehlerbestimmungen erschwert, sind Flüssigkeitswiderstände, welche an den fehlerhaften Stellen auftreten, und welche theils durch mechanische Ursachen, theils durch Einwirkung des Stromes heftige Aenderungen erleiden. Bei den feinen Isolationsfehlern allerdings, welche in Kabeln vorkommen, ist der Widerstand des Fehlers ziemlich constant; in diesem Fall erschwert aber die geringe Empfindlichkeit der Messung oder oft der Umstand, dass nicht beide Enden des Kabels zur Verfügung stehen, die Bestimmung.

Die Eintheilung, welche wir befolgen, richtet sich nach der Beschaffenheit der Linie, ob oberirdische Linie oder Kabel, und nach den Bedingungen der Messung, ob beide Enden der Linie an demselben Orte, ob beide Enden an verschiedenen Orten, und ob nur ein Ende zur Verfügung steht.

1) Fehler auf oberirdischen Linien.

Fall 1) Beide Enden stehen zur Verfügung an demselben Ort; d. h. ausser der fehlerhaften Linie ist noch eine zweite gegeben, welche auf der Endstation mit der fehlerhaften verbunden wird.

XXIV. **Schleifenprobe.** Die sog. Schleifenprobe ist von allen Fehlerbestimmungsmethoden die wichtigste und beste; sie besteht in einer Anwendung der Wheatstone'schen Brücke, s. Fig. 262.

Die Brückenzweige w_3, w_4 lassen sich verändern (ausgespannter Draht mit Laufcontact oder Widerstandsscalen), die fehlerhafte Leitung ist z. B. mit a, die mit derselben an der Endstation verbundene Leitung ist mit b verbunden, der eine Batteriepol liegt an den Brückenzweigen, der andere an Erde. Bei Gleichgewicht ist alsdann, wenn x, y bez. die Widerstände der Strecken zwischen der Fehlerstelle und den Enden der ganzen Leitung, l der Widerstand der ganzen Leitung,

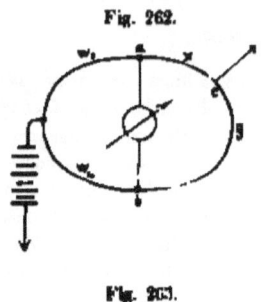

Fig. 262.

$$\frac{w_3}{w_4} = \frac{x}{y}, \quad x + y = l, \text{ also}$$

$$x = w_3 \frac{l}{w_3 + w_4}, \quad y = l - x.$$

Eine andere Form dieser Methode besteht darin, dass man $w_3 = w_4$ macht (2 feste Widerstände), aber z. B. bei b eine Widerstandsscala einschaltet, siehe Fig. 263, und den Widerstand w sucht, bei welchem Gleichgewicht eintritt. Es ist alsdann

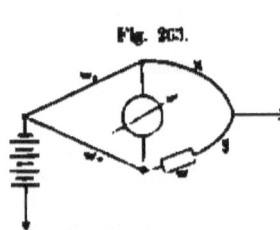

Fig. 263.

$$x = y + w, \quad x + y = l, \text{ also}$$

$$x = \frac{l + w}{2}, \quad y = \frac{l - w}{2}$$

Die fehlerhafte Leitung muss bei dieser Methode an a, nicht an b, angelegt sein, wenn überhaupt Gleichgewicht eintreten soll.

Die Einstellung des Gleichgewichts bei der Schleifenprobe ist unabhängig von dem Widerstand des Fehlers; dieselbe hat nur Einfluss auf die Empfindlichkeit der Messung.

Fall 2) Es steht nur ein Ende zur Verfügung (keine zweite Linie).

XXV. **Widerstand der fehlerhaften Linie.** In diesem Fall bleibt nichts übrig, als den Widerstand der Linie bei isolirtem und bei an Erde gelegtem Ende zu messen; daraus liesse sich der Ort des Fehlers bestimmen, wenn der Widerstand des Fehlers bei beiden Messungen gleich wäre. Da dies wohl kaum je der Fall sein wird, kann diese Bestimmung bloss als Schätzung bezeichnet werden.

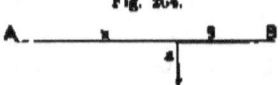

Fig. 264.

Kann man den Widerstand der fehlerhaften Linie AB, s. Fig. 264, sowohl von A, als von B aus messen, dann folgt der Ort des Fehlers am einfachsten aus den Widerstandsbestimmungen mit isolirtem Ende. Man hat in diesem Falle:

Anhang. B. Die Messmethoden.

von A aus gemessen: $w = x + z$
von B aus gemessen: $u = y + z$;

da der Widerstand (l) der gesunden Linie als bekannt angenommen werden kann, ist noch

$$l = x + y;$$

hieraus folgt

$$x = \frac{w - u + l}{2}; \quad y = \frac{w - u - l}{2}.$$

Kann man nur von einem Ende, z. B. A, aus messen, so misst man den Widerstand (w) bei isolirtem Ende B, und den Widerstand (w_1) bei an Erde gelegtem Ende B. Man hat alsdann

$$w = x + z,$$
$$w_1 = x + \cfrac{1}{\cfrac{1}{z} + \cfrac{1}{y}},$$
$$l = x + y;$$

hieraus folgt

$$x = w_1 - \sqrt{(w - w_1)(l - w_1)}$$
$$y = l - w_1 + \sqrt{(w - w_1)(l - w_1)}.$$

Je grösser der Widerstand des Fehlers ist, desto grösser ist der Unterschied zwischen w und w_1; wenn w und w_1 sich nicht von einander unterscheiden, ist $z = o$, die fehlerhafte Stelle liegt direct an Erde, und es ist einfach

$$x = w = w_1.$$

XXVI. **Contact zwischen zwei Linien.** Wenn ein Contact F zwischen zwei Linien, siehe Fig. 265, besteht, ohne gleichzeitige Erdverbindung, misst man (auf der Station AC) den Widerstand (w) zwischen A und C bei isolirten Enden B und D und den Widerstand (w^1) zwischen denselben Punkten, wenn B mit D verbunden ist. Man hat alsdann, wenn z der Widerstand des Fehlers und l der Widerstand einer Linie (AB oder CD)

Fig. 265.

$$l = x + y,$$
$$w = 2x + z,$$
$$w_1 = 2x + \cfrac{1}{\cfrac{1}{w - 2x} + \cfrac{1}{2l - 2x}};$$

hieraus erhält man:

$$x = \frac{w^1}{2} - \frac{1}{2}\sqrt{(w^1 - w)(w^1 - 2l)}.$$

Kann man dieselben Messungen auf der anderen Station (BB') vornehmen, so lässt sich x noch einmal bestimmen; das Mittel aus beiden Bestimmungen ist dann genauer, als eine einzelne Bestimmung.

Diese Methode leidet an demselben Uebelstand, wie diejenige in XXV., nämlich an der Veränderlichkeit von z.

2) Fehler in Kabeln.

Fall 1) Beide Enden stehen zur Verfügung an demselben Ort, entweder beide Enden des fehlerhaften Kabels (vor der Legung), oder durch Verbindung mit einer zweiten, gesunden Linie.

XXVII. **Schleifenprobe.** Auch hier wendet man, wie in dem entsprechenden Fall bei oberirdischen Linien, ausschliesslich die Schleifenprobe an; natürlich muss, wie bei allen Messungen des Kupferwiderstandes von Kabeln, das Galvanometer erst eingeschaltet werden, nachdem die Ladung des Kabels vollzogen ist.

Bei feinen Isolationsfehlern muss man die Empfindlichkeit des Spiegelgalvanometers aufs Höchste steigern, durch hohe Astasirung entweder des Nadelpaares selbst oder vermittelst eines Hiebtmagnets, durch passende Wickelung der Galvanometerrollen (Widerstand des Galvanometers gleich der Hälfte des Kupferwiderstandes des Kabels, ebenso jeder Brückenzweig), grosse Entfernung der Scala, kräftige Batterie u. s. w.

XXVIII. **Fehlersuchen bei der Fabrikation.** Bei der Fabrikation werden vorkommende Fehler zuerst, so gut es geht, bestimmt und alsdann die Strecke Kabel, in welcher der Fehler sich befinden soll, folgendermassen untersucht: die fehlerhafte Strecke Kabel wird in ein mit Erde verbundenes Gefäss mit Wasser gelegt, während das übrige Kabel auf zwei isolirten Trommeln aufgewickelt und die Stellen im Kabel, welche zwischen je einer Trommel und dem Wassergefäss liegen, sorgfältig gereinigt und getrocknet. Misst man auf die gewöhnliche Weise die Isolation, so erhält man nur den Strom im Galvanometer, welcher durch den im Gefäss liegenden Theil des Kabels zur Erde geht; es ist daher leicht die Isolation dieses Theiles zu bestimmen.

Auf diese Weise lassen sich, auch ohne Fehlerbestimmung, in jeder fehlerhaften Kabelader die fehlerhaften Stellen genau auffinden.

Fall 2) Es steht nur ein Ende des Kabels zur Verfügung.

XXIX. **Bestimmung bei gerissenem Kupferdraht.** Wenn der Kupferdraht im Innern der Kabelader gerissen ist, ohne dass die Isolation an der betr. Stelle gelitten hat, so lässt sich die Länge eines Theiles des Kupferdrahtes genau bestimmen, indem man die Ladungscapacität dieses Theiles misst; da diejenige des ganzen Kabels gewöhnlich bekannt ist, so verhalten sich die Längen des Theiles und des ganzen Kabels wie die Capacitäten.

XXX. Widerstand des fehlerhaften Kabels. Ist der Fehler ein Isolationsfehler, ohne dass der Kupferdraht gerissen ist, kann man die Kupferwiderstände des Kabels bei isolirtem und bei an Erde gelegtem Ende messen, wie bei einer oberirdischen Linie, s. XXV.; allein die bei XXV. gemachten Bemerkungen gelten auch für diesen Fall.

XXXI. Dichtenprobe. Ein besseres Hülfsmittel ist die Dichtenprobe, s. Fig. 266; dieselbe lässt sich aber nur ausführen, wenn das Ende des Kabels isolirt und die Dichte an demselben gemessen werden kann.

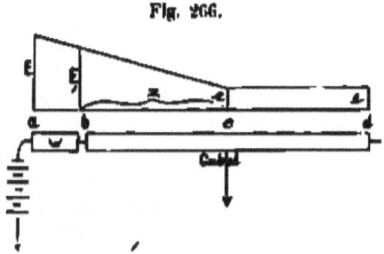

Fig. 266.

Vor das Kabel wird ein Widerstand w geschaltet, das Kabelende isolirt und vor den Widerstand eine kräftige Batterie gesetzt. Es wird, wie in der Figur angedeutet, der Verlauf der Dichte von a bis c eine schiefe Gerade sein, deren Schiefe dem durch die fehlerhafte Stelle gehenden Strom entspricht; von c an bleibt die Dichte constant bis zum Ende (der Elektricitätsverlust durch die Kabelhülle wird vernachlässigt). Am Kabelanfang misst man die Dichten an den Punkten a, b, auf der entfernten Station am Kabelende die Dichte in d; die Messungen müssen mittelst Elektrometer angestellt werden. Die Dichte in a sei E, in b E_1, in c und d e, dann ist, wenn x der Kupferwiderstand der Strecke vom Kabelanfang bis zum Fehler,

$$\frac{E_1 - e}{E - e} = \frac{x}{w + x} \quad , \quad \text{also}$$

$$x = w \frac{E_1 - e}{E - E_1}$$

C. Das absolute Masssystem.

Nachdem im Laufe der Entwickelung der Elektricitätslehre die Gesetze, welche sich auf den elektrischen Strom beziehen, gefunden waren, machte sich in demselben Grade, in welchem die Genauigkeit der auf diese Gesetze bezüglichen Messungen fortschritt, das Bedürfniss nach einem möglichst einfachen Masssystem geltend, durch welches die das Gebiet des elektrischen Stromes beherrschenden Begriffe in einfache Beziehungen zu einander und zu anderen in der Physik und Mechanik vorkommenden Begriffen gesetzt werden. Ein solches Masssystem, vorbereitet durch das sog. absolute magnetische System von Gauss, wurde für Elektricität durch W. Weber eingeführt, und zwar gleich in der vollkommensten Weise, indem sämmtliche Massgrössen der Elektricität und des Magnetismus auf die Grundmassgrösse der Mechanik, Länge, Zeit, und Masse zurückgeführt wurden; allgemeinere Verbreitung und leichtere Anwendbarkeit erhielt dieses Masssystem namentlich durch die Arbeiten der *British Association for the advancement of science*.

Trotz dieser Arbeiten ist die practische Durchführung dieses Systems noch nicht so weit vorgeschritten, dass die dasselbe betreffenden Massbestimmungen sich mit einfachen Mitteln ausführen lassen; und wir halten es deshalb in gegenwärtiger Zeit noch nicht für angemessen, dieses Masssystem in einem populären Handbuch zu Grunde zu legen. Weil dasselbe aber ohne Zweifel dazu berufen ist, in der nächsten Zeit immer mehr Bedeutung für die elektrischen Messungen zu gewinnen, wollen wir im Folgenden den Inhalt desselben kurz wiedergeben.

Das absolute Masssystem besitzt auch für den Techniker einen grossen Werth. In der Telegraphie zwar ist das Bedürfniss kaum vorhanden; dieser allerdings wichtigste Zweig der elektrischen Technik bedarf sicherer und leicht reproducirbarer Grundmasse für Strom, Widerstand, elektromotorische Kraft und Capacität; die Definition jedoch dieser Grundmasse macht sich in den Arbeiten des Technikers nie unmittelbar geltend.

Anhang. C. Das absolute Masssystem. 443

Wohl aber ist dieses der Fall in allen anderen Zweigen der elektrischen Technik. Ueberall, wo es gilt, die Arbeitskraft des elektrischen Stromes in Wärme, Licht oder chemische Arbeit zu verwandeln und umgekehrt durch chemische Arbeit oder Wärme elektrische Ströme zu erzeugen, bedarf der Techniker gewisser Grundbestimmungen, welche die Beziehungen der verschiedenen Kräfte zu einander betreffen und deren Ausführung meistens Schwierigkeiten darbietet. Diese Bestimmungen fallen theils mit den das absolute Masssystem begründenden Bestimmungen zusammen, theils fallen sie durch dieses System weg, da ihr Resultat durch die Anwendung desselben auf die Gesetze des elektrischen Stromes vorausgesagt werden kann.

Um die in der Lehre von der Elektricität und dem Magnetismus vorkommenden Begriffe in einfacher Weise auf Länge, Masse und Zeit zurückzuführen, lassen sich verschiedene Wege einschlagen; man muss nämlich zu diesem Zwecke Fälle aufsuchen, in welchen eine einfache Beziehung zwischen den Grössen, deren Einheitsmass gesucht wird, und jenen Grössen der Mechanik herrscht; und solcher Beziehungen gibt es nicht stets blos eine.

Es gibt auch wirklich nicht ein, sondern zwei absolute Masssysteme, das elektrostatische und das elektromagnetische oder Weber'sche; da aber das erstere die Erscheinungen des Magnetismus nicht berücksichtigt, und dessen Grundbestimmungen wohl schwieriger sind, als diejenigen des' letzteren, ist dasselbe praktisch nicht in Gebrauch, und man versteht unter dem abgekürzten Namen: absolute Masssystem das elektromomagnetische.

Wir gehen nun über zu der Ableitung der magnetischen und elektrischen Masseinheiten aus denjenigen für Länge, Masse und Zeit.

Zunächst sind die Einheiten für Geschwindigkeit und Kraft abzuleiten.

Die Einheit der Geschwindigkeit ist diejenige Geschwindigkeit, bei welcher die Einheit der Länge in der Einheit der Zeit durchlaufen wird.

Die Einheit der Kraft ist diejenige (constante) Kraft, welche der Masse Eins in der Zeiteinheit die Geschwindigkeit Eins mittheilt.

Das einfachste Beispiel einer Kraft ist das Gewicht irgend eines Körpers oder die Anziehung der Erde auf die Masse des Körpers. Wenn Meter, Masse eines Grammes und Secunde die Masseinheiten für Länge, Masse und Zeit sind, so ist das Gewicht, welches die Masse eines Gramms an der Oberfläche der Erde besitzt, grösser als die Ein-

heit der Kraft, weil dasselbe in einer Secunde eine Geschwindigkeit von
$g = 9{,}8$ Metern per Secunde ertheilt. Denken wir uns denselben Körper, der auf der Erdoberfläche 1 Gramm wog, von der Erde immer
weiter entfernt, so wird sich eine Entfernung finden, bei welcher die
Anziehung der Erde in einer Secunde nur noch eine Geschwindigkeit von 1 Meter per Secunde ertheilt; diese Anziehung ist dann gleich
der Einheit der Kraft.

Aus der Krafteinheit wird die Einheit des Magnetismus abgeleitet.
Denken wir uns zwei Magnetpole von freiem, gleichem aber entgegengesetztem Magnetismus in irgend welcher Entfernung von einander; dieselben üben auf einander eine Anziehung aus gerade wie in obigem
Beispiel die Erde und jener Körper, und wir können diese Anziehung
gleich der Krafteinheit machen entweder, indem wir die Entfernung
der beiden Pole, oder indem wir den Magnetismus der Pole verändern. Nehmen wir nun als Entfernung die Längeneinheit, und verändern den Magnetismus der beiden Pole so lange, bis die Anziehung
gleich der Krafteinheit wird, so ist die Einheit des Magnetismus
definirt.

Die Einheit der Menge freien **Magnetismus** oder der
Stärke des Magnetpoles ist diejenige Menge Magnetismus,
welche auf eine gleiche Menge in der Entfernung Eins die
Einheit der Kraft ausübt.

Aus der Einheit des Magnetismus lassen sich die Einheiten des
elektrischen Stromes und der elektromotorischen Kraft ableiten.

Wir betrachten folgenden Fall. Durch einen geraden Leiter ab
(Fig. 267) fliesse ein elektrischer Strom; auf einer im Mittelpunkt c
von ab errichteten Senkrechten liege der
Magnetpol p. Wie wir S. 165 und 218 ff.
gesehen haben, übt p in diesem Fall eine
Kraft aus, welche den Stromleiter parallel
zu sich selbst in der zu der Ebene abp
senkrechten Richtung zu bewegen sucht.

Fig. 267.

Zunächst nehmen wir an, die Entfernung cp sei die Längeneinheit
und in p sei die Einheit des Magnetismus; dann würde auf einen Magnetpol Eins in c die Kraft Eins ausgeübt; diese Kraft würde aber in
der Richtung der Verbindungslinie wirken, nicht senkrecht
auf dieselbe, wie bei einem Stromleiter. Nun denken wir uns den
Pol p in weite Ferne gerückt, so dass die Länge des Stromleiters sehr
klein ist im Verhältniss zu der Entfernung von p, zugleich aber den
Magnetismus in p so verstärkt, dass dessen Kraft auf den Punkt c

Anhang. C. Das absolute Maassystem. 445

gleich gross bleibt, nämlich gleich der Krafteinheit, wenn in c der Magnetismus Eins sich befindet. Wenn wir nun ab verlängern, bis es gleich der Längeneinheit wird, so ist die Kraft, welche der Magnetpol p auf gleiche Theile des Stromleiters ab ausübt, gleich gross. Nun verändern wir den durch ab fliessenden Strom so lange, bis die auf ab ausgeübte Kraft auch gleich der Krafteinheit wird und wählen diesen Strom als Stromeinheit.

Wenn der Magnetismus in p und die Entfernung cp solche Werthe haben, dass in c die Kraft Eins auf den Magnetpol Eins ausgeübt wird, so bedient man sich des Ausdrucks: in c herrscht die magnetische Kraft Eins. Es ist daher

die **Stromeinheit** gleich demjenigen Strom, auf welchen in dem beschriebenen Falle die Einheit der Kraft ausgeübt wird, wenn die Länge des Stromleiters gleich Eins ist und an der Stelle, an welcher sich derselbe befindet, die magnetische Kraft Eins herrscht.

Derselbe Fall wird benutzt zur Definition der Einheit der elektromotorischen Kraft.

Statt die Kraft zu betrachten, welche der Magnetismus auf den Stromleiter ausübt, denken wir uns nun den Stromleiter bewegt und zwar senkrecht zu der Ebene abp und mit der Einheit der Geschwindigkeit; dann entsteht in demselben, wenn der Stromleiter mit einem anderen ruhig bleibenden Stromleiter zu einem Stromkreis verbunden wird, ein inducirter Strom, und die elektromotorische Kraft dieses inducirten Stromes setzen wir gleich Eins.

Die Einheit der **elektromotorischen Kraft** ist diejenige elektromotorische Kraft, welche in einem Stromleiter von der Länge Eins inducirt wird, wenn sich derselbe in beschriebener Weise an einem Orte, an welchem die magnetische Kraft Eins herrscht, mit der Geschwindigkeit Eins bewegt.

Endlich werden aus den Einheiten des Stromes und der elektromotorischen Kraft direct diejenigen für Widerstand, Elektricitätsmenge und Capacität abgeleitet.

Die Einheit des **Widerstandes** ist derjenige Widerstand, in welchem die elektromotorische Kraft Eins den Strom Eins hervorruft.

Die Einheit der **Elektricitätsmenge** ist diejenige Menge, welche sich in der Zeiteinheit durch den Querschnitt eines Leiters, in welchem der Strom Eins fliesst, hindurch bewegt.

Anhang. C. Das absolute Masssystem.

Die Einheit der **Capacität** besitzt derjenige Condensator, welcher, mit der elektromotorischen Kraft Eins geladen, die Elektricitätsmenge Eins enthält.

Durch diese Reihe von Definitionen sind sämmtliche elektrische und magnetische Masseinheiten auf Länge, Masse und Zeit zurückgeführt; wenn wir also für die letzteren Grössen bestimmte Einheiten festsetzen, so sind alle elektrischen und magnetischen Einheiten zugleich mit denselben bestimmt.

Ganz direct lassen sich nun diese letzteren Einheiten nicht in die Praxis einführen, welche Einheiten man auch für Länge, Masse, Zeit wählen mag, da die Praxis einer Masseinheit bedarf, welche sich den gewöhnlich vorkommenden möglichst nähert. Man leitet daher aus den wie beschrieben definirten, sog. absoluten elektrischen und magnetischen Einheiten durch Multiplication mit passenden Potenzen von 10 noch andere practische Masseinheiten ab.

Legt man als Längeneinheit den Meter, als Masseneinheit die Masse eines Gramms (an der Erdoberfläche), und als Zeiteinheit die Secunde zu Grunde, und nennt die nach obigen Definitionen gebildeten Einheiten absolute, so sind folgende practische Masseinheiten in Gebrauch:

1 Ohm (B.A.U.) = 10^7 absolute Widerstandseinheiten;
1 Volt (B.A.U.) = 10^8 absolute Einheiten der elektromotorischen Kraft;
1 Mikrofarad (B.A.U.) = 10^{-15} absolute Capacitätseinheiten;
1 Weber = 10^{-1} absolute Stromeinheit.
(B.A.U. = British Association Unity).

Ueber das Verhältniss dieser Einheiten zu den sonst practisch üblichen s. unter Zahlen und Tabellen.

D. Zahlen und Tabellen.

1 Siemens'sche Einheit = 0,9705 Ohms.

1 Daniell = 1 Volt ungefähr.

1 Weber'sche Stromeinheit = $\frac{1 \text{ Daniell}}{11,7 \text{ Siem. E.}}$ = $\frac{1 \text{ Bunsen}}{20,0 \text{ Siem. E.}}$

Der Strom von $\frac{1 \text{ Daniell}}{1 \text{ Siem. E.}}$ zersetzt 1,38 Gramm Kupfer per Stunde.

Um den Strom von $\frac{1 \text{ Daniell}}{1 \text{ Siem. E.}}$ im Widerstande von 1 Siem. E. zu entwickeln, bedarf es einer Arbeit von 11,6 Gramm-Meter per Secunde; derselbe Strom in demselben Widerstand erwärmt in der Secunde 0,0271 Gramm Wasser oder 0,285 Gramm Kupfer um 1° C.

Ein Draht von chemisch reinem Kupfer von 1 Meter Länge und 1 mm Durchmesser wiegt 6,990 Gramm und hat einen Widerstand von 0,02158 S. E. bei 0° oder 0,02283 S. E. bei 15° C.

Reduction des Kupferwiderstandes auf 15° C.

Der bei der Temperatur t gemessene Kupferwiderstand ist mit dem Coefficienten c zu multipliciren, um denselben auf 15° C. zu reduciren.

t	c	$\log c$	t	c	$\log c$
25°,0	0,9637	9,98394	12,0	1,0112	0,00485
24,5	0,9655	9,98474	11,5	1,0131	0,00566
24,0	0,9673	9,98554	11,0	1,0150	0,00647
23,5	0,9690	9,98634	10,5	1,0169	0,00728
23,0	0,9708	9,98714	10,0	1,0188	0,00809
22,5	0,9726	9,98794	9,5	1,0207	0,00890
22,0	0,9744	9,98874	9,0	1,0226	0,00972
21,5	0,9762	9,98954	8,5	1,0245	0,01053
21,0	0,9780	9,99034	8,0	1,0265	0,01134
20,5	0,9798	9,99115	7,5	1,0284	0,01215
20,0	0,9816	9,99195	7,0	1,0303	0,01297
19,5	0,9834	9,99275	6,5	1,0322	0,01378
19,0	0,9853	9,99355	6,0	1,0342	0,01459
18,5	0,9871	9,99436	5,5	1,0361	0,01541
18,0	0,9889	9,99516	5,0	1,0381	0,01622
17,5	0,9908	9,99597	4,5	1,0400	0,01704
17,0	0,9926	9,99677	4,0	1,0420	0,01785
16,5	0,9944	9,99758	3,5	1,0439	0,01867
16,0	0,9963	9,99839	3,0	1,0459	0,01948
15,5	0,9981	9,99919	2,5	1,0478	0,02030
15,0	1,0000	0,00000	2,0	1,0498	0,02112
14,5	1,0019	0,00081	1,5	1,0518	0,02193
14,0	1,0037	0,00162	1,0	1,0538	0,02275
13,5	1,0056	0,00242	0,5	1,0558	0,02357
13,0	1,0075	0,00323	0,0	1,0578	0,02438
12,5	1,0094	0,00404			

Wenn w_t der Widerstand des Kupfers bei $t°$, w_{15} derjenige bei 15°, so ist:

$$w_{15} = w_t \{1 - 0,003718\,(t - 15°) + 0,00000882\,(t - 15°)^2\}.$$

Anhang. D. Zahlen und Tabellen. 449

Reduction des Widerstandes gewöhnlicher Guttapercha auf 15° C.

Der bei der Temperatur t gemessene G. P.-Widerstand ist mit dem Coefficienten c zu multipliciren, um denselben auf 15° zu reduciren.

t	c	$\log c$	t	c	$\log c$
25,0	3,757	0,57479	12,0	0,6723	9,82756
24,5	3,516	0,54605	11,5	0,6292	9,79882
24,0	3,291	0,51731	11,0	0,5890	9,77008
23,5	3,080	0,48857	10,5	0,5512	9,74135
23,0	2,883	0,45983	10,0	0,5159	9,71261
22,5	2,698	0,43109	9,5	0,4829	9,68387
22,0	2,526	0,40235	9,0	0,4520	9,65513
21,5	2,364	0,37361	8,5	0,4230	9,62639
21,0	2,212	0,34487	8,0	0,3960	9,59765
20,5	2,071	0,31613	7,5	0,3706	9,56891
20,0	1,938	0,28739	7,0	0,3469	9,54017
19,5	1,814	0,25865	6,5	0,3247	9,51143
19,0	1,698	0,22992	6,0	0,3039	9,48269
18,5	1,589	0,20118	5,5	0,2844	9,45395
18,0	1,487	0,17244	5,0	0,2662	9,42521
17,5	1,392	0,14370	4,5	0,2492	9,39647
17,0	1,303	0,11496	4,0	0,2332	9,36773
16,5	1,220	0,08622	3,5	0,2183	9,33899
16,0	1,142	0,05748	3,0	0,2043	9,31025
15,5	1,068	0,02874	2,5	0,1912	9,28151
15,0	1,000	0,00000	2,0	0,1790	9,25278
14,5	0,9360	9,97126	1,5	0,1675	9,22404
14,0	0,8760	9,94252	1,0	0,1568	9,19530
13,5	0,8199	9,91378	0,5	0,1467	9,16656
13,0	0,7674	9,88508	0,0	0,1373	9,13782
12,5	0,7183	9,85630			

Wenn w_t der Widerstand der G. P. bei $t°$, w_{15} derjenige bei 15° C., so ist

$$\log \frac{w_t}{w_{15}} = - 0,057479 \, (t - 15°).$$

Aenderung des Widerstandes von gewöhnlicher Guttapercha durch Elektrisirung bei verschiedenen Temperaturen.

Der Widerstand nach den ersten Minuten ist gleich 1 gesetzt.
z = Zeit in Minuten, t = Temperatur in Graden Celsius.

$t =$	24°	22°	20°	18°	16°	14°	12°	10°	8°	6°	4°	2°	0°
$z = 1$	1,00	1,00	1,00	1,00	1,00	1,00	1,00	1,00	1,00	1,00	1,00	1,00	1,00
2	1,07	1,09	1,10	1,10	1,11	1,11	1,11	1,12	1,15	1,17	1,20	1,23	1,28
3	1,13	1,14	1,15	1,15	1,15	1,15	1,17	1,18	1,21	1,24	1,29	1,33	1,44
4	1,17	1,18	1,18	1,19	1,20	1,21	1,23	1,25	1,27	1,30	1,35	1,41	1,58
5	1,20	1,21	1,22	1,23	1,24	1,25	1,26	1,29	1,32	1,34	1,39	1,47	1,64
10	1,28	1,29	1,30	1,31	1,33	1,34	1,36	1,40	1,44	1,48	1,57	1,66	1,91
15	1,31	1,33	1,34	1,35	1,37	1,40	1,43	1,47	1,52	1,59	1,67	1,82	2,11
20	1,33	1,35	1,37	1,39	1,41	1,45	1,48	1,53	1,58	1,65	1,76	1,92	2,29
30	1,35	1,37	1,39	1,42	1,45	1,49	1,55	1,60	1,67	1,76	1,89	2,08	2,53
40	1,37	1,40	1,43	1,47	1,51	1,56	1,62	1,69	1,74	1,87	2,03	2,22	2,71

Specifische Leitungsfähigkeit der Metalle;
Quecksilber = 1 (Benoit):

Silber	63,7	Stahl	8,69
Kupfer	56,2	Zinn	8,24
Gold	43,5	Aluminiumbronze	8,03
Aluminium	30,9	Eisen	7,84
Magnesium	22,8	Platin	6,09
Zink	16,8	Blei	4,83
Cadmium	14,1	Neusilber	3,61.
Messing	13,9		

Nach Siemens & Halske ist die spec. Leitungsfähigkeit von chemisch reinem Kupfer = 59,0.

Anhang. D. Zahlen und Tabellen. 451

Reduction der verschiedenen Maase galvanischer Ströme auf einander (Kohlrausch).

Eine Stromstärke, welche gemessen wurde in	ist mit folgenden Zahlen zu multipliciren, um ausgedrückt zu werden in				
	Cub. Cm. Knallgas in 1 min.	Mgr. Wasser in 1 min.	Mgr. Kupfer in 1 min.	Mgr. Silber in 1 min.	Weber'schen Einheiten.
Cub. Cm. Knallgas in 1 min.	—	0,5363	1,889	6,432	0,9579
Mgr. Wasser in 1 min. . .	1,865	—	3,522	11,99	1,786
Mgr. Kupfer in 1 min. . .	0,5294	0,2839	—	3,405	0,5071
Mgr. Silber in 1 min. . .	0,1555	0,0834	0,2937	—	0,1489
Weber'schen Stromeinheiten	1,044	0,5599	1,974	6,714	—

www.ingramcontent.com/pod-product-compliance
Lightning Source LLC
Chambersburg PA
CBHW031956300426
44117CB00008B/787